U0352569

国家出版基金资助项目

"新闻出版改革发展项目库"入库项目

"十三五"国家重点出版物出版规划项目

国家出版基金项目
NATIONAL PUBLICATION FOUNDATION

中国稀土科学与技术丛书

主　　编　干　勇
执行主编　李春龙

实用稀土冶金分析

郝　茜　等编著

北　京

冶金工业出版社

2024

内 容 提 要

本书是《中国稀土科学与技术丛书》之一，是由包头稀土研究院理化检测中心科技人员在总结了本中心 50 多年来从事稀土分析检测所积累丰富经验的基础上撰写而成的。本书系统地介绍了稀土矿石及精矿、各类稀土化合物、稀土金属、稀土合金、稀土新材料等产品中的稀土元素和其他元素的分析方法，以及钢铁、植物、药品和涂料等样品中稀土元素的分析方法，形成了稀土生产流程控制和产品检验等一套完整的分析体系，具有一定的实用价值。

本书可作为从事分析化学研究的科研人员、从事检测工作的厂矿企业分析测试人员、商检质检和分析测试部门测试人员的常备工具书，也可作为大专院校相关专业师生的教学参考书。

图书在版编目 (CIP) 数据

实用稀土冶金分析/郝茜等编著 . —北京：冶金工业出版社，2018.5 （2024.8 重印）

（中国稀土科学与技术丛书）

ISBN 978-7-5024-7799-8

Ⅰ.①实… Ⅱ.①郝… Ⅲ.①稀土金属—有色金属冶金—化学分析 Ⅳ.①TF845

中国版本图书馆 CIP 数据核字（2018）第 100952 号

实用稀土冶金分析

出版发行	冶金工业出版社		电　话	(010)64027926
地　址	北京市东城区嵩祝院北巷 39 号		邮　编	100009
网　址	www.mip1953.com		电子信箱	service@ mip1953.com

丛书策划　任静波　肖　放
责任编辑　谢冠伦　肖　放　任咏玉　美术编辑　彭子赫
版式设计　孙跃红　责任校对　李　娜　责任印制　禹　蕊
三河市双峰印刷装订有限公司印刷
2018 年 5 月第 1 版，2024 年 8 月第 2 次印刷
710mm×1000mm　1/16；33.5 印张；651 千字；506 页
定价 165.00 元

投稿电话　(010)64027932　投稿信箱　tougao@cnmip.com.cn
营销中心电话　(010)64044283
冶金工业出版社天猫旗舰店　yjgycbs.tmall.com
（本书如有印装质量问题，本社营销中心负责退换）

《中国稀土科学与技术丛书》
编辑委员会

序

　　稀土元素由于其结构的特殊性而具有诸多其他元素所不具备的光、电、磁、热等特性，是国内外科学家最为关注的一组元素。稀土元素可用来制备许多用于高新技术的新材料，被世界各国科学家称为"21世纪新材料的宝库"。稀土元素被广泛应用于国民经济和国防工业的各个领域。稀土对改造和提升石化、冶金、玻璃陶瓷、纺织等传统产业，以及培育发展新能源、新材料、新能源汽车、节能环保、高端装备、新一代信息技术、生物等战略新兴产业起着至关重要的作用。美国、日本等发达国家都将稀土列为发展高新技术产业的关键元素和战略物资，并进行大量储备。

　　经过多年发展，我国在稀土开采、冶炼分离和应用技术等方面取得了较大进步，产业规模不断扩大。我国稀土产业已取得了四个"世界第一"：一是资源量世界第一，二是生产规模世界第一，三是消费量世界第一，四是出口量世界第一。综合来看，目前我国已是稀土大国，但还不是稀土强国，在核心专利拥有量、高端装备、高附加值产品、高新技术领域应用等方面尚有差距。

　　国务院于2015年5月发布的《中国制造2025》规划纲要提出力争通过三个十年的努力，到新中国成立一百年时，把我国建设成为引领世界制造业发展的制造强国。规划明确了十个重点领域的突破发展，即新一代信息技术产业、高档数控机床和机器人、航空航天装备、海洋工程装备及高技术船舶、先进轨道交通装备、节能与新能源汽车、电力装备、农机装备、新材料、生物医药及高性能医疗器械。稀土在这十个重点领域中都有十分重要而不可替代的应用。稀土产业链从矿石到原材料，再到新材料，最后到零部件、器件和整机，具有几倍，甚至百倍的倍增效应，给下游产业链带来明显的经济效益，并带来巨大的节能减排方面的社会效益。稀土应用对高新技术产业和先进制造业具有重要的支撑作用，稀土原材料应用与《中国制造2025》具有很高的关联度。

长期以来，发达国家对稀土的基础研究及前沿技术开发高度重视，并投入很多，以期保持在相关领域的领先地位。我国从新中国成立初开始，就高度重视稀土资源的开发、研究和应用。国家的各个五年计划的科技攻关项目、国家自然科学基金、国家"863计划"及"973计划"项目，以及相关的其他国家及地方的科技项目，都对稀土研发给予了长期持续的支持。我国稀土研发水平，从跟踪到并跑，再到领跑，有的学科方向已经处于领先水平。我国在稀土基础研究、前沿技术、工程化开发方面取得了举世瞩目的成就。

系统地总结、整理国内外重大稀土科技进展，出版有关稀土基础科学与工程技术的系列丛书，有助于促进我国稀土关键应用技术研发和产业化。目前国内外尚无在内容上涵盖稀土开采、冶炼分离以及应用技术领域，尤其是稀土在高新技术应用的系统性、综合性丛书。为配合实施国家稀土产业发展策略，加快产业调整升级，并为其提供决策参考和智力支持，中国稀土学会决定组织全国各领域著名专家、学者，整理、总结在稀土基础科学和工程技术上取得的重大进展、科技成果及国内外的研发动态，系统撰写稀土科学与技术方面的丛书。

在国家对稀土科学技术研究的大力支持和稀土科技工作者的不断努力下，我国在稀土研发和工程化技术方面获得了突出进展，并取得了不少具有自主知识产权的科技成果，为这套丛书的编写提供了充分的依据和丰富的素材。我相信这套丛书的出版对推动我国稀土科技理论体系的不断完善，总结稀土工程技术方面的进展，培养稀土科技人才，加快稀土科学技术学科建设与发展有重大而深远的意义。

中国稀土学会理事长
中国工程院院士

2016年1月

编 者 的 话

稀土元素被誉为工业维生素和新材料的宝库，在传统产业转型升级和发展战略新兴产业中都大显身手。发达国家把稀土作为重要的战略元素，长期以来投入大量财力和科研资源用于稀土基础研究和工程化技术开发。多种稀土功能材料的问世和推广应用，对以航空航天、新能源、新材料、信息技术、先进制造业等为代表的高新技术产业发展起到了巨大的推动作用。

我国稀土科研及产品开发始于 20 世纪 50 年代。60 年代开始了系统的稀土采、选、冶技术的研发，同时启动了稀土在钢铁中的推广应用，以及其他领域的应用研究。70~80 年代紧跟国外稀土功能材料的研究步伐，我国在稀土钐钴、稀土钕铁硼等研发方面卓有成效地开展工作，同时陆续在催化、发光、储氢、晶体等方面加大了稀土功能材料研发及应用的力度。

经过半个多世纪几代稀土科技工作者的不懈努力，我国在稀土基础研究和产品开发上取得了举世瞩目的重大进展，在稀土开采、选冶领域，形成和确立了具有我国特色的稀土学科优势，如徐光宪院士创建了稀土串级萃取理论并成功应用，体现了中国稀土提取分离技术的特色和先进性。稀土采、选、冶方面的重大技术进步，使我国成为全球最大的稀土生产国，能够生产高质量和优良性价比的全谱系产品，满足国内外日益增长的需求。同时，我国在稀土功能材料的基础研究和工程化技术开发方面已跻身国际先进水平，成为全球最大的稀土功能材料生产国。

科技部于 2016 年 2 月 17 日公布了重点支持的高新技术领域，其中与稀土有关的研究包括：半导体照明用长寿命高效率的荧光粉材料、半导体器件、敏感元器件与传感器、稀有稀土金属精深产品制备技术，超导材料、镁合金、结构陶瓷、功能陶瓷制备技术，功能玻璃制备技术，新型催化剂制备及应用技术，燃料电池技术，煤燃烧污染防治技术，机动车排放控制技术，工业炉窑污染防治技术，工业有害废气控制技术，节能与新能源汽车技术。这些技术涉及电子信息、新材料、新能源与节能、资源与环境等较多的领域。由此可见稀土应用的重要性和应用范围之广。

　　稀土学科是涉及矿山、冶金、化学、材料、环境、能源、电子等的多专业的交叉学科。国内各出版社在不同时期出版了大量稀土方面的专著，涉及稀土地质、稀土采选冶、稀土功能材料及应用的各个方向和领域。有代表性的是 1995 年由徐光宪院士主编、冶金工业出版社出版的《稀土（上、中、下）》。国外有代表性的是由爱思唯尔（Elsevier）出版集团出版的"Handbook on the Physics and Chemistry of Rare Earths"（《稀土物理化学手册》）等，该书从 1978 年至今持续出版。总的来说，目前在内容上涵盖稀土开采、冶炼分离以及材料应用技术领域，尤其是高新技术应用的系统性、综合性丛书较少。

　　为此，中国稀土学会决定组织全国稀土各领域内著名专家、学者，编写《中国稀土科学与技术丛书》。中国稀土学会成立于 1979 年 11 月，是国家民政部登记注册的社团组织，是中国科协所属全国一级学会，2011 年被民政部评为 4A 级社会组织。组织编写出版稀土科技书刊是学会的重要工作内容之一。出版这套丛书的目的，是为了较系统地总结、整理国内外稀土基础研究和工程化技术开发的重大进展，以利于相关理论和知识的传播，为稀土学界和产业界以及相关产业的有关人员提供参考和借鉴。

　　参与本丛书编写的作者，都是在稀土行业内有多年经验的资深专家学者，他们在百忙中参与了丛书的编写，为稀土学科的繁荣与发展付出了辛勤的劳动，对此中国稀土学会表示诚挚的感谢。

中国稀土学会

2016 年 3 月

本书编写人员

主撰　郝　茜

成员　刘晓杰　张立锋　王素梅

　　　　高励珍　张翼明　吴文琪

　　　　杜　梅　金斯琴高娃

　　　　任旭东　王东杰

主审　许　涛

本 书 序

　　稀土是我国重要战略资源。近 20 年来，我国稀土工业迅速发展，稀土应用的逐渐深入，新材料、新工艺的不断出现，都大大促进了稀土分析化学的发展。一大批先进、可靠、简便和实用的稀土分析新技术和新方法的涌现，满足了稀土材料科技工作者对探索其内在规律以及生产过程质量控制的要求，同时也满足了稀土产品贸易的需求。

　　本书介绍了重量分析、容量分析、分光光度、原子吸收光谱、X 射线荧光光谱、电感耦合等离子体发射光谱和电感耦合等离子体质谱等分析技术，研究并建立了从稀土原料、冶炼产品到各种应用产品，包括了稀土矿石、稀土金属及氧化物、各种稀土化合物、各类稀土合金和新型的永磁材料、发光材料、抛光材料、催化材料、贮氢材料、结构材料等功能材料，以及冶金中间控制等材料和产品的分析方法。

　　本书是包头稀土研究院理化检测中心全体科技人员的智慧结晶，是他们五十年来实践经验的升华。包头稀土研究院理化检测中心主要从事稀土矿石、合金、金属、化合物及稀土新材料的检测工作，多年来承担了多项国家或行业稀土标准分析方法的起草和标准样品的研制工作。相信本书的出版，对于从事稀土冶金分析的工作人员和稀土冶金工艺研究、新材料研究的科技人员会有极大的帮助。

包头稀土研究院院长　杨占峰

前　言

　　稀土元素因其具有优异的化学与物理性能，被人们称为"新材料的宝库"，也有"工业黄金与工业维生素"之称。目前，它已被广泛应用于冶金、化工、石油、电子、医药等行业中，是国内外材料学专家较为关注的一组元素。美国和日本等发达国家已把它列为发展高技术产业的"关键"元素，在永磁材料、发光材料、催化材料、贮氢材料和抛光材料等高科技领域中发挥了相当重要的作用。可以预测，随着稀土基础理论研究的不断深入以及各种稀土功能材料的开发，稀土元素将会引发一场新的技术革命。

　　我国有得天独厚的稀土资源，储量居世界首位，而且品种齐全。除了有丰富的氟碳铈镧矿、独居石和磷钇矿外，还有特殊的风化壳离子吸附型稀土矿。

　　20世纪80年代以来，我国的稀土科研及工业生产进入快车道，稀土矿物的选矿、冶炼、提取、分离及应用研究有了质的飞跃，稀土的回收率大幅提高，稀土产品的种类、数量不断增加，产品质量明显提高。这些进步使我国不再只是稀土的资源大国，也成为了稀土的生产大国和应用大国。

　　稀土冶金分析是稀土冶金工艺控制、产品质量监督控制与评价、新材料研究与生产中最重要的相关技术之一，是涉及多学科交叉的技术科学。最早公开出版的稀土元素分析化学专著是由武汉大学编著的《稀土元素分析化学》（上、下册）。1991年，中国稀土学会和冶金工业出版社组织了全国稀土各领域近百位专家学者编写了《稀土》（上、中、下册），其中第十六章为"稀土元素分析方法"。1994年，中国稀土学会和包头稀土研究院编写了《稀土冶金分析手册》（内部资料）；

1995 年，冶金工业出版社出版了一套有色金属分析丛书，其中一本为《稀土分析》；《稀土冶金分析手册》（内部资料）与《稀土分析》以普及性为主，兼具较强的实用性。

近二十年来，稀土分析化学领域出现了大量科研成果。电感耦合等离子体发射光谱和电感耦合等离子体质谱等技术在稀土分析领域的广泛应用，大大提高了分析测试的效率和精度，使痕量稀土及高纯稀土分析有了重要突破。本书是作者基于自身从事稀土冶金分析工作多年的经验和体会，参考了上述几本专著及许多国家、行业标准分析方法，本着实用、准确、可靠、经济和先进的原则编写而成。本书内容丰富，既有简明的理论阐述，又有实用检测方法介绍，既有经典的化学分析方法，又有先进的仪器分析方法，可作为稀土生产和应用企业研究人员、分析测试人员使用的参考书，也可作为大中专院校冶金分析化学专业师生的教学参考书。

本书在编写过程中得到了包头稀土研究院领导和理化检测中心全体员工的大力支持，特别是老主任倪德桢先生，从本书的选题、内容编写，到技术把关等多方面提出了很多宝贵的建议，对此表示衷心的感谢。本书也引用了不少国内外公开发表的文献资料，在此，对这些专家致以衷心的感谢。

本书作者长期从事稀土冶金分析，也参与制订了多项国家及行业标准分析方法，但由于稀土分析技术发展迅速，加之作者自身水平和掌握资料有限，书中不足之处，恳请读者批评指正。

作　者

2018 年 2 月

编 写 说 明

由于稀土冶金分析涉及专业技术较多,为了使读者更好地阅读和使用本书,同时也为了节省篇幅,下面对本书编写中的一些实验操作及共性内容作具体说明。

1. 试样问题

(1) 稀土原矿及精矿粒度应小于74μm（200 目）,在105℃烘干,冷却至室温放于干燥器中待用。

(2) 碳酸稀土、硝酸稀土、稀土氧化物和稀土硫化物,无需制样。氯化稀土破碎后迅速置于称量瓶中,立即称量;碳酸稀土试样开封后立即称量。

(3) 稀土氧化物易吸收空气中的二氧化碳和水。根据方法需要,氧化物需烘干或灼烧后放入干燥器中保存待用。

(4) 金属试样应去掉表面氧化层,磨出新细表面;或深度剥离后,钻成屑状或破碎成片状,立即称样。

(5) 液体试样,若浑浊,需过滤后测定;废水样品取样后尽量当天完成测定。

2. 空白试验

除了特殊注明,本书中各方法均须带流程空白,与试样按相同分析步骤同时进行操作、测定,并对分析结果进行校正。

3. 试剂问题

(1) 分析所用试剂除特殊注明外,均为"分析纯"。

(2) 试剂配制用水及分析所用水,除特殊注明外,均为去离子水,电阻大于10MΩ。

(3) 所用试剂未注明浓度的均为浓酸或浓碱,常见酸和碱的近似浓度见附录L。

(4) 所指溶液,除注明外,均为水溶液。

(5) 配制标准溶液时,除特殊注明,所用试剂的纯度均大于99.99%。

（6）混合溶液或稀释溶液以（$X+X$）表示各液体的体积，如 HCl（1+3），表示 1 份 HCl 加 3 份水混合；个别液体试剂以 $X\%$ 表示，如 5% 硫酸，表示 5 份硫酸加入 95 份水中混合。

（7）固体混合试剂，以（$X+X$）表示各种固体的质量分数。如碳酸钠-四硼酸钠混合熔剂（2+1），表示 2 份碳酸钠与 1 份四硼酸钠混合。

（8）固体溶于液体试剂，以 Xg/L 表示，如氢氧化钠洗液 20g/L，表示 20g 氢氧化钠溶于 1L 水中；以 $X\%$ 表示，如 0.5% 碳酸钠，表示 0.5g 碳酸钠溶于 100mL 水中。

4. 标准溶液的配制与标定

（1）15 个单一稀土氧化物的配制及标定，统一在附录 J 中标准溶液的配制及标定说明。每个分析方法中涉及的单一稀土标准溶液，只标明浓度。

（2）凡对标准溶液浓度进行标定时，应同时进行 3 份以上的标定。所得标定结果的最大值和最小值的相对标准偏差不大于 0.2%，然后取其算术平均值。

（3）阳、阴离子标准贮存溶液配制见附录 H 和附录 I，方法中不再详述配制过程。

（4）标准滴定溶液的配制见附录 K。

5. 简称说明

（1）EGTA：乙二醇二乙醚二胺四乙酸，金属离子络合剂，分子式为 $C_{14}H_{24}N_2O_{10}$，相对分子质量为 380.35。

（2）钙羧酸指示剂：1-（2-羟基-4-磺基-1-萘基偶氮）-2-羟基-3-萘甲酸钠，分子式为 $C_{21}H_{13}N_2NaO_7S$，相对分子质量为 460.39。

（3）P204：二（2-乙基己基）磷酸酯，分子式为 $C_{16}H_{35}O_4P$，相对分子质量为 322.48。

（4）TTA：甲基苯骈三氮唑，铜缓蚀剂，为白色颗粒或粉末状结晶体，熔点 80~86℃，闪点 200℃，溶于甲醇、异丙醇和乙二醇等有机溶剂中，难溶于水。常温下在水中的溶解度仅为 0.55%。分子式为 $C_7H_7N_3$，相对分子质量为 133.15。

（5）PMBP：1-苯基-3-甲基-4-苯甲酰基-5-吡唑啉酮，分子式为 $C_{17}H_{14}N_2O_2$，相对分子质量为 278.31。别名为 4-苯甲酰基-3-甲基-1-苯基-2-吡唑-5-酮、1-苯基-3-甲基-4-苯甲酰基-5-吡唑啉酮。

（6）APDC：吡咯烷二硫代氨基甲酸铵，分子式为 $C_5H_{15}N_3S_2$，相对分子质量为181.32，别名为四亚甲基二硫代氨基甲酸铵。用于金属络合剂。

（7）MIBK：4-甲基-2-戊酮，分子式为$C_6H_{12}O$，相对分子质量为100.16，别名为甲基异丁酮。是硝酸纤维素、某些纤维素醚、樟脑、油脂、石蜡、树脂和喷漆等的溶剂，也用于有机合成。

（8）铜试剂：二乙基二硫代氨基甲酸钠，分子式为$C_5H_{10}NNaS_2 \cdot 3H_2O$，相对分子质量为225.31，熔点95~98.5℃。用作测定铜的灵敏试剂，也可用于铜、锌、钴、铂、钯等的测定。

（9）N1923：胺类萃取剂，碳原子为19~23的伯胺。

（10）N235：三辛癸烷基叔胺，别名为7301，分子式为R_3N（$R=C_{8~10}$或C_8），常温下为浅黄色透明液体，密度（20℃）0.811g/cm³，折光率（20℃）1.449，沸点365~367℃。N235主要用作稀贵金属的萃取或络合萃取法处理工业废水的萃取剂。

（11）铜铁试剂：N-亚硝基苯胲铵，分子式为$C_6H_9N_3O_2$，相对分子质量为156.16，用于铝、铋、铜、铁、镓、汞、锰、铌、锡、钽、钍、钛、钒、锆等元素的定量分析，带有毒性，避免直接接触。

（12）偶氮胂Ⅰ：邻苯胂酸偶氮-1，8-二羟基萘-3，6-二磺酸钠、2-（邻胂酸偶氮苯）-1，8-二羟基-3，6-二磺酸钠；铀试剂，新钍试剂；分子式为$C_{16}H_{11}AsN_2Na_2O_{11}S_2$，相对分子质量为592.29。

（13）三溴偶氮胂：1，8-二羟基萘-3，6-二磺酸-2，7-双（偶氮-2-苯胂酸）、2，7-双（2-苯胂酸-1-偶氮）变色酸、2，7-双（2-苯胂酸-1-偶氮）-1，8-二羟基萘-3，6-二磺酸；分子式为$C_{22}H_{18}As_2N_4O_{14}S_2$，相对分子质量为776.37。

（14）对马尿酸偶氮氯膦：分子式为$C_{15}H_{19}O_{16}PS_2ClN_4$，相对分子质量为761.5，用于分光光度法测定土壤、钢铁及铝合金中微量稀土。

（15）偶氮氯膦mA：分子式$C_{24}H_{18}ClN_4O_{12}PS_2 \cdot 4H_2O$，相对分子质量为757.36，为稀土、钙、铁络合显色剂。

（16）1，10-二氮杂菲：也称为1，10-邻二氮杂菲、邻菲啰啉；分子式为$C_{12}H_8N_2 \cdot H_2O$，相对分子质量为198.22。

（17）DCS偶氮胂：2-（2-胂酸基苯偶氮）-7-（2，6-二氯-4-磺酸基苯偶氮）-1，8-二羟基-3，6二磺酸萘。

（18）DBC偶氮胂：3-（2-胂酸基苯偶氮）-6-（2，6-二溴-4-氯苯偶氮）-4，5-二羟基-2，7-萘二磺酸。

6. 其他实验问题

（1）准确称取试样0.Xg，系指称取精确到0.1mg。

（2）准确移取试样液 X mL，系指用大肚移液管分取试液。

（3）重量法中"称至恒重"，系指前后两次灼烧后称重之差正负不超过 0.3mg。

（4）所列分析线波长均为实际值，与理论值有出入。

（5）常温指 15~25℃，室温指 5~35℃。

（6）对试剂名未加严格统一，很多常用试剂用英文缩写表示，如 EDTA、EGTA、MIBK、P507、P538、N235 等。

（7）"流水冷却"系指用流动的自来水对器皿外壁进行冷却的操作。

（8）"干过滤"系指将含有沉淀物质的溶液，用干燥的中速或慢速滤纸过滤的操作。

7. 其他

（1）原则上不列出分析仪器的型号及厂商，只给相应的工作参数，供读者参考。

（2）稀土矿石中所列稀土精矿涵盖白云鄂博稀土精矿、四川牦牛坪稀土精矿、山东微山湖稀土精矿以及独居石稀土精矿。白云鄂博稀土精矿是独居石与氟碳铈矿的混合矿；四川牦牛坪稀土精矿是氟碳铈镧矿。

目　　录

1 概　　述

我国是世界上稀土资源最丰富的国家，已经发现的稀土矿物约有 250 种，但具有工业价值的稀土矿物只有 50~60 种，具有开采价值的有 10 种左右。目前用于工业提取稀土元素的矿物主要有四种：氟碳铈矿、独居石矿、磷钇矿和风化壳淋积型矿[1]。独居石和氟碳铈矿中，轻稀土含量较高，多分布在内蒙古、四川和山东等地。磷钇矿和风化壳淋积型矿中，重稀土和钇含量较高，但矿源比独居石少，多分布在江西、广东、福建和广西等地，素有"北轻南重"之说。

在矿体中，稀土元素总是共生的，且与其他元素伴生。稀土矿物按化学组成可分为几十种，试样组分异常复杂，相互干扰测定，需要进行测定前的分解、分离和富集以消除干扰，提高测定组分的浓度从而提高测定方法的灵敏度和准确度。因此研究各种有效分离、富集的方法是稀土分析中的重要课题，如稀土与共存元素的分离、稀土元素之间的相互分离。主要的稀土分离方法有沉淀法、萃取法和色谱法等。

通过分离与富集，不仅可以测定物质中稀土元素的总含量，也可以测定稀土单一元素的含量[2,3]。测定方法不仅有经典的重量分析法、容量分析法、分光光度法，还有各种仪器分析法，如原子吸收光谱法、电感耦合等离子体发射光谱法、电感耦合等离子体质谱法、X 射线荧光光谱法等，可以满足不同领域、不同应用的需求。

1.1　稀土分析中的分离、富集方法

1.1.1　沉淀分离[4]

常用的方法有草酸盐沉淀法、氢氧化物沉淀法和氟化物沉淀法。在草酸盐沉淀法中，草酸与稀土在一定条件下形成沉淀，与铁、铝、锰、镍、铌、钛、锆等共存元素分离，但当铁、铝含量高时，稀土与铁（铝）和草酸形成三元配合物，导致部分稀土溶解而丢失。在氢氧化物沉淀法中，稀土与氢氧化铵生成沉淀主要用于大量稀土与碱金属、碱土金属以及镍、锌、铜、银等的分离；稀土与氢氧化钠形成沉淀，使稀土与两性元素铝、锌、锆、铅等分离。在氟化物沉淀法中，稀土与氟化物的沉淀可分离很多干扰元素，如铌、钛、铁、镍、铬、钨和钼等，对含磷高的试样分离效果更佳，特别适合微量稀土元素的富集，但氟化稀土是胶状沉淀，过滤速度较慢；由于稀土、铝和氟形成三元配合物，导致部分稀土溶解而

丢失，因此，在测定铝及铝合金中微量稀土时，不能用此方法富集。上述三种分离方法都无法使稀土与钍定量分离，只有在 pH = 5.0 ~ 5.5 时，用六次甲基四胺沉淀钍可使稀土和钍定量分离。

1.1.2　萃取分离[5]

在稀土分析中，除了钪、铈（Ⅳ）及铕（Ⅱ）与三价稀土可以用萃取分离外，其他相邻稀土萃取都达不到单次定量萃取分离的目的，因此萃取分离主要应用于稀土与非稀土的分离。萃取分离由于分离速度快、效率高、操作简单，在稀土与非稀土分离中得到广泛应用。

萃取稀土的体系以金属螯合物萃取体系为主，常用的 β-二酮系萃取剂有乙酰丙酮、TTA 和 PMBP 等，羧酸类萃取剂有环烷酸，酸性磷型萃取剂有 P204、P507 和 P538 等，胺类萃取剂有 N1923 和 N235 等。上述萃取体系对金属离子的萃取率高，且高价更易萃取，但其萃取选择性较差。在自然界元素组成复杂的矿石中，稀土很难与钍、铀、铁、锆、铝、钛实现一次分离，但伯胺 N1923 在高浓度硫酸介质中，可实现稀土与其他元素一次分离，而且磷酸根对萃取没影响，已成功应用于稀土精矿中稀土总量的测定。

萃取非稀土的体系以铜试剂、双硫腙、铜铁试剂等作为常用萃取剂。铜试剂——氯仿的应用比较广，能萃取铁、钴、镍等金属离子，它的同系物吡咯啶二硫代氨基甲酸铵（APDC）在微酸性介质中与金属元素生成溶解度更小、稳定性更好的螯合物，可用 MIBK 从稀土中萃取痕量金属元素。

近年来，开发出的酰胺荚醚类萃取剂是酰胺荚醚类（DGA）有机物的一种，其对镧系及锕系元素均有很好的萃取能力，在处理核燃料上有着很重要的作用，因此对 TODGA 的研究是近年来的热门，TODGA 的结构式见图 1-1。

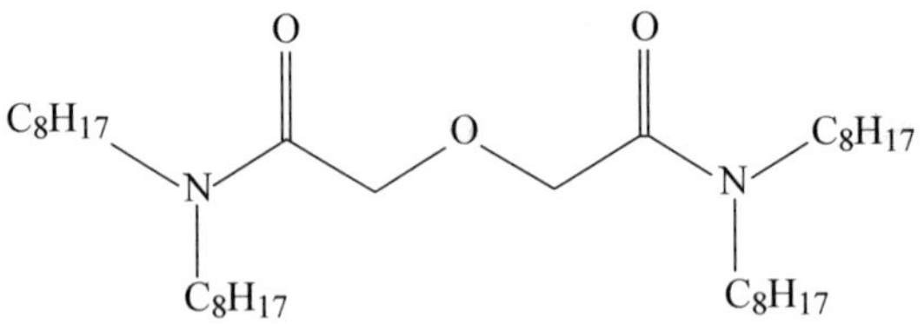

图 1-1　TODGA 结构式

TODGA 一直以来作为镧系及锕系元素分离的试剂，合成和应用方面研究较多，而其良好的萃取效率也可以在稀土矿物的提纯分离上发挥作用。国外对此方面的研究开始较早，已经取得一定成果。如 G. J. Lumetta 等人研究了利用 TODGA 或 T2EHDGA 与 HEH［EHP］协同萃取体系从镧系元素混合物中分离镅和镉。实验结果表明，在硝酸溶液中，通过调节酸和共萃剂的浓度，并改变萃取剂，可以分离较难分开的稀土元素。还有 A. Pourmand 等人以及 Zhu 等人的两个团队对金属元素萃取的研究表明，不同元素之间 TODGA 对其萃取效率差异较大，而用不同浓度的硝酸配置的同种金属元素溶液，萃取效率也可能有很大不同。P. K. Nayak 等人则研究了 TODGA/HDEHP 萃取体系对镅及锔的萃取机理，得到了萃取体系中配合物的化学式，指出了在硝酸体系中，TODGA 可与几个硝酸根离子形成协同萃取体系，能够大幅度提高对金属离子的分配比。因此，常采用硝酸作为水相，对 TODGA 进行萃取实验。Tachimori 等人则研究了 TODGA 的负载容量，证明了 TODGA 拥有常规萃取剂所无可比拟的萃取容量，实验表明稀土元素在 TODGA/resin 和 3mol/L HNO$_3$ 中的分配系数为 10000：1，而在 TODGA/resin 和 0.05mol/L HCl 中的分配系数则小于 1，由此可见 TODGA 是一种高效的稀土元素吸附剂，具有很好的发展前景。

1.1.3 色谱分离[5]

色谱分离法是利用待分离的各种物质在固定相与流动相中的分配系数、吸附能力等亲和能力的不同来进行分离的。混合物中各组分在性质和结构上存在差异，当携带混合物的流动相流经固定相时，混合物中各组分与固定相发生相互作用，由于作用力的大小、强弱不同，随着流动相的移动，混合物在两相间经过反复多次的分配平衡，使得各组分的保留时间不同，从而按一定次序由固定相中先后流出，实现混合物中各组分的分离。

以负载 C272 的硅球为固定相的分离柱，分离稀土时能大大降低运行酸度并可以缩短分离周期，减少消耗。分离柱与 ICP-MS、ICP-OES 等仪器联合可进行高纯稀土中杂质分析。

P507 萃淋树脂常用于分离提纯高纯稀土，是将溶剂萃取与离子交换结合在一起的一种分离技术。在一定酸度下，混合物溶液流经负载萃取剂的固定相（大孔聚合物载体），利用不同反萃酸度，可以将基体与杂质稀土离子分离。

1.2 稀土的测定方法

1.2.1 重量分析法[6]

在重量分析中，一般是将被测组分与试样中的其他组分分离后，转化为一定的称量形式，然后用称重的方式测定该组分的含量。根据被测组分与试样中组分分离的方法不同，重量分析法又可分为沉淀法、气化法、提取法和电解法。

重量分析法中以沉淀法应用最广，故习惯上也常把沉淀重量法简称为重量分析法。它与滴定分析法同属于经典的定量化学分析方法。重量分析法一般用于常量分析，直接用分析天平称量而获得分析结果，不需要标准试样或基准物质进行比较，所以其准确度较高，常用于其他分析方法准确度的验证。重量分析法操作繁琐费时，对低含量组分的测定误差较大，难以测定微量成分。

重量分析对沉淀形式有如下要求：（1）沉淀的溶解度要小，沉淀的溶解损失不应超过天平的称量误差，一般要求溶解损失应小于0.1mg；（2）沉淀必须纯净，不应混进沉淀剂和其他杂质，或沉淀剂易于除去；（3）沉淀应易于过滤和洗涤。因此，在进行沉淀时，希望得到粗大的晶型沉淀。如果只能得到无定型沉淀，则必须控制一定的沉淀条件，改变沉淀的性质，以便得到易于过滤和洗涤的沉淀。

草酸盐重量法是测定稀土总量的经典方法之一，该法在测定稀土总量时得到的沉淀是晶型沉淀，结晶颗粒大、易过滤洗涤、灼烧后易转化为称量形式，同时能够分离共存干扰元素。经过几十年的研究，对沉淀时干扰元素的分离、沉淀酸度、沉淀介质、沉淀体积、陈化时间、灼烧温度等条件进行了优化，使该法更完善、更准确，已经成为国家标准分析方法。

1.2.2　容量分析法[7]

容量法是稀土冶金分析中重要的分析方法之一，主要包括络合滴定法、氧化还原反应法、酸碱滴定法。其中EDTA络合滴定法是使用较多且历史悠久的一个方法，它适用于稀土成分比较简单的单一稀土、中间合金和湿法冶金中控分析中稀土总量的测定。该方法操作简单、快速，准确度高，有时也结合简单的分离或加适当的掩蔽剂消除干扰元素的影响，如硫脲掩蔽铜，磺基水杨酸、抗坏血酸、乙酰丙酮掩蔽少量的铁、铝、钛，邻菲啰啉掩蔽铜、钴、镍、锌和锰，从而提高络合反应的选择性，调节溶液pH=5.5~6，以二甲酚橙为指示剂，用EDTA滴定稀土总量。

基于氧化还原反应原理的硫酸亚铁铵容量法测定铈量，已在工厂及实验室中应用了近50年。在磷酸存在下，三价铈可被高氯酸氧化成四价，在适当的硫酸介质中，用硫酸亚铁铵进行还原滴定，方法简单、快速、准确度高。由于包头白云鄂博矿中铈占稀土总量近50%，常把测定铈含量的结果乘以2，作为测定稀土总量的快速分析结果。但随开采位置的变化，目前铈量占稀土总量的比例略有增加，大约在51%~51.5%，因此，将铈量结果乘以1.96，作为稀土总量的结果。如有相同稀土配分的稀土精矿标准样品，以标样计算结果，方法更为准确。

基于酸碱中和反应的容量法，在湿法冶金的中控分析应用较多，主要是测定辅料、酸、碱及酸洗液、反萃液的酸度和碱度，方法简单、快速、准确。

总之，容量分析法在稀土冶金的原料、辅料及中间流程控制分析中仍起着相当重要的作用。

1.2.3　分光光度法[8]

分光光度法具有简便、快速、仪器设备简单等优点，已广泛应用于钢铁、铝合金、锌铝合金、铜合金、铅合金、粮食、土壤、水、植物等物料中微量稀土和稀土精矿、碳酸稀土、稀土合金等稀土产品中非稀土杂质的测定。在测定微量稀土时，应用最广的显色剂是变色酸双偶氮衍生物。较早使用的显色剂是偶氮胂Ⅰ，它与各种稀土元素形成配合物的摩尔吸光系数较为一致，可以使用统一的基准，但灵敏度较低，选择性较差。随着高灵敏度、高稳定性和特效稀土显色剂的出现，如三溴偶氮胂、对马尿酸偶氮氯膦、偶氮氯膦 mA 等，使分析方法更为简单，选择性更强，甚至无需分离铁、铝等基体直接光度法测定，从而大大缩短了分析时间，提高了准确度。

分光光度法测定稀土总量时，由于各稀土元素相对原子质量不同且与同一显色剂的络合能力有差异，使每一稀土元素的摩尔吸光系数不同，特别是钇元素差异更大，使总量分析标准的选择更困难。因此，配制混合稀土标准溶液时，必须使其与被测试样中稀土元素的含量比相近，特别是铈或钇的含量。用于分光光度法的稀土标液大多是按各样品稀土元素的不同比例进行配制，或从具有代表性的待检样品中提纯稀土氧化物配制，该操作较繁琐，限制了分光光度法测定微量稀土的广泛应用。

1.2.4 原子吸收光谱法[9~12]

原子吸收光谱法（简称 AAS 法），起源于 20 世纪 50 年代，自著名的澳大利亚科学家沃尔什（A. Walsh）教授首次公开提出原子吸收光谱分析的完整构思以来，经历 60 年代初创、70 年代振兴，80 年代开始进入迅速发展时期。AAS 法具有选择性好、谱线干扰少、检出限低、灵敏度高、分析速度快、仪器组成简单和操作方便等优点，已广泛应用到地质、冶金、机械、化工、农业、食品、轻工、环境保护和材料科学等各个领域。

原子吸收光谱法可分为火焰原子吸收法和无火焰原子吸收法。在使用空气-乙炔火焰法检测稀土时，除镱、铕外，其他稀土元素形成稳定的双原子氧化物，很难原子化。在 2700℃ 的富燃火焰下虽有利于稀土的原子化，但方法灵敏度不高，且需校正稀土元素间的相互影响，故应用受到限制。在石墨炉无火焰法中，稀土元素在高温下与碳作用生成难挥发、难离解的碳化物，所以用普通石墨管测定稀土存在灵敏度低、记忆效应严重、原子化温度高、石墨管寿命短的缺点。改进后的衬钽石墨管和钨钽石墨管原子化器延长了石墨管的使用寿命，降低了稀土元素与碳化合的几率，为各种物料中微量稀土的测定开辟了新的途径。鉴于原子吸收光谱法测定稀土元素的局限性，在稀土冶金分析中，火焰原子吸收法大多应用于测定产品中钾、钠、钙、镁、锌和铁等非稀土元素，其中很多方法纳入了国家标准。

在原子吸收光谱分析中，主要有电离干扰、化学干扰、物理干扰和光谱干扰。电离干扰是在高温时原子失去电子形成离子，基态原子数目降低，使吸光度下降产生的干扰。化学干扰是指待测元素与其他组分之间的化学作用影响待测元素的原子化而产生的干扰，是原子吸收光谱分析中的主要干扰，有正干扰，也有负干扰。物理干扰是指试样在转移、蒸发和原子化的过程中，由于物理特性（如黏度、密度和表面张力等）发生变化，引起吸收强度改变而产生的干扰。上述干扰可根据具体情况加入释放剂、保护剂、缓冲剂、络合剂等或采用标准加入法来消除。光谱干扰主要来源于光源，包括谱线重叠、光谱通带内存在非吸收线、原子化池内的直流发射、分子吸收、光散射等。当采用锐线光源和交流调制技术时，前三种因素一般可以不予考虑，主要考虑分子吸收和光散射，它们是形成光谱背景干扰的主要因素。校正背景干扰的方法主要有连续光源背景校正法（常用氘灯校正）、塞曼效应校正法、自吸收校正法（简称 SR 法）和邻近非共振线校正法。

原子吸收光谱法用于定量测定时，常使用标准曲线法、标准加入法和内插法。标准曲线法适用于组成简单和共存元素无干扰的样品分析。标准加入法适用于基体不明、基体浓度较高、基体变化较大、不易配制相类似标准溶液的样品分析，该法可消除与浓度无关的化学干扰，不能消除背景干扰、光谱干扰。内插法适用于组成相对固定、浓度较高的样品分析，该法仅需两个标准点，简便快速，能获得较高的精密度，此外，当标准溶液与试样溶液组分相同时，还可抵消试样组分的干扰。

1.2.5　X射线荧光光谱法[13~16]

X 射线荧光光谱法是利用原子的特征 X 射线光谱进行物质化学成分分析和化学态研究的仪器分析方法。该方法谱线较为简单、干扰少、分析范围宽、准确度高，而且固体、液体、粉末状的试样均可分析。因此，广泛应用于矿物、混合稀土化合物、稀土富集物、新材料及稀土合金中常量稀土分析。由于其灵敏度较低，故在微量稀土及稀土纯度分析中不占重要地位。

X 射线荧光光谱仪按色散方式分为波长色散和能量色散两种类型。波长色散 X 射线荧光光谱仪一般采用 X 射线管作激发源，可分为顺序式、同时式、顺序式与同时式相结合三种类型。能量色散 X 射线荧光光谱仪可分为高分辨率的光谱仪、低分辨率的便携式光谱仪和介于两者之间的台式光谱仪。

对于铑靶 X 射线管激发的样品，除了钇、钪外，稀土的分析通常用 L 系谱线。稀土元素谱线较多且波长相近，并与锰、铁、钡等非稀土元素的 K 或 L 系谱线波长接近，导致稀土元素之间、稀土与非稀土元素的谱线干扰较严重，必须根据样品的具体情况选择合适的谱线。如镧 $L_{\beta 1}$ 与镨 L_{α}、铈 $L_{\beta 1}$ 与钆 L_{α}、钆 $L_{\beta 1}$ 与钬 L_{α}、锰与镝、铁与铕、钡与铈等的谱线存在干扰，应选择其他灵敏谱线。确实难以选择时，可采用强度或浓度校正法进行校正。除谱线干扰外，需考虑基体元素吸收增强效应的影响，通常采用数学法和内标法进行校正。数学法主要有基本参数法、经验系数法和理论影响系数法，其中经验系数法在稀土分析中应用最广泛。内标法包括内标元素法和散射线内标法。

X 射线荧光光谱法按制样方式的不同分为粉末压片法、固体块法、熔融法、薄试样法和直接溶液法。粉末压片法又分为直接压片法和混合压片法。直接压片法灵敏度高、重现性好，主要用于矿物中稀土元素的测定；混合压片法（也称稀释压片法）压片成功率高、基体效应小，但灵敏度低于直接压片法，主要用于不易压成片的样品的测定。固体块法制样简单、成本低，主要用于块状金属及合金的分析。熔融法可以消除粒度和矿物效应，减少吸收增强效应，提高准确度，主要用于稀土精矿及氧化物的分析。薄试样法通常采用薄样滤纸片法，该法无需基体校正，实用性强、易掌握，广泛用于稀土中间产品、氧化物、金属和功能材料的分析。直接溶液法是将溶液装入样品杯直接测定，多与能量色散 X 射线荧光光谱仪联用，用于稀土萃取过程在线分析和离线快速分析。

1.2.6 电感耦合等离子体发射光谱法[17~21]

电感耦合等离子体发射光谱法（简称 ICP-OES 法）是 20 世纪 70 年代发展起来的一种新型分析技术，具有灵敏度高、稳定性好、基体干扰少、测定范围广等优点。我国于 20 世纪 80 年代初将 ICP-OES 用于稀土冶金分析，经过近 30 年的长足发展，基本取代了经典的发射光谱分析法，广泛应用到稀土湿法冶金中控分析、稀土纯度分析、稀土配分及非稀土元素的分析，也应用到矿石、钢铁、有色金属和功能材料中稀土元素的测定。目前很多方法纳入了国家标准分析方法，已成为稀土冶金分析的重要分析手段。

ICP-OES 法中存在的干扰依据其产生机理可分为光谱干扰、物理干扰、化学干扰和电离干扰。光谱干扰是由于光谱分析时互相之间存在光谱谱线部分重叠和完全重叠引起的。稀土元素是富线元素，光谱干扰较严重，特别在纯度分析时，常规仪器上部分稀土元素的灵敏线重叠尤为严重，需选择没有重叠或重叠少的分析线以消除或减少光谱干扰。采用高分辨率的仪器进行测定时，对该现象有一定改善，但并不能完全消除光谱干扰。物理干扰是由于分析试液的物理特性不同而产生的干扰，主要由试液间的黏度、表面张力及密度差异引起谱线强度发生变化的现象。盐效应与酸效应是最主要的物理干扰。在酸效应中，各种无机酸对谱线强度的影响按盐酸、硝酸、高氯酸、磷酸及硫酸的顺序依次增加。在盐效应中，测定元素的谱线强度随试液含盐量的增加而增大。基体匹配法、标准加入法及内标法可以消除物理干扰。化学干扰是指待测元素与其他元素发生化学作用影响化合物的解离、激发，使待测元素的强度发生变化的现象。在等离子体光源中，由于其高温和高电子密度，化学干扰是微不足道的，可以忽略。电离干扰是指易电离元素进入等离子体光源后，使电子密度增加，引起电离平衡转变，导致待测离子浓度降低，从而影响测定元素的谱线强度。只有易电离元素大量存在时，才考虑电离干扰。当存在电离干扰时，要选择合适的分析条件，并采用标准加入法以降低电离干扰的影响。

在 ICP-OES 分析中，经常采用基体效应来表述被测元素受干扰的情况。基体效应实质是上述各种干扰效应的一种或几种之和。基体效应的存在可造成分析谱线强度的改变，其大小与基体元素和浓度有关。当基体浓度降至一定程度时，若无光谱干扰，基体效应可忽略不计。常用基体匹配法消除基体效应。基体匹配法即绘制标准曲线的标准溶液与试样溶液的成分基本一致，且标准溶液的基体纯度必须高于试样基体两个数量级以上。内标法和干扰系数法也是消除基体效应的方法。内标法是在标准溶液与分析试液中加入相同浓度的同一元素（样品中不含有该元素），用分析元素和内标元素谱线强度比与分析元素浓度绘制标准曲线，并进行样品分析。内标法可以降低由于分析条件波动而引起的谱线强度改变，提高分析结果的精密度和准确度。在 ICP-OES 光谱分析中，内标法一般用于校正除光谱干扰以外的干扰。干扰系数法用于校正光谱干扰造成的结果偏高。干扰系数是指干扰元素所造成分析元素浓度升高与干扰元素浓度的比值。采用该法校正时，必须在测定分析元素浓度的同时测定干扰元素的浓度，再进行校正。因为不同仪器间分辨率有差异，所以干扰系数不能套用。

电感耦合等离子体发射光谱仪常用的有顺序扫描式光谱仪和全谱直读光谱仪。顺序扫描式光谱仪的分辨率在一定波段范围内优于全谱直读光谱仪，因此对于处在这一波段的元素受到的谱线重叠干扰相对较小，有利于降低分析元素的检出限，并提高分析结果的准确度。但对于同一样品中多元素的测定，分析时间增加，精密度也会受到影响。全谱直读光谱仪可同时测定多元素的含量，提高了分析速度，并提高了分析结果的精密度。对于稀土样品中各组分元素的检测，可根据顺序扫描式光谱仪和全谱直读光谱仪的特点选择使用。如测定稀土配分时，使用全谱直读光谱仪，测定稀土纯度时，一般选择顺序扫描式光谱仪，但对纯度相对较低的样品也可选择全谱直读光谱仪。

1.2.7　电感耦合等离子体质谱法[20~28]

电感耦合等离子体质谱法（简称 ICP-MS）起源于 20 世纪 80 年代。1980 年，第一篇电感耦合等离子体质谱法的研究论文发表。1983 年第一台商品仪器问世，以其独特的接口技术将 ICP 的高温电离特性（平均温度约 7000K）与四极杆质谱仪的灵敏、快速扫描等优点相结合，形成一种新型的元素和同位素分析技术，可以分析地球上大部分元素。ICP-MS 法有检出限低、动态线性范围宽、干扰少、分析速度快、可进行多元素同时测定及可提供精确的同位素信息等优点。经过30多年的快速发展，ICP-MS 技术已经成为无机元素成分分析和形态分析最有效的分析手段之一。尤其是与其他分析技术的联用技术快速发展，使 ICP-MS 被广泛地应用于环境、半导体、医学、刑侦、生物、冶金、石油、核材料等分析领域。

ICP-MS 法尽管相对其他分析方法干扰较小，但同样存在质谱干扰和非质谱干扰。质谱干扰主要有：同质异位素干扰、氧化物干扰、氢化物干扰、双电荷离子干扰、多原子离子干扰等。同质异位素干扰，是两种不同元素的质量数几乎相同的同位素所造成的干扰，如 $^{40}Ar^+$ 干扰 $^{40}Ca^+$ 的测定；氧化物离子干扰，是由于氧原子与样品中基体元素原子或与载气（Ar）等在通过等离子体高温区后结合成氧化物离子，对待测元素进行干扰，如 $^{40}Ar^{16}O^+$ 对 $^{56}Fe^+$ 的干扰、$^{140}Ce^{16}O^+$ 对 $^{156}Gd^+$ 的干扰；氢化物离子干扰，一般认为是基体元素谱峰变宽，对相邻质量数叠加造成的干扰，如 $^{140}Ce^1H^+$ 对 $^{141}Pr^+$ 的干扰；双电荷离子干扰，是由于电离过程中基体元素或共存元素原子，产生二次电离所引起的干扰，如 $^{150}Nd^{2+}$ 对 $^{75}As^+$ 的干扰；多原子离子干扰，是离子通过等离子体高温区后，由载气（Ar）、基体元素、酸介质元素等形成的多原子离子所引起的干扰，如 $^{40}Ar^{35}Cl^+$ 干扰 $^{75}As^+$ 的测定。

消除或减小质谱干扰的方法有很多，如选择测定质量数、加干扰校正方程、基体分离等。随着 ICP-MS 仪器的进一步发展，出现了很多降低质谱干扰的技术，如冷等离子体技术、等离子体屏蔽技术、碰撞/反应池技术等。冷等离子体技术（在较低的射频功率（450~750W）和高的中心管气流下产生的等离子体称为冷等离子体）的工作模式下，等离子体炬的中心温度为 2500~3000K，能够降低氩基离子（$ArNa^+$、ArH^+、ArO^+、Ar_2^+ 等）和其他一些多原子离子的浓度，降低易电离元素的背景信号，从而降低了质谱干扰。等离子体屏蔽技术是在射频线圈与等离子体炬管之间放置一个不闭合的金属线圈并接地，避免射频线圈与等离子体炬之间产生耦合电容，降低等离子体电位，阻止二次放电，达到降低质谱干扰的目的。冷等离子体屏蔽工作模式能够提高信噪比，改善检出限；热等离子体屏蔽工作模式可以提高灵敏度。碰撞/反应池技术，利用在碰撞（反应）池中，多原子分子离子与微量气体（He、NH_3、O_2 等）进行碰撞、反应，使其离解成单原子离子以消除干扰的技术。碰撞池（collision cell technology，CCT）是通过干扰离子-气体分子碰撞击碎来消除或降低干扰。池内一般配有六极或八极杆，通常使用碰撞气体、弱反应气体及混合气体，如氦气、甲烷、氧气等。作为能量过滤器的多极杆将大部分低动能干扰离子过滤掉，而高动能离子则会通过反应池进入四极杆分析器中作常规的质量分离。动态反应池（dynamic reaction cell，DRC）是利用干扰离子与气体分子的反应来消除或降低干扰。池内一般使用四极杆，采用可变的带通，并充以所需的反应气体。四极杆除作为离子聚焦作用外，还作为一个质量过滤器，将反应所产生的大部分干扰离子分离掉，而其他离子则会通过反应池进入四极杆分析器中做常规的质量分离。如分析高纯稀土 Nd_2O_3（纯度大于 99.99%）中稀土杂质 $^{159}Tb^+$、$^{163}Dy^+$、$^{165}Ho^+$、$^{166}Er^+$ 时会受到基体 Nd 的氧化物离子干扰，通入氧气后，检测 $^{159}Tb^{16}O^+$、$^{163}Dy^{16}O^+$、$^{165}Ho^{16}O^+$、$^{166}Er^{16}O^+$ 可以实现对上述四种稀土杂质的分析。碰撞池强调的是能量歧视效应，而反应池则是利用质量歧视效应。此外，采用高分辨率质谱仪也能有效降低质谱干扰。

非质谱干扰主要是基体效应。大量基体元素、不同的酸介质及其浓度，影响了试液的雾化效率，且大量基体元素在等离子体中的电离，改变了等离子体的稳定性，影响了待测元素的电离，造成分析元素信号强度的改变。基体效应分为物理效应和质量歧视效应。物理效应是指分析物的基体或高含量元素由于吸附或其他物理效应而附着在连接管道、雾室、电感耦合等离子体炬管口、采样锥和截取锥表面、离子透镜等造成的影响。质量歧视效应包括空间电荷效应和离子传输效率。空间电荷效应是指离子在离开截取锥向质量分离器飞行的过程中，由于只剩下带正电荷的离子，同种电荷离子相互排斥，质量数较小的同位素离子受排斥力作用而容易丢失，引起信号减弱，质量数较大的离子在排斥力作用下仍能保持在飞行的路线上而产生较强的信号。离子传输效率是指不同质量数的离子在经过采样锥、截取锥、离子透镜、四极杆分离器和检测器时，质量数较小的离子具有较高的传输效率而产生较强的信号，相反，质量数较大的离子则因传输效率低而信号较弱。

ICP-MS 法消除非质谱干扰的方法有：稀释法、基体匹配法、标准加入法、内标法、同位素稀释法、分离基体等。其中最常用的方法是内标法，通过内标元素的灵敏度变化校正待测元素受基体效应和仪器漂移的影响。内标元素应满足下列条件：待测样品中不含内标元素；内标元素应具有较好的灵敏度，且不受质谱干扰，对被测元素的测定不产生干扰；内标元素的质量数、电离能与待测元素接近。内标法只能校正一般的基体效应，基体效应严重时应采用基体匹配法、标准加入法、同位素稀释法、分离基体等手段校正。

20 世纪 90 年代，ICP-MS 法开始应用于高纯稀土纯度分析。由于其不需基体分离、检测速度快、灵敏度高，在 99.9% 以上稀土纯度分析中具有不可取代的作用。经过近十年的发展，现也用于水、茶叶、蔬菜、水果和植物中痕量稀土的测定。

由于新材料、新技术的开发应用，对 ICP-MS 仪器性能提出更高的要求。仪器制造商在消除和减少背景离子干扰、改进离子光学透镜设计、提高离子传输效率和聚焦离子能量、消除光子和中子的影响等基础理论与实践方面取得突破，仪器性能大幅提高。具有代表性的是动态反应池技术和 90° 转角抛物线形离子透镜系统，引领了电感耦合离子体质谱仪器制造技术的革新。如即使用高分辨率质谱仪也无法消除 $^{40}Ar^+$ 对 $^{40}Ca^+$ 的干扰，但通过碰撞/反应池技术可以解决。联用技术与元素形态分析是 ICP-MS 应用领域的重要发展方向，其与流动注射、高效液相色谱、气相色谱、毛细管电泳等技术的联用，已用于环保、药品等样品中元素形态的分析。

随着稀土在各行各业广泛应用，对稀土的纯度要求也越来越高，达到了 6N（99.9999%）或 7N（99.99999%），杂质检出需达到 ng/g 级。ICP 光谱和 ICP-MS 在稀土领域应用已经形成了很多国家标准分析方法，但我们常用的 ICP-MS 只能检测到纯度 5N（99.999%）或 6N（99.9999%），已经不能满足高纯材料分析检测的要求，尽管采取分离富集等手段能够达到检测要求，但时间长、成本高。ICP-MS 分析中轻稀土元素对重稀土元素干扰严重，造成很多样品中的重稀土元素用 ICP-MS 法不能直接检测。

辉光放电质谱法（GD-MS）是以具有平整表面的样品作为辉光放电的阴极，在直流、射频或脉冲辉光放电装置中产生阴极溅射，被溅射的样品原子扩散到电感耦合等离子体中，通过各元素质荷比和响应信号的强弱，对被分析元素进行定性和定量分析的一种分析方法。元素的相对灵敏度因子（relative sensitivity factor，RSF），是待测元素与内标元素的含量比值与其离子强度比值之比，取决于样品从溅射至离子到达检测器的各个环节，尤其是离子源环节，但与基体无关，不受放电电流的影响，与样品的形状有关。GD-MS 的工作原理及高分辨能力能很好解决稀土元素测定中的干扰问题，由于 GD-MS 仪器昂贵及只能测定导体，因此在稀土氧化物方面应用的文献很少，但射频辉光放电电源的出现，解决了这一问题，还需要进一步研究。随着 GD-MS 仪器开发越来越完善，GD-MS 在稀土方面的应用将具有广阔的前景。

近年来，有关质谱仪的研究还有飞行时间质谱（time of flight mass spectrometer，TOFMS）、二次离子质谱仪（secondary-ion-mass spectroscope，SIMS）、离子阱质谱仪（ion trap mass spectrometer，ITMS）、三重四极杆质谱仪（即 ICP-MS/MS）。TOFMS 是一种很常用的质谱仪，这种质谱仪的质量分析器是一个离子漂移管，由离子源产生的离子加速后进入无场漂移管，并以恒定速度飞向离子接收器。离子质量越大，到达接收器所用时间越长，离子质量越小，到达接收器所用时间越短，根据这一原理，可以把不同质量的离子按 m/z 值大小进行分离。飞行时间质谱仪可检测的相对分子质量范围大，扫描速度快，仪器结构简单。SIMS 是利用质谱法分析初级离子入射靶面后，溅射产生的二次离子而获取材料表面信息的一种方法。二次离子质谱可以分析包括氢在内的全部元素，并能给出同位素的信息，分析化合物组分和分子结构。二次离子质谱具有很高的灵敏度，可达到 10^{-6}（ppm）甚至 10^{-9}（ppb）的量级，还可以进行微区成分成像和深度剖面分析。ITMS 利用离子阱作为分析器的质谱仪称为离子阱质谱仪。目前使用最多的是由高频率电场进行离子封闭的保罗阱（paul trap），由一个双曲面截面的环形电极和上下一对端电极构成。封闭在真空池内的离子，通过高频电压扫描，将离子按 m/z 从池中引出进行检测。离子阱质谱仪是一种低分辨时间串联质谱仪，可以进行 MSn 的测定（通常 $n = 2 \sim 6$），而且价格比其他类型的串联质谱仪便宜，目前在有机物定性方面得到了很广泛的应用。ICP-MS/MS 测定原理与 ICP-MS 相同，但不同点在于 ICP-MS/MS 串联质谱配制两个四极杆，第一个四极杆（Q1）位于碰撞/反应池之前，作为第一级质量过滤器，可剔除目标分析离子以外的所有离子。因此，MS/MS 模式能够确保进入碰撞/反应池的离子均在控制之中并且不因样品基体的变化而受影响。MS/MS 能够通过化学反应消除 ICP-MS 中的质谱干扰，并确保基质的变化或其他分析元素均不会影响目标分析物的测定，消除了因共存分析物含量变化和可变基质造成的结果差异。以上几种质谱仪是近年来新兴研究的几种质谱仪，在稀土检测研究方面的文章较少。

1.2.8　高频-红外吸收分析法[6]

硫含量的测定方法历史悠久，经典方法为化学法。碳含量的测定方法有上百年的历史，最原始的方法是通过用砂轮机打磨产生火花的多少来判断碳含量的高低。20 世纪 60 年代出现了商用碳硫测定仪，其加热燃烧提取装置有电阻炉、电弧炉和高频感应炉。高频感应炉具有效率高、速度快、温度高的优点，用途较广泛。检测方法有红外吸收法、热导法、库仑法和气相色谱法。红外吸收法早期为固定充填式，70 年代发展为流动式，使检测时间由几分钟减少到几秒钟，实现了自动化。目前，高频-红外吸收法成为碳、硫定量分析的主要方法，其特点是灵敏度高、操作简单、分析成本低、对环境污染小。

高频-红外吸收法主要用于固体无机材料中碳、硫含量的测定。被测样品在助熔剂和富氧条件下，由高频炉加热燃烧使碳、硫转化成 CO_2 和 SO_2 气体，经分离净化处理后进入相应的气室，利用 CO_2 和 SO_2 的特征红外吸收测定其强度，转换为碳、硫的含量。该法广泛应用于稀土矿物、氧化物、金属及功能材料等方面，是稀土行业常用的国家标准分析方法。

影响高频-红外吸收法测定碳硫含量的主要因素有助熔剂种类及比例、试样形状、标准样品的选择、空白值的测定与扣除、仪器的稳定性等。

不同的助熔剂组合会得到不同的结果，因此需了解各种助熔剂的性质。如钨为引火剂，燃烧快，降温快；锡为搅拌剂，使流动性增大，黏性下降，加快气体释放；铁为保热剂，与钨混合用于难熔试样；铜为稳定剂，使燃烧更温和，防止喷溅。通过助熔剂及高频炉功率的选择，使样品燃烧完全，释放曲线光滑，无多峰、拖尾现象。一般测定稀土金属及其氧化物中碳、硫含量时，常用钨、锡、铁作为助熔剂。

标准样品的选择应遵循基体组成基本一致、以高校低的原则。测定试样以碎屑状、固体块状、粉末状为主。

由于坩埚、助熔剂、氧气均有待测元素，必须测定空白值加以校正，一般要求空白值低于试样含量的 10%。坩埚预先于 1000~1200℃ 灼烧 2h 冷却后使用。

在测量过程中会产生灰尘、杂质和水分，因此需要做好仪器的日常维护，及时更换脱脂棉、碱石棉和高氯酸镁，定期清理燃烧管、过滤网，更换密封圈，以保证进入气室载气纯净、气流通畅、流量稳定。分析低含量碳、硫时，应保证助熔剂称量一致，使用低碳硫助熔剂，坩埚空白值低且稳定。

1.2.9 脉冲加热-红外吸收热导分析法[6]

氧、氮的测定方法产生于 20 世纪 30 年代，经典方法为化学法，如氢还原法测氧、凯氏蒸馏法定氮、氧化燃烧法测氮等。40 年代出现了真空熔融微压法。60 年代出现了基于惰性气体燃烧法的商用氧氮测定仪，加热燃烧提取装置为脉冲炉，具有耗电少、热效率高、空白低、温度高的优点，检测方法为红外吸收法和热导法，并实现了自动升降电极、自动加样、密闭循环水冷系统三项重要改进。目前，脉冲加热红外吸收热导分析法成为氧氮定量分析的主要方法，其特点是灵敏度高、操作简单、分析成本低、对环境污染小。

脉冲加热红外吸收热导分析法主要用于固体无机材料中氧、氮量的测定。在惰性气氛下，经脉冲炉加热熔融样品，样品中的氧与石墨坩埚的碳发生氧化反应生成 CO 或 CO_2，氮被还原为 N_2，通过红外吸收法检测 CO 和 CO_2 的含量，热导法检测 N_2 的含量，从而计算出样品中氧、氮含量。该法广泛应用于稀土金属及功能材料等方面，是稀土行业常用的国标分析方法。

影响脉冲加热红外吸收热导法测定氧、氮含量的主要因素有灰尘、杂质和水分，因此需要做好仪器的日常维护，及时更换石英棉、碱石棉和高氯酸镁，定期清理上、下电极，更换密封圈，以保证进入气室载气纯净、气流通畅、流量稳定，并做好循环水冷系统的维护。分析低含量氧、氮时，应保证助熔剂称量一致，坩埚空白值低且稳定。

氧、氮分析用助熔剂主要有镍囊、镍篮、锡粒等。通过助熔剂和功率选择，使样品燃烧完全，释放曲线光滑，无多峰、拖尾现象。

测定固体无机材料氧、氮含量时，应保证样品洁净。块状试样应打磨去皮，制成小块，清洗、干燥后立即测定。

1.2.10 离子色谱法[21]

离子色谱（简称 IC）是高效液相色谱的一种，是分析离子的一种液相色谱方法。根据分离机理，离子色谱可分为高效离子交换色谱 HPIC、离子排斥色谱 HPIEC 和离子对色谱 MPIC。

离子色谱仪最基本的组件是流动相容器、高压输液泵、进样器、色谱柱、检测器和数据处理系统。此外，可根据需要配置流动相在线脱气装置、自动进样系统、流动相抑制系统、柱后反应系统和全自动控制系统等。

应用离子交换的原理，采用低交换容量的离子交换树脂来分离离子，这在离子色谱中应用最广泛，其主要填料类型为有机离子交换树脂，以苯乙烯二乙烯苯共聚体为骨架，在苯环上引入磺酸基，形成强酸型阳离子交换树脂，引入叔胺基形成季铵型强碱性阴离子交换树脂，此交换树脂具有大孔或薄壳型或多孔表面层型的物理结构，以便于快速达到交换平衡。分离的原理是基于离子交换树脂上可离解的离子与流动相中具有相同电荷的溶质离子之间进行的可逆交换和分析物溶质对交换剂亲和力的差别，适用于亲水性阴、阳离子的分离。

离子色谱法测定阴离子是基于阴离子与固定相吸附-解吸能力存在差异，造成流动相中阴离子在固定相上保留时间不同，达到分离测定的目的。无机阴离子是发展最早，也是目前最成熟的离子色谱检测方法，包括水相样品中的氟、氯、溴等卤素阴离子，硫酸根、硫代硫酸根、氰根等阴离子，可广泛应用于饮用水水质检测，啤酒、饮料等食品的安全，废水排放达标检测，冶金工艺水样、石油工业样品等工业制品的质量控制。

稀土中阴离子的测定有报道采用离子色谱法，如氟化稀土中氯离子的检测，碳酸稀土及氯化稀土中硫酸根的检测，稀土金属及其氧化物中氟离子、氯离子、溴离子的检测等。由于离子色谱仪的流动相常使用氢氧化钠溶液、碳酸钠或碳酸氢钠溶液，直接测定时，易形成氢氧化稀土或碳酸稀土沉淀而堵塞分离柱，一般需分离稀土离子后再测定，方法有一定的局限性，且无法达到水中阴离子的测定下限（10μg/L），因此应用受到局限。

一般用于阴离子与稀土离子分离的方法有萃取法、沉淀法、蒸馏法及离子交换法。萃取法将稀土离子与有机相结合，阴离子在水相中直接采用离子色谱仪进行测定；沉淀法是采用硫酸溶解样品，用氢氧化钡沉淀稀土离子及硫酸根离子，滤液采用离子色谱仪测定阴离子；蒸馏法是将样品溶解后，高氯酸将氟离子与稀土离子分开，水吸收氟离子后离子色谱仪测定氟离子的含量；离子交换法是将稀土样品溶解后，阳离子交换树脂将稀土离子与阴离子分离，交换后的溶液直接采用离子色谱仪测定阴离子。在溶解样品时，一方面，不要引入待测的阴离子，另一方面，溶解样品引入的阴离子应对待测阴离子的影响较小。

参 考 文 献

［1］ 徐光宪，倪嘉赞，刘余凡，等，稀土［M］．北京：冶金工业出版社，2005.

［2］ 华中师范学院，分析化学［M］．北京：高等教育出版社，1981.

［3］ 印永嘉，顾月姝，陈德昌，等．大学化学手册［M］．济南：山东科学技术出版社，1985.

［4］ 倪德桢，庄永泉，王琳，等．稀土冶金分析手册［M］．包头：中国稀土学会《稀土》编辑部，1994.

［5］ 江祖成，蔡汝秀，张华山．稀土元素分析化学［M］．北京：科学出版社，2000.

［6］ 刘珍，黄沛成，于世林，等．化验员读本［M］．北京：化学工业出版社，2006.

［7］ 刘文华．稀土元素分析［J］．分析试验室，2012，30（7）：89~108.

［8］ 武汉大学．分析化学［M］．4 版．北京：高等教育出版社，2000.

［9］ 邓勃．原子吸收光谱分析的原理、技术和应用［M］．北京：清华大学出版社，2004.

［10］ 于红梅，王超．国产原子吸收光谱仪器的发展现状及新趋势［J］．现代科学仪器，2010（6）：81~83.

［11］ 薛光荣，夏敏勇，沈志希．用原子吸收光谱仪的技术方法进行材料分析的应用［J］．现代仪器，2008（6）：58~61.

［12］ 汪雨，陈舜琮，杨啸涛．连续光源原子吸收光谱法的研究进展及应用［J］．冶金分析，2011，31（2）：38~47.

［13］ WU Wenqi，XU Tao，HAO Qian，et al. Applications of X-ray Fluorescence Analysis of Rare Earths in China［J］．Journal of rare earths，2010，28（S）：30~36.

［14］ 吴文琪，许涛，郝茜，等．X射线荧光光谱分析稀土的研究进展［J］．冶金分析，2011，31（3）：33~41.

［15］ 张启超，贺春福，任红星．稀土元素的X射线荧光光谱分析［J］．光谱学与光谱分析，1992，12（1）：89~94.

［16］ 陆少兰，李世珍，郝贡章，等．X射线荧光光谱法在稀土元素分析中的应用［J］．分析试验室，1995，14（1）：66~70.

［17］ 刘玲，李红霞．电感耦合等离子体原子发射光谱应用研究进展［J］．现代企业教育，2012（23）：297~300.

［18］ 崔天龙．电感耦合等离子体发射光谱法在化学分析中的应用［J］．科技风，2017（16）：257.

［19］ 朱玉华，高兰，龚斌，等．中国稀土标准汇编［M］．北京：中国标准出版社，2016.

［20］ 赵藻藩，周性尧，张悟铭，等．仪器分析［M］．北京：高等教育出版社，1990.

［21］ 朱明华．仪器分析［M］．北京：高等教育出版社，2000.

［22］ 刘平，董速伟，李安运，等．ICP-MS在稀土元素分析中的应用［J］．有色金属科学与工程，2011，02（3）：83~87.

［23］何蔓，林守麟，胡圣虹，等．氢化物发生进样与 ICP-MS 检测方法的联用［J］. 光谱学与光谱分析，2002，22（3）：464~469.

［24］刘鹏宇，邵光，刘文华，等．ICP-MS 的仪器参数对稀土元素离子信号强度的影响［J］. 北京科技大学学报，1999，21（4）：376~378.

［25］李金英，郭冬发，姚继军，等．电感耦合等离子体质谱（ICP-MS）新进展［J］. 质谱学报，2002，23（3）：164~179.

［26］何蔓，胡斌，江祖成，等．一种用于研究 ICP-MS 中基体效应的新方法——逐级稀释法［C］//第十届全国稀土元素分析化学学术报告会论文集：39~40.

［27］臧慕文，刘春晓．高纯无机材料分析技术与化学试剂［C］//全国试剂与应用技术交流会大会报告. 2006：29~35.

［28］王长华．ICP-MS 反应池技术应用于高纯钨中痕量 K、Ca、Fe 和 Si 的测定研究［C］//中国物理学会质谱分会第八届全国会员代表大会暨第九届全国学术交流会论文集. 2008：62~63.

2 稀土矿石

2.1 稀土总量的测定

2.1.1 稀土原矿中稀土总量的测定——电感耦合等离子体质谱法

【适用范围】

本方法适用于白云鄂博矿、独居石、氟碳铈矿、磷钇矿、稀土铌钽矿[1]、硅铍钇矿、铁矿石中稀土总量的测定。测定范围：0.010%~0.50%。

【方法提要】

试样用氢氧化钠-过氧化钠熔融分解，使稀土元素与硅、铝、钠等元素分离，用硝酸和高氯酸破坏滤纸并溶解沉淀，在稀酸介质中，以电感耦合等离子体质谱法测定稀土元素。

【试剂与仪器】

（1）氢氧化钠；

（2）过氧化钠；

（3）硝酸（$\rho=1.42\text{g/cm}^3$，1+99）；

（4）盐酸（$\rho=1.19\text{g/cm}^3$，1+1）；

（5）高氯酸（$\rho=1.67\text{g/cm}^3$）；

（6）氢氧化钠洗液（20g/L）；

（7）稀土混合标准溶液：1mL 含 15 个稀土元素各 1μg，1%硝酸介质；

（8）铯标准溶液：1μg/mL，1%硝酸介质；

（9）电感耦合等离子体质谱仪：质量分辨率（0.7±0.1）amu。

推荐测定同位素见表 2-1。

表 2-1 测定元素质量数

元素	质量数	元素	质量数
La	139	Eu	151，153
Ce	140	Gd	160
Pr	141	Tb	159
Nd	143，146	Dy	163，164
Sm	147，148	Ho	165

元素	质量数	元素	质量数
Er	166, 170	Lu	175
Tm	169	Y	89
Yb	172, 174	Cs	133

【分析步骤】

准确称取 0.3g 试样，置于盛有 3g 氢氧化钠（预先加热除去水分）的 30mL 镍坩埚中，覆盖 1.5g 过氧化钠，置于 750℃ 高温炉中熔融 7~10min（中间取出摇动一次），取出稍冷。将坩埚置于 400mL 烧杯中，加入 100mL 热水浸取，待剧烈作用停止后，取出坩埚，用水冲洗坩埚外壁，用滴管吸取约 2mL 盐酸（1+1）冲洗坩埚，用水洗净坩埚取出。控制溶液体积约为 180mL，将溶液煮沸 2min，取下，稍冷，用中速滤纸过滤，以氢氧化钠洗液洗涤烧杯 2~3 次、洗涤沉淀 5~6 次。将沉淀连同滤纸放入原烧杯中，加入 30mL 硝酸和 5mL 高氯酸，盖上表面皿，加热破坏滤纸和溶解沉淀，待剧烈作用停止后继续冒烟并蒸发体积至 2~3mL，取下，冷却至室温。加入 5mL 硝酸，加热溶解盐类，取下，冷却至室温，移入 100mL 容量瓶中，摇匀。根据样品中稀土含量，移取 1~10mL 溶液于 100mL 容量瓶中，加入 1mL 铯标准溶液，用硝酸（1+99）定容，摇匀待测。

【标准曲线绘制】

准确移取 0、0.5、1.0、5.0、10.0mL 稀土混合标准溶液于一组 100mL 容量瓶中，加 1.00mL 铯标准溶液，用硝酸（1+99）稀释至刻度，混匀。此标准系列溶液的浓度为 0、5.0、10.0、50.0、100.0ng/mL。

将标准系列溶液与待测试液一起于电感耦合等离子体质谱仪上测定 15 个稀土元素的浓度。

【分析结果计算】

按式（2-1）计算试样中稀土总量的质量分数（%）：

$$w = \frac{\sum (\rho_i - \rho_0) V_2 V_0 \times 10^{-9}}{m V_1} \times 100\% \tag{2-1}$$

式中，ρ_i 为试液中第 i 个稀土元素的质量浓度，ng/mL；ρ_0 为空白试液中稀土元素的质量浓度，ng/mL；V_0 为试液总体积，mL；V_1 为移取试液的体积，mL；V_2 为测定试液的体积，mL；m 为试样的质量，g。

【注意事项】

如样品中含有 Cs 元素，会干扰内标的校正，可用 1.00μg/mL 铑标准溶液作为校正内标。

2.1.2　铁矿石中稀土总量的测定——萃取分离偶氮氯膦 mA 分光光度法

【适用范围】

本方法适用于天然铁矿石、铁精矿和块矿，包括烧结产品中稀土总量的测定。测定范围：0.020%～1.00%。

【方法提要】

试样经碱熔，盐酸浸取熔融物，在弱酸性介质中，用 PMBP－苯萃取稀土分离干扰元素，在酸性介质中，偶氮氯膦 mA 与稀土元素生成有色配合物，在波长 672nm 处测量吸光度，借此测定稀土总量。

【试剂与仪器】

（1）碳酸钠-四硼酸钠混合熔剂（2+1）：研磨混合均匀制备成混合熔剂；

（2）盐酸（1+24）；

（3）抗坏血酸溶液：100g/L（用时现配）；

（4）硫氰酸铵溶液：600g/L；

（5）磺基水杨酸（600g/L）：称取 300g 磺基水杨酸，用水溶解后，用氨水（1+4）中和至 pH＝5 左右，加水稀释至 500mL，混匀；

（6）草酸溶液：25g/L；

（7）乙酸-乙酸铵缓冲溶液：pH＝5.5；

（8）萃洗液：于 100mL 硫氰酸铵溶液中加入 100mL 磺基水杨酸，120mL 乙酸-乙酸铵缓冲溶液，加入 270mL 水，混匀；

（9）PMBP－苯溶液；1%；

（10）Zn-EDTA 溶液：用 500mL 水溶解 1.35g 乙酸锌和 25g EDTA，混匀；

（11）偶氮氯膦 mA 溶液：0.5g/L；

（12）混合稀土标准溶液：4μg/mL，盐酸（5+95）介质；

（13）分光光度计。

【分析步骤】

准确称取试样 0.3g 于盛有 3g 混合熔剂的铂坩埚中，再覆盖 1g 混合熔剂，盖上铂盖，于 950℃马弗炉中熔融 20min（中间取出摇动一次），取出，冷却。将铂坩埚及盖移入预先盛有 100mL 水的烧杯中，加 10mL 盐酸，加热至熔融物溶解。洗出铂坩埚及盖，冷却至室温，将溶液移入 250mL 容量瓶中。

根据含量范围移取 2～10mL 试液于 60mL 分液漏斗中，加 2mL 抗坏血酸溶液，混匀，放置片刻，加入 5mL 硫氰酸铵溶液、2mL 磺基水杨酸溶液，用氨水（1+4）调 pH＝5 左右，加入 5mL 乙酸-乙酸铵缓冲溶液，加入 15mL PMBP－苯溶液，振荡 1min，静置分层后弃去水相。有机相用 5mL 萃洗液洗 2 次，每次振荡 20s，静置分层后弃去水相，再用约 5mL 水冲洗分液漏斗内壁两次，弃去水相，加入 5mL 盐酸（1+24），振荡 30s 后，静置分层，将水相放入 25mL 容量瓶中。加入 1mL 草酸溶液、1mL Zn-EDTA 溶液，2mL 偶氮氯膦 mA 溶液，用水稀释至刻度，混匀。将部分溶液移入 1cm 比色皿中，以随同试料的空白试验溶液为参比，于分光光度计上波长 672nm 处测量其吸光度，从标准曲线上查出相应的稀土量。

【标准曲线绘制】

于一系列 25mL 容量瓶中，准确移取 0、1.0、2.0、3.0、4.0、5.0、6.0、7.0mL 混合稀土标准溶液，加 5mL 盐酸（1+24），加入 1mL 草酸溶液，以下按上述分析步骤操作。以稀土量为横坐标，以吸光度值为纵坐标，绘制标准曲线。

【分析结果计算】

按式（2-2）计算试样中稀土总量的质量分数（%）：

$$w = \frac{m_1 V_0 \times 10^{-6}}{mV} \times 100\% \tag{2-2}$$

式中，m_1 为从标准曲线上查得稀土质量，μg；m 为试样质量，g；V_0 为试液总体积，mL；V 为移取试液体积，mL。

【注意事项】

（1）混合稀土标准溶液由白云鄂博矿提取的氧化物制备标准贮存溶液稀释得到。

（2）在显色时，加入 1mL 草酸溶液、1mL Zn-EDTA 溶液络合溶液中铁、铝离子，以消除其干扰。

（3）稀土氧化物含量较高时，经过萃取富集后的稀土有机溶液，反萃后也可以直接采用电感耦合等离子体发射光谱法测定。

2.1.3　铁矿石中稀土总量的测定——草酸盐重量法

【适用范围】

本方法适用于铁矿石中稀土总量的测定。测定范围：5.0%~15.0%。

【方法提要】

试样用氢氧化钠-过氧化钠熔融分解，以稀三乙醇胺浸取，在盐酸羟胺存在下，采用 EDTA 络合分离铁、锰、铝、钙等干扰元素，在 pH = 1.8~2.0 草酸中沉淀稀土和钍，于 950℃将草酸沉淀灼烧成为氧化物。测定沉淀中氧化钍量，合量中扣除氧化钍量即为稀土氧化物总量。

【试剂与仪器】

（1）氢氧化钠；

（2）过氧化钠；

（3）乙二胺四乙酸二钠，简称 EDTA；

（4）抗坏血酸；

（5）盐酸羟胺；

（6）盐酸（$\rho = 1.19\text{g/cm}^3$，1+1，1+99）；

（7）硝酸（$\rho = 1.42\text{g/cm}^3$）；

（8）高氯酸（$\rho = 1.67\text{g/cm}^3$）；

（9）过氧化氢（30%）；

（10）氨水（1+1）；

（11）氢氧化钠洗液（20g/L）；

（12）三乙醇胺溶液（5+95）；

（13）草酸溶液（100g/L）；

（14）草酸洗液：称取 1g 草酸，溶于 100mL 水中，用氨水调节 pH = 1.5～1.7；

（15）百里酚蓝指示剂溶液（1g/L）；

（16）二氧化钍标准溶液（50μg/mL，盐酸(2+98)介质）；

（17）电感耦合等离子体发射光谱仪，倒线色散率不大于 0.26nm/mm。

【分析步骤】

准确称取 0.5g 试样置于盛有 3～5g 氢氧化钠（预先加热除去水分）的刚玉坩埚中，覆盖 2g 过氧化钠，置于 750℃马弗炉中熔融 7～10min（中间取出摇动一次），取出稍冷。将坩埚置于盛有 100mL 三乙醇胺溶液（溶液不宜过热）和 1g EDTA 及少许盐酸羟胺的 300mL 烧杯中，待剧烈作用停止后，置低温处加热至沸后取下，洗出坩埚。将溶液煮沸 2min，稍冷。用中速滤纸过滤，以氢氧化钠洗液洗涤烧杯 2～3 次、洗涤沉淀 5～6 次。

将沉淀和滤纸置于原玻璃烧杯中，加入 30mL 硝酸、5mL 高氯酸，加热使沉淀和滤纸溶解完全，继续加热至冒高氯酸白烟，并蒸至近干。取下，稍冷后，加入 5mL 盐酸（1+1），用水吹洗杯壁，加热使盐类溶解至清亮。用中速定量滤纸过滤于 300mL 烧杯中。用热的盐酸洗液（1+99）洗净烧杯，并洗涤滤纸 8～10 次，弃去滤纸。

将滤液用水稀释至 100mL 左右，加热煮沸，取下，加入近沸的 40mL 草酸溶液，加 8 滴百里酚蓝指示剂溶液，用氨水（1+1）中和至溶液呈黄色，再以盐酸（1+1）调至微红色，加热煮沸并保温 30min，冷却至室温，放置 2～4h。用慢速定量滤纸过滤，用草酸洗液洗涤烧杯 2～3 次，用小块滤纸擦净烧杯，将沉淀全部转移至滤纸上，洗涤沉淀 8～10 次。

将沉淀连同滤纸放入已恒重的铂坩埚中，低温加热，将沉淀和滤纸灰化。将铂坩埚于 950℃高温炉中灼烧 40min，将铂坩埚及烧成的氧化稀土取出，置于干燥器中，冷却至室温，称其质量。重复操作，直至恒重。

氧化钍量的测定

分析试液的制备　于已称量的铂坩埚中加入 5mL 盐酸（1+1），加热溶解至清亮，取下，冷却至室温。将溶液转移至 50mL 容量瓶中，用水稀释至刻度，混匀待测。

二氧化钍标准溶液配制　准确移取 0、0.5、2.0、5.0、10.0mL 二氧化钍标准溶液于 5 个 50mL 容量瓶中，分别加入 5mL 盐酸（1+1），用水稀释至刻度，混匀。二氧化钍系列标准溶液质量浓度分别为 0、0.50、2.00、5.00、10.00μg/mL。

将待测分析试液与二氧化钍标准溶液同时于波长 283.730nm 或 283.232nm 处进行氩等离子体光谱测定。

【分析结果计算】

按式（2-3）计算稀土氧化物总量的质量分数（%）：

$$w = \frac{m_1 - m_2}{m_0} \times 100\% - \frac{(\rho - \rho_0)V_0 V_2 \times 10^{-6}}{m_0 V_1} \times 100\% \qquad (2\text{-}3)$$

式中，m_1 为铂坩埚及烧成物的质量，g；m_2 为铂坩埚的质量，g；m_0 为试样的质量，g；ρ 为分析试液中二氧化钍的质量浓度，μg/mL；ρ_0 为空白溶液中二氧化钍的质量浓度，μg/mL；V_2 为分析试液的体积，mL；V_0 为试液总体积，mL；V_1 为移取试液的体积，mL。

【注意事项】

二氧化钍含量较低时（<0.20%），可不扣除稀土氧化物中的氧化钍量而直接测定稀土总量。

2.1.4　白云鄂博矿中稀土总量的测定——电感耦合等离子体发射光谱法

【适用范围】

本方法适用于白云鄂博矿中稀土总量的测定。测定范围：0.50%~10.00%。

【方法提要】

试样以氢氧化钠、过氧化钠熔融分解，过滤除去硅、铝等元素及大量钠盐。以硝酸、高氯酸破坏滤纸和溶解沉淀。在稀酸介质中，直接以氩等离子体激发进行光谱测定，从标准曲线中求得各测定元素含量并求和。

【试剂与仪器】

(1) 氢氧化钠；

(2) 过氧化钠；

(3) 硝酸（$\rho = 1.42\text{g/cm}^3$）；

(4) 盐酸（$\rho = 1.19\text{g/cm}^3$，1+1，1+3）；

(5) 高氯酸（$\rho = 1.67\text{g/cm}^3$）；

(6) 氧化镧、氧化铈、氧化镨、氧化钕、氧化钐、氧化铕、氧化钇和氧化钇标准溶液：1mL 含 50μg 各稀土氧化物；

(7) 氩气（>99.99%）；

(8) 电感耦合等离子体发射光谱仪，倒线色散率不大于 0.26nm/mm。

【分析步骤】

准确称取 0.4g 试样于盛有 4g 氢氧化钠（预先加热除去水分）的镍坩埚中，覆盖 2g 过氧化钠，于 750℃ 马弗炉中熔融 7~10min（中间取出摇动一次）。取出，稍冷，放入盛有 100mL 温水的 300mL 烧杯中，待剧烈作用停止后，取出坩埚，用水清洗，用滴管吸取约 2mL（1+1）的盐酸清洗坩埚内壁，再用水洗净坩埚，将溶液加热煮沸，取下。

稍冷后中速滤纸过滤，用水洗涤沉淀 2~3 次。沉淀连同滤纸放入原烧杯中，加入 30mL 硝酸及 5mL 高氯酸，盖上表面皿，加热破坏滤纸及溶解沉淀。待滤纸消解完全，高氯酸冒烟至近干时，取下。冷却至室温后，以 20mL 盐酸（1+3）提取盐类，加热至溶液清亮，取下。冷却后，移入 100mL 容量瓶中，以水稀释至刻度，混匀。

准确移取 5~10mL 试液于 50mL 容量瓶中，加 2mL 盐酸（1+1），用水稀释至刻度，摇匀待测。

【标准曲线绘制】

于 4 个 100mL 容量瓶中加入各稀土氧化物标准贮备液或标准溶液，加 5mL 盐酸（1+1），以水稀释至刻度，混匀。标准系列溶液质量浓度如表 2-2 所示。

将标准溶液与试液于表 2-3 所示分析波长处，用电感耦合等离子体发射光谱仪进行测定。

表 2-2　标准溶液质量浓度

标液编号	质量浓度/μg·mL^{-1}							
	La$_2$O$_3$	CeO$_2$	Pr$_6$O$_{11}$	Nd$_2$O$_3$	Sm$_2$O$_3$	Eu$_2$O$_3$	Gd$_2$O$_3$	Y$_2$O$_3$
1	0	0	0	0	0	0	0	0
2	2.50	5.00	0.50	1.50	0.10	0.10	0.10	0.10
3	10.00	20.00	2.00	6.00	0.40	0.40	0.40	0.40
4	25.00	50.00	5.00	15.00	1.00	1.00	1.00	1.00

表 2-3　测定元素波长

元素	La	Ce	Pr	Nd
分析线/nm	398.852	446.021	410.072	430.357

元素	Sm	Eu	Gd	Y
分析线/nm	360.948	272.778	310.051	371.029

【分析结果计算】

按式（2-4）计算稀土总量的质量分数（%）：

$$w = \frac{\sum (\rho - \rho_0) V_1 V_3 \times 10^{-6}}{mV_2} \times 100\% \tag{2-4}$$

式中，ρ 为分析试液中稀土氧化物的质量浓度，$\mu g/mL$；ρ_0 为空白试液中稀土氧化物的质量浓度，$\mu g/mL$；V_1 为分析试液体积，mL；V_2 为分取试液体积，mL；V_3 为试样总体积，mL；m 为试样质量，g。

【注意事项】

（1）白云鄂博矿中铽、镝、钬、铒、铥、镱、镥含量之和小于稀土总量的 0.5%，可忽略不计。

（2）分析试液的基体浓度大于 2mg/mL 时，采用基体效应校正法校正结果。将计算结果除以基体效应校正因子 k。$k =$［加标试液中被测元素质量浓度（$\mu g/mL$）－分析试液中被测元素质量浓度（$\mu g/mL$）］÷标准加入元素质量浓度（$\mu g/mL$）。

2.1.5 稀土精矿中稀土总量的测定——草酸盐重量法

【适用范围】

本方法适用于白云鄂博稀土精矿、四川稀土精矿、山东微山湖稀土精矿及独居石精矿中稀土氧化物总量的测定。测定范围：20.0%～80.0%。

【方法提要】

试样用氢氧化钠-过氧化钠熔融分解，以分离硅、铝。沉淀用盐酸溶解，氟化分离铁、锰、钛、铌、钽、镍等。高氯酸冒烟除硅。氨水沉淀分离钙、镁。在 pH = 1.8～2.0 草酸沉淀稀土和部分钍，灼烧至恒重。测定沉淀中氧化钍量，合量中扣除氧化钍量即为稀土氧化物总量。

【试剂与仪器】

（1）氢氧化钠；

（2）过氧化钠；

（3）氯化铵；

（4）氢氟酸（$\rho = 1.15g/cm^3$）；

（5）高氯酸（$\rho = 1.67g/cm^3$）；

（6）过氧化氢（30%）；

（7）硝酸（$\rho = 1.42g/cm^3$）；

（8）氨水（$\rho = 0.90g/cm^3$，1+1）；

（9）盐酸（$\rho = 1.19g/cm^3$，1+1）；

（10）盐酸洗液（2+98）；

（11）氢氧化钠洗液（20g/L）；

（12）盐酸-氢氟酸洗液（2+2+96）；

（13）氯化铵-氨水洗液：100mL 水中含 2g 氯化铵和 2mL 氨水；

（14）草酸溶液（100g/L）；

（15）甲酚红溶液（2g/L，乙醇（1+1）介质）；

（16）草酸洗液：100mL 溶液中含 1g 草酸、1g 草酸铵及 1mL 无水乙醇；

（17）二氧化钍标准溶液（50μg/mL，盐酸（2+98）介质）；

（18）电感耦合等离子体发射光谱仪，倒线色散率不大于 0.26nm/mm。

【分析步骤】

准确称取试样 0.4g 置于盛有 3g 氢氧化钠（预先加热除去水分）的镍坩埚中，覆盖 1.5g 过氧化钠，置于 750℃ 马弗炉中熔融 7~10min（中间取出摇动一次），取出稍冷。将坩埚置于 300mL 烧杯中，加 100mL 热水浸取。待剧烈作用停止后，用水冲洗坩埚及外壁，加入 2mL 盐酸溶液（1+1）洗涤坩埚，用水洗净并取出坩埚，控制体积约 180mL，加 1mL 过氧化氢。将溶液煮沸 2min，稍冷。用中速滤纸过滤，以热氢氧化钠洗液洗涤烧杯 2~3 次、洗涤沉淀 5~6 次。

将沉淀连同滤纸放入 250mL 聚四氟乙烯烧杯中，加入 20mL 盐酸（1+1）及 10~15 滴过氧化氢。将滤纸捣碎，加热溶解沉淀，补加热水至约 100mL。在不断搅拌下加入 15mL 氢氟酸，于沸水浴上保温 30~40min，每隔 10min 搅拌一次。取下，冷却至室温，用定量慢速滤纸过滤，用盐酸-氢氟酸洗液洗涤聚四氟乙烯烧杯 3~4 次（用滤纸片擦净烧杯），洗涤沉淀及滤纸 8~10 次。

将沉淀和滤纸置于原玻璃烧杯中，加入 30mL 硝酸、5mL 高氯酸，加热使沉淀和滤纸溶解完全，继续加热至冒高氯酸白烟，并蒸至近干。取下，稍冷后，加入 5mL 盐酸（1+1），用水吹洗杯壁，加热使盐类溶解至清亮。用定量中速滤纸过滤于 300mL 烧杯中。用热的盐酸洗液洗净烧杯，并洗滤纸 8~10 次，弃去滤纸。在滤液中加入 2g 氯化铵，以水稀释至约 100mL，加热至近沸，滴加氨水（1+1）至刚出现沉淀，加入 0.1mL 过氧化氢、30mL 氨水（1+1），煮沸。用中速定量滤纸过滤。用氯化铵-氨水洗液洗涤烧杯 2~3 次、洗涤沉淀 6~7 次，弃去滤液。

将沉淀和滤纸放于原烧杯中，加入 20mL 盐酸（1+1），3~4 滴过氧化氢用玻璃棒将滤纸捣碎。加入 100mL 水，煮沸。加入近沸的 50mL 草酸溶液，加 4~6 滴甲酚红溶液，用氨水（1+1）、盐酸（1+1）和精密 pH 试纸调节 pH＝1.8~2.0，于 80~90℃ 保温 40min，冷却至室温，放置 2h。用慢速定量滤纸过滤，用草酸洗液洗涤烧杯 2~3 次，用小块滤纸擦净烧杯，将沉淀全部转移至滤纸上，洗涤沉淀 8~10 次。

将沉淀连同滤纸放入已恒重的铂坩埚中，灰化，于 950℃ 高温炉中灼烧

40min，取出稍冷置于干燥器中，冷却至室温，称其质量。重复此操作，直至恒重。

氧化钍量的测定

分析试液的制备　于已称量的铂坩埚中加入 5mL 盐酸（1+1），加热溶解至清亮，取下，冷却至室温。将溶液转移至 100mL 容量瓶中，用水稀释至刻度，混匀。分取 2mL 试液于 50mL 容量瓶中，加入 2mL 盐酸（1+1），用水稀释至刻度，混匀。

二氧化钍标准溶液配制　准确移取 0、0.5、2.0、5.0、10.0mL 二氧化钍标准溶液于 5 个 50mL 容量瓶中，分别加入 2mL 盐酸（1+1），用水稀释至刻度，混匀。二氧化钍系列标准质量浓度分别为 0、0.5、2.0、5.0、10.0μg/mL。

将待测分析试液与二氧化钍标准溶液同时于波长 283.730nm 或 283.232nm 处进行氩电感耦合等离子体光谱测定。

【分析结果计算】

按式（2-5）计算稀土氧化物总量的质量分数（%）：

$$w = \frac{m_1 - m_2}{m_0} \times 100\% - \frac{(\rho - \rho_0)V_0 V_2 \times 10^{-6}}{m_0 V_1} \times 100\% \qquad (2\text{-}5)$$

式中，m_1 为铂坩埚及烧成物的质量，g；m_2 为铂坩埚的质量，g；m_0 为试样的质量，g；ρ 为分析试液中二氧化钍的质量浓度，μg/mL；ρ_0 为空白试液中二氧化钍的质量浓度，μg/mL；V_2 为分析试液的体积，mL；V_0 为试液总体积，mL；V_1 为分取试液的体积，mL。

【注意事项】

（1）碱熔分离硅、铝、氟及磷酸根时，也可以用铁坩埚，但氢氧化铁沉淀为无定型沉淀，难于过滤洗涤。

（2）氟化分离时，需有纸浆，否则氟化稀土过滤时易于穿滤造成结果偏低。

（3）二氧化钍含量较低时（<0.20%），可不扣除稀土氧化物中的氧化钍量而直接测定稀土总量。

2.1.6　稀土精矿中稀土总量的测定——熔融片—X 射线荧光光谱法[2~5]

【适用范围】

本方法适用于白云鄂博稀土精矿中稀土总量的测定。测定范围：25.0%~65.0%。

【方法提要】

用熔融法制备玻璃样片，消除矿物效应、粒度效应及表面效应，用 X 射线荧光光谱仪测定各稀土元素荧光强度，以经验系数法校正基体效应，由标准曲线查得各元素的浓度值，所有元素的浓度值总和即为稀土总量。

【试剂与仪器】

　　（1）无水四硼酸锂/偏硼酸锂混合熔剂（67+33）：优级纯；

　　（2）硝酸锂：优级纯；

　　（3）氧化硼：优级纯；

　　（4）白云鄂博稀土精矿标样（30、40、50、55、60 精矿）；

　　（5）溴化铵溶液：20g/L；

　　（6）铂黄坩埚；

　　（7）氩甲烷气（甲烷 10%）；

　　（8）仪器：顺序式 X 射线荧光光谱仪，最大使用功率不小于 3kW；

　　（9）自动熔样机：最高温度 1300℃。

【分析步骤】

　　准确称取无水四硼酸锂/偏硼酸锂混合熔剂 6.000g、硝酸锂 0.5g 于铂-黄金坩埚内，准确称取试料 0.6000g 均匀铺于硝酸锂之上，上覆盖 0.5000g 氧化硼，滴加 0.5mL 溴化铵溶液，于自动熔样机 1050℃熔融 20min。熔样完成后取出坩埚，置于水平绝缘板上冷却 10min 后倒扣坩埚，取出样片编号待测。

　　仪器工作条件　　激发电压 60kV，激发电流 60mA，无滤光片，LiF200 晶体，300μm 准直器，真空光路，样品自旋，峰位及背景测量时间均为 10s。其他条件见表 2-4。

表 2-4　仪器测定条件

通道	谱线	晶体	探测器	检测角 $2\theta/(°)$	背景偏角 $2\theta/(°)$	背景偏角 $2\theta/(°)$	下阈	上阈
Y	KA	LiF200	Scint.	23.7474	−0.4226	0.4556	30	70
La	LA	LiF200	Flow	82.9240	0.9670		35	65
Ce	LA	LiF200	Flow	79.0282	−0.8282		35	65
Pr	LB1	LiF200	Flow	68.2482	0.5122		37	63
Nd	LB1	LiF200	Flow	65.1356	0.6512		35	65
Sm	LB1	LiF200	Flow	59.5336	0.4758		36	64
Eu	LB2	LiF200	Flow	53.4680	0.5320		37	63
Gd	LB1	LiF200	Flow	54.6056	−0.4138		36	64
Ba	LA	LiF200	Flow	87.1764	0.8916		35	65

【标准曲线绘制】

　　将稀土精矿标样按分析步骤操作制成样片，在仪器工作条件下测定各元素 X 射线荧光强度，校正 Nd 对 Eu、Ba 对 Ce 的谱线干扰，以经验系数法校正基体效应，绘制各元素浓度对 X 射线荧光强度的标准曲线。

将试样片放入试样杯中，用 X 射线荧光光谱仪测定，由计算机给出分析结果。

【分析结果计算】

由各元素标准曲线分别将其测量强度转化为各元素浓度值，所有稀土元素浓度值之和即为稀土精矿的稀土总量。

【注意事项】

(1) 混匀试样时应避免试料与坩埚底和壁接触损坏坩埚。

(2) 如果用马弗炉熔样，则中间需摇动坩埚，将气泡赶尽，使样片均匀。

(3) 稀土精矿标样中各稀土元素的浓度值是各元素配分量与稀土总量的乘积。

(4) 白云鄂博稀土精矿标准样品与试样样重及测定条件必须一致。

2.2 氧化钍量的测定

2.2.1 电感耦合等离子体质谱法[1]

【适用范围】

本方法适用于稀土矿石、稀土精矿、焙烧矿、稀土渣中氧化钍量的测定。测定范围：0.0020%~0.50%。

【方法原理】

试样用氢氧化钠-过氧化钠熔融分解，分离硅、铝、钠等元素，用硝酸和高氯酸破坏滤纸并溶解沉淀，在稀酸介质中，于电感耦合等离子体质谱仪上测定钍元素含量。

【试剂和仪器】

(1) 氢氧化钠；

(2) 过氧化钠；

(3) 硝酸（优级纯，$\rho = 1.42g/cm^3$，1+99）；

(4) 盐酸（优级纯，$\rho = 1.19g/cm^3$，1+1）；

(5) 高氯酸（优级纯，$\rho = 1.67g/cm^3$）；

(6) 氢氧化钠洗液（20g/L）；

(7) 二氧化钍标准溶液：$1\mu g/mL$，硝酸（1+99）介质；

(8) 铯标准溶液：$1\mu g/mL$，硝酸（1+99）介质；

(9) 电感耦合等离子体质谱仪：质量分辨率（0.7±0.1）amu。

【分析步骤】

准确称取 0.3g 试样，置于盛有 3g 氢氧化钠（预先加热除去水分）的 30mL 镍坩埚中，覆盖 1.5g 过氧化钠，置于 750℃ 马弗炉中熔融 7~10min（中间取出摇动一次），取出稍冷。将坩埚置于 400mL 烧杯中，加入 120mL 热水浸取，待剧烈作用停止后，取出坩埚，用水冲洗坩埚外壁，用滴管吸取约2mL盐酸（1+1）冲洗坩埚，用水洗净坩埚取出。控制溶液体积约为180mL，将溶液煮沸2min，取下，稍冷，用中速滤纸过滤，以氢氧化钠洗液洗涤烧杯2~3次、洗涤沉淀5~6次。将沉淀连同滤纸放入原烧杯中，加入30mL硝酸和5mL高氯酸，盖上表面皿，加热破坏滤纸和溶解沉淀，待剧烈作用停止后继续冒烟至尽干，取下，冷却至室温。加入5mL硝酸，加热溶解至清凉，取下，冷却至室温，移入100mL容量瓶中，摇匀。

根据样品中二氧化钍含量，准确移取1~10mL溶液于100mL容量瓶中，加入1mL铯标准溶液，用硝酸（1+99）定容，摇匀待测。

【标准曲线绘制】

准确移取0、0.5、1.0、5.0、10.0mL二氧化钍标准溶液于一组100mL容量瓶中，加1.0mL铯标准溶液，用硝酸（1+99）稀释至刻度，混匀。此标准系列的浓度为0、5.0、10.0、50.0、100.0ng/mL。

将二氧化钍标准溶液与待测试液一起于电感耦合等离子体质谱仪上测定钍元素的浓度。

【分析结果计算】

按式（2-6）计算试样中二氧化钍的质量分数（%）：

$$w = \frac{(\rho_1 - \rho_0) V_2 V_0 \times 10^{-9}}{m V_1} \times 100\% \tag{2-6}$$

式中，ρ_1 为试液中钍元素的质量浓度，ng/mL；ρ_0 为空白试液中钍元素的质量浓度，ng/mL；V_0 为试液总体积，mL；V_1 为移取试液的体积，mL；V_2 为测定试液的体积，mL；m 为试样的质量，g。

【注意事项】

当铯内标受到测定干扰时，可选用1.0μg/mL铑或铼作为校正内标。

2.2.2　电感耦合等离子体发射光谱法[6]

【适用范围】

本方法适用于铁矿石、稀土矿石中氧化钍量的测定。测定范围：0.10%~8.00%。

【方法提要】

试样以氢氧化钠、过氧化钠熔融分解，过滤除去硅、铝等元素及大量钠盐。以硝酸、高氯酸破坏滤纸和溶解沉淀。在稀酸介质中，直接以氩等离子体激发进行光谱测定，从标准曲线中求得测定元素含量。

【试剂与仪器】

（1）氢氧化钠；

（2）过氧化钠；

（3）硝酸（$\rho = 1.42\text{g/cm}^3$）；

（4）盐酸（$\rho = 1.19\text{g/cm}^3$，1+1，1+3）；

（5）高氯酸（$\rho = 1.67\text{g/cm}^3$）；

（6）二氧化钍标准溶液：$50\mu\text{g/mL}$；

（7）氩气（>99.99%）；

（8）电感耦合等离子体发射光谱仪，倒线色散率不大于 0.26nm/mm。

【分析步骤】

准确称取 0.4g 试样于盛有 4g 氢氧化钠（预先加热除去水分）的 30mL 镍坩埚中，覆盖 2g 过氧化钠，于 750℃ 马弗炉中熔融 7~10min（中间取出摇动一次），取出，稍冷，用 100mL 温水提取，用约 2mL 盐酸（1+1）清洗坩埚内壁，再用水洗净坩埚，将溶液加热煮沸，取下。稍冷后过滤，用水洗涤沉淀 2~3 次。沉淀连同滤纸放入原烧杯中，加入 20mL 硝酸及 10mL 高氯酸，盖上表面皿，加热破坏滤纸及溶解沉淀。待滤纸消解完全，高氯酸冒烟至近干时，取下。冷却至室温后，以 20mL 盐酸（1+3）提取盐类，加热至溶液清亮，取下。冷却后，移入 100mL 容量瓶中，以水稀释至刻度，混匀。根据二氧化钍的含量，分取 2~20mL 溶液于 50mL 容量瓶中进行测定。

【标准曲线绘制】

准确分取 0、1.0、5.0、10.0mL 二氧化钍标准溶液于 4 个 50mL 容量瓶中，加入 2.5mL 盐酸（1+1），以水稀释至刻度，混匀。此系列标准溶液二氧化钍的质量浓度分别为 0、1.0、5.0、10.0$\mu\text{g/mL}$。

将二氧化钍标准溶液与试样溶液于波长 283.730nm 或 283.232nm 处于电感耦合等离子体发射光谱仪上进行测定。

【分析结果计算】

按式（2-7）计算试样中二氧化钍的质量分数（%）：

$$w = \frac{(\rho - \rho_0)V_1 V_3 \times 10^{-6}}{m V_2} \times 100\% \qquad (2\text{-}7)$$

式中，ρ 为分析试液中二氧化钍的质量浓度，$\mu\text{g/mL}$；ρ_0 为空白试液中二氧化钍的质量浓度，$\mu\text{g/mL}$；V_1 为分析试液体积，mL；V_2 为分取试液体积，mL；V_3 为试样总体积，mL；m 为试样质量，g。

【注意事项】

（1）白云鄂博矿、四川矿以及山东微山湖矿中二氧化钍含量较低，只有独居石矿石中二氧化钍的含量较高。

（2）若样品中铁量大于 1% 时，需采用等效浓度校正因子法进行结果校正或在样品溶解后氟化分离消除铁的干扰。

2.2.3 稀土精矿中氧化钍量的测定——偶氮胂Ⅲ分光光度法

【适用范围】

本方法适用于稀土精矿中氧化钍量的测定。测定范围：0.050%~0.50%。

【方法提要】

试样用硫酸-磷酸混合酸溶解，在0.5mol/L的硫酸介质中，用伯胺-苯溶液萃取，钍与大量稀土、铁、磷等元素分离，用4mol/L盐酸反萃取钍，在5mol/L盐酸介质中，于分光光度计波长660nm处测量钍与偶氮胂Ⅲ配合物的吸光度。

【试剂与仪器】

（1）草酸；

（2）抗坏血酸；

（3）硫酸（$\rho=1.84g/cm^3$，1+5，1+35）；

（4）磷酸（$\rho=1.69g/cm^3$）；

（5）高氯酸（$\rho=1.67g/cm^3$）；

（6）盐酸（$\rho=1.19g/cm^3$，1+2）；

（7）草酸-盐酸混合酸：40g草酸溶于水中，稀释至500mL，加入500mL盐酸，混匀；

（8）碳酸钠（20g/L）；

（9）伯胺-苯（1+99）：用等体积碳酸钠溶液洗2次，水洗1次，再用硫酸（1+35）平衡一次，弃去水相后备用；

（10）偶氮胂Ⅲ显色剂（1g/L）：滤去不溶物；

（11）二氧化钍标准溶液：10μg/mL，盐酸(2+98)介质；

（12）分光光度计。

【分析步骤】

准确称取试样0.2g于100mL烧杯中，用少量水润湿，加5mL硫酸、5mL磷酸及1~2mL高氯酸，盖上表面皿，于低温电炉上加热（经常摇动），使试样溶解完全，待高氯酸烟冒净（小气泡刚冒完，溶液趋于平静），取下，冷却。用少量水提取，将盐类溶解，移入100mL容量瓶中。

准确移取5mL试液于60mL分液漏斗中，加少许抗坏血酸，并以硫酸（1+35）稀释至20mL，加20mL伯胺-苯萃取剂，振摇2min，分层后，弃去水相，分别用20mL硫酸（1+5）洗涤两次，弃去水相。有机相分别用15mL盐酸（1+2）反萃两次，反萃液放入50mL容量瓶中，加少许抗坏血酸，摇匀，补加8~9mL盐酸（1+2），5mL草酸-盐酸混合酸，流水冷却至室温，加入2.0mL偶氮胂Ⅲ显色剂，以水稀释至刻度，混匀。在分光光度计上，波长660nm，3cm比色皿，并以试剂空白作参比，测量吸光度。从标准曲线上查得氧化钍量。

【标准曲线绘制】

于一系列 50mL 容量瓶中，准确移取 0、0.5、1.0、1.5、2.0、2.5、3.0、4.0、6.0mL 二氧化钍标准溶液，加少许抗坏血酸，以下按分析步骤操作。以氧化钍量为横坐标，以吸光度值为纵坐标，绘制标准曲线。

【分析结果计算】

按式（2-8）计算试样中二氧化钍的质量分数（%）：

$$w = \frac{m_1 V_0 \times 10^{-6}}{mV} \times 100\% \tag{2-8}$$

式中，m_1 为从标准曲线上查得二氧化钍的质量，μg；m 为试样质量，g；V_0 为试液总体积，mL；V 为移取试液体积，mL。

【注意事项】

（1）在萃取时，加入抗坏血酸将 Ce^{4+} 还原为 Ce^{3+}，使其不被有机试剂萃取，将 Fe^{3+} 还原为 Fe^{2+}，以减少干扰。

（2）实验所用伯胺含有 19~23 个碳原子，表示为 N1923。

（3）在显色时，草酸-盐酸混合酸形成酸性介质并掩蔽稀土元素，有利于钍元素与偶氮胂Ⅲ形成有色配合物。

2.3　稀土元素配分量的测定

2.3.1　电感耦合等离子体发射光谱法[7,8]

【适用范围】

本方法适用于稀土精矿中 15 个稀土元素氧化物配分量的测定。测定范围见表 2-5。

表 2-5　测定范围

元素	质量分数/%
氧化镧、氧化铈	15.0~60.0
氧化镨、氧化钕	2.0~20.0
氧化钐、氧化铕、氧化钆、氧化铽、氧化镝、氧化钬、氧化铒、氧化铥、氧化镱、氧化镥、氧化钇	0.10~10.0

【方法提要】

试样用氢氧化钠、过氧化钠熔融，经过滤后，沉淀用盐酸溶解，采用电感耦合等离子体发射光谱仪标准曲线法进行测定。

【试剂与仪器】

（1）氢氧化钠；

（2）过氧化钠；

（3）氢氧化钠洗液（20g/L）；

（4）盐酸（$\rho = 1.19g/mL$，1+1，2+98）；

（5）过氧化氢（30%）；

（6）镧、铈、镨、钕、钐、铕、钆、铽、镝、钬、铒、铥、镱、镥和钇标准溶液：由标准储备液稀释为1mL含50μg的各稀土氧化物；

（7）氩气（>99.99%）；

（8）电感耦合等离子体发射光谱仪，倒线色散率不大于0.26nm/mm。

【分析步骤】

准确称取0.5g试样置于盛有3g氢氧化钠（预先加热除去水分）的镍坩埚中，覆盖2g过氧化钠，于750℃熔融7~10min（中间取出摇动一次）。取出稍冷后，用100mL温水提取，用水洗出坩埚，用约2mL盐酸（1+1）洗净坩埚内壁，加热煮沸1min。取下稍冷，中速滤纸过滤，用氢氧化钠洗液洗涤烧杯2次、洗涤沉淀4次。沉淀及滤纸放入原烧杯中，加入20mL盐酸（1+1）及1mL过氧化氢，加热至纸浆破碎，用水吹洗杯壁，继续加热至沸。取下，冷却后移入250mL容量瓶中，用水稀释至刻度，摇匀。

干过滤并准确移取滤液5mL于50mL容量瓶中，用盐酸（2+98）稀释至刻度，摇匀待测。

【标准曲线绘制】

标准系列溶液浓度见表2-6。

表2-6　标准溶液质量浓度

标液编号	质量浓度/μg·mL^{-1}							
	La	Ce	Pr	Nd	Sm	Eu	Gd	Tb
1	0	0	0	0	0	0	0	0
2	10.00	20.00	1.00	1.00	0.50	0.50	0.50	0.50
3	60.00	80.00	20.00	20.00	5.00	5.00	5.00	5.00

标液编号	质量浓度/μg·mL^{-1}						
	Dy	Ho	Er	Tm	Yb	Lu	Y
1	0	0	0	0	0	0	0
2	1.00	0.50	0.50	0.50	0.50	0.50	1.00
3	10.00	5.00	5.00	5.00	5.00	5.00	10.00

将标准系列溶液与试液于表2-7所示分析波长处，用电感耦合等离子体发射光谱仪进行测定。

表 2-7　测定元素波长

元素	分析线/nm	元素	分析线/nm
La	398.852	Dy	353.171
Ce	446.021	Ho	339.898
Pr	410.072	Er	337.371
Nd	430.357	Tm	313.126
Sm	360.948	Yb	328.937
Eu	272.778	Lu	261.542
Gd	310.051	Y	371.030
Tb	332.440		

【分析结果计算】

按式（2-9）计算各稀土元素配分量（%）：

$$w = \frac{\rho_i - \rho_0}{\sum(\rho_i - \rho_0)} \times 100\% \tag{2-9}$$

式中，ρ_i 为分析试液中稀土元素的质量浓度，$\mu g/mL$；ρ_0 为空白试液中稀土元素的质量浓度，$\mu g/mL$；$\sum(\rho_i - \rho_0)$ 为各稀土元素的质量浓度之和，$\mu g/mL$。

【注意事项】

（1）本方法采用的仪器为全谱直读电感耦合等离子体发射光谱仪，谱线也可采用 La 333.749nm、Pr 422.532nm、Nd 397.326nm、Sm 443.432nm。

（2）干过滤操作也可以由破坏滤纸代替。碱熔后的沉淀及滤纸放入原烧杯中，加入 30mL 硝酸和 5mL 高氯酸，盖上表面皿，加热破坏滤纸及溶解沉淀后装瓶，分取即可测定。

（3）稀土元素配分的测定要避免待测元素的污染。

2.3.2　阳离子交换树脂富集—电感耦合等离子体发射光谱法[9]

【适用范围】

本方法适用于稀土矿石，铍矿石，锂、铷、铯矿石，锆矿石和岩石中 15 个稀土元素配分量的测定。稀土氧化物测定范围：$0.01 \sim 2 \times 10^5 \mu g/g$。

【方法提要】

试料经过氧化钠熔融分解，用水提取，稀土元素形成氢氧化物沉淀，加三乙醇胺掩蔽铁、铝，加 EGTA 络合钙、钡，过滤，稀土元素氢氧化物沉淀溶于 2mol/L 盐酸，经强酸性阳离子交换树脂分离富集后，再用 3.5mol/L 盐酸洗提，洗提液蒸发定容后，用电感耦合等离子体发射光谱仪测定 15 个稀土氧化物含量。

【试剂与仪器】

（1）过氧化钠；

（2）抗坏血酸；

（3）盐酸（$\rho = 1.19 \text{g/cm}^3$，1+2.5，1+9，1+19）；

（4）硝酸（$\rho = 1.42 \text{g/cm}^3$，1+14）；

（5）氢氧化钠溶液：10g/L；

（6）三乙醇胺溶液（5+95）：

（7）EGTA溶液：0.1mol/L；

（8）盐酸-过氧化氢溶液：溶液中 $c(\text{HCl}) = 2\text{mol/L}$、$\varphi(\text{H}_2\text{O}_2) = 0.2\%$；

（9）硝酸洗提液：称取1g抗坏血酸、20g酒石酸，加入盛有1000mL硝酸（1+14）的烧杯中，搅匀溶解备用；

（10）酒石酸溶液：30g/L；

（11）氯化镁溶液：称取8.547g $\text{MgCl}_2 \cdot 6\text{H}_2\text{O}$ 溶于100mL水中，移入1000mL容量瓶中，用水稀释至刻度，摇匀，此溶液 MgCl_2 的质量浓度为4.0mg/mL；

（12）稀土标准溶液：各单一稀土氧化物镧、铈、镨、钕、钐、铕、钆、铽、镝、钬、铒、铥、镱、镥和钇标准溶液，1mL含50μg、1mL含1μg；

（13）离子交换柱；

（14）氩气（>99.99%）；

（15）电感耦合等离子体发射光谱仪，倒线色散率不大于0.26nm/mm。

【分析步骤】

按表2-8准确称取试样置于刚玉坩埚中，加入3~6g过氧化钠，搅匀，再覆盖一薄层过氧化钠，加盖，于700℃马弗炉中熔融7~10min（中间取出摇动一次），取出稍冷。将熔融物置于预先盛有100mL水的300mL烧杯中，加入5~15mL三乙醇胺溶液，加5~15mL EGTA溶液，于电炉上加热煮沸，使熔块脱落，洗出坩埚（若沉淀少，可加入10mL氯化镁溶液作收集剂），用水稀释至约200mL，冷却。将沉淀用中速定量滤纸过滤，用氢氧化钠溶液洗涤烧杯及沉淀7~8次，再用水洗1~2次，滤液弃去。用20mL热盐酸-过氧化氢溶液分次溶解滤纸上的沉淀于原烧杯中，再用40mL酒石酸溶液分次冲洗滤纸，加少许抗坏血酸，搅匀。将溶液移入交换柱上进行交换，用酒石酸溶液洗涤烧杯3次，倒入交换柱内，流完后，用50mL硝酸洗提液淋洗，然后用20mL盐酸（1+9）洗提Al、Ca、Mg、U、Ti等杂质元素，流出液弃去，最后用50mL盐酸（1+2）洗提稀土元素，流出液用50mL烧杯承接。将试液于低温控温电热板上加热浓缩至适当体积（使定容后的溶液中盐酸体积分数为10%），取下，用水定容至合适的体积，见表2-8。

表 2-8　称样量及定容体积

稀土氧化物含量/μg·g⁻¹	称样量/g	定容体积/mL
≤20	2.0	5.00
>20~100	1.5	5.00
>100~500	1.0	10.00
>500	0.5	10.00~100.00

【标准曲线绘制】

按表 2-9 所示浓度，分别加入不同浓度、不同体积的各稀土氧化物标准溶液，配制成系列标准曲线。标准曲线质量浓度见表 2-9。

表 2-9　标准溶液质量浓度

标液编号	质量浓度/μg·mL⁻¹							
	La_2O_3	CeO_2	Pr_6O_{11}	Nd_2O_3	Sm_2O_3	Eu_2O_3	Gd_2O_3	Tb_4O_7
1	0	0	0	0	0	0	0	0
2	1	2	0.4	1	0.25	0.05	0.1	0.1
3	10	20	4	10	2.5	0.5	1	1

标液编号	质量浓度/μg·mL⁻¹						
	Dy_2O_3	Ho_2O_3	Er_2O_3	Tm_2O_3	Yb_2O_3	Lu_2O_3	Y_2O_3
1	0	0	0	0	0	0	0
2	0.25	0.025	0.05	0.05	0.05	0.01	0.5
3	2.5	0.25	0.5	0.5	0.5	0.1	5

将标准系列溶液与试液一起，在表 2-10 所示分析波长处，用氩等离子体激发进行光谱测定。

表 2-10　测定元素波长

元素	分析线/nm	元素	分析线/nm
La	408.671	Dy	353.171
Ce	418.660	Ho	345.600
Pr	440.884	Er	369.265
Nd	406.109	Tm	346.220
Sm	442.434	Yb	369.420
Eu	412.974	Lu	261.542
Gd	342.247	Y	437.494
Tb	350.917		

【分析结果计算】

按式（2-10）计算各稀土元素的含量（%）：

$$w = \frac{(\rho_i - \rho_0)V \times 10^{-6}}{m} \times 100\% \qquad (2\text{-}10)$$

式中，ρ_i 为分析试液中各稀土元素的质量浓度，$\mu g/mL$；ρ_0 为空白试液中各稀土元素的质量浓度，$\mu g/mL$；V 为分析试液体积，mL；m 为试样质量，g。

【注意事项】

（1）提取时，加入三乙醇胺溶液络合铁、铝等元素。

（2）提取时，加入 EGTA 溶液络合钙、镁等元素。

（3）溶解后，酒石酸溶液络合铌、钽元素，抑制其水解。

（4）本方法测定的是各单一稀土元素氧化物含量，配分量可按归一计算得出。

2.3.3 硫酸溶解—电感耦合等离子体发射光谱法

【适用范围】

本方法适用于白云鄂博稀土精矿中 15 个稀土元素配分量的测定。测定范围见表 2-11。

表 2-11 测定范围

元素	质量分数/%	元素	质量分数/%
La_2O_3	10.0~40.0	Dy_2O_3	0.1~0.5
CeO_2	30.0~60.0	Ho_2O_3	0.1~0.5
Pr_6O_{11}	3.0~10.0	Er_2O_3	0.1~0.5
Nd_2O_3	4.0~20.0	Tm_2O_3	0.1~0.5
Sm_2O_3	1.0~8.0	Yb_2O_3	0.1~0.5
Eu_2O_3	0.1~0.5	Lu_2O_3	0.1~0.5
Gd_2O_3	0.1~0.5	Y_2O_3	0.1~0.5
Tb_4O_7	0.1~0.5		

【方法提要】

试样以硫酸溶解，在稀酸介质中，采用标准曲线进行校正，以氩等离子体激发进行光谱测定，测定结果进行归一化处理。

【试剂与仪器】

（1）硫酸（$\rho = 1.84g/cm^3$）；

（2）盐酸（1+1）；

（3）氧化镧、氧化铈、氧化镨、氧化钕、氧化钐、氧化铕、氧化钆、氧化铽、氧化镝、氧化钬、氧化铒、氧化铥、氧化镱、氧化镥和氧化钇标准溶液：1mL 含 50$\mu g/mL$ 各稀土氧化物（盐酸（5+95）或硝酸（5+95）介质）；

（4）氩气（>99.99%）；

（5）电感耦合等离子体发射光谱仪，倒线色散率不大于 0.26nm/mm。

【分析步骤】

称取 0.25g 试样于 250mL 烧杯中，缓慢加入 15mL 硫酸，盖上表面皿，加热，冒硫酸烟至湿盐状，取下，冷却至室温，加入 10mL 盐酸（1+1），加热溶解盐类。冷却后，移入 100mL 容量瓶中，以水稀释至刻度，混匀。干过滤移取 5mL 试液于 100mL 容量瓶中，加入 10mL 盐酸（1+1），以水稀释至刻度，摇匀待测。

【标准曲线绘制】

在 4 个 100mL 容量瓶中分别加入不同浓度、不同体积的各稀土氧化物标准溶液，配制成系列标准溶液，5%盐酸介质。标准溶液质量浓度见表 2-12。

表 2-12 标准溶液质量浓度

标液编号	质量浓度/$\mu g \cdot mL^{-1}$							
	La_2O_3	CeO_2	Pr_6O_{11}	Nd_2O_3	Sm_2O_3	Eu_2O_3	Gd_2O_3	Tb_4O_7
1	0	0	0	0	0	0	0	0
2	10.00	20.00	2.00	6.00	0.50	0.10	0.20	0.10
3	20.00	40.00	4.00	12.00	1.00	0.20	0.40	0.20
4	50.00	100.00	10.00	30.00	2.50	0.50	1.00	0.50

标液编号	质量浓度/$\mu g \cdot mL^{-1}$						
	Dy_2O_3	Ho_2O_3	Er_2O_3	Tm_2O_3	Yb_2O_3	Lu_2O_3	Y_2O_3
1	0	0	0	0	0	0	0
2	0.10	0.10	0.10	0.10	0.10	0.10	0.20
3	0.20	0.20	0.20	0.20	0.20	0.20	0.40
4	0.50	0.50	0.50	0.50	0.50	0.50	1.00

将标准系列溶液与试样液一起，按照表 2-13 所列分析波长，于电感耦合等离子体发射光谱仪进行测定。

表 2-13 测定元素波长

元素	分析线/nm	元素	分析线/nm
La	398.852, 408.671	Dy	353.171
Ce	413.765	Ho	341.646, 339.898
Pr	418.952	Er	337.275, 326.478
Nd	401.225, 406.109	Tm	313.126, 346.220
Sm	443.432, 428.078	Yb	328.937
Eu	412.974	Lu	261.541
Gd	310.051, 335.048	Y	371.029
Tb	332.440		

【分析结果计算】

按式（2-11）计算各稀土元素的配分量（%）：

$$w = \frac{\rho_i}{\sum \rho} \times 100\% \tag{2-11}$$

式中，ρ_i 为分析试液中各稀土元素的质量浓度，μg/mL；$\sum \rho$ 为各稀土元素的质量浓度之和，μg/mL。

2.4 氧化钙、氧化镁、氧化硅量的测定

2.4.1 氧化钙、氧化镁量的测定——EDTA 容量法

【适用范围】

本方法适用于稀土矿石中的氧化钙、氧化镁量的测定。测定范围：2.0%~20.0%。

【方法原理】

试样以氢氧化钠、碳酸钠和过氧化钠熔融分解，以碳酸钠-三乙醇胺混合液浸取。过滤分离硅、铝等元素。沉淀溶解后，在氯化铵存在下，以氢氧化铵使钙、镁与稀土、铁、锰、钛、磷等分离。在 pH = 12~14 时，加入钙指示剂，以 EDTA 标准滴定溶液滴定钙；在 pH = 10 时，以铬黑 T 为指示剂，以 EDTA 标准滴定溶液滴定钙、镁合量，从而得到镁量。

【试剂与仪器】

（1）氢氧化钠；

（2）碳酸钠；

（3）过氧化钠；

（4）氯化铵；

（5）盐酸羟胺；

（6）硫酸钾；

（7）碳酸钠-三乙醇胺浸出液：100mL 水中含有 2g 碳酸钠，10mL 三乙醇胺（1+1）；

（8）碳酸钠洗液（10g/L）；

（9）盐酸（$\rho = 1.19g/cm^3$，1+1）；

（10）过氧化氢（30%）；

（11）氨水（$\rho = 0.90g/cm^3$，1+1）；

（12）氯化铵-氨水洗液：于氯化铵溶液（20g/L）中加入氨水（1+1）调节 pH≈9；

（13）氢氧化钾（400g/L）；

（14）硫酸钾溶液（50g/L）；

（15）氨性缓冲溶液（pH≈10）：67g 氯化铵溶于水中，加 570mL 氨水，以水稀释至 1L；

（16）三乙醇胺（1+1）；

（17）钙指示剂：1g 钙羧酸钠与 99g 干燥氯化钠研细混匀；

（18）铬黑 T 指示剂：0.25g 铬黑 T 与 2.5g 盐酸羟胺溶于 50mL 乙醇中；

（19）EDTA 标准滴定溶液（$c \approx 0.012 \text{mol/L}$）。

【分析步骤】

准确称取 0.5g 试样于盛有 2g 氢氧化钠（预先烘去水分）和 2g 碳酸钠的刚玉坩埚中，覆盖 2g 过氧化钠，于 750℃ 高温炉中熔融 7~10min（中间取出摇动一次），取出，冷却。

将坩埚放入盛有碳酸钠-三乙醇胺浸出液的 300mL 烧杯中，加热，洗净坩埚。中速滤纸过滤，以碳酸钠洗液洗涤烧杯 2~3 次、洗涤沉淀 7~8 次；沉淀连同滤纸放回原烧杯中，加入 20mL 盐酸（1+1）、1mL 过氧化氢，破坏滤纸，将纸浆及溶液移入 100mL 容量瓶中，以水稀释至刻度，混匀。

干过滤，准确移取滤液 25mL 于 300mL 烧杯中，加入 2~3g 氯化铵，加热，加入氨水（1+1）至沉淀出现并过量 20mL，加入 1mL 过氧化氢，煮沸，取下。以中速滤纸过滤于 300mL 烧杯中，以氯化铵-氨水洗液洗涤烧杯 2~3 次、洗涤沉淀 7~8 次。

氧化钙的测定   在氨水分离后的滤液中加入 0.5g 盐酸羟胺、5mL 三乙醇胺、20mL 氢氧化钾溶液（使溶液 pH ≥ 12）、5mL 硫酸钾溶液，静置 5min，加入少许钙指示剂，以 EDTA 标准滴定溶液滴定至溶液呈纯蓝色即为终点。

氧化钙、氧化镁合量的测定   在氨水分离后的滤液中加入 0.5g 盐酸羟胺、5mL 三乙醇胺、10mL 氨性缓冲溶液、几滴铬黑 T 指示剂，以 EDTA 标准滴定溶液滴定至溶液呈纯蓝色即为终点。

【分析结果计算】

按式（2-12）、式（2-13）计算试样中氧化钙和氧化镁的质量分数（%）：

$$w_{\text{CaO}} = \frac{V_1 V_3 c \times 56.08}{V_2 m \times 1000} \times 100\% \tag{2-12}$$

$$w_{\text{MgO}} = \frac{(V_4 - V_3) V_1 c \times 40.31}{V_2 m \times 1000} \times 100\% \tag{2-13}$$

式中，m 为试样质量，g；V_1 为试样液总体积，mL；V_2 为分取试液体积，mL；V_3 为滴定氧化钙时消耗 EDTA 标准滴定溶液体积，mL；V_4 为滴定氧化钙、氧化镁合量时消耗 EDTA 标准滴定溶液体积，mL；c 为 EDTA 标准滴定溶液的浓度，mol/L。

【注意事项】

（1）对稀土、铁含量较高的试样，需两次氨水分离。

（2）锰含量较高时，可加过硫酸铵除锰。在氨水分离后，滤液中加 1~2g 的过硫酸铵，加热煮沸 20min，稍冷，用慢速滤纸过滤，用氯化铵洗液洗涤烧杯 2~3 次、洗涤沉淀 5~7 次，滤液进行氧化钙镁合量的测定。

（3）钙指示剂也可以由 1g 钙羧酸钠与 99g 干燥氯化钾研细混匀。

（4）钡干扰钙镁合量的 EDTA 滴定，应除去。

（5）对磷含量高而稀土、铁含量低的试样，可在氨水分离时加 10mg 铁，以免磷酸钙沉淀。

2.4.2 氧化钙、氧化镁量的测定——原子吸收分光光度法

【适用范围】

本方法适用于稀土矿石中氧化钙、氧化镁量的测定。测定范围：氧化钙 0.50%~5.00%，氧化镁 0.20%~2.00%。

【方法提要】

试样经氢氧化钠-碳酸钠-过氧化钠熔融，熔融物水浸过滤除去磷酸根，沉淀以盐酸溶解，加入 EDTA 及氯化锶以消除共存元素的干扰。在稀酸介质中用空气-乙炔火焰测定钙、镁的吸光度，采用标准加入法测定钙、镁的含量。

【试剂与仪器】

（1）氢氧化钠；

（2）过氧化钠；

（3）碳酸钠；

（4）盐酸（$\rho = 1.19\text{g/cm}^3$，1+1）；

（5）氢氧化钠洗液（20g/L）；

（6）氯化锶溶液（100g/L）；

（7）EDTA 溶液（100g/L）；

（8）氧化钙标准溶液：50μg/mL，盐酸（5+95）介质；

（9）氧化镁标准溶液：5μg/mL，盐酸（5+95）介质；

（10）原子吸收分光光度计；钙、镁空心阴极灯，仪器参数见表 2-14。

表 2-14 仪器工作参数

元素	波长/nm	狭缝/nm	灯电流/mA	观测高度/mm
Ca	422.7	0.7	7	7
Mg	285.2	0.7	6	7

【分析步骤】

准确称取试样 0.3g 于盛有 2g 氢氧化钠（预先烘去水分）和 1g 碳酸钠的镍坩埚中，覆盖 2g 过氧化钠，盖好坩埚盖，于马弗炉 750℃ 熔融 7~10min（中间摇一次），取出，冷却，将坩埚及盖放入盛有 100mL 热水的烧杯，加热煮沸提取，洗出坩埚及盖，稍冷，以中速滤纸过滤，以水洗涤烧杯 2~3 次，以氢氧化钠洗液洗涤沉淀 5~6 次，沉淀置于原烧杯中，以 20mL 盐酸加热溶解至溶解完全，取下，冷却至室温，溶液及滤纸移入 100mL 容量瓶中，以水稀释至刻度，摇匀。

移取 2~10mL 试液于 50mL 容量瓶中，加入 EDTA 及氯化锶，依据含量，采用标准加入法测定。

【标准曲线配制】

分取适量试液（视含量而定）于 4 个 50mL 容量瓶中，分别加入 5mL 盐酸（1+1）、2.5mL 氯化锶溶液、5mL EDTA 溶液，加入氧化钙标准溶液 0、1.0、3.0、5.0mL，加入氧化镁标准溶液 0、1.0、3.0、5.0mL，以水稀释至刻度，摇匀。

以试剂空白调零，在空气-乙炔火焰于原子吸收分光光度计 422.7nm 和 285.2nm 波长处，分别对钙、镁进行测定，绘制标准曲线，采用外推法求得待测试液中氧化钙、氧化镁的浓度。

【分析结果计算】

按式（2-14）计算样品中氧化钙、氧化镁的质量分数（%）：

$$w = \frac{(\rho - \rho_0)Vb \times 10^{-6}}{m} \times 100\% \tag{2-14}$$

式中，ρ 为由标准曲线外推法得出的被测试液氧化钙（氧化镁）的质量浓度，$\mu g/mL$；ρ_0 为空白试液中氧化钙（氧化镁）的质量浓度，$\mu g/mL$；V 为被测试液的体积，mL；b 为稀释倍数；m 为试样的质量，g。

【注意事项】

（1）加入 EDTA 溶液起保护作用，络合钙、镁元素，但需注意 EDTA 空白。

（2）加入氯化锶溶液消除化学干扰，与硫、磷元素结合，释放钙、镁元素。

（3）测定氧化镁时用氘灯或自吸收灯消除背景干扰。

2.4.3 氧化钙、氧化镁量的测定——电感耦合等离子体发射光谱法

【适用范围】

本方法适用于铁矿石、稀土矿石中氧化钙、氧化镁量的测定。测定范围：0.10%~5.00%。

【方法提要】

试样用氢氧化钠、过氧化钠熔融分解，以盐酸提取熔融物。在稀酸介质中，

采用标准加入法，直接以氩等离子体激发进行光谱测定。

【试剂与仪器】

（1）氢氧化钠（优级纯）；

（2）过氧化钠；

（3）盐酸（优级纯，$\rho = 1.19g/cm^3$）；

（4）氧化钙、氧化镁标准溶液：$50\mu g/mL$，盐酸（5+95）介质；

（5）氩气（>99.99%）；

（6）电感耦合等离子体发射光谱仪，倒线色散率不大于0.26nm/mm。

【分析步骤】

准确称取0.4g试样于预先盛有4g氢氧化钠（预先加热除去水分）的镍坩埚中，覆盖2g过氧化钠，于750℃马弗炉中熔融7~10min（中间取出摇动一次）。取出，稍冷，于300mL烧杯中用水浸取熔融物，洗出坩埚，加20mL盐酸，加热至溶液清亮，取下，冷却后，移入200mL容量瓶中，以水稀释至刻度，混匀。根据氧化钙、氧化镁的含量，分取1~10mL于50mL容量瓶中进行测定。

【标准曲线绘制】

根据样品中氧化钙、氧化镁的含量，分取4份试液于4个50mL容量瓶中，分别加入0、0.5、1.0、3.0mL氧化钙、氧化镁标准溶液及2.5mL盐酸，以水稀释至刻度，混匀。此系列标准溶液氧化钙、氧化镁的质量浓度分别为0、0.5、1.0、3.0$\mu g/mL$。

将标准系列溶液与试样液于表2-15所示分析波长处，用电感耦合等离子体发射光谱仪进行测定。

表2-15　测定元素波长

元素	Ca	Mg
分析线/nm	393.366，396.847，317.933	279.553，280.270

【分析结果计算】

按式（2-15）计算氧化钙、氧化镁的质量分数（%）：

$$w = \frac{(\rho_1 - \rho_0)V_1V_3 \times 10^{-6}}{kmV_2} \times 100\% \qquad (2-15)$$

式中，k为基体效应校正因子；ρ_1为分析试液中氧化钙、氧化镁的质量浓度，$\mu g/mL$；ρ_0为空白试液中氧化钙、氧化镁的质量浓度，$\mu g/mL$；V_1为分析试液体积，mL；V_2为分取试液体积，mL；V_3为试样总体积，mL；m为试样质量，g。

【注意事项】

（1）空白值对方法的测定下限影响较大，需要尽量减小流程空白值。

（2）基体效应校正法：将计算结果除以基体效应校正因子k。$k = $［加标试液中被测元素质量浓度（μg/mL）－分析试液中被测元素质量浓度（μg/mL）]÷标准加入元素质量浓度（μg/mL）。

2.4.4 氧化钙、氧化硅量的测定——电感耦合等离子体发射光谱法

【适用范围】

本方法适用于稀土精矿中氧化钙、二氧化硅量的测定。测定范围：1.00% ~ 10.00%。

【方法提要】

试样用氢氧化钠、过氧化钠熔融，盐酸酸化，在酸性介质中，根据钙、硅的发射光谱特征谱线，采用基体效应校正法，于电感耦合等离子体发射光谱仪进行测定。

【试剂与仪器】

(1) 氢氧化钠（优级纯）；

(2) 过氧化钠；

(3) 盐酸（优级纯，$\rho = 1.19 g/cm^3$，1+49）；

(4) 氧化钙、二氧化硅标准溶液：100μg/mL，盐酸（1+49）介质；

(5) 氩气（>99.99%）；

(6) 电感耦合等离子体发射光谱仪，倒线色散率不大于0.26nm/mm。

【分析步骤】

准确称取0.5g试样置于盛有3g氢氧化钠（预先加热除去水分）的镍坩埚中，覆盖2g过氧化钠，于750℃熔融7~10min（中间取出摇动一次）。取出冷却后，放入预先盛有30mL盐酸100mL水的聚四氟乙烯烧杯中，加热浸取。待剧烈作用停止后，用水洗净并取出坩埚，加热煮沸，取下冷却后移入200mL容量瓶中，用水稀释至刻度，摇匀。

根据测定元素的含量，同时分取两份相同体积试液于不同的100mL容量瓶。一份加5mL氧化钙、二氧化硅标准溶液，以盐酸（1+49）稀释至刻度，混匀；另一份直接以盐酸（1+49）稀释至刻度，混匀待测。通过这两份溶液求得基体效应校正因子，以校正基体效应。

【标准曲线绘制】

配制氧化钙、二氧化硅浓度各为0、1.00、5.00、10.00μg/mL的混合标准系列溶液，2%盐酸介质。

将空白试液、分析试液、加标分析试液与混合标准系列溶液于分析线为钙396.847nm、硅251.612nm处同时进行电感耦合等离子体光谱测定。

【分析结果计算】

按式（2-16）计算氧化钙、二氧化硅的质量分数（%）：

$$w = \frac{(\rho_0 - \rho_1) Vb \times 10^{-6}}{km} \times 100\% \qquad (2\text{-}16)$$

式中，k 为基体效应校正因子；ρ_0 为分析试液中氧化钙、二氧化硅的质量浓度，$\mu g/mL$；ρ_1 为空白试液中氧化钙、二氧化硅的质量浓度，$\mu g/mL$；V 为分析试液的体积，mL；b 为稀释倍数；m 为试样质量，g。

【注意事项】

基体效应校正法：将计算结果除以基体效应校正因子 k。$k=$［加标试液中被测元素质量浓度（$\mu g/mL$）－分析试液中被测元素质量浓度（$\mu g/mL$）］÷标准加入元素质量浓度（$\mu g/mL$）。

2.4.5　氧化硅量的测定——硅钼蓝分光光度法

【适用范围】

本方法适用于稀土精矿中氧化硅量的测定。测定范围：0.050% ~ 10.00%。

【方法提要】

试料以氢氧化钠-过氧化钠熔融，在一定酸度和乙醇存在下，使硅酸和钼酸铵生成硅钼黄杂多酸，在草酸-硫酸混合酸存在下，用亚铁还原硅钼黄杂多酸成硅钼蓝杂多酸，在波长 785nm 处测定。

【试剂和仪器】

（1）过氧化钠；

（2）氢氧化钠；

（3）草酸；

（4）盐酸（$\rho = 1.19 g/cm^3$，1+1）；

（5）硫酸（$\rho = 1.84 g/cm^3$，5+95）；

（6）氢氧化钠溶液（400g/L）；

（7）95%乙醇；

（8）钼酸铵溶液（50g/L）；

（9）草酸-硫酸混合溶液：将 15g 草酸溶于 965mL 水中，缓慢加入 35mL 硫酸；

（10）硫酸亚铁铵（60g/L）：称取 6g 硫酸亚铁铵溶解于 100mL 硫酸（5+95）介质（不需加热），如有浑浊，需过滤后使用；

（11）对硝基酚指示剂溶液（10g/L）；

（12）二氧化硅标准溶液（20$\mu g/mL$，Na_2CO_3（1g/L）介质）；

（13）分光光度计。

【分析步骤】

准确称取 0.2g 试料置于盛有 3g 氢氧化钠（预先加热除去水分）的镍坩埚中，覆盖 1.5g 过氧化钠，于 750℃ 马弗炉中熔融 7~10min（中间取出摇动一次），取出，冷却。将镍坩埚置于 250mL 聚四氟乙烯烧杯中，用 50mL 热水浸取，用滴管吸取 1mL 盐酸（1+1）洗净坩埚内壁，用水洗净并取出坩埚。加入 20mL 盐酸（1+1），将溶液煮沸 2min。冷却后将溶液移入 250mL 塑料容量瓶中，以水稀释至刻度，混匀。

准确移取 5.0mL 试液于 100mL 容量瓶中，加水 20mL，加 1 滴对硝基酚，用氢氧化钠溶液调至溶液呈黄色，用盐酸（1+1）调至刚好无色并过量 2mL，混匀。加入 8mL 乙醇、5mL 钼酸铵溶液，充分混匀后放置 15min，加入 20mL 草酸-硫酸混合溶液、5mL 硫酸亚铁铵溶液，以水稀释至刻度，混匀。以流程空白试液为参比液，用 1cm 比色皿于 785nm 波长下测定吸光度，从标准曲线上查出相应二氧化硅量。

【标准曲线绘制】

准确移取 0、1.0、1.5、2.5、3.5mL 二氧化硅标准溶液于 100mL 容量瓶中，以下按实验步骤操作。以吸光度为纵坐标、二氧化硅量为横坐标，绘制标准曲线。

【分析结果计算】

按式（2-17）计算试样中二氧化硅的质量分数（%）：

$$w = \frac{m_1 V \times 10^{-6}}{V_0 m} \times 100\% \qquad (2\text{-}17)$$

式中，m_1 为由标准曲线上查出的二氧化硅的质量，μg；V 为分析试液的总体积，mL；V_0 为移取试液的体积，mL；m 为试料的质量，g。

【注意事项】

（1）氟含量较高的试样，若无塑料容量瓶，全部实验步骤应尽快完成。

（2）在形成硅钼黄时，放置 15min，如室温较低时，应适当增加放置时间，标准曲线也同样操作。

2.5 氟量的测定

2.5.1 蒸馏—茜素络合腙分光光度法

【适用范围】

本方法适用于稀土精矿中氟量的测定。测定范围：0.050%~10.00%。

【方法原理】

试样以高氯酸在 130~140℃ 通入水蒸气蒸馏，使氟与其他元素分离。在 pH=7 左右和丙酮存在下，加入茜素络合腙指示剂，使氟、茜素络合腙和镧形成蓝紫色的三元配合物，在 630nm 波长下测定。

【试剂与仪器】

(1) 丙酮；

(2) 高氯酸（$\rho = 1.67 g/cm^3$）；

(3) 盐酸（$\rho = 1.19 g/cm^3$，1+1，1+4）；

(4) 氢氧化钠（优级纯，100g/L）；

(5) 氨水（$\rho = 0.90 g/cm^3$，1+1）；

(6) 酚酞指示剂（10g/L，乙醇介质）；

(7) 乙酸钠-乙酸缓冲溶液（pH≈5.5）：称取 120g 结晶乙酸钠溶于水中，加 30mL 冰乙酸用水稀释入 200mL 容量瓶定容，混匀；

(8) 氯化镧溶液（0.04mol/L）：称取 3.2589g La_2O_3 以少量水润湿，滴加 HCl（1+1）至溶解，稀释至 500mL；

(9) 茜素络合腙指示剂：称取 0.0482g 茜素络合腙于 250mL 容量瓶，加 1mL 氨水（1+1）使之溶解，加 125mL 丙酮摇匀，再加 6.25mL 氯化镧 （0.04mol/L），最后加 50mL 乙酸钠-乙酸缓冲溶液定容并摇匀，低温避光保存；

(10) 氟标准溶液（2μg/mL）；

(11) 分光光度计。

【分析步骤】

准确称取 0.1g 试样，置于 250mL 蒸馏瓶中，用少量水冲洗瓶壁，加入 15mL 高氯酸，用橡皮塞塞紧瓶口，将蒸馏瓶与蒸汽瓶连接，接通冷却水，加热蒸馏，用 300mL 烧杯盛接蒸馏液。保持蒸馏温度维持在 130~140℃，控制馏出液速度 3~4mL/min，当馏出液体积达 180mL 左右停止蒸馏（图 2-1）。加 2~3 滴酚酞指示剂，用氢氧化钠调至红色再用盐酸（1+4）调至恰好无色，定容于 250mL 容量瓶。

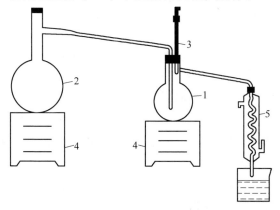

图 2-1　蒸馏分离装置示意图

1—蒸馏瓶；2—水蒸气瓶；3—温度计；4—控温电炉；5—冷凝管

按表 2-16 移取适量蒸馏液于 25mL 比色管中，加 5mL 茜素络合腙指示剂、6mL 丙酮摇匀后，40℃水浴保温 50min，用 2cm 比色皿，于波长 630nm 处测定。

表 2-16　蒸馏液移取量

氟量/%	蒸馏液移取量/mL
0.05~0.30	10/250
>0.30~1.50	2/250
>1.50~10.00	10/250×5/200

【标准曲线的绘制】

准确移取 0、2.0、3.0、4.0、5.0、6.0mL 氟标准溶液于蒸馏瓶中，按实验方法蒸馏并按上述比色步骤操作，以吸光度值为纵坐标，以氟离子量（μg）为横坐标，绘制标准曲线。

【分析结果计算】

按式（2-18）计算试样中氟的质量分数（%）：

$$w = \frac{m_1 V b \times 10^{-6}}{V_0 m} \times 100\% \tag{2-18}$$

式中，m_1 为由标准曲线上查出的氟量，μg；V 为分析试液的总体积，mL；V_0 为移取试液的体积，mL；b 为稀释倍数；m 为试料的质量，g。

【注意事项】

（1）茜素络合腙分光光度法中，氟离子浓度大于 12μg/25mL 时，三元配合物生成不完全，氟离子的浓度与吸光度没有线性关系。

（2）蒸馏温度应严格控制，否则对结果有影响。

2.5.2　蒸馏—EDTA 容量法

【适用范围】

本方法适用于稀土精矿中氟量的测定，测定范围：2.0%~20.0%。

【方法提要】

试样用高氯酸于 130~140℃时通入水蒸气蒸馏，使氟与其他元素分离，在 pH≤3 的溶液中，加入过量的氯化镧溶液吸收，使氟生成氟化镧沉淀。过量的氯化镧在 pH=5.5 乙酸-乙酸钠缓冲溶液中，以二甲酚橙为指示剂，EDTA 标准溶液滴定。

【试剂与仪器】

（1）氧化镧（纯度≥99%）；

（2）氟化钠（优级纯）；

（3）氢氧化钠；

（4）硝酸钾；

（5）结晶乙酸钠：$CH_3COONa \cdot 3H_2O$；

（6）冰乙酸；

（7）盐酸（$\rho = 1.19g/cm^3$，1+1，1+2）；

（8）高氯酸（$\rho = 1.67g/cm^3$）；

（9）百里酚蓝指示剂（10g/L）；

（10）乙酸-乙酸钠缓冲溶液：称取500g结晶乙酸钠，以水溶解，加入25mL冰乙酸，以水稀释至2500mL；

（11）二甲酚橙（5g/L）；

（12）EDTA标准滴定溶液（$c \approx 0.025mol/L$）；

（13）氯化镧标准溶液（$c \approx 0.025mol/L$）。

【分析步骤】

准确称取试样0.1~0.5g于250mL蒸馏瓶中，加入15mL高氯酸，用少量水冲洗附于瓶壁的试样，与蒸汽瓶连接，接通冷却水，冷凝管下端接400mL烧杯，预先准确加入20.0mL氯化镧标准溶液及1~2g硝酸钾，加热蒸馏，待温度升到130℃时，通入水蒸气，保持蒸馏温度在130~140℃。控制馏出液的流速为4mL/min左右，待馏出液体积达到180mL时，停止蒸馏，取下承接馏出液的烧杯。往烧杯中加3~5滴百里酚蓝指示剂，以盐酸（1+2）调至微黄色，pH≈3（也可用精密试纸试验），加热煮沸1min，取下，流水冷却至室温，加10mL乙酸-乙酸钠缓冲溶液，加入4滴二甲酚橙指示剂，以EDTA标准滴定溶液滴定至溶液由紫红色变为亮黄色，即为终点。

【分析结果计算】

按式（2-19）计算试样中氟的质量分数（%）：

$$w = \frac{(c_1 V_1 - c_2 V_2) \times 57}{m \times 1000} \times 100\% \qquad (2\text{-}19)$$

式中，c_1 为氯化镧标准溶液浓度，mol/L；V_1 为加入氯化镧标准溶液体积，mL；c_2 为EDTA标准溶液浓度，mol/L；V_2 为滴定时消耗EDTA标准滴定溶液的体积，mL；m 为试样质量，g；57为氟的相对原子质量与系数之积。

【注意事项】

（1）为使氟化镧沉淀完全，需控制pH≤3，并加热煮沸使其沉淀完全。

（2）蒸馏时要控制温度。温度过低，蒸馏不完全；温度过高时，高氯酸冒烟，一方面馏出液酸度高使氟化镧沉淀不完全，另一方面，氟离子会以气体形式逸出。

（3）作为电解质的硝酸钾使氟化镧更易形成沉淀。

（4）配制百里酚蓝指示剂（10g/L）时，0.1g指示剂溶于100mL的乙醇

（20%）中，溶解时也可加入 8.6mg 氢氧化钠，可延长有效期。

2.6 铝、钡、锶量的测定

2.6.1 铝、钡、锶量的测定——电感耦合等离子体质谱法[10]

【适用范围】

本方法适用稀土矿石、稀土精矿中氧化铝、氧化钡、氧化锶量的测定。测定范围：氧化铝 0.050%~0.50%，氧化钡 0.0050%~0.50%，氧化锶 0.0050%~0.50%。

【方法原理】

试样用氢氧化钠-过氧化钠熔融分解，盐酸提取并溶解沉淀，在稀酸介质中，以内标法进行校正，于电感耦合等离子体质谱仪上测定各元素含量。

【试剂和仪器】

(1) 氢氧化钠（优级纯）；

(2) 过氧化钠；

(3) 盐酸（优级纯，$\rho = 1.19g/cm^3$，1+1，1+99）；

(4) 铝标准溶液：$1\mu g/mL$，1%盐酸介质；

(5) 钡标准溶液：$1\mu g/mL$，1%盐酸介质；

(6) 锶标准溶液：$1\mu g/mL$，1%盐酸介质；

(7) 铯标准溶液：$1\mu g/mL$，1%盐酸介质；

(8) 电感耦合等离子体质谱仪：质量分辨率（0.7±0.1）amu。

【分析步骤】

准确称取 0.3g 试样置于盛有 3g 氢氧化钠（预先加热除去水分）的 30mL 镍坩埚中，覆盖 1.5g 过氧化钠，置于 750℃ 高温炉中熔融 7~10min（中间取出摇动一次），取出稍冷。将坩埚置于 400mL 烧杯中，加入 100mL 热水浸取，加入 25mL 盐酸，待剧烈作用停止后，取出坩埚，用水冲洗坩埚外壁，再用滴管吸取约 2mL 盐酸（1+1）冲洗坩埚内壁，用水洗净坩埚，控制体积约为 180mL，将溶液煮沸 2min，取下，稍冷，移入 200mL 容量瓶中，用水稀释至刻度摇匀。

根据样品中待测元素含量移取 1~10mL 溶液于 100mL 容量瓶中，加入 1mL 铯标准溶液，用盐酸（1+99）定容，摇匀待测。

【标准曲线绘制】

准确移取 0、0.5、1.0、5.0、10.0mL 铝、钡、锶标准溶液于同一组 100mL 容量瓶中，加 1.00mL 铯标准溶液，用盐酸（1+99）稀释至刻度，混匀。此标准系列的浓度为 0、5.0、10.0、50.0、100.0ng/mL。

将标准系列溶液与待测试液一起于电感耦合等离子体质谱仪上测定 ^{27}Al、^{136}Ba、^{137}Ba、^{88}Sr 的浓度。

【分析结果计算】

按式（2-20）计算氧化铝、氧化钡、氧化锶的质量分数（%）：

$$w = \frac{k(\rho - \rho_0)V_2V_0 \times 10^{-9}}{mV_1} \times 100\% \qquad (2-20)$$

式中，ρ 为试液中铝、钡、锶元素的质量浓度，ng/mL；ρ_0 为空白试液中铝、钡、锶元素的质量浓度，ng/mL；V_0 为试液总体积，mL；V_1 为移取试液的体积，mL；V_2 为测定试液的体积，mL；m 为试样的质量，g；k 为待测元素氧化物对单质的比例系数。

【注意事项】

（1）当铯内标受到测定干扰时，可选用 1.0μg/mL 铑作为校正内标。

（2）测定过程中尽可能准确加入试剂，保证流程空白与测定试液的一致性。

（3）测定铝元素时，需随时用标准溶液或标准样品进行监控，校正测定结果。漂移严重时，应重新测定标准曲线再分析样液。

2.6.2 铝量的测定——电感耦合等离子体发射光谱法

【适用范围】

本方法适用于铁矿石、稀土矿石中铝量的测定。测定范围：0.50%～8.00%。

【方法提要】

试料以氢氧化钠、过氧化钠熔融分解，碱分离除去稀土、铁、镍等，在酸性溶液中采用基体效应校正法，以氩等离子体激发进行光谱测定。

【试剂与仪器】

（1）氢氧化钠（优级纯）；

（2）过氧化钠；

（3）盐酸（$\rho = 1.19\text{g/cm}^3$，1+1，1+3，1+49）；

（4）氧化铝标准溶液：50μg/mL，盐酸（5+95）介质；

（5）氩气（>99.99%）；

（6）电感耦合等离子体发射光谱仪，倒线色散率不大于 0.26nm/mm。

【分析步骤】

准确称取 0.5g 试样于预先盛有 3g 氢氧化钠（预先加热除去水分）的镍坩埚中，覆盖 1.5g 过氧化钠，于 750℃ 马弗炉中熔融 7～10min（中间取出摇动一次）。取出，稍冷，将坩埚置于盛有约 100mL 水的 300mL 聚四氟乙烯烧杯中，加热浸取，洗出坩埚，加热至沸，取下冷却，移入 200mL 容量瓶中，用水稀释至刻度，混匀，干过滤。

分取 2 份 5mL 滤液于预先盛有 20～30mL 盐酸（1+1）的 100mL 烧杯中，加热煮沸，取下冷却，按表 2-17 转移至容量瓶中，其中 1 份再加入 5mL 铝标准溶液，用水稀释刻度，混匀待测。通过两份溶液求得基体效应校正因子，以校正基体效应的影响。

表 2-17　溶液移取量

氧化铝质量分数/%	定容体积/mL
≤1.00	50.0
>1.00	100

【标准曲线绘制】

准确移取 0、1.0、5.0、10.0mL 氧化铝标准溶液于 4 个 50mL 容量瓶中，加入 2.5mL 盐酸，以水稀释至刻度，混匀。此系列标准溶液氧化铝的质量浓度分别为 0、1.0、5.0、10.0μg/mL。

将标准系列溶液与试样液一起，于表 2-18 所示分析波长处，用电感耦合等离子体发射光谱仪进行测定。

表 2-18　测定元素波长

元素	Al
分析线/nm	396.153, 308.215, 237.336, 167.079

【分析结果计算】

按式（2-21）计算氧化铝的质量分数（%）：

$$w = \frac{(\rho_1 - \rho_0)V_0V_2 \times 10^{-6}}{kmV_1} \times 100\% \tag{2-21}$$

式中，k 为基体效应校正因子；ρ_1 为分析试液中氧化铝的质量浓度，μg/mL；ρ_0 为空白试液中氧化铝的质量浓度，μg/mL；V_0 为试样总体积，mL；V_2 为分析试液体积，mL；V_1 为分取试液体积，mL；m 为试样质量，g。

【注意事项】

（1）不同的基体浓度基体效应不同，需要分别校正。

（2）基体效应校正因子：$k = $［加标试液中被测元素质量浓度（μg/mL）－分析试液中被测元素质量浓度（μg/mL）］÷标准加入元素质量浓度（μg/mL）。

（3）空白值对方法的测定下限影响较大，需要尽量减小流程空白值。

（4）在波长 167.079nm 处，铁对铝有干扰，对于铁含量较高的样品，利用此分析线测定时需要光谱校正。

2.6.3　氧化钡（锶）量的测定——硫酸钡重量法

【适用范围】

本方法适用于稀土精矿、铁精矿等矿石中氧化钡（锶）量的测定，测定范围：0.50%~20.00%。

【方法提要】

试样经盐酸、硝酸分解，以硫酸沉淀钡。沉淀物经氢氟酸除硅、焦硫酸钾熔融，浸取，过滤沉淀，用碳酸钠熔融，生成碳酸钡（锶），滤出，盐酸溶解，在稀盐酸介质中，加硫酸生成硫酸钡（锶）沉淀，过滤、灼烧、称重，由此得到氧化钡（锶）含量。

【试剂与仪器】

(1) 焦硫酸钾；

(2) 无水碳酸钠；

(3) 硫酸（$\rho = 1.84 \text{g/cm}^3$，1+1，1+99）；

(4) 盐酸（$\rho = 1.19 \text{g/cm}^3$，1+9）；

(5) 硝酸（$\rho = 1.42 \text{g/cm}^3$）；

(6) 氢氟酸（$\rho = 1.15 \text{g/cm}^3$）；

(7) 碳酸钠洗液（1%）；

(8) 硝酸银溶液（0.1%）。

【分析步骤】

准确称取 0.5~1g 试样于 250mL 烧杯中，加水润湿，加盐酸 20mL，低温溶解，加硝酸 5mL，浓缩体积至约 5mL 时取下，稍冷，加 5mL 硫酸（1+1），加热至硫酸烟冒尽，取下，冷却至室温。加 2mL 盐酸（1+9）及 100mL 沸水，加热溶解可溶性盐类，趁热用慢速滤纸过滤，将沉淀全部擦净，转移到滤纸上，用硫酸（1+99）洗净烧杯及沉淀，并用水洗一次。

将沉淀置于铂坩埚中灰化，于马弗炉中 800℃ 灼烧 10min，取出，冷却。加数滴硫酸（1+1）及 3~5mL 氢氟酸，在低温电炉上冒烟除硅后，加 2~3g 焦硫酸钾，于马弗炉中 750℃ 熔融 10min，取出，冷却，放入 250mL 烧杯中，用 100mL 硫酸（1+99）浸取熔块，加热使可溶物质溶解，静置。冷却后用慢速滤纸过滤，沉淀全部转移至滤纸上，用硫酸（1+99）洗涤烧杯及沉淀 5~8 次。

将沉淀与滤纸置于铂坩埚中灰化，在 800℃ 马弗炉中灼烧 10min，取出，冷却，加入 3g 无水碳酸钠，在马弗炉中 950℃ 熔融 7~10min。取出，冷却，用热水提取于 250mL 烧杯中，煮沸，洗出坩埚，用中速滤纸过滤，用碳酸钠洗液洗涤烧杯 2~3 次、洗涤沉淀 5~8 次（滤液弃去）。

沉淀用 20mL 热的盐酸（1+9）溶于原烧杯中，用热水洗净滤纸。将上述溶液稀释至 200mL，加热至沸，在不断搅拌下，滴加 5mL 硫酸（1+1），沉淀保温 1h，放置过夜。用慢速滤纸过滤，将沉淀全部移到滤纸上，用硫酸（1+99）洗涤烧杯及沉淀至无氯离子（用硝酸银溶液检查），再用水洗 1~2 次。将沉淀置于预先恒重的铂坩埚中，灰化，于 800℃ 马弗炉中灼烧至恒重。

【分析结果计算】

按式（2-22）计算氧化钡（锶）量的质量分数（%）：

$$w = \frac{(m_2 - m_1 - m_3) \times 0.6570}{m} \times 100\% \tag{2-22}$$

式中，m 为试样的质量，g；m_1 为铂坩埚的质量，g；m_2 为铂坩埚及烧成物的质量，g；m_3 为铂坩埚及空白的质量，g；0.6570 为硫酸钡换算成氧化钡的换算系数。

【注意事项】

（1）包头矿中锶含量极低，锶钡含量视为钡量。

（2）焦硫酸钾量不宜过多，否则钙生成硫酸钙沉淀，不易分离，使结果偏高。

（3）灰化必须完全，在高温灼烧时，硫酸钡和碳反应生成硫化钡和二氧化碳，使结果偏低。

（4）稀土含量高时，要特别注意洗涤，否则最终沉淀中夹带稀土，使结果偏高。

（5）两次滤液合并后，可留作测稀土、钙、镁用。

2.7　铌、钽、锆、钛量的测定

2.7.1　氧化铌、氧化钽、氧化锆、氧化钛量的测定——电感耦合等离子体质谱法

【适用范围】

本方法适用于稀土矿石、稀土精矿中氧化铌、氧化钽、氧化锆、氧化钛量的测定。测定范围：氧化铌 0.0050%~0.50%，氧化钽 0.0050%~0.20%，氧化锆 0.0050%~0.50%，氧化钛 0.0050%~0.50%。

【方法原理】

用氢氧化钠-过氧化钠分解试样，盐酸直接酸化，在氢氟酸介质中，以铯为内标，在电感耦合等离子体质谱仪上测定各元素含量。

【试剂和仪器】

（1）氢氧化钠；

（2）过氧化钠；

（3）盐酸（优级纯，$\rho = 1.19\text{g/cm}^3$）；

（4）氢氟酸（优级纯，$\rho = 1.15\text{g/cm}^3$）；

（5）氧化钛、氧化锆、氧化铌、氧化钽标准溶液：$1\mu\text{g/mL}$，1% 氢氟酸介质；

（6）电感耦合等离子体质谱仪：质量分辨率 $(0.7\pm0.1)\text{amu}$。

【分析步骤】

准确称取 0.3g 试样，置于盛有 3g 氢氧化钠（预先加热除去水分）的 30mL 镍坩埚中，覆盖 2g 过氧化钠，置于 750℃马弗炉中熔融 7~10min（中间取出摇动一次），取出稍冷后，于聚四氟乙烯烧杯中用温水提取，用滴管吸取约 2mL 盐酸洗坩埚内壁，用水洗出坩埚，加 25mL 盐酸，滴加 3~5 滴氢氟酸，用水吹洗杯壁，加热煮沸 1min。取下冷却后移入 200mL 容量瓶中，用水稀释至刻度，摇匀。

移取 1~10mL 溶液于 100mL 塑料容量瓶中，加入 2 滴氢氟酸、1mL 盐酸，加入 1mL 铯标准溶液，用水稀释至刻度，混匀。

【标准曲线绘制】

准确移取 0、0.5、1.0、5.0、10.0mL 氧化钛、氧化锆、氧化铌、氧化钽标准溶液于同一组 100mL 塑料容量瓶中，加入 2 滴氢氟酸、1mL 盐酸，加 1.00mL 铯标准溶液，用水稀释至刻度，混匀。此标准系列溶液的浓度为 0、5.0、10.0、50.0、100.0ng/mL。

将标准系列溶液与待测试液一起于电感耦合等离子体质谱仪上测定 ^{47}Ti、^{49}Ti、^{93}Nb、^{90}Zr、^{181}Ta 的浓度。

【分析结果计算】

按式（2-23）计算氧化钛、氧化锆、氧化铌、氧化钽的质量分数（%）：

$$w = \frac{(\rho_i - \rho_0) V_2 V_0 \times 10^{-9}}{m V_1} \times 100\% \qquad (2\text{-}23)$$

式中，ρ_i 为试液中氧化钛、氧化锆、氧化铌、氧化钽的质量浓度，ng/mL；ρ_0 为空白试液中氧化钛、氧化锆、氧化铌、氧化钽的质量浓度，ng/mL；V_0 为试液总体积，mL；V_1 为移取试液的体积，mL；V_2 为测定试液的体积，mL；m 为试样的质量，g。

【注意事项】

（1）当铯内标受到测定干扰时，可选用 1.00μg/mL 铑或铼作为校正内标。

（2）测定过程中尽可能准确加入试剂，保证流程空白与测定试液的一致性。

2.7.2　氧化铌、氧化锆、氧化钛量的测定——电感耦合等离子体发射光谱法[11]

【适用范围】

本方法适用于稀土精矿中氧化铌量、氧化锆量、氧化钛量的测定。测定范围：氧化铌 0.05%~0.50%，氧化锆 1.0%~5.0%，氧化钛 0.10%~4.0%。

【方法提要】

试样用氢氧化钠、过氧化钠熔融，经过滤后，沉淀用盐酸溶解。采用电感耦合等离子体发射光谱仪标准曲线法进行测定。

【试剂与仪器】

（1）氢氧化钠；

（2）过氧化钠；

（3）盐酸（$\rho = 1.19g/cm^3$）；

（4）氢氟酸（$\rho = 1.15g/cm^3$）；

（5）氢氧化钠洗液（20g/L）；

（6）氩气（>99.99%）；

（7）氧化铌、氧化钛、氧化锆单一标准溶液：$50\mu g/mL$；

（8）电感耦合等离子体发射光谱仪，倒线色散率不大于 0.26nm/mm。

【分析步骤】

准确称取 0.5g 试样置于盛有 5g 氢氧化钠（预先加热除去水分）的镍坩埚中，覆盖 2g 过氧化钠，于 700℃熔融 7～10min（中间取出摇动一次）。取出稍冷后，放入 250mL 烧杯中，用 100mL 温水提取，用水洗出坩埚，用滴管吸取约 2mL 盐酸洗坩埚内壁，洗出坩埚。加热煮沸 1min。取下稍冷后过滤，用氢氧化钠洗液洗涤烧杯 2 次、洗涤沉淀 4 次。沉淀及滤纸放入原烧杯中，加入 20mL 盐酸及 30mL 水，加热并搅碎滤纸，滴加 3～5 滴氢氟酸，用水吹洗杯壁，加热至刚沸即取下，冷却后移入 100mL 容量瓶中，用水稀释至刻度，摇匀，干过滤。

准确移取 3 份上述滤液 5.0mL 于 25mL 容量瓶中，加 1 滴氢氟酸。一份用水稀释至刻度，摇匀；另两份分别加入 20.50μg 的 Nb_2O_5、TiO_2 标准溶液，用水稀释至刻度，摇匀。求得基体效应校正因子（平均），用于测定 Nb_2O_5 及 TiO_2 含量为 0.05%～0.5%的样品。

准确分取滤液 5.0mL 于 100mL 容量瓶中，加 3mL 盐酸，用水稀释至刻度，摇匀。此溶液用于测定 ZrO_2 及 TiO_2 含量为 0.5%～5.0%的样品。

【标准曲线绘制】

按表 2-19 所列标准系列溶液质量浓度配制标准曲线。

表 2-19　标准溶液质量浓度　　　　　　　　　（μg/mL）

标液编号	Nb_2O_5	TiO_2	ZrO_2
1	0.50	0.50	0.50
2	1.00	5.00	5.00
3	5.00	10.00	15.00

将标准系列溶液与待测试液一起于表 2-20 所示波长处，用等离子体发射光谱仪进行测定。

表 2-20　测定元素波长

测定元素	波长/nm
Nb	288.317，295.088
Zr	343.823，327.307
Ti	333.520，323.966

【分析结果计算】

按式（2-24）计算氧化铌、氧化锆、氧化钛的质量分数（%）：

$$w = \frac{\rho V_1 V_3 \times 10^{-6}}{k m V_2} \times 100\% \qquad (2\text{-}24)$$

式中，k 为基体效应校正因子；ρ 为分析试液中各测定元素的质量浓度，$\mu g/mL$；V_1 为试样总体积，mL；V_2 为分取试液体积，mL；V_3 为分析试液体积，mL；m 为试样质量，g。

【注意事项】

（1）本方法使用氢氟酸的量需控制，氢氟酸量对锆和铌的测定结果有影响。

（2）基体效应校正因子 k：$k = [$加标试液中被测元素质量浓度（$\mu g/mL$）$-$ 分析试液中被测元素质量浓度（$\mu g/mL$）$] \div$ 标准加入元素质量浓度（$\mu g/mL$）。

2.7.3 氧化铌的测定——氯代磺酚 C 光度法

【适用范围】

本方法适用于稀土精矿中氧化铌含量的测定。测定范围：0.050%～2.0%。

【方法提要】

试样用氢氟酸-硫酸分解，焦硫酸钾熔融，用 6% 酒石酸浸出。在约 2.5mol/L 的盐酸介质中，EDTA 和丙酮存在下，铌与氯代磺酚 C 生成蓝色配合物，在试剂空白中加入一定量的铁，保持基体一致，以光度法测定五氧化二铌。

【试剂与仪器】

（1）焦硫酸钾；

（2）氢氟酸；

（3）丙酮；

（4）硫酸（$\rho = 1.84g/cm^3$，1+1）；

（5）盐酸（$\rho = 1.19g/cm^3$，1+1）；

（6）酒石酸（6%，30%）；

（7）乙二胺四乙酸二钠盐（EDTA，5%）；

（8）氯代磺酚 C（0.05%）；

（9）三氯化铁溶液：准确称取 9.7g $FeCl_3 \cdot 6H_2O$，加 25mL 盐酸（1+1）及 100mL 水，搅拌溶解，稀释至 300mL，每毫升含铁 2mg；

（10）氧化铌标准溶液：$10\mu g/mL$；

（11）分光光度计。

【分析步骤】

准确称取试样 0.1～0.2g 于铂坩埚中，加 1～2mL 盐酸（1+1）、20 滴氢氟酸、5~6 滴硫酸（1+1），在电炉上加热溶解试样，并蒸发到冒硫酸烟，取下。加 4g 焦硫酸钾，在 600~650℃ 马弗炉熔融 10min，取出，冷却。放入 100mL 烧杯中，以 10mL 酒石酸溶液（30%）和 5mL 盐酸（1+1）将熔块浸出，用水洗净坩埚，低温加热使熔块完全溶解，并移入 50mL 容量瓶中，以水稀释至刻度，摇匀。

准确移取此试样液 1~5mL 于 50mL 容量瓶中，补加酒石酸溶液（6%）到 10mL，加 2mL EDTA 溶液、20mL 盐酸（1+1）、5mL 丙酮、3mL 氯代磺酚 C，用水稀释至刻度，摇匀。在 55~60℃ 水浴中保温 10min，取出，流水冷却到室温。于分光光度计波长 650nm 处，用 2cm 或 3cm 比色皿，以试剂空白做参比测定吸光度，从标准曲线求得五氧化二铌含量。

【标准曲线绘制】

准确移取 0、1.0、2.0、3.0、4.0、5.0mL 氧化铌标准溶液分别置于 50mL 容量瓶中，用酒石酸溶液（6%）补至 10mL，以下同分析步骤。以吸光度对五氧化二铌含量绘制标准曲线。

【分析结果计算】

按式（2-25）计算试样中氧化铌的质量分数（%）：

$$w = \frac{m_1 V_1 \times 10^{-6}}{m V_2} \times 100\% \qquad (2\text{-}25)$$

式中，m 为试样质量，g；V_1 为试液总体积，mL；V_2 为分取试液的体积，mL；m_1 为从标准曲线查得五氧化二铌的质量，μg。

【注意事项】

（1）试样熔融时，中间摇动坩埚一次，以使试样分解完全。

（2）加热溶解熔块时，要不断搅拌溶液，以使溶液煮沸，以免铌水解。

（3）酒石酸量不宜过高，超过 0.75g 会使吸光度降低。

（4）加丙酮使显色反应速度加快。

（5）试剂空白加铁 4mg，保持基体一致。

2.8 氧化铁量的测定——碱熔融—重铬酸钾滴定法

【适用范围】

本方法适用于稀土矿石、稀土精矿中氧化铁含量的测定。测定范围：0.50%~10.0%。

【方法提要】

试料经碱熔融、水浸出后，过滤去除大部分共存元素。滤出物经盐酸酸化，用二氯化锡将大量三价铁还原成二价，再以钨酸钠作指示剂，用三氯化钛将剩余三价铁还原，进一步将钨酸根还原至生成钨蓝，滴加重铬酸钾溶液至蓝色消失。

在硫磷混酸介质中，以二苯胺磺酸钠为指示剂，用重铬酸钾标准溶液滴定。

【试剂与仪器】

（1）二氯化锡；

（2）氢氧化钠；

（3）过氧化钠；

（4）钨酸钠；

（5）硫酸亚铁铵；

（6）重铬酸钾；

（7）三氯化钛（150~200g/L）；

（8）硫酸（$\rho = 1.84g/cm^3$）；

（9）磷酸（$\rho = 1.69g/cm^3$）；

（10）盐酸（$\rho = 1.19g/cm^3$，1+1，2+98）；

（11）氢氧化钠洗液（10g/L）；

（12）二氯化锡溶液（50g/L）：称取5g二氯化锡，加入10mL盐酸（1+1），加热溶解完全，以水稀释至100mL，混匀；

（13）钨酸钠溶液（250g/L）；

（14）三氯化钛溶液（1+4，用时配制）；

（15）硫磷混酸：在不断搅拌下，于700mL水中缓慢加入150mL硫酸和150mL磷酸，混匀；

（16）重铬酸钾标准溶液（0.01mol/L）；

（17）二苯胺磺酸钠溶液（5g/L）。

【分析步骤】

准确称取试样0.5g置于盛有2g氢氧化钠（预先加热除去水分）的刚玉坩埚中，并覆盖3g过氧化钠，于750℃马弗炉中熔融10~15min（中间摇动一次），取出，冷却。将坩埚外壁洗净，置于300mL烧杯中，加水浸出，煮沸1min，冷却至室温，放置2h。以中速滤纸过滤，用温热的氢氧化钠洗液洗涤烧杯2~3次、洗涤沉淀5~6次。

将沉淀及滤纸一同放入原烧杯中，加入20mL盐酸（1+1）煮沸溶解沉淀。以中速滤纸趁热过滤于300mL锥形瓶中，以盐酸（2+98）洗涤烧杯3~4次、洗涤滤纸5~6次，控制滤液体积为100mL左右。加热近沸，趁热滴加二氯化锡溶液，并充分摇动，至溶液呈浅黄色，立即以流水冷却至室温，加入1mL钨酸钠溶液，边摇边滴加三氯化钛溶液（1+4）至溶液出现稳定的蓝色，吹洗瓶壁，以重铬酸钾标准滴定溶液回调至无色（不计读数）。立即加入20mL硫磷混酸、2滴二苯胺磺酸钠溶液，以重铬酸钾标准滴定溶液滴定出现稳定紫色为终点。

【分析结果计算】

按式（2-26）计算试样中氧化铁的质量分数（%）：

$$w = \frac{c(V_1 - V_0) \times 6 \times 55.85 \times 1.4297}{m \times 1000} \times 100\% \tag{2-26}$$

式中，c 为重铬酸钾标准滴定溶液的物质的量浓度，mol/L；V_1 为消耗重铬酸钾标准滴定溶液的体积，mL；V_0 为空白消耗重铬酸钾标准滴定溶液的体积，mL；55.85 为铁元素摩尔质量，g/mol；1.4297 为三氧化二铁与铁的换算系数；6 为重铬酸钾物质的量与铁物质的量的反应系数；m 为试样的质量，g。

【注意事项】

（1）空白测定可在滴定前加入 5mL 硫酸亚铁铵（$c \approx 0.1$mol/L）、2 滴二苯胺磺酸钠（5g/L）、10mL 硫磷混酸，以重铬酸钾标准滴定溶液（$c \approx 0.01$mol/L）滴定至终点，记下读数 A，再加 5mL 硫酸亚铁铵（$c \approx 0.1$mol/L）、2 滴二苯胺磺酸钠（5g/L）、10mL 硫磷混酸，以重铬酸钾标准滴定溶液（$c \approx 0.01$mol/L）滴定至终点，记下读数 B，重复 3 次操作，至极差不超过 0.1mL。按式（2-27）计算空白溶液消耗的重铬酸钾标准滴定溶液的体积（mL）：

$$V_0 = V_3 - V_2 \tag{2-27}$$

式中，V_3 为第一次加入硫酸亚铁铵溶液后，消耗的重铬酸钾标准滴定溶液的体积，mL；V_2 为第二次加入硫酸亚铁铵溶液后，消耗的重铬酸钾标准滴定溶液的体积，mL。

（2）为防止三氯化铁的挥发，溶解沉淀时加热温度控制在 105℃ 以下。

（3）对于白云鄂博稀土矿石与稀土精矿，试料采用硫酸-磷酸混合酸（2+3）溶解，在盐酸介质中，二氯化锡将大量三价铁还原为二价铁，以下同操作步骤。

2.9　硫量的测定

2.9.1　硫酸钡重量法

【适用范围】

本方法适用于稀土矿石中硫量的测定。测定范围：0.50%~5.00%。

【方法提要】

试样经碱熔，使硫全部转化为可溶性的硫酸盐，过滤，分离氢氧化物，在 1% 的盐酸酸度下，加氯化钡形成硫酸钡沉淀，过滤，灼烧，以重量法测定。试样中的钙、钡生成碳酸盐沉淀，加硼酸络合抑制氟的干扰。

【试剂与仪器】

（1）氢氧化钠；

（2）过氧化钠；

（3）碳酸钠；

（4）碳酸铵；

（5）乙醇；

（6）硼酸；

（7）甲基橙指示剂（0.1%）；

（8）盐酸（$\rho = 1.19g/cm^3$，1+1）；

（9）氯化钡溶液（10%，过滤除去不溶物）；

（10）硝酸银溶液（1%）。

【分析步骤】

准确称取试样 0.5g 于盛有 2g 氢氧化钠（预先加热除去水分）的铁坩埚中，加 4g 过氧化钠和 1g 碳酸钠，在 700~750℃ 马弗炉内熔融 8~10min。取出，稍冷，以 50mL 热水提取于 400mL 烧杯中，加热使熔块溶解，加 5g 碳酸铵、2mL 乙醇，搅拌，煮沸。取下稍冷，中速滤纸过滤于 400mL 烧杯中，用热水洗涤烧杯 2~3 次、洗涤沉淀 8~10 次。滤液中加 1g 硼酸、3~4 滴甲基橙指示剂，用盐酸（1+1）调节试液至红色，加 3mL 盐酸，用水稀释至 300mL，加热至沸，加氯化钡溶液 15mL，搅拌 2min，保温 2h，放置冷却后以慢速滤纸过滤，将烧杯中的沉淀擦干，全部移入到滤纸上，用水洗净烧杯，洗涤沉淀、滤纸至无氯离子（用硝酸银溶液检查）。将沉淀连同滤纸移入预先恒重好的铂坩埚中，灰化，于 800℃ 马弗炉中灼烧 40min，称重。重复操作，直到恒重。

【分析结果计算】

按式（2-28）计算试样中硫的质量分数（%）：

$$w = \frac{(m_2 - m_1 - m_3) \times 0.1374}{m} \times 100\% \tag{2-28}$$

式中，m 为试样质量，g；m_1 为铂坩埚质量 g；m_2 为铂坩埚加沉淀质量，g；m_3 为空白质量，g；0.1374 为硫酸钡换算成硫的系数。

【注意事项】

（1）含硅试样需在硫酸钡沉淀中，加 4 滴硫酸（1+1）、2mL 氢氟酸，低温蒸发至冒硫酸烟尽，于 800℃ 灼烧 40min 后称重。

（2）灼烧温度不宜过高，以免硫酸钡分解使结果偏低。

2.9.2　高频-红外吸收法

【适用范围】

本方法适用于稀土矿石中硫含量的测定。测定范围：0.0050%~3.00%。

【方法提要】

试料经过前处理后，在助熔剂存在下，于高频感应炉内氧气流中燃烧，将硫转化成二氧化硫，以红外吸收方法检测。

【试剂与仪器】

(1) 纯铁助熔剂；

(2) 钨助熔剂；

(3) 锡助熔剂；

(4) 碳硫专用瓷坩埚：经 1000℃ 灼烧 2h，自然冷却后，置于干燥器中备用；

(5) 高频-红外碳硫仪：功率 1.0~2.5kW，检测器灵敏度 0.1μg/g；

(6) 氧气（≥99.5%）。

【分析步骤】

经空白校正及仪器校正标准曲线后，称取约 0.5g 纯铁助熔剂置于碳硫专用瓷坩埚中，加入 1.5g 钨助熔剂、0.3g 锡助熔剂，再准确称取 0.18~0.22g 稀土矿石试样。将坩埚置于坩埚支架上，由仪器自动送入高频炉加热测定，显示试样中硫的分析结果。

【注意事项】

(1) 按仪器工作条件测三次空白（坩埚+助熔剂），相对标准偏差小于 15% 方可进行下一步。

(2) 称取两个钢标样按仪器工作条件校正标准曲线。

2.10　五氧化二磷量的测定——磷铋钼蓝分光光度法

【适用范围】

本标准适用于稀土精矿中五氧化二磷量的测定。测定范围：0.20%~30.00%。

【方法提要】

试料经碱熔融后，热水浸取，硝酸酸化，在 1mol/L 硝酸酸度下，以乙醇为稳定剂，铋盐为催化剂，加入钼酸铵与磷形成磷铋钼三元杂多酸，用抗坏血酸还原，在波长 710nm 处比色测定。

【试剂与仪器】

(1) 氢氧化钠；

(2) 过氧化钠；

(3) 硝酸铋；

(4) 95% 乙醇；

(5) 硝酸（$\rho = 1.42\text{g/cm}^3$，2+1，1+3）；

(6) 氢氧化钠溶液（50g/L，贮于塑料瓶中）；

(7) 过氧化氢（30%）；

(8) 硝酸铋-硝酸混合液（10g/L）：称取 5g 硝酸铋，用硝酸（10mol/L）稀释至 500mL，混匀；

(9) 抗坏血酸（50g/L，现用现配）；

（10）钼酸铵（50g/L）；

（11）五氧化二磷标准溶液（50μg/mL）；

（12）对硝基酚指示剂（10g/L）；

（13）分光光度计。

【分析步骤】

按表 2-21 准确称取试样置于盛有 4g 氢氧化钠（预先烘去水分）的刚玉坩埚中，覆盖 2g 过氧化钠，置于 750℃ 高温炉中熔融 10~15min，取出，冷却至室温。将冷却后的刚玉坩埚置于盛有 100mL 水和 15mL 硝酸的 250mL 烧杯中，于电炉上加热浸取熔融物，用水洗出坩埚，加入 1mL 过氧化氢，加热煮沸使溶液清亮，取下，冷却至室温后移入容量瓶中（表 2-21），以水稀释至刻度，混匀。

表 2-21   称样量及移取量

五氧化二磷质量分数/%	称样量/g	试液总体积/mL	移取试液体积/mL	比色皿/cm
0.20~1.00	0.4	200	10.0	2
>1.00~5.00	0.1	250	10.0	2
>5.00~10.00	0.1	250	5.0	1
>10.00~30.00	0.1	200	2.0	1

按表 2-21 准确移取溶液于 100mL 容量瓶中，加入 1 滴对硝基酚指示剂，用氢氧化钠溶液调至溶液出现黄色，用硝酸（10mol/L）调至溶液黄色刚消失，用水稀释至近 30mL，加入 10mL 硝酸-硝酸铋混合液，混匀，加入 2mL 抗坏血酸，混匀，用水吹洗容量瓶口，加入 10mL 95%乙醇，混匀，边摇边慢慢加入 5mL 钼酸铵，立即边摇边稀释至刻度，混匀。以流程空白为参比，10min 后于分光光度计 710nm 波长处，用相应比色皿测其吸光度，从标准曲线上查得五氧化二磷含量。

【标准曲线绘制】

曲线一（五氧化二磷 0.20%~5.00%）   准确移取 0、0.5、1.0、1.5、2.0、3.0、4.0mL 五氧化二磷标准溶液，置于 100mL 容量瓶中，以下按上述分析步骤进行。以五氧化二磷量为横坐标、吸光度为纵坐标，绘制标准曲线。

曲线二（五氧化二磷 >5.00%~30.00%）   准确移取 0、1.0、2.0、4.0、5.0、6.0、7.0mL 五氧化二磷标准溶液，置于 100mL 容量瓶中，以下按上述分析步骤进行。以五氧化二磷量为横坐标、吸光度为纵坐标，绘制标准曲线。

【分析结果计算】

按式（2-29）计算试样中五氧化二磷的质量分数（%）：

$$w = \frac{m_1 V_0 \times 10^{-6}}{mV} \times 100\% \tag{2-29}$$

式中，m_1 为从标准曲线上查得五氧化二磷的质量，μg；m 为试样质量，g；V_0 为试液总体积，mL；V 为移取试液体积，mL。

【注意事项】

（1）在用磷钼蓝光度法测定磷时，显色酸度必须严格控制。酸度过低，钼酸本身也能被还原而产生蓝色；酸度过高，磷钼蓝会被分解破坏。

（2）加抗坏血酸前，溶液体积控制在 30mL 左右，若溶液体积较小，酸度大，容易生成棕色氮氧化物，无法形成磷钼蓝。

（3）加抗坏血酸及钼酸铵溶液时，边加边摇动，吹洗瓶口，防止局部试剂浓度过大，钼酸铵生成白色絮状沉淀，或局部酸度过低，使钼酸铵被还原成钼蓝，使结果偏高。

（4）铬对测定有干扰，特别是 Cr（Ⅵ），由于还原时能被还原为三价，要消耗还原剂，致使抗坏血酸还原能力减弱，不能将磷铋钼杂多酸全部还原，而使结果偏低。通过高氯酸冒烟和滴加盐酸，可使 Cr（Ⅵ）呈氯化铬酰气体形态挥发除去。

2.11 水分的测定——重量法

【适用范围】

本方法适用于稀土精矿中水分的测定。测定范围：0.20%～20.00%。

【方法提要】

称取一定量稀土精矿试样，在 105～110℃ 干燥一定时间，称其失去的质量，计算水分量。

【分析步骤】

准确称取试样 10～20g 置于已恒重称量瓶中，放入 105～110℃ 烘箱中，烘2h，取出，稍冷放入干燥器中，冷却至室温，称重，重复此操作，直至恒重。

【分析结果计算】

按式（2-30）计算样品中水分的质量分数（%）：

$$w = \frac{m_1 - m_2}{m} \times 100\% \tag{2-30}$$

式中，m_1 为烘前试样与称量瓶的质量，g；m_2 为烘后试样与称量瓶的质量，g；m 为试样的质量，g。

【注意事项】

（1）测定水分仅为吸附水。

（2）收到样品后应尽快称量检测。

2.12 氧化钪量的测定

2.12.1 茜素红S分光光度法

【适用范围】

本方法适用于稀土矿石中氧化钪含量的测定。测定范围：0.010%～0.50%。

【方法提要】

试样用过氧化钠-碳酸钠熔融，在 pH = 2 ~ 3 时，用磷酸三丁酯-氯仿萃取，使钪与锆、钍、铁（Ⅲ）、铝、稀土等元素定量分离，用硫代甘醇酸将微量铁（Ⅲ）还原为铁（Ⅱ），钪与茜素红 S 形成红色的配合物，于分光光度计波长 540nm 处测量吸光度。

【试剂与仪器】

（1）硫氰酸铵；

（2）碳酸钠；

（3）过氧化钠；

（4）氯仿；

（5）茜素红 S（1g/L）：称取 0.5g 茜素红 S，溶于乙醇溶液（1+1）中，过滤于 500mL 容量瓶中，用乙醇溶液（1+1）稀释至刻度，混匀；

（6）硫代甘醇酸（95%，2g/L）；

（7）磷酸三丁酯：将磷酸三丁酯依次用硝酸（1+80）、氢氧化钠溶液（8g/L）及水洗涤三次后，在 160 ~ 162℃下所得的分馏部分；

（8）磷酸三丁酯-氯仿萃取剂（1+9）；

（9）萃取洗涤液：硫氰酸铵浓度为 8%，硫代甘醇酸溶液 0.2%，用盐酸调节 pH = 2 ~ 3；

（10）氧化钪标准溶液（10μg/mL，HNO_3(2+98)）；

（11）碳酸钠溶液（20g/L）；

（12）盐酸（1+1）；

（13）分光光度计。

【分析步骤】

准确称取 0.5g 试样于镍坩埚中，加入 4g 过氧化钠-碳酸钠（1+1），混匀，于 800℃马弗炉中熔融 10min，取出，冷却，放入预先盛有 60mL 热的碳酸钠溶液的烧杯中浸出，煮沸 5min，保温 30min，用中速定量滤纸过滤，用碳酸钠溶液洗涤烧杯及沉淀各 3~5 次，然后用热的盐酸（1+1）把沉淀溶入 50mL 容量瓶中，再用热水洗净滤纸，烧杯中少量沉淀用热的盐酸（1+1）溶解，并洗入同一容量瓶中，冷却后以水稀释至刻度，混匀。

准确移取一定量的溶液于 100mL 烧杯中，滴加硫代甘醇酸溶液（2g/L）使三价铁还原为二价铁，蒸干，加 5mL 盐酸溶液、0.5mL 硫代甘醇酸（95%），加热溶解，移入 50mL 分液漏斗中，加入 10mL 磷酸三丁酯-氯仿萃取剂，振荡 3min，分层后，有机相移入另一分液漏斗中，水相再用 5mL 磷酸三丁酯-氯仿萃取剂萃取一次，合并有机相于同一分液漏斗中，加入 10mL 萃取洗涤液，振荡 3min，分层后，将有机相移入 50mL 容量瓶中，加入 2 滴盐酸、2 滴硫代甘醇酸溶液、5mL 茜素红 S，用乙醇稀释至刻度，混匀。于分光光度计波长 540nm 处，用 3cm 比色皿，以试剂空白作参比，测量吸光度。从标准曲线上查得氧化钪量。

【标准曲线绘制】

准确移取 0、1.0、2.0、3.0、4.0、9.0mL 氧化钪标准溶液于一系列 100mL 烧杯中蒸干，以下按上述分析步骤操作。以氧化钪量为横坐标，以吸光度值为纵坐标，绘制标准曲线。

【分析结果计算】

按式（2-31）计算试样中氧化钪的质量分数（%）：

$$w = \frac{m_1 V_0 \times 10^{-6}}{mV} \times 100\% \tag{2-31}$$

式中，m_1 为从标准曲线上查得氧化钪的质量，μg；m 为试样质量，g；V_0 为试液总体积，mL；V 为移取试液体积，mL。

2.12.2 电感耦合等离子体发射光谱法（一）[12]

【适用范围】

本方法适用于铁矿石、稀土矿石中氧化钪量的测定。测定范围：0.050% ~ 5.0%。

【方法提要】

试样以氢氧化钠、过氧化钠熔融分解，过滤除去硅、铝等元素及大量钠盐。以硝酸、高氯酸破坏滤纸和溶解沉淀。在稀酸介质中，直接以氩等离子体激发进行光谱测定，从标准曲线中求得测定元素含量。

【试剂与仪器】

(1) 氢氧化钠；

(2) 过氧化钠；

(3) 硝酸（$\rho = 1.42\text{g/cm}^3$）；

(4) 盐酸（$\rho = 1.19\text{g/cm}^3$，1+1，1+3）；

(5) 高氯酸（$\rho = 1.67\text{g/cm}^3$）；

(6) 氧化钪标准溶液：50μg/mL，5% 硝酸介质；

(7) 氩气（>99.99%）；

(8) 电感耦合等离子体发射光谱仪，倒线色散率不大于 0.26nm/mm。

【分析步骤】

准确称取 0.4g 试样于盛有 4g 氢氧化钠（预先加热除去水分）的镍坩埚中，覆盖 2g 过氧化钠，于 750℃ 马弗炉中熔融 7 ~ 10min（中间取出摇动一次）。取出，稍冷，用 100mL 温水提取，先用约 1mL 盐酸（1+1）清洗坩埚内壁，再用水洗净坩埚，将溶液加热煮沸，取下。稍冷后过滤，用水洗涤沉淀 2~3 次。沉淀连同滤纸放入原烧杯中，加入 30mL 硝酸及 5mL 高氯酸，盖上表面皿，加热破坏滤纸及溶解沉淀。待滤纸消解完全，高氯酸冒烟至近干时，取下。冷却至室温后，以 20mL 盐酸（1+3）提取盐类，加热至溶液清亮，取下。冷却后，移入 100mL 容量瓶中，以水稀释至刻度，混匀。根据样品中氧化钪的含量，分取 0~5.0mL 上述溶液于 100mL 容量瓶，加入 5mL 盐酸，以水稀释至刻度，混匀待测。

【标准曲线绘制】

准确分取 0、1.0、5.0、10.0mL 氧化钪标准溶液于 4 个 50mL 容量瓶中，加入 2.5mL 盐酸，以水稀释至刻度，混匀。此系列标准溶液氧化钪的质量浓度分别为 0、1.0、5.0、10.0μg/mL。

将标准系列溶液与试样液于波长 361.384nm 处电感耦合等离子体发射光谱仪上进行测定。

【分析结果计算】

按式（2-32）计算氧化钪的质量分数（%）：

$$w = \frac{(\rho - \rho_0) V_1 V_3 \times 10^{-6}}{m V_2} \times 100\% \qquad (2-32)$$

式中，ρ 为分析试液中氧化钪的质量浓度，μg/mL；ρ_0 为空白试液中氧化钪的质量浓度，μg/mL；V_1 为试样总体积，mL；V_2 为分取试液体积，mL；V_3 为分析试液体积，mL；m 为试样质量，g。

2.12.3　电感耦合等离子体发射光谱法（二）

【适用范围】

本方法适用于稀土矿石、铍矿石、锂、铷、铯矿石和岩石中氧化钪量的测定。测定范围：0.2~500μg/g。

【方法提要】

试样经过氧化钠熔融后，用水提取，澄清后过滤，沉淀用盐酸溶解，定容后的溶液用电感耦合等离子体发射光谱仪测定氧化钪量。

【试剂与仪器】

（1）过氧化钠；

（2）氢氧化钠洗液（20g/L）；

（3）盐酸（$\rho = 1.19g/cm^3$，1+1，1+49）；

（4）氧化钪标准溶液 I：20μg/mL，盐酸（5+95）介质；

（5）氧化钪标准溶液 II：2μg/mL，盐酸（5+95）介质；

（6）氩气（>99.99%）；

(7) 电感耦合等离子体发射光谱仪，倒线色散率不大于 0.26nm/mm。

【分析步骤】

准确称取（氧化钪含量大于 100μg/g，称 0.1g；小于 100μg/g，称 1.0g）试样于盛有 3~5g 过氧化钠的刚玉坩埚中，搅匀，覆盖 1g 过氧化钠，于 680~700℃ 马弗炉中熔融 3~5min。取出，冷却，置于已盛有 60mL 水的 250mL 烧杯中，加热使熔块脱落，煮沸 5~10min 使熔块溶解，取下洗出坩埚，用水稀释至 200mL 左右，澄清。

用中速滤纸过滤，用氢氧化钠洗液洗涤烧杯 2~3 次、洗涤沉淀 10 次，滤液弃去。沉淀用 10mL 热盐酸溶解于原烧杯中，再通过漏斗用 50mL 容量瓶承接溶液，用热盐酸洗漏斗 8~10 次，用水稀释至刻度，摇匀。

【标准曲线绘制】

用氧化钪溶液（Ⅰ、Ⅱ）绘制氧化钪的标准曲线，标准溶液浓度为 0、2、20μg/mL。

将标准系列溶液与试样液于分析波长 361.384nm 处，用电感耦合等离子体发射光谱仪进行测定。

【分析结果计算】

按式（2-33）计算氧化钪的质量分数（%）：

$$w = \frac{(\rho_1 - \rho_0)V}{m} \times 100\% \tag{2-33}$$

式中，ρ_1 为分析试液中氧化钪的质量浓度，μg/mL；ρ_0 为空白溶液中氧化钪的质量浓度，μg/mL；V 为试料溶液的体积，mL；m 为试样质量，g。

【注意事项】

(1) 过氧化钠熔融样品时，熔融温度不宜过高。

(2) 测试溶液制好后，应尽快测定，防止硅酸析出，影响测定。

2.12.4 电感耦合等离子体质谱法

【适用范围】

本方法适用于稀土矿石中氧化钪量的测定。测定范围：0.0010%~0.50%。

【方法原理】

用硫酸、盐酸、氢氟酸分解试样，盐酸提取，以铯为内标，于电感耦合等离子体质谱仪上测定氧化钪量。

【试剂与仪器】

(1) 硫酸（$\rho = 1.84g/cm^3$）；

(2) 盐酸（$\rho = 1.19g/cm^3$，1+99）；

（3）氢氟酸（$\rho = 1.15\text{g/cm}^3$）；

（4）氧化钪标准溶液：$1\mu\text{g/mL}$，盐酸（1+99）介质；

（5）铯标准溶液：$1\mu\text{g/mL}$，盐酸（1+99）介质；

（6）电感耦合等离子体质谱仪：质量分辨率（0.7 ± 0.1）amu。

【分析步骤】

准确称取 0.3g 试样，置于黄金皿中，加 5mL 盐酸、5mL 氢氟酸、5mL 硫酸，在电炉上加热溶解，继续加热硫酸冒烟尽干，取下冷却。加 5mL 盐酸溶解盐类，移入 100mL 容量瓶中，用水稀释至刻度，摇匀。干过滤，移取 5～20mL 滤液于 100mL 容量瓶中，加 1mL 铯标准溶液，用盐酸（1+99）稀释至刻度，摇匀待测。随同试样做空白试验。

【标准曲线绘制】

准确移取 0、0.5、1.0、5.0、10.0mL 氧化钪标准溶液于一组 100mL 容量瓶中，加 1.0mL 铯标准溶液，用盐酸（1+99）稀释至刻度，混匀。此标准系列的浓度为 0、5.0、10.0、50.0、100.0ng/mL。

将标准系列溶液与试样液一起于电感耦合等离子体质谱仪测定试液中氧化钪的浓度，测量同位素为 ^{45}Sc。

【分析结果计算】

按式（2-34）计算氧化钪的质量分数（%）：

$$w = \frac{(\rho_1 - \rho_0)V_2V_0 \times 10^{-9}}{mV_1} \times 100\% \tag{2-34}$$

式中，ρ_1 为试液中氧化钪的质量浓度，ng/mL；ρ_0 为空白试液中氧化钪的质量浓度，ng/mL；V_0 为试液总体积，mL；V_1 为移取试液的体积，mL；V_2 为测定试液的体积，mL；m 为试样的质量，g。

【注意事项】

（1）当铯内标受到测定干扰时，可选用 $1.0\mu\text{g/mL}$ 铑或铼作为校正内标。

（2）如果试样中 Nb、Zr 等元素含量小于 0.5% 时，可用高氯酸代替硫酸进行实验。

2.12.5　对马尿酸偶氮氯膦分光光度法

【适用范围】

本方法适用于白云鄂博稀土精矿中氧化钪的测定。测定范围：0.002%～0.05%。

【方法提要】

试样经碱熔，用三乙醇胺、过氧化氢和碳酸钠提取，使钪和稀土与大量的铁、铝、钛、锰、铀等元素分离。在 pH≈3、抗坏血酸和磺基水杨酸存在下，以 0.01mol/L PMBP-乙酸丁酯萃取钪，分离大量稀土和钍，盐酸反萃，在 pH≈2.5 的盐酸介质中，钪与对马尿偶氮氯膦生成稳定的紫红色配合物，以此测定三氧化二钪含量。

【试剂与仪器】

 （1）氢氧化钠；

 （2）过氧化钠；

 （3）无水碳酸钠；

 （4）过氧化氢；

 （5）三乙醇胺溶液（1+1）；

 （6）甲酸溶液（5%）；

 （7）氨水（1+1）；

 （8）盐酸（1+1，5+95，2+98）；

 （9）氢氧化钠洗液：2%；

 （10）2，4-二硝基酚：0.2%乙酸介质；

 （11）磺基水杨酸溶液（25%）；

 （12）乙酸丁酯溶液；

 （13）柠檬酸铵溶液（50%）；

 （14）缓冲液：pH=2.3~2.5，50g 氯乙酸和14g 无水碳酸钠，用水溶解并稀释至1L；

 （15）对马尿偶氮氯膦显色剂：0.03%；

 （16）氧化钪标准溶液（4μg/mL，盐酸（2+98）介质）；

 （17）分光光度计。

【分析步骤】

 准确称取 0.5g 试样于盛有 3~4g 氢氧化钠（预先加热除去水分）的刚玉坩埚中，加 2~3g 过氧化钠，于700℃马弗炉内熔融 7~10min，摇动，取出，冷却。将坩埚放于预先盛有 20mL 三乙醇胺（1+1）、2mL 过氧化氢、0.5g 碳酸钠的 300mL 烧杯中。加 100mL 沸水浸取，用热水洗净坩埚，加水到 150mL，搅拌 1min，用中速滤纸过滤。用氢氧化钠洗液洗涤烧杯 2~3 次、洗涤沉淀 4~5 次，弃去滤液，用 20mL 热的盐酸（1+1）溶解沉淀于 100mL 烧杯中，加几滴过氧化氢助溶，用盐酸（2+98）和热水洗净滤纸。烧杯于电炉上加热浓缩体积至 10mL 左右，冷却后移入 25mL 容量瓶中，以水稀释至刻度，摇匀。

 准确移取此试液 10.0mL 于 60mL 分液漏斗内，加入少许抗坏血酸及 2mL 磺基水杨酸溶液，用氨水（1+1）调到 pH≈3（刚果红试剂变紫），加 1mL 甲酸溶液，用水稀释至约 30mL，加 15mL PMBP-乙酸丁酯（0.01mol/L），振摇 3min，分层后弃去水相，加 10mL 水，振摇 15s，弃去水相，重复 4 次操作。加 5mL 盐酸（5+95）反萃 3min，分层后水相放入 25mL 容量瓶中，再加 5mL 盐酸（5+95）反萃 1min，两次水相合并，加两滴 2，4-二硝基酚指示剂，用氨水（1+1）调到溶液变黄色，再用盐酸（1+1）调至溶液刚为无色，加少量抗坏血酸、1.5mL 柠檬酸铵溶液、5mL 缓冲溶液、1.5mL 对马尿偶氮氯膦显色剂，以水稀释至刻度，摇匀。于分光光度计波长 682nm 处，以流程空白为参比，用 2cm 比色皿测定吸光度。从标准曲线求得氧化钪含量。

【标准曲线绘制】

准确移取 0、0.5、1.0、1.5、2.0、2.5mL 氧化钪标准溶液于 6 个分液漏斗中，加少量抗坏血酸，以下同分析步骤萃取及显色部分，以氧化钪含量对吸光度绘制标准曲线。

【分析结果计算】

按式（2-35）计算试样中氧化钪的质量分数（%）：

$$w = \frac{m_1 V \times 10^{-6}}{m V_1} \times 100\% \tag{2-35}$$

式中，m 为试样质量，g；m_1 为从标准曲线查得氧化钪的质量，μg；V 为试液总体积，mL；V_1 为分取试液体积，mL。

【注意事项】

（1）标准曲线 0~10μg/25mL 内符合比尔定律。

（2）标准系列溶液显色时可不加抗坏血酸及柠檬酸铵。

（3）甲酸和水应多次洗涤，消除稀土和钍产生的正干扰。

（4）显色时加抗坏血酸和柠檬酸可屏蔽残余的少量铁和稀土。

2.13　氧化铈量的测定——硫酸亚铁铵滴定法

【适用范围】

本方法适用于稀土精矿中氧化铈含量的测定。测定范围：5.0%~40.0%。

【方法原理】

试样以磷酸、高氯酸溶解，将铈氧化成四价，在 5% 硫酸、尿素存在下，以苯代邻氨基苯甲酸为指示剂，以硫酸亚铁铵标准溶液滴定，进行测定。锰的干扰可在滴定前加亚硝酸钠消除。

【试剂与仪器】

（1）尿素；

（2）磷酸（$\rho = 1.69 \text{g/cm}^3$）；

（3）高氯酸（$\rho = 1.67 \text{g/cm}^3$）；

（4）硫酸（5+95）；

（5）亚硝酸钠溶液（2g/L）；

（6）苯代邻氨基苯甲酸溶液（2g/L）：称取 0.2g 苯代邻氨基苯甲酸，溶于 100mL 碳酸钠（2g/L）中；

（7）硫酸亚铁铵标准溶液（$c \approx 0.01$mol/L）。

【分析步骤】

准确称取 0.1~0.2g 试样于 300mL 锥形瓶中，加入 10mL 磷酸、5mL 高氯酸，加热至试样溶解完全，并至高氯酸烟刚冒净，液面趋于平静，取下稍冷，加入 80mL 硫酸，流水冷却至室温，加少许尿素，滴加亚硝酸钠溶液至三价锰的颜色消失，并过量 1 滴，加入 1~2 滴苯代邻氨基苯甲酸溶液，以硫酸亚铁铵标准滴定溶液滴定至亮黄色为终点。

【分析结果计算】

按式（2-36）计算试样中二氧化铈的质量分数（%）：

$$w = \frac{cV \times 172.12}{m \times 1000} \times 100\% \tag{2-36}$$

式中，c 为硫酸亚铁铵标准溶液的物质的量浓度，mol/L；V 为消耗硫酸亚铁铵标准溶液的体积，mL；172.12 为被测物质基本单元摩尔质量，g/mol；m 为试样的质量，g。

【注意事项】

（1）高氯酸冒烟至液面平静即可，或液体出现粉红色，表明铈已全部氧化为四价，即可取下。若冒烟时间过长，容易生成沉淀使检测结果偏低。

（2）冒烟后稍冷，即刻加硫酸提取。若冷却时间较长，一方面不宜提取，另一方面有可能生成沉淀使检测结果偏低。

2.14 离子型稀土矿混合稀土氧化物

2.14.1 离子吸附型原矿离子相稀土总量的测定

【适用范围】

本方法适用于离子型稀土原矿中离子相稀土总量的测定。测定范围：0.010%~0.50%。

【方法原理】

试样用硫酸铵溶液进行浸取，干过滤，在稀酸介质中，以氩等离子体为离子化源，电感耦合等离子体质谱测定稀土总量。

【试剂与仪器】

（1）硫酸铵；

（2）过氧化氢（30%）；

（3）硝酸（$\rho = 1.42\text{g/cm}^3$，1+1，1+99）；

（4）硫酸铵溶液（20g/L）；

（5）稀土混合标准溶液：1mL 含 15 个稀土元素氧化物各 1μg，硝酸（1+99）介质；

（6）铟标准溶液：1μg/mL，硝酸（1+99）介质；

（7）电感耦合等离子体质谱仪：质量分辨率（0.7±0.1）amu。

【分析步骤】

准确称取 5.0g 试样于 100mL 比色管中，加硫酸铵溶液稀释至 100mL，摇匀，隔 30min 摇匀一次，共三次，静置 30min，用中速定量滤纸干过滤。移取 10.0mL 滤液于 100mL 容量瓶中，用水稀释至刻度，混匀。移取 1~10mL 溶液于 100mL 容量瓶中，加入 1.0mL 铟标准溶液，用硝酸（1+99）稀释至刻度，混匀待测。

【标准曲线绘制】

移取 0、0.5、1.0、3.0、5.0mL 稀土混合标准溶液于一组 10mL 容量瓶中，加 1.0mL 铟标准溶液，用硝酸（1+99）稀释至刻度，混匀。此标准系列的浓度为 0、5.0、10.0、30.0、50.0ng/mL。

推荐测定同位素见表 2-22。

表 2-22　测定元素质量数

元素	质量数	元素	质量数
La	139	Dy	161, 163
Ce	140	Ho	165
Pr	141	Er	166, 170
Nd	143, 146	Tm	169
Sm	147, 149	Yb	172, 174
Eu	151, 153	Lu	175
Gd	155, 160	Y	89
Tb	159	Cs	133

将标准系列溶液与待测试液一起于电感耦合等离子体质谱仪上测定 15 个稀土元素的浓度。

【分析结果计算】

按式（2-37）计算试样中稀土总量的质量分数（%）：

$$w = \frac{\sum (\rho_i - \rho_0) V_2 V_0 \times 10^{-9}}{m V_1} \times 100\% \tag{2-37}$$

式中，ρ_i 为试液中第 i 个稀土元素的质量浓度，ng/mL；ρ_0 为空白试液中各稀土元素的质量浓度，ng/mL；$\sum(\rho_i-\rho_0)$ 为 15 个稀土元素的浓度之和，ng/mL；V_0 为试液总体积，mL；V_1 为移取试液的体积，mL；V_2 为测定试液的体积，mL；m 为试样的质量，g。

【注意事项】

内标元素铟受到干扰时，可选用 1.0μg/mL 铯或铑作为校正内标。

2.14.2　稀土氧化物配分量的测定

2.14.2.1　滤纸片—X 射线荧光法[4,5]

【适用范围】

本方法适用于离子型稀土矿混合稀土氧化物（TREO>80%）中 15 个稀土元素氧化物配分量的测定。测定范围：0.20%~99%。

【方法提要】

试样经盐酸溶解蒸至近干，加入钒内标溶液，制成薄样，按分析条件测量待测元素分析特征线和内标元素特征线 X 射线荧光强度比值。根据该比值与待测元素含量之间的线性关系，选择相应的数学模型，计算出待测元素的相对含量。

【试剂与仪器】

（1）单一稀土氧化物（La_2O_3、CeO_2、Pr_6O_{11}、Nd_2O_3、Sm_2O_3、Eu_2O_3、Gd_2O_3、Tb_4O_7、Dy_2O_3、Ho_2O_3、Er_2O_3、Tm_2O_3、Yb_2O_3、Lu_2O_3、Y_2O_3）：纯度 >99.99%；

（2）滤纸片（ϕ50mm）；

（3）氩甲烷气（氩 90%，甲烷 10%）；

（4）红外线灯；

（5）盐酸（$\rho=1.19g/cm^3$，1+1）；

（6）过氧化氢（30%）；

（7）钒内标溶液：准确称取 1.5436g 偏钒酸铵，置于 250mL 烧杯中，加入一定量的水，加热溶解完全后，移入 200mL 容量瓶中，加入 6mL 盐酸，用水稀释至刻度，混匀，此溶液 1mL 含 6mg 五氧化二钒；

（8）仪器：顺序式 X 射线荧光光谱仪，最大使用功率不小于 3kW。

【分析步骤】

试样片的制备　准确称取试样 0.1000g 于 100mL 烧杯中，加少许水湿润后，加入 5mL 盐酸（1+1），低温溶解到清亮，蒸至近干，冷却后准确加入 5.0mL 钒内标准液，溶解清亮摇匀，用微量移液器吸取 0.30mL 均匀滴在平铺于玻璃板的滤纸上，放置 20min，在红外线灯下烘干待测。

仪器分析条件　X 射线管激发电压 50kV，激发电流 50mA，细准直器，

LiF200 分光晶体，FC 计数器，真空光路，样杯旋转，其他条件见表 2-23。

表 2-23　仪器测定条件

元素	V	Y	La	Ce	Pr	Nd	Sm	Eu
分析线	$K_{\beta 1}$	$K_{\alpha 1}$	$L_{\alpha 1}$	$L_{\alpha 1}$	$L_{\beta 1}$	$L_{\alpha 1}$	$L_{\beta 1}$	$L_{\alpha 1}$
$2\theta/(°)$	69.15	23.76	82.91	79.05	68.25	72.16	59.53	63.58
测量时间/s	30	20	30	30	30	30	20	20

元素	Gd	Tb	Dy	Ho	Er	Tm	Yb	Lu
分析线	$L_{\alpha 1}$	$L_{\alpha 1}$	$L_{\alpha 1}$	$L_{\beta 1}$	$L_{\beta 1}$	$L_{\alpha 1}$	$L_{\alpha 1}$	$L_{\beta 1}$
$2\theta/(°)$	61.13	58.85	56.52	48.32	46.44	50.8	49.09	41.4
测量时间/s	20	20	20	20	20	20	20	20

【标准曲线绘制】

根据离子型矿单一稀土氧化物的含量范围，将稀土氧化物制备成总浓度为 20mg/mL 的系列混合稀土标准溶液，如同以上操作制成样片，在仪器工作条件下测定 X 射线荧光强度，校正谱线干扰系数，绘制标准曲线。

将试样片及标准系列样片放入试样杯中，用 X 射线荧光光谱仪测定，由计算机给出分析结果。

【分析结果计算】

选择归一化数据处理方式计算各稀土元素配分量（%）：

$$C_i = \frac{w_i}{\sum w_j} \times 100\% \qquad (2\text{-}38)$$

式中，C_i 为归一化后待测元素的配分量；w_i 为待测元素的氧化物含量；$\sum w_j$ 为各稀土元素氧化物含量之和。

2.14.2.2　电感耦合等离子体发射光谱法

【适用范围】

本方法适用于离子型稀土矿混合稀土氧化物中 15 个稀土元素氧化物配分量的测定。测定范围：0.20%～80.0%。

【方法提要】

试样经盐酸分解，在稀盐酸介质中溶解，直接以氩等离子体光源激发，进行光谱测定。

【试剂与仪器】

（1）盐酸（$\rho = 1.19g/cm^3$，1+1）；

（2）过氧化氢（30%）；

（3）氩气（>99.99%）；

（4）稀土氧化物混合标准贮存溶液：根据表 2-24，称取相应量的单一稀土氧化物于 250mL 烧杯中,加入 20mL 盐酸(1+1)及 1mL 过氧化氢,加热溶解完全,冷却,移入 500mL 容量瓶中,加入 80mL 盐酸(1+1),用水稀释至刻度,混匀,此标准溶液稀土总浓度 6mg/mL。

(5)电感耦合等离子体发射光谱仪,倒线色散率不大于 0.26nm/mm。

表 2-24 标准样品质量

稀土氧化物混合标准贮存溶液标号	稀土氧化物质量/mg							
	Y_2O_3	La_2O_3	CeO_2	Pr_6O_{11}	Nd_2O_3	Sm_2O_3	Eu_2O_3	Gd_2O_3
1 号高钇型	2100	30	0	0	60	60	60	300
2 号高钇型	1500	90	60	75	150	150	30	180
3 号高钇型	900	150	120	150	240	240	0	60
4 号中钇及轻稀土型	1050	450	0	0	1050	210	90	60
5 号中钇及轻稀土型	600	825	60	150	750	135	45	120
6 号中钇及轻稀土型	150	1200	120	30	450	60	0	180

稀土氧化物混合标准贮存溶液标号	稀土氧化物质量/mg						
	Tb_4O_7	Dy_2O_3	Ho_2O_3	Er_2O_3	Tm_2O_3	Yb_2O_3	Lu_2O_3
1 号高钇型	0	120	150	60	0	60	0
2 号高钇型	75	210	90	150	150	150	45
3 号高钇型	150	300	30	240	240	240	90
4 号中钇及轻稀土型	0	30	0	0	0	0	0
5 号中钇及轻稀土型	30	105	30	45	45	45	30
6 号中钇及轻稀土型	60	180	60	90	90	90	60

【分析步骤】

准确称取 0.3g 试样于 100mL 聚四氟乙烯烧杯中,加入 20mL 盐酸(1+1)及 0.5mL 过氧化氢,加热溶解至清亮并冒大气泡,冷却,移入 100mL 容量瓶中,用水稀释至刻度,混匀。

移取 10.0mL 试液于 100mL 容量瓶中,补加 8mL 盐酸(1+1),用水稀释至刻度,混匀待测。

【标准溶液配制】

按表 2-25 移取对应体积的稀土氧化物混合标准贮存溶液,于 200mL 容量瓶中,加 18mL 盐酸(1+1),用水稀释至刻度,混匀。此标准溶液稀土总浓度 0.3mg/mL,各稀土氧化物配分见表 2-26。

表 2-25　混合标准溶液移取体积

标准溶液标号	移取稀土氧化物体积/mL					
	1 号	2 号	3 号	4 号	5 号	6 号
7 号高钇型	10.0					
8 号高钇型	5.0	5.0				
9 号高钇型		10.0				
10 号高钇型		5.0	5.0			
11 号高钇型			10.0			
12 号中钇及轻稀土型				10.0		
13 号中钇及轻稀土型				5.0	5.0	
14 号中钇及轻稀土型				10.0		
15 号中钇及轻稀土型					5.0	5.0
16 号中钇及轻稀土型						10.0

表 2-26　稀土氧化物配分

标准溶液标号	配分量/%							
	Y_2O_3	La_2O_3	CeO_2	Pr_6O_{11}	Nd_2O_3	Sm_2O_3	Eu_2O_3	Gd_2O_3
7 号	70	1	0	0	2	2	2	10
8 号	60	2	1	1.25	3.5	3.5	1.5	8
9 号	50	3	2	2.5	5	5	1	6
10 号	40	4	3	3.75	6.5	6.5	0.5	4
11 号	30	5	4	5	8	8	0	2
12 号	35	15	0	0	35	7	3	2
13 号	27.5	21.5	1	2.5	30	5.75	2.25	3
14 号	20	27.5	2	5	25	4.5	1.5	4
15 号	12.5	33.74	3	7.5	20	3.25	0.75	5
16 号	5	40	4	10	15	2	0	6

标准溶液标号	配分量/%						
	Tb_4O_7	Dy_2O_3	Ho_2O_3	Er_2O_3	Tm_2O_3	Yb_2O_3	Lu_2O_3
7 号	0	4	5	2	0	2	0
8 号	1.25	5.5	4	3.5	0.75	3.3	0.75
9 号	2.5	7	3	5	1.5	5	1.5
10 号	3.75	8.5	2	6.5	2.25	6.5	2.25
11 号	5	10	1	8	3	8	3
12 号	0	1	0	0	2	0	0
13 号	0.5	2.25	0.5	0.75	1.5	0.75	0.5
14 号	1	3.5	1	1.5	1	1.5	1
15 号	1.5	4.75	1.5	2.25	0.5	2.25	1.5
16 号	2	6	2	3	0	3	2

分析线见表 2-27。在仪器最佳工作条件下，将标准系列溶液与试液于表 2-27 所示分析波长处，用电感耦合等离子体发射光谱仪进行测定。

表 2-27 测定元素波长

元素	分析线/nm	元素	分析线/nm
Y	242.219，320.332	Tb	332.440
La	408.672，379.477	Dy	353.170
Ce	413.765，413.380	Ho	341.646
Pr	405.654，422.293	Er	326.478
Nd	401.225	Tm	313.126
Sm	443.432，428.078	Yb	289.138
Eu	412.970	Lu	261.542
Ga	310.050		

【分析结果计算】

按式（2-39）计算各稀土元素配分量（%）：

$$w = \frac{\rho_i - \rho_0}{\sum(\rho_i - \rho_0)} \times 100\% \tag{2-39}$$

式中，ρ_i 为分析试液中稀土元素的质量浓度，$\mu g/mL$；ρ_0 为空白试液中稀土元素的质量浓度，$\mu g/mL$。

2.14.3 氧化铝量的测定

2.14.3.1 电感耦合等离子体发射光谱法

【适用范围】

本方法适用于离子型稀土矿混合稀土氧化物中三氧化二铝量的测定。测定范围：0.030% ~ 2.00%。

【方法原理】

试样经盐酸、氢氟酸分解，高氯酸冒尽烟后，加入草酸，调节酸度至 pH = 1.5 ~ 2.0，使铝与稀土分离。加入硝酸与高氯酸破坏草酸根，以氩等离子体光源激发，进行光谱测定。

【试剂与仪器】

(1) 盐酸（$\rho = 1.19g/cm^3$，1+1）；

(2) 氢氟酸（$\rho = 1.15g/cm^3$）；

(3) 高氯酸（$\rho = 1.67g/cm^3$）；

(4) 硝酸（$\rho = 1.42g/cm^3$）；

(5) 草酸溶液（100g/L）；

（6）甲酚红指示剂（2g/L）：称取 0.2g 甲酚红，溶于 100mL 乙醇溶液（1+1）；

（7）氨水（$\rho=0.90g/cm^3$，1+1）；

（8）氧化铝标准溶液：0.1mg/mL，HCl（5+95）介质；

（9）电感耦合等离子体发射光谱仪，倒线色散率不大于 0.26nm/mm。

【分析步骤】

准确称取 0.1g 试样于 150mL 聚四氟乙烯烧杯中，加入 5mL 盐酸（1+1），加热分解 3min，加入 2mL 氢氟酸，继续加热 5min，加入 5mL 高氯酸冒烟并蒸干。取下稍冷，加入 5mL 盐酸（1+1），20mL 水加热溶解盐类，将溶液移入 200mL 烧杯中，加 10mL 热的草酸溶液、2~3 滴甲酚红指示剂，以盐酸（1+1）和氨水（1+1）调至出现橘红色（pH=1.5~2.0），于 40℃ 保温 30min，将溶液连同沉淀移入 100mL 容量瓶中，以水稀释至刻度，混匀。

干过滤，准确移取 25mL 溶液于 200mL 烧杯中，加入 10mL 硝酸、5mL 高氯酸，低温加热冒烟至近干，取下冷却。加入 2.5mL 盐酸（1+1），加少许水，加热溶解盐类，冷却后，移入 25mL 容量瓶中，以水稀释至刻度，混匀待测。

【标准溶液配制】

准确移取 0、0.5、2.0、5.0、10.0mL 铝标准溶液于同一组 100mL 容量瓶中，加 5mL 盐酸，以水稀释至刻度，混匀待测。

将标准系列溶液与试样液一起，于 396.153、308.216、237.336、167.079nm（任选最佳）波长处，用电感耦合等离子体发射光谱仪依次进行测定。

【分析结果计算】

按式（2-40）计算氧化铝的质量分数（%）：

$$w = \frac{(\rho_1 - \rho_0)V_2V_3 \times 10^{-6}}{mV_1} \times 100 \qquad (2\text{-}40)$$

式中，ρ_1 为分析试液中氧化铝的质量浓度，$\mu g/mL$；ρ_0 为空白试液中氧化铝的质量浓度，$\mu g/mL$；V_1 为分取试液体积，mL；V_2 为分析试液体积，mL；V_3 为试样总体积，mL；m 为试样质量，g。

【注意事项】

（1）如果选择测定波长为 396.153nm、308.216nm，需消除稀土对铝的干扰；若选择波长为 237.336nm、167.079nm，不需要消除稀土干扰，但需基体匹配测定。

（2）在波长 167.079nm 处，铁对铝有干扰，对于铁含量较高的样品，利用此分析线测定时需要光谱校正。

（3）空白值对方法的测定下限影响较大，需要尽量减小流程空白值。

2.14.3.2　EDTA 滴定法

【适用范围】

本方法适用于离子型稀土矿混合稀土氧化物中三氧化二铝量的测定。测定范围：1.00%~15.00%。

【方法原理】

试样经盐酸、氢氟酸、高氯酸溶解，调节酸度至 pH=1.5~2.0，以草酸分离稀土，加入硝酸和高氯酸破坏草酸根，加入过量 EDTA 标准溶液络合铝，以二甲酚橙为指示剂，采用硫酸锌返滴定法测定三氧化二铝。

【试剂与仪器】

(1) 硝酸 (ρ=1.42g/cm^3)；

(2) 盐酸 (ρ=1.19g/cm^3，1+1，1+4)；

(3) 氢氟酸 (ρ=1.15g/cm^3)；

(4) 过氧化氢 (30%)；

(5) 高氯酸 (ρ=1.67g/cm^3)；

(6) 草酸溶液 (100g/L)；

(7) 氢氧化钠溶液 (200g/L)；

(8) 氨水 (ρ=0.90g/cm^3，1+1)；

(9) 氟化钠溶液 (40g/L)；

(10) 硫酸锌标准溶液 ($c \approx 0.10$mol/L)。

(11) EDTA 标准溶液 ($c \approx 0.05$mol/L)；

(12) 乙酸-乙酸钠缓冲溶液 (pH$\approx$5.5)：称取 200g 乙酸钠溶于少量水中移入 1000mL 容量瓶中，加入 10mL 冰乙酸，以水稀释至刻度，混匀；

(13) 甲酚红指示剂 (2g/L)：称取 0.2g 甲酚红，溶于 100mL 乙醇溶液 (1+1)；

(14) 酚酞指示剂 (10g/L)；

(15) 二甲酚橙指示剂 (4g/L)。

【分析步骤】

准确称取 0.25g 试样于 200mL 聚四氟乙烯烧杯中，加入 5mL 盐酸 (1+1)、1mL 过氧化氢，加热 3min，加入 5mL 氢氟酸，继续加热 5min，加入 8mL 高氯酸冒烟至近干，取下稍冷，加入 5mL 盐酸 (1+1)、20mL 水加热溶解盐类，将溶液移到 300mL 烧杯中，加入 10mL 草酸溶液、2~3 滴甲酚红指示剂，以盐酸 (1+4) 和氨水 (1+1) 调至出现橘红色 (pH=1.5~2.0)，于 40℃ 保温 30min，将溶液连同沉淀移入 100mL 容量瓶中，以水稀释至刻度，混匀。

干过滤，准确移取 50mL 溶液于 300mL 烧杯中，加入 20mL 硝酸、10mL 高氯酸，加热冒烟至近干，取下冷却，加入 5mL 盐酸 (1+1)，加热溶解盐类，准确加入 30mL EDTA 标准滴定溶液，加入 1~2 滴酚酞指示剂，以氢氧化钠溶液中和至出现微红色，盐酸（1+4）中和至无色并过量 1 滴，加入 20mL 乙酸-乙酸铵缓冲溶液（pH=5.5），加热煮沸 1~2min，取下冷却。加入 2 滴二甲酚橙指示剂，以硫酸锌标准溶液滴定至出现纯红色（不计读数），加入 15mL 氟化钠溶液，加热煮沸 1~2min，取下冷却，以硫酸锌标准溶液滴定至出现纯红色为终点，记下消耗的硫酸锌标准溶液的体积。

【分析结果计算】

按式（2-41）计算氧化铝的质量分数（%）：

$$w = \frac{c(V_2 - V_0)VM \times 1.8895}{V_1 m_0 \times 1000} \times 100\% \qquad (2\text{-}41)$$

式中，c 为硫酸锌标准溶液物质的量浓度，mol/L；M 为铝的摩尔质量，g/mol；V 为试液总体积，mL；V_0 为空白消耗硫酸锌标准溶液的体积，mL；V_1 为移取试液体积，mL；V_2 为试样消耗硫酸锌标准溶液体积，mL；m_0 为试样的质量，g；1.8895 为三氧化二铝对铝的换算系数。

【注意事项】

（1）依据离子型稀土矿混合稀土氧化物中稀土总量，加入足量热的草酸溶液（100g/L）使稀土沉淀完全，以免影响测定。

（2）滴定时，加入 15mL 氟化钠溶液，加热煮沸 1~2min，加热注意防止暴沸。

（3）返滴定时，也可采用氯化稀土标准溶液滴定过量的 EDTA 标准溶液。

（4）硫酸锌标准溶液也可用硫酸铜标准溶液替代。

参 考 文 献

[1] 张翼明，郝冬梅，贾涛，等. ICP-MS 法测定稀土铌钽矿中稀土、钍量 [J]. 稀土，2008，29（6）：76~78.

[2] 蒋天怡，吴文琪，张术杰，等. 熔融片 X 射线荧光法测定稀土精矿中稀土总量 [A]. 第 15 届全国稀土分析会议论文集，包头：中国稀土学会，2015：37~43.

[3] 逯义. X 射线荧光光谱法测定稀土精矿中的稀土元素分量 [J]. 2012，31（2）：277~281.

[4] 德喜，王世武. X 射线荧光光谱法测定稀土精矿各组份 [J]. 冶金分析，1999，19（1）：26~28.

[5] 郭成才，陈艳. 稀土精矿中镧、铈、镨、钕、钐、钆、钇 X 荧光光谱的直接测定 [J]. 稀土，1996，17（3）：70~71.

[6] 刘晓杰，杜梅，崔爱端. 等离子光谱法测定稀土矿石中钍 [J]. 稀土，2007，28（1）：63~65.

[7] 邓汉芹，钟新文，宋耀. ICP-AES 法测定南方离子型稀土精矿中稀土配分 [J]. 光谱实验室，2004 (2)：309~312.

[8] 杜梅，许涛，吴文琪. 稀土标准分析方法中稀土元素分析谱线的述评 [J]. 稀土，2014，35 (6)：99~105.

[9] 贺攀红，杨珍，荣耀，等. 阳离子交换树脂分离富集 ICP-AES 法测定地质样品中 15 种稀土元素 [J]. 中国无机分析化学，2014，4 (1)：33~36.

[10] 刘代喜，车平平，吴祎，等. 电感耦合等离子体质谱法测定地质样品中 16 个元素 [J]. 天然产物研究与开发，2013，25 (7)：928~931.

[11] 金斯琴高娃，高立红，张秀艳，等. 电感耦合等离子体发射光谱法测定稀土矿石中氧化铌、氧化锆、氧化钛量 [J]. 稀土，2016，37 (2)：113~116.

[12] 庞学武，刘勇. ICP-AES 法测定白云鄂博矿选铁尾矿中钪量 [J]. 内蒙古石油化工，2017，43 (2)：11~12.

[13] GB/T 18882.1—2008   离子型稀土矿混合稀土氧化物化学分析方法   十五个稀土元素氧化物配分量的测定 [S].

[14] 张敳. 岩石矿物分析 [M]. 2 版. 北京：地质出版社，1991.

[15] 杨小丽，王迪民，汤志勇. 石墨炉原子吸收光谱法测定磷矿石中微量铅和铬 [J]. 岩矿测试，2010，29 (1)：51~54.

[16] 刘星，尤江峰，谢忠雷，等. 石墨炉原子吸收光谱法测定土壤铝的条件优化 [J]. 农业环境科学学报，2011，30 (2)：404~408.

[17] 杨小丽，崔森，杨梅，等. 碱熔离子交换—电感耦合等离子体质谱法测定多金属矿中痕量稀土元素 [J]. 冶金分析，2011，31 (3)：11~16.

[18] 张东亮，彭建堂，符亚洲，等. 湖南香花铺钨矿床含钙矿物的稀土元素地球化学 [J]. 岩石学报，2012，28 (1)：65~74.

[19] 刘玉龙，陈江峰，李惠民，等. 白云鄂博矿床白云石型矿石中独居石单颗粒 U-Th-Pb-Sm-Nd 定年 [J]. 岩石学报，2005，21 (3)：881~888.

3 氯化稀土与碳酸稀土

3.1 稀土总量的测定

3.1.1 草酸盐重量法

【适用范围】

本方法适用于氯化稀土与碳酸稀土中稀土总量的测定。测定范围：10.0%~80.0%。

【方法提要】

试料经盐酸分解后，氨水沉淀稀土以分离钙、镁等。以盐酸溶解稀土，在pH＝1.8~2.0的条件下用草酸沉淀稀土以分离铁、铝等。灰化完全后于950℃灼烧成氧化物，称其质量，计算稀土氧化物总量。

【试剂与仪器】

(1) 盐酸 (ρ＝1.19g/cm^3)；

(2) 高氯酸 (ρ＝1.67g/cm^3)；

(3) 过氧化氢 (30%)；

(4) 氨水 (1+1)；

(5) 硝酸 (1+1)；

(6) 草酸溶液 (100g/L)；

(7) 甲酚红溶液 (2g/L，乙醇 (1+1) 介质)；

(8) 盐酸洗液 (2+98)；

(9) 氯化铵-氨水洗液：100mL 水中含 2g 氯化铵和 2mL 氨水；

(10) 草酸洗液：100mL 溶液中含 1g 草酸、1g 草酸铵及 1mL 无水乙醇。

【分析步骤】

准确称取 10g 试样于 300mL 烧杯中，加少量水润湿，加 25mL 盐酸、1mL 过氧化氢，加热溶解至完全。取下，稍冷后，过滤，滤液置于 250mL 容量瓶中，用盐酸洗液洗涤烧杯和滤纸各 5~6 次，弃去滤纸。用水稀释滤液至刻度，混匀。

准确移取 10mL 试液于 300mL 烧杯中，在滤液中加入 2g 氯化铵，以水稀释至约 100mL，加热至近沸，边搅拌边滴加氨水 (1+1) 至刚出现沉淀，加入 0.1mL 过氧化氢、20mL 氨水 (1+1)，煮沸。用中速定量滤纸过滤，用氯化铵-氨水洗液洗涤烧杯 2~3 次、洗涤沉淀 6~7 次，弃去滤液。

将沉淀和滤纸放于原烧杯中，加入 10mL 盐酸、3~4 滴过氧化氢加热，用玻璃棒将滤纸捣碎。加入 100mL 水，煮沸。边搅拌边加入近沸的 50mL 草酸溶液，用氨水（1+1）、盐酸（1+1）和精密 pH 试纸调节 pH=2.0，或加 4~6 滴甲酚红溶液，用氨水（1+1）调至溶液呈橘黄色（pH=1.8~2.0），于 80~90℃ 保温 40min，冷却至室温，放置 2h。用慢速定量滤纸过滤，草酸洗液洗涤烧杯 2~3 次，用小块滤纸擦净烧杯，将沉淀全部转移至滤纸上，洗涤沉淀 8~10 次。将沉淀和滤纸放入已恒重的铂坩埚中，灰化，于 950℃ 马弗炉中灼烧 40min，取出，稍冷。置于干燥器中，冷却至室温，称其质量，重复操作，直至恒重。

【分析结果计算】

按式（3-1）计算稀土氧化物总量的质量分数（%）：

$$w = \frac{(m_1 - m_2)V_0}{Vm_0} \times 100\% \tag{3-1}$$

式中，m_1 为铂坩埚及烧成物的质量，g；m_2 为铂坩埚的质量，g；m_0 为试样的质量，g；V_0 为试液总体积，mL；V 为移取试液体积，mL。

【注意事项】

（1）难溶试料用 20mL 硝酸、5mL 高氯酸溶解。

（2）草酸沉淀调节 pH 值时，也可使用间甲酚紫（0.2%）为指示剂。

（3）为避免碳酸稀土失水导致结果偏高，取样后立即称重。

（4）该方法同时适用于干燥碳酸稀土总量的测定。

（5）本方法也适用于硝酸稀土总量的测定。

3.1.2 EDTA 容量法

【适用范围】

本方法适用于单一或混合氯化稀土、碳酸稀土中稀土总量的测定，测定范围：10.0%~80.0%。

【方法原理】

试样以酸溶解，采用磺基水杨酸掩蔽铁，在 pH=5.5 条件下，以二甲酚橙为指示剂 EDTA 标准溶液滴定稀土。

【试剂与仪器】

（1）抗坏血酸；

（2）盐酸（$\rho=1.19\text{g/cm}^3$，1+1）；

（3）硝酸（$\rho=1.42\text{g/cm}^3$，1+1）；

（4）氨水（$\rho=0.9\text{g/cm}^3$，1+1）；

（5）过氧化氢（30%）；

（6）高氯酸（$\rho=1.67\text{g/cm}^3$）；

（7）磺基水杨酸溶液（100g/L）；

（8）甲基橙指示剂（2g/L）；

（9）六次甲基四胺缓冲溶液（pH=5.5）：称取200g六次甲基四胺于500mL烧杯中，加70mL盐酸（1+1），以水稀释至1L，混匀；

（10）二甲酚橙溶液（2g/L）；

（11）乙二胺四乙酸二钠（EDTA）标准滴定溶液（$c \approx 0.02mol/L$）。

【分析步骤】

准确称取2g试样于300mL烧杯中，加10mL盐酸（1+1），低温加热至溶解完全后，冷却至室温，将溶液移入100mL容量瓶中，以水稀释至刻度，混匀。

准确移取上述2~10mL试液于250mL三角瓶中，加入50mL水、0.2g抗坏血酸、2mL磺基水杨酸溶液、1滴甲基橙指示剂，以氨水（1+1）和盐酸（1+1）调节溶液刚好变为黄色，加5mL六次甲基四胺缓冲溶液、2滴二甲酚橙溶液，以EDTA标准滴定溶液滴定，溶液由紫红色刚好变为亮黄色即为终点。

【分析结果计算】

按式（3-2）计算稀土氧化物总量的质量分数（%）：

$$w = \frac{cV_2V_0M \times 10^{-3}}{mV_1} \times 100\% \qquad (3-2)$$

式中，c为EDTA标准滴定溶液的物质的量浓度，mol/L；V_0为试液总体积，mL；V_1为移取试液的体积，mL；V_2为消耗EDTA标准滴定溶液的体积，mL；M为由电感耦合等离子体发射光谱仪测定分量后计算得到的摩尔质量，g/mol；m_0为试样的质量，g。

【注意事项】

（1）为避免碳酸稀土失水导致结果偏高，取样后立即称重。

（2）乙酰丙酮（5+95）可以代替磺基水杨酸掩蔽铝及少量铁。

（3）可使用对硝基酚指示剂（1g/L）代替甲基橙指示剂调节酸度，溶液由无色变为黄色，再由盐酸（1+1）调至黄色刚消失即可。

（4）本方法也适用于单一或混合硝酸稀土总量的测定。

3.2 氧化铈量的测定——硫酸亚铁铵容量法

【适用范围】

本方法适用于氯化稀土、碳酸稀土中氧化铈量的测定，测定范围：0.50%~40.00%。

【方法原理】

试样以磷酸、高氯酸溶解，将铈氧化成四价，在5%硫酸及尿素存在下，以苯代邻氨基苯甲酸为指示剂，硫酸亚铁铵标准溶液滴定。锰的干扰可在滴定前加亚硝酸钠消除。

【试剂与仪器】

（1）尿素；

（2）盐酸（$\rho = 1.19 \mathrm{g/cm}^3$）；

（3）磷酸（$\rho = 1.69 \mathrm{g/cm}^3$）；

（4）高氯酸（$\rho = 1.67 \mathrm{g/cm}^3$）；

（5）硫酸（$\rho = 1.84 \mathrm{g/cm}^3$，5+95）；

（6）亚硝酸钠（2g/L）；

（7）苯代邻氨基苯甲酸（2g/L）：称取 0.2g 苯代邻氨基苯甲酸，溶于 100mL 碳酸钠（2g/L）中；

（8）硫酸亚铁铵标准溶液（$c \approx 0.01 \mathrm{mol/L}$）。

【分析步骤】

准确称取 1~5g 试样于 100mL 烧杯中，加入 10mL 盐酸，加热至试样溶解完全，冷却至室温，移入 100mL 容量瓶中，以水稀释至刻度，混匀。

准确移取 10mL 试液于 300mL 锥形瓶中，加入 10mL 磷酸、5mL 高氯酸，加热至试样溶解完全，并至高氯酸烟刚冒净，液面趋于平静，取下稍冷却，加入 80mL 硫酸（5+95）提取，流水冷却至室温，加少许尿素，滴加亚硝酸钠至三价锰的颜色消失，并过量 1 滴，加入 1~2 滴苯代邻氨基苯甲酸，以硫酸亚铁铵标准溶液滴定至亮黄色即为终点。

【分析结果计算】

按式（3-3）计算氧化铈的质量分数（%）：

$$w = \frac{cVV_1 \times 172.12}{mV_2 \times 1000} \times 100\% \tag{3-3}$$

式中，c 为硫酸亚铁铵标准溶液的物质的量浓度，mol/L；V 为消耗硫酸亚铁铵标准溶液的体积，mL；172.12 为氧化铈的摩尔质量，g/mol；V_1 为溶液总体积，mL；V_2 为分取试液体积，mL；m 为试样的质量，g。

【注意事项】

（1）高氯酸冒烟至液面平静即可，若时间过长，容易生成沉淀使检测结果偏低。

（2）冒烟、取下后稍冷，即刻加硫酸（5+95）提取。若冷却时间较长，一方面不宜提取，另一方面有可能生成沉淀使检测结果偏低。

（3）冒烟时，若液体出现粉红色，表明铈已全部氧化为四价，即可取下。

（4）考虑氯化稀土和碳酸稀土试样不均匀，可加大称样量。

3.3 稀土氧化物配分量的测定

3.3.1 滤纸片—X 射线荧光光谱法[1]

【适用范围】

本方法适用于氯化稀土与碳酸稀土中 15 个稀土元素氧化物配分量的测定。测定范围：0.10%~99.00%。

【方法提要】

试样经硝酸溶解，用微量滴定器滴到滤纸片上，制成薄样，烘干后以 X 射线管激发，用标准曲线法于 X 射线荧光光谱仪进行测定，计算出待测元素的相对含量。

【试剂与仪器】

（1）单一稀土氧化物（La_2O_3、CeO_2、Pr_6O_{11}、Nd_2O_3、Sm_2O_3、Eu_2O_3、Gd_2O_3、Tb_4O_7、Dy_2O_3、Ho_2O_3、Er_2O_3、Tm_2O_3、Yb_2O_3、Lu_2O_3、Y_2O_3）：纯度大于 99.99%；

（2）仪器：顺序式 X 射线荧光光谱仪，最大使用功率不小于 3kW；

（3）微量移液器 100μL；

（4）滤纸片（φ50mm）；

（5）硝酸（1+1）；

（6）过氧化氢（30%）；

（7）氩甲烷气（氩 90%、甲烷 10%）。

【分析步骤】

试样片的制备 称取 1.2g 碳酸稀土试样（氯化稀土试样 5.0g），于 100mL 烧杯中，加少许水湿润后，加入 5mL 硝酸、少量过氧化氢，低温加热溶解至清亮，取下冷却。将溶液移入 25mL（氯化稀土移入 100mL）容量瓶中，用水稀释至刻度，混匀。此溶液 1mL 含稀土氧化物 20mg。用微量移液管吸取 0.10mL 均匀滴在铝夹环上的滤纸片上，放置 10min，在恒温干燥箱于 105℃烘 10min 干燥后待测。每个样品制备 2 片样片，结果取其平均值。

仪器分析条件 X 射线管激发电压 60kV，激发电流 60mA，细准直器，LiF220 分光晶体，FC 计数器，真空光路，样杯旋转，其他条件见表 3-1。

表 3-1 仪器测定条件

元素	La	Ce	Pr	Nd	Sm	Eu	Gd	Tb
分析线	$L_{\alpha 1}$	$L_{\alpha 1}$	$L_{\beta 1}$	$L_{\beta 1}$	$L_{\beta 1}$	$L_{\beta 1}$	$L_{\alpha 1}$	$L_{\beta 1}$
$2\theta/(°)$	138.87	128.22	104.99	99.12	89.16	84.84	91.91	77.20
测量时间/s	10	10	10	10	10	10	10	10

续表 3-1

元素	Dy	Ho	Er	Tm	Yb	Lu	Y
分析线	$L_{\beta 1}$	$L_{\beta 1}$	$L_{\alpha 1}$	$L_{\beta 1}$	$L_{\beta 1}$	$L_{\alpha 1}$	$K_{\alpha 1}$
$2\theta/(°)$	73.83	70.69	77.62	64.99	62.40	69.30	33.83
测量时间/s	10	10	10	10	10	10	10

　　测定　将分析样片正面向下放置于样杯中，装入 X 射线荧光光谱仪进样器，选择方法进行测定，由计算机给出分析结果。

【标准曲线绘制】

　　根据各元素含量范围配制系列混合稀土氧化物标准溶液，各标准溶液稀土总浓度为 20mg/mL。按上述方法制备标准样片。在仪器工作条件下测定标准样片 X 射线荧光强度，校正谱线干扰系数，绘制成标准曲线。

【分析结果计算】

　　选择归一化数据处理方式计算各稀土元素配分量。

$$C_i = \frac{w_i}{\sum w_j} \times 100\% \tag{3-4}$$

式中，C_i 为归一化后待测元素的配分量；w_i 为待测元素的氧化物含量；$\sum w_j$ 为各稀土元素氧化物含量之和。

【注意事项】

　　(1) 为保证低含量元素测量的准确性，测定后各元素质量分数之和应在 90%~110%之间，否则需重新浓缩或稀释。

　　(2) 可用移液管代替微量移液器。

　　(3) 可用 EXCEL 软件进行归一化数据处理，计算各稀土元素配分量。

3.3.2　电感耦合等离子体发射光谱法

【适用范围】

　　本方法适用于碳酸稀土、氯化稀土中 15 个稀土元素配分量的测定。测定范围见表 3-2。

表 3-2　测定范围

元素	质量分数/%	元素	质量分数/%
La_2O_3	10.0~40.0	Dy_2O_3	0.1~0.5
CeO_2	30.0~60.0	Ho_2O_3	0.1~0.5
Pr_6O_{11}	3.0~10.0	Er_2O_3	0.1~0.5
Nd_2O_3	4.0~20.0	Tm_2O_3	0.1~0.5
Sm_2O_3	1.0~8.0	Yb_2O_3	0.1~0.5
Eu_2O_3	0.1~0.5	Lu_2O_3	0.1~0.5
Gd_2O_3	0.1~0.5	Y_2O_3	0.1~0.5
Tb_4O_7	0.1~0.5		

【方法提要】

试样以盐酸溶解，在稀酸介质中，采用标准曲线法进行校正，以氩等离子体激发进行光谱测定，测定结果进行归一化处理。

【试剂与仪器】

（1）盐酸（$\rho = 1.19g/cm^3$，1+1，1+19）；

（2）单一氧化镧、氧化铈、氧化镨、氧化钕、氧化钐、氧化铕、氧化钆、氧化铽、氧化镝、氧化钬、氧化铒、氧化铥、氧化镱、氧化镥和氧化钇标准溶液：50μg/mL；

（3）氩气（>99.99%）；

（4）电感耦合等离子体发射光谱仪，倒线色散率不大于0.26nm/mm。

【分析步骤】

准确称取2.0g试样于200mL烧杯中，缓慢加入20mL盐酸（1+1），低温加热至试样完全溶解，取下，冷却至室温，移入250mL容量瓶中，以水稀释至刻度，混匀。移取一定体积试液于100mL容量瓶中，以盐酸（1+19）稀释至刻度，摇匀待测。

【标准曲线绘制】

在4个100mL容量瓶中分别加入不同浓度、不同体积的各稀土氧化物标准溶液，配制成系列标准曲线，标准曲线浓度见表3-3。

表3-3 标准溶液质量浓度

标液编号	质量浓度/μg·mL^{-1}							
	La_2O_3	CeO_2	Pr_6O_{11}	Nd_2O_3	Sm_2O_3	Eu_2O_3	Gd_2O_3	Tb_4O_7
1	0	0	0	0	0	0	0	0
2	10.00	20.00	2.00	6.00	0.50	0.10	0.20	0.10
3	20.00	40.00	4.00	12.00	1.00	0.20	0.40	0.20
4	50.00	100.00	10.00	30.00	2.50	0.50	1.00	0.50

标液编号	质量浓度/μg·mL^{-1}						
	Dy_2O_3	Ho_2O_3	Er_2O_3	Tm_2O_3	Yb_2O_3	Lu_2O_3	Y_2O_3
1	0	0	0	0	0	0	0
2	0.10	0.10	0.10	0.10	0.10	0.10	0.20
3	0.20	0.20	0.20	0.20	0.20	0.20	0.40
4	0.50	0.50	0.50	0.50	0.50	0.50	1.00

将标准系列溶液与试样液于表3-4所示分析波长处，进行氩等离子体光谱测定。

表 3-4   测定元素波长

元素	分析线/nm	元素	分析线/nm
La	398.852，408.671	Dy	353.171
Ce	413.765	Ho	341.646，339.898
Pr	418.948	Er	337.275，326.478
Nd	401.251，406.109	Tm	313.126，346.220
Sm	443.432，428.078	Yb	328.937
Eu	412.974	Lu	261.541
Gd	310.051，335.048	Y	371.029
Tb	332.440		

【分析结果计算】

按式（3-5）计算稀土元素配分量的质量分数（%）：

$$w = \frac{\rho_i - \rho_0}{\sum(\rho_i - \rho_0)} \times 100\% \tag{3-5}$$

式中，ρ_i 为分析试液中各稀土元素的质量浓度，$\mu g/mL$；ρ_0 为空白试液中各稀土元素的质量浓度，$\mu g/mL$；$\sum\rho$ 为各稀土元素的质量浓度之和，$\mu g/mL$。

【注意事项】

控制测定溶液的稀土总质量浓度为 100~200$\mu g/mL$ 时，测定结果较为稳定。

3.4   氧化铕量的测定

3.4.1   电感耦合等离子体发射光谱法[2]

【适用范围】

本方法适用于碳酸稀土、氯化稀土中氧化铕的测定。测定范围：0.10% ~ 1.0%。

【方法提要】

试样以盐酸溶解，在稀酸介质中，采用标准曲线法进行校正，以氩等离子体激发进行光谱测定。

【试剂与仪器】

（1）盐酸（$\rho = 1.19 g/cm^3$，1+1）；

（2）氧化铕标准溶液：50$\mu g/mL$；

（3）氩气（>99.99%）；

（4）电感耦合等离子体发射光谱仪，倒线色散率不大于 0.26nm/mm。

【分析步骤】

准确称取 10g 试样于 200mL 烧杯中，缓慢加入 40mL 盐酸（1+1），低温加热至试样完全溶解，取下，冷却至室温，移入 250mL 容量瓶中，以水稀释至刻度，混匀。准确移取 2mL 试液到 100mL 容量瓶中，加入 2.5mL 盐酸，以水稀释至刻度，摇匀待测。

【标准曲线绘制】

在 5 个 50mL 容量瓶中分别加入 0、0.5、2.0、5.0、10.0mL 氧化铈标准溶液，加入 2.5mL 盐酸，以水稀释至刻度，混匀。此系列标准溶液浓度为 0、0.5、2.0、5.0、10.0μg/mL。

将标准曲线与试样液于分析波长 272.778、290.667nm 处电感耦合等离子体发射光谱仪上进行测定。

【分析结果计算】

按式（3-6）计算氧化铈的质量分数（%）：

$$w = \frac{(\rho - \rho_0)V_1V_3 \times 10^{-6}}{mV_2} \times 100\% \tag{3-6}$$

式中，ρ 为分析试液中氧化铈的质量浓度，μg/mL；ρ_0 为空白试液中氧化铈的质量浓度，μg/mL；V_1 为分析试液体积，mL；V_2 为分取试液体积，mL；V_3 为试液总体积，mL；m 为试样质量，g。

【注意事项】

使用 290.667nm 波长时，需按干扰系数法扣除氧化钕的干扰值。

3.4.2 电感耦合等离子体质谱法

【适用范围】

本方法适用于氯化稀土、碳酸稀土中氧化铈含量的测定。测定范围：0.010%~0.50%。

【方法原理】

试样经硝酸溶解，在稀酸介质中，以等离子体为离子化源，在电感耦合等离子体质谱仪上测定氧化铈量。

【试剂和仪器】

(1) 硝酸（优级纯，$\rho = 1.42g/cm^3$，1+1，1+99）；

(2) 铯标准溶液：1μg/mL，1%硝酸介质；

(3) 氧化铈标准溶液：1μg/mL，1%硝酸介质；

(4) 电感耦合等离子体质谱仪：质量分辨率（0.7±0.1）amu。

【分析步骤】

准确称取 1~5g 试样，置于 100mL 烧杯中，加入 10mL 水、10mL 硝酸（1+1），低温加热至溶解完全，立即取下，冷却至室温，移入 200mL 容量瓶中，摇匀。根据待测元素含量，移取 0.5~10mL 溶液于 200mL 容量瓶中，加入 1mL 铯标准溶液，用硝酸（1+99）定容，摇匀待测。随同试液做空白试验。

【标准曲线绘制】

准确移取 0、0.2、0.5、1.0、5.0、10.0mL 氧化铕标准溶液于一组 100mL 容量瓶中，加 1.0mL 铯标准溶液，用硝酸（1+99）稀释至刻度，混匀。此标准系列氧化铕浓度为 0、2.0、5.0、10.0、50.0、100.0ng/mL。

将标准系列溶液与试样液于电感耦合等离子体质谱仪测定条件下，测量 ^{151}Eu 和 ^{153}Eu 的强度。将标准溶液的浓度直接输入计算机，用内标法校正非质谱干扰，并输出测定试液中氧化铕的浓度。

【分析结果计算】

按式（3-7）计算氧化铕的质量分数（%）：

$$w = \frac{(\rho_1 - \rho_0)V_2 V_0 \times 10^{-9}}{mV_1} \times 100\% \tag{3-7}$$

式中，ρ_1 为试液中氧化铕的质量浓度，ng/mL；ρ_0 为空白试液中氧化铕的质量浓度，ng/mL；V_0 为试液总体积，mL；V_1 为移取试液的体积，mL；V_2 为测定试液的体积，mL；m 为试样的质量，g。

【注意事项】

如果 Eu 的两个质量数测定的浓度接近，任取其中一个浓度值；如果 Eu 的两个质量数测定的浓度有差别时，应该取两个浓度的平均值。

3.5 氯量的测定

3.5.1 硫氰酸汞-硝酸铁分光光度法

【适用范围】

本方法适用于碳酸稀土中氯根的测定，测定范围：0.0050%～1.00%。

【方法提要】

试样用硝酸溶解，在硝酸介质中，尿素消除氮氧化物的影响，氯离子与硫氰酸汞生成氯化汞络离子，解离出的硫氰酸根与三价铁形成硫氰酸铁红色配合物，于分光光度计波长 460nm 处测量其吸光度。从标准曲线上查得相应的氯量，计算氯的含量。

【试剂与仪器】

（1）硝酸（$\rho = 1.42g/cm^3$，1+3）；

（2）尿素溶液（2g/L）；

（3）硫氰酸汞乙醇溶液（3.5g/L）：称取 0.35g 硫氰酸汞，加 100mL 无水乙醇溶解，过滤后使用；

（4）硝酸铁溶液（150g/L）：称取 30g 硝酸铁，加 10mL 硝酸（1+3），加 190mL 水溶解；

（5）氯标准溶液（10μg/mL）；

（6）分光光度计。

【分析步骤】

按表3-5准确称取试样置于100mL烧杯中，加5~10mL硝酸，在低温电炉上加热溶解完全，冷却至室温。将溶液移入对应容量瓶中，以水稀释至刻度，混匀。

表 3-5　称样量移取体积

质量分数/%	称样量/g	溶液总体积/mL	移取体积/mL
0.005~0.010	2.0	100	10
>0.010~0.050	2.0	100	5
>0.050~0.10	1.0	100	2
>0.10~0.50	1.0	200	2
>0.50~1.00	0.5	250	2

按表3-5准确移取试液置于25mL比色管中，加2mL硝酸、1mL尿素、2.5mL硫氰酸汞乙醇溶液、2.5mL硝酸铁（每加一种试剂都需混匀），以水稀释至刻度，混匀，放置10min。将试液移入3cm比色皿中，以试剂空白为参比，于分光光度计上，波长460nm处测量其吸光度，并从标准曲线上查得氯根量。

【标准曲线绘制】

于一系列25mL比色管中，准确移取0、0.5、1.0、2.0、3.0、4.0mL氯标准溶液，以下按上述分析步骤操作。以氯根量为横坐标，以吸光度值为纵坐标，绘制标准曲线。

【分析结果计算】

按式（3-8）计算试样中氯的质量分数（%）：

$$w = \frac{m_1 V_0 \times 10^{-6}}{mV} \times 100\% \tag{3-8}$$

式中，m_1 为从标准曲线上查得氯量，μg；m 为试样质量，g；V_0 为试液总体积，mL；V 为移取试液体积，mL。

【注意事项】

（1）溶解样品时应尽可能低温，以免氯的损失。

（2）从显色到比色结束应控制在30min之内，否则测量结果偏低。

（3）因该方法使用汞盐，实验室废液回收要考虑汞盐的回收处理。

3.5.2　硝酸银比浊法

【适用范围】

本方法适用于碳酸稀土中氯量的测定。测定范围：0.0050%~0.50%。

【方法提要】

试样以稀硝酸溶解，在稀硝酸介质中，氯离子与银离子生成均匀而细小的氯化银胶体，氯化银胶体在溶液中成悬浊状态，在稳定剂丙三醇的存在下，于分光光度计波长 430nm 处进行比浊测定，在标准曲线上查得相应的氯量。

【试剂与仪器】

(1) 硝酸（$\rho = 1.42\text{g/cm}^3$，1+1，1+3）；

(2) 过氧化氢（30%）；

(3) 硝酸银（5g/L）；

(4) 丙三醇（1+1）；

(5) 氯标准溶液（20μg/mL）；

(6) 分光光度计。

【分析步骤】

按表 3-6 准确称取试样置于 100mL 烧杯中，加 5~10mL 硝酸（1+1），在低温电炉上加热溶解至清，冷却至室温。将溶液移入表 3-6 对应容量瓶中。

表 3-6   称样量及移取体积

氯质量分数/%	称样量/g	溶液总体积/mL	移取体积/mL	补加硝酸（1+1）/mL
0.005~0.010	2.0	50	10	
>0.010~0.050	2.0	50	5	1
>0.050~0.10	1.0	100	5	2
>0.10~0.50	0.5	100	2	2

按表 3-6，准确移取 2 份试液于 25mL 比色管中，补加硝酸（1+1），加入 2mL 丙三醇，其中一份用水稀释至刻度，此溶液为补偿溶液，另一份加入 2mL 硝酸银（每加一种试剂需轻轻混匀），以水稀释至刻度，混匀。将比色管放入 60~80℃ 的水浴中保温 15min，冷却至室温。

将部分试样溶液移入 3cm 比色皿中，以补偿溶液作参比，于分光光度计波长 430nm 处，测量其吸光度。在标准曲线上查出溶液的氯量。

【标准曲线绘制】

移取 0、0.5、1.0、2.0、3.0、4.0mL 氯标准溶液于 6 个 25mL 比色管中，以下按上述分析步骤进行，以氯浓度为横坐标、吸光度为纵坐标，绘制标准曲线。

【分析结果计算】

按式（3-9）计算试样中氯的质量分数（%）：

$$w = \frac{(m_1 - m_0) \times V \times 10^{-6}}{V_0 \times m} \times 100\% \tag{3-9}$$

式中，m_1 为由标准曲线上查出的氯量，μg；m_0 为由标准曲线上查出的试料空白溶液中氯量，μg；V 为分析试液的总体积，mL；V_0 为移取试液的体积，mL；m 为试样的质量，g。

【注意事项】

（1）每批样品测定时，同时进行标准曲线的测定。

（2）标准曲线与样品在摇动时，所用力度和时间应一致。

3.6　灼减量的测定——重量法

【适用范围】

本方法适用于碳酸稀土中灼减量的测定。测定范围：40.00%~90.00%。

【方法提要】

试样经950℃灼烧，用灼烧前与灼烧后质量的差值计算试样的灼减量。

【分析步骤】

将3.0g试样置于已恒重的铂坩埚中，于950℃灼烧1h。将铂坩埚取出，稍冷，置于干燥器中，冷却至室温。于分析天平上称其质量，重复操作，直至恒重。

【分析结果计算】

按式（3-10）计算样品中灼减量的质量分数（%）：

$$w = \frac{m_1 - m_2}{m} \times 100\% \tag{3-10}$$

式中，m_1 为灼烧前铂坩埚及试料的质量，g；m_2 为灼烧后铂坩埚及烧成物的质量，g；m 为试样的质量，g。

【注意事项】

在测定灼烧减量时，碳酸稀土称重后需预先在电炉或低温马弗炉中烘去水分再灼烧。

3.7　酸不溶物量的测定——重量法

【适用范围】

本方法适用于碳酸稀土中酸不溶物量的测定。测定范围：0.010%~0.50%。

【方法提要】

试样经盐酸溶解，过滤分离其不溶物，用干燥前后的质量差计算酸不溶物量。

【分析步骤】

准确称取10g碳酸稀土试样置于250mL烧杯中，加20mL盐酸（1+1），加热溶解试料并蒸发至2~3mL，加水30~50mL，微热后，用于105~110℃恒重的玻璃砂漏斗（G4）抽滤，用水洗涤烧杯3~5次、洗涤不溶物8~10次。把玻璃砂漏斗连同酸不溶物放入干燥箱中，于 105~110℃ 干燥 1.5h，移入干燥器中冷却至室温，称重，重复操作，直至恒重。

【分析结果计算】

按式（3-11）计算样品中酸不溶物量的质量分数（%）：

$$w = \frac{m_1 - m_2}{m} \times 100\% \tag{3-11}$$

式中，m_1 为玻璃砂漏斗与酸不溶物两者的质量之和，g；m_2 为玻璃砂漏斗的质量，g；m 为试样的质量，g。

【注意事项】

在国家标准中称样量为 5g，最低含量范围接近电子天平感量，建议改为 10g 样重。

3.8　氯化稀土中水不溶物量的测定——重量法

【适用范围】

本方法适用于氯化稀土中水不溶物量的测定。测定范围：0.10%~0.50%。

【方法提要】

试样用水溶解，过滤分离其不溶物，用干燥前后的质量差计算水不溶物量。

【分析步骤】

准确称取 10g 氯化稀土试样置于 400mL 烧杯中，加 200mL 水（pH=6），搅拌 2min，静置 5min。把试液缓缓倒入已在 105~110℃ 干燥至恒重的玻璃砂漏斗中抽滤，用水洗涤烧杯数次，将溶液全部移入玻璃砂漏斗（G4）中，抽干。将玻璃砂漏斗放入电热恒温干燥箱中，于 110℃ 干燥 2h，再置于干燥器中放置冷却至室温，称其质量，重复操作，直至恒重。

【分析结果计算】

按式（3-12）计算样品中水不溶物量的质量分数（%）：

$$w = \frac{m_1 - m_2}{m} \times 100\% \tag{3-12}$$

式中，m_1 为玻璃砂坩埚与水不溶物两者的质量之和，g；m_2 为玻璃砂坩埚的质量，g；m 为试样的质量，g。

【注意事项】

测定水不溶物时，严格控制加入水的 pH 值（pH=6.0）。

3.9　氯化铵量的测定——蒸馏-酸碱滴定法

【适用范围】

本方法适用于氯化稀土中氯化铵量的测定。测定范围：0.30%~5.0%。

【方法原理】

在氯化稀土水溶液中，加入过量氢氧化钠溶液，加热蒸馏，分解出的氨和水蒸气由硫酸标准溶液吸收，过量的硫酸标准溶液以氢氧化钠标准溶液进行滴定，从而计算出氯化铵的含量。

【试剂与仪器】

（1）氯化钡；

（2）硫酸钠；

（3）盐酸（$\rho = 1.19\text{g/cm}^3$，1+1）；

（4）硫酸（$\rho = 1.84\text{g/cm}^3$）；

（5）酚酞指示剂（1g/L）：称取0.1g酚酞溶解于60mL无水乙醇中，以水稀释至100mL，混匀；

（6）氢氧化钠溶液（250g/L）：称取250g氢氧化钠，加入1000mL水中，加入3.1g氯化钡，静置2~3h，加入9.4g硫酸钠，充分搅匀，静置24h，备用；

（7）溴甲酚绿-甲基红混合指示剂：称取0.1g的溴甲酚绿溶于100mL乙醇（1+4）中，再称取0.1g甲基红溶于100mL乙醇（3+2）中，两者混匀；

（8）硫酸标准溶液（$c_{1/2} \approx 0.2\text{mol/L}$）；

（9）氢氧化钠标准溶液（$c \approx 0.2\text{mol/L}$）。

【分析步骤】

准确称取试样5.0g置于100mL烧杯中，以水溶解，移入100mL容量瓶中，以水稀释至刻度，混匀。准确移取试液20mL于预先盛有氢氧化钠溶液的蒸馏瓶中，加入一定量的水，使蒸馏瓶中的溶液体积约100mL，接好蒸馏装置，加热蒸馏至沸并保持40min，冷凝管出口浸入液面以下，以预先盛有15mL硫酸标准溶液和60mL水的锥形瓶接收（图3-1）。加热蒸馏，控制蒸馏液流速约为10mL/min，待蒸馏液体积约为150mL时停止蒸馏，用水冲洗冷凝管壁5次。加入5滴溴甲酚绿-甲基红混合指示剂，以氢氧化钠标准溶液滴定至溶液刚呈蓝绿色即为终点。

【分析结果计算】

按式（3-13）计算样品中氯化铵量的质量分数（%）：

$$w = \frac{(c_2 V_2 - c_1 V_1) \times 53.46}{m \times 1000} \times 100\% \tag{3-13}$$

式中，c_1为氢氧化钠标准溶液的物质的量浓度，mol/L；c_2为硫酸标准溶液的物质的量浓度，mol/L；V_1为滴定时消耗的氢氧化钠标准溶液的体积，mL；V_2为加入硫酸标准溶液的体积，mL；53.46为氯化铵的摩尔质量，g/mol；m为试样的质量，g。

【注意事项】

氯化稀土试样破碎后，迅速置于称量瓶中，立即称量。

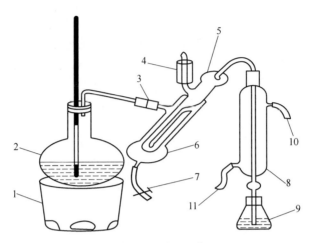

图 3-1　蒸馏装置示意图

1—电炉；2—水蒸气发生器（2L烧瓶）；3—螺旋夹；4—加料口；5—氮球；6—反应器；

7—橡皮管及螺旋夹；8—冷凝管；9—接收瓶；10—冷凝水出水口；11—冷凝水进水口

3.10　磷量的测定——锑磷钼蓝分光光度法

【适用范围】

本方法适用于氯化稀土、碳酸稀土中磷酸根含量的测定。测定范围：0.0025%~0.10%。

【方法提要】

试料用酸溶解，在 0.31~0.48mol/L 盐酸介质中，磷与锑、钼酸铵生成杂多酸，用抗坏血酸还原为磷锑钼蓝配合物，在波长 705nm 处比色测定。

【试剂与仪器】

（1）过氧化氢（30%）；

（2）盐酸（$\rho=1.19g/cm^3$，1+1，1+2，1+10）；

（3）硝酸（$\rho=1.42g/cm^3$，1+1）；

（4）氨水（优级纯，$\rho=0.90g/cm^3$，1+10，贮于塑料瓶中）；

（5）钼酸铵（40g/L，优级纯，贮于塑料瓶中）；

（6）酒石酸锑钾溶液（3g/L）；

（7）抗坏血酸（20g/L，用时现配）；

（8）淀粉溶液（10g/L，用时现配）；

（9）磷酸根标准溶液（5μg/mL）；

（10）对硝基酚指示剂（10g/L）；

（11）分光光度计。

【分析步骤】

根据样品中磷酸根的含量，按表 3-7 准确称取试样置于 100mL 烧杯中，加 10mL 盐酸（1+2），加热至试样溶解完全，冷却至室温。按表 3-7 将溶液移入容量瓶中，以水稀释至刻度，混匀。

按表 3-7 移取一定体积的试液，置于 25mL 比色管中，加入 1 滴对硝基酚指示剂，以氨水（1+10）调至溶液出现黄色，用盐酸（1+10）调至溶液黄色刚消失，加入 1.5mL 盐酸（1+1）、2.0mL 淀粉溶液、0.5mL 酒石酸锑钾溶液、1.5mL 抗坏血酸溶液、0.5mL 钼酸铵，依次混匀。用水稀释至刻度，混匀，放置 5min。移取部分试液于 3cm 比色皿中，以流程空白为参比，于分光光度计上 705nm 波长处测其吸光度，从标准曲线上查得磷酸根含量。

表 3-7　称样量及移取体积

磷酸根质量分数/%	称样量/g	试液总体积/mL	分取试液体积/mL
0.0025~0.0050	2.0	50	5.0
>0.0050~0.010	2.0	50	2.0
>0.010~0.040	1.0	100	5.0
>0.040~0.10	1.0	100	2.0

【标准曲线绘制】

准确移取 0、0.5、1.0、2.0、3.0、4.0、5.0、6.0mL 磷酸根标准溶液，分别置于一组 25mL 容量瓶中，以下按分析步骤操作。以磷酸根量为横坐标、吸光度为纵坐标，绘制标准曲线。

【分析结果计算】

按式（3-14）计算试样中磷酸根的质量分数（%）：

$$w = \frac{m_1 \times V_0 \times 10^{-6}}{mV} \times 100\% \qquad (3-14)$$

式中，m_1 为从标准曲线上查得磷酸根量，μg；m 为试样质量，g；V_0 为试液总体积，mL；V 为移取试液体积，mL。

3.11　硫酸根量的测定

3.11.1　高频-红外吸收法

【适用范围】

本方法适用于碳酸稀土中硫酸根量的测定。测定范围：0.020%~1.00%。

【方法提要】

灼烧后的试料在助熔剂存在下，于高频感应炉内，氧气氛中熔融燃烧，硫呈二氧化硫释出，以红外线吸收器测定。

【试剂与仪器】

(1) 纯铁助熔剂；

(2) 钨助熔剂；

(3) 锡助熔剂；

(4) 碳硫专用瓷坩埚：经 1000℃灼烧 2h，稍冷置于干燥器中备用；

(5) 高频-红外碳硫仪：功率 1.0~2.5kW，检测器灵敏度 0.1μg/g；

(6) 氧气（≥99.5%）。

【分析步骤】

准确称取 4~5g 碳酸稀土试样于已恒重的瓷坩埚（质量为 m_1）中，记录下试样质量 m_2，置于马弗炉中于 950℃灼烧 2h 后取出，于干燥器中冷却至室温后称取瓷坩埚及试样的总质量 m。经空白校正及仪器校正标准曲线后，称取约 0.3g 纯铁助熔剂置于碳硫专用瓷坩埚中，加入 1.2g 钨助熔剂、0.1g 锡助熔剂，再准确称取 0.2g 灼烧后的试样。将坩埚置于高频炉坩埚支架上加热燃烧测定，由仪器显示灼烧后的试样中硫的分析结果。按式（3-15）计算换算为碳酸稀土中硫酸根量。

【分析结果计算】

$$w = 3w_S \times \frac{m - m_1}{m_2} \times 100\% \qquad (3\text{-}15)$$

式中，w_S 为灼烧后试样中硫含量（高频-红外碳硫仪直接得出），%；m_1 为恒重的瓷坩埚质量，g；m_2 为灼烧前试样的质量，g；m 为灼烧后瓷坩埚及试样的总质量，g；3 为硫酸根对硫的换算系数。

【注意事项】

(1) 按仪器工作条件测三次空白（坩埚+助熔剂），其相对标准偏差小于 15%方可进行下一步测定。

(2) 称取两个标样按仪器工作条件校正标准曲线。

(3) 称取两份试样进行平行测定，如其测定值的相对误差不大于 10%，取其平均值为结果，否则重新测定。

(4) 本方法不适用于氯化稀土中硫酸根的测定。

3.11.2 硫酸钡比浊法

【适用范围】

本方法适用于氯化稀土、碳酸稀土中硫酸根量的测定。测定范围：0.025%~3.0%。

【方法提要】

试样用盐酸溶解，在 pH = 1.5 ~ 2.0 及稳定剂存在的条件下，硫酸根与钡形成硫酸钡悬浊液，于分光光度计波长 400nm 处测量其吸光度。

【试剂与仪器】

(1) 氯化钠；

(2) 丙三醇；

(3) 乙醇（95%）；

(4) 盐酸（$\rho = 1.19g/cm^3$，1+19）；

(5) 氨水（$\rho = 0.90g/cm^3$，1+1）；

(6) 氯化钡（250g/L，现用现配）；

(7) 硫酸根标准溶液（100μg/mL）；

(8) 对硝基酚指示剂（1g/L）；

(9) 稳定剂：称取 80g 氯化钠溶于 300mL 水中，加入 60mL 丙三醇和 100mL 乙醇混匀；

(10) 分光光度计。

【分析步骤】

按表 3-8 准确称取试样置于 100mL 烧杯中，加 10mL 盐酸（1+1），在低温电炉上加热溶解至清，冷却至室温，定容于 100mL 容量瓶中，混匀。

准确移取 10mL 试液于 25mL 比色管中，加 1 滴对硝基酚指示剂，以氨水（1+1）调至黄色，盐酸（1+19）调至刚变无色并过量 2 滴，加入 2.5mL 稳定剂、2mL 氯化钡溶液，以水稀释至刻度，混匀。以均匀速度振摇 1min，放置 10min。

移取部分试液于 3cm 比色皿中，以试剂空白作参比，于分光光度计波长 400nm 处，测量其吸光度。从标准曲线上查得相应的硫酸根量。

表 3-8　称样量

硫酸根质量分数/%	称样量/g
0.025 ~ 0.050	2.0
>0.050 ~ 0.10	1.0
>0.10 ~ 0.50	0.5

【标准曲线绘制】

移取 0、0.5、1.0、1.5、2.0、2.5mL 硫酸根标准溶液于 6 个 25mL 比色管中，以下按上述比浊分析步骤进行，以硫酸根浓度为横坐标、吸光度为纵坐标，绘制标准曲线。

【分析结果计算】

按式（3-16）计算试样中硫酸根的质量分数（%）：

$$w = \frac{m_1 V \times 10^{-6}}{V_0 m} \times 100\% \qquad (3\text{-}16)$$

式中，m_1 为由标准曲线上查出的硫酸根量，μg；V 为分析试液的总体积，mL；V_0 为移取试液的体积，mL；m 为试样的质量，g。

【注意事项】

（1）本方法不适用于铈含量较高的样品，铈含量较高时，调节酸度会出现浑浊影响测定结果。

（2）随每批样品测定标准曲线。

（3）在进行比色测定时，每加一种试剂需轻摇混匀。

（4）标准溶液和样品在摇动时，所用力度和时间一致。

3.11.3 树脂交换—硫酸钡比浊法

【适用范围】

本方法适用于铈含量较高的氯化稀土、碳酸稀土中硫酸根量的测定。测定范围：0.010%～1.50%。

【方法提要】

试样用盐酸溶解，采用阳离子交换树脂吸附稀土离子，上清液在酸度 pH = 1.5～2.0 及稳定剂存在下，硫酸根与钡形成硫酸钡悬浊液，于分光光度计波长 400nm 处测量吸光度。

【试剂与仪器】

（1）氯化钠；

（2）丙三醇；

（3）乙醇（95%）；

（4）盐酸（$\rho = 1.19 g/cm^3$，1+19）；

（5）氨水（$\rho = 0.90 g/cm^3$，1+1）；

（6）氯化钡（250g/L，现用现配）；

（7）对硝基酚指示剂（1g/L）；

（8）稳定剂：称取 80g 氯化钠溶于 300mL 水中，加入 60mL 丙三醇和 100mL 乙醇混匀；

（9）硫酸根标准溶液（100μg/mL）；

（10）分光光度计。

【分析步骤】

准确称取 2.0g 碳酸轻稀土或氯化稀土试料，于 100mL 烧杯中，加入 10mL 盐酸，待试样溶清后，蒸至体积约 2mL，冷却，移入 50mL 容量瓶中，定容摇匀。

根据试样中硫酸根的含量范围，按表 3-9 分取上述试液于预先加有 7mL 阳离子交换树脂的 25mL 比色管中，补加 7mL 水，用水稀至刻度，控制 pH=1~2，盖上玻璃塞，上下均匀摇动 5min，静置。

按表 3-9 吸取上清液于另一支 25mL 比色管中，加入对硝基酚 1 滴，加氨水（1+4）调成淡黄色，再用盐酸（1+19）调至无色后过量 2 滴，加入 2.5mL 稳定液，加入 2mL 氯化钡水溶液（25%），用水稀释至刻度，以均匀的速度和一定的强度摇动后放置 10min，以流程空白为参比，波长 400nm，用 3cm 比色皿进行比浊测定。

表 3-9　移取体积

硫酸根质量分数/%	试液总体积/mL	移取体积/mL
0.010~0.050	50	10
>0.050~0.10	50	5
>0.10~0.50	50	2
>0.50~1.50	200	5

【标准曲线绘制】

移取 0、0.5、1.0、1.5、2.0、2.5mL 硫酸根标准溶液于 6 个 25mL 比色管中，以下按上述分析步骤进行，以硫酸根浓度为横坐标、吸光度为纵坐标，绘制标准曲线。

【分析结果计算】

按式（3-17）计算试样中硫酸根的质量分数（%）：

$$w = \frac{m_1 V \times 10^{-6}}{V_0 m} \times 100\% \tag{3-17}$$

式中，m_1 为由标准曲线上查出的硫酸根量，μg；V 为分析试液的总体积，mL；V_0 为移取试液的体积，mL；m 为试样的质量，g。

【注意事项】

（1）准确移取氯化稀土料液（稀土浓度约 300g/L）5mL 于 50mL 容量瓶中，定容摇匀，根据硫酸根含量分取后进行测定。

（2）7mL 阳离子交换树脂按照量杯量取。

（3）树脂交换后的溶液，也可以采用离子色谱法进行测定。

3.11.4　硫酸钡重量法

【适用范围】

本方法适用于氯化稀土、碳酸稀土中硫酸根量的测定。测定范围：0.40%~5.00%。

【方法提要】

试样采用盐酸溶解，在酸性溶液中，氯化钡与硫酸根离子定量生成硫酸钡沉淀，经过滤灼烧称重后，计算硫酸根离子的含量。

【试剂与仪器】

（1）盐酸（$\rho = 1.19\text{g/cm}^3$，1+1，1+9）；

（2）甲基红溶液：称取 0.1g 甲基红溶于 100mL 乙醇溶液（3+2）；

（3）氯化钡溶液（200g/L）：称取 20g 氯化钡（$BaCl_2 \cdot 2H_2O$）溶于 100mL 水中，现用现配；

（4）硝酸银溶液（10g/L）：称取 2.5g 硝酸银，加 0.25mL 硝酸溶于 250mL 水中；

（5）高温炉（>1000℃）。

【分析步骤】

根据表 3-10 称取碳酸轻稀土或氯化稀土试料于 250mL 烧杯中，加入 20mL 盐酸（1+1），加热至完全溶解，冷却至室温，移入 100mL 容量瓶中，用水稀释至刻度混匀。

表 3-10   称样量与移取体积

硫酸根质量分数/%	称样量/g	溶液总体积/mL	移取溶液体积/mL
0.40~2.0	10.0	50	20
>2.0~5.0	5.0	50	10

根据表 3-10 移取溶液于 300mL 烧杯中，用水稀释至 150mL，加入 2 滴甲基红指示剂溶液，滴加盐酸（1+9）至溶液变红，过量 15mL。加热溶液至沸，在不断搅拌下缓缓加入 10mL 热的氯化钡溶液至溶液上部清液不再出现浑浊，再过量 2mL 氯化钡溶液。将烧杯放在 80~90℃水浴中保温 2h 以上，取下，放置 4h。

用定量慢速滤纸过滤，将沉淀全部转移至滤纸上，用热水洗涤沉淀至滤液中无氯离子为止（用硝酸银溶液检验），弃去滤液。将沉淀连同滤纸一同放入预先恒重的铂坩埚（或瓷坩埚），在电炉上灰化，移入高温炉，于 800℃灼烧 1h，将坩埚取出放入干燥器中冷却至室温，称重，重复此操作直至恒重。

【分析结果计算】

按式（3-18）计算试样中硫酸根的质量分数（%）：

$$w = \frac{(m_2 - m_1)V \times 0.4116}{mV_1} \times 100\% \qquad (3-18)$$

式中，m_1 为空坩埚质量，g；m_2 为坩埚加试样质量，g；m 为试料质量，g；V 为试液总体积，mL；V_1 为移取试液体积，mL；0.4116 为硫酸根与硫酸钡的换算系数。

【注意事项】

（1）用热水洗涤硫酸钡沉淀时，需洗净氯离子。

（2）用铂坩埚灰化、灼烧时，按照铂坩埚使用要求进行。

（3）本方法不适用于磷酸根大于 0.1%试样的测定。

3.11.5　碱熔融—硫酸钡比浊法

【适用范围】

本方法适用于氯化稀土、碳酸稀土中硫酸根量的测定。测定范围：0.025%～0.50%。

【方法提要】

试样用无水碳酸钠熔融，用盐酸调节 pH=1.5～2.0，在稳定剂存在下，硫酸根与钡形成硫酸钡悬浊液，于分光光度计波长 400nm 处测量吸光度。

【试剂与仪器】

（1）无水碳酸钠；

（2）无水乙醇；

（3）盐酸（$\rho=1.19g/cm^3$，1+19）；

（4）氨水（$\rho=0.90g/cm^3$，1+1）；

（5）丙三醇（1+1）；

（6）氯化钠溶液（300g/L）；

（7）氯化钡（250g/L，现用现配）；

（8）对硝基酚指示剂（1g/L）；

（9）稳定剂：称取 80g 氯化钠溶于 300mL 水中，加入 60mL 丙三醇和 100mL 乙醇混匀；

（10）硫酸根标准溶液（100μg/mL）；

（11）分光光度计。

【分析步骤】

按表 3-11 准确称取试样置于预先盛有 4g 无水碳酸钠的 30mL 铂坩埚中，覆盖 4g 无水碳酸钠，置于 1000℃高温炉中熔融至流体状，继续熔融 15min，取出，冷却。

将铂坩埚置于 250mL 烧杯中，加入 50mL 水，低温加热浸取，微沸 3～5min，用水洗出坩埚再次煮沸，冷却至室温，移入 100mL 容量瓶中，定容摇匀。

移取 10mL 上清液于 25mL 比色管中，加 1 滴对硝基酚指示剂，滴加盐酸（1+1）至淡黄色，再用盐酸（1+19）调至黄色刚消失，用水稀释至 15mL。

加 1.0mL 盐酸（1+19）、2.5mL 稳定剂、2mL 氯化钡水溶液（25%），用水稀释至刻度，以均匀的速度和一定的强度摇动后放置 10min，以流程空白为参比，波长 400nm，用 3cm 比色皿进行比浊测定。

表 3-11　称样量

硫酸根质量分数/%	称样量/g
0.025~0.050	2.0
>0.050~0.10	1.0
>0.10~0.50	0.5

【标准曲线绘制】

　　移取 0、0.5、1.0、1.5、2.0、2.5mL 硫酸根标准溶液于 6 个 25mL 比色管中，用水稀释至 10mL，加 5mL 氯化钠溶液，混匀，加 1.0mL 盐酸（1+19），以下按上述分析步骤进行，以硫酸根浓度为横坐标、吸光度为纵坐标，绘制标准曲线。

【分析结果计算】

　　按式（3-19）计算试样中硫酸根的质量分数（%）：

$$w = \frac{m_1 \times V \times 10^{-6}}{V_0 \times m} \times 100\% \tag{3-19}$$

式中，m_1 为由标准曲线上查出的硫酸根量，μg；V 为分析试液的总体积，mL；V_0 为移取试液的体积，mL；m 为试样的质量，g。

【注意事项】

　　（1）滴加盐酸调节酸度时，边加边摇动，使二氧化碳释放完全。

　　（2）其他注意事项同比浊法。

3.12　氧化铁量的测定

3.12.1　1，10-二氮杂菲分光光度法

【适用范围】

　　本方法适用于氯化稀土、碳酸稀土中氧化铁含量的测定。测定范围：0.0030%~1.00%。

【方法提要】

　　试样以稀盐酸溶解，用盐酸羟胺将三价铁还原成二价铁，在 pH=4~6 的酸度条件下，二价铁离子与邻二氮杂菲显色，于分光光度计波长 510nm 处测其吸光度，在标准曲线上查得相应的氧化铁量。

【试剂与仪器】

　　（1）盐酸（$\rho=1.19g/cm^3$，1+5）；

　　（2）过氧化氢（30%）；

　　（3）盐酸羟胺（100g/L）；

　　（4）1，10-邻二氮杂菲溶液（10g/L）：称取 1g 1，10-邻二氮杂菲溶于无水

乙醇中，以水稀释至 100mL，混匀；

（5）柠檬酸溶液（300g/L）；

（6）饱和乙酸钠溶液；

（7）铁标准溶液（10μg/mL，2%盐酸介质）；

（8）分光光度计。

【分析步骤】

根据表 3-12 准确称取试样置于 150mL 烧杯中，加 10mL 盐酸（1+5），加热至完全溶解，若有不溶物，可适量加入过氧化氢溶解，并加热煮沸至冒大气泡，冷却至室温。将溶液移入 50mL 或 100mL 容量瓶中，以水稀释至刻度，混匀。

根据表 3-12 准确移取试液，置于 25mL 比色管中，加 2mL 盐酸羟胺、3mL 柠檬酸溶液、3mL 饱和乙酸钠溶液，依次混匀。加 1mL 1，10-邻二氮杂菲溶液，以水稀释至刻度，混匀。放置 20min。移取部分试液于 1cm 比色皿中，以试剂空白溶液为参比，于分光光度计上 510nm 波长处测其吸光度，从标准曲线上查得铁含量。

表 3-12　称样量及移取体积

氧化铁质量分数/%	称样量/g	溶液总体积/mL	移取体积/mL
0.0030~0.010	1.0	50	10.0
>0.010~0.050	1.0	100	10.0
>0.050~0.20	0.5	100	5.0
>0.20~0.50	0.5	100	2.0
>0.50~1.00	0.2	100	2.0

【标准曲线绘制】

准确移取 0、0.5、1.0、2.0、4.0、5.0、6.0、7.0mL 铁标准溶液于 25mL 比色管中，以下按上述比色部分操作，以铁量为横坐标，吸光度为纵坐标，绘制标准曲线。

【分析结果计算】

按式（3-20）计算试样中氧化铁的质量分数（%）：

$$w = \frac{m_1 V_0 \times 1.4297 \times 10^{-6}}{mV} \times 100\% \tag{3-20}$$

式中，m_1 为从标准曲线上查得氧化铁量，μg；m 为试样质量，g；V_0 为试液总体积，mL；V 为移取试液体积，mL；1.4297 为氧化铁与铁的换算系数。

【注意事项】

（1）盐酸羟胺是还原剂，显色前，需用盐酸羟胺将 Fe^{3+} 全部还原为 Fe^{2+}（抗坏血酸具有同样的作用）。

（2）柠檬酸溶液与饱和乙酸钠溶液保持显色酸度。

3.12.2 原子吸收光谱法

【适用范围】

本方法适用于氯化稀土、碳酸稀土中氧化铁含量的测定。测定范围：0.0050%~1.00%。

【方法提要】

试样经盐酸或硝酸分解，在稀酸介质中用空气-乙炔火焰于原子吸收分光光度计248.3nm波长处采用标准曲线法测定氧化铁的含量。

【试剂与仪器】

（1）盐酸（$\rho = 1.19 g/cm^3$，1+1）；

（2）氧化铁标准溶液：50μg/mL，5%盐酸介质；

（3）原子吸收分光光度计；铁空心阴极灯，仪器参数见表3-13。

表3-13 仪器工作参数

元素	波长/nm	狭缝/nm	灯电流/mA	空气流量 /L·min^{-1}	乙炔流量 /L·min^{-1}	观测高度 /mm
Fe	248.3	0.2	7	15.0	2.2	9

【分析步骤】

按表3-14，准确称取试样于100mL烧杯中，加入10mL盐酸（1+1），于电炉上低温加热至试样完全分解，取下，冷却至室温，移入容量瓶中，以水稀释至刻度，摇匀。移取适量体积试液于50mL容量瓶中，加5mL盐酸（1+1），以水稀释至刻度，摇匀待测。

表3-14 称样量及移取体积

氧化铁质量分数/%	称样量/g	溶液总体积/mL	移取体积/mL
0.0050~0.010	1.0	50	0
>0.010~0.050	1.0	50	10.0
>0.050~0.20	0.5	50	5.0
>0.20~1.00	0.5	100	2.0

【标准曲线绘制】

于一系列50mL容量瓶中，准确加入氧化铁标准溶液0、0.5、1.0、3.0、5.0mL，加5mL盐酸（1+1），以水稀释至刻度，摇匀。此标准系列溶液浓度分别为0、0.5、1.0、3.0、5.0μg/mL。

以试剂空白调零，在空气-乙炔火焰于原子吸收分光光度计248.3nm波长处，同时测定试液及系列标准溶液，绘制标准曲线，从标准曲线求得待测试液中氧化铁的浓度。

【分析结果计算】

按式（3-21）计算样品中氧化铁的质量分数（%）：

$$w = \frac{\rho V b \times 10^{-6}}{m} \times 100\% \tag{3-21}$$

式中，ρ 为由标准曲线计算得出的被测试液氧化铁的质量浓度，$\mu g/mL$；V 为被测试液体积，mL；b 为稀释倍数；m 为试样的质量，g。

3.13 氧化镁量的测定——原子吸收光谱法

【适用范围】

本方法适用于氯化稀土与碳酸稀土中氧化镁量的测定。测定范围：0.0050%~1.00%。

【方法提要】

试样经盐酸或硝酸分解，在稀酸介质中用空气-乙炔火焰于原子吸收分光光度计 285.2nm 波长处采用标准曲线法测定氧化镁的含量。

【试剂与仪器】

（1）盐酸（$\rho = 1.19 g/cm^3$，1+1）；

（2）氧化镁标准溶液：5$\mu g/mL$，5%盐酸介质；

（3）原子吸收分光光度计；镁空心阴极灯，仪器参数见表 3-15。

表 3-15 仪器工作参数

元素	波长/nm	狭缝/nm	灯电流/mA	空气流量/L·min^{-1}	乙炔流量/L·min^{-1}	观测高度/mm
Mg	285.2	0.7	6	15.0	2.2	7

【分析步骤】

按表 3-16，准确称取试样于 100mL 烧杯中，加入 10mL 盐酸（1+1），于电炉上低温加热至试样完全分解，取下，冷却至室温，移入容量瓶中，以水稀释至刻度，摇匀。根据镁含量移取适量试液于 50mL 容量瓶中，加 5mL 盐酸（1+1），以水稀释至刻度，摇匀待测。

表 3-16 称样量及移取体积

氧化镁质量分数/%	称样量/g	溶液总体积/mL	移取体积/mL
0.0050~0.010	1.0	50	10.0
>0.010~0.050	1.0	100	5.0
>0.050~0.20	0.5	100	2.0
>0.20~0.50	0.5	200	2.0
>0.50~1.00	0.5	500	2.0

【标准曲线绘制】

于一系列 50mL 容量瓶中，准确加入氧化镁标准溶液 0、1.0、3.0、5.0mL，加 5mL 盐酸（1+1），以水稀释至刻度，摇匀。此标准系列溶液浓度分别为 0、0.1、0.3、0.5μg/mL。

以试剂空白调零，在空气-乙炔火焰于原子吸收分光光度计 285.2nm 波长处，同时测定试液及系列标准溶液，绘制标准曲线，从标准曲线求得待测试液中氧化镁的浓度。

【分析结果计算】

按式（3-22）计算样品中氧化镁的质量分数（%）：

$$w = \frac{\rho V b \times 10^{-6}}{m} \times 100\% \tag{3-22}$$

式中，ρ 为由标准曲线计算得出的被测试液氧化镁的质量浓度，μg/mL；V 为被测试液体积，mL；b 为稀释倍数；m 为试样的质量，g。

【注意事项】

可以用氘灯或自吸收灯进行背景校正。

3.14　氧化钙量的测定——原子吸收光谱法

【适用范围】

本法适用于氯化稀土、碳酸稀土中氧化钙量的测定。测定范围：0.010%～5.0%。

【方法提要】

试样经盐酸分解，在稀酸介质中用空气-乙炔火焰于原子吸收分光光度计 422.7nm 波长处采用标准加入法测定氧化钙的含量。

【试剂与仪器】

（1）盐酸（$\rho=1.19\text{g/cm}^3$，1+1）；

（2）氧化钙标准溶液：50μg/mL，5%盐酸介质；

（3）原子吸收分光光度计；钙空心阴极灯，仪器参数见表 3-17。

表 3-17　仪器工作参数

元素	波长/nm	狭缝/nm	灯电流/mA	空气流量/L·min⁻¹	乙炔流量/L·min⁻¹	观测高度/mm
Ca	422.7	0.7	6	15.0	2.0	7

【分析步骤】

按表 3-18，准确称取试样于 100mL 烧杯中，加入 10mL 盐酸（1+1），于电炉上低温加热至试样完全分解，取下，冷却至室温，移入相应体积的容量瓶中，以水稀释至刻度，摇匀待测。

表 3-18　称样量及移取体积

氧化钙质量分数/%	称样量/g	溶液总体积/mL	移取体积/mL
0.010~0.020	1.0	100	0
>0.020~0.10	1.0	100	5.0
>0.10~0.50	1.0	500	5.0
>0.50~2.00	0.5	500	5.0
>2.00~5.00	0.5	500	2.0

【标准曲线绘制】

按表 3-18 分取试液于 4 个 25mL 容量瓶中，分别加入 5mL 盐酸（1+1），加入氧化钙标准溶液 0、0.5、1.0、2.0mL，以水稀释至刻度，摇匀。此标准系列溶液浓度分别为 0、1.0、2.0、4.0μg/mL。

以试剂空白调零，在空气-乙炔火焰原子吸收分光光度计 422.7nm 波长处测定。以氧化钙浓度为横坐标、吸光度值为纵坐标，绘制标准曲线，采用外推法求得待测试液中氧化钙的浓度。

【分析结果计算】

按式（3-23）计算样品中氧化钙的质量分数（%）：

$$w = \frac{\rho V b \times 10^{-6}}{m} \times 100\% \qquad (3-23)$$

式中，ρ 为由标准曲线外推法得出的被测试液氧化钙的质量浓度，μg/mL；V 为被测试液体积，mL；b 为稀释倍数；m 为试样的质量，g。

3.15　氧化钠量的测定——原子吸收光谱法

【适用范围】

本方法适用于氯化稀土、碳酸稀土中氧化钠量的测定。测定范围:0.010%~2.0%。

【方法提要】

试样经盐酸分解，在稀酸介质中用空气-乙炔火焰于原子吸收分光光度计 589.0nm 波长处采用标准曲线法测定氧化钠的含量。

【试剂与仪器】

（1）盐酸（$\rho = 1.19g/cm^3$，1+1）；

（2）氧化钠标准溶液：5μg/mL，5%盐酸介质，贮存于塑料瓶中；

（3）原子吸收分光光度计；钠空心阴极灯，仪器参数见表 3-19。

表 3-19　仪器工作参数

元素	波长/nm	狭缝/nm	灯电流/mA	空气流量/L·min⁻¹	乙炔流量/L·min⁻¹	观测高度/mm
Na	589.0	0.2	6	15	1.8	7

【分析步骤】

按表 3-20，准确称取试样于 100mL 烧杯中，加入 5mL 盐酸（1+1），于电炉上低温加热至试样完全分解，取下，冷却至室温，移入容量瓶中，以水稀释至刻度，摇匀。移取试液于 50mL 容量瓶中，加入 5mL 盐酸（1+1），以水稀释至刻度，摇匀待测。

表 3-20　称样量及移取体积

氧化钠质量分数/%	称样量/g	溶液总体积/mL	移取体积/mL
0.010~0.050	1.0	100	5.0
>0.050~0.25	1.0	200	2.0
>0.25~2.00	0.5	500	2.0

【标准曲线绘制】

于一系列 50mL 容量瓶中，准确加入氧化钠标准溶液 0、1.0、3.0、5.0mL，加 5mL 盐酸（1+1），以水稀释至刻度，摇匀。此标准系列溶液浓度分别为 0、0.1、0.3、0.5μg/mL。

以试剂空白调零，在空气-乙炔火焰于原子吸收分光光度计 589.0nm 波长处，同时测定试液及系列标准曲线溶液，绘制标准曲线，从标准曲线外推法求得待测试液中氧化钠的浓度。

【分析结果计算】

按式（3-24）计算样品中氧化钠的质量分数（%）：

$$w = \frac{\rho V b \times 10^{-6}}{m} \times 100\% \tag{3-24}$$

式中，ρ 为由标准曲线计算得出的被测试液氧化钠的质量浓度，μg/mL；V 为被测试液体积，mL；b 为稀释倍数；m 为试样的质量，g。

3.16　氧化锰量的测定——原子吸收光谱法

【适用范围】

本方法适用于氯化稀土、碳酸稀土中氧化锰量的测定。测定范围：0.0020%~0.20%。

【方法提要】

试样经盐酸或硝酸分解，在稀酸介质中用空气-乙炔火焰于原子吸收分光光度计 279.5nm 波长处采用标准曲线法测定氧化锰的含量。

【试剂与仪器】

(1) 盐酸（$\rho = 1.19\text{g/cm}^3$，1+1）；

（2）氧化锰标准溶液：50μg/mL，5%盐酸介质；

（3）原子吸收分光光度计；锰空心阴极灯，仪器参数见表3-21。

表 3-21　仪器工作参数

元素	波长/nm	狭缝/nm	灯电流/mA	空气流量/L·min⁻¹	乙炔流量/L·min⁻¹	观测高度/mm
Mn	279.5	0.2	6	15.0	2.0	7

【分析步骤】

准确称取 2.0g 试样于 100mL 烧杯中，加入 10mL（1+1）盐酸，于电炉上低温加热至试样完全分解，取下，冷却至室温，按表3-22，移入相应体积的容量瓶中，以水稀释至刻度，摇匀，移取试液于 25mL 容量瓶中，摇匀待测（保持盐酸酸度为 5%）。

表 3-22　称样量及移取体积

氧化锰质量分数/%	溶液总体积/mL	移取体积/mL
0.0020~0.0050	25	0
>0.0050~0.025	50	10
>0.025~0.10	50	2
>0.10~0.20	100	2

【标准曲线绘制】

于一系列 50mL 容量瓶中，准确加入氧化锰标准溶液 0、1.00、3.00、5.00mL，加 5mL（1+1）盐酸，以水稀释至刻度，摇匀。此标准系列溶液浓度分别为 0、1.0、3.0、5.0μg/mL。

以试剂空白调零，在空气-乙炔火焰于原子吸收分光光度计 279.5nm 波长处，同时测定试液及系列标准曲线溶液，绘制标准曲线，从标准曲线求得待测试液中氧化锰的浓度。

【分析结果计算】

按式（3-25）计算样品中氧化锰的质量分数（%）：

$$w = \frac{\rho V b \times 10^{-6}}{m} \times 100\% \qquad (3-25)$$

式中，ρ 为由标准曲线计算得出的被测试液氧化锰的质量浓度，μg/mL；V 为被测试液体积，mL；b 为稀释倍数；m 为试样的质量，g。

【注意事项】

可以用氘灯或自吸收灯进行背景校正。

3.17 氧化钡量的测定——原子吸收光谱法

【适用范围】

本方法适用于氯化稀土、碳酸稀土中氧化钡量的测定。测定范围：0.10%~2.0%。

【方法提要】

试样以碳酸钠熔融，水浸取、过滤，沉淀以硝酸、高氯酸溶解，在稀酸介质中用空气-乙炔火焰于原子吸收分光光度计553.5nm波长处进行测定，采用标准曲线法测定钡的含量。

【试剂与仪器】

（1）碳酸钠；

（2）硝酸；

（3）高氯酸（$\rho = 1.67g/cm^3$）；

（4）盐酸（$\rho = 1.19g/cm^3$，1+1）；

（5）碳酸钠溶液：20g/L；

（6）钡标准溶液：50μg/mL；

（7）原子吸收分光光度计；钡空心阴极灯；仪器参数见表3-23。

表 3-23　仪器工作参数

元素	波长/nm	狭缝/nm	灯电流/mA	空气流量/L·min⁻¹	乙炔流量/L·min⁻¹	观测高度/mm
Ba	553.5	0.2	6	11.0	6.7	11

【分析步骤】

准确称取0.5g试样于盛有3g碳酸钠的镍坩埚中，覆盖3g碳酸钠，放入高温炉于1000℃熔融15~20min（中间摇一次），取出，冷却。将坩埚放入盛有100mL热水的烧杯中，加热煮沸提取，洗出坩埚，稍冷，以定量滤纸过滤，以碳酸钠溶液洗涤烧杯及沉淀4~5次，以水洗涤沉淀至无硫酸根为止，弃去滤液。将沉淀及滤纸放于100mL烧杯中，以硝酸及高氯酸加热冒烟至近干，取下，稍冷，以盐酸提取，溶液移入100mL容量瓶中，以水稀释至刻度，摇匀。按表3-24移取试液于50mL容量瓶中，加5mL盐酸（1+1），以水稀释至刻度，摇匀，采用标准曲线法测定。

表 3-24　移取体积

氧化钡质量分数/%	移取体积/mL
0.010~0.050	0
>0.050~0.25	10.0
>0.25~2.00	2.0

【标准曲线绘制】

　　于一系列 50mL 容量瓶中，准确加入钡标准溶液 0、0.50、1.0、3.0、5.0mL，加 5mL（1+1）盐酸，以水稀释至刻度，摇匀。此标准系列溶液浓度分别为 0、0.50、1.0、3.0、5.0μg/mL。

　　以试剂空白调零，在空气-乙炔火焰于原子吸收分光光度计 553.5nm 波长处，同时测定试液及系列标准溶液，绘制标准曲线，从标准曲线求得待测试液中钡的浓度。

【分析结果计算】

　　按式（3-26）计算样品中氧化钡的质量分数（%）：

$$w = \frac{\rho V b \times 10^{-6}}{m} \times 1.1168 \times 100\% \tag{3-26}$$

式中，ρ 为由标准曲线计算得出的被测试液钡的质量浓度，μg/mL；V 为被测试液体积，mL；b 为稀释倍数；m 为试样的质量，g；1.1168 为钡与氧化钡的换算系数。

【注意事项】

　　水洗至无硫酸根检验方法，取 10mL 滤液置于 25mL 比色管中，加 1 滴对硝基酚指示剂（1g/L），用盐酸（1+1）调至黄色刚消失，过量 1 滴盐酸（1+1），加 2mL 无水乙醇、3mL 氯化钡溶液（1g/L），混匀。10min 后溶液应透明无浑浊。

3.18　氧化铝量的测定——铬天青 S 分光光度法

【适用范围】

　　本方法适用于碳酸稀土中氧化铝含量的测定。测定范围：0.0020%~0.010%。

【方法提要】

　　试样经酸分解，用草酸沉淀稀土，使铝与稀土分离，硫酸破坏除去草酸，以抗坏血酸和盐酸羟胺掩蔽铁等杂质，在 pH=5.2~5.8 下，铝与铬天青 S、溴代十六烷基三甲铵及乙醇生成有色四元配合物，于分光光度计波长 625nm 处测量吸光度，计算铝的质量分数。

【试剂与仪器】

　　（1）硝酸（ρ=1.42g/cm³，1+1，1+4）；

　　（2）过氧化氢（30%）；

　　（3）盐酸（1+1，1+4，1mol/L，0.1mol/L）；

　　（4）氨水（ρ=0.90g/cm³，1+4）；

　　（5）草酸溶液（10%）；

（6）硫酸（1+1）；

（7）铬天青 S 溶液：称取 0.1g 铬天青 S，溶于 100 mL 乙醇（1+1）溶液中；

（8）溴代十六烷基三甲铵（CTMAB）溶液（0.3%）：称取 0.3g CTMAB，溶于 100mL 乙醇溶液（1+1）中；

（9）抗坏血酸溶液（10g/L，使用时现配）；

（10）盐酸羟胺溶液（2%）；

（11）六次甲基四胺溶液（25%）；

（12）对硝基酚溶液（0.1%）；

（13）铝标准溶液（5μg/mL，2%盐酸介质，石英或塑料容器）；

（14）分光光度计。

【分析步骤】

准确称取 1.0g 试样，于 150mL 石英或聚四氟乙烯烧杯中，加 5mL 盐酸（1+1），加热溶解至清亮，并蒸至近干，取下稍冷，加入 2mL 盐酸（1+1），加热水 50~60mL，加热至近沸，加 15mL 热草酸溶液，不断搅拌，保温 10min，冷却至室温，将沉淀与溶液移入 100mL 容量瓶中，以水稀释至刻度，混匀。

准确移取 25mL 滤液（干过滤）于 100mL 石英或聚四氟乙烯烧杯中，加 1mL 硫酸（1+1），低温蒸发至近干，继续加热冒干硫酸烟，稍冷，用水吹洗烧杯，再加热冒干硫酸烟。稍冷，用 4~5mL 水吹洗烧杯壁，加 10 滴盐酸（1+1），低温加热，使盐类溶解，冷却至室温，移入 50mL 容量瓶中，加水至约 30mL，加 1 滴对硝基酚溶液，用氨水（1+4）调溶液至黄色，用盐酸（1mol/L）调至黄色刚好消失。加 2mL 抗坏血酸溶液、2mL 盐酸羟胺溶液、2mL 盐酸（0.1mol/L）、2mL 乙醇、2.5mL 六次甲基四胺溶液、2mL CAS、2mL CTMAB 溶液，依次混匀，以水稀释至刻度，混匀，放置 30min 后比色测定。

将部分试液移入 1cm 比色皿中，在分光光度计上，波长 625nm，并以流程空白作参比，测量吸光度。从标准曲线上查得铝量。

【标准曲线绘制】

准确移取 0、0.50、1.0、1.5、2.0、2.5mL 铝标准溶液于一系列 50mL 容量瓶中，以下按上述分析步骤操作，以试剂空白作为参比溶液，测量吸光度。以铝量为横坐标，以吸光度值为纵坐标，绘制标准曲线。

【分析结果计算】

按式（3-27）计算试样中铝的质量分数（%）：

$$w = \frac{m_1 V_0 \times 10^{-6}}{mV} \times 100\% \qquad (3\text{-}27)$$

式中，m_1 为从标准曲线上查得铝的质量，μg；m 为试样质量，g；V_0 为试液总体积，mL；V 为移取试液体积，mL。

【注意事项】

（1）为减小铝的空白，应在石英烧杯或聚四氟乙烯烧杯中分解试样。

（2）酸度对测定影响较大，必须严格控制。

3.19 氧化钡、氧化钙、氧化铅、氧化铝、氧化镁、氧化锰、氧化镍、氧化铁及氧化锌量的测定——电感耦合等离子体光谱法

【适用范围】

本方法适用于碳酸稀土、氯化稀土中氧化钡、氧化钙、氧化铝、氧化镁、氧化锰、氧化镍、氧化铅、氧化铁及氧化锌量的测定。测定范围见表 3-25。

表 3-25　测定范围

元素	质量分数/%	元素	质量分数/%
BaO	0.0050~2.00	NiO	0.0050~1.00
CaO	0.0050~5.00	PbO	0.010~1.00
Al_2O_3	0.010~1.00	Fe_2O_3	0.0050~1.00
MgO	0.0050~3.00	ZnO	0.010~1.00
MnO	0.0050~1.00		

【方法提要】

试样以硝酸溶解，在稀酸介质中，采用标准曲线法进行校正，以氩等离子体激发进行光谱测定，从标准曲线中求得测定元素含量。

【试剂与仪器】

（1）硝酸（优级纯，$\rho = 1.42 g/cm^3$，1+1）；

（2）氧化钡、氧化钙、氧化铝、氧化镁、氧化锰、氧化镍、氧化铅、氧化铁及氧化锌标准溶液：各 $50\mu g/mL$；

（3）氩气（>99.99%）；

（4）电感耦合等离子体发射光谱仪，倒线色散率不大于 0.26nm/mm。

【分析步骤】

准确称取 2.0g 试样于 200mL 烧杯中，缓慢加入 20mL 硝酸（1+1），低温加热至试样完全溶解，取下，冷却至室温，移入 100mL 容量瓶中，以水稀释至刻度，混匀。根据各测定元素的含量稀释不同倍数，待测。

【标准曲线绘制】

在 4 个 50mL 容量瓶中分别加入不同体积的 $50\mu g/mL$ 各测定元素标准溶液，加入 2.5mL 硝酸，以水稀释至刻度，混匀，配制成系列标准溶液。标准溶液浓度见表 3-26。

表 3-26 标准溶液质量浓度

标液编号	质量浓度/μg·mL⁻¹								
	BaO	CaO	Al₂O₃	MgO	MnO	NiO	PbO	Fe₂O₃	ZnO
1	0	0	0	0	0	0	0	0	0
2	1.00	0.50	1.00	0.50	1.00	1.00	1.00	1.00	1.00
3	5.00	1.00	5.00	1.00	5.00	5.00	5.00	5.00	5.00
4	10.00	5.00	10.00	5.00	10.00	10.00	10.00	10.00	10.00

将系列标准溶液与试样液于表 3-27 所列分析波长处，用电感耦合等离子体发射光谱仪进行测定。

表 3-27 测定元素波长

元素	分析线/nm	元素	分析线/nm
Ba	233.527, 455.404	Ni	221.647, 231.604
Ca	393.366, 396.847, 317.933	Pb	280.200, 220.351, 283.307
Al	167.079, 237.336	Fe	259.940, 238.204
Mg	279.553, 280.270	Zn	206.200, 213.856
Mn	257.610, 293.930		

【分析结果计算】

按式（3-28）计算各测定元素的质量分数（%）：

$$w = \frac{(\rho_0 - \rho_1)Vb \times 10^{-6}}{m} \times 100\% \tag{3-28}$$

式中 ρ_0 为分析试液中测定元素的质量浓度，μg/mL；ρ_1 为空白试液中测定元素的质量浓度，μg/mL；V 为被测试液体积，mL；b 为稀释倍数；m 为试样质量，g。

【注意事项】

（1）当测定液的基体浓度大于 2mg/mL 时，需校正基体效应的影响，当测定液的基体浓度等于或小于 2mg/mL 时，无需校正基体效应的影响，直接测定。

（2）本方法所测为样品中酸溶钡的含量。

（3）测钙时，对于含铈元素的试样，不应采用 393.366nm 波长线测定，含镨、钕元素的试样，不应采用 396.847nm 波长线测定。

（4）Al 分析线 167.079nm，灵敏度较高，采用此线测定，方法下限可达到 0.010%，对于没有此线的仪器，可采用 237.336nm 波长线测定，方法测定下限会升高为 0.050%。

3.20 氧化钍、氧化钡、氧化镍、氧化锰、氧化铅、氧化锌、氧化铝量的测定——电感耦合等离子体质谱法

【适用范围】

本方法适用于氯化稀土、碳酸稀土中氧化钍、氧化钡、氧化镍、氧化锰、氧化铅、氧化锌、氧化铝含量的测定。测定范围见表3-28。

表3-28 测定范围

元素	质量分数/%	元素	质量分数/%
ThO_2	0.0005~0.30	BaO	0.0010~0.10
NiO	0.0010~0.10	MnO	0.0010~0.10
PbO	0.0010~0.10	ZnO	0.0020~0.10
Al_2O_3	0.0020~0.10		

【方法原理】

试样经硝酸溶解，在稀酸介质中，以氩等离子体为离子化源，用电感耦合等离子体质谱法直接测定氧化钍、氧化钡、氧化镍、氧化锰、氧化铅、氧化锌、氧化铝量。

【试剂和仪器】

（1）硝酸（优级纯，$\rho = 1.42g/cm^3$，1+1，1+99）；

（2）过氧化氢（优级纯，30%）；

（3）铯标准溶液：$1\mu g/mL$，1%硝酸介质；

（4）混合标准使用溶液：1mL含铝、锰、铅、锌、钡、镍、氧化钍各$1\mu g$；

（5）电感耦合等离子体质谱仪：质量分辨率（0.7±0.1）amu。

【分析步骤】

准确称取1.0g试样，置于100mL烧杯中，加入10mL水、10mL硝酸（1+1），低温加热至溶解完全（如有不溶，可滴加过氧化氢助溶），立即取下，冷却至室温，移入100mL容量瓶中，摇匀。根据试样中待测元素的含量，移取1~10mL溶液于100mL容量瓶中，加入1mL铯标准溶液，用硝酸（1+99）定容，摇匀。

【标准曲线绘制】

准确移取0、0.2、0.5、1.0、5.0、10.0mL混合标准溶液于一组100mL容量瓶中，加1.00mL铯标准溶液，用硝酸（1+99）稀释至刻度，混匀。此标准系列溶液各含铝、锰、铅、镍、钡、锌、钍浓度为0、2.0、5.0、10.0、50.0、100.0ng/mL。

将标准溶液与试样液于电感耦合等离子体质谱仪测定条件下，测量^{27}Al、^{55}Mn、^{60}Ni、^{66}Zn、^{135}Ba、^{137}Ba、^{208}Pb、^{232}Th的强度。将标准溶液的浓度直接输入计算

机，用内标法校正非质谱干扰，并输出测定试液待测元素的浓度。

【分析结果计算】

按式（3-29）计算各测定元素的质量分数（%）：

$$w = \frac{k(\rho_1 - \rho_0)V_2V_0 \times 10^{-9}}{mV_1} \times 100\% \qquad (3\text{-}29)$$

式中，ρ_1 为试液中待测元素的质量浓度，ng/mL；ρ_0 为空白试液中待测元素的质量浓度，ng/mL；V_0 为试液总体积，mL；V_1 为移取试液的体积，mL；V_2 为测定试液的体积，mL；m 为试样的质量，g；k 为待测元素氧化物与单质的换算系数。

参 考 文 献

[1] 戴小春，谭铁铮. 氯化稀土和钐铕钆富集物中单一稀土元素的 X 射线荧光光谱分析 [J]. 包钢科技，1993，20（3）：54~61.

[2] 金斯琴高娃，崔爱端，李玉梅. ICP-AES 法测定碳酸稀土、氯化稀土中氧化铕量 [J]. 稀土，2010，31（01）：80~82.

[3] 于晶雪，汤运国，陈立民，等. X 射线荧光光谱法直接测定钐铕钆富集物中 10 种稀土元素 [A]. 中国稀土学会第四届学术年会论文集 [C]. 北京：中国稀土学会，2000：776~779.

4 稀土金属及其化合物

4.1 稀土总量的测定

4.1.1 草酸盐重量法

【适用范围】

本方法适用于稀土金属及其化合物中稀土总量的测定。测定范围见表4-1。

表4-1 测定范围

试样	质量分数/%
稀土金属	95.00~99.50
稀土氧化物	95.00~99.80
氢氧化稀土	55.00~75.00
氟化稀土、稀土抛光粉	65.00~95.00
离子型稀土矿混合稀土氧化物	80.00~99.00
钐铕钆富集物（液体）	90.00~99.00（100~300g/L）

【方法提要】

试样经酸分解，氨水沉淀稀土分离钙、镁等。以盐酸溶解稀土，在 pH = 1.8~2.0，草酸沉淀稀土，分离铁、铝等。沉淀灰化完全后于950℃灼烧成氧化物，称其质量，计算稀土氧化物总量。

【试剂与仪器】

（1）盐酸（$\rho = 1.19g/cm^3$，1+1）；

（2）高氯酸（$\rho = 1.67g/cm^3$）；

（3）过氧化氢（30%）；

（4）氨水（$\rho = 0.90g/cm^3$，1+1）；

（5）硝酸（$\rho = 1.42g/cm^3$，1+1）；

（6）草酸溶液（100g/L）；

（7）甲酚红溶液（2g/L，乙醇（1+1）介质）；

（8）盐酸洗液（1+99）；

（9）氯化铵-氨水洗液：100mL 水中含 2g 氯化铵和 2mL 氨水；

（10）草酸洗液：100mL 溶液中含 1g 草酸、1g 草酸铵及 1mL 无水乙醇。

【分析步骤】

按表4-2准确称取试样。

表4-2   称样量

试样	称样量/g
稀土氧化物、离子型稀土矿混合稀土氧化物	0.20~0.25
钐铕钆富集物（液体）	0.20
氟化稀土、氢氧化稀土、稀土抛光粉	0.40
稀土金属	1.0

稀土金属试样置于300mL烧杯中，加入20mL水、10mL盐酸（1+1），低温加热至溶解完全，蒸发至大约1mL，加入20mL水并加热溶解盐类。过滤并接收滤液至100mL容量瓶中，用盐酸洗液洗涤烧杯和滤纸各5~6次，弃去滤纸。用水稀释滤液至刻度，混匀。准确移取20.0mL试液于300mL烧杯中。

稀土氧化物及氢氧化物试样置于300mL烧杯中，加入20mL水、5mL盐酸（1+1）（含铈高的样品加入5mL硝酸（1+1）溶解）及1mL过氧化氢，低温加热至溶解完全，蒸发至大约1mL，加入20mL水并加热溶解盐类。过滤并接收滤液至300mL烧杯中，用盐酸洗液洗涤烧杯和滤纸各5~6次，弃去滤纸。

氟化稀土、稀土抛光粉试样置于300mL烧杯中，加入10mL硝酸、3mL高氯酸及1mL过氧化氢，低温加热至冒高氯酸烟，稍冷，用水清洗杯壁。再加2mL高氯酸，低温加热至冒高氯酸烟，使样品溶解完全，蒸发至大约1mL，加入20mL水并加热溶解盐类。过滤并接收滤液至300mL烧杯中，用盐酸洗液洗涤烧杯和滤纸各5~6次，弃去滤纸。

离子型稀土矿混合稀土氧化物试样置于300mL烧杯中，加入5mL水、5mL盐酸（1+1）（含铈高的样品加入5mL硝酸溶解）、3mL高氯酸及1mL过氧化氢，分解后再加入2mL高氯酸，加热至溶解完全，蒸发至大约1mL，取下稍冷，加入20mL盐酸（1+1），用水清洗杯壁并溶解盐类。用慢速定量滤纸过滤并接收滤液于300mL烧杯中，用盐酸洗液洗涤烧杯和滤纸各5~6次，弃去滤纸。

钐铕钆富集物试样置于300mL烧杯中，加入15mL盐酸（1+1）加热分解，滴加3~4滴过氧化氢至溶解完全。

根据含量移取钐铕钆料液于100mL容量瓶中，加入5mL盐酸（1+1），用水稀释滤液至刻度，混匀，使溶液中稀土氧化物总浓度约为20g/L。移取10.0mL试液于300mL烧杯中。

在上述液体中加入2g氯化铵，以水稀释至约100mL，加热至近沸，滴加氨水（1+1）至刚出现沉淀，加0.1mL过氧化氢、30mL氨水（1+1），煮沸。取下，稍冷，用中速定量滤纸过滤。用氯化铵-氨水洗液洗涤烧杯2~3次、洗涤沉淀6~7次，弃去滤液。

将沉淀和滤纸放于原烧杯中，加入10mL盐酸（1+1），3~4滴过氧化氢，加热将滤纸成为纸浆。加入100mL热水，煮沸。加入近沸的50mL草酸溶液，加4~6滴甲酚红溶液，用氨水（1+1）、盐酸（1+1）和精密pH试纸调节pH=1.8~2.0，于80~90℃保温40min，冷却至室温并放置2h。用慢速定量滤纸过滤，用草酸洗液洗涤烧杯2~3次，用小块滤纸擦净烧杯，将沉淀全部转移至滤纸上，洗涤沉淀8~10次。将沉淀连同滤纸放入已恒重的铂坩埚中，灰化，于950℃高温炉中灼烧40min，取出，稍冷，将铂坩埚置于干燥器中，冷却至室温，称其质量，重复操作直至恒重。

【分析结果计算】

按式（4-1）计算稀土氧化物总量的质量分数（%）：

$$w = \frac{(m_1 - m_2)V_0}{Vm_0} \times 100\% \tag{4-1}$$

式中，m_1 为铂坩埚及烧成物的质量，g；m_2 为铂坩埚的质量，g；m_0 为试样的质量，g；V_0 为试液总体积，mL；V 为移取试液体积，mL。

按式（4-2）计算稀土总量的质量分数（%）：

$$w = \frac{(m_1 - m_2)V_0 K}{m_0 V} \times 100\% \tag{4-2}$$

式中，m_1 为铂坩埚及烧成物的质量，g；m_2 为铂坩埚的质量，g；m_0 为试样的质量，g；V_0 为试液总体积，mL；V 为移取试液体积，mL；K 为稀土氧化物换算成稀土金属的换算系数。

按式（4-3）计算稀土与稀土氧化物的换算系数：

$$K = \frac{\sum\limits_{i=1}^{n} \dfrac{\rho_i'}{n_i}}{\sum\limits_{i=1}^{n} \dfrac{\rho_i}{m_i}} \tag{4-3}$$

式中，ρ_i 为各单一稀土金属在试料中所含稀土金属总量中所占的质量分数，%；ρ_i' 为各单一稀土氧化物在烧成物中所含稀土氧化物中所占的质量分数，%；m_i 为各单一稀土金属的摩尔质量，g/mol；n_i 为各单一稀土氧化物的摩尔质量，g/mol。

【注意事项】

（1）本方法不适用于以钇、铒、铥、镱、镥为主体或钍、铅含量（质量分数）各大于0.1%单一和混合稀土金属及其化合物中稀土总量的测定。

（2）稀土金属样品称样前先去掉氧化层。

（3）富集物在草酸沉淀之前增加一步脱硅操作。氨水沉淀与滤纸置于原烧杯中，加入 20mL 硝酸及 5~7mL 高氯酸，盖上表面皿，加热至冒浓厚白烟，并蒸发至体积 1~2mL，取下，稍冷，加入 2~3mL 盐酸（1+1），加入约 40mL 热水，并用热水洗涤表面皿及烧杯内壁，用中速滤纸过滤，除去二氧化硅及不溶物，滤液接收于 300mL 烧杯中，用水洗涤烧杯 3 次、洗涤沉淀 6~7 次。加水至约 150mL，加热至沸，加入近沸的 50mL 草酸溶液，以下同操作步骤。

（4）草酸沉淀调节 pH 值时，也可采用间甲酚紫（0.2%）为指示剂，由紫色变为橘黄色。

4.1.2　EDTA 容量法

【适用范围】

本方法适用于单一稀土金属及以重稀土钬、铒、铥、镱、镥为主体的混合稀土金属及其化合物中稀土总量的测定。测定范围见表 4-3。

表 4-3　测定范围

试样	质量分数/%
稀土金属、稀土氧化物	98.00~99.50
氢氧化稀土	55.00~75.00
氟化稀土、稀土抛光粉	65.00~95.00

【方法提要】

试样以酸溶解，采用磺基水杨酸掩蔽铁，在 pH=5.5 条件下，以二甲酚橙为指示剂，以 EDTA 标准溶液滴定稀土总量。

【试剂与仪器】

（1）抗坏血酸；

（2）盐酸（$\rho=1.19g/cm^3$，1+1）；

（3）硝酸（$\rho=1.42g/cm^3$，1+1）；

（4）氨水（$\rho=0.9g/cm^3$，1+1）；

（5）过氧化氢（30%）；

（6）高氯酸（$\rho=1.67g/cm^3$）；

（7）磺基水杨酸溶液（100g/L）；

（8）甲基橙（2g/L）；

（9）六次甲基四胺缓冲溶液（pH=5.5）：称取 200g 六次甲基四胺于 500mL 烧杯中，加 70mL 盐酸（1+1），以水稀释至 1L，混匀；

（10）二甲酚橙（2g/L）；

（11）锌标准溶液（1g/L，5%盐酸介质）；

（12）乙二胺四乙酸二钠（EDTA）标准滴定溶液（$c \approx 0.02mol/L$）。

【分析步骤】

按照表 4-4 准确称取试样。

表 4-4　称样量

试样	称样量/g
稀土金属	0.6
稀土氧化物	0.6
氟化稀土、氢氧化稀土、稀土抛光粉	0.6

稀土金属试样置于 150mL 烧杯中，加 20mL 水及 10mL 盐酸（1+1），盖上表面皿，低温加热至溶解完全后，冷却至室温，将溶液移入 100mL 容量瓶中，以水稀释至刻度，混匀。

稀土氧化物、氢氧化稀土、稀土抛光粉试样置于 150mL 烧杯中，加入 10mL 盐酸（1+1），盖上表面皿，低温加热至溶解完全后（氧化铈、氧化铽及氢氧化铈需要加入 10mL 硝酸、1mL 过氧化氢，低温加热至溶解完全后并蒸至无小气泡，体积约 1~2mL，稍冷），冷却至室温，将溶液移入 100mL 容量瓶中，以水稀释至刻度，混匀。

氟化稀土、稀土抛光粉试样置于 150mL 烧杯中，加入 5mL 高氯酸和 5mL 硝酸，低温加热溶解至冒高氯酸白烟，蒸发至 1mL（若溶解不完全，再加入 2mL 高氯酸低温加热至冒高氯酸白烟），取下，稍冷，加入 2mL 盐酸（1+1），用水洗杯壁及表面皿，低温溶解盐类，将溶液移入 100mL 容量瓶中，以水稀释至刻度，混匀。

移取上述试液 5mL 于 200mL 烧杯中，加入 50mL 水、0.2g 抗坏血酸、2mL 磺基水杨酸溶液、1 滴甲基橙，以氨水（1+1）和盐酸（1+1）调节溶液刚变为黄色，加 5mL 六次甲基四胺缓冲溶液（pH=5.5）、2 滴二甲酚橙，以 EDTA 标准滴定溶液滴定至溶液由紫红色突变为亮黄色即为终点。

【分析结果计算】

按式（4-4）计算稀土氧化物总量的质量分数（%）：

$$w = \frac{McVV_1 \times 1000}{V_2 m_0} \times 100\% \tag{4-4}$$

式中，M 为试样中所含氧化稀土的摩尔质量，g/mol；c 为 EDTA 标准滴定溶液的物质的量浓度，mol/L；V 为消耗 EDTA 标准滴定溶液的体积，mL；V_1 为试液的总体积，mL；V_2 为移取试液的体积，mL；m_0 为试样的质量，g。

按式（4-5）计算稀土金属试样中稀土总量的质量分数（%）：

$$w = \frac{McVV_1}{V_2 m_0 \times 1000} \times 100\% \tag{4-5}$$

式中，M 为试样中所含稀土金属的摩尔质量，g/mol；c 为 EDTA 标准滴定溶液的物质的量浓度，mol/L；V 为消耗 EDTA 标准滴定溶液的体积，mL；V_1 为试液的总体积，mL；V_2 为移取试液的体积，mL；m_0 为试样的质量，g。

按式（4-6）计算以重稀土钬、铒、铥、镱、镥为主体的混合稀土化合物试样中稀土氧化物总量的质量分数（%）：

$$w = \frac{McVV_1}{V_2 m_0 \times 1000} \times 100\% \tag{4-6}$$

式中，c 为 EDTA 标准滴定溶液的物质的量浓度，mol/L；V 为消耗 EDTA 标准滴定溶液的体积，mL；V_1 为试液的总体积，mL；V_2 为移取试液的体积，mL；m_0 为试样的质量，g；M 为试样中混合氧化稀土的摩尔质量，g/mol，计算方法参考附录 E。

按式（4-7）计算以重稀土钬、铒、铥、镱、镥为主体的混合稀土金属试样中稀土总量的质量分数（%）：

$$w = \frac{McVV_1}{V_2 m_0 \times 1000} \times 100\% \tag{4-7}$$

式中，c 为 EDTA 标准滴定溶液的物质的量浓度，mol/L；V 为消耗 EDTA 标准滴定溶液的体积，mL；V_1 为试液的总体积，mL；V_2 为移取试液的体积，mL；m_0 为试样的质量，g；M 为试样中稀土元素相对比例相一致的混合稀土金属的摩尔质量，g/mol，按下式计算：

$$M = \sum P_i k_i$$

P_i 为各稀土金属在试样所含相应混合稀土金属总量中所占的质量分数，%；k_i 为各稀土金属的摩尔质量，g/mol。

【注意事项】

（1）金属试样应去掉表面氧化层，取样后立即称重。

（2）本方法不适用于单一稀土相对纯度不大于 99.5%、其他杂质含量大于 0.5% 的单一稀土金属及其氧化物中稀土总量的测定，不适用于钍、钪、锌量大于 0.5% 的物料中稀土总量的测定。

（3）可用乙酰丙酮替代磺基水杨酸掩蔽铝和微量铁，如铁量太高，铁与乙酰丙酮形成粉红色的配合物影响终点判断。

4.2 稀土相对纯度的测定

4.2.1 镧及其化合物

4.2.1.1 镧中五个稀土杂质的测定——电感耦合等离子体发射光谱法
【适用范围】

本方法适用于 99.00% ~ 99.90% 金属镧及其化合物中 5 个稀土杂质铈、镨、钕、钐和钇的测定。

【方法提要】

试样以硝酸溶解，在稀酸介质中，采用基体匹配法，直接以氩等离子体激发进行光谱测定，从标准曲线中求得各测定元素含量。

【试剂与仪器】

（1）硝酸（$\rho = 1.42 \text{g/cm}^3$，1+1）；

（2）氧化镧基体溶液：10mg/mL；

（3）氧化铈、氧化镨、氧化钕、氧化钐和氧化钇标准溶液：1mL 含 50μg 各稀土氧化物；

（4）氩气（>99.99%）；

（5）电感耦合等离子体发射光谱仪，倒线色散率不大于 0.26nm/mm。

【分析步骤】

准确称取 0.2g 氧化物试样（1.70g 金属试样）于 100mL 烧杯中，加入 10mL（1+1）硝酸，低温加热至试样完全溶解，取下，冷却至室温，移入 100mL 容量瓶中，以水稀释至刻度，混匀待测（金属试样稀释 10 倍，保持酸度为 2.5%）。

【标准曲线绘制】

在 3 个 100mL 容量瓶中按表 4-5 所列浓度加入氧化镧及五个氧化稀土杂质标准溶液，加 5mL 硝酸（1+1），以水稀释至刻度，混匀。

将标准溶液与试样液一起于表 4-6 所示分析波长处，用等离子体发射光谱仪进行测定。

表4-5 标准溶液质量浓度

标液编号	质量浓度/μg·mL^{-1}					
	La_2O_3	CeO_2	Pr_6O_{11}	Nd_2O_3	Sm_2O_3	Y_2O_3
1	2000	0	0	0	0	0
2	2000	0.50	0.50	0.50	0.50	0.50
3	2000	5.00	5.00	5.00	5.00	5.00

表4-6 测定元素波长

元素	Ce	Pr	Nd	Sm	Y
分析线/nm	446.021	422.533	524.958	359.260	324.228

【分析结果计算】

按式（4-8）计算各稀土元素的质量分数（%）：

$$w = \frac{(\rho - \rho_0)Vk \times 10^{-6}}{m} \times 100\% \tag{4-8}$$

式中，ρ 为分析试液中稀土元素的质量浓度，$\mu g/mL$；ρ_0 为空白试液中稀土元素的质量浓度，$\mu g/mL$；V 为分析试液的总体积（母液与分取倍数之积），mL；m 为试样质量，g；k 为各元素单质与氧化物的换算系数，氧化物的 k 值为1。

【注意事项】

（1）谱线也可选择 Ce 413.380nm、Pr 410.072nm、Nd 430.357nm、Sm 330.639nm、Y 224.306nm。

（2）本方法也适用于镧的化合物，如氟化镧、碳酸镧、氯化镧、氢氧化镧、乙酸镧等，称样量应确保氧化镧基体浓度为 2mg/mL。

（3）采用高氯酸冒烟溶解氟化镧样品，硝酸、高氯酸处理乙酸镧样品。

4.2.1.2　镧中稀土杂质的测定——电感耦合等离子体发射光谱法[1,2]

【适用范围】

本方法适用于金属镧及其化合物中稀土杂质的测定。测定范围见表4-7。

表4-7　测定范围

元素	质量分数/%	元素	质量分数/%
氧化铈	0.00050~0.10	氧化镝	0.00050~0.050
氧化镨	0.00050~0.10	氧化钬	0.00050~0.050
氧化钕	0.00050~0.10	氧化铒	0.00050~0.050
氧化钐	0.00050~0.10	氧化铥	0.00010~0.050
氧化铕	0.00050~0.10	氧化镱	0.00010~0.050
氧化钆	0.00050~0.10	氧化镥	0.00010~0.050
氧化铽	0.00050~0.10	氧化钇	0.00010~0.050

【方法提要】

试样以盐酸溶解，在稀盐酸介质中，以氩等离子体光源激发，进行光谱测定，采用基体匹配法校正基体对测定的影响。

【试剂与仪器】

（1）盐酸（$\rho=1.19g/cm^3$，1+1）；

（2）硝酸（$\rho=1.42g/cm^3$，1+1）；

（3）氧化镧基体溶液：50mg/mL；

（4）氧化铈、氧化镨、氧化钕、氧化钐、氧化铕、氧化钆、氧化铽、氧化镝、氧化钬、氧化铒、氧化铥、氧化镱、氧化镥和氧化钇标准溶液：1mL 含 100μg 各稀土氧化物；

（5）氩气（>99.99%）；

（6）电感耦合等离子体发射光谱仪，倒线色散率不大于 0.26nm/mm。

【分析步骤】

准确称取 0.5g 氧化物试样（0.426g 金属试样）于 100mL 烧杯中，加入

10mL 水及 10mL 盐酸（1+1），低温加热至试样完全溶解，蒸发至 5mL 左右，冷却至室温，移入 100mL 容量瓶中，以水稀释至刻度，混匀待测。

【标准曲线绘制】

将氧化镧基体溶液与稀土氧化物标准溶液按表 4-8 分别移入 7 个 100mL 容量瓶中，加入 5mL 盐酸（1+1），以水稀释至刻度，混匀，配置标准溶液。

表 4-8 标准溶液质量浓度

标液编号	质量浓度/$\mu g \cdot mL^{-1}$							
	La_2O_3	CeO_2	Pr_6O_{11}	Nd_2O_3	Sm_2O_3	Eu_2O_3	Gd_2O_3	Tb_4O_7
1	10000	0	0	0	0	0	0	0
2	10000	0.010	0.010	0.010	0.010	0.010	0.010	0.010
3	10000	0.050	0.050	0.050	0.050	0.050	0.050	0.050
4	10000	0.10	0.10	0.10	0.10	0.10	0.10	0.10
5	10000	0.20	0.20	0.20	0.20	0.20	0.20	0.20
6	10000	1.00	1.00	1.00	1.00	1.00	1.00	1.00
7	10000	10.00	10.00	10.00	10.00	10.00	10.00	10.00

标液编号	质量浓度/$\mu g \cdot mL^{-1}$						
	Dy_2O_3	Ho_2O_3	Er_2O_3	Tm_2O_3	Yb_2O_3	Lu_2O_3	Y_2O_3
1	0	0	0	0	0	0	0
2	0.010	0.010	0.010	0.010	0.010	0.010	0.010
3	0.050	0.050	0.050	0.050	0.050	0.050	0.050
4	0.10	0.10	0.10	0.10	0.10	0.10	0.10
5	0.20	0.20	0.20	0.20	0.20	0.20	0.20
6	1.00	1.00	1.00	1.00	1.00	1.00	1.00
7	10.00	10.00	10.00	10.00	10.00	10.00	10.00

将标准溶液与试样液一起，于表 4-9 所示分析波长处，氩等离子体激发进行光谱测定。

表 4-9 测定元素波长

元素	Ce	Pr	Nd	Sm	Eu	Gd	Tb
分析线/nm	413.380	417.942	430.357 401.225	359.260 446.734	381.966 390.711	354.937	350.917

元素	Dy	Ho	Er	Tm	Yb	Lu	Y
分析线/nm	353.171	345.600	337.275	342.908	328.937	261.542	324.228 371.029

【分析结果计算】

按式（4-9）计算各稀土元素的质量分数（%）：

$$w = \frac{(\rho - \rho_0)Vk \times 10^{-6}}{m} \times 100\% \tag{4-9}$$

式中，ρ 为分析试液中稀土元素的质量浓度，$\mu g/mL$；ρ_0 为空白试液中稀土元素的质量浓度，$\mu g/mL$；V 为分析试液总体积，mL；m 为试样质量，g；k 为各元素单质与氧化物的换算系数，氧化物的 k 值为 1。

【注意事项】

（1）本方法也适用于镧的化合物，如氟化镧、碳酸镧、氯化镧、氢氧化镧、乙酸镧等，称样量应确保氧化镧基体浓度为 10mg/mL。

（2）样品溶解方法同 4.2.1.1 节。

4.2.1.3 镧中稀土杂质的测定——电感耦合等离子体质谱法

【适用范围】

本方法适用于镧及其化合物中稀土杂质含量的测定。测定范围见表 4-10。

表 4-10 测定范围

元素	质量分数/%
Ce、Y	0.00010~0.010
Pr, Nd, Sm, Eu, Gd, Tb, Dy, Ho, Er, Tm, Yb, Lu	0.000050~0.010

【方法提要】

试样用硝酸溶解，在稀硝酸介质中，以氩等离子体为离子化源，以铯为内标进行校正，直接在电感耦合等离子体质谱仪上测定稀土杂质量。

【试剂和仪器】

（1）硝酸（优级纯，$\rho = 1.42 g/cm^3$，1+1，1+99）；

（2）铯标准溶液：$1\mu g/mL$，1%硝酸介质；

（3）混合稀土标准溶液：1mL 含 14 个稀土元素氧化物各 $1\mu g$，1%硝酸介质；

（4）电感耦合等离子体质谱仪：质量分辨率（0.7±0.1）amu。

【分析步骤】

准确称取 0.5g 试样（0.426g 金属试样），置于 100mL 烧杯中，加少许水，加入 5mL 硝酸（1+1），低温加热溶解完全，放置冷却至室温，移入 100mL 容量瓶中，用水稀释至刻度，混匀。根据待测元素含量，移取 0.5~5mL 试液于 100mL 容量瓶中，加入 1mL 铯标准溶液，用硝酸（1+99）稀释至刻度，混匀。

【标准曲线绘制】

准确移取 0、0.20、0.50、1.0、5.0、10.0mL 混合稀土氧化物标准溶液于一组 100mL 容量瓶中，加 1.00mL 铯标准溶液，用硝酸（1+99）稀释至刻度，混匀此标准系列各稀土氧化物浓度为 0、2.0、5.0、10.0、50.0、100.0ng/mL。

将标准溶液与试样液一起在电感耦合等离子体质谱仪测定条件下，测量稀土同位素强度。将标准溶液的浓度直接输入计算机，用内标法校正非质谱干扰，并输出测定试液中待测稀土元素的浓度。

推荐测定同位素见表4-11。

表4-11　测定元素质量数

元素	质量数	元素	质量数
Y	89	Tb	159
Ce	142	Dy	161，163
Pr	141	Ho	165
Nd	143，146	Er	166，170
Sm	147，149	Tm	169
Eu	151，153	Yb	172，174
Gd	157，160	Lu	175

【分析结果计算】

按式（4-10）计算各稀土元素的质量分数（%）：

$$w = \frac{(\rho_1 - \rho_0) V_2 V_0 \times 10^{-9}}{kmV_1} \times 100\% \tag{4-10}$$

式中，ρ_1 为试液中待测稀土元素的质量浓度，ng/mL；ρ_0 为空白试液中待测稀土元素的质量浓度，ng/mL；V_0 为试液总体积，mL；V_1 为移取试液的体积，mL；V_2 为测定试液的体积，mL；m 为试样的质量，g；k 为氧化物对单质的换算系数。

【注意事项】

（1）本方法也适用于镧的化合物，如氟化镧、碳酸镧、氯化镧、氢氧化镧、乙酸镧等。

（2）样品溶解方法同4.2.1.1节。

4.2.2　铈及其化合物

4.2.2.1　铈中五个稀土杂质的测定——电感耦合等离子体发射光谱法

【适用范围】

本方法适用于99.00%～99.90%金属铈及其化合物中5个稀土杂质镧、镨、钕、钐和钇的测定。

【方法提要】

试样以硝酸溶解，在稀酸介质中，采用基体匹配法，直接以氩等离子体激发进行光谱测定，从标准曲线中求得各测定元素含量。

【试剂与仪器】

（1）硝酸（1+1）；

（2）过氧化氢（30%）；

（3）氧化铈基体溶液：50mg/mL；

（4）氧化镧、氧化镨、氧化钕、氧化钐和氧化钇标准溶液：1mL 含 50μg 各稀土氧化物；

（5）氩气（>99.99%）；

（6）电感耦合等离子体发射光谱仪，倒线色散率不大于 0.26nm/mm。

【分析步骤】

准确称取 0.2g 氧化物试样（1.628g 金属试样）于 100mL 烧杯中，加入 10mL 硝酸（1+1），滴加过氧化氢，低温加热至试样完全溶解，取下，冷却至室温，移入 100mL 容量瓶中，以水稀释至刻度，混匀待测（金属试样稀释 10 倍，保持酸度为 2.5%）。

【标准曲线绘制】

在 3 个 100mL 容量瓶中按表 4-12 所示浓度加入氧化铈及 5 个稀土杂质标准溶液，加 5mL 硝酸（1+1），以水稀释至刻度，混匀。

将标准溶液与试样液于表 4-13 所示分析波长处，用电感耦合等离子体发射光谱仪进行测定。

表 4-12 标准溶液质量浓度

标液编号	质量浓度/μg·mL^{-1}					
	CeO_2	La_2O_3	Pr_6O_{11}	Nd_2O_3	Sm_2O_3	Y_2O_3
1	2000	0	0	0	0	0
2	2000	0.50	0.50	0.50	0.50	0.50
3	2000	5.00	5.00	5.00	5.00	5.00

表 4-13 测定元素波长

元素	La	Pr	Nd	Sm	Y
分析线/nm	333.749	414.314	406.109	359.620	417.753

【分析结果计算】

按式（4-11）计算各稀土元素的质量分数（%）：

$$w = \frac{(\rho - \rho_0)Vk \times 10^{-6}}{m} \times 100\% \qquad (4-11)$$

式中，ρ 为分析试液中稀土元素的质量浓度，μg/mL；ρ_0 为空白试液中稀土元素的质量浓度，μg/mL；V 为分析试液的总体积，mL；m 为试样质量，g；k 为各元素单质与氧化物的换算系数，其中氧化物的 k 值为 1。

【注意事项】

（1）谱线也可选择 La 399.575nm、Pr 410.072nm、Nd 430.357nm、Sm 330.638nm、Y 224.303nm。

（2）本方法也适用于铈的化合物，如碳酸铈、氯化铈、氢氧化铈、乙酸铈等，称样量应确保氧化铈基体浓度为2mg/mL。

（3）采用硝酸、高氯酸处理乙酸铈样品。

4.2.2.2　铈中稀土杂质的测定——电感耦合等离子体发射光谱法[3]

【适用范围】

本方法适用于金属铈及其化合物中稀土杂质的测定，具体测定范围见表4-14。

表4-14　测定范围

元素	质量分数/%	元素	质量分数/%
氧化镧	0.0050~0.10	氧化镝	0.0050~0.10
氧化镨	0.0050~0.10	氧化钬	0.0025~0.050
氧化钕	0.0050~0.10	氧化铒	0.0025~0.050
氧化钐	0.0050~0.050	氧化铥	0.0025~0.050
氧化铕	0.0050~0.050	氧化镱	0.0010~0.020
氧化钆	0.0050~0.10	氧化镥	0.0010~0.020
氧化铽	0.0050~0.10	氧化钇	0.0025~0.050

【方法提要】

试样以硝酸溶解，在稀硝酸介质中，以氩等离子体光源激发，以基体匹配法，校正基体对测定的影响。

【试剂与仪器】

（1）盐酸（$\rho=1.19g/cm^3$，1+1）；

（2）硝酸（$\rho=1.42g/cm^3$，1+1）；

（3）氧化铈基体溶液：50mg/mL；

（4）氧化镧、氧化镨、氧化钕、氧化钐、氧化铕、氧化钆、氧化铽、氧化镝、氧化钬、氧化铒、氧化铥、氧化镱、氧化镥和氧化钇标准溶液：1mL含50μg各稀土氧化物；

（5）氩气（>99.99%）；

（6）电感耦合等离子体发射光谱仪，倒线色散率不大于0.26nm/mm。

【分析步骤】

准确称取0.5g氧化物试样（0.426g金属试样）于100mL烧杯中，加入10mL硝酸（1+1），滴加过氧化氢，低温加热至试样完全溶解，取下，冷却至室温，移入100mL容量瓶中，以水稀释至刻度，混匀待测。

【标准曲线绘制】

将氧化铈基体溶液与稀土氧化物标准溶液按表4-15分别移入5个100mL容量瓶中，加入5mL硝酸（1+1），以水稀释至刻度，混匀，配置标准溶液。

表 4-15 标准溶液质量浓度

标液编号	质量浓度/μg·mL⁻¹							
	CeO_2	La_2O_3	Pr_6O_{11}	Nd_2O_3	Sm_2O_3	Eu_2O_3	Gd_2O_3	Tb_4O_7
1	5000	0	0	0	0	0	0	0
2	5000	0.25	0.25	0.25	0.125	0.125	0.25	0.25
3	5000	0.50	0.50	0.50	0.25	0.25	0.50	0.50
4	5000	2.00	2.00	2.00	1.00	1.00	2.00	2.00
5	5000	5.00	5.00	5.00	2.50	2.50	5.00	5.00

标液编号	质量浓度/μg·mL⁻¹						
	Dy_2O_3	Ho_2O_3	Er_2O_3	Tm_2O_3	Yb_2O_3	Lu_2O_3	Y_2O_3
1	0	0	0	0	0	0	0
2	0.25	0.125	0.125	0.125	0.050	0.050	0.125
3	0.50	0.25	0.25	0.25	0.10	0.10	0.25
4	2.00	1.00	1.00	1.00	0.40	0.40	1.00
5	5.00	2.50	2.50	2.50	1.00	1.00	2.50

将标准溶液与试样液于表 4-16 所示分析波长处，同时进行氩等离子体光谱测定。

表 4-16   测定元素波长

元素	La	Pr	Nd	Sm	Eu	Gd	Tb
分析线/nm	333.749 399.575	410.072 422.533	430.357 406.109	359.620	281.395 381.966 412.974	310.051	367.635 332.440

元素	Dy	Ho	Er	Tm	Yb	Lu	Y
分析线/nm	340.780	345.600	337.275 326.478	313.126 346.220	328.937 369.420	261.542 219.554	377.433 371.028 437.494

【分析结果计算】

按式（4-12）计算各稀土元素的质量分数（%）：

$$w = \frac{(\rho - \rho_0)Vk \times 10^{-6}}{m} \times 100\% \qquad (4-12)$$

式中，ρ 为分析试液中稀土元素的质量浓度，μg/mL；ρ_0 为空白试液中稀土元素的质量浓度，μg/mL；V 为分析试液总体积，mL；m 为试样质量，g；k 为各元素单质与氧化物的换算系数，氧化物的 k 值为 1。

【注意事项】

（1）本方法也适用于铈的化合物，如碳酸铈、氯化铈、氢氧化铈、乙酸铈等，称样量应确保氧化铈基体浓度为5mg/mL。

（2）样品溶解方法同4.2.2.1节。

4.2.2.3　铈中稀土杂质的测定——电感耦合等离子体质谱法

【适用范围】

本方法适用于铈及其化合物中稀土杂质含量的测定。测定范围见表4-17。

表 4-17　测定范围

元素	质量分数/%
La，Pr，Nd	0.0001～0.030
Sm，Eu，Gd，Tb，Dy，Ho，Er，Tm，Yb，Lu，Y	0.00010～0.010

【方法提要】

试样用硝酸溶解，在稀硝酸介质中，以氩等离子体为离子化源，以铯为内标进行校正。用质谱仪直接测定除镨、钕和铽以外的稀土杂质元素；镨、钕和铽经C272微型柱分离铈基体后，进行质谱测定。

【试剂与仪器】

（1）硝酸（优级纯，$\rho=1.42g/cm^3$，1+1，1+99）；

（2）过氧化氢（优级纯，30%）；

（3）盐酸标准溶液，2mol/L；

（4）盐酸淋洗液，0.015mol/L，用盐酸标准溶液稀释后标定；

（5）盐酸洗脱液，0.5mol/L，用盐酸标准溶液稀释后标定；

（6）铯标准溶液：1μg/mL，1%硝酸介质；

（7）混合稀土标准溶液：1mL含14个稀土元素氧化物各1μg，1%硝酸介质；

（8）电感耦合等离子体质谱仪：质量分辨率（0.7±0.1）amu；

（9）C272微型分离柱，柱床（23mm×9mm，ID），填料为含20% Cyanex272的负载硅球（50～70μm）。流程见图4-1。将C272微型分离柱用内径0.8mm聚四氟乙烯管连接在流路中，用3只旋转阀切换阀位，顺序完成平衡—进样—淋洗（分离基体）—洗脱—收集待测元素—再生过程。

【分析步骤】

准确称取0.5g试样，置于100mL烧杯中，加少许水，加入5mL硝酸（1+1），滴加过氧化氢助溶，低温加热溶解完全，放置冷却至室温，移入100mL容量瓶中，用水稀释至刻度，混匀。根据待测元素含量，移取0.5～5mL试液于100mL容量瓶中，加入1mL铯标准溶液，用硝酸（1+99）稀释至刻度，混匀。测定除镨、钕和铽外的稀土杂质。

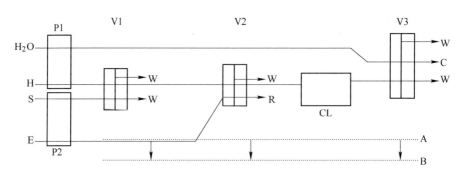

图 4-1　微型柱分离富集装置流程图

P1，P2—蠕动泵（两通道，可调速）；V1，V2，V3—旋转阀；CL—C272 微型分离柱；R—返回；
　　H—淋洗液管路；S—取样管；E—洗脱液管路；C—收集液；W—废液；A，B—阀位；
　　平衡—V1A-V2A-V3A；进样—V1B-V2A-V3A；淋洗（分离基体）—V1A-V2A-V3A；
　　洗脱—V1A-V2B-V3A；收集待测组分—V1A-V2B-V3B；平衡（再生）—V1A-V2B-V3A

镨、钇和铽测定试液的制备

分离柱的准备　将微型分离柱冲水去气，预先以盐酸洗脱液洗涤 30min，再以盐酸淋洗液平衡后，备用。将微型分离柱用内径 0.8mm 聚四氟乙烯管按图 4-1 连接在分离装置流路中，选择合适的泵管，调节试液管路流速为 1.0mL/min，洗脱液管路流速及淋洗液管路流速均为（1.0±0.1）mL/min。

基体的分离　将淋洗液管路和洗脱液管路分别插入淋洗液和洗脱液中，用淋洗液平衡分离柱 6min，将试液管路插入试液中，待试液充满管路后，切换旋转阀 1，准确采集 1.0mL 试液。将阀 1 切换至原位，用淋洗液淋洗分离柱 20min，将基体铈洗出，排至废液中。切换旋转阀 2，用洗脱液洗脱 1min 后，切换旋转阀 3，继续用洗脱液洗脱 7min，将富集在分离柱上的镨、钇和铽洗脱出来，分离液收集于 100mL 容量瓶中，阀 3 切换至原位。3min 后将阀 2 切换至原位。于收集分离液的容量瓶中加入 1mL 铯标准溶液，用硝酸（1+99）稀释至刻度，混匀。

【标准曲线绘制】

移取 0、0.2、0.5、1.0、5.0、10.0mL 混合稀土氧化物标准溶液于一组 100mL 容量瓶中，加 1.0mL 铯标准溶液，用硝酸（1+99）稀释至刻度，混匀。此标准系列稀土氧化物浓度为 0、2.0、5.0、10.0、50.0、100.0ng/mL。

将标准溶液与试样同时进行氩等离子体质谱测定，测量稀土同位素强度。将标准溶液的浓度直接输入计算机，用内标法校正非质谱干扰，并输出测定试液中待测稀土元素的浓度。

推荐测定同位素见表 4-18。

表 4-18　测定元素质量数

元素	质量数	元素	质量数
Y	89	Tb	159
La	139	Dy	163
Pr	141	Ho	165
Nd	146	Er	166
Sm	147	Tm	169
Eu	153	Yb	174
Gd	160	Lu	175

【分析结果计算】

按式（4-13）计算各稀土元素的质量分数（%）：

$$w = \frac{(\rho_1 - \rho_0)V_2V_0 \times 10^{-9}}{kmV_1} \times 100\% \tag{4-13}$$

式中，ρ_1 为试液中待测稀土元素的质量浓度，ng/mL；ρ_0 为空白试液中待测稀土元素的质量浓度，ng/mL；V_0 为试液总体积，mL；V_1 为移取试液的体积，mL；V_2 为测定试液的体积，mL；m 为试样的质量，g；k 为氧化物对单质的换算系数。

【注意事项】

（1）Ce 对 Pr 有干扰，也可用公式 $I_{141} = I_{141测} - (7.9928 \times {}^{143}\text{Nd} - 5.5206 \times {}^{146}\text{Nd})$，进行校正。

（2）如果质谱仪带有动态反应池，可用氧气反应模式测定 Gd 和 Tb。

4.2.3 镨及其化合物

4.2.3.1 镨中五个稀土杂质的测定——电感耦合等离子体发射光谱法

【适用范围】

本方法适用于 99.00%～99.90%金属镨及其化合物中 5 个稀土杂质镧、铈、钕、钐和钇的测定。

【方法提要】

试样以硝酸溶解，在稀酸介质中，采用基体匹配法，直接以氩等离子体激发进行光谱测定，从标准曲线中求得各测定元素含量。

【试剂与仪器】

（1）硝酸（$\rho = 1.42\text{g/cm}^3$，1+1）；

（2）氧化镨基体溶液：50mg/mL；

（3）氧化镧、氧化铈、氧化钕、氧化钐和氧化钇标准溶液：1mL 含 50μg 各稀土氧化物；

（4）氩气（>99.99%）；

（5）电感耦合等离子体发射光谱仪，倒线色散率不大于 0.26nm/mm。

【分析步骤】

准确称取 0.2g 氧化物试样（1.654g 金属试样）于 100mL 烧杯中，加入 10mL（1+1）硝酸，低温加热至试样完全溶解，取下，冷却至室温，移入 100mL 容量瓶中，以水稀释至刻度，混匀待测（金属试样稀释 10 倍，保持酸度为 2.5%）。

【标准曲线绘制】

在 3 个 100mL 容量瓶中按表 4-19 所列浓度加入氧化镨及 5 个稀土杂质标准溶液，加 5mL 硝酸（1+1），以水稀释至刻度，混匀。

将标准溶液与试样液一起于表 4-20 所示分析波长处，用电感耦合等离子体发射光谱仪进行测定。

表 4-19　标准溶液质量浓度

标液编号	质量浓度/$\mu g \cdot mL^{-1}$					
	Pr_6O_{11}	La_2O_3	CeO_2	Nd_2O_3	Sm_2O_3	Y_2O_3
1	2000	0	0	0	0	0
2	2000	0.50	0.50	0.50	0.50	0.50
3	2000	5.00	5.00	5.00	5.00	5.00

表 4-20　测定元素波长

元素	La	Ce	Nd	Sm	Y
分析线/nm	474.220	456.236	444.639	443.380	332.788

【分析结果计算】

按式（4-14）计算各稀土元素的质量分数（%）：

$$w = \frac{(\rho - \rho_0)Vk \times 10^{-6}}{m} \times 100\% \qquad (4-14)$$

式中，ρ 为分析试液中稀土元素的质量浓度，$\mu g/mL$；ρ_0 为分析试液中稀土元素的质量浓度，$\mu g/mL$；V 为分析试液的总体积（母液与分取倍数之积），mL；m 为试样质量，g；k 为各元素单质与氧化物的换算系数，氧化物的 k 值为 1。

【注意事项】

（1）镧的谱线也可选择 333.749nm。

（2）本方法也适用于镨的化合物，如碳酸镨、氯化镨等，称样量应确保氧化镨基体浓度为 2mg/mL。

4.2.3.2　镨中稀土杂质的测定——电感耦合等离子体发射光谱法

【适用范围】

本方法适用于金属镨及其化合物中稀土杂质的测定。测定范围见表 4-21。

表 4-21 测定范围

元素	质量分数/%	元素	质量分数/%
氧化镧	0.0050~0.20	氧化镝	0.0020~0.10
氧化铈	0.010~0.20	氧化钬	0.0050~0.10
氧化钕	0.010~0.20	氧化铒	0.0020~0.10
氧化钐	0.0050~0.20	氧化铥	0.0020~0.10
氧化铕	0.0050~0.20	氧化镱	0.0020~0.10
氧化钆	0.0050~0.20	氧化镥	0.0020~0.10
氧化铽	0.0050~0.20	氧化钇	0.0050~0.20

【方法提要】

试样以盐酸溶解，在稀盐酸介质中，以氩等离子体光源激发，进行光谱测定，采用基体匹配法校正基体对测定的影响。

【试剂与仪器】

（1）盐酸（$\rho = 1.19\text{g/cm}^3$，1+1）；

（2）氧化镨标准溶液：100mg/mL；

（3）氧化镧、氧化铈、氧化钕、氧化钐、氧化铕、氧化钆、氧化铽、氧化镝、氧化钬、氧化铒、氧化铥、氧化镱、氧化镥和氧化钇标准溶液：1mL 含 50μg 各稀土氧化物；

（4）氩气（>99.99%）；

（5）电感耦合等离子体发射光谱仪，倒线色散率不大于 0.26nm/mm。

【分析步骤】

准确称取 0.5g 氧化物试样（0.426g 金属试样）于 100mL 烧杯中，加入 10mL 水及 10mL 盐酸（1+1），低温加热至试样完全溶解，蒸发至 5mL 左右，冷却至室温，移入 50mL 容量瓶中，以水稀释至刻度，混匀待测。

【标准曲线绘制】

将氧化镨标准溶液与稀土氧化物标准溶液按表 4-22 分别移入 6 个 100mL 容量瓶中，加入 8mL 盐酸（1+1），以水稀释至刻度，混匀，配置标准溶液。

表 4-22 标准溶液质量浓度

标液编号	质量浓度/μg·mL^{-1}							
	Pr_6O_{11}	La_2O_3	CeO_2	Nd_2O_3	Sm_2O_3	Eu_2O_3	Gd_2O_3	Tb_4O_7
1	10000	0	0	0	0	0	0	0
2	10000	0.50	0.50	0.50	0.50	0.50	0.50	0.50
3	10000	1.00	1.00	1.00	1.00	1.00	1.00	1.00
4	10000	5.00	5.00	5.00	5.00	5.00	5.00	5.00
5	10000	10.00	10.00	10.00	10.00	10.00	10.00	10.00
6	10000	20.00	20.00	20.00	20.00	20.00	20.00	20.00

标液编号	质量浓度/μg·mL^{-1}						
	Dy$_2$O$_3$	Ho$_2$O$_3$	Er$_2$O$_3$	Tm$_2$O$_3$	Yb$_2$O$_3$	Lu$_2$O$_3$	Y$_2$O$_3$
1	0	0	0	0	0	0	0
2	0.20	0.20	0.20	0.20	0.20	0.20	0.50
3	0.50	0.50	0.50	0.50	0.50	0.50	1.00
4	2.00	2.00	2.00	2.00	2.00	2.00	5.00
5	5.00	5.00	5.00	5.00	5.00	5.00	10.00
6	10.00	10.00	10.00	10.00	10.00	10.00	20.00

将标准溶液与试样液一起于表 4-23 所示分析波长处，用等离子体发射光谱仪进行测定。

表 4-23   测定元素波长

元素	La	Ce	Nd	Sm	Eu	Gd	Tb
分析线/nm	333.749	446.021 418.660	445.157 417.732 444.639	446.734 360.948	381.966 281.395 227.778	310.051 301.014	356.851 350.917

元素	Dy	Ho	Er	Tm	Yb	Lu	Y
分析线/nm	353.173 340.780	339.898 341.646	337.275 326.478	342.508 313.146 344.151	328.937 369.420 289.138	261.542	324.028

【分析结果计算】

按式（4-15）计算各稀土元素的质量分数（%）：

$$w = \frac{(\rho - \rho_0)Vk \times 10^{-6}}{m} \times 100\% \qquad (4\text{-}15)$$

式中，ρ 为分析试液中稀土元素的质量浓度，μg/mL；ρ_0 为空白试液中稀土元素的质量浓度，μg/mL；V 为分析试液总体积，mL；m 为试样质量，g；k 为各元素单质与氧化物的换算系数，氧化物的 k 值为 1。

【注意事项】

本方法也适用于镨的化合物，如碳酸镨、氯化镨等，称样量应确保氧化镨基体浓度为 10mg/mL。

4.2.3.3   镨中稀土杂质的测定——电感耦合等离子体质谱法

【适用范围】

本方法适用于镨及其化合物中稀土杂质含量的测定。测定范围：各稀土杂质的质量分数均为 0.00010%~0.020%。

【方法提要】

　　试样用硝酸溶解，在稀硝酸介质中，以氩等离子体为离子化源，以铯为内标进行校正。用质谱仪直接测定除铽以外的稀土杂质元素；铽经 C272 微型柱分离镨基体后，进行质谱测定。

【试剂与仪器】

　　（1）硝酸（优级纯，$\rho = 1.42\text{g/cm}^3$，1+1，1+99）；

　　（2）盐酸标准溶液：2mol/L；

　　（3）盐酸淋洗液：0.015mol/L，用盐酸标准溶液稀释后标定；

　　（4）盐酸洗脱液：0.5mol/L，用盐酸标准溶液稀释后标定；

　　（5）铯标准溶液：1μg/mL，1%硝酸介质；

　　（6）混合稀土标准溶液：1mL 含 14 个稀土元素氧化物各 1μg，1% 硝酸介质；

　　（7）电感耦合等离子体质谱仪：质量分辨率（0.7±0.1）amu；

　　（8）C272 微型分离柱，柱床（23mm×9mm，ID），填料为含 20% Cyanex272 的负载硅球（50~70μm）。流程见图 4-1。

【分析步骤】

　　准确称取 0.5g 试样，置于 100mL 烧杯中，加少许水，加入 5mL 硝酸（1+1），低温加热溶解完全，放置冷却至室温，移入 100mL 容量瓶中，用水稀释至刻度，混匀。

　　移取 5mL 试液于 100mL 容量瓶中，加入 1mL 铯标准溶液，用硝酸（1+99）稀释至刻度，混匀。测定除铽外的稀土杂质。

铽测定用测定试液的制备

　　分离柱的准备　将微型分离柱冲水去气，预先以盐酸洗脱液洗涤 30min，再以盐酸淋洗液平衡后，备用。将微型分离柱用内径 0.8mm 聚四氟乙烯管按图 4-1 连接在分离装置流路中，选择合适的泵管，调节试液管路流速为 1.00mL/min，洗脱液管路流速及淋洗液管路流速均为（1.0±0.1）mL/min。

　　基体的分离　将淋洗液管路和洗脱液管路分别插入淋洗液和洗脱液中，用淋洗液平衡分离柱 6min，将试液管路插入试液中，待试液充满管路后，切换旋转阀 1，准确采集 1.00mL 试液。将阀 1 切换至原位，用淋洗液淋洗分离柱 20min，将基体镨洗出，排至废液中。切换旋转阀 2，用洗脱液洗脱 1min 后，切换旋转阀 3，继续用洗脱液洗脱 7min，将富集在分离柱上的铽洗脱出来，分离液收集于 100mL 容量瓶中，阀 3 切换至原位。3min 后将阀 2 切换至原位。于收集分离液的容量瓶中加入 1mL 铯标准溶液，用硝酸（1+99）稀释至刻度，混匀。

【标准曲线绘制】

　　移取 0、0.2、0.5、1.0、5.0、10.0mL 混合稀土氧化物标准溶液于一组

100mL 容量瓶中，加 1.0mL 铈标准溶液，用硝酸（1+99）稀释至刻度，混匀。此标准系列溶液各稀土氧化物浓度为 0、2.0、5.0、10.0、50.0、100.0ng/mL。

推荐测定同位素见表 4-24。

表 4-24　测定元素质量数

元素	质量数	元素	质量数
La	139	Dy	163
Ce	140	Ho	165
Nd	146	Er	166
Sm	147	Tm	169
Eu	153	Yb	172
Gd	160	Lu	175
Tb	159	Y	89

将系列标准溶液与试样液一起于电感耦合等离子体质谱仪测定条件下，测量稀土同位素强度。将标准溶液的浓度直接输入计算机，用内标法校正非质谱干扰，并输出测定试液中待测稀土元素的浓度。

【分析结果计算】

按式（4-16）计算各稀土元素的质量分数（%）：

$$w = \frac{(\rho_1 - \rho_0)V_2V_0 \times 10^{-9}}{kmV_1} \times 100\% \tag{4-16}$$

式中，ρ_1 为试液中待测稀土元素的质量浓度，ng/mL；ρ_0 为空白试液中待测稀土元素的质量浓度，ng/mL；V_0 为试液总体积，mL；V_1 为移取试液的体积，mL；V_2 为测定试液的体积，mL；m 为试样的质量，g；k 为氧化物对单质的换算系数。

【注意事项】

如果质谱仪器带有动态反应池，可用氧气反应模式测定 Tb。

4.2.4　钕及其化合物

4.2.4.1　钕中五个稀土杂质的测定——电感耦合等离子体发射光谱法

【适用范围】

本方法适用于 99.00%～99.90% 金属钕及其化合物中 5 个稀土杂质镧、铈、镨、钐和钇的测定。

【方法提要】

试样以硝酸溶解，在稀酸介质中，采用基体匹配法，直接以氩等离子体激发进行光谱测定，从标准曲线中求得各测定元素含量。

【试剂与仪器】

（1）硝酸（$\rho = 1.42g/cm^3$，1+1）；

（2）氧化钕基体溶液：20mg/mL；

（3）氧化镧、氧化铈、氧化镨、氧化钐和氧化钇标准溶液：1mL 含 50μg 各稀土氧化物；

（4）氩气（>99.99%）；

（5）电感耦合等离子体发射光谱仪，倒线色散率不大于 0.26nm/mm。

【分析步骤】

准确称取 0.2g 氧化物试样（1.715g 金属试样）于 100mL 烧杯中，加入 10mL（1+1）硝酸，低温加热至试样完全溶解，取下，冷却至室温，移入 100mL 容量瓶中，以水稀释至刻度，混匀待测（金属试样稀释 10 倍，保持酸度为 2.5%）。

【标准曲线绘制】

于 3 个 100mL 容量瓶中按表 4-25 所示浓度加入氧化钕及 5 个稀土杂质标准溶液，加 5mL 硝酸（1+1），以水稀释至刻度，混匀。

将标准溶液与试样液一起于表 4-26 所示分析波长处，用电感耦合等离子体发射光谱仪进行测定。

表 4-25 标准溶液质量浓度

标液编号	质量浓度/μg·mL^{-1}					
	Nd_2O_3	La_2O_3	CeO_2	Pr_6O_{11}	Sm_2O_3	Y_2O_3
1	2000	0	0	0	0	0
2	2000	0.50	0.50	0.50	0.50	0.50
3	2000	5.00	5.00	5.00	5.00	5.00

表 4-26 测定元素波长

元素	La	Ce	Pr	Sm	Y
分析线/nm	412.323	413.380	422.532	442.434	324.228

【分析结果计算】

按式（4-17）计算各稀土元素的质量分数（%）：

$$w = \frac{(\rho - \rho_0)kV \times 10^{-6}}{m} \times 100\% \qquad (4\text{-}17)$$

式中，ρ 为分析试液中稀土元素的质量浓度，μg/mL；ρ_0 为空白试液中稀土元素的质量浓度，μg/mL；V 为分析试液的总体积（母液与分取倍数之积），mL；m 为试样质量，g；k 为各元素单质与氧化物的换算系数，氧化物的 k 值为 1。

【注意事项】

（1）测定谱线也可采用 La 492.178nm、Ce 429.668nm、Pr 440.884nm、Sm 330.638nm、Y 371.092nm。

（2）本方法也适用钕的化合物，如氟化钕、碳酸钕、氯化钕、乙酸钕等，称样量应确保氧化钕基体浓度为 2mg/mL。

（3）样品溶解方法同 4.2.1.1 节。

4.2.4.2　钕中稀土杂质的测定——电感耦合等离子体发射光谱法

【适用范围】

本方法适用于金属钕及其化合物中稀土杂质的测定。测定范围见表 4-27。

表 4-27　测定范围

元素	质量分数/%	元素	质量分数/%
氧化镧	0.0020~0.10	氧化镝	0.0010~0.10
氧化铈	0.0030~0.10	氧化钬	0.0030~0.10
氧化镨	0.0080~0.10	氧化铒	0.00050~0.10
氧化钐	0.0030~0.10	氧化铥	0.0010~0.10
氧化铕	0.0050~0.10	氧化镱	0.00050~0.10
氧化钆	0.0010~0.10	氧化镥	0.00050~0.10
氧化铽	0.0010~0.10	氧化钇	0.0010~0.10

【方法提要】

试样以盐酸溶解，在稀盐酸介质中，以氩等离子体光源激发，进行光谱测定，采用基体匹配法校正基体对测定的影响。

【试剂与仪器】

（1）盐酸（$\rho=1.19g/cm^3$，1+1）；

（2）氧化钕基体溶液：50mg/mL；

（3）氧化镧、氧化铈、氧化镨、氧化钐、氧化铕、氧化钆、氧化铽、氧化镝、氧化钬、氧化铒、氧化铥、氧化镱、氧化镥和氧化钇标准溶液：1mL 含 100μg 各稀土氧化物；

（4）氩气（>99.99%）；

（5）电感耦合等离子体发射光谱仪，倒线色散率不大于 0.26nm/mm。

【分析步骤】

准确称取 0.5g 氧化物试样（0.435g 金属试样）于 100mL 烧杯中，加入 10mL 水及 10mL 盐酸（1+1），低温加热至试样完全溶解，蒸发至 5mL 左右，冷却至室温，移入 100mL 容量瓶中，以水稀释至刻度，混匀待测。

【标准曲线绘制】

将氧化钕基体溶液与稀土氧化物标准溶液按表 4-28 分别移入 5 个 100mL 容量瓶中，加入 8mL 盐酸（1+1），以水稀释至刻度，混匀，配置标准溶液。

表 4-28　标准溶液质量浓度

标液编号	质量浓度/μg·mL^{-1}							
	Nd_2O_3	La_2O_3	CeO_2	Pr_6O_{11}	Sm_2O_3	Eu_2O_3	Gd_2O_3	Tb_4O_7
1	5000	0	0	0	0	0	0	0
2	5000	0.10	0.15	0.40	0.15	0.025	0.050	0.050
3	5000					0.25	0.25	0.25
4	5000	0.50	0.50	1.00	0.50	0.50	1.00	0.50
5	5000	5.00	5.00	10.00	5.00	10.00	5.00	5.00

标液编号	质量浓度/μg·mL^{-1}						
	Dy_2O_3	Ho_2O_3	Er_2O_3	Tm_2O_3	Yb_2O_3	Lu_2O_3	Y_2O_3
1	0	0	0	0	0	0	0
2	0.050	0.15	0.025	0.050	0.025	0.025	0.050
3	0.25		0.25	0.25	0.25	0.25	0.25
4	0.50	0.50	0.50	0.50	0.50	0.50	0.50
5	5.00	5.00	5.00	5.00	5.00	5.00	5.00

　　将标准溶液与试样液一起于表 4-29 所示分析波长处，用等离子体发射光谱仪进行测定。

表 4-29　测定元素波长

元素	La	Ce	Pr	Sm	Eu	Gd	Tb
分析线/nm	492.178 412.323 261.033	429.668 413.768 413.380	440.884 417.939	442.434	272.778	342.247 310.050	350.917

元素	Dy	Ho	Er	Tm	Yb	Lu	Y
分析线/nm	347.426 340.780 238.197	341.646 337.271	346.220	313.126 286.922 328.937	289.138	261.542	371.029 324.228 224.306

【分析结果计算】

按式 (4-18) 计算各稀土元素的质量分数（%）:

$$w = \frac{(\rho - \rho_0)Vk \times 10^{-6}}{m} \times 100\% \tag{4-18}$$

式中，ρ 为分析试液中稀土元素的质量浓度，μg/mL；ρ_0 为空白试液中稀土元素的质量浓度，μg/mL；V 为分析试液总体积，mL；m 为试样质量，g；k 为各元素单质与氧化物的换算系数，氧化物的 k 值为 1。

【注意事项】

（1）本方法也适用于钕的化合物，如氟化钕、碳酸钕、氯化钕、乙酸钕等，称样量应确保钕基体浓度为 5mg/mL。

（2）样品溶解方法同 4.2.1.1 节。

4.2.4.3 钕中稀土杂质的测定——电感耦合等离子体质谱法[4,5]

【适用范围】

本方法适用于钕及其化合物中稀土杂质含量的测定。测定范围：各稀土杂质的质量分数均为 0.00010%~0.050%。

【方法原理】

试样用硝酸溶解，在稀硝酸介质中，以氩等离子体为离子化源，以铯为内标进行校正。用质谱仪直接测定除铒、镱和钇以外的稀土杂质元素；铒、镱和钇经C272 微型柱分离钕基体后，进行质谱测定。

【试剂与仪器】

（1）硝酸（优级纯，$\rho=1.42\text{g}/\text{cm}^3$，1+1，1+99）；

（2）盐酸标准溶液：2mol/L；

（3）盐酸淋洗液：0.015mol/L，用盐酸标准溶液稀释后标定；

（4）盐酸洗脱液：0.5mol/L，用盐酸标准溶液稀释后标定；

（5）铯标准溶液：1μg/mL，1%硝酸介质；

（6）混合稀土标准溶液：1mL 含 14 个稀土元素氧化物各 1μg，1%硝酸介质；

（7）电感耦合等离子体质谱仪：质量分辨率（0.7±0.1）amu；

（8）C272 微型分离柱，柱床（23mm×9mm，ID），填料为含 20% Cyanex272 的负载硅球（50~70μm）。流程见图 4-1。

【分析步骤】

准确称取 0.5g 试样，置于 100mL 烧杯中，加少许水，加入 5mL 硝酸（1+1），低温加热溶解完全，放置冷却至室温，移入 100mL 容量瓶中，用水稀释至刻度，混匀。移取 5mL 试液于 100mL 容量瓶中，加入 1mL 铯标准溶液，用硝酸（1+99）稀释至刻度，混匀。测定除铒、镱和钇外的稀土杂质。

铒、镱和钇测定用测定试液的制备

分离柱的准备 将微型分离柱冲水去气，预先以盐酸洗脱液洗涤 30min，再以盐酸淋洗液平衡后，备用。将微型分离柱用内径 0.8mm 聚四氟乙烯管按图 4-1 连接在分离装置流路中，选择合适的泵管，调节试液管路流速为 1.00mL/min，洗脱液管路流速及淋洗液管路流速均为（1.0±0.1）mL/min。

基体的分离 将淋洗液管路和洗脱液管路分别插入淋洗液和洗脱液中，用淋洗液平衡分离柱 6min，将试液管路插入试液中，待试液充满管路后，切换旋转阀 1，准确采集 1.0mL 试液。将阀 1 切换至原位，用淋洗液淋洗分离柱 20min，将基体钕洗出，排至废液中。切换旋转阀 2，用洗脱液洗脱 1min 后，切换旋转阀 3，继续用洗脱液洗脱 7min，将富集在分离柱上的铒、镱和钇洗脱出来，分离液收集于100mL容量瓶中，阀3切换至原位。3min后将阀2切换至原位。于收集分离液的容量瓶中加入1mL铯标准溶液（1μg/mL），用硝酸（1+99）稀释至刻度，混匀。

【标准曲线绘制】

移取0、0.2、0.5、1.0、5.0、10.0mL混合稀土氧化物标准溶液于一组100mL容量瓶中，加1.00mL铯标准溶液，用硝酸（1+99）稀释至刻度，混匀。此标准系列溶液各稀土氧化物浓度为0、2.0、5.0、10.0、50.0、100.0ng/mL。

将系列标准溶液与试样液一起于电感耦合等离子体质谱仪测定条件下，测量稀土同位素强度。将标准溶液的浓度直接输入计算机，用内标法校正非质谱干扰，并输出测定试液中待测稀土元素的浓度。

推荐测定同位素见表4-30。

表4-30 测定元素质量数

元素	质量数	元素	质量数
Y	89	Tb	159
La	139	Dy	163
Ce	140	Ho	165
Pr	141	Er	170
Sm	152	Tm	169
Eu	153	Yb	174
Gd	155	Lu	175

【分析结果计算】

按式（4-19）计算各稀土元素的质量分数（%）：

$$w = \frac{(\rho_1 - \rho_0)V_2 V_0 \times 10^{-9}}{kmV_1} \times 100\% \tag{4-19}$$

式中，ρ_1为分析试液中待测稀土元素的质量浓度，ng/mL；ρ_0为空白试液中待测稀土元素的质量浓度，ng/mL；V_0为试液总体积，mL；V_1为移取试液的体积，mL；V_2为测定试液的体积，mL；m为试样的质量，g；k为氧化物对单质的换算系数。

【注意事项】

如果质谱仪器带有动态反应池，可用氧气反应模式测定Tb、Dy和Ho。

4.2.5 钐及其化合物

4.2.5.1 钐中五个稀土杂质的测定——电感耦合等离子体发射光谱法

【适用范围】

本方法适用于99%～99.9%金属钐及其化合物中5个稀土杂质镨、钕、铕、钐和钇的测定。

【方法提要】

试样以硝酸溶解，在稀酸介质中，采用基体匹配法，直接以氩等离子体激发进行光谱测定，从标准曲线中求得各测定元素含量。

【试剂与仪器】

（1）硝酸（$\rho = 1.42\text{g/cm}^3$，1+1）；

（2）氧化钐标准贮备液：20mg/mL；

（3）氧化镨、氧化钕、氧化铕、氧化钆和氧化钇标准溶液：1mL 含 50μg 各稀土氧化物；

（4）氩气（>99.99%）；

（5）电感耦合等离子体发射光谱仪，倒线色散率不大于 0.26nm/mm。

【分析步骤】

准确称取 0.2g 氧化物试样（1.725g 金属试样）于 100mL 烧杯中，加入 10mL 硝酸（1+1），低温加热至试样完全溶解，取下，冷却至室温，移入 100mL 容量瓶中，以水稀释至刻度，混匀待测（金属试样稀释 10 倍，保持酸度为 2.5%）。

【标准曲线绘制】

于 3 个 100mL 容量瓶中按表 4-31 所列浓度加入氧化钐及 5 个稀土杂质标准溶液，加 5mL 硝酸（1+1），以水稀释至刻度，混匀。

将标准溶液与试样液一起，在表 4-32 所示分析波长处，用电感耦合等离子体发射光谱仪进行测定。

表 4-31　标准溶液质量浓度

标液编号	质量浓度/μg·mL^{-1}					
	Sm_2O_3	Pr_6O_{11}	Nd_2O_3	Eu_2O_3	Gd_2O_3	Y_2O_3
1	2000	0	0	0	0	0
2	2000	0.50	0.50	0.50	0.50	0.50
3	2000	5.00	5.00	5.00	5.00	5.00

表 4-32　测定元素波长

元素	Pr	Nd	Eu	Gd	Y
分析线/nm	440.884	401.225	412.972	310.050	242.220

按式（4-20）计算各稀土元素的质量分数（%）：

$$w = \frac{(\rho - \rho_0)Vk \times 10^{-6}}{m} \times 100\% \qquad (4\text{-}20)$$

式中，ρ 为分析试液中稀土元素的质量浓度，$\mu g/mL$；ρ_0 为空白试液中稀土元素的质量浓度，$\mu g/mL$；V 为分析试液的总体积（母液与分取倍数之积），mL；m 为试样质量，g；k 为各元素单质与氧化物的换算系数，氧化物的 k 值为 1。

4.2.5.2　钐中稀土杂质的测定——电感耦合等离子体发射光谱法

【适用范围】

本方法适用于金属钐及其化合物中稀土杂质的测定。测定范围见表 4-33。

表 4-33　测定范围

元素	质量分数/%	元素	质量分数/%
氧化镧	0.0020~0.10	氧化镝	0.0020~0.10
氧化铈	0.010~0.10	氧化钬	0.0020~0.10
氧化镨	0.010~0.20	氧化铒	0.0020~0.10
氧化钕	0.010~0.20	氧化铥	0.0020~0.10
氧化铕	0.0050~0.20	氧化镱	0.0020~0.10
氧化钆	0.010~0.20	氧化镥	0.0020~0.10
氧化铽	0.010~0.20	氧化钇	0.0050~0.20

【方法提要】

试样以盐酸溶解，在稀盐酸介质中，以氩等离子体光源激发，进行光谱测定，采用基体匹配法校正基体对测定的影响。

【试剂与仪器】

(1) 盐酸（$\rho=1.19g/cm^3$，1+1）；

(2) 氧化钐基体溶液：50mg/mL；

(3) 氧化镧、氧化铈、氧化镨、氧化钕、氧化铕、氧化钆、氧化铽、氧化镝、氧化钬、氧化铒、氧化铥、氧化镱、氧化镥和氧化钇标准溶液：1mL 含 100μg 各稀土氧化物；

(4) 氩气（>99.99%）；

(5) 电感耦合等离子体发射光谱仪，倒线色散率不大于 0.26nm/mm。

【分析步骤】

准确称取 0.5g 氧化物试样（0.431g 金属试样）于 100mL 烧杯中，加入 10mL 水及 10mL 盐酸（1+1），低温加热至试样完全溶解，冷却至室温，移入 100mL 容量瓶中，以水稀释至刻度，混匀待测。

【标准曲线绘制】

将氧化钐基体溶液与稀土氧化物标准溶液按表 4-34 分别移入 5 个 100mL 容量瓶中，加入 8mL 盐酸（1+1），以水稀释至刻度，混匀，配置标准溶液。

表 4-34　标准溶液质量浓度

标液编号	质量浓度/μg·mL⁻¹							
	Sm_2O_3	La_2O_3	CeO_2	Pr_6O_{11}	Nd_2O_3	Eu_2O_3	Gd_2O_3	Tb_4O_7
1	5000	0	0	0	0	0	0	0
2	5000	0.20						
3	5000	0.50	0.50	0.50	0.50	0.50	0.50	0.50
4	5000	1.00	1.00	1.00	1.00	1.00	1.00	1.00
5	5000	10.00	10.00	10.00	10.00	10.00	10.00	10.00

标液编号	质量浓度/μg·mL⁻¹						
	Dy_2O_3	Ho_2O_3	Er_2O_3	Tm_2O_3	Yb_2O_3	Lu_2O_3	Y_2O_3
1	0	0	0	0	0	0	0
2	0.20		0.20	0.20	0.20	0.20	
3	0.50	0.50	0.50	0.50	0.50	0.50	0.50
4	1.00	1.00	1.00	1.00	1.00	1.00	1.00
5	10.00	10.00	10.00	10.00	10.00	10.00	10.00

　　将标准溶液与试样液一起于表 4-35 所示分析波长处，用等离子体发射光谱仪进行测定。

表 4-35　测定元素波长

元素	La	Ce	Pr	Nd	Eu	Gd	Tb
分析线/nm	408.672	413.765 446.021	390.843 440.884	401.225 430.357	381.967	342.247 376.841	367.635 332.440
元素	Dy	Ho	Er	Tm	Yb	Lu	Y
分析线/nm	353.170	339.898	349.910 337.275	313.126 346.220	328.937	261.542	371.030

【分析结果计算】

　　按式（4-21）计算各稀土元素的质量分数（%）：

$$w = \frac{(\rho - \rho_0)Vk \times 10^{-6}}{m} \times 100\% \tag{4-21}$$

式中，ρ 为分析试液中稀土元素的质量浓度，μg/mL；ρ_0 为空白试液中稀土元素的质量浓度，μg/mL；V 为分析试液总体积，mL；m 为试样质量，g；k 为各元素单质与氧化物的换算系数，氧化物的 k 值为 1。

【注意事项】

　　（1）本方法也适用于钐的化合物，如氟化钐、碳酸钐、氯化钐、乙酸钐等，称样量应确保钐基体浓度为 5mg/mL。

　　（2）样品溶解方法同 4.2.1.1 节。

4.2.5.3 钐中稀土杂质的测定——电感耦合等离子体质谱法[6]

【适用范围】

本方法适用于钐及其化合物中稀土杂质含量的测定。测定范围见表4-36。

表4-36　测定范围

元素	质量分数/%
La, Ce, Tb, Dy, Ho, Er, Tm, Yb, Lu	0.00010~0.010
Pr, Nd, Eu, Gd, Y	0.00010~0.050

【方法提要】

试样用硝酸溶解，在稀硝酸介质中，以氩等离子体为离子化源，以铯为内标进行校正。用质谱仪直接测定除镝、钬、铒和镱以外的稀土杂质元素；镝、钬、铒和镱经 C272 微型柱分离钐基体后，进行质谱测定。

【试剂与仪器】

(1) 硝酸（优级纯，$\rho = 1.42\text{g/cm}^3$，1+1，1+99）；

(2) 盐酸标准溶液：2mol/L；

(3) 盐酸淋洗液：0.015mol/L，用盐酸标准溶液稀释后标定；

(4) 盐酸洗脱液：0.5mol/L，用盐酸标准溶液稀释后标定；

(5) 铯标准溶液：1μg/mL，1%硝酸介质；

(6) 混合稀土标准溶液：1mL 含 14 个稀土元素氧化物各 1μg，1% 硝酸介质；

(7) 电感耦合等离子体质谱仪：质量分辨率（0.7±0.1）amu；

(8) C272 微型分离柱，柱床（23mm×9mm，ID），填料为含 20% Cyanex272 的负载硅球（50~70μm）。流程见图 4-1。

【分析步骤】

准确称取 0.5g 试样，置于 100mL 烧杯中，加少许水，加入 5mL 硝酸（1+1），低温加热溶解完全，放置冷却至室温，移入 100mL 容量瓶中，用水稀释至刻度，混匀。移取 5mL 试液于 100mL 容量瓶中，加入 1mL 铯标准溶液，用硝酸（1+99）稀释至刻度，混匀。测定除镝、钬、铒和镱外的稀土杂质。

镝、钬、铒和镱测定用测定试液的制备

分离柱的准备　将微型分离柱冲水去气，预先以盐酸洗脱液洗涤 30min，再以盐酸淋洗液平衡后，备用。将微型分离柱用内径 0.8mm 聚四氟乙烯管按图 4-1 连接在分离装置流路中，选择合适的泵管，调节试液管路流速为 1.0mL/min，洗脱液管路流速及淋洗液管路流速均为（1.0±0.1）mL/min。

基体的分离　将淋洗液管路和洗脱液管路分别插入淋洗液和洗脱液中，用淋洗液平衡分离柱6min，将试液管路插入试液中，待试液充满管路后，切换旋转阀1，准确采集1.0mL试液。将阀1切换至原位，用淋洗液淋洗分离柱20min，将基体钐洗出，排至废液中。切换旋转阀2，用洗脱液洗脱1min后，切换旋转阀3，继续用洗脱液洗脱7min，将富集在分离柱上的镝、钬、铒和铥洗脱出来，分离液收集于100mL容量瓶中，阀3切换至原位。3min后将阀2切换至原位。于收集分离液的容量瓶中加入1mL铯标准溶液，用硝酸（1+99）稀释至刻度，混匀。

【标准曲线绘制】

移取0、0.2、0.5、1.0、5.0、10.0mL混合稀土氧化物标准溶液于一组100mL容量瓶中，加1.00mL铯标准溶液，用硝酸（1+99）稀释至刻度，混匀。此标准溶液各稀土氧化物浓度为0、2.0、5.0、10.0、50.0、100.0ng/mL。

将标准系列溶液与试样液一起于电感耦合等离子体质谱仪测定条件下，测量稀土同位素强度。将标准溶液的浓度输入计算机，用内标法校正非质谱干扰，并输出测定试液中待测稀土元素的浓度。

推荐测定同位素见表4-37。

表4-37 测定元素质量数

元素	质量数	元素	质量数
Y	89	Tb	159
La	139	Dy	163
Ce	140	Ho	165
Pr	141	Er	166
Nd	146	Tm	169
Eu	151，153	Yb	174
Gd	157	Lu	175

【分析结果计算】

按式（4-22）计算各稀土元素的质量分数（%）：

$$w = \frac{(\rho_1 - \rho_0) V_2 V_0 \times 10^{-9}}{kmV_1} \times 100\% \tag{4-22}$$

式中，ρ_1为试液中待测稀土元素的质量浓度，ng/mL；ρ_0为空白试液中待测稀土元素的质量浓度，ng/mL；V_0为试液总体积，mL；V_1为移取试液的体积，mL；V_2为测定试液的体积，mL；m为试样的质量，g；k为氧化物对单质的换算系数。

【注意事项】

如果质谱仪带有动态反应池，可用氧气模式测定Dy、Ho、Er和Tm。

4.2.6 铕及其化合物

4.2.6.1 铕中稀土杂质的测定——电感耦合等离子体发射光谱法[7]

【适用范围】

本方法适用于金属铕及其化合物中稀土杂质的测定。测定范围见表4-38。

表 4-38 测定范围

元素	质量分数/%	元素	质量分数/%
氧化镧	0.0020~0.050	氧化镝	0.0020~0.050
氧化铈	0.0020~0.050	氧化钬	0.0020~0.050
氧化镨	0.0020~0.050	氧化铒	0.0020~0.050
氧化钕	0.0020~0.050	氧化铥	0.0020~0.050
氧化钐	0.0020~0.050	氧化镱	0.0020~0.050
氧化钆	0.0020~0.050	氧化镥	0.0020~0.050
氧化铽	0.0010~0.050	氧化钇	0.0020~0.050

【方法提要】

试样以盐酸溶解，在稀盐酸介质中，以氩等离子体光源激发，进行光谱测定，采用基体匹配法校正基体对测定的影响。

【试剂与仪器】

(1) 盐酸（$\rho = 1.19g/cm^3$，1+1）；

(2) 氧化铕基体溶液：100mg/mL；

(3) 氧化镧、氧化铈、氧化镨、氧化钕、氧化钐、氧化钆、氧化铽、氧化镝、氧化钬、氧化铒、氧化铥、氧化镱、氧化镥和氧化钇标准溶液：1mL 含 100μg 各稀土氧化物；

(4) 氩气（>99.99%）；

(5) 电感耦合等离子体发射光谱仪，倒线色散率不大于 0.26nm/mm。

【分析步骤】

准确称取 0.5g 氧化物试样（0.431g 金属试样）于 100mL 烧杯中，加入 10mL 水及 10mL 盐酸（1+1），低温加热至试样完全溶解，冷却至室温，移入 50mL 容量瓶中，以水稀释至刻度，混匀待测。

【标准曲线绘制】

将氧化铕基体溶液与稀土氧化物标准溶液按表 4-39 分别移入 5 个 100mL 容量瓶中，加入 5mL 盐酸（1+1），以水稀释至刻度，混匀，配置标准溶液。

表 4-39 标准溶液质量浓度

标液编号	质量浓度/μg·mL^{-1}							
	Eu$_2$O$_3$	La$_2$O$_3$	CeO$_2$	Pr$_6$O$_{11}$	Nd$_2$O$_3$	Sm$_2$O$_3$	Gd$_2$O$_3$	Tb$_4$O$_7$
1	10000	0	0	0	0	0	0	0
2	10000	0.20	0.20	0.20	0.20	0.20	0.20	0.20
3	10000	1.00	1.00	1.00	1.00	1.00	1.00	1.00
4	10000	5.00	5.00	5.00	5.00	5.00	5.00	5.00
5	10000	10.00	10.00	10.00	10.00	10.00	10.00	10.00

标液编号	质量浓度/μg·mL⁻¹						
	Dy_2O_3	Ho_2O_3	Er_2O_3	Tm_2O_3	Yb_2O_3	Lu_2O_3	Y_2O_3
1	0	0	0	0	0	0	0
2	0.20	0.20	0.20	0.20	0.20	0.20	0.20
3	1.00	1.00	1.00	1.00	1.00	1.00	1.00
4	5.00	5.00	5.00	5.00	5.00	5.00	5.00
5	10.00	10.00	10.00	10.00	10.00	10.00	10.00

将标准溶液与试样液一起于表 4-40 所示分析波长处，用等离子体发射光谱仪进行测定。

表 4-40　测定元素波长

元素	La	Ce	Pr	Nd	Sm	Gd	Tb
分析线/nm	408.671	414.660 404.076	422.533	401.225 406.109	359.262	310.650 376.839	350.917 356.852

元素	Dy	Ho	Er	Tm	Yb	Lu	Y
分析线/nm	340.780 338.502	339.898 345.600	337.276 349.910	313.126	328.937	261.542	360.073 324.228

【分析结果计算】

按式（4-23）计算各稀土元素的质量分数（%）：

$$w = \frac{(\rho - \rho_0)Vk \times 10^{-6}}{m} \times 100\% \qquad (4\text{-}23)$$

式中，ρ 为分析试液中稀土元素的质量浓度，μg/mL；ρ_0 为空白试液中稀土元素的质量浓度，μg/mL；V 为分析试液总体积，mL；m 为试样质量，g；k 为各元素单质与氧化物的换算系数，氧化物的 k 值为 1。

【注意事项】

（1）本方法也适用于铈的化合物，如氟化铈、碳酸铈、氯化铈、乙酸铈等，称样量应确保氧化铈基体浓度为 10mg/mL。

（2）样品溶解方法同 4.2.1.1 节。

4.2.6.2　铈中稀土杂质的测定——电感耦合等离子体质谱法[8,9]

【适用范围】

本方法适用于铈及其化合物中稀土杂质含量的测定。测定范围见表 4-41。

表 4-41　测定范围

元素	质量分数/%
La, Ce, Pr, Nd, Sm, Gd, Tb, Y	0.00005~0.050
Dy, Ho, Er, Tm, Yb, Lu	0.00005~0.0050

【方法提要】

试样用硝酸溶解，在稀硝酸介质中，以氩等离子体为离子化源，以铯为内标进行校正。用质谱仪直接测定除铥以外的稀土杂质元素；铥经 C272 微型柱分离铈基体后，进行质谱测定。

【试剂与仪器】

(1) 硝酸（优级纯，$\rho = 1.42g/cm^3$，1+1，1+99）；

(2) 盐酸标准溶液：2mol/L；

(3) 盐酸淋洗液：0.015mol/L，用盐酸标准溶液稀释后标定；

(4) 盐酸洗脱液：0.5mol/L，用盐酸标准溶液稀释后标定；

(5) 铯标准溶液：1μg/mL，1%硝酸介质；

(6) 混合稀土标准溶液：1mL 含 14 个稀土元素氧化物各 1μg，1%硝酸介质；

(7) 电感耦合等离子体质谱仪：质量分辨率（0.7±0.1）amu；

(8) C272 微型分离柱，柱床（23mm×9mm，ID），填料为含 20% Cyanex272 的负载硅球（50~70μm）。流程见图 4-1。

【分析步骤】

准确称取 0.5g 试样，置于 100mL 烧杯中，加少许水，加入 5mL 硝酸（1+1），低温加热溶解完全，放置冷却至室温，移入 100mL 容量瓶中，用水稀释至刻度，混匀。移取 5mL 试液于 100mL 容量瓶中，加入 1mL 铯标准溶液，用硝酸（1+99）稀释至刻度，混匀。测定除铥外的稀土杂质。

铥测定用测定试液的制备

分离柱的准备　将微型分离柱冲水去气，预先以盐酸洗脱液洗涤 30min，再以盐酸淋洗液平衡后，备用。将微型分离柱用内径 0.8mm 聚四氟乙烯管按图 4-1 连接在分离装置流路中，选择合适的泵管，调节试液管路流速为 1.00mL/min，洗脱液管路流速及淋洗液管路流速均为（1.0±0.1）mL/min。

基体的分离　将淋洗液管路和洗脱液管路分别插入淋洗液和洗脱液中，用淋洗液平衡分离柱 6min，将试液管路插入试液中，待试液充满管路后，切换旋转阀 1，准确采集 1.00mL 试液。将阀 1 切换至原位，用淋洗液淋洗分离柱 20min，将基体铈洗出，排至废液中。切换旋转阀 2，用洗脱液洗脱 1min 后，切换旋转阀 3，继续用洗脱液洗脱 7min，将富集在分离柱上的铥洗脱出来，分离液收集于

100mL 容量瓶中，阀3切换至原位。3min 后将阀2切换至原位。于收集分离液的容量瓶中加入 1mL 铯标准溶液，用硝酸（1+99）稀释至刻度，混匀。

【标准曲线绘制】

移取 0、0.2、0.5、1.0、5.0、10.0mL 混合稀土氧化物标准溶液于一组 100mL 容量瓶中，加 1.00mL 铯标准溶液，用硝酸（1+99）稀释至刻度，混匀。此标准溶液各稀土氧化物浓度为 0、2.0、5.0、10.0、50.0、100.0ng/mL。

将系列标准溶液与试样液一起于电感耦合等离子体质谱仪测定条件下，测量稀土同位素强度。将标准溶液的浓度直接输入计算机，用内标法校正非质谱干扰，并输出测定试液中待测稀土元素的浓度。

推荐测定同位素见表 4-42。

表 4-42　测定元素质量数

元素	质量数	元素	质量数
Y	89	Tb	159
La	139	Dy	163
Ce	140	Ho	165
Pr	141	Er	166
Nd	146	Tm	169
Sm	147	Yb	174
Gd	157	Lu	175

【分析结果计算】

按式（4-24）计算各稀土元素的质量分数（%）：

$$w = \frac{(\rho_1 - \rho_0)V_2 V_0 \times 10^{-9}}{k m V_1} \times 100\% \qquad (4-24)$$

式中，ρ_1 为试液中待测稀土元素的质量浓度，ng/mL；ρ_0 为空白试液中待测稀土元素的质量浓度，ng/mL；V_0 为试液总体积，mL；V_1 为移取试液的体积，mL；V_2 为测定试液的体积，mL；m 为试样的质量，g；k 为氧化物对单质的换算系数。

【注意事项】

（1）如果质谱仪器带有动态反应池，可用氧气模式测定 Tm。

（2）也可以用公式 $I_{169} = I_{169测} - (1.0912 \times {}^{167}Er - 0.7492 \times {}^{166}Er)$，进行校正。

4.2.7　钆及其化合物

4.2.7.1　钆中五个稀土杂质的测定——电感耦合等离子体发射光谱法

【适用范围】

本方法适用于 99.00%～99.90% 金属钆及其化合物中 5 个稀土杂质钐、铕、铽、镝和钇的测定。

【方法提要】

试样以硝酸溶解，在稀酸介质中，采用基体匹配法，直接以氩等离子体激发进行光谱测定，从标准曲线中求得各测定元素含量。

【试剂与仪器】

(1) 硝酸（$\rho = 1.42\text{g/cm}^3$，1+1）；

(2) 氧化钆基体溶液：20mg/mL；

(3) 氧化钐、氧化铕、氧化铽、氧化镝、氧化钇标准贮备液：1mL 含 $100\mu\text{g}$ 各稀土氧化物；

(4) 氩气（>99.99%）；

(5) 电感耦合等离子体发射光谱仪，倒线色散率不大于 0.26nm/mm。

【分析步骤】

准确称取 0.2g 氧化物试样（1.735g 金属试样）于 100mL 烧杯中，加入 10mL 硝酸（1+1），低温加热至试样完全溶解，取下，冷却至室温，移入 100mL 容量瓶中，以水稀释至刻度，混匀待测（金属试样稀释 10 倍，保持酸度为 2.5%）。

【标准曲线绘制】

在 3 个 100mL 容量瓶中按表 4-43 所列浓度加入氧化钆及 5 个稀土杂质标准溶液，加 5mL 硝酸（1+1），以水稀释至刻度，混匀。

将标准溶液与试样液一起，在表 4-44 所示分析波长处，用电感耦合等离子体发射光谱仪进行测定。

表 4-43　标准溶液质量浓度

标液编号	质量浓度/$\mu\text{g} \cdot \text{mL}^{-1}$					
	Gd_2O_3	Sm_2O_3	Eu_2O_3	Tb_4O_7	Dy_2O_3	Y_2O_3
1	2000	0	0	0	0	0
2	2000	0.50	0.50	0.50	0.50	0.50
3	2000	5.00	5.00	5.00	5.00	5.00

表 4-44　测定元素波长

元素	Sm	Eu	Tb	Dy	Y
分析线/nm	360.840	381.967	384.873	353.171	371.030

【分析结果计算】

按式（4-25）计算各稀土元素的质量分数（%）：

$$w = \frac{(\rho - \rho_0)Vk \times 10^{-6}}{m} \times 100\% \tag{4-25}$$

式中，ρ 为分析试液中稀土元素的质量浓度，$\mu\text{g/mL}$；ρ_0 为空白试液中稀土元素的质量浓度，$\mu g/mL$；V 为分析试液的总体积（母液与分取倍数之积），mL；m 为试样质量，g；k 为各元素单质与氧化物的换算系数，氧化物的 k 值为 1。

【注意事项】

（1）本方法也适用于钆的化合物，如氟化钆、碳酸钆、氯化钆、乙酸钆等，称样量应确保氧化钆基体浓度为 2mg/mL。

（2）样品溶解方法同 4.2.1.1 节。

4.2.7.2　钆中稀土杂质的测定——电感耦合等离子体发射光谱法

【适用范围】

本方法适用于金属钆及其化合物中稀土杂质的测定。测定范围见表 4-45。

表 4-45　测定范围

元素	质量分数/%	元素	质量分数/%
氧化镧	0.0010~0.050	氧化镝	0.0020~0.050
氧化铈	0.0020~0.050	氧化钬	0.0030~0.050
氧化镨	0.0010~0.050	氧化铒	0.0010~0.050
氧化钕	0.0030~0.050	氧化铥	0.0010~0.050
氧化钐	0.0020~0.050	氧化镱	0.0010~0.050
氧化铕	0.0010~0.050	氧化镥	0.0010~0.050
氧化铽	0.0030~0.050	氧化钇	0.0010~0.050

【方法提要】

试样以盐酸溶解，在稀盐酸介质中，以氩等离子体光源激发，进行光谱测定，采用基体匹配法校正基体对测定的影响。

【试剂与仪器】

（1）盐酸（$\rho=1.19g/cm^3$，1+1）；

（2）氧化钆基体溶液：100mg/mL；

（3）氧化镧、氧化铈、氧化镨、氧化钕、氧化钐、氧化铕、氧化铽、氧化镝、氧化钬、氧化铒、氧化铥、氧化镱、氧化镥和氧化钇标准溶液：1mL 含 100μg 各稀土氧化物；

（4）氩气（>99.99%）；

（5）电感耦合等离子体发射光谱仪，倒线色散率不大于 0.26nm/mm。

【分析步骤】

准确称取 0.5g 氧化物试样（0.431g 金属试样）于 100mL 烧杯中，加入 10mL 水及 10mL 盐酸（1+1），低温加热至试样完全溶解，冷却至室温，移入 50mL 容量瓶中，以水稀释至刻度，混匀待测。

【标准曲线绘制】

将氧化钆基体溶液与稀土氧化物标准溶液按表 4-46 分别移入 5 个 100mL 容

量瓶中，加入 5mL 盐酸（1+1），以水稀释至刻度，混匀，配置标准溶液。

表 4-46 标准溶液质量浓度

标液编号	质量浓度/μg·mL^{-1}							
	Gd_2O_3	La_2O_3	CeO_2	Pr_6O_{11}	Nd_2O_3	Sm_2O_3	Eu_2O_3	Tb_4O_7
1	10000	0	0	0	0	0	0	0
2	10000	0.020	0.020	0.020	0.020	0.020	0.020	0.020
3	10000	0.10	0.10	0.10	0.10	0.10	0.10	0.10
4	10000	0.50	0.50	0.50	0.50	0.50	0.50	0.50
5	10000	1.50	1.50	1.50	1.50	1.50	1.50	1.50

标液编号	质量浓度/μg·mL^{-1}							
	Dy_2O_3	Ho_2O_3	Er_2O_3	Tm_2O_3	Yb_2O_3	Lu_2O_3	Y_2O_3	
1	0	0	0	0	0	0	0	
2	0.020	0.020	0.020	0.020	0.020	0.020	0.020	
3	0.10	0.10	0.10	0.10	0.10	0.10	0.10	
4	0.50	0.50	0.50	0.50	0.50	0.50	0.50	
5	1.50	1.50	1.50	1.50	1.50	1.50	1.50	

将标准溶液与试样液一起于表 4-47 所示分析波长处，用等离子体发射光谱仪进行测定。

表 4-47 测定元素波长

元素	La	Ce	Pr	Nd	Sm	Eu	Tb
分析线/nm	333.749	418.660	390.843 414.311	430.358 401.225	442.434	381.967	384.873 367.635

元素	Dy	Ho	Er	Tm	Yb	Lu	Y
分析线/nm	353.170 353.602	389.102 345.600	337.371	313.126	328.937 289.138	261.542	371.030

【分析结果计算】

按式（4-26）计算各稀土元素的质量分数（%）：

$$w = \frac{(\rho - \rho_0)Vk \times 10^{-6}}{m} \times 100\% \tag{4-26}$$

式中，ρ 为分析试液中稀土元素的质量浓度，μg/mL；ρ_0 为空白试液中稀土元素的质量浓度，μg/mL；V 为分析试液总体积，mL；m 为试样质量，g；k 为各元素单质与氧化物的换算系数，氧化物的 k 值为 1。

【注意事项】

（1）本方法也适用于钆的化合物，如氟化钆、碳酸钆、氯化钆、乙酸钆等，称样量应确保氧化钇基体浓度为 10mg/mL。

（2）样品溶解方法同 4.2.1.1 节。

4.2.7.3 钇中稀土杂质的测定——电感耦合等离子体质谱法[10]

【适用范围】

本方法适用于钇及其化合物中稀土杂质含量的测定。测定范围：各稀土杂质质量分数均为 0.00010%~0.010%。

【方法提要】

试样用硝酸溶解，在稀硝酸介质中，以氩等离子体为离子化源，以铯为内标进行校正。用质谱仪直接测定除镱和镥以外的稀土杂质元素；镱和镥经 C272 微型柱分离钇基体后，进行质谱测定。

【试剂与仪器】

（1）硝酸（优级纯，$\rho = 1.42\text{g/cm}^3$，1+1，1+99）；

（2）盐酸标准溶液：2mol/L；

（3）盐酸淋洗液：0.015mol/L，用盐酸标准溶液稀释后标定；

（4）盐酸洗脱液：0.5mol/L，用盐酸标准溶液稀释后标定；

（5）铯标准溶液：1μg/mL，1% 硝酸介质；

（6）混合稀土标准溶液：1mL 含 14 个稀土元素氧化物各 1μg，1% 硝酸介质；

（7）电感耦合等离子体质谱仪：质量分辨率（0.7±0.1）amu；

（8）C272 微型分离柱，柱床（23mm×9mm，ID），填料为含 20% Cyanex272 的负载硅球（50~70μm）。流程见图 4-1。

【分析步骤】

准确称取 0.5g 试样，置于 100mL 烧杯中，加少许水，加入 5mL 硝酸（1+1），低温加热溶解完全，放置冷却至室温，移入 100mL 容量瓶中，用水稀释至刻度，混匀。移取 5mL 试液于 100mL 容量瓶中，加入 1mL 铯标准溶液，用硝酸（1+99）稀释至刻度，混匀。测定除镱和镥外的稀土杂质。

测定镱和镥试液的制备

分离柱的准备 将微型分离柱冲水去气，预先以盐酸洗脱液洗涤 30min，再以盐酸淋洗液平衡后，备用。将微型分离柱用内径 0.8mm 聚四氟乙烯管按图 4-1 连接在分离装置流路中，选择合适的泵管，调节试液管路流速为 1.00mL/min，洗脱液管路流速及淋洗液管路流速均为（1.0±0.1）mL/min。

基体的分离 将淋洗液管路和洗脱液管路分别插入淋洗液和洗脱液中，用淋洗液平衡分离柱 6min，将试液管路插入试液中，待试液充满管路后，切换旋转阀 1，准确采集 1.0mL 试液。将阀 1 切换至原位，用淋洗液淋洗分离柱 20min，将基体钇洗出，排至废液中。切换旋转阀 2，用洗脱液洗脱 1min 后，切换旋转阀

3，继续用洗脱液洗脱7min，将富集在分离柱上的镱和镥洗脱出来，分离液收集于100mL容量瓶中，阀3切换至原位。3min后将阀2切换至原位。于收集分离液的容量瓶中加入1mL铯标准溶液，用硝酸（1+99）稀释至刻度，混匀。

【标准曲线绘制】

移取0、0.2、0.5、1.0、5.0、10.0mL混合稀土氧化物标准溶液于一组100mL容量瓶中，加1.0mL铯标准溶液，用硝酸（1+99）稀释至刻度，混匀。此标准系列的各个稀土氧化物浓度为0、2.0、5.0、10.0、50.0、100.0ng/mL。

将系列标准溶液与试样液一起在电感耦合等离子体质谱仪测定条件下，测量稀土同位素强度。将标准溶液的浓度直接输入计算机，用内标法校正非质谱干扰，并输出测定试液中待测稀土元素的浓度。

推荐测定同位素见表4-48。

表4-48 测定元素质量数

元素	质量数	元素	质量数
Y	89	Tb	159
La	139	Dy	163
Ce	140	Ho	165
Pr	141	Er	166
Nd	146	Tm	169
Sm	147	Yb	174
Eu	153	Lu	175

【分析结果计算】

按式（4-27）计算各稀土元素的质量分数（%）：

$$w = \frac{(\rho_1 - \rho_0) V_2 V_0 \times 10^{-9}}{k m V_1} \times 100\% \qquad (4\text{-}27)$$

式中，ρ_1为试液中待测稀土元素的质量浓度，ng/mL；ρ_0为空白试液中待测稀土元素的质量浓度，ng/mL；V_0为试液总体积，mL；V_1为移取试液的体积，mL；V_2为测定试液的体积，mL；m为试样的质量，g；k为氧化物对单质的换算系数。

【注意事项】

如果质谱仪器带有动态反应池，可用氧气模式测定Tm。

4.2.8 铽及其化合物

4.2.8.1 铽中五个稀土杂质的测定——电感耦合等离子体发射光谱法

【适用范围】

本方法适用于99.00%~99.90%金属铽及其化合物中5个稀土杂质铕、钆、镝、钬和钇的测定。

【方法提要】

试样以硝酸溶解，在稀酸介质中，采用基体匹配法，直接以氩电感耦合等离子体激发进行光谱测定，从标准曲线中求得各测定元素含量。

【试剂与仪器】

（1）硝酸（$\rho = 1.42g/cm^3$，1+1）；

（2）氧化铽基体溶液：20mg/mL；

（3）氧化铕、氧化钆、氧化镝、氧化钬和氧化钇标准溶液：1mL 含 100μg 各稀土氧化物；

（4）氩气（>99.99%）；

（5）电感耦合等离子体发射光谱仪，倒线色散率不大于 0.26nm/mm。

【分析步骤】

准确称取 0.2g 氧化物试样（1.700g 金属试样）于 100mL 烧杯中，加入 10mL 硝酸（1+1），低温加热至试样完全溶解，取下，冷却至室温，移入 100mL 容量瓶中，以水稀释至刻度，混匀待测（金属试样稀释 10 倍，保持酸度为 2.5%）。

【标准曲线绘制】

于 3 个 100mL 容量瓶中按表 4-49 所示浓度加入氧化铽及 5 个稀土标准溶液，加 5mL 硝酸（1+1），以水稀释至刻度，混匀。

表 4-49　标准溶液质量浓度

标液编号	质量浓度/μg·mL^{-1}					
	Tb$_4$O$_7$	Eu$_2$O$_3$	Gd$_2$O$_3$	Dy$_2$O$_3$	Ho$_2$O$_3$	Y$_2$O$_3$
1	2000	0	0	0	0	0
2	2000	0.50	0.50	0.50	0.50	0.50
3	2000	5.00	5.00	5.00	5.00	5.00

将标准溶液与试样液一起于表 4-50 所示分析波长处，用氩等离子体激发，进行光谱测定。

表 4-50　测定元素波长

元素	Eu	Gd	Dy	Ho	Y
分析线/nm	412.970	310.050	400.045	381.072	377.433

【分析结果计算】

按式（4-28）计算各稀土元素的质量分数（%）：

$$w = \frac{(\rho - \rho_0)Vk \times 10^{-6}}{m} \times 100\% \tag{4-28}$$

式中，ρ 为分析试液中稀土元素的质量浓度，μg/mL；ρ_0 为空白试液中稀土元素的质量浓度，$\mu g/mL$；V 为分析试液的总体积（母液与分取倍数之积），mL；m 为试样质量，g；k 为各元素单质与氧化物的换算系数，氧化物的 k 值为 1。

【注意事项】

（1）测定谱线也可采用 Eu 272.778nm、Gd 303.285nm、Ho 330.678nm、Y 224.303nm。

（2）本方法也适用于铽的化合物，如氟化铽、碳酸铽、氯化铽、乙酸铽等，称样量应确保氧化铽基体浓度为 10mg/mL。

（3）样品溶解方法同 4.2.1.1 节。

4.2.8.2 铽中稀土杂质的测定——电感耦合等离子体发射光谱法[11]

【适用范围】

本方法适用于金属铽及其化合物中稀土杂质的测定。测定范围见表 4-51。

表 4-51 测定范围

元素	质量分数/%	元素	质量分数/%
氧化镧	0.0050~0.10	氧化镝	0.0050~0.50
氧化铈	0.0050~0.10	氧化钬	0.0050~0.50
氧化镨	0.0050~0.10	氧化铒	0.0050~0.10
氧化钕	0.010~0.10	氧化铥	0.0050~0.10
氧化钐	0.0050~0.10	氧化镱	0.0050~0.10
氧化铕	0.0050~0.10	氧化镥	0.0050~0.10
氧化钆	0.010~0.50	氧化钇	0.0050~0.50

【方法提要】

试样以盐酸溶解，在稀盐酸介质中，以氩等离子体光源激发，进行光谱测定，采用基体匹配法校正基体对测定的影响。

【试剂与仪器】

（1）盐酸（$\rho = 1.19g/cm^3$，1+1）；

（2）氧化铽基体溶液：50mg/mL；

（3）氧化镧、氧化铈、氧化镨、氧化钕、氧化钐、氧化铕、氧化钆、氧化镝、氧化钬、氧化铒、氧化铥、氧化镱、氧化镥和氧化钇标准溶液：1mL 含 $100\mu g$ 各稀土氧化物；

（4）氩气（>99.99%）；

（5）电感耦合等离子体发射光谱仪，倒线色散率不大于 0.26nm/mm。

【分析步骤】

准确称取 0.5g 氧化物试样（0.431g 金属试样）于 100mL 烧杯中，加入 10mL 水及 10mL 盐酸（1+1），低温加热至试样完全溶解，冷却至室温，移入 100mL 容量瓶中，以水稀释至刻度，混匀待测。

【标准曲线绘制】

将氧化铽基体溶液与稀土氧化物标准溶液按表 4-52 分别移入 4 个 100mL 容量瓶中，加入 5mL 盐酸（1+1），以水稀释至刻度，混匀，配置标准溶液。

表 4-52　标准溶液质量浓度

标液编号	质量浓度/$\mu g \cdot mL^{-1}$							
	Tb_4O_7	La_2O_3	CeO_2	Pr_6O_{11}	Nd_2O_3	Sm_2O_3	Eu_2O_3	Gd_2O_3
1	5000	0	0	0	0	0	0	0
2	5000	0.50	0.50	0.50	0.50	0.50	0.50	
3	5000	1.00	1.00	1.00	1.00	1.00	1.00	1.00
4	5000	10.00	10.00	10.00	10.00	10.00	10.00	10.00

标液编号	质量浓度/$\mu g \cdot mL^{-1}$						
	Dy_2O_3	Ho_2O_3	Er_2O_3	Tm_2O_3	Yb_2O_3	Lu_2O_3	Y_2O_3
1	0	0	0	0	0	0	0
2	0.50	0.50	0.50	0.50	0.50	0.50	0.50
3	1.00	1.00	1.00	1.00	1.00	1.00	1.00
4	10.00	10.00	10.00	10.00	10.00	10.00	10.00

将标准溶液与试样液一起于表 4-53 所示分析波长处，用等离子体发射光谱仪进行测定。

表 4-53　测定元素波长

元素	La	Ce	Pr	Nd	Sm	Eu	Gd
分析线/nm	407.735	413.765	422.535	430.358 417.734	359.260	412.970	310.050 303.285

元素	Dy	Ho	Er	Tm	Yb	Lu	Y
分析线/nm	400.045	381.072	349.910	384.802	328.937	261.542	377.433

【分析结果计算】

按式（4-29）计算各稀土元素的质量分数（%）：

$$w = \frac{(\rho - \rho_0)Vk \times 10^{-6}}{m} \times 100\% \tag{4-29}$$

式中，ρ 为分析试液中稀土元素的质量浓度，$\mu g/mL$；ρ_0 为空白试液中稀土元素的质量浓度，$\mu g/mL$；V 为分析试液总体积，mL；m 为试样质量，g；k 为各元素单质与氧化物的换算系数，氧化物的 k 值为 1。

【注意事项】

（1）本方法也适用于铽的化合物，如碳酸铽、氯化铽、乙酸铽等，称样量应确保氧化铽基体浓度为 5mg/mL。

（2）样品溶解方法同 4.2.1.1 节。

4.2.8.3 铽中稀土杂质的测定——电感耦合等离子体质谱法[12]

【适用范围】

本方法适用于铽及其化合物中稀土杂质含量的测定，测定范围见表 4-54。

表 4-54 测定范围

元素	质量分数/%
La，Ce，Pr，Nd，Sm，Er，Tm，Yb，Lu	0.00010~0.050
Eu，Gd，Dy，Ho，Y	0.00010~0.10

【方法提要】

试样用硝酸溶解，在稀硝酸介质中，以氩等离子体为离子化源，以铯为内标进行校正。用质谱仪直接测定除镥以外的稀土杂质元素；镥经 C272 微型柱分离铽基体后，进行质谱测定。

【试剂与仪器】

（1）硝酸（优级纯，$\rho = 1.42\text{g/cm}^3$，1+1，1+99）；

（2）盐酸标准溶液，2mol/L；

（3）盐酸淋洗液：0.015mol/L，用盐酸标准溶液稀释后标定；

（4）盐酸洗脱液：0.5mol/L，用盐酸标准溶液稀释后标定；

（5）铯标准溶液：1μg/mL，1% 硝酸介质；

（6）混合稀土标准溶液：1mL 含 14 个稀土元素氧化物各 1μg，1% 硝酸介质；

（7）电感耦合等离子体质谱仪：质量分辨率（0.7±0.1）amu；

（8）C272 微型分离柱，柱床（23mm×9mm，ID），填料为含 20% Cyanex272 的负载硅球（50~70μm）。流程见图 4-1。

【分析步骤】

准确称取 0.5g 试样，置于 100mL 烧杯中，加少许水，加入 5mL 硝酸（1+1），低温加热溶解完全（滴加过氧化氢助溶），放置冷却至室温，移入 100mL 容量瓶中，用水稀释至刻度，混匀。移取 5mL 试液于 100mL 容量瓶中，加入 1mL 铯标准溶液（1μg/mL），用硝酸（1+99）稀释至刻度，混匀。测定除镥外的稀土杂质。

镥测定用测定试液的制备

分离柱的准备 将微型分离柱冲水去气，预先以盐酸洗脱液洗涤 30min，再以盐酸淋洗液平衡后，备用。将微型分离柱用内径 0.8mm 聚四氟乙烯管按图 4-1 连接在分离装置流路中，选择合适的泵管，调节试液管路流速为 1.00mL/min，洗脱液管路流速及淋洗液管路流速均为（1.0±0.1）mL/min。

基体的分离　将淋洗液管路和洗脱液管路分别插入淋洗液和洗脱液中，用淋洗液平衡分离柱6min，将试液管路插入试液中，待试液充满管路后，切换旋转阀1，准确采集1.0mL试液。将阀1切换至原位，用淋洗液淋洗分离柱20min，将基体铥洗出，排至废液中。切换旋转阀2，用洗脱液洗脱1min后，切换旋转阀3，继续用洗脱液洗脱7min，将富集在分离柱上的镥洗脱出来，分离液收集于100mL容量瓶中，阀3切换至原位。3min后将阀2切换至原位。于收集分离液的容量瓶中加入1mL铯标准溶液（1μg/mL），用硝酸（1+99）稀释至刻度，混匀。

【标准曲线绘制】

移取0、0.2、0.5、1.0、5.0、10.0mL混合稀土氧化物标准溶液于一组100mL容量瓶中，加1.00mL铯标准溶液（1μg/mL），用硝酸（1+99）稀释至刻度，混匀。此标准系列溶液中各稀土氧化物浓度为0、2.0、5.0、10.0、50.0、100.0ng/mL。

将系列标准溶液与试样液一起于电感耦合等离子体质谱仪测定条件下，测量稀土同位素强度。将标准溶液的浓度直接输入计算机，用内标法校正非质谱干扰，并输出测定试液中待测稀土元素的浓度。

推荐测定同位素见表4-55。

表4-55　测定元素质量数

元素	质量数	元素	质量数
Y	89	Gd	155
La	139	Dy	163
Ce	140	Ho	165
Pr	141	Er	166
Nd	146	Tm	169
Sm	147	Yb	172
Eu	151	Lu	175

【分析结果计算】

按式（4-30）计算各稀土元素的质量分数（%）：

$$w = \frac{(\rho - \rho_0)V_2V_0 \times 10^{-9}}{kmV_1} \times 100\% \tag{4-30}$$

式中，ρ 为试液中待测稀土元素的质量浓度，ng/mL；ρ_0 为空白试液中待测稀土元素的质量浓度，ng/mL；V_0 为试液总体积，mL；V_1 为移取试液的体积，mL；V_2 为测定试液的体积，mL；m 为试样的质量，g；k 为氧化物对单质的换算系数。

【注意事项】

如果质谱仪器带有动态反应池，可用氧气模式测定Lu。

4.2.9　镝及其化合物

4.2.9.1　镝中五个稀土杂质的测定——电感耦合等离子体发射光谱法

【适用范围】

本方法适用于 99.00%~99.90% 金属镝及其化合物中 5 个稀土杂质钆、铽、钬、铒和钇的测定。

【方法提要】

试样以硝酸溶解，在稀酸介质中，采用基体匹配法，直接以氩等离子体激发进行光谱测定，从标准曲线中求得各测定元素含量。

【试剂与仪器】

（1）硝酸（$\rho = 1.42\text{g}/\text{cm}^3$，1+1）；

（2）氧化镝基体溶液：20mg/mL；

（3）氧化钆、氧化铽、氧化钬、氧化铒和氧化钇标准溶液：1mL 含 100μg 各稀土氧化物；

（4）氩气（>99.99%）；

（5）电感耦合等离子体发射光谱仪，倒线色散率不大于 0.26nm/mm。

【分析步骤】

准确称取 0.2g 氧化物试样（1.743g 金属试样）于 100mL 烧杯中，加入 10mL（1+1）硝酸，低温加热至试样完全溶解，取下，冷却至室温，移入 100mL 容量瓶中，以水稀释至刻度（金属试样稀释 10 倍），混匀待测。

【标准曲线绘制】

在 3 个 100mL 容量瓶中按表 4-56 所列浓度加入氧化镝及稀土标准溶液，加 5mL 硝酸（1+1），以水稀释至刻度，混匀。

表 4-56　标准溶液质量浓度

标液编号	质量浓度/μg·mL^{-1}					
	Dy_2O_3	Gd_2O_3	Tb_4O_7	Ho_2O_3	Er_2O_3	Y_2O_3
1	2000	0	0	0	0	0
2	2000	0.50	0.50	0.50	0.50	0.50
3	2000	5.00	5.00	5.00	5.00	5.00

将标准溶液与试样液一起，在表 4-57 所示分析波长处，用氩等离子体激发，进行光谱测定。

表 4-57　测定元素波长

元素	Gd	Tb	Ho	Er	Y
分析线/nm	335.047	384.875	381.073	323.058	377.433

【分析结果计算】

按式（4-31）计算各稀土元素的质量分数（%）：

$$w = \frac{(\rho - \rho_0)Vk \times 10^{-6}}{m} \times 100\% \tag{4-31}$$

式中，ρ 为分析试液中稀土元素的质量浓度，$\mu g/mL$；ρ_0 为空白试液中稀土元素的质量浓度，$\mu g/mL$；V 为分析试液的总体积（母液与分取倍数之积），mL；m 为试样质量，g；k 为各元素单质与氧化物的换算系数，氧化物的 k 值为1。

【注意事项】

（1）本方法也适用于镝的化合物，如碳酸镝、氯化镝、氟化镝等，称样量应确保氧化镝基体浓度为 2mg/mL。

（2）样品溶解方法同 4.2.1.1 节。

4.2.9.2　镝中稀土杂质的测定——电感耦合等离子体发射光谱法

【适用范围】

本方法适用于金属镝及其化合物中稀土杂质的测定。测定范围见表4-58。

表4-58　测定范围

元素	质量分数/%	元素	质量分数/%
氧化镧	0.0020~0.10	氧化铽	0.0050~0.10
氧化铈	0.0050~0.10	氧化钬	0.0050~0.50
氧化镨	0.0050~0.10	氧化铒	0.0050~0.10
氧化钕	0.0020~0.10	氧化铥	0.0050~0.10
氧化钐	0.0020~0.10	氧化镱	0.0050~0.10
氧化铕	0.0020~0.10	氧化镥	0.0050~0.10
氧化钆	0.0020~0.10	氧化钇	0.0050~0.50

【方法提要】

试样以盐酸溶解，在稀盐酸介质中，以氩等离子体光源激发，进行光谱测定，采用基体匹配法校正基体对测定的影响。

【试剂与仪器】

（1）盐酸（$\rho=1.19g/cm^3$，1+1）；

（2）氧化镝基体溶液：50mg/mL；

（3）氧化镧、氧化铈、氧化镨、氧化钕、氧化钐、氧化铕、氧化钆、氧化铽、氧化钬、氧化铒、氧化铥、氧化镱、氧化镥和氧化钇标准溶液：1mL 含 100μg 各稀土氧化物；

（4）氩气（>99.99%）；

（5）电感耦合等离子体发射光谱仪，倒线色散率不大于 0.26nm/mm。

【分析步骤】

准确称取 0.5g 氧化物试样（0.431g 金属试样）于 100mL 烧杯中，加入 10mL 水及 10mL 盐酸（1+1），低温加热至试样完全溶解，冷却至室温，移入 100mL 容量瓶中，以水稀释至刻度，混匀待测。

【标准曲线绘制】

将氧化镝基体溶液与稀土氧化物标准溶液按表 4-59 分别移入 4 个 100mL 容量瓶中，加入 5mL 盐酸（1+1），以水稀释至刻度，混匀，配置标准溶液。

表 4-59　标准溶液质量浓度

| 标液编号 | 质量浓度/$\mu g \cdot mL^{-1}$ | | | | | | | |
	Dy_2O_3	La_2O_3	CeO_2	Pr_6O_{11}	Nd_2O_3	Sm_2O_3	Eu_2O_3	Gd_2O_3
1	5000	0	0	0	0	0	0	0
2	5000	0.10	0.20	0.20	0.20	0.20	0.10	0.20
3	5000	1.00	1.00	1.00	1.00	1.00	1.00	1.00
4	5000	5.00	5.00	5.00	5.00	5.00	5.00	5.00

| 标液编号 | 质量浓度/$\mu g \cdot mL^{-1}$ | | | | | | |
	Tb_4O_7	Ho_2O_3	Er_2O_3	Tm_2O_3	Yb_2O_3	Lu_2O_3	Y_2O_3
1	0	0	0	0	0	0	0
2	0.20	0.20	0.20	0.20	0.10	0.10	0.10
3	1.00	1.00	1.00	1.00	1.00	1.00	1.00
4	5.00	5.00	5.00	5.00	5.00	5.00	5.00

将标准溶液与试样液一起于表 4-60 所示分析波长处，用等离子体发射光谱仪进行测定。

表 4-60　测定元素波长

元素	La	Ce	Pr	Nd	Sm	Eu	Gd
分析线/nm	408.672	428.994 429.667	417.939 525.973	509.280 417.732	442.434	381.967	335.047 385.098

元素	Tb	Ho	Er	Tm	Yb	Lu	Y
分析线/nm	332.440 384.875	404.544 381.073	369.265 390.631	379.575 313.126	369.469 328.937	261.542	508.742 371.029

【分析结果计算】

按式（4-32）计算各稀土元素的质量分数（%）：

$$w = \frac{(\rho - \rho_0) V k \times 10^{-6}}{m} \times 100\% \tag{4-32}$$

式中，ρ 为分析试液中稀土元素的质量浓度，$\mu g/mL$；ρ_0 为空白试液中稀土元素的质量浓度，$\mu g/mL$；V 为分析试液总体积，mL；m 为试样质量，g；k 为各元素单质与氧化物的换算系数，氧化物的 k 值为 1。

【注意事项】

（1）本方法也适用于镝的化合物，如碳酸镝、氯化镝、氟化镝等，称样量应确保氧化镝基体浓度为 5mg/mL。

（2）样品溶解方法同 4.2.1.1 节。

4.2.9.3　镝中稀土杂质的测定——电感耦合等离子体质谱法[13]

【适用范围】

本方法适用于镝及其化合物中稀土杂质含量的测定。测定范围：各稀土杂质质量分数均为 0.00010%~0.050%。

【方法提要】

试样用硝酸溶解，在稀硝酸介质中，以氩等离子体为离子化源，以铯为内标进行校正，用质谱法直接进行质谱测定。

【试剂与仪器】

（1）硝酸（优级纯，$\rho = 1.42 g/cm^3$，1+1，1+99）；

（2）铯标准溶液：$1\mu g/mL$，1% 硝酸介质；

（3）混合稀土标准溶液：1mL 含 14 个稀土元素氧化物各 $1\mu g$，1% 硝酸介质；

（4）电感耦合等离子体质谱仪：质量分辨率（0.7±0.1）amu。

【分析步骤】

准确称取 0.5g 试样，置于 100mL 烧杯中，加少许水，加入 5mL 硝酸（1+1），低温加热溶解完全，放置冷却至室温，移入 100mL 容量瓶中，用水稀释至刻度，混匀。移取 5mL 试液于 100mL 容量瓶中，加入 1.0mL 铯标准溶液，用硝酸（1+99）稀释至刻度，混匀。

【标准曲线绘制】

移取 0、0.2、0.5、1.0、5.0、10.0mL 混合稀土氧化物标准溶液于一组 100mL 容量瓶中，加 1.0mL 铯标准溶液，用硝酸（1+99）稀释至刻度，混匀。此标准系列溶液的各稀土氧化物浓度为 0、2.0、5.0、10.0、50.0、100.0ng/mL。

将系列标准溶液与试样液一起于电感耦合等离子体质谱仪测定条件下，测量稀土同位素强度。将标准溶液的浓度直接输入计算机，用内标法校正非质谱干扰，并输出测定试液中待测稀土元素的浓度。

推荐测定同位素见表 4-61。

表 4-61 测定元素质量数

元素	质量数	元素	质量数
Y	89	Gd	155
La	139	Tb	159
Ce	140	Ho	165
Pr	141	Er	167
Nd	146	Tm	169
Sm	147	Yb	171
Eu	151	Lu	175

【分析结果计算】

按式（4-33）计算各稀土元素的质量分数（%）：

$$w = \frac{(\rho - \rho_0)V_2V_0 \times 10^{-9}}{kmV_1} \times 100\% \qquad (4\text{-}33)$$

式中，ρ 为试液中待测稀土元素的质量浓度，ng/mL；ρ_0 为空白试液中待测稀土元素的质量浓度，ng/mL；V_0 为试液总体积，mL；V_1 为移取试液的体积，mL；V_2 为测定试液的体积，mL；m 为试样的质量，g；k 为氧化物对单质的换算系数。

4.2.10 钬及其化合物

4.2.10.1 钬中稀土杂质的测定——电感耦合等离子体发射光谱法

【适用范围】

本方法适用于金属钬及其化合物中稀土杂质的测定。测定范围见表 4-62。

表 4-62 测定范围

元素	质量分数/%	元素	质量分数/%
氧化镧	0.0020~0.10	氧化镝	0.0050~0.10
氧化铈	0.0050~0.10	氧化铽	0.0050~0.50
氧化镨	0.0050~0.10	氧化铒	0.0050~0.10
氧化钕	0.0050~0.10	氧化铥	0.0020~0.10
氧化钐	0.0050~0.10	氧化镱	0.0020~0.10
氧化铕	0.0020~0.10	氧化镥	0.0020~0.10
氧化钆	0.0050~0.10	氧化钇	0.0050~0.50

【方法提要】

试样以盐酸溶解，在稀盐酸介质中，以氩等离子体光源激发，进行光谱测定，采用基体匹配法校正基体对测定的影响。

【试剂与仪器】

（1）盐酸（$\rho = 1.19g/cm^3$，1+1）；

（2）氧化钬基体溶液：50mg/mL；

（3）氧化镧、氧化铈、氧化镨、氧化钕、氧化钐、氧化铕、氧化钆、氧化铽、氧化镝、氧化铒、氧化铥、氧化镱、氧化镥和氧化钇标准溶液：1mL 含 100μg 各稀土氧化物；

（4）氩气（>99.99%）；

（5）电感耦合等离子体发射光谱仪，倒线色散率不大于 0.26nm/mm。

【分析步骤】

准确称取 0.5g 氧化物试样（0.431g 金属试样）于 100mL 烧杯中，加入 10mL 水及 10mL 盐酸（1+1），低温加热至试样完全溶解，冷却至室温，移入 100mL 容量瓶中，以水稀释至刻度，混匀待测。

【标准曲线绘制】

将氧化钬基体溶液与稀土氧化物标准溶液按表 4-63 分别移入 5 个 100mL 容量瓶中，加入 5mL 盐酸（1+1），以水稀释至刻度，混匀，配置标准溶液。

表 4-63　标准溶液质量浓度

标液编号	质量浓度/$\mu g \cdot mL^{-1}$							
	Ho_2O_3	La_2O_3	CeO_2	Pr_6O_{11}	Nd_2O_3	Sm_2O_3	Eu_2O_3	Gd_2O_3
1	5000	0	0	0	0	0	0	0
2	5000	0.20					0.20	
3	5000	0.50	0.50	0.50	0.50	0.50	0.50	0.50
4	5000	1.00	1.00	1.00	1.00	1.00	1.00	2.00
5	5000	10.00	10.00	10.00	10.00	10.00	10.00	10.00

标液编号	质量浓度/$\mu g \cdot mL^{-1}$						
	Tb_4O_7	Dy_2O_3	Er_2O_3	Tm_2O_3	Yb_2O_3	Lu_2O_3	Y_2O_3
1	0	0	0	0	0	0	0
2			0.20	0.20	0.20		
3	0.50	0.50	0.50	0.50	0.50	0.50	0.50
4	1.00	1.00	1.00	1.00	1.00	1.00	1.00
5	10.00	10.00	10.00	10.00	10.00	10.00	10.00

将标准溶液与试样液一起于表 4-64 所示分析波长处，同时进行氩等离子体光谱测定。

表 4-64　测定元素波长

元素	La	Ce	Pr	Nd	Sm	Eu	Gd
分析线/nm	408.672	413.380	390.844	430.358	360.949 443.432	381.967	336.224 354.936

元素	Tb	Dy	Er	Tm	Yb	Lu	Y
分析线/nm	370.285 370.392	394.468	337.271 369.265	376.133 313.126	328.937 369.419	261.542	371.030

【分析结果计算】

按式（4-34）计算各稀土元素的质量分数（%）：

$$w = \frac{(\rho - \rho_0)Vk \times 10^{-6}}{m} \times 100\% \qquad (4\text{-}34)$$

式中，ρ 为分析试液中稀土元素的质量浓度，$\mu g/mL$；ρ_0 为空白试液中稀土元素的质量浓度，$\mu g/mL$；V 为分析试液总体积，mL；m 为试样质量，g；k 为各元素单质与氧化物的换算系数，氧化物的 k 值为1。

【注意事项】

（1）本方法也适用于钬的化合物，如碳酸钬、氯化钬、氟化钬等，称样量应确保氧化钬基体浓度为5mg/mL。

（2）样品溶解方法同4.2.1.1节。

4.2.10.2　钬中稀土杂质的测定——电感耦合等离子体质谱法

【适用范围】

本方法适用于钬及其化合物中稀土杂质含量的测定。测定范围见表4-65。

表 4-65　测定范围

元素	质量分数/%	元素	质量分数/%
La	0.00010~0.050	Tb	0.00010~0.10
Ce	0.00010~0.050	Dy	0.00010~0.10
Pr	0.00010~0.050	Er	0.00010~0.10
Nd	0.00010~0.050	Tm	0.00010~0.10
Sm	0.00010~0.050	Yb	0.00010~0.10
Eu	0.00010~0.050	Lu	0.00010~0.050
Gd	0.00010~0.050	Y	0.00010~0.10

【方法提要】

试样用硝酸溶解，在稀硝酸介质中，以氩等离子体为离子化源，以铯为内标进行校正，用质谱法直接进行质谱测定。

【试剂与仪器】

（1）硝酸（优级纯，$\rho = 1.42g/cm^3$，1+1，1+99）；

（2）铯标准溶液：$1\mu g/mL$，1%硝酸介质；

（3）混合稀土标准溶液：1mL 含 14 个稀土元素氧化物各 $1\mu g$，1%硝酸介质；

（4）电感耦合等离子体质谱仪：质量分辨率（0.7±0.1）amu。

【分析步骤】

准确称取 0.5g 试样，置于 100mL 烧杯中，加少许水，加入 5mL 硝酸（1+1），低温加热溶解完全，放置冷却至室温，移入 100mL 容量瓶中，用水稀释至刻度，混匀。移取 5mL 试液于 100mL 容量瓶中，加入 1.0mL 铯标准溶液，用硝酸（1+99）稀释至刻度，混匀。

【标准曲线绘制】

准确移取 0、0.2、0.5、1.0、5.0、10.0mL 混合稀土氧化物标准溶液于一组 100mL 容量瓶中，加 1.0mL 铯标准溶液，用硝酸（1+99）稀释至刻度，混匀。此标准系列溶液各稀土氧化物浓度为 0、2.0、5.0、10.0、50.0、100.0ng/mL。

将系列标准溶液与试样液一起在电感耦合等离子体质谱仪测定条件下，测量稀土同位素强度。将标准溶液的浓度直接输入计算机，用内标法校正非质谱干扰，并输出测定试液中待测稀土元素的浓度。

推荐测定同位素见表 4-66。

表 4-66   测定元素质量数

元素	质量数	元素	质量数
Y	89	Gd	157
La	139	Tb	159
Ce	140	Dy	161
Pr	141	Er	168
Nd	146	Tm	169
Sm	147	Yb	174
Eu	151	Lu	175

【分析结果计算】

按式（4-35）计算各稀土元素的质量分数（%）：

$$w = \frac{(\rho - \rho_0)V_2V_0 \times 10^{-9}}{kmV_1} \times 100\% \tag{4-35}$$

式中，ρ 为试液中待测稀土元素的质量浓度，ng/mL；ρ_0 为空白试液中待测稀土元素的质量浓度，ng/mL；V_0 为试液总体积，mL；V_1 为移取试液的体积，mL；V_2 为测定试液的体积，mL；m 为试样的质量，g；k 为氧化物对单质的换算系数。

4.2.11　铒及其化合物

4.2.11.1　铒中稀土杂质的测定——电感耦合等离子体发射光谱法

【适用范围】

本方法适用于金属铒及其化合物中稀土杂质的测定。测定范围见表 4-67。

表 4-67　测定范围

元素	质量分数/%	元素	质量分数/%
氧化镧	0.0020~0.10	氧化铽	0.0050~0.10
氧化铈	0.0050~0.10	氧化镝	0.0050~0.50
氧化镨	0.0050~0.10	氧化铒	0.0050~0.10
氧化钕	0.0050~0.10	氧化钬	0.0020~0.10
氧化钐	0.0050~0.10	氧化镱	0.0020~0.10
氧化铕	0.0020~0.10	氧化镥	0.0020~0.10
氧化钆	0.0050~0.10	氧化钇	0.0020~0.50

【方法提要】

试样以盐酸溶解，在稀盐酸介质中，以氩等离子体光源激发，进行光谱测定，采用基体匹配法校正基体对测定的影响。

【试剂与仪器】

(1) 盐酸（$\rho = 1.19g/cm^3$，1+1）；

(2) 氧化铒基体溶液：50mg/mL；

(3) 氧化镧、氧化铈、氧化镨、氧化钕、氧化钐、氧化铕、氧化钆、氧化铽、氧化镝、氧化钬、氧化铥、氧化镱、氧化镥和氧化钇标准溶液：1mL 含 100μg 各稀土氧化物；

(4) 氩气（>99.99%）；

(5) 电感耦合等离子体发射光谱仪，倒线色散率不大于 0.26nm/mm。

【分析步骤】

准确称取 0.5g 氧化物试样（0.431g 金属试样）于 100mL 烧杯中，加入 10mL 水及 10mL 盐酸（1+1），低温加热至试样完全溶解，冷却至室温，移入 100mL 容量瓶中，以水稀释至刻度，混匀待测。

【标准曲线绘制】

将氧化钬基体溶液与稀土氧化物标准溶液按表 4-68 分别移入 5 个 100mL 容量瓶中，加入 5mL 盐酸（1+1），以水稀释至刻度，混匀，配置标准溶液。

表 4-68　标准溶液质量浓度

标液编号	质量浓度/μg·mL⁻¹							
	Er_2O_3	La_2O_3	CeO_2	Pr_6O_{11}	Nd_2O_3	Sm_2O_3	Eu_2O_3	Gd_2O_3
1	5000	0	0	0	0	0	0	0
2	5000	0.20					0.20	
3	5000	0.50	0.50	0.50	0.50	0.50	0.50	0.50
4	5000	1.00	1.00	1.00	1.00	1.00	1.00	2.00
5	5000	10.00	10.00	10.00	10.00	10.00	10.00	10.00

续表 4-68

标液编号	质量浓度/μg·mL⁻¹						
	Tb_4O_7	Dy_2O_3	Ho_2O_3	Tm_2O_3	Yb_2O_3	Lu_2O_3	Y_2O_3
1	0	0	0	0	0	0	0
2				0.20	0.20	0.20	
3	0.50	0.50	0.50	0.50	0.50	0.50	0.50
4	1.00	1.00	1.00	1.00	1.00	1.00	1.00
5	10.00	10.00	10.00	10.00	10.00	10.00	10.00

将标准溶液与试样液一起于表 4-69 所示分析波长处，同时进行氩等离子体光谱测定。

表 4-69　测定元素波长

元素	La	Ce	Pr	Nd	Sm	Eu	Gd
分析线/nm	408.672	413.380	422.293 422.535	406.109	359.260	420.505	336.224 342.247

元素	Tb	Dy	Ho	Tm	Yb	Lu	Y
分析线/nm	350.917 384.873	353.170	345.600	379.575 336.261	328.937	261.542	371.030

【分析结果计算】

按式（4-36）计算各稀土元素的质量分数（%）：

$$w = \frac{(\rho - \rho_0)Vk \times 10^{-6}}{m} \times 100\% \qquad (4\text{-}36)$$

式中，ρ 为分析试液中稀土元素的质量浓度，μg/mL；ρ_0 为空白试液中稀土元素的质量浓度，μg/mL；V 为分析试液总体积，mL；m 为试样质量，g；k 为各元素单质与氧化物的换算系数，氧化物的 k 值为 1。

【注意事项】

（1）本方法也适用于铒的化合物，如碳酸铒、氯化铒、氟化铒等，称样量应确保氧化铒基体浓度为 5mg/mL。

（2）样品溶解方法同 4.2.1.1 节。

4.2.11.2　铒中稀土杂质的测定——电感耦合等离子体质谱法

【适用范围】

本方法适用于铒及其化合物中稀土杂质含量的测定。测定范围见表 4-70。

表 4-70　测定范围

元素	质量分数/%
La, Ce, Nd, Sm, Eu, Lu	0.00010~0.0050
Pr, Gd, Tb, Dy, Ho, Tm, Yb, Y	0.00010~0.010

【方法提要】

试样用硝酸溶解，在稀硝酸介质中，以氩等离子体为离子化源，以铯为内标进行校正，用质谱仪直接进行质谱测定。

【试剂与仪器】

（1）硝酸（优级纯，$\rho = 1.42g/cm^3$，1+1，1+99）；

（2）铯标准溶液：1μg/mL，1%硝酸介质；

（3）混合稀土标准溶液：1mL 含 14 个稀土元素氧化物各 1μg，1%硝酸介质；

（4）电感耦合等离子体质谱仪：质量分辨率（0.7±0.1）amu。

【分析步骤】

准确称取 0.5g 试样，置于 100mL 烧杯中，加少许水，加入 5mL 硝酸（1+1），低温加热溶解完全，放置冷却至室温，移入 100mL 容量瓶中，用水稀释至刻度，混匀。移取 5mL 试液于 100mL 容量瓶中，加入 1.0mL 铯标准溶液，用硝酸（1+99）稀释至刻度，混匀。

【标准曲线绘制】

准确移取 0、0.2、0.5、1.0、5.0、10.0mL 混合稀土氧化物标准溶液于一组 100mL 容量瓶中，加 1.0mL 铯标准溶液，用硝酸（1+99）稀释至刻度，混匀。此标准系列溶液各稀土氧化物浓度为 0、2.0、5.0、10.0、50.0、100.0ng/mL。

将系列标准溶液与试样液一起在电感耦合等离子体质谱仪测定条件下，测量稀土同位素强度。将标准溶液的浓度直接输入计算机，用内标法校正非质谱干扰，并输出测定试液中待测稀土元素的浓度。

推荐测定同位素见表 4-71。

表 4-71　测定元素质量数

元素	质量数	元素	质量数
Y	89	Gd	157
La	139	Tb	159
Ce	140	Dy	161
Pr	141	Ho	165
Nd	146	Tm	169
Sm	147	Yb	172
Eu	151	Lu	175

【分析结果计算】

按式（4-37）计算各稀土元素的质量分数（%）：

$$w = \frac{(\rho - \rho_0)V_2 V_0 \times 10^{-9}}{kmV_1} \times 100\% \tag{4-37}$$

式中，ρ 为试液中待测稀土元素的质量浓度，ng/mL；ρ_0 为空白试液中待测稀土元素的质量浓度，ng/mL；V_0 为试液总体积，mL；V_1 为移取试液的体积，mL；V_2 为测定试液的体积，mL；m 为试样的质量，g；k 为氧化物对单质的换算系数。

4.2.12 铥及其化合物

4.2.12.1 铥中稀土杂质的测定——电感耦合等离子体发射光谱法

【适用范围】

本方法适用于金属铥及其化合物中稀土杂质的测定。测定范围见表 4-72。

表 4-72 测定范围

元素	质量分数/%	元素	质量分数/%
氧化镧	0.0010~0.10	氧化铽	0.0010~0.10
氧化铈	0.0010~0.10	氧化镝	0.0010~0.10
氧化镨	0.0010~0.10	氧化钬	0.0010~0.10
氧化钕	0.0010~0.10	氧化铒	0.0010~0.10
氧化钐	0.0010~0.10	氧化镱	0.0010~0.10
氧化铕	0.0010~0.10	氧化镥	0.0010~0.10
氧化钆	0.0010~0.10	氧化钇	0.0010~0.10

【方法提要】

试样以盐酸溶解，在稀盐酸介质中，以氩等离子体光源激发，进行光谱测定，采用基体匹配法校正基体对测定的影响。

【试剂与仪器】

（1）盐酸（$\rho=1.19\text{g/cm}^3$，1+1）；

（2）氧化铥基体溶液：50mg/mL；

（3）氧化镧、氧化铈、氧化镨、氧化钕、氧化钐、氧化铕、氧化钆、氧化铽、氧化镝、氧化钬、氧化铒、氧化镱、氧化镥和氧化钇标准溶液：1mL 含 100μg 各稀土氧化物；

（4）氩气（>99.99%）；

（5）电感耦合等离子体发射光谱仪，倒线色散率不大于 0.26nm/mm。

【分析步骤】

准确称取 0.5g 氧化物试样（0.438g 金属试样）于 100mL 烧杯中，加入

10mL 水及 10mL 盐酸（1+1），低温加热至试样完全溶解，冷却至室温，移入 100mL 容量瓶中，以水稀释至刻度，混匀待测。

【标准曲线绘制】

将氧化铥基体溶液与稀土氧化物标准溶液按表 4-73 分别移入 5 个 100mL 容量瓶中，加入 5mL 盐酸（1+1），以水稀释至刻度，混匀，配置标准溶液。

表 4-73　标准溶液质量浓度

标液编号	质量浓度/$\mu g \cdot mL^{-1}$							
	Tm_2O_3	La_2O_3	CeO_2	Pr_6O_{11}	Nd_2O_3	Sm_2O_3	Eu_2O_3	Gd_2O_3
1	5000	0	0	0	0	0	0	0
2	5000	0.10	0.10	0.10	0.10	0.10	0.10	0.10
3	5000	0.50	0.50	0.50	0.50	0.50	0.50	0.50
4	5000	1.00	1.00	1.00	1.00	1.00	1.00	1.00
5	5000	5.00	5.00	5.00	5.00	5.00	5.00	5.00

标液编号	质量浓度/$\mu g \cdot mL^{-1}$						
	Tb_4O_7	Dy_2O_3	Ho_2O_3	Er_2O_3	Yb_2O_3	Lu_2O_3	Y_2O_3
1	0	0	0	0	0	0	0
2	0.10	0.10	0.10	0.10	0.10	0.10	0.10
3	0.50	0.50	0.50	0.50	0.50	0.50	0.50
4	1.00	1.00	1.00	1.00	1.00	1.00	1.00
5	5.00	5.00	5.00	5.00	5.00	5.00	5.00

将标准溶液与试样液一起于表 4-74 所示分析波长处，同时进行氩等离子体光谱测定。

表 4-74　测定元素波长

元素	La	Ce	Pr	Nd	Sm	Eu	Gd
分析线/nm	408.672 412.323	413.380 413.765	411.848	402.225	359.262	381.965 412.974	342.246 355.048

元素	Tb	Dy	Ho	Er	Yb	Lu	Y
分析线/nm	350.917	353.171 407.797	389.102 339.898	337.271 349.910	328.937 289.138	261.542 219.554	371.020 324.228

【分析结果计算】

按式（4-38）计算各稀土元素的质量分数（%）：

$$w = \frac{(\rho - \rho_0)Vk \times 10^{-6}}{m} \times 100\% \qquad (4\text{-}38)$$

式中，ρ 为分析试液中稀土元素的质量浓度，$\mu g/mL$；ρ_0 为空白试液中稀土元素的质量浓度，$\mu g/mL$；V 为分析试液总体积，mL；m 为试样质量，g；k 为各元素单质与氧化物的换算系数，氧化物的 k 值为 1。

【注意事项】

（1）本方法也适用于铥的化合物，如碳酸铥、氯化铥、氟化铥等，称样量应确保氧化铥基体浓度为 5mg/mL。

（2）样品溶解方法同 4.2.1.1 节。

4.2.12.2　铥中稀土杂质的测定——电感耦合等离子体质谱法

【适用范围】

本方法适用于铥及其化合物中稀土杂质含量的测定。测定范围：各稀土杂质的质量分数均为 0.00010%～0.010%。

【方法提要】

试样用硝酸溶解，在稀硝酸介质中，以氩电感耦合等离子体为离子化源，以铯为内标进行校正，用质谱仪直接进行质谱测定。

【试剂与仪器】

（1）硝酸（优级纯，$\rho = 1.42g/cm^3$，1+1，1+99）；

（2）铯标准溶液：$1\mu g/mL$，1%硝酸介质；

（3）混合稀土标准溶液：1mL 含 14 个稀土元素氧化物各 $1\mu g$，1%硝酸介质；

（4）电感耦合等离子体质谱仪：质量分辨率（0.7±0.1）amu。

【分析步骤】

准确称取 0.5g 试样，置于 100mL 烧杯中，加少许水，加入 5mL 硝酸（1+1），低温加热溶解完全，放置冷却至室温，移入 100mL 容量瓶中，用水稀释至刻度，混匀。随同试样做空白试样。移取 5mL 试液于 100mL 容量瓶中，加入 1mL 铯标准溶液，用硝酸（1+99）稀释至刻度，混匀。

【标准曲线绘制】

准确移取 0、0.2、0.5、1.0、5.0、10.0mL 混合稀土氧化物标准溶液于一组 100mL 容量瓶中，加 1.0mL 铯标准溶液，用硝酸（1+99）稀释至刻度，混匀。此标准系列溶液各稀土氧化物浓度为 0、2.0、5.0、10.0、50.0、100.0ng/mL。

将此系列标准溶液与试样液一起在电感耦合等离子体质谱仪测定条件下，测量稀土同位素强度。将标准溶液的浓度直接输入计算机，用内标法校正非质谱干扰，并输出分析试液中待测稀土元素的质量浓度。

推荐测定同位素见表4-75。

表4-75　测定元素质量数

元素	质量数	元素	质量数
Y	89	Gd	157
La	139	Tb	159
Ce	140	Dy	163
Pr	141	Ho	165
Nd	146	Er	166
Sm	147	Yb	172
Eu	153	Lu	175

【分析结果计算】

按式（4-39）计算各稀土元素的质量分数（%）：

$$w = \frac{(\rho - \rho_0)V_2V_0 \times 10^{-9}}{kmV_1} \times 100\% \qquad (4\text{-}39)$$

式中，ρ 为试液中待测稀土元素的质量浓度，ng/mL；ρ_0 为空白试液中待测稀土元素的质量浓度，ng/mL；V_0 为试液总体积，mL；V_1 为移取试液的体积，mL；V_2 为测定试液的体积，mL；m 为试样的质量，g；k 为氧化物对单质的换算系数。

4.2.13　镱及其化合物

4.2.13.1　镱中稀土杂质的测定——电感耦合等离子体发射光谱法

【适用范围】

本方法适用于金属镱及其化合物中稀土杂质的测定。测定范围见表4-76。

表4-76　测定范围

元素	质量分数/%	元素	质量分数/%
氧化镧	0.0010~0.10	氧化铽	0.0010~0.10
氧化铈	0.0010~0.10	氧化镝	0.0010~0.10
氧化镨	0.0010~0.10	氧化钬	0.0010~0.10
氧化钕	0.0010~0.10	氧化铒	0.0010~0.10
氧化钐	0.0010~0.10	氧化铥	0.0010~0.10
氧化铕	0.0010~0.10	氧化镥	0.0010~0.10
氧化钆	0.0010~0.10	氧化钇	0.0010~0.10

【方法提要】

试样以盐酸溶解，在稀盐酸介质中，以氩等离子体光源激发，进行光谱测定，采用基体匹配法校正基体对测定的影响。

【试剂与仪器】

（1）盐酸（$\rho = 1.19\text{g/cm}^3$，1+1）；

（2）氧化镱基体溶液：50mg/mL；

（3）氧化镧、氧化铈、氧化镨、氧化钕、氧化钐、氧化铕、氧化钆、氧化铽、氧化镝、氧化钬、氧化铒、氧化铥、氧化镥和氧化钇标准溶液：1mL 含 100μg 各稀土氧化物；

（4）氩气（>99.99%）；

（5）电感耦合等离子体发射光谱仪，倒线色散率不大于 0.26nm/mm。

【分析步骤】

准确称取 0.5g 氧化物试样（0.439g 金属试样）于 100mL 烧杯中，加入 10mL 水及 10mL 盐酸（1+1），低温加热至试样完全溶解，冷却至室温，移入 100mL 容量瓶中，以水稀释至刻度，混匀待测。

【标准曲线绘制】

将氧化镱基体溶液与稀土氧化物标准溶液按表 4-77 分别移入 5 个 100mL 容量瓶中，加入 5mL 盐酸（1+1），以水稀释至刻度，混匀，配置标准溶液。

表 4-77 标准溶液质量浓度

标液编号	质量浓度/μg·mL^{-1}							
	Yb_2O_3	La_2O_3	CeO_2	Pr_6O_{11}	Nd_2O_3	Sm_2O_3	Eu_2O_3	Gd_2O_3
1	5000	0	0	0	0	0	0	0
2	5000	0.10	0.10	0.10	0.10	0.10	0.10	0.10
3	5000	0.50	0.50	0.50	0.50	0.50	0.50	0.50
4	5000	1.00	1.00	1.00	1.00	1.00	1.00	1.00
5	5000	5.00	5.00	5.00	5.00	5.00	5.00	5.00

标液编号	质量浓度/μg·mL^{-1}						
	Tb_4O_7	Dy_2O_3	Ho_2O_3	Er_2O_3	Tm_2O_3	Lu_2O_3	Y_2O_3
1	0	0	0	0	0	0	0
2	0.10	0.10	0.10	0.10	0.10	0.10	0.10
3	0.50	0.50	0.50	0.50	0.50	0.50	0.50
4	1.00	1.00	1.00	1.00	1.00	1.00	1.00
5	5.00	5.00	5.00	5.00	5.00	5.00	5.00

将标准溶液与试样液一起于表 4-78 所示分析波长处，同时进行氩等离子体光谱测定。

表 4-78 测定元素波长

元素	La	Ce	Pr	Nd	Sm	Eu	Gd
分析线/nm	408.671	413.765	417.942	410.225	360.948	412.973	336.224
	279.477	418.660			359.260		

元素	Tb	Dy	Ho	Er	Tm	Lu	Y
分析线/nm	350.917 367.635	353.171	345.600	349.910	313.126 384.802	219.554 261.542	324.229

【分析结果计算】

按式（4-40）计算各稀土元素的质量分数（%）：

$$w = \frac{(\rho - \rho_0)Vk \times 10^{-6}}{m} \times 100\% \tag{4-40}$$

式中，ρ 为分析试液中稀土元素的质量浓度，$\mu g/mL$；ρ_0 为空白试液中稀土元素的质量浓度，$\mu g/mL$；V 为分析试液总体积，mL；m 为试样质量，g；k 为各元素单质与氧化物的换算系数，氧化物的 k 值为1。

【注意事项】

（1）本方法也适用于镱的化合物，如碳酸镱、氯化镱、氟化镱等，称样量应确保氧化镱基体浓度为5mg/mL。

（2）样品溶解方法同4.2.1.1节。

4.2.13.2　镱中稀土杂质的测定——电感耦合等离子体质谱法

【适用范围】

本方法适用于镱及其化合物中稀土杂质含量的测定。测定范围：各稀土杂质的质量分数均为 0.00010%~0.010%。

【方法提要】

试样用硝酸溶解，在稀硝酸介质中，以氩电感耦合等离子体为离子化源，以铯为内标进行校正。用质谱仪直接测定除镥以外的稀土杂质元素；镥经 C272 微型柱分离镱基体后，进行质谱测定。

【试剂与仪器】

（1）硝酸（优级纯，$\rho = 1.42g/cm^3$，1+1，1+99）；

（2）盐酸标准溶液：2mol/L；

（3）盐酸淋洗液：0.015mol/L，用盐酸标准溶液稀释后标定；

（4）盐酸洗脱液：0.5mol/L，用盐酸标准溶液稀释后标定；

（5）铯标准溶液：1$\mu g/mL$，1%硝酸介质；

（6）混合稀土标准溶液：1mL 含 14 个稀土元素氧化物各1μg，1%硝酸介质；

（7）电感耦合等离子体质谱仪：质量分辨率（0.7±0.1）amu；

（8）C272 微型分离柱，柱床（23mm×9mm，ID），填料为含20% Cyanex272 的负载硅球（50~70μm）。流程见图 4-1。

【分析步骤】

准确称取 0.5g 试样，置于 100mL 烧杯中，加少许水，加入 5mL 硝酸（1+1），低温加热溶解完全，放置冷却至室温，移入 100mL 容量瓶中，用水稀释至刻度，混匀。随同试样做空白试样。移取 5mL 试液于 100mL 容量瓶中，加入 1.0mL 铯标准溶液，用硝酸（1+99）稀释至刻度，混匀。测定除镥外的稀土杂质。

镥测定用测定试液的制备

分离柱的准备　将微型分离柱冲水去气，预先以盐酸洗脱液洗涤 30min，再以盐酸淋洗液平衡后，备用。将微型分离柱用内径 0.8mm 聚四氟乙烯管按图 4-1 连接在分离装置流路中，选择合适的泵管，调节试液管路流速为 1.0mL/min，洗脱液管路流速及淋洗液管路流速均为（1.0±0.1）mL/min。

基体的分离　将淋洗液管路和洗脱液管路分别插入淋洗液和洗脱液中，用淋洗液平衡分离柱 6min，将试液管路插入试液中，待试液充满管路后，切换旋转阀 1，准确采集 1.0mL 试液。将阀 1 切换至原位，用淋洗液淋洗分离柱 20min，将基体镥洗出，排至废液中。切换旋转阀 2，用洗脱液洗脱 1min 后，切换旋转阀 3，继续用洗脱液洗脱 7min，将富集在分离柱上的镥洗脱出来，分离液收集于 100mL 容量瓶中，阀 3 切换至原位。3min 后将阀 2 切换至原位。于收集分离液的容量瓶中加入 1mL 铯标准溶液，用硝酸（1+99）稀释至刻度，混匀。

【标准曲线绘制】

准确移取 0、0.2、0.5、1.0、5.0、10.0mL 混合稀土氧化物标准使用溶液于一组 100mL 容量瓶中，加 1.0mL 铯标准溶液，用硝酸（1+99）稀释至刻度，混匀。此标准系列溶液各稀土氧化物浓度为 0、2.0、5.0、10.0、50.0、100.0ng/mL。

将此系列溶液与试样液一起于电感耦合等离子体质谱仪测定条件下，测量稀土同位素强度。将标准溶液的浓度直接输入计算机，用内标法校正非质谱干扰，并输出分析试液中待测稀土元素的浓度。

推荐测定同位素见表 4-79。

表 4-79　测定元素质量数

元素	质量数	元素	质量数
Y	89	Gd	155
La	139	Tb	159
Ce	140	Dy	163
Pr	141	Ho	165
Nd	146	Er	166
Sm	147	Tm	169
Eu	151	Lu	175

【分析结果计算】

按式（4-41）计算各稀土元素的质量分数（%）：

$$w = \frac{(\rho_1 - \rho_0)V_2 V_0 \times 10^{-9}}{kmV_1} \times 100\% \tag{4-41}$$

式中，ρ 为试液中待测稀土元素的质量浓度，ng/mL；ρ_0 为空白试液中待测稀土元素的质量浓度，ng/mL；V_0 为试液总体积，mL；V_1 为移取试液的体积，mL；V_2 为测定试液的体积，mL；m 为试样的质量，g；k 为氧化物对单质的换算系数。

4.2.14　镥及其化合物

4.2.14.1　镥中稀土杂质的测定——电感耦合等离子体发射光谱法[14]

【适用范围】

本方法适用于金属镥及其化合物中稀土杂质的测定。测定范围见表4-80。

表 4-80　测定范围

元素	质量分数/%	元素	质量分数/%
氧化镧	0.0010~0.10	氧化铽	0.0010~0.10
氧化铈	0.0010~0.10	氧化镝	0.0010~0.10
氧化镨	0.0010~0.10	氧化钬	0.0010~0.10
氧化钕	0.0010~0.10	氧化铒	0.0010~0.10
氧化钐	0.0010~0.10	氧化铥	0.0010~0.10
氧化铕	0.0010~0.10	氧化镱	0.0010~0.10
氧化钆	0.0010~0.10	氧化钇	0.0010~0.10

【方法提要】

试样以盐酸溶解，在稀盐酸介质中，以氩等离子体光源激发，进行光谱测定，采用基体匹配法校正基体对测定的影响。

【试剂与仪器】

（1）盐酸（$\rho = 1.19$g/cm³，1+1）；

（2）氧化镥基体溶液：50mg/mL；

（3）氧化镧、氧化铈、氧化镨、氧化钕、氧化钐、氧化铕、氧化钆、氧化铽、氧化镝、氧化钬、氧化铒、氧化铥、氧化镱和氧化钇标准溶液：1mL 含 100μg 各稀土氧化物；

（4）氩气（>99.99%）；

（5）电感耦合等离子体发射光谱仪，倒线色散率不大于 0.26nm/mm。

【分析步骤】

准确称取 0.5g 氧化物试样（0.439g 金属试样）于 100mL 烧杯中，加入

10mL 水及 10mL 盐酸（1+1），低温加热至试样完全溶解，冷却至室温，移入 100mL 容量瓶中，以水稀释至刻度，混匀待测。

【标准曲线绘制】

将氧化镥基体溶液与稀土氧化物标准溶液按表 4-81 分别移入 5 个 100mL 容量瓶中，加入 5mL 盐酸（1+1），以水稀释至刻度，混匀，配置标准溶液。

表 4-81　标准溶液质量浓度

标液编号	质量浓度/$\mu g \cdot mL^{-1}$							
	Lu_2O_3	La_2O_3	CeO_2	Pr_6O_{11}	Nd_2O_3	Sm_2O_3	Eu_2O_3	Gd_2O_3
1	5000	0	0	0	0	0	0	0
2	5000	0.10	0.10	0.10	0.10	0.10	0.10	0.10
3	5000	0.50	0.50	0.50	0.50	0.50	0.50	0.50
4	5000	1.00	1.00	1.00	1.00	1.00	1.00	1.00
5	5000	5.00	5.00	5.00	5.00	5.00	5.00	5.00

标液编号	质量浓度/$\mu g \cdot mL^{-1}$						
	Tb_4O_7	Dy_2O_3	Ho_2O_3	Er_2O_3	Tm_2O_3	Yb_2O_3	Y_2O_3
1	0	0	0	0	0	0	0
2	0.10	0.10	0.10	0.10	0.10	0.10	0.10
3	0.50	0.50	0.50	0.50	0.50	0.50	0.50
4	1.00	1.00	1.00	1.00	1.00	1.00	1.00
5	5.00	5.00	5.00	5.00	5.00	5.00	5.00

将标准溶液与试样液一起于表 4-82 所示分析波长处，同时进行氩等离子体光谱测定。

表 4-82　测定元素波长

元素	La	Ce	Pr	Nd	Sm	Eu	Gd
分析线/nm	408.672 333.749	413.380 413.765	417.943	430.357 406.109	359.260 363.427	412.973 420.505	342.246 336.224

元素	Tb	Dy	Ho	Er	Tm	Yb	Y
分析线/nm	332.440	353.170 340.780	345.600	349.910 383.051	313.126 384.802	328.938 289.138	371.030 324.228

【分析结果计算】

按式（4-42）计算各稀土元素的质量分数（%）：

$$w = \frac{(\rho - \rho_0) Vk \times 10^{-6}}{m} \times 100\% \qquad (4\text{-}42)$$

式中，ρ 为分析试液中稀土元素的质量浓度，$\mu g/mL$；ρ_0 为空白试液中稀土元素的质量浓度，$\mu g/mL$；V 为分析试液总体积，mL；m 为试样质量，g；k 为各元素单质与氧化物的换算系数，氧化物的 k 值为 1。

【注意事项】

（1）本方法也适用于镥的化合物，如碳酸镥、氯化镥、氟化镥等，称样量应确保氧化镥基体浓度为 5mg/mL。

（2）样品溶解方法同 4.2.1.1 节。

4.2.14.2 镥中稀土杂质的测定——电感耦合等离子体质谱法

【适用范围】

本方法适用于金属镥及其化合物中稀土杂质含量的测定。测定范围：各稀土杂质的质量分数均为 0.00010%~0.010%。

【方法提要】

试样用硝酸溶解，在稀硝酸介质中，以氩等离子体为离子化源，以铯为内标进行校正，用质谱仪直接进行质谱测定。

【试剂与仪器】

（1）硝酸（优级纯，$\rho = 1.42g/cm^3$，1+1，1+99）；

（2）铯标准溶液：$1\mu g/mL$，1%硝酸介质；

（3）混合稀土标准溶液：1mL 含 14 个稀土元素氧化物各 $1\mu g$，1%硝酸介质；

（4）电感耦合等离子体质谱仪：质量分辨率（0.7±0.1）amu。

【分析步骤】

准确称取 0.5g 试样，置于 100mL 烧杯中，加少许水，加入 5mL 硝酸（1+1），低温加热溶解完全，放置冷却至室温，移入 100mL 容量瓶中，用水稀释至刻度，混匀。随同试样做空白试样。移取 5mL 试液于 100mL 容量瓶中，加入 1.0mL 铯标准溶液，用硝酸（1+99）稀释至刻度，混匀。

【标准曲线绘制】

准确移取 0、0.2、0.5、1.0、5.0、10.0mL 混合稀土氧化物标准溶液于一组 100mL 容量瓶中，加 1.0mL 铯标准溶液，用硝酸（1+99）稀释至刻度，混匀。此标准系列溶液各稀土氧化物质量浓度为 0、2.0、5.0、10.0、50.0、100.0ng/mL。

将系列溶液与试样液一起于电感耦合等离子体质谱仪测定条件下，测量稀土同位素强度。将标准溶液的质量浓度直接输入计算机，用内标法校正非质谱干扰，并输出分析试液中待测稀土元素的质量浓度。

推荐测定同位素见表 4-83。

表 4-83 测定元素质量数

元素	质量数	元素	质量数
Y	89	Gd	157
La	139	Tb	159
Ce	140	Dy	163
Pr	141	Ho	165
Nd	146	Er	166
Sm	147	Tm	169
Eu	153	Yb	172

【分析结果计算】

按式（4-43）计算各稀土元素的质量分数（%）：

$$w = \frac{(\rho - \rho_0)V_2 V_0 \times 10^{-9}}{kmV_1} \times 100\% \tag{4-43}$$

式中，ρ 为试液中待测稀土元素的质量浓度，ng/mL；ρ_0 为空白试液中待测稀土元素的质量浓度，ng/mL；V_0 为试液总体积，mL；V_1 为移取试液的体积，mL；V_2 为测定试液的体积，mL；m 为试样的质量，g；k 为氧化物对单质的换算系数。

4.2.15 钇及其化合物

4.2.15.1 钇中稀土杂质的测定——电感耦合等离子体发射光谱法[15,16]

【适用范围】

本方法适用于金属钇及其化合物中稀土杂质的测定。测定范围见表 4-84。

表 4-84 测定范围

元素	质量分数/%	元素	质量分数/%
氧化镧	0.0010~0.050	氧化铽	0.0010~0.050
氧化铈	0.0010~0.050	氧化镝	0.0010~0.050
氧化镨	0.0010~0.050	氧化钬	0.0010~0.050
氧化钕	0.0010~0.050	氧化铒	0.0010~0.050
氧化钐	0.0010~0.050	氧化铥	0.0010~0.050
氧化铕	0.0010~0.050	氧化镱	0.0010~0.050
氧化钆	0.0010~0.050	氧化镥	0.0010~0.050

【方法提要】

试样以盐酸溶解，在稀盐酸介质中，以氩等离子体光源激发，进行光谱测定，采用基体匹配法校正基体对测定的影响。

【试剂与仪器】

（1）盐酸（$\rho = 1.19\text{g/cm}^3$，1+1）；

（2）氧化钇基体溶液：50mg/mL；

（3）氧化镧、氧化铈、氧化镨、氧化钕、氧化钐、氧化铕、氧化钆、氧化铽、氧化镝、氧化钬、氧化铒、氧化铥、氧化镱和氧化镥标准溶液：1mL 含 100μg 各稀土氧化物；

（4）氩气（>99.99%）；

（5）电感耦合等离子体发射光谱仪，倒线色散率不大于 0.26nm/mm。

【分析步骤】

准确称取 0.5g 氧化物试样（0.394g 金属试样）于 100mL 烧杯中，加入 10mL 水及 10mL 盐酸（1+1），低温加热至试样完全溶解，冷却至室温，移入 100mL 容量瓶中，以水稀释至刻度，混匀待测。

【标准曲线绘制】

将氧化钇基体溶液与稀土氧化物标准溶液按表 4-85 分别移入 5 个 100mL 容量瓶中，加入 5mL 盐酸（1+1），以水稀释至刻度，混匀，配置标准溶液。

表 4-85 标准溶液质量浓度

标液编号	质量浓度/μg·mL^{-1}							
	Y_2O_3	La_2O_3	CeO_2	Pr_6O_{11}	Nd_2O_3	Sm_2O_3	Eu_2O_3	Gd_2O_3
1	5000	0	0	0	0	0	0	0
2	5000	0.10	0.10	0.10	0.10	0.10	0.10	0.10
3	5000	0.50	0.50	0.50	0.50	0.50	0.50	0.50
4	5000	1.00	1.00	1.00	1.00	1.00	1.00	1.00
5	5000	5.00	5.00	5.00	5.00	5.00	5.00	5.00

标液编号	质量浓度/μg·mL^{-1}							
	Tb_4O_7	Dy_2O_3	Ho_2O_3	Er_2O_3	Tm_2O_3	Yb_2O_3	Lu_2O_3	
1	0	0	0	0	0	0	0	
2	0.10	0.10	0.10	0.10	0.10	0.10	0.10	
3	0.50	0.50	0.50	0.50	0.50	0.50	0.50	
4	1.00	1.00	1.00	1.00	1.00	1.00	1.00	
5	5.00	5.00	5.00	5.00	5.00	5.00	5.00	

将标准溶液与试样液一起于表 4-86 所示分析波长处，同时进行氩等离子体光谱测定。

【分析结果计算】

按式（4-44）计算各稀土元素的质量分数（%）：

$$w = \frac{(\rho - \rho_0)Vk \times 10^{-6}}{m} \times 100\% \qquad (4-44)$$

式中，ρ 为分析试液中稀土元素的质量浓度，$\mu g/mL$；ρ_0 为空白试液中稀土元素的质量浓度，$\mu g/mL$；V 为分析试液总体积，mL；m 为试样质量，g；k 为各元素单质与氧化物的换算系数，氧化物的 k 值为 1。

表 4-86   测定元素波长

元素	La	Ce	Pr	Nd	Sm	Eu	Gd
分析线/nm	408.671	418.660	422.533	401.225	428.078	381.965	342.246

元素	Tb	Dy	Ho	Er	Tm	Yb	Lu
分析线/nm	350.917	353.170	345.600 339.898	337.271	313.126	328.937	261.542

【注意事项】

（1）本方法也适用于钇的化合物，如碳酸钇、氟化钇等，称样量应确保氧化钇基体浓度为 5mg/mL。

（2）样品溶解方法同 4.2.1.1 节。

4.2.15.2   钇中稀土杂质的测定——电感耦合等离子体质谱法

【适用范围】

本方法适用于金属钇及其化合物中稀土杂质含量的测定。测定范围见表 4-87。

表 4-87   测定范围

元素	质量分数/%
La, Nd, Sm, Gd	0.00010~0.010
Ce, Pr, Eu, Tb, Dy, Ho, Er, Tm, Yb, Lu	0.000050~0.010

【方法提要】

试样用硝酸溶解，在稀硝酸介质中，以氩电感耦合等离子体为离子化源，以铯为内标进行校正，用质谱仪直接进行质谱测定。

【试剂与仪器】

（1）硝酸（优级纯，$\rho = 1.42g/cm^3$，1+1，1+99）；

（2）过氧化氢（优级纯，30%）；

（3）铯标准溶液：$1\mu g/mL$，1% 硝酸介质；

（4）混合稀土标准溶液：1mL 含 14 个稀土元素氧化物各 $1\mu g$，1% 硝酸介质；

（5）电感耦合等离子体质谱仪：质量分辨率（0.7±0.1）amu。

【分析步骤】

准确称取 0.5g 试样，置于 100mL 烧杯中，加少许水，加入 5mL 硝酸（1+

1），滴加过氧化氢助溶，低温加热溶解完全，放置冷却至室温，移入100mL容量瓶中，用水稀释至刻度，混匀。随同试样做空白试样。移取5mL试液于100mL容量瓶中，加入1mL铯标准使用溶液，用硝酸（1+99）稀释至刻度，混匀。

【标准曲线绘制】

准确移取0、0.2、0.5、1.0、5.0、10.0mL混合稀土氧化物标准溶液于一组100mL容量瓶中，加1.0mL铯标准溶液，用硝酸（1+99）稀释至刻度，混匀。此标准系列溶液各稀土氧化物浓度为0、2.0、5.0、10.0、50.0、100.0ng/mL。

将此系列溶液与试样液一起于电感耦合等离子体质谱仪测定条件下，测量稀土同位素强度。将标准溶液的浓度直接输入计算机，用内标法校正非质谱干扰，并输出分析试液中待测稀土元素的浓度。

推荐测定同位素见表4-88。

表 4-88　测定元素质量数

元素	质量数	元素	质量数
La	139	Tb	159
Ce	140	Dy	163
Pr	141	Ho	165
Nd	146	Er	167
Sm	147	Tm	169
Eu	151	Yb	172
Gd	157	Lu	175

【分析结果计算】

按式（4-45）计算各稀土元素的质量分数（%）：

$$w = \frac{(\rho - \rho_0)V_2V_0 \times 10^{-9}}{kmV_1} \times 100\% \tag{4-45}$$

式中，ρ 为试液中待测稀土元素的质量浓度，ng/mL；ρ_0 为空白试液中待测稀土元素的质量浓度，ng/mL；V_0 为试液总体积，mL；V_1 为移取试液的体积，mL；V_2 为测定试液的体积，mL；m 为试样的质量，g；k 为氧化物对单质的换算系数。

4.2.16　氧化钇铕中稀土杂质的测定

4.2.16.1　电感耦合等离子体发射光谱法

【适用范围】

本方法适用于氧化钇铕中稀土杂质的测定。测定范围见表4-89。

表 4-89   测定范围

元素	质量分数/%	元素	质量分数/%
氧化镧	0.00020~0.010	氧化镝	0.00020~0.010
氧化铈	0.00030~0.010	氧化钬	0.00010~0.010
氧化镨	0.00030~0.010	氧化铒	0.00010~0.010
氧化钕	0.00030~0.010	氧化铥	0.00010~0.010
氧化钐	0.00030~0.010	氧化镱	0.00010~0.010
氧化钆	0.00020~0.010	氧化镥	0.00010~0.010
氧化铽	0.00030~0.010		

【方法提要】

试样以盐酸溶解，在稀盐酸介质中，以氩等离子体光源激发，进行光谱测定。

【试剂与仪器】

(1) 盐酸（$\rho=1.19g/cm^3$，1+1）；

(2) 过氧化氢（30%）；

(3) 氧化钇基体溶液：100mg/mL；

(4) 氧化铈基体溶液：10mg/mL；

(5) 氧化镧、氧化铈、氧化镨、氧化钕、氧化钐、氧化钆、氧化铽、氧化镝、氧化钬、氧化铒、氧化铥、氧化镱和氧化镥混合标准溶液：1mL 含 20.1μg 各稀土氧化物；

(6) 氩气（>99.99%）；

(7) 电感耦合等离子体发射光谱仪，倒线色散率不大于 0.26nm/mm。

【分析步骤】

准确称取 0.1g 氧化物试样于 100mL 烧杯中，加入 10mL 水及 10mL 盐酸（1+1），低温加热至试样完全溶解，冷却至室温，移入 100mL 容量瓶中，以水稀释至刻度，混匀待测。

【标准曲线绘制】

将氧化铈、氧化钇基体溶液与稀土氧化物混合标准溶液分别配制标准系列溶液，加入 5mL 盐酸（1+1），以水稀释至刻度，混匀。

氧化铈、氧化钇基体溶液浓度分别为 250 与 9750、510 与 9490、600 与 9400、680 与 9320、760 与 9240、860 与 9140μg/mL，各待测稀土元素质量浓度分别对应为 0、0.02、0.10、0.50、1.00、2.00μg/mL。

将标准溶液与试样液一起于表 4-90 所示分析波长处，同时进行氩等离子体光谱测定。

表 4-90 测定元素波长

元素	La	Ce	Pr	Nd	Sm	Gd	Tb
分析线/nm	408.672	413.765 418.660	422.533	401.225	428.078	310.050	350.917

元素	Dy	Ho	Er	Tm	Yb	Lu	
分析线/nm	353.171 400.045	339.898 345.600	337.271	313.126	328.937 289.138	261.542	

【分析结果计算】

按式（4-46）计算各稀土元素的质量分数（%）：

$$w = \frac{(\rho - \rho_0)V \times 10^{-6}}{m} \times 100\% \qquad (4-46)$$

式中，ρ 为分析试液中稀土元素的质量浓度，μg/mL；ρ_0 为空白试液中稀土元素的质量浓度，μg/mL；V 为分析试液总体积，mL；m 为试样质量，g。

4.2.16.2 电感耦合等离子体质谱法

【适用范围】

本方法适用于氧化钇铕中稀土杂质的测定。测定范围见表 4-91。

表 4-91 测定范围

元素	质量分数/%	元素	质量分数/%
氧化镧	0.000050~0.0050	氧化镝	0.000050~0.0050
氧化铈	0.000050~0.0050	氧化钬	0.000050~0.0050
氧化镨	0.000050~0.0050	氧化铒	0.000050~0.0050
氧化钕	0.000050~0.0050	氧化铥	0.000050~0.0050
氧化钐	0.000050~0.0050	氧化镱	0.00020~0.0050
氧化钆	0.000050~0.0050	氧化镥	0.000050~0.0050
氧化铽	0.000050~0.0050		

【方法提要】

试样以硝酸溶解，在稀酸介质中，以氩等离子体为离子化源，进行质谱测定。测定时以内标法进行校正，用干扰方程校正铥所受铕多原子干扰。

【试剂与仪器】

（1）硝酸（$\rho = 1.42 \text{g/cm}^3$，1+1）；

（2）过氧化氢（30%）；

（3）氧化镧、氧化铈、氧化镨、氧化钕、氧化钐、氧化钆、氧化铽、氧化镝、氧化钬、氧化铒、氧化铥、氧化镱和氧化镥混合标准溶液：1mL 含 1μg 各稀土氧化物；

(4) 铯内标溶液：1μg/mL，1%硝酸介质；

(5) 氩气（>99.99%）；

(6) 电感耦合等离子体质谱仪：质量分辨率（0.7±0.1）amu。

【分析步骤】

准确称取 0.1g 氧化物试样于 200mL 四氟乙烯烧杯中，加入少许水及 5mL 硝酸（1+1），滴加过氧化氢助溶，加热溶解至清。取下，冷却至室温，移入100mL 容量瓶中，加入 1.0mL 铯内标溶液，用水稀释至刻度，混匀待测。

【标准曲线绘制】

分别移取 0、0.2、0.5、1.0、2.0、5.0mL 混合稀土标准溶液于 6 个 100mL容量瓶中，加入 1.0mL 铯内标溶液，加入 4mL 硝酸（1+1），用水稀释至刻度，混匀。此系列标准溶液浓度为 0、2.0、5.0、10.0、20.0、50.0ng/mL。

将标准溶液与试样液同时进行氩等离子体质谱测定。推荐测定同位素见表4-92。

表 4-92　测定元素质量数

元素	质量数	元素	质量数
La	139	Dy	163
Ce	140	Ho	165
Pr	141	Er	170
Nd	146	Tm[①]	169
Sm	147	Yb	174
Gd	157	Lu	175
Tb	159	Cs	133

① 校正方程：$I_{169Tm} = I_{169} - 1.09205 \times I_{167Er} + 0.745909 \times I_{167Er}$。

【分析结果计算】

按式（4-47）计算各稀土元素的质量分数（%）：

$$w = \frac{(\rho - \rho_0) V k \times 10^{-9}}{m} \times 100\% \tag{4-47}$$

式中，ρ 为分析试液中稀土元素的质量浓度，ng/mL；ρ_0 为空白试液中稀土元素的质量浓度，ng/mL；V 为分析试液总体积，mL；m 为试样质量，g；k 为各元素单质与氧化物的换算系数，氧化物的 k 值为 1。

4.2.17　镨钕中稀土杂质的测定——电感耦合等离子体质谱法

【适用范围】

本方法适用于镨钕及其化合物中稀土杂质含量的测定。测定范围：各稀土杂质的质量分数均为 0.00010% ~ 0.050%。

【方法提要】

试样用硝酸溶解，在稀硝酸介质中，以氩等离子体为离子化源，以铯为内标进行校正。用质谱法直接测定除铽、镝和钬以外的稀土杂质元素；铽、镝和钬经 C272 微型柱分离钕基体后，进行质谱测定。

【试剂与仪器】

(1) 硝酸（优级纯，$\rho = 1.42\text{g/cm}^3$，1+1，1+99）；

(2) 盐酸标准溶液：2mol/L；

(3) 盐酸淋洗液：0.015mol/L，用盐酸标准溶液稀释后标定；

(4) 盐酸洗脱液：0.5mol/L，用盐酸标准溶液稀释后标定；

(5) 铯标准溶液：1μg/mL，1% 硝酸介质；

(6) 混合稀土标准溶液：1mL 含 13 个稀土元素氧化物各 1μg，1% 硝酸介质；

(7) 电感耦合等离子体质谱仪：质量分辨率（0.7±0.1）amu；

(8) C272 微型分离柱，柱床（23mm×9mm，ID），填料为含 20% Cyanex272 的负载硅球（50~70μm），流程见图 4-1。

【分析步骤】

准确称取 0.5g 试样，置于 100mL 烧杯中，加少许水，加入 5mL 硝酸（1+1），低温加热溶解完全，放置冷却至室温，移入 100mL 容量瓶中，用水稀释至刻度，混匀。移取 5mL 试液于 100mL 容量瓶中，加入 1.0mL 铯标准溶液，用硝酸（1+99）稀释至刻度，混匀。测定除铽、镝和钬外的稀土杂质。

铽、镝和钬测定试液的制备

分离柱的准备　将微型分离柱冲水去气，预先以盐酸洗脱液洗涤 30min，再以盐酸淋洗液平衡后，备用。将微型分离柱用内径 0.8mm 聚四氟乙烯管按图 4-1 连接在分离装置流路中，选择合适的泵管，调节试液管路流速为 1.00mL/min，洗脱液管路流速及淋洗液管路流速均为（1.0±0.1）mL/min。

基体的分离　将淋洗液管路和洗脱液管路分别插入淋洗液和洗脱液中，用淋洗液平衡分离柱 6min，将试液管路插入试液中，待试液充满管路后，切换旋转阀 1，准确采集 1.0mL 试液。将阀 1 切换至原位，用淋洗液淋洗分离柱 20min，将基体镨钕洗出，排至废液中。切换旋转阀 2，用洗脱液洗脱 1min 后，切换旋转阀 3，继续用洗脱液洗脱 7min，将富集在分离柱上的铽、镝和钬洗脱出来，分离液收集于 100mL 容量瓶中，阀 3 切换至原位。3min 后将阀 2 切换至原位。于收集分离液的容量瓶中加入 1mL 铯标准溶液（1μg/mL），用硝酸（1+99）稀释至刻度，混匀。

【标准曲线绘制】

移取 0、0.2、0.5、1.0、5.0、10.0mL 混合稀土氧化物标准溶液于一组 100mL 容量瓶中，加 1.0mL 铯标准溶液，用硝酸（1+99）稀释至刻度，混匀。此标准系列溶液各稀土氧化物浓度为 0、2.0、5.0、10.0、50.0、100.0ng/mL。

将系列标准溶液与试样液一起于电感耦合等离子体质谱仪测定条件下，测量稀土同位素强度。将标准溶液的浓度直接输入计算机，用内标法校正非质谱干扰，并输出测定试液中待测稀土元素的浓度。

推荐测定同位素见表4-93。

表 4-93　测定元素质量数

元素	质量数	元素	质量数
Y	89	Dy	163
La	139	Ho	165
Ce	140	Er	170
Sm	152	Tm	169
Eu	153	Yb	174
Gd	155	Lu	175
Tb	159		

【分析结果计算】

按式（4-48）计算各稀土元素的质量分数（%）：

$$w = \frac{(\rho_1 - \rho_0)V_2 V_0 \times 10^{-9}}{kmV_1} \times 100\% \qquad (4\text{-}48)$$

式中，ρ_1 为分析试液中待测稀土元素的质量浓度，ng/mL；ρ_0 为空白试液中待测稀土元素的质量浓度，ng/mL；V_0 为试液总体积，mL；V_1 为移取试液的体积，mL；V_2 为测定试液的体积，mL；m 为试样的质量，g；k 为氧化物对单质的换算系数。

【注意事项】

如果质谱仪器带有动态反应池，可用氧气反应模式测定 Tb、Dy 和 Ho。

4.2.18　镧铈中稀土杂质的测定

4.2.18.1　电感耦合等离子体发射光谱法

【适用范围】

本方法适用于镧铈金属及其化合物中稀土杂质量的测定。测定范围见表 4-94。

表 4-94　测定范围

元素	质量分数/%	元素	质量分数/%
Pr_6O_{11}	0.010~0.10	Sm_2O_3	0.010~0.10
Nd_2O_3	0.010~0.10	Y_2O_3	0.0050~0.10

【方法提要】

试样以硝酸溶解，在稀盐酸介质中，直接以氩等离子体光源激发，进行光谱测定，以基体匹配法校正基体对测定的影响。

【试剂与仪器】

(1) 盐酸 (1+1)；

(2) 镨、钕、钐、钇标准溶液：1mL 含 100、50、10μg 各稀土元素 (5%盐酸或硝酸介质)；

(3) 氧化镧基体溶液：1mL 含 17mg 氧化镧；

(4) 氧化铈基体溶液：1mL 含 33mg 氧化铈；

(5) 过氧化氢 (30%)；

(6) 氩气 (>99.99%)；

(7) 电感耦合等离子体发射光谱仪，倒线色散率不大于 0.26nm/mm。

【分析步骤】

准确称取 0.5g 试样于 200mL 烧杯中，加入 10mL 水，缓慢加入 10mL 盐酸 (1+1)，逐滴加入过氧化氢，低温加热至试样完全溶解，取下，冷却至室温，移入 100mL 容量瓶中，以水稀释至刻度，混匀待测。

【标准曲线绘制】

分别移取氧化镧基体溶液、氧化铈基体溶液和各稀土氧化物标准溶液于 4 个 100mL 容量瓶中，加入 10mL 盐酸 (1+1)，以水稀释至刻度，混匀。标准系列溶液浓度见表 4-95。

表 4-95　标准溶液质量浓度

标液编号	质量浓度/μg·mL^{-1}					
	La_2O_3	CeO_2	Pr_6O_{11}	Nd_2O_3	Sm_2O_3	Y_2O_3
1	1700	3300	0	0	0	0
3	1700	3300	0.50	0.50	0.50	0.50
4	1700	3300	1.00	1.00	1.00	1.00
5	1700	3300	5.00	5.00	5.00	5.00

将标准溶液与试样液一起于表 4-96 所示分析波长处，同时进行氩等离子体光谱测定。

表 4-96   测定元素波长

元素	Pr	Nd	Sm	Y
分析线/nm	422.533	430.357	359.260 359.620	371.029

【分析结果计算】

按式（4-49）计算各稀土元素的质量分数（%）：

$$w = \frac{cV \times 10^{-6}}{m} \times 100\% \qquad (4\text{-}49)$$

式中，c 为标准曲线上查得被测元素的质量浓度，$\mu g/mL$；V 为试液总体积，mL；m 为试料的质量，g。

【注意事项】

（1）金属试样若不均匀，需加大称样量分取后测定。

（2）镧铈氧化物中各元素应换算为氧化物后计算结果；或以各稀土氧化物配制标准溶液。

（3）日常分析通常不考虑钐后稀土元素的含量，只考虑镨、钕、钐、钇。

（4）本方法也适用于碳酸镧铈、硫化镧铈中稀土杂质的测定，称样量保证样品的均匀性及测定时的基体浓度。

4.2.18.2   电感耦合等离子体质谱法

【适用范围】

本方法适用于镧铈及其化合物中稀土杂质含量的测定。测定范围见表 4-97。

表 4-97   测定范围

元素	质量分数/%
Pr, Nd	0.0001~0.030
Sm, Eu, Gd, Tb, Dy, Ho, Er, Tm, Yb, Lu, Y	0.00010~0.010

【方法提要】

试样用硝酸溶解，在稀硝酸介质中，以氩等离子体为离子化源，以铯为内标进行校正。用质谱仪直接测定除镨、钇和镥以外的稀土杂质元素；镨、钇和镥经 C272 微型柱分离铈基体后，进行质谱测定。

【试剂与仪器】

（1）硝酸（优级纯，$\rho = 1.42g/cm^3$，1+1，1+99）；

（2）过氧化氢（优级纯，30%）；

（3）盐酸标准溶液：2mol/L；

（4）盐酸淋洗液：0.015mol/L，用盐酸标准溶液稀释后标定；

（5）盐酸洗脱液：0.5mol/L，用盐酸标准溶液稀释后标定；

（6）铯标准溶液：1μg/mL，1%硝酸介质；

（7）混合稀土标准溶液：1mL 含 14 个稀土元素氧化物各 1μg，1%硝酸介质；

（8）电感耦合等离子体质谱仪：质量分辨率（0.7±0.1）amu。

【分析步骤】

准确称取 0.5g 试样，置于 100mL 烧杯中，加少许水，加入 5mL 硝酸（1+1），滴加过氧化氢助溶，低温加热溶解完全，放置冷却至室温，移入 100mL 容量瓶中，用水稀释至刻度，混匀。根据待测元素含量，移取 0.5~5mL 试液于 100mL 容量瓶中，加入 1.0mL 铯标准溶液，用硝酸（1+99）稀释至刻度，混匀。测定除镨、钆和铽外的稀土杂质。

镨、钆和铽测定试液的制备

分离柱的准备　将微型分离柱冲水去气，预先以盐酸洗脱液洗涤 30min，再以盐酸淋洗液平衡后，备用。将微型分离柱用内径 0.8mm 聚四氟乙烯管按图 4-1 连接在分离装置流路中，选择合适的泵管，调节试液管路流速为 1.00mL/min，洗脱液管路流速及淋洗液管路流速均为（1.0±0.1）mL/min。

基体的分离　将淋洗液管路和洗脱液管路分别插入淋洗液和洗脱液中，用淋洗液平衡分离柱 6min，将试液管路插入试液中，待试液充满管路后，切换旋转阀 1，准确采集 1.0mL 试液。将阀 1 切换至原位，用淋洗液淋洗分离柱 20min，将基体镧铈洗出，排至废液中。切换旋转阀 2，用洗脱液洗脱 1min 后，切换旋转阀 3，继续用洗脱液洗脱 7min，将富集在分离柱上的镨、钆和铽洗脱出来，分离液收集于 100mL 容量瓶中，阀 3 切换至原位。3min 后将阀 2 切换至原位。于收集分离液的容量瓶中加入 1mL 铯标准溶液，用硝酸（1+99）稀释至刻度，混匀。

【标准曲线绘制】

移取 0、0.2、0.5、1.0、5.0、10.0mL 混合稀土氧化物标准溶液于一组 100mL 容量瓶中，加 1.0mL 铯标准溶液，用硝酸（1+99）稀释至刻度，混匀。此标准系列稀土氧化物浓度为 0、2.0、5.0、10.0、50.0、100.0ng/mL。

将标准溶液与试样液同时进行氩等离子体质谱测定，测量稀土同位素强度。将标准溶液的浓度直接输入计算机，用内标法校正非质谱干扰，并输出测定试液中待测稀土元素的浓度。

推荐测定同位素见表 4-98。

表 4-98　测定元素质量数

元素	质量数	元素	质量数
Y	89	Dy	163
Pr	141	Ho	165
Nd	146	Er	166
Sm	147	Tm	169
Eu	153	Yb	174
Tb	159	Lu	175
Gd	160		

【分析结果计算】

按式（4-50）计算各稀土元素的质量分数（%）：

$$w = \frac{(\rho_1 - \rho_0)V_2V_0 \times 10^{-9}}{kmV_1} \times 100\% \qquad (4-50)$$

式中，ρ_1 为试液中待测稀土元素的质量浓度，ng/mL；ρ_0 为空白试液中待测稀土元素的质量浓度，ng/mL；V_0 为试液总体积，mL；V_1 为移取试液的体积，mL；V_2 为测定试液的体积，mL；m 为试样的质量，g；k 为氧化物对单质的换算系数。

【注意事项】

（1）Ce 对 Pr 有干扰，也可用公式 $I_{141} = I_{141测} - (7.9928 \times {}^{143}Nd - 5.5206 \times {}^{146}Nd)$，进行校正。

（2）如果质谱仪带有动态反应池，可用氧气反应模式测定 Gd 和 Tb。

4.2.19　微量铈的测定——荧光分光光度法

【适用范围】

本方法适用于氧化镝、氧化钇中 0.0001%～0.0020% 铈量的测定。

【方法提要】

试样经盐酸分解，在 1.2mol/mL 的盐酸介质中以 255nm 紫外光激发使三价铈产生荧光，在 350nm 处测定此荧光强度。

【试剂与仪器】

（1）盐酸（1+1）：高纯；

（2）高氯酸：高纯；

（3）盐酸羟胺：10%溶液，用时配制；

（4）过氧化氢；

（5）甲基异丁基甲酮（MIBK）；

（6）二氧化铈标准溶液：1μg/mL；

（7）荧光分光光度计。

【分析步骤】

准确称取试样 0.1g 于 25mL 烧杯中，加 2mL 盐酸（1+1），滴加 2 滴过氧化氢，于电热板上低温加热至试样全部溶解，移入 25mL 容量瓶中，补加 3mL 盐酸（1+1）、5mL 盐酸羟胺溶液，以水稀释至刻度，摇匀。在荧光分光光度计上，以 255nm 为激发波长，在 350nm 处用 1cm 石英皿，以试剂空白作参比，测量荧光强度，以标准曲线求得相应的铈量。

【标准曲线绘制】

于一系列 25mL 容量瓶中，分别加入二氧化铈标准溶液 0、1.0、2.0、4.0、6.0、8.0、10.0μg，加 3mL 盐酸（1+1）、5mL 盐酸羟胺溶液，用水稀释至刻度，摇匀。以下同分析步骤。以荧光强度对铈量绘制标准曲线。

【分析结果计算】

按式（4-51）计算铈的含量（%）：

$$w = \frac{m_1 \times 10^{-6}}{m} \times 100\% \tag{4-51}$$

式中，m_1 为从标准曲线查得铈量，μg；m 为试样质量，g。

【注意事项】

（1）当铁含量大于 10μg/25mL 时，用 MIBK 萃取除铁，除铁后之水相，加 1.5mL 高氯酸，加热蒸发至冒烟，冷却，加 2 滴盐酸，移入 25mL 容量瓶中，以下同分析步骤操作。

（2）荧光强度在 2h 内稳定。

（3）抗坏血酸淬灭荧光，故用盐酸羟胺。

4.3 稀土配分的测定

4.3.1 混合稀土金属及其氧化物

4.3.1.1 滤纸片—X 射线荧光光谱法[17~24]

【适用范围】

本方法适用于混合稀土金属及其氧化物中 15 个稀土元素氧化物的配分量的测定。测定范围：0.10%~99.00%。

【方法提要】

试样经硝酸溶解，制成薄样，用微量滴定器滴到滤纸片上，烘干后以 X 射线管激发，用标准曲线法于 X 射线荧光光谱仪进行测定，选择相应的数学模型，计算出待测元素的相对含量。

【试剂与仪器】

（1）单一稀土氧化物（La_2O_3、CeO_2、Pr_6O_{11}、Nd_2O_3、Sm_2O_3、Eu_2O_3、Gd_2O_3、Tb_4O_7、Dy_2O_3、Ho_2O_3、Er_2O_3、Tm_2O_3、Yb_2O_3、Lu_2O_3、Y_2O_3）：纯度大

于 99.99%；

 （2）仪器：顺序式 X 射线荧光光谱仪，最大使用功率不小于 4kW；

 （3）恒温干燥箱；

 （4）微量移液器：100μL；

 （5）滤纸片（φ50mm）；

 （6）试料：氧化物制成粉状，105℃烘 1h，金属制成屑状；

 （7）硝酸（1+1）；

 （8）过氧化氢（30%）；

 （9）氩甲烷气（氩 90%，甲烷 10%）。

【分析步骤】

 分析试样的制备　称取试样（稀土金属试样 0.426g、稀土氧化物试样 0.5g）于 100mL 烧杯中，加少许水湿润后，加入 5mL 硝酸，少量过氧化氢低温加热溶解到清亮，取下冷却。

 将溶液移入 25mL 容量瓶中，用水稀释至刻度，混匀。此溶液 1mL 含稀土氧化物 20mg。

 用微量移液管吸取 0.10mL 均匀滴在铝夹环上的滤纸上，放置 10min，在恒温干燥箱于 105℃烘 10min 干燥后待测。每个样品制备 2 片样片。

【标准曲线绘制】

 混合稀土氧化物系列标准溶液制备　根据各元素含量范围配制系列标准溶液，各标准溶液稀土总浓度为 20mg/mL。按上述方法制备样片。

 建立方法，设置参数、分析谱线、测量时间，将各稀土元素浓度值添加到标样表，测量标样，算出各元素间的谱线重叠干扰系数，绘制标准曲线。

 测定　将分析样片正面向下放置在样杯中，装入 X 射线荧光光谱仪进样器，选择方法，输入样品编号进行测定，由计算机给出分析结果。

【分析结果计算】

 选择归一化数据处理方式计算各稀土氧化物配分量（%）：

$$C_i = \frac{w_i}{\sum w_j} \times 100\% \tag{4-52}$$

式中，C_i 为归一化后待测元素氧化物的配分量；w_i 为待测元素的氧化物含量；$\sum w_j$ 为各稀土元素氧化物含量之和。

 按式（4-53）计算归一化后待测元素单质的配分量（%）：

$$P_i = \frac{k_i w_i}{\sum (k_i w_i)} \times 100\% \tag{4-53}$$

式中，P_i 为归一化后待测元素的配分量；w_i 为待测元素的氧化物含量；k_i 为各元素单质与其氧化物的换算系数。

【注意事项】

（1）为保证低含量元素测量的准确性，测定后各元素质量分数之和应在90~110之间，否则需重新浓缩或稀释。

（2）可用移液管代替微量移液器。

（3）可用 EXCEL 软件进行归一化数据处理，计算各稀土元素配分量。

（4）方法适用于镧铈金属、镨钕金属、混合稀土金属、镝铽金属、少钕混合金属、少铈混合金属及其氧化物、钐铕钆富集物、钇铕氧化物、富钇氧化物稀土元素配分量的测定。

4.3.1.2　电感耦合等离子体质谱法

【适用范围】

本方法适用于镧铈金属、镨钕金属、混合稀土金属、镝铽金属、少钕混合金属、少铈混合金属及其氧化物、钐铕钆富集物、钇铕氧化物、富钇氧化物稀土元素配分量的测定。

【方法提要】

试样经硝酸溶解，在稀酸介质中，以氩等离子体为离子化源，用质谱法进行测定。测定时以内标法进行校正。结果进行归一化处理。

【试剂与仪器】

（1）硝酸（优级纯，$\rho = 1.42\text{g/cm}^3$，1+1，1+99）；

（2）过氧化氢（优级纯，30%）；

（3）铯标准溶液：$1\mu\text{g/mL}$，1%硝酸介质；

（4）混合稀土标准溶液：1mL 含 15 个稀土元素氧化物各 $1\mu\text{g}$，1%硝酸介质；

（5）电感耦合等离子体质谱仪：质量分辨率（0.7±0.1）amu。

【分析步骤】

准确称取 1.0g 试样，置于 100mL 烧杯中，加入 10mL 水，10mL 硝酸（1+1），滴加过氧化氢助溶，低温加热至溶解完全，立即取下，冷却至室温，移入 1000mL 容量瓶中，摇匀。根据试样中所含氧化稀土的总量，移取一定体积溶液于 100mL 容量瓶中，加入 1mL 铯标准溶液，用硝酸（1+99）定容。摇匀，使得试液中氧化稀土总量为 $0.2\mu\text{g/mL}$。

【标准曲线绘制】

准确移取 0、0.2、0.5、1.0、5.0、10.0mL 混合稀土氧化物标准溶液于一组 100mL 容量瓶中，加 1.0mL 铯标准溶液，用硝酸（1+99）稀释至刻度，混匀。此标准系列溶液各稀土氧化物质量浓度为 0、2.0、5.0、10.0、50.0、100.0ng/mL。

将系列标准溶液与试样液一起于电感耦合等离子体质谱仪测定条件下，测量稀土同位素强度。将标准溶液的质量浓度直接输入计算机，用内标法校正非质谱干扰，并输出分析试液中 15 个稀土氧化物的质量浓度。

推荐测定同位素见表 4-99。

表 4-99   测定元素质量数

元素	质量数	元素	质量数
La	139	Dy	163
Ce	140	Ho	165
Pr	141	Er	166
Nd	146	Tm	169
Sm	147	Yb	174
Eu	151	Lu	175
Gd	160	Y	89
Tb	159	Cs	133

【分析结果计算】

按式（4-54）计算各稀土元素的配分量（%）：

$$w = \frac{\rho_i / k_i}{\sum \rho_i / k_i} \times 100\% \tag{4-54}$$

式中，ρ_i 为待测稀土元素氧化物的质量浓度，ng/mL；$\sum \rho_i$ 为各稀土元素氧化物的质量浓度之和，ng/mL；k_i 为氧化物对单质的换算系数，如果为氧化物，则 $k = 1$。

4.3.1.3   电感耦合等离子体发射光谱法

【适用范围】

本方法适用于混合稀土金属、少钕混合金属、少铈混合金属及其氧化物中稀土元素配分量的测定。测定范围见表 4-100。

表 4-100   测定范围

元素	质量分数/%	元素	质量分数/%
La	10.0~40.0	Dy	0.10~0.50
Ce	30.0~60.0	Ho	0.10~0.50
Pr	3.0~10.0	Er	0.10~0.50
Nd	4.0~20.0	Tm	0.10~0.50
Sm	1.0~3.0	Yb	0.10~0.50
Eu	0.10~0.50	Lu	0.10~0.50
Gd	0.10~0.50	Y	0.10~0.50
Tb	0.10~0.50		

【方法提要】

试样以硝酸溶解，在稀酸介质中，采用纯试剂标准曲线进行校正，以氩等离子体激发进行光谱测定，从标准曲线中求得各测定元素含量。

【试剂与仪器】

（1）硝酸（1+1）；

（2）过氧化氢（30%）；

（3）镧、铈、镨、钕标准溶液：1mL 含 1000μg 各稀土氧化物（5%盐酸或硝酸介质）；

（4）钐、铕、钆、铽、镝、钬、铒、铥、镱、镥和钇标准溶液：1mL 含 50μg 各稀土氧化物（5%盐酸或硝酸介质）；

（5）氩气（>99.99%）；

（6）电感耦合等离子体发射光谱仪，倒线色散率不大于 0.26nm/mm。

【分析步骤】

准确称取 2.0g 金属试样或 0.20g 氧化物试样于 200mL 烧杯中，缓慢加入 20mL(1+1) 硝酸、几滴过氧化氢，低温加热至试样完全溶解，取下，冷却至室温，移入 100mL 容量瓶中，以水稀释至刻度，混匀。分取试液，使稀土总量控制在 100~200μg/mL 之间，待测。

【标准曲线绘制】

在 4 个 100mL 容量瓶中分别加入不同浓度、不同体积的各稀土氧化物标准溶液，配制成系列标准溶液，标准溶液浓度见表 4-101。

表 4-101　标准溶液质量浓度

标液编号	质量浓度/$\mu g \cdot mL^{-1}$							
	La_2O_3	CeO_2	Pr_6O_{11}	Nd_2O_3	Sm_2O_3	Eu_2O_3	Gd_2O_3	Tb_4O_7
1	0	0	0	0	0	0	0	0
2	10.00	20.00	2.00	6.00	0.50	0.10	0.20	0.10
3	20.00	40.00	4.00	12.00	1.00	0.20	0.40	0.20
4	50.00	100.00	10.00	30.00	2.50	0.50	1.00	0.50

标液编号	质量浓度/$\mu g \cdot mL^{-1}$						
	Dy_2O_3	Ho_2O_3	Er_2O_3	Tm_2O_3	Yb_2O_3	Lu_2O_3	Y_2O_3
1	0	0	0	0	0	0	0
2	0.10	0.10	0.10	0.10	0.10	0.10	0.20
3	0.20	0.20	0.20	0.20	0.20	0.20	0.40
4	0.50	0.50	0.50	0.50	0.50	0.50	1.00

将标准溶液与试样溶液一起于表4-102所示分析波长处，进行氩等离子体光谱测定。

表 4-102   测定元素波长

元素	分析线/nm	元素	分析线/nm
La	398.852, 408.671	Dy	353.170
Ce	413.765	Ho	341.646, 339.898
Pr	418.948	Er	337.276, 326.478
Nd	401.225, 406.109	Tm	313.126, 346.220
Sm	443.432, 428.079	Yb	328.937
Eu	412.970	Lu	261.542
Gd	310.050, 335.048	Y	371.029
Tb	332.440		

【分析结果计算】

按式（4-55）计算各稀土元素的配分量（%）：

$$w = \frac{\rho_i}{\sum \rho} \times 100\% \qquad (4-55)$$

式中，ρ_i 为分析试液中各稀土元素的质量浓度，$\mu g/mL$；$\sum \rho$ 为各稀土元素的质量浓度之和，$\mu g/mL$。

4.3.2　钐铕钆富集物中稀土配分的测定——电感耦合等离子体发射光谱法[25]

【适用范围】

本方法适用于钐铕钆富集物中 15 个稀土元素配分的测定。测定范围见表 4-103。

表 4-103   测定范围

元素	质量分数/%	元素	质量分数/%
La	0.10~5.00	Dy	0.10~5.00
Ce	0.10~5.00	Ho	0.10~5.00
Pr	0.10~5.00	Er	0.10~5.00
Nd	0.10~5.00	Tm	0.10~5.00
Sm	20.00~80.00	Yb	0.10~5.00
Eu	5.00~20.00	Lu	0.10~5.00
Gd	10.00~25.00	Y	1.00~10.00
Tb	0.10~2.00		

【方法提要】

试样以盐酸溶解，在稀酸介质中，采用纯试剂标准曲线进行校正，以氩电感耦合等离子体激发进行光谱测定，从标准曲线中求得各测定元素含量并归一。

【试剂与仪器】

（1）盐酸（1+1）；

（2）氧化镧、氧化铈、氧化镨、氧化钕、氧化钐、氧化铕、氧化钆、氧化铽、氧化镝、氧化钬、氧化铒、氧化铥、氧化镱、氧化镥和氧化钇标准溶液：1mL 含 50μg 各稀土元素（5%盐酸或硝酸介质）；

（3）氩气（>99.99%）；

（4）电感耦合等离子体发射光谱仪，倒线色散率不大于 0.26nm/mm。

【分析步骤】

准确称取 0.20g 试样于 100mL 烧杯中，缓慢加入 20mL 盐酸（1+1），低温加热至试样完全溶解，取下，冷却至室温，移入 100mL 容量瓶中，以水稀释至刻度，混匀。准确分取试液 10mL 于 100mL 容量瓶，待测。

【标准曲线绘制】

在 4 个 100mL 容量瓶中分别加入不同浓度、不同体积的各稀土氧化物标准溶液，配制成系列标准溶液。标准溶液质量浓度见表 4-104。

表 4-104　标准溶液质量浓度

标液编号	质量浓度/μg·mL^{-1}							
	La$_2$O$_3$	CeO$_2$	Pr$_6$O$_{11}$	Nd$_2$O$_3$	Sm$_2$O$_3$	Eu$_2$O$_3$	Gd$_2$O$_3$	Tb$_4$O$_7$
1	0	0	0	0	0	0	0	0
2	0.20	0.50	0.10	1.00	5.00	1.00	2.00	0.10
3	1.00	2.50	0.50	5.00	25.00	5.00	10.00	0.50
4	2.00	5.00	1.00	10.00	50.00	10.00	20.00	1.00

标液编号	质量浓度/μg·mL^{-1}						
	Dy$_2$O$_3$	Ho$_2$O$_3$	Er$_2$O$_3$	Tm$_2$O$_3$	Yb$_2$O$_3$	Lu$_2$O$_3$	Y$_2$O$_3$
1	0	0	0	0	0	0	0
2	0.50	0.10	0.10	0.10	0.10	0.10	1.00
3	2.50	0.50	0.50	0.50	0.50	0.50	5.00
4	5.00	1.00	1.00	1.00	1.00	1.00	10.00

将标准溶液与试样溶液一起于表 4-105 所示分析波长处，用电感耦合等离子体发射光谱仪进行测定。

表 4-105　测定元素波长

元素	分析线/nm	元素	分析线/nm
La	398.852	Dy	353.170
Ce	446.021	Ho	339.898
Pr	410.070	Er	337.371
Nd	401.225	Tm	313.126
Sm	442.434	Yb	328.937
Eu	272.778	Lu	261.542
Gd	342.246	Y	371.030
Tb	324.228		

【分析结果计算】

按式（4-56）计算各稀土元素的配分量（%）：

$$w = \frac{\rho_i}{\sum \rho} \times 100\% \qquad (4\text{-}56)$$

式中，ρ_i 为分析试液中各稀土元素的质量浓度，$\mu g/mL$；$\sum \rho$ 为各稀土元素的质量浓度之和，$\mu g/mL$。

【注意事项】

（1）考虑试样的不均匀性，碳酸盐钐铕钆样品需称取 2.0g、氯化钐铕钆样品需称取 10.0g 以上。

（2）在移取钐铕钆液体时，应摇匀。

4.3.3　镨钕金属及其氧化物中稀土配分的测定——电感耦合等离子体发射光谱法[26]

【适用范围】

本方法适用于镨钕金属及其化合物中稀土配分量的测定。测定范围：Pr 10.00%~30.00%、Nd 60.00%~90.00%、其他稀土元素 0.030%~0.40%。

【方法提要】

试样以盐酸溶解，在稀酸介质中，采用纯试剂标准曲线进行校正，以氩等离子体激发进行光谱测定，从标准曲线中求得各测定元素含量。

【试剂与仪器】

（1）盐酸（1+1，1+19）；

（2）镧、铈、钐、铕、钆、铽、镝、钬、铒、铥、镱、镥和钇标准溶液：1mL 含 50μg 各稀土元素（5%盐酸或硝酸介质）；

（3）过氧化氢（30%）；

（4）氧化镨钕混合标准溶液（混标 3）：1mL 含 2.5mg 镨与 22.5mg 钕；

（5）氧化镨钕混合标准溶液（混标 4）：1mL 含 8.7mg 镨与 15.0mg 钕；

（6）氧化镨钕混合标准溶液（混标5）：1mL含16.85mg镨与7.5mg钕；

（7）氩气（>99.99%）；

（8）电感耦合等离子体发射光谱仪，倒线色散率不大于0.26nm/mm。

【分析步骤】

称取0.21g金属试样或0.24g氧化物试样于200mL烧杯中，缓慢加入10mL盐酸（1+1），逐滴加入数滴过氧化氢，低温加热至试样完全溶解，取下，冷却至室温，移入100mL容量瓶中，以水稀释至刻度，混匀。

移取试液10mL于100mL容量瓶中，用盐酸（1+19）稀释至刻度，混匀。

【标准曲线绘制】

在3个100mL容量瓶中分别加入不同浓度、不同体积的各稀土氧化物标准溶液，配制成系列标准曲线，分取标准溶液体积见表4-106，标准配分量见表4-107。

表4-106　标准溶液体积

标液编号	移取体积/mL							
	La	Ce	Sm	Eu	Gd	Tb	Dy	Ho
1	0	0	0	0	0	0	0	0
2	10.0	10.0	10.0	10.0	10.0	10.0	10.0	10.0
3	5.0	5.0	5.0	5.0	5.0	5.0	5.0	5.0

标液编号	移取体积/mL							
	Er	Tm	Yb	Lu	Y	混标3	混标4	混标5
1	0	0	0	0	0	5.0	0	0
2	10.0	10.0	10.0	10.0	10.0	0	5.0	0
3	5.0	5.0	5.0	5.0	5.0	0	0	5.0

表4-107　标准溶液配分量

标液编号	配分/%							
	La	Ce	Pr	Nd	Sm	Eu	Gd	Tb
1	0	0	10.00	90.00	0	0	0	0
2	0.40	0.40	34.80	60.00	0.40	0.40	0.40	0.40
3	0.20	0.20	67.40	30.00	0.20	0.20	0.20	0.20

标液编号	配分/%							
	Dy	Ho	Er	Tm	Yb	Lu	Y	合计
1	0	0	0	0	0	0	0	100
2	0.40	0.40	0.40	0.40	0.40	0.40	0.40	100
3	0.20	0.20	0.20	0.20	0.20	0.20	0.20	100

将标准溶液与试样液一起于表4-108所示分析波长处，进行氩等离子体光谱测定。

表 4-108 测定元素波长

元素	分析线/nm	元素	分析线/nm
La	333.749	Dy	340.780
Ce	413.765	Ho	341.646
Pr	440.884	Er	326.478
Nd	401.225	Tm	313.126
Sm	442.434	Yb	289.138
Eu	272.778	Lu	261.542
Gd	310.050	Y	324.228
Tb	332.440		

【分析结果计算】

按式（4-57）计算各稀土元素的配分量（%）：

$$w = \frac{\rho_i}{\sum \rho} \times 100\% \qquad (4\text{-}57)$$

式中，ρ_i 为分析试液中各稀土元素的质量浓度，$\mu g/mL$；$\sum \rho$ 为各稀土元素的质量浓度之和，$\mu g/mL$。

【注意事项】

（1）金属试样若不均匀，称取 2.1g，需分取 10 倍后进行实验。

（2）镨钕氧化物中各元素应换算为氧化物后计算结果，或以各稀土氧化物配制标准溶液。

（3）日常分析通常不考虑钐后稀土元素的配分量，只考虑镧、铈、镨、钕、钐、钇。

（4）顺序扫描型等离子发射光谱仪可以达到 0.030% 的测定下限，对于全谱直读等离子发射光谱仪测定下限可以达到 0.10%。

（5）测定低于 0.030% 的稀土杂质元素，需采用等离子质谱仪进行测定。

（6）有些客户只需要镨钕金属或者氧化物的镨钕配比。

4.3.4 镧铈金属及其氧化物中稀土配分的测定——电感耦合等离子体发射光谱法

【适用范围】

本方法适用于镧铈金属及其氧化物中稀土配分量的测定。测定范围见表 4-109。

表 4-109 测定范围

元素	质量分数/%	元素	质量分数/%
La_2O_3	20.00~50.00	Nd_2O_3	0.10~3.00
CeO_2	50.00~75.00	Sm_2O_3	0.10~0.50
Pr_6O_{11}	0.10~1.00	Y_2O_3	0.10~0.50

【方法提要】

试样以盐酸溶解，在稀酸介质中，采用纯试剂标准曲线进行校正，以氩等离子体激发进行光谱测定，从标准曲线中求得各测定元素含量。

【试剂与仪器】

（1）盐酸（1+1，1+19）；

（2）镨、钕、钐、钇标准溶液：1mL 含 100μg 和 10μg 各稀土元素（5%盐酸或硝酸介质）；

（3）氧化镧标准溶液：1mL 含 1mg 氧化镧；

（4）氧化铈标准溶液：1mL 含 1mg 氧化铈；

（5）过氧化氢（30%）；

（6）氩气（>99.99%）；

（7）电感耦合等离子体发射光谱仪，倒线色散率不大于 0.26nm/mm。

【分析步骤】

称取 0.21g 金属试样或 0.24g 氧化物试样于 200mL 烧杯中，缓慢加入 10mL 盐酸（1+1），逐滴加入数滴过氧化氢，低温加热至试样完全溶解，取下，冷却至室温，移入 100mL 容量瓶中，以水稀释至刻度，混匀。

移取试液 10mL 于 100mL 容量瓶中，用盐酸（1+19）稀释至刻度，混匀。

【标准曲线绘制】

分取不同体积的各稀土氧化物标准溶液于 4 个 100mL 容量瓶中，加入 10mL 盐酸（1+1），以水稀释至刻度，混匀。标准系列溶液浓度见表 4-110。

表 4-110 标准溶液质量浓度

标液编号	质量浓度/μg·mL⁻¹					
	La_2O_3	CeO_2	Pr_6O_{11}	Nd_2O_3	Sm_2O_3	Y_2O_3
1	0	0	0	0	0	0
2	25.00	75.00	1.00	3.00	0.50	0.50
3	35.00	65.00	0.50	1.00	0.20	0.20
4	50.00	50.00	0.10	0.10	0.10	0.10

将标准溶液与试样液一起于表 4-111 所示分析波长处，进行氩等离子体光谱测定。

表 4-111   测定元素波长

元素	La	Ce	Pr	Nd	Sm	Y
分析线/nm	398.852 408.671	413.765	418.948 422.533	401.225 430.357	443.432 359.260	371.029

【分析结果计算】

按式（4-58）计算各稀土元素的配分量（%）：

$$w = \frac{\rho_i}{\sum \rho} \times 100\% \tag{4-58}$$

式中，ρ_i 为分析试液中各稀土元素的质量浓度，$\mu g/mL$；$\sum \rho$ 为各稀土元素的质量浓度之和，$\mu g/mL$。

【注意事项】

（1）金属试样若不均匀，称取 2.1g，需分取 10 倍后进行实验。

（2）镧铈氧化物中各元素应换算为氧化物后计算结果，或以各稀土氧化物配制标准溶液。

（3）本方法也适用于碳酸镧铈配分的测定，称样量保证样品的均匀性及测定时的基体浓度。

4.4   非稀土杂质元素的测定

4.4.1   稀土金属及其氧化物中碳、硫量的测定

4.4.1.1   高频-红外吸收法[27]

【适用范围】

本方法适用于稀土金属及其氧化物中碳、硫量的测定。测定范围：0.0050% ~ 0.50%。

【方法提要】

试料在助熔剂存在下，于高频感应炉内、氧气氛中熔融燃烧，碳呈二氧化碳、硫呈二氧化硫释出，以红外线吸收法测定。

【试剂与仪器】

（1）纯铁助熔剂；

（2）钨助熔剂；

（3）锡助熔剂；

（4）碳硫专用瓷坩埚：经 1000℃灼烧2h，自然冷却后，置于干燥器中备用；

（5）高频-红外碳硫仪：功率 1.0~2.5kW，检测器灵敏度 0.1$\mu g/g$；

（6）氧气（≥99.5%）。

【分析步骤】

经空白校正及仪器校正标准曲线后，称取约 0.3g 纯铁助熔剂置于碳硫专用瓷坩埚中，加入 1.2g 钨助熔剂、0.1g 锡助熔剂，再准确称取 0.28~0.32g 稀土金属或 0.18~0.22g 稀土氧化物试样。将坩埚置于高频炉坩埚支架上加热燃烧测定，仪器自动显示试样中碳、硫的分析结果。如仪器不能自动显示分析结果则按式（4-59）计算。

【分析结果计算】

按式（4-59）计算样品中碳或硫的质量分数（%）：

$$w = w_2 - \alpha w_1 \tag{4-59}$$

式中，w_1 为空白试验碳或硫含量，%；w_2 为测定后的碳或硫含量，%；α 为助熔剂与实际称样量的比值。

【注意事项】

（1）按仪器工作条件测三次空白（坩埚+助熔剂），其相对标准偏差小于 15% 方可进行下一步。

（2）称取两个钢标样按仪器工作条件校正标准曲线。

（3）称取两份试样进行平行测定，如其测定值的相对误差不大于 10%，取其平均值报结果。

（4）金属试样制成屑状或 0.1g 以下小块，取样后立即分析。

（5）本方法测定样品中总硫含量。

4.4.1.2　硫酸钡比浊法

【适用范围】

本方法适用于稀土氧化物中硫酸根量的测定。测定范围：0.010%~0.50%。

【方法提要】

试样用盐酸溶解，在酸度 pH=1.5~2.0 于稳定剂存在的条件下，硫酸根与钡形成硫酸钡悬浊液，于分光光度计波长 400nm 处测量其吸光度。

【试剂与仪器】

（1）氯化钠；

（2）丙三醇；

（3）乙醇（95%）；

（4）盐酸（ρ=1.19g/cm³，1+19）；

（5）氨水（ρ=0.90g/cm³，1+1）；

（6）氯化钡（250g/L，现用现配）；

（7）硫酸根标准溶液（100μg/mL）；

（8）对硝基酚指示剂（1g/L）；

（9）稳定剂：称取 80g 氯化钠溶于 300mL 水中，加入 60mL 丙三醇和 100mL

乙醇混匀；

（10）分光光度计。

【分析步骤】

按表4-112准确称取试样置于100mL烧杯中，加10mL盐酸（1+1），在低温电炉上加热溶解至清，冷却至室温，定容于表4-112容量瓶中，混匀。

准确移取10mL试液于25mL比色管中，加1滴对硝基酚指示剂，以氨水（1+1）调至黄色，盐酸（1+19）调至刚变无色并过量2滴，加入2.5mL稳定剂、2mL氯化钡溶液，以水稀释至刻度，混匀。以均匀速度振摇1min，放置10min。

移取部分试液于3cm比色皿中，以试剂空白作参比，于分光光度计波长400nm处，测量其吸光度。从标准曲线上查得相应的硫酸根量。

表 4-112　称样量及定容体积

硫酸根质量分数/%	称样量/g	定容体积/mL
0.010~0.050	2.0	50
>0.050~0.10	1.0	100
>0.10~0.50	0.5	100

【标准曲线绘制】

移取0、0.5、1.0、1.5、2.0、2.5mL硫酸根标准溶液于6个25mL比色管中，以下按分析步骤进行，以硫酸根浓度为横坐标、吸光度为纵坐标，绘制标准曲线。

【分析结果计算】

按式（4-60）计算试样中硫酸根的质量分数（%）：

$$w = \frac{m_1 V \times 10^{-6}}{m V_0} \times 100\% \tag{4-60}$$

式中，m_1为由标准曲线上查出的硫酸根量，μg；V为分析试液的总体积，mL；V_0为移取试液的体积，mL；m为试样的质量，g。

【注意事项】

（1）本方法不适用于铈含量较高的样品，铈含量较高时，调节酸度会出现浑浊影响测定结果。对于铈含量较高的样品，应采用高频-红外吸收法或参照3.11.3节。

（2）随每批样品测定标准曲线。

（3）在进行比色测定时，每加一种试剂需轻摇混匀。

（4）标准曲线和样品在摇动时，所用力度和时间一致。

（5）对于硫酸根含量高于 0.5% 的样品应采用重量法进行测定，参照 3.11.4 节。

4.4.2 稀土金属中氧、氮量的测定——脉冲-红外吸收及热导法[28]

【适用范围】

本方法适用于稀土金属中氧、氮量的测定。测定范围：0.0050%~0.50%。

【方法提要】

在惰性气氛下加热熔融石墨坩埚中的试料，试料中的氧呈二氧化碳析出，进入红外检测器中进行测定。氮呈氮气析出，进入热导检测器进行测定。

【试剂与仪器】

（1）带盖镍囊；

（2）石墨坩埚；

（3）四氯化碳；

（4）高纯氦气（≥99.99%）；

（5）高频脉冲-氧氮分析仪：分析功率 5kW，检测器灵敏度 0.001μg/g。

【分析步骤】

试样用锉刀打磨去皮，剪成小块，用四氯化碳浸泡、清洗。测量前取出，快速吹干。准确称取试料 0.050~0.150g，加入带盖镍囊中，扣紧后装入氧氮仪进料器。输入试样质量，打开脉冲炉，将石墨坩埚置于下电极开始测定。随后下电极上升，坩埚脱气，进样，加热熔融，经气体提取、分离、检测，由仪器显示试样中氧、氮的分析结果。如仪器不能自动显示分析结果则按式（4-61）计算。

【分析结果计算】

按式（4-61）计算样品中氧（氮）的质量分数（%）：

$$w = C_2 - \alpha C_1 \tag{4-61}$$

式中，C_1 为空白试样氧（氮）含量，%；C_2 为带盖镍囊和试料中氧（氮）含量，%；α 为带盖镍囊与试料的质量比（在 1.2~2.0 之间）。

【注意事项】

（1）按仪器工作条件测三次空白（坩埚+助熔剂），其相对标准偏差小于 15% 方可进行下一步。

（2）在 0.0050%~0.50% 范围内选择三个合适的钢或钛合金标样，按仪器工作条件校正标准曲线。

（3）称取两份试样进行平行测定，如其测定值的相对误差不大于 10%，取其平均值报结果。

（4）助熔剂也可采用锡片、锡粒，需注意空白。

4.4.3　稀土氧化物中灼减量的测定——重量法

【适用范围】

本方法适用于稀土氧化物中灼减量的测定。测定范围：0.10%~20.00%。

【方法提要】

试样经950℃灼烧，用灼烧前与灼烧后质量的差值计算试样的灼减量。

【分析步骤】

准确称取1.5~2.0g试料置于已恒重的铂坩埚中，于950℃灼烧1h。将铂坩埚取出，稍冷，置于干燥器中，冷却至室温。于分析天平上称其质量，重复操作，直至恒重。

【分析结果计算】

按式（4-62）计算样品中灼减量的质量分数（%）：

$$w = \frac{m_1 - m_2}{m} \times 100\% \qquad (4-62)$$

式中，m_1 为灼烧前铂坩埚及试料的质量，g；m_2 为灼烧后铂坩埚及烧成物的质量，g；m 为试样的质量，g。

【注意事项】

测定灼减量时也可采用瓷坩埚，瓷坩埚在使用前需多次灼烧至恒重。

4.4.4　稀土氧化物中水分的测定——重量法

【适用范围】

本方法适用于稀土氧化物中水分的测定。测定范围：0.20%~15.00%。

【方法提要】

试样在105~110℃干燥一定时间，吸附水分可以完全蒸发。称量样品干燥前后的质量，计算出水分量。

【分析步骤】

准确称取试样5g置于已恒重称量瓶中，半开盖在干燥箱内于105~110℃干燥1h，取出称量瓶，盖上盖，稍冷放入干燥器中，冷却至室温，称重，重复此操作，直至恒重。

【分析结果计算】

按式（4-63）计算样品中水分的质量分数（%）：

$$w = \frac{m_1 - m_2}{m} \times 100\% \qquad (4-63)$$

式中，m_1 为烘前试样与称量瓶的质量，g；m_2 为烘后试样与称量瓶的质量，g；

m 为试样的质量，g。

【注意事项】

（1）测定样品中水分仅为吸附水。

（2）氧化镧样品在放置过程中，吸收水分会生成氢氧化镧与碱式碳酸镧，烘样品中水分时只能测定吸附水。

（3）本方法也适用于氟化稀土中吸附水量的测定。

4.4.5 稀土金属及其氧化物中二氧化硅量的测定

4.4.5.1 稀土金属及其氧化物中酸溶硅的测定——硅钼蓝分光光度法

【适用范围】

本方法适用于稀土金属及其氧化物中酸溶硅量的测定。测定范围：0.0010%～0.20%。

【方法提要】

试料用盐酸或硝酸溶解。在 0.12～0.25mol/L 的盐酸介质中，硅与钼酸铵生成硅钼杂多酸，以草-硫混酸分解磷、砷杂多酸，用抗坏血酸还原硅钼杂多酸为蓝色低价配合物，于分光光度计波长 800nm 处测量其吸光度。

【试剂与仪器】

（1）草酸，优级纯；

（2）过氧化氢（30%）；

（3）氨水（$\rho=0.91g/cm^3$，优级纯，1+1）；

（4）盐酸（$\rho=1.19g/cm^3$，优级纯，1+1）；

（5）硫酸（$\rho=1.84g/cm^3$，优级纯，6mol/L）；

（6）抗坏血酸（50g/L，现用现配）；

（7）钼酸铵溶液（50g/L，优级纯）；

（8）草-硫混酸：将 6g 草酸溶于 500mL 水中，缓慢加入 100mL 硫酸；

（9）对硝基酚指示剂溶液（20g/L）；

（10）二氧化硅标准溶液（5μg/mL，0.1%Na_2CO_3 介质）；

（11）分光光度计。

【分析步骤】

按表 4-113 准确称取试样置于 250mL 聚四氟乙烯烧杯中，加入 10mL 盐酸（1+1），于低温电炉上加热溶解至完全，冷却。移入 50mL 塑料容量瓶中，以水稀释至刻度，混匀。

按表 4-113 准确移取试液于 25mL 比色管中，加少量水，加 1 滴对硝基酚，以氨水（1+1）调至溶液刚变为黄色，0.4mL 硫酸溶液（6.0mol/L）由黄色变为无色，加2.5mL钼酸铵，充分混匀后放置15min，加入5mL草-硫混酸，摇匀后，加2.5mL抗坏血酸，以水稀释至刻度，混匀。静置15min，以试剂空白溶液为参比液，用1cm比色皿于800nm波长处测定吸光度，从标准曲线上查出相应二氧化硅量。

表4-113　称样量及移取体积

二氧化硅含量/%	称样量/g	移取体积/mL
0.0010~0.0050	1.0	10
>0.0050~0.050	0.5	5
>0.050~0.20	0.2	2

【标准曲线绘制】

准确移取0、0.4、0.8、1.2、2.0、3.0、4.0mL二氧化硅标准溶液于25mL比色管中，以下按分析步骤操作。以吸光度为纵坐标、二氧化硅量为横坐标，绘制标准曲线。

【分析结果计算】

按式（4-64）计算试样中二氧化硅的质量分数（%）：

$$w = \frac{m_1 V \times 10^{-6}}{V_0 m} \times 100\% \tag{4-64}$$

式中，m_1为由标准曲线上查出的二氧化硅的质量，μg；V为分析试液的总体积，mL；V_0为移取试液的体积，mL；m为试样的质量，g。

【注意事项】

（1）大量氯离子使硅钼蓝颜色加深，大量硝酸根离子使硅钼蓝颜色深度降低，准确掌握测定酸度与介质。

（2）将二氧化铈试样置于250mL聚四氟乙烯烧杯中，加入10mL硝酸（1+1）及5mL过氧化氢，于低温电炉上加热溶解完全并蒸至溶液呈黄色，不再有小气泡出现，加入10mL盐酸（1+1），冷却。移入50mL容量瓶中，以水稀释至刻度，混匀。溶样时间不宜过长。

（3）配制的液体试液均保存于聚乙烯塑料瓶中。

（4）50mL容量瓶也可以使用玻璃容量瓶，但需尽快完成测定。

（5）如果采用标准加入法可以达到0.00050%的测定下限。

4.4.5.2　稀土氧化物中全硅量的测定——硅钼蓝分光光度法

【适用范围】

本方法适用于稀土氧化物中全硅量的测定。测定范围：0.0050%~0.50%。

【方法提要】

试料用无水碳酸钠-硼酸混合熔剂熔融，稀盐酸浸出。在 $0.12\sim0.25mol/L$ 的盐酸介质中，硅与钼酸铵生成硅钼杂多酸，以草-硫混酸分解磷、砷杂多酸，用抗坏血酸还原硅钼杂多酸为蓝色低价配合物，于分光光度计波长 800nm 处测量其吸光度。

【试剂与仪器】

(1) 混合熔剂：称取 2g 无水碳酸钠加 1g 硼酸，研匀；

(2) 氨水（$\rho=0.91g/cm^3$，优级纯，1+1）；

(3) 盐酸（$\rho=1.19g/cm^3$，优级纯，1+1）；

(4) 硫酸（$\rho=1.84g/cm^3$，优级纯，6mol/L）；

(5) 抗坏血酸（50g/L，现用现配）；

(6) 钼酸铵溶液（50g/L，优级纯）；

(7) 草-硫混酸：将 6g 草酸溶于 500mL 水中，缓慢加入 100mL 硫酸；

(8) 对硝基酚指示剂溶液（20g/L）；

(9) 二氧化硅标准溶液（$5\mu g/mL$，$0.1\%Na_2CO_3$ 介质）；

(10) 分光光度计。

【分析步骤】

按表 4-114 准确称取试样置于盛有 1g 混合熔剂的铂坩埚中，搅匀，再覆盖 0.5g 混合熔剂，盖上铂盖，于马弗炉中 $950\sim1000℃$ 熔融 20min，取出稍冷，将铂锅置于 300mL 聚四氟乙烯烧杯中，加入 20mL 热水及 10mL 盐酸（1+1），于低温电炉上加热，洗净坩埚及盖并取出。加入 $1\sim2mL$ 过氧化氢助溶，于沸水浴中加热溶解完全并蒸至小体积，移入 50mL 塑料容量瓶中，以水稀释至刻度，混匀。

按表 4-114 准确移取试液于 25mL 比色管中，加少量水，加 1 滴对硝基酚，以氨水（1+1）调至溶液刚变为黄色，0.4mL 硫酸溶液（6.0mol/L）由黄色变为无色，加 2.5mL 钼酸铵，充分混匀后放置 15min，加入 5mL 草-硫混酸，摇匀后，加 2.5mL 抗坏血酸，以水稀释至刻度，混匀。静置 15min，以试剂空白溶液为参比液，用 1cm 比色皿于 800nm 波长处测定吸光度，从标准曲线上查出相应二氧化硅量。

表 4-114 称样量及移取体积

二氧化硅质量分数/%	称样量/g	移取体积/mL
0.0050~0.020	0.5	10
>0.020~0.050	0.5	5
>0.050~0.20	0.2	2
>0.20~0.50	0.1	2

【标准曲线绘制】

准确移取 0、0.4、0.8、1.2、2.0、3.0、4.0mL 二氧化硅标准溶液于 25mL 比色管中，以下按分析步骤操作。以吸光度为纵坐标、二氧化硅量为横坐标，绘制标准曲线。

【分析结果计算】

按式（4-65）计算试样中二氧化硅的质量分数（%）：

$$w = \frac{m_1 V \times 10^{-6}}{V_0 m} \times 100\% \qquad (4\text{-}65)$$

式中，m_1 为由标准曲线上查出的二氧化硅的质量，μg；V 为分析试液的总体积，mL；V_0 为移取试液的体积，mL；m 为试样的质量，g。

【注意事项】

（1）该方法注意事项同 4.4.5.1 节。

（2）氟化稀土中二氧化硅量的测定，称取样品 0.25g，以下按照操作步骤进行，根据含量进行分取测定。

4.4.5.3 萃取钼蓝分光光度法

【适用范围】

本方法适用于高纯稀土氧化物中硅量的测定。测定范围：0.00050% ~ 0.010%。

【方法提要】

试料经与无水碳酸钠烧结，盐酸酸化，在 0.3mol/L 酸度下，加钼酸铵生成硅钼黄，在 1.25mol/L 硫酸酸度下，以 1，2，4 酸还原成 β-硅钼黄-硫混酸分解磷、砷杂多酸，用抗坏血酸还原硅钼蓝，用异戊醇和乙酸丁酯萃取，于分光光度计波长 790nm 处测量其吸光度。

【试剂与仪器】

（1）无水碳酸：高纯；

（2）盐酸（$\rho = 1.19 g/cm^3$，优级纯，1+1）；

（3）过氧化氢（30%）；

（4）硫酸（$\rho = 1.84 g/cm^3$，优级纯，6mol/L）；

（5）硝酸（$\rho = 1.42 g/cm^3$，优级纯）；

（6）抗坏血酸（50g/L，现用现配）；

（7）钼酸铵溶液（60g/L，优级纯）；

（8）1，2，4-氨基萘酚磺酸：称取 4g 无水亚硫酸钠，加 0.6g 1，2，4 酸，用水稀释至 100mL；

（9）异戊醇-乙酸丁酯萃取混合剂（1+1）；

（10）二氧化硅标准溶液（2μg/mL，0.1%Na_2CO_3 介质）；

（11）分光光度计。

【分析步骤】

准确称取试样 0.25g 于铂坩埚中，加无水碳酸钠 0.25g，混匀后，于马弗炉中 850~950℃烧结 15min，取出，冷却，加入少许水润湿，滴加 2~3mL 盐酸（1+1）酸化，加热使熔块溶清，移入 25mL 容量瓶中，以水稀释至刻度，混匀。

准确移取试液 5~10mL 于 50mL 塑料烧杯中，加 0.75mL 盐酸（1+1），加水至约 15mL，加 3.0mL 钼酸铵溶液，于 40~50℃水浴中温热 5~7min，取出稍冷，加 3.5mL 硫酸（1+1）、2.0mL 1，2，4 酸还原剂，移入 60mL 分液漏斗中，用水稀释至 25mL，加混合萃取剂 8mL，振荡 30s，分层后弃去水相，有机相放入 2cm 比色皿中，以试剂空白溶液为参比液，于 790nm 波长处测定吸光度，从标准曲线上查出相应二氧化硅量。

【标准曲线绘制】

准确移取 0、0.5、1.0、2.0、3.0、4.0、5.0mL 二氧化硅标准溶液于 50mL 比色管（容量瓶）中，加 0.75mL 盐酸（1+1），加水至约 15mL，以下按分析步骤操作。以吸光度为纵坐标、二氧化硅量为横坐标，绘制标准曲线。

【分析结果计算】

按式（4-66）计算试样中二氧化硅的质量分数（%）：

$$w = \frac{m_1 V \times 10^{-6}}{V_0 m} \times 100\% \qquad (4-66)$$

式中，m_1 为由标准曲线上查出的二氧化硅的质量，μg；V 为分析试液的总体积，mL；V_0 为移取试液的体积，mL；m 为试样的质量，g。

【注意事项】

（1）氧化铈样品经烧结后，加硝酸与过氧化氢于聚四氟乙烯烧杯中，低温分解，赶尽过氧化氢后，移入 25mL 容量瓶中，以水稀释至刻度，混匀。

（2）每次带空白试验，若对水吸光度空白大于 0.10，则试验失败，重新测定空白。

（3）所用试剂均储存于塑料瓶中，每一试剂加入量严格控制。

（4）金属试样可直接以酸分解后，分取显色。

4.4.6 钠量的测定——原子吸收分光光度法

【适用范围】

本方法适用于稀土金属及其氧化物中钠量的测定。测定范围：0.0010%~0.30%。

【方法提要】

试样经硝酸分解，在稀酸介质中用空气-乙炔火焰于原子吸收分光光度计589.0nm 波长处进行测定，采用标准曲线法测定钠量。

【试剂与仪器】

(1) 硝酸 ($\rho=1.42g/cm^3$, 1+1);

(2) 钠标准溶液: 5μg/mL;

(3) 原子吸收分光光度计; 钠空心阴极灯, 仪器参数见表4-115。

表 4-115　仪器工作参数

元素	波长/nm	狭缝/nm	灯电流/mA	空气流量 /L·min^{-1}	乙炔流量 /L·min^{-1}	观测高度 /mm
Na	589.0	0.2	6	15.0	1.8	7

【分析步骤】

准确称取试样 0.2~1.0g 于 100mL 烧杯中, 加 10mL(1+1) 硝酸, 于电炉上低温加热至试样完全分解, 取下, 冷却至室温, 移入 50mL 容量瓶中, 以水稀释至刻度, 摇匀待测。

【标准曲线绘制】

于一系列 50mL 容量瓶中, 准确加入钠标准溶液 0、1.0、3.0、5.0mL, 加 5mL 硝酸 (1+1), 以水稀释至刻度, 摇匀。

以试剂空白调零, 在空气-乙炔火焰下, 于原子吸收分光光度计 589.0nm 波长处, 同时测定试液及系列标准溶液, 绘制标准曲线, 从标准曲线求得待测试液中钠的浓度。

【分析结果计算】

按式 (4-67) 计算样品中钠的含量:

$$w = \frac{\rho V b \times 10^{-6}}{m} \times 100\% \tag{4-67}$$

式中, ρ 为由标准曲线得出的被测试液中钠的质量浓度, μg/mL; V 为试样的总体积, mL; b 为稀释倍数; m 为试样的质量, g。

【注意事项】

(1) 氧化铈样品准确称取 0.5g 于 100mL 烧杯中, 加 5mL 硝酸、5mL 过氧化氢, 于电热板上低温加热至试样完全分解, 取下, 冷却至室温, 移入 25mL 容量瓶中, 以水稀释至刻度, 摇匀待测。

(2) 钠含量高于 0.02% 时, 需分取适量体积测试液后测定, 保持盐酸浓度 5%。

(3) 测定氟化稀土中钠含量时, 采用优级纯高氯酸, 在石英烧杯或聚四氟乙烯烧杯中溶解样品。

4.4.7　氯根量的测定

4.4.7.1　硝酸银比浊分光光度法

【适用范围】

本方法适用于单一稀土金属及其氧化物中氯根量的测定。测定范围：0.0050%~0.20%。

【方法提要】

试样以稀硝酸溶解，在稀硝酸介质中，氯离子与银离子生成均匀而细小的氯化银胶体，氯化银胶体在溶液中成悬浊状态，在稳定剂丙三醇的存在下，于分光光度计波长430nm处进行比浊，在标准曲线上查得相应的氯量。

【试剂与仪器】

(1) 硝酸（$\rho=1.42g/cm^3$，优级纯，1+1，1+3）；

(2) 过氧化氢（30%）；

(3) 硝酸银（5g/L）；

(4) 丙三醇（1+1）；

(5) 氯标准溶液（20μg/mL）；

(6) 分光光度计。

【分析步骤】

按表4-116准确称取试样置于100mL烧杯中，加5~10mL硝酸（1+1），在低温电炉上加热溶解至清，冷却至室温，将溶液移入50mL容量瓶中。

按表4-116准确移取两份试液于25mL比色管中，补加2mL硝酸（1+1）、2mL丙三醇。其中一份以水稀释至刻度，此溶液为补偿溶液；另一份加入2mL硝酸银，每加一种试剂需轻轻混匀，以水稀释至刻度，混匀。

将比色管放入60~80℃的水浴中保温15min，冷却至室温。将部分补偿溶液移入3cm比色皿中，以试剂空白作参比，于分光光度计波长430nm处，测量其吸光度。将部分试样溶液移入3cm比色皿中，用试剂空白溶液作参比，于分光光度计波长430nm处，测量其吸光度。在标准曲线上查出溶液的氯量。

表4-116　称样量及移取体积

氯根质量分数/%	称样量/g	移取体积/mL
0.0050~0.020	2.0	10
>0.020~0.050	1.0	5
>0.050~0.20	0.5	2

【标准曲线绘制】

移取0、0.5、1.0、2.0、3.0、4.0mL氯标准溶液于6个25mL比色管中，

以下按上述比浊分析步骤进行，以氯浓度为横坐标、吸光度为纵坐标，绘制标准曲线。

【分析结果计算】

按式（4-68）计算试样中氯根的质量分数（%）：

$$w = \frac{(m_1 - m_0) V \times 10^{-6}}{V_0 m} \times 100\% \qquad (4\text{-}68)$$

式中，m_1 为由标准曲线上查出的氯量，μg；m_0 为由标准曲线上查出的试料空白溶液中氯量，μg；V 为分析试液的总体积，mL；V_0 为移取试液的体积，mL；m 为试样的质量，g。

【注意事项】

（1）如含量过高可少分取试液。

（2）氧化铈、氧化镨、氧化铽试样需加过氧化氢助溶。

（3）为防止沾污，应在专用实验室或通风橱内进行操作。

（4）本方法测定氧化铈试样时，应低温溶解样品。

（5）如果稀土离子的颜色不影响比浊测定，则不需要补偿液。

4.4.7.2 硫氰酸汞分光光度法

【适用范围】

本方法适用于稀土金属及氧化物中氯根含量的测定。测定范围 0.0050% ~ 0.10%。

【方法提要】

在酸性介质中氯离子与硫氰酸汞作用，生成稳定的氯化汞，解离出来的硫氰酸根与三价铁离子反应，生成红色配合物，分光光度法测定。

【试剂与仪器】

（1）硝酸（优级纯，$\rho = 1.42\text{g/cm}^3$，1+3）：先将硝酸煮沸，驱除氮氧化物，再行配制；

（2）硝酸铁（15%）：称取带 9 个结晶水的硝酸铁 30g，加 10mL 硝酸及少量水溶解，以水稀释至 200mL，过滤后使用；

（3）硫氰酸汞（0.35%，乙醇溶液）：称取硫氰酸汞 0.7g，加 200mL 无水乙醇溶解；

（4）氯根标准溶液（10μg/mL）；

（5）分光光度计。

【分析步骤】

按表 4-117 准确称取试样于 150mL 烧杯中，加 10mL 硝酸（1+3），低温加热到试样溶解。取下，冷却，将溶液移入 100mL 容量瓶中，以水稀释至刻度，摇匀。

按表 4-117 准确吸取试液于 25mL 比色管中，加入 10mL 硝酸（1+3）、2.5mL 硫氰酸汞溶液，混匀。加 2.5mL 硝酸铁溶液，以水稀释至刻度，摇匀。5min 后在分光光度计波长 460nm 处用 3cm 比色皿，以试剂空白作参比，测量吸光度，以标准曲线查得氯根量。

表 4-117　称样量及移取体积

氯根质量分数/%	称样量/g	移取体积/mL
0.0050~0.020	2.0	10
>0.020~0.050	1.0	5
>0.050~0.10	0.5	2

【标准曲线绘制】

准确移取 0.5、1.0、2.0、3.0、5.0mL 氯标准溶液于 25mL 比色管中，以下按上述分析步骤进行，以氯浓度为横坐标、吸光度为纵坐标，绘制标准曲线。

【分析结果计算】

按式（4-69）计算试样中氯根的质量分数（%）：

$$w = \frac{(m_1 - m_0)V \times 10^{-6}}{V_0 m} \times 100\% \tag{4-69}$$

式中，m 为试样质量，g；V 为试液总体积，mL；V_0 为测定时分取试液的体积，mL；m_1 为由标准曲线上查出的氯量，μg；m_0 为由标准曲线上查出的试料空白溶液中氯量，μg。

【注意事项】

（1）硫氰酸汞的制备：称取一定量的硝酸汞，用 200mL 1% 硝酸溶解，加 2 滴 15% 硝酸铁，在不断搅拌下，滴加硫氰酸钾溶液至沉淀析出，使溶液呈鲜红色为止。用 G4 玻璃纱漏斗过滤，用水洗涤过量的硫氰酸根，将沉淀置于阴凉处干燥，以防硫氰酸汞受热分解。

（2）分解试样，温度不宜过高，加热煮沸不得超过 1min，以免氯根损失。

（3）本方法是硫氰酸铁显色反应，稳定时间不超过 20min，应在 20min 之内完成比色。

（4）氧化铈、氧化镨、氧化铽试样需先加过氧化氢助溶，并防止 Cl^- 损失，比色时消除稀土离子颜色的影响。

（5）为防止沾污，应在专用实验室或通风橱内进行操作。

4.4.8　磷酸根量的测定

4.4.8.1　锑磷钼蓝分光光度法

【适用范围】

本方法适用于稀土金属及其氧化物中磷酸根含量的测定。测定范围：磷酸根

0.0010%~0.010%。

【方法提要】

试料用盐酸或硝酸和高氯酸溶解，在 0.31~0.48mol/L 盐酸介质中，磷与锑、钼酸铵生成杂多酸，用抗坏血酸还原将磷钼杂多酸还原为锑磷钼蓝配合物，于分光光度计波长 690nm 处测量其吸光度。

【试剂与仪器】

(1) 硝酸（$\rho = 1.42g/cm^3$，1+1）；

(2) 高氯酸（$\rho = 1.67g/cm^3$）；

(3) 盐酸（$\rho = 1.19g/cm^3$，1+1，1+2，1+10）；

(4) 氨水（1+10）；

(5) 钼酸铵溶液（40g/L，高纯）；

(6) 酒石酸锑钾溶液（3g/L）；

(7) 抗坏血酸溶液（20g/L）：用时现配；

(8) 淀粉溶液（10g/L）：用时现配；

(9) 对硝基酚溶液（10g/L）；

(10) 磷酸根标准溶液（2μg/mL）；

(11) 分光光度计。

【分析步骤】

按表 4-118 准确称取氧化物试样于 100mL 烧杯中，以水润湿，加 10mL 盐酸（1+1），加热溶解（若试样未溶清，加 3~4 滴过氧化氢助溶），试样完全溶解后，蒸至小体积 1~2mL，取下冷却，移入 25mL 容量瓶中，以水稀释至刻度，混匀。

按表 4-118 准确称取金属试样于 100mL 烧杯中，加入 20mL 硝酸（1+1），滴加 2mL 过氧化氢，低温溶解完全，加入 3~5mL 高氯酸，加热冒烟至湿盐状，取下稍冷，加入 10mL 盐酸（1+1），加 3~4 滴过氧化氢，加热溶解盐类，冷却，移入 25mL 容量瓶中，以水稀释至刻度，混匀。

按表 4-118 准确分取溶液于 25mL 容量瓶中，加入 1 滴对硝基酚溶液，用氨水调至黄色出现，用盐酸（1+2）调至黄色刚消失。依次加入 1.6mL 盐酸（1+10）、0.6mL 钼酸铵溶液、2mL 淀粉溶液、1.5mL 抗坏血酸溶液、0.5mL 酒石酸锑钾溶液并摇匀，以水稀释至刻度，混匀。以试料空白为参比，在分光光度计上，于波长 690nm 处，测量其吸光度，从标准曲线上查出相应的磷量。

表 4-118　称样量及移取体积

磷酸根质量分数/%	称样量/g	移取体积/mL
0.0010~0.0020	1.0	5
>0.0020~0.0040	0.5	5
>0.0040~0.010	0.5	2

【标准曲线绘制】

移取 0、0.5、1.0、2.0、3.0、4.0、5.0mL 磷酸根标准溶液，分别置于一组 25mL 容量瓶中，加 10mL 水，加入 1 滴对硝基酚溶液，用氨水调至黄色出现，用盐酸（1+2）调至黄色刚消失，用水稀释至 10mL，以下按上述分析步骤测量其吸光度，以磷量为横坐标、吸光度为纵坐标，绘制标准曲线。

【分析结果计算】

按式（4-70）计算试样中磷酸根的质量分数（%）：

$$w = \frac{m_1 V \times 10^{-6}}{m V_0} \times 100\% \tag{4-70}$$

式中，m_1 为从标准曲线上查得磷酸根的质量，μg；V 为试液总体积，mL；V_0 为分取试液体积，mL；m 为试样质量，g。

【注意事项】

氧化铈试样采用硝酸溶解。

4.4.8.2　乙酸丁酯萃取分光光度法

【适用范围】

本方法适用于稀土金属及其氧化物中磷酸根含量的测定。测定范围：磷 0.00010%~0.010%。

【方法提要】

在 0.65~1.63mol/L 硝酸介质中，磷与钼酸铵生成磷钼杂多酸可以被乙酸丁酯萃取，用氯化亚锡将磷钼杂多酸还原并反萃取至水相，于波长 680nm 处，测量其吸光度。

【试剂与仪器】

（1）乙酸丁酯；

（2）盐酸（$\rho = 1.19g/cm^3$，1+2，1+5）；

（3）硝酸（$\rho = 1.42g/cm^3$）；

（4）钼酸铵（100g/L）；

（5）氯化亚锡（20g/L）：称取 2g 氯化亚锡加热溶于 10mL 盐酸中，用水稀释至 100mL，用时现配；

（6）高锰酸钾溶液（50g/L）；

（7）亚硝酸钠溶液（20g/L）；

（8）磷标准溶液（$2\mu g/mL$）；

（9）分光光度计。

【分析步骤】

准确称取 1.0g 试样置于 100mL 烧杯中，以水润湿，加 10mL 硝酸加热溶解试样（溶解不清，滴加过氧化氢助溶），再加水使溶液总体积 60mL 左右，加热煮沸，加高锰酸钾溶液至溶液产生大量棕色沉淀，继续煮沸 1~2min，此过程保持溶液体积 60mL 左右。滴加亚硝酸钠至溶液变清后，过量 1 滴并煮沸 1~2min，以赶走未反应的亚硝酸钠，冷却至室温，移入 50mL 容量瓶中。

按表 4-119 分取溶液移入 60mL 分液漏斗中，向漏斗中加入 15mL 乙酸丁酯、5mL 钼酸铵溶液，剧烈振荡 60s，静置分层后，弃去下层水相，加 10mL 盐酸（1+2），振荡 30s，静置分层后，弃去下层水相，加入 15mL 氯化亚锡溶液，振荡 60s，静置分层。将水相溶液移入 1cm 吸收皿中，以水作为参比，在分光光度计上，于波长 680nm 处，测量其吸光度，减去随同试样空白的吸光度，从标准曲线上查出相应的磷量。

表 4-119   称样量及移取体积

磷酸根质量分数/%	称样量/g	移取体积/mL
0.00010~0.0010	1.0	
>0.0010~0.0050	1.0	5
>0.0050~0.010	1.0	2

【标准曲线绘制】

移取 0、0.5、1.0、2.0、4.0、5.0mL 磷标准溶液，分别置于 7 个 60mL 分液漏斗中，加 3mL 硝酸，用水稀释至 10mL，加入 15mL 乙酸丁酯，以下按分析步骤。以试剂空白为参比，测量其吸光度，以磷量为横坐标、吸光度为纵坐标，绘制标准曲线。

【分析结果计算】

按式（4-71）计算试样中磷酸根的质量分数（%）：

$$w = \frac{m_1 V \times 3.065 \times 10^{-6}}{m V_0} \times 100\% \qquad (4-71)$$

式中，m_1 为从标准曲线上查得试液中磷量，μg；m 为试样质量，g；V_0 为分取试液体积，mL；V 为试样总体积，mL；3.065 为磷换算为磷酸根的系数。

【注意事项】

高锰酸钾用于将磷氧化到高价，亚硝酸钠将过量高价锰还原为低价。

4.4.9   氟量的测定——茜素络合腙分光光度法

【适用范围】

本方法适用于稀土金属及其氧化物中氟量的测定。测定范围：0.010%~1.00%。

【方法提要】

试样以高氯酸在135~140℃水蒸气蒸馏，使氟与其他元素分离。在pH=7左右和丙酮存在下，加入定量的茜素络合指示剂，使氟与茜素和镧形成蓝紫色的三元配合物，于40℃水浴保温50min。在630nm波长下测定。

【试剂与仪器】

（1）NaF（优级纯）；

（2）丙酮；

（3）高氯酸（$\rho=1.67g/cm^3$，优级纯）；

（4）盐酸（$\rho=1.19g/cm^3$，优级纯，1+4）；

（5）氢氧化钠（100g/L左右）；

（6）氨水（$\rho=0.90g/cm^3$，1+1）；

（7）酚酞指示剂（10g/L）；

（8）NaAC-HAC缓冲溶液：pH≈5.5，称取120g结晶乙酸钠溶于水中，加30mL冰乙酸，用水稀释至2000mL容量瓶定容；

（9）$LaCl_3$（0.04mol/L）：称取3.2589g La_2O_3加入少量水，滴加HCl（1+1）至溶解，稀释至500mL。

（10）茜素络合指示剂：称取0.0482g茜素于250mL容量瓶，加1mL氨水（1+1）使之溶解，加125mL丙酮摇匀，再加6.25mL $LaCl_3$（0.04mol/L），最后加50mL NaAC-HAC缓冲溶液定容并摇匀，低温避光保存；

（11）氟标准溶液（2μg/mL）；

（12）分光光度计。

【分析步骤】

按表4-120称取试样，置于250mL蒸馏瓶中，以少量水冲洗瓶壁，加入15mL高氯酸，用橡皮塞塞紧瓶口，将蒸馏瓶与蒸汽瓶连接，接通冷却水，加热蒸馏，用250mL烧杯盛接蒸馏液。保持蒸馏温度维持在130~140℃，控制馏出液3~4mL/min，当馏出液体积达180mL左右停止蒸馏。加2~3滴酚酞指示剂，用氢氧化钠调至红色再用盐酸调至恰好无色，定容至250mL容量瓶。

按表4-120准确移取蒸馏液于25mL比色管中，加5mL茜素络合指示剂、6mL丙酮，摇匀后于40℃水浴保温50min，用2cm比色皿，于波长630nm处测定。

表4-120 称样量及移取体积

磷酸根质量分数/%	称样量/g	移取体积/mL
0.010~0.050	1.0	5
>0.050~0.10	0.5	2
>0.10~0.50	0.2	2
>0.50~1.0	0.1	2

【标准曲线绘制】

准确移取 0、1.0、2.0、4.0、5.0、6.0mL 氟标准溶液于蒸馏瓶中按实验方法蒸馏，以下按上述分析步骤操作，以吸光度值为纵坐标，以氟离子量为横坐标，绘制标准曲线。

【分析结果计算】

按式（4-72）计算试样中氟的质量分数（%）：

$$w = \frac{m_1 V \times 10^{-6}}{V_0 m} \times 100\% \tag{4-72}$$

式中，m_1 为由标准曲线上查出的氟量，μg；V 为分析试液的总体积，mL；V_0 为移取试液的体积，mL；m 为试样的质量，g。

【注意事项】

（1）茜素络合分光光度法的标准曲线线性上限氟离子浓度 14.0μg/mL，当氟离子浓度远大于 14μg/mL 时，三元配合物不能生成，其浓度与吸光度没有线性关系。

（2）每次带空白试验，并从试样结果中扣除，特别是氟含量特别低的样品。

（3）如含量太高可少分取试液。

（4）蒸馏温度应严格控制，否则对结果有影响。

（5）蒸馏后的溶液也可以采用离子色谱法测定氟离子，但需注意高氯酸根的影响。

4.4.10　氧化铁量的测定

4.4.10.1　原子吸收光谱法

【适用范围】

本方法适用于稀土金属及其氧化物中铁量的测定。测定范围：0.0050%～3.00%。

【方法提要】

试样经盐酸或硝酸分解，在稀酸介质中用空气-乙炔火焰于原子吸收分光光度计 248.3nm 波长处进行测定，采用标准曲线法测定铁的含量。

【试剂与仪器】

（1）盐酸（$\rho = 1.19$g/cm^3，1+1）；

（2）硝酸（$\rho = 1.42$g/cm^3）；

（3）过氧化氢（30%）；

（4）铁标准溶液：1mL 含 50μg 铁（5%盐酸介质）；

（5）原子吸收分光光度计；铁空心阴极灯，仪器参数见表 4-121。

表 4-121　仪器工作参数

元素	波长/nm	狭缝/nm	灯电流/mA	空气流量 /L·min⁻¹	乙炔流量 /L·min⁻¹	观测高度 /mm
Fe	248.3	0.2	7	15.0	2.2	9

【分析步骤】

准确称取 1.0g 试样于 100mL 烧杯中，加入 10mL 盐酸（1+1），于电炉上低温加热至试样完全分解，取下，冷却至室温，移入 50mL 容量瓶中，以水稀释至刻度，摇匀待测。

【标准曲线绘制】

于一系列 50mL 容量瓶中，准确移取铁标准溶液 0、1.0、3.0、5.0mL，加 5mL 盐酸（1+1），以水稀释至刻度，摇匀。

以试剂空白调零，在空气-乙炔火焰于原子吸收分光光度计 248.3nm 波长处，以氘灯模式进行背景校正，同时测定试液及系列标准溶液，绘制标准曲线，从标准曲线求得待测试液中铁的浓度。

【分析结果计算】

按式（4-73）计算样品中铁的质量分数（%）：

$$w = \frac{\rho V b \times 10^{-6}}{m} \times 100\% \tag{4-73}$$

式中，ρ 为由标准曲线计算得出的被测试液铁的质量浓度，$\mu g/mL$；V 为被测试液的体积，mL；b 为稀释倍数；m 为试样的质量，g。

【注意事项】

（1）氧化铈样品准确称取 0.5g 于 100mL 烧杯中，加 5mL 硝酸、5mL 过氧化氢，于电热板上低温加热至试样完全分解，取下冷至室温，移入 25mL 容量瓶中，以水稀释至刻度，摇匀待测。

（2）如铁含量大于 0.03% 时，分取适量体积测定，保持盐酸浓度 5%。

（3）背景校正也可以选用自吸灯。

4.4.10.2　硫氰酸钾—1,10-二氮杂菲分光光度法

【适用范围】

本方法适用于稀土金属及其氧化物中氧化铁含量的测定。测定范围：0.00010%～0.0050%。

【方法提要】

试样用盐酸或硝酸溶解，在微酸性介质中，铁与硫氰酸钾、1,10-二氮杂菲形成紫红色三元配合物，用甲基异丁基酮萃取该配合物，于分光光度计波长 520nm 处测量其吸光度。

【试剂与材料】

（1）甲基异丁基酮；

（2）过氧化氢（30%）；

（3）盐酸（$\rho = 1.19g/cm^3$，优级纯，1+1）；

（4）硝酸（$\rho = 1.42g/cm^3$，优级纯，1+1）；

（5）硫氰酸钾溶液（500g/L）；

（6）1,10-二氮杂菲（2.5g/L，乙醇介质）：称取0.25g 1,10-二氮杂菲溶解于100mL乙醇中；

（7）铁标准溶液（1μg/mL，2%盐酸介质）；

（8）分光光度计。

【分析步骤】

按表4-122准确称取试样置于100mL烧杯中，加5mL盐酸，低温加热溶解至完全。冷却至室温，移入50mL容量瓶中，以水稀释至刻度，混匀。

按表4-122准确移取试液于60mL分液漏斗中，补加2mL盐酸（1+1）混匀，加2mL硫氰酸钾溶液、2mL 1,10-二氮杂菲乙醇溶液，混匀。加5mL甲基异丁基酮，振荡1min，静置分层，弃去水相。

移取部分有机相溶液于1cm吸收池中，以试剂空白为参比，于分光光度计波长520nm处测量其吸光度。从标准曲线上查得相应的铁量。

表4-122　称样量及移取体积

铁质量分数/%	称样量/g	移取体积/mL
0.00010~0.00050	1.0	
>0.00050~0.0020	1.0	10
>0.0020~0.0050	0.5	5

【标准曲线绘制】

准确移取0、1.0、2.0、3.0、4.0、5.0mL铁标准溶液分别置于一组60mL分液漏斗中，以下按上述分析步骤进行，以铁量为横坐标、吸光度为纵坐标，绘制标准曲线。

【分析结果计算】

按式（4-74）计算试样中氧化铁的质量分数（%）：

$$w = \frac{m_0 V_0 \times 1.4297 \times 10^{-6}}{mV} \times 100\% \qquad (4\text{-}74)$$

式中，m_0为从标准曲线上查得铁的质量，μg；m为试样质量，g；V_0为试液总体积，mL；V为移取试液体积，mL；1.4297为氧化铁与铁的换算系数。

【注意事项】

（1）准确称取0.5g氧化铈试样置于100mL烧杯中，加5mL硝酸、数滴过氧化氢，低温加热溶解完全并蒸至溶液呈黄色，不再有小气泡出现。冷却至室温，移入50mL容量瓶中，以水稀释至刻度，混匀。

（2）低于 0.00050% 的样品需直接进行萃取，样液移入分液漏斗时，注意体积。

4.4.11　镁量的测定——原子吸收分光光度法

【适用范围】

本方法适用于稀土金属及其氧化物中镁量的测定。测定范围：0.0010% ~ 0.30%。

【方法提要】

试样经盐酸或硝酸分解，在稀酸介质中用空气-乙炔火焰于原子吸收分光光度计 285.2nm 波长处进行测定，采用标准曲线法测定镁量。

【试剂与仪器】

（1）盐酸（$\rho = 1.19g/cm^3$，1+1）；

（2）硝酸（$\rho = 1.42g/cm^3$）；

（3）过氧化氢（30%）；

（4）镁标准溶液：1mL 含 5μg 镁（5% 盐酸介质）；

（5）原子吸收分光光度计；镁空心阴极灯，仪器参数见表 4-123。

表 4-123　仪器工作参数

元素	波长/nm	狭缝/nm	灯电流/mA	空气流量 /L·min^{-1}	乙炔流量 /L·min^{-1}	观测高度 /mm
Mg	285.2	0.7	6	15.0	2.2	7

【分析步骤】

准确称取试样 1.0g 于 100mL 烧杯中，加入 10mL 盐酸（1+1），于电炉上低温加热至试样完全分解，取下，冷却至室温，移入 50mL 容量瓶中，以水稀释至刻度，摇匀待测。

【标准曲线绘制】

于一系列 50mL 容量瓶中，准确加入镁标准溶液 0、1.0、3.0、5.0mL，加 5mL 盐酸（1+1），以水稀释至刻度，摇匀。

以试剂空白调零，在空气-乙炔火焰于原子吸收分光光度计 285.2nm 波长处，以氘灯模式进行背景校正，同时测定试液及系列标准溶液，绘制标准曲线，从标准曲线求得待测试液中镁的浓度。

【分析结果计算】

按式（4-75）计算样品中镁的质量分数（%）：

$$w = \frac{\rho V b \times 10^{-6}}{m} \times 100\% \tag{4-75}$$

式中，ρ 为由标准曲线得出的被测试液镁的质量浓度，$\mu g/mL$；V 为被测试液体积，mL；b 为稀释倍数；m 为试样的质量，g。

【注意事项】

（1）氧化铈样品准确称取 0.5g 于 100mL 烧杯中，加 5mL 硝酸、5mL 过氧化氢，于电热板上低温加热至试样完全分解，取下冷至室温，移入 25mL 容量瓶中，以水稀释至刻度，摇匀待测。

（2）如镁含量高需分取适量体积后测定，保持盐酸浓度 5%。

（3）背景校正也可以选用自吸灯。

4.4.12   钍量的测定

4.4.12.1   偶氮胂Ⅲ分光光度法

【适用范围】

本方法适用于稀土金属、氧化物中钍含量的测定，测定范围：0.0010% ~ 0.050%。

【方法提要】

试样用盐酸溶解，在 pH = 2 ~ 2.5 的盐酸介质中，用 TBP-二甲苯溶液萃取钍以分离稀土，用 4mol/L 盐酸反萃取钍，于分光光度计波长 660nm 处测量钍与偶氮胂Ⅲ配合物的吸光度。

【试剂与仪器】

（1）抗坏血酸；

（2）盐酸（$\rho = 1.19g/cm^3$，1+1，1+2，1+5）；

（3）硝酸（$\rho = 1.42g/cm^3$）；

（4）高氯酸（$\rho = 1.67g/cm^3$）；

（5）氨水（$\rho = 0.90g/cm^3$，1+2）；

（6）碳酸钠（50g/L）；

（7）硫氰酸铵溶液（100g/L）：10g 硫氰酸铵溶于约 80mL 水中，稀释至 100mL，滴加盐酸调 pH = 2.0；

（8）磷酸三丁酯（TBP）-二甲苯（5+95）：用等体积碳酸钠溶液洗两次，水洗一次，盐酸（1+5）洗一次，再用水洗一次，弃去水相后备用；

（9）草酸溶液（8g/L）；

（10）三氯化铁（50g/L）；

（11）偶氮胂Ⅲ显色剂（0.1g/L）：称取 0.1g 偶氮胂Ⅲ，用草酸溶液溶解并稀释至 1000mL，摇匀；

（12）二氧化钍标准溶液（5$\mu g/mL$，2%盐酸介质）；

（13）分光光度计。

【分析步骤】

按表4-124准确称取试样，于100mL烧杯中，加5mL盐酸（1+1），加热溶解，加10mL水，将盐类溶解。移入50mL容量瓶中，以水稀释至刻度，摇匀。

按表4-124准确移取试液于60mL分液漏斗中，加1滴三氯化铁，滴加氨水（1+2）至溶液由红色变为无色，再用盐酸（1+1）调至红色刚出现，并过量2~3滴，此时pH=2.0，以水稀释至25mL，加25mL磷酸三丁酯（TBP）-二甲苯，在振荡器上振荡2min，取下，分层后，弃去水相，分别用15mL硫氰酸铵溶液（100g/L）洗涤两次。弃去水相，有机相分别用10mL盐酸（1+2）反萃两次，反萃液放入25mL比色管中，加少许抗坏血酸，摇匀，加2.5mL偶氮胂Ⅲ显色剂，以盐酸（1+2）稀释至刻度，混匀。在分光光度计上，波长660nm，用3cm比色皿，以试剂空白作参比，测量吸光度。从标准曲线上查得氧化钍量。

表4-124 称样量及移取体积

二氧化钍质量分数/%	称样量/g	移取体积/mL
0.0010~0.0050	2.0	10
>0.0050~0.010	2.0	5
>0.010~0.050	1.0	5

【标准曲线绘制】

于一系列25mL比色管中，准确移取0、0.5、1.0、2.0、3.0、4.0、5.0mL二氧化钍标准溶液，用盐酸（1+2）稀释至近20mL，加2.5mL偶氮胂Ⅲ显色剂，以下按上述分析操作。以氧化钍量为横坐标，以吸光度值为纵坐标，绘制标准曲线。

【分析结果计算】

按式（4-76）计算试样中二氧化钍的质量分数（%）：

$$w = \frac{m_0 V_0 \times 10^{-6}}{mV} \times 100\% \tag{4-76}$$

式中，m_0 为从标准曲线上查得二氧化钍的含量，μg；m 为试样质量，g；V_0 为试液总体积，mL；V 为移取试液体积，mL。

【注意事项】

（1）硫氰酸铵溶液（100g/L）萃取洗涤溶液中铁离子。

（2）抗坏血酸还原未除去的三价铁。

4.4.12.2 电感耦合等离子体质谱法

【适用范围】

本方法适用于稀土金属及其氧化物中钍含量的测定。测定范围：0.00010%~0.010%。

【方法提要】

试样用硝酸分解，在硝酸介质中，直接以氩等离子体激发，进行质谱测定。

【试剂与仪器】

(1) 硝酸（$\rho = 1.42\text{g/cm}^3$，1+3，1+99）；

(2) 过氧化氢（30%）；

(3) 铯内标溶液：0.5μg/mL，1%硝酸介质；

(4) 二氧化钍标准溶液：1μg/mL，1%硝酸介质；

(5) 电感耦合等离子体质谱仪：质量分辨率（0.7±0.1）amu。

【分析步骤】

准确称取 0.5g 试样，置于 100mL 烧杯中，加少许水，加入 10mL 硝酸（1+1），滴加过氧化氢助溶，低温加热溶解完全，放置冷却至室温，移入 100mL 容量瓶中，用水稀释至刻度，混匀。

移取 10mL 试液于 100mL 容量瓶中，加入 1.0mL 铯内标溶液，用硝酸（1+99）稀释至刻度，混匀。

【标准曲线绘制】

准确移取 0、1.0、10.0、50.0mL 二氧化钍标准溶液于一组 100mL 容量瓶中，加 1.0mL 铯或铑内标溶液，用硝酸（1+99）稀释至刻度，混匀。此标准系列溶液各元素浓度为 0、1.0、10.0、50.0ng/mL。

将标准系列溶液与试样液一起于电感耦合等离子体质谱仪测定条件下，测量待测元素 ^{232}Th 的强度。将标准溶液的浓度直接输入计算机，用内标法校正非质谱干扰，并输出分析试液中待测元素的浓度。

【分析结果计算】

按式（4-77）计算试样中二氧化钍的质量分数（%）：

$$w = \frac{\rho V_2 V_0 \times 10^{-9}}{m V_1 k} \times 100\% \tag{4-77}$$

式中，ρ 为试液中待测元素的质量浓度，ng/mL；V_0 为试液总体积，mL；V_1 为移取试液的体积，mL；V_2 为测定试液的体积，mL；m 为试样的质量，g；k 为氧化物对单质的换算系数。

4.4.13　钙量的测定

4.4.13.1　原子吸收分光光度法

【适用范围】

本方法适用于稀土金属及其氧化物中钙量的测定。测定范围：0.010% ~ 0.30%。

【方法提要】

试样经盐酸或硝酸分解，在稀酸介质中用空气–乙炔火焰于原子吸收分光光度计 422.7nm 波长处采用标准加入法测定钙量。

【试剂与仪器】

（1）盐酸（$\rho=1.19g/cm^3$，1+1）；

（2）硝酸（$\rho=1.42g/cm^3$）；

（3）过氧化氢（30%）；

（4）钙标准溶液：1mL 含 50μg 钙（5%盐酸介质）；

（5）原子吸收分光光度计；钙空心阴极灯，仪器参数见表 4-125。

表 4-125　仪器工作参数

元素	波长/nm	狭缝/nm	灯电流/mA	空气流量 /L·min⁻¹	乙炔流量 /L·min⁻¹	观测高度 /mm
Ca	422.7	0.7	7	15.0	2.0	7

【分析步骤】

准确称取试样 1.0g 于 100mL 烧杯中，加入 10mL 盐酸（1+1），于电炉上低温加热至试样完全分解，取下，冷却至室温，移入 50mL 容量瓶中，以水稀释至刻度，摇匀待测。

【标准曲线绘制】

移取适量待测试液于一系列 50mL 容量瓶中，准确加入 1mL 含 50μg 钙标准溶液 0、1.0、3.0、5.0mL，加 5mL 盐酸（1+1），以水稀释至刻度，摇匀。

以试剂空白调零，在空气–乙炔火焰于原子吸收分光光度计 422.7nm 波长处，同时测定试液及系列标准溶液，绘制标准曲线，从标准曲线外推法求得待测试液中钙的浓度。

【分析结果计算】

按式（4-78）计算样品中钙的质量分数（%）：

$$w = \frac{\rho V b \times 10^{-6}}{m} \times 100\% \tag{4-78}$$

式中，ρ 为由标准曲线得出的被测试液钙的质量浓度，μg/mL；V 为被测试液体积，mL；b 为稀释倍数；m 为试样的质量，g。

【注意事项】

（1）氧化铈样品准确称取 0.5g 于 100mL 烧杯中，加 5mL 硝酸、5mL 过氧化氢，于电热板上低温加热至试样完全分解，取下冷至室温，移入 25mL 容量瓶中，以水稀释至刻度，摇匀待测。

（2）氟化稀土中钙含量的测定，采用优级纯高氯酸在石英烧杯中溶解样品。

4.4.13.2　电感耦合等离子体发射光谱法

【适用范围】

本方法适用于单一稀土金属及其氧化物中钙量的测定。测定范围：0.00050%~0.050%。

【方法提要】

试样经盐酸或硝酸分解，在稀酸介质中直接以氩等离子体光源激发，进行光谱测定，以基体匹配法校正基体对测定的影响。

【试剂与仪器】

（1）过氧化氢（优级纯，30%）；

（2）盐酸（优级纯，1+1，1+19）；

（3）硝酸（优级纯，1+1）；

（4）氧化钙标准溶液：1mL 含 5μg 氧化钙；

（5）稀土基体标准溶液：氧化镧、氧化铈、氧化镨、氧化钕、氧化钐、氧化铕、氧化钆、氧化铽、氧化镝、氧化钬、氧化铒、氧化钇基体溶液分别为 100mg/mL（盐酸或硝酸介质）；

（6）电感耦合等离子体发射光谱仪，倒线色散率不大于 0.26nm/mm。

【分析步骤】

按表 4-126 准确称取试样于 50mL 烧杯中，加入 5mL 盐酸（1+1）或硝酸，低温加热溶解至清，取下，冷却至室温，移入 25mL 容量瓶中，以水稀释至刻度，混匀。

表 4-126　称样量

氧化钙含量/%	试样量/g
0.00050~0.0050	0.50
>0.0050~0.050	0.20

【标准曲线绘制】

按表 4-127 分别移取不同稀土基体溶液与氧化钙标准溶液于 25mL 容量瓶中，加入 2.0mL 盐酸或硝酸（1+1）以水稀释至刻度，混匀。

表 4-127 标准溶液体积

标液编号	氧化钙含量/%	稀土基体标准溶液/mL	氧化钙标准溶液/mL
1			0
2			0.20
3	0.00050~0.0050	5.0	1.00
4			2.00
5			3.00
6			1.00
7			2.00
8	>0.0050~0.050	2.0	4.00
9			8.00
10			12.00

根据试样中氧化钙含量选择 1~5 号或者 6~10 号标准系列溶液，将标准系列溶液与试样液一起于表 4-128 所示波长处（不同基体），同时进行氩等离子体光谱测定。

表 4-128 测定元素波长

基体元素	Ca 分析线/nm	基体元素	Ca 分析线/nm
La	393.366, 396.847	Gd	393.366, 396.847
Ce	396.847	Tb	393.366, 396.847
Pr	393.366	Dy	393.366
Nd	393.366	Ho	393.366, 396.847
Sm	396.847	Er	393.366, 396.847
Eu	393.366, 396.847	Y	393.366, 396.847

【分析结果计算】

按式（4-79）计算样品中氧化钙的质量分数（%）：

$$w = \frac{\rho V_0 \times 10^{-6}}{m} \times 100\% \tag{4-79}$$

式中，ρ 为由标准曲线得出的氧化钙的质量浓度，$\mu g/mL$；V_0 为试液总体积，mL；m 为试样的质量，g。

【注意事项】

（1）氧化铈基体采用硝酸及过氧化氢溶解样品。

（2）氟化稀土中氧化钙含量的测定，采用优级纯高氯酸于石英烧杯中溶解样品。

（3）稀土基体中钙含量应为已知。

4.4.14 钼、钨量的测定

4.4.14.1 钼量的测定——硫氰酸盐分光光度法

【适用范围】

本方法适用于稀土金属中钼量的测定。测定范围：0.0050%~0.50%。

【方法提要】

试样经硝酸分解，在硫酸介质中用硫脲作还原剂，五价钼与硫氰酸钾形成橙红色的配合物，借此进行比色测定。

【试剂与仪器】

（1）硝酸（$\rho=1.42g/cm^3$）；

（2）硫酸（$\rho=1.84g/cm^3$，1+1）；

（3）盐酸（$\rho=1.19g/cm^3$，1+1）；

（4）氨水（$\rho=0.90g/cm^3$，1+1）；

（5）氢氧化钠溶液（400g/L）；

（6）硫氰酸钾（300g/L）；

（7）硫脲（80g/L，现用现配）；

（8）酚酞指示剂（10g/L，乙醇介质）；

（9）硫酸铜：4g 硫酸铜溶于 100mL 硫酸（1+1）中，再用硫酸（1+1）稀释至 1000mL 容量瓶中，摇匀；

（10）硫酸高铁铵：2g 硫酸高铁铵溶于 100mL 硫酸（1+1）中，再用硫酸（1+1）稀释至 1000mL 容量瓶中，摇匀；

（11）钼标准溶液（10μg/mL，0.5% 氢氟酸介质，塑料瓶）；

（12）分光光度计。

【分析步骤】

按表 4-129 准确称取试样置于 300mL 烧杯中，加入硝酸溶解，置于电炉上蒸干，冷却，加入 1mL 硫酸，继续加热至冒尽硫酸烟，取下冷却。加水约 70~80mL，加热使盐类溶解，冷却至室温，移入 100mL 容量瓶中，以水稀释至刻度，混匀。

表 4-129 称样量及移取体积

钼质量分数/%	称样量/g	移取体积/mL
0.0050~0.050	1.0	10.0
>0.050~0.50	0.5	2.0

按表 4-129 准确移取试液于 25mL 比色管中，加 5mL 硫酸铜，摇匀，加入 1mL 硫酸高铁铵，混匀，加入 5mL 硫脲，摇匀，冷却 5min。加入 1mL 硫氰酸钾，

以水稀释至刻度，混匀。放置 15min，在分光光度计上，波长 460nm，用 3cm 比色皿，测其吸光度。

【标准曲线绘制】

准确移取 0、0.5、1.0、2.0、5.0mL 钼标准溶液于 25mL 比色管中，以下按分析步骤进行，以钼量为横坐标、吸光度为纵坐标，绘制标准曲线。

【分析结果计算】

按式（4-80）计算试样中钼的质量分数（%）：

$$w = \frac{m_1 V_0 \times 10^{-6}}{mV} \times 100\% \qquad (4\text{-}80)$$

式中，m_1 为从标准曲线上查得的钼量，μg；m 为试样质量，g；V_0 为试液总体积，mL；V 为移取试液体积，mL。

【注意事项】

（1）各种试剂依次准确加入，不可互变。

（2）硫脲是还原剂，将钼还原为五价，铜起催化作用。

4.4.14.2 钨量的测定——水杨基荧光酮分光光度法

【适用范围】

本方法适用于稀土金属中钨量的测定。测定范围：0.010%~1.00%。

【方法提要】

试样经硝酸分解，硫磷混酸冒烟，碱分离稀土，定容后，干过滤，在 0.8mol/L 的盐酸介质中，以盐酸羟胺和 CYDTA 消除钼的干扰，钨和水杨基荧光酮（SAF）、溴化十六烷基三甲胺（CTMAB）生成稳定的黄色三元配合物，于波长 518nm 处进行光度测定。

【试剂与仪器】

（1）氯化铵；

（2）氢氧化钠；

（3）硝酸（$\rho = 1.42 g/cm^3$，1+2）；

（4）盐酸（$\rho = 1.19 g/cm^3$，5mol/L）；

（5）水杨基荧光酮（SAF，0.001mol/L）：称取 33.6mg SAF 于烧杯中，加 5mL 5mol/L 的盐酸及一定量乙醇，溶解后，移入 100mL 棕色瓶中，以乙醇稀释至刻度，混匀，避光保存；

（6）溴化十六烷基三甲基胺（CTMAB，0.02mol/L）：称取 3.644g CTMAB，溶于 200mL 水中，移入 500mL 容量瓶中，以水稀释至刻度，混匀；

（7）1,2-环己二胺四乙酸（CYDTA，150g/L）：称取 15g CYDTA，加氨水（1+1）溶解，用盐酸（1+1）调到近中性，以水稀释至 100mL；

（8）抗坏血酸溶液（50g/L）；

（9）盐酸羟胺溶液（500g/L）；

（10）酚酞指示剂（10g/L）；

（11）硫磷混酸（硫酸+磷酸+水：300+150+600）；

（12）钨标准溶液（10μg/mL，0.5%氢氟酸介质，塑料瓶）；

（13）分光光度计。

【分析步骤】

按表 4-130 准确称取试样置于 100mL 烧杯中，加 20mL 硝酸加热分解试样，加 10mL 硫磷混酸，加热到冒硫酸烟 2～3min，冷却。以水稀释至 30～50mL。加 2～3g 氯化铵于烧杯中，加氢氧化钠到沉淀出现，过量 3～5g，煮沸 1min，冷却到室温。将溶液连同沉淀移入 100mL 容量瓶中，以水稀释至刻度。

待沉淀下沉，用中速滤纸干过滤，按表 4-130 准确移取滤液于 25mL 的容量瓶中，加 1 滴酚酞指示剂，用盐酸（1+1）调到红色刚消失，加 4mL 盐酸（5mol/L），再加 5mL 盐酸羟胺溶液、3mL CYTDA，于热水浴中煮沸后，取出自然冷却到室温，加 1.5mL 抗坏血酸、1.5mL SAF、3mL CTMAB，以水稀释至刻度，混匀。放置 20min 后，以试剂空白为参比，于波长 518nm 处，用 1cm 比色皿测量吸光度。从标准曲线查得钨量。

表 4-130 称样量及移取体积

钨质量分数/%	称样量/g	移取体积/mL
0.010～0.050	1.0	5
>0.050～0.10	0.5	5
>0.10～0.50	0.5	10×5/50
>0.50～1.00	0.5	10×2/50

【标准曲线绘制】

准确移取 0、0.5、1.0、1.5、2.0mL 钨标准溶液分别置于一组 25mL 容量瓶中，以下按上述分析步骤进行，以钨量为横坐标、吸光度为纵坐标，绘制标准曲线。

【分析结果计算】

按式（4-81）计算试样中钨的质量分数（%）：

$$w = \frac{m_1 V_0 \times 10^{-6}}{mV} \times 100\% \tag{4-81}$$

式中，m_1 为从标准曲线上查得钨的质量，μg；m 为试样质量，g；V_0 为试液总体积，mL；V 为移取试液体积，mL。

【注意事项】

（1）加硫酸络合钨，否则结果偏低。

（2）碱分离主要是分离钽，钽是正干扰；对不含钽的试样可不必碱分离。

4.4.14.3 钼、钨量的测定——电感耦合等离子体发射光谱法

【适用范围】

本方法适用于稀土金属中钼、钨含量的测定。测定范围：0.010%～0.50%。

【方法提要】

试料用硝酸、氢氟酸溶解，同时分离稀土基体，氩等离子体光谱法测定。

【试剂与仪器】

(1) 硝酸（$\rho = 1.42 \text{g/cm}^3$）；

(2) 氢氟酸（$\rho = 1.15 \text{g/cm}^3$）；

(3) 钼、钨混合标准溶液：移取 5.0mL 钼、钨标准贮存溶液（1000μg/mL）于 100mL 容量瓶中，加入 2mL 氢氟酸，用水稀释至刻度，混匀，此溶液 1mL 含 50μg 钼、50μg 钨，保存于塑料瓶中；

(4) 硼酸溶液（50g/L）；

(5) 氩气（>99.99%）；

(6) 电感耦合等离子体发射光谱仪，倒线色散率不大于 0.26nm/mm。

【分析步骤】

准确称取 1.0g 试样于 200mL 聚四氟乙烯烧杯中，加入少许水及 10mL 硝酸，加热溶解。加入 50mL 水，加热至近沸，按表 4-131 加入氢氟酸，加热至近沸，保温 10min，放置冷却至室温，移入 100mL 容量瓶中，用水稀释至刻度，混匀。

待沉淀下沉后，用两张慢速滤纸干过滤。按表 4-131 分取试液于 25mL 容量瓶中，加入 2.5mL 硼酸溶液，用水稀释至刻度，混匀。

表 4-131　氢氟酸加入量及移取体积

钼、钨质量分数/%	氢氟酸加入量/mL	移取体积/mL
0.010～0.050	2.0	10.0
>0.050～0.50	5.0	2.0

【标准曲线绘制】

于 4 个 50mL 容量瓶中分别加入 0、0.50、2.00、5.00mL 钼、钨混合标准溶液，加入 0.2mL 氢氟酸、5mL 硼酸溶液，用水稀释至刻度，混匀。标准系列溶液中钼、钨浓度分别为 0、0.50、2.00、5.00μg/mL。

将标准系列溶液与试样液于表 4-132 所示分析波长处，用电感耦合等离子体发射光谱仪进行测定。

表 4-132　测定元素波长

基体元素	波长/nm	基体元素	波长/nm
La, Ce, Pr, Nd, Sm, Gd, Tb, Dr, Y	W 207.911 Mo 281.615	Eu	W 207.911 Mo 284.823

【分析结果计算】

按式（4-82）计算试样中钼、钨的质量分数（%）：

$$w = \frac{\rho V_2 V_0 \times 10^{-6}}{m V_1} \times 100\% \qquad (4-82)$$

式中，ρ 为分析溶液中钼、钨的质量浓度，$\mu g/mL$；V_2 为分析溶液的体积，mL；V_1 为分取试液体积，mL；V_0 为试液总体积，mL；m 为试样质量，g。

【注意事项】

本方法适用于单一稀土金属 La、Ce、Pr、Nd、Sm、Eu、Gd、Tb、Dy、Y 中钼、钨含量的测定。

4.4.14.4　钼、钨量的测定——电感耦合等离子体质谱法

【适用范围】

本方法适用于稀土金属中钼、钨含量的测定。测定范围：$0.0010\% \sim 0.10\%$。

【方法提要】

试料用硝酸、氢氟酸溶解，同时分离稀土基体，在稀氢氟酸介质中，直接以氩等离子体光源激发，进行质谱测定。

【试剂与仪器】

(1) 硝酸（$\rho = 1.42 g/cm^3$）；

(2) 氢氟酸（$\rho = 1.15 g/cm^3$）；

(3) 过氧化氢（30%）；

(4) 硼酸溶液（50g/L）；

(5) 钼、钨混合标准溶液：移取 10.0mL 钼、钨标准贮存溶液（$100\mu g/mL$）于 100mL 容量瓶中，加入 2mL 氢氟酸，用水稀释至刻度，混匀，此溶液 1mL 含 $10\mu g$ 钼、$50\mu g$ 钨，再将此溶液用氢氟酸（1+99）稀释成 1mL 含 $0.50\mu g$ 钼、$0.50\mu g$ 钨，保存于塑料瓶中；

(6) 铯内标溶液：$0.25\mu g/mL$，1%硝酸介质；

(7) 电感耦合等离子体质谱仪：质量分辨率（0.7 ± 0.1）amu；

(8) 氩气（>99.99%）。

【分析步骤】

准确称取 1.0g 试样于 200mL 聚四氟乙烯烧杯中，加入少许水及 10mL 硝酸，加入 4~5 滴过氧化氢，低温加热溶解至清。用水稀释至 80mL，加热至近沸，加入 5mL 氢氟酸，保温 10min，中间摇动 2 次，放置冷却至室温，移入 250mL 容量瓶中，用水稀释至刻度，混匀。

用慢速滤纸干过滤。按表 4-133 分取试液于 100mL 容量瓶中，加入 2.5mL 硼酸溶液，用水稀释至刻度，混匀。

表 4-133　移取体积

钼、钨质量分数/%	移取试液体积/mL
0.0010~0.010	10.0
>0.010~0.10	2.0

【标准曲线绘制】

于 4 个 100mL 容量瓶中分别加入 0、1.0、10.0、20.0mL 钼、钨混合标准溶液（0.50μg/mL），加入 2.0mL 铯内标溶液、1mL 氢氟酸、2.5mL 硼酸溶液，用水稀释至刻度，混匀。标准系列溶液浓度为 0、0.0050、0.050、0.10μg/mL。

将标准系列溶液与试样液于电感耦合等离子体质谱仪上测定 ^{98}Mo、^{184}W 的浓度。

【分析结果计算】

按式（4-83）计算试样中钼、钨的质量分数（%）：

$$w = \frac{\rho V_2 V_0 \times 10^{-6}}{m V_1} \times 100\% \tag{4-83}$$

式中，ρ 为分析溶液中钼、钨的质量浓度，μg/mL；V_2 为分析溶液的体积，mL；V_1 为分取试液体积，mL；V_0 为试液总体积，mL；m 为试样质量，g。

4.4.15　铌、钽量的测定

4.4.15.1　钽量的测定——对氯苯基荧光酮—CTMAB 分光光度法

【适用范围】

本方法适用于稀土金属中钽量的测定。测定范围：0.0050%~0.50%。

【方法提要】

试样以硝酸、氢氟酸分解，硫酸冒烟蒸干，焦硫酸钾熔融，以酒石酸络合钽。在 2.5mol/L 的盐酸介质中，以酒石酸、盐酸羟胺、EDTA 为联合掩蔽剂，消除钨和钼的干扰，在 0.4mol/L 的盐酸介质中，钽与对氯苯基荧光酮（p-ClPF）、溴代十六烷基三甲胺（CTMAB）形成三元配合物，进行光度测定。

【试剂与仪器】

（1）焦硫酸钾；

（2）硝酸（$\rho = 1.42g/cm^3$）；

（3）氢氟酸（$\rho = 1.15g/cm^3$）；

（4）盐酸（$\rho = 1.19g/cm^3$，4mol/L）；

（5）硫酸（$\rho = 1.84g/cm^3$，1+1）；

（6）酒石酸（10%，3%）；

（7）p-ClPF：0.001mol/L 0.1756g p-ClPF 加 500mL 乙醇及 8mL 盐酸（4mol/L），溶解至清；

（8）CTMAB：0.02mol/L 3.6g CTMAB 溶于 500mL 乙醇及 8mL 盐酸（4mol/L）

盐酸溶解至清；

（9）五氧化二钽标准溶液（2μg/mL，3%酒石酸介质）；

（10）分光光度计。

【分析步骤】

准确称取试样 0.5g 置于 30mL 铂坩埚中，加少量水润湿，滴加硝酸至试样溶解，加入 3~5mL 氢氟酸，加热蒸发近干，加入 3~5mL 硫酸，继续加热至白烟冒尽。加 3g 焦硫酸钾，在电炉上烘烤到流动状，放入 700℃马弗炉中熔融 7~10min，取出，冷却后，加 50mL 酒石酸（10%）提取，移入 100mL 容量瓶中，以水稀释至刻度，混匀。

准确移取 1~5mL 试液于 25mL 容量瓶中，以酒石酸（3%）稀释至 5mL，加 2.5mL 盐酸（4mol/L）、4mL CTMAB、1.5mL p-ClPF，以水稀释至刻度，摇匀，放置 10min。移取溶液于 2cm 比色皿中，以试剂空白作参比，于分光光度计波长 515nm 处测量其吸光度，从标准曲线上查得相应的钽量。

【标准曲线绘制】

准确移取 0、0.5、1.0、2.0、3.0、4.0、5.0mL 五氧化二钽标准溶液于一组 25mL 容量瓶中，以下按上述分析步骤进行，以钽量为横坐标、吸光度为纵坐标，绘制标准曲线。

【分析结果计算】

按式（4-84）计算试样中钽的质量分数（%）：

$$w = \frac{m_1 V_0 \times 10^{-6}}{mV} \times 100\% \qquad (4\text{-}84)$$

式中，m_1 为从标准曲线上查得的钽量，μg；m 为试样质量，g；V_0 为试液总体积，mL；V 为移取试液体积，mL。

【注意事项】

（1）当试样含钨和钼时，显色操作时加 3%酒石酸稀释至 5mL，加 5mL 盐酸羟胺（50%）、2mL EDTA(2%)、2.5mL 盐酸（4mol/L），沸水浴加热 12min，取出，冷却至室温，加 4mL 酒石酸溶液（10%）、4mL CTMAB（0.02mol/L），1.5mL p-ClPF(0.001mol/L)，用水稀释至刻度，混匀，测量吸光度。

（2）稀土等三价离子不干扰测定，但有色稀土离子的干扰必须扣除。

4.4.15.2   稀土金属中铌、钽量的测定——电感耦合等离子体发射光谱法

【适用范围】

本方法适用于稀土金属中铌钽量的测定。测定范围：0.010%~0.50%。

【方法提要】

试样以硝酸、氢氟酸溶解，经氟化分离稀土基体，进行氩等离子体测定。

【试剂与仪器】

（1）硝酸（1+1）；

（2）氢氟酸（$\rho = 1.15g/cm^3$）；

（3）过氧化氢（30%）；

（4）硼酸溶液（100g/L）；

（5）铌、钽混合标准溶液：1mL 含 50μg 铌、50μg 钽，2%氢氟酸介质，储存于塑料瓶中。

（6）氩气（>99.99%）；

（7）电感耦合等离子体发射光谱仪，倒线色散率不大于 0.26nm/mm。

【分析步骤】

准确称取 1.0g 金属试样于 200mL 聚四氟乙烯烧杯中，加入少许水及 10mL 硝酸，低温加热至试样完全溶解。加入 50mL 水，加热至近沸，取下，边搅拌边加入 5mL 氢氟酸，加热至微沸 2min，60~80℃恒温 30min，取下，冷却至室温，移入 100mL 塑料容量瓶中，以水稀释至刻度，混匀。待沉淀下沉后，用慢速定量滤纸干过滤。

按表 4-134 分取滤液于已加入 5mL 硼酸溶液的 25mL 容量瓶中，用水稀释至刻度，混匀。

表 4-134 移取体积

铌、钽质量分数/%	移取体积/mL	氢氟酸加入体积/mL
0.010~0.10	10.0	2.0
>0.10~0.50	2.0	5.0

【标准曲线绘制】

分别移取 0、0.5、2.0、5.0、10.0mL 铌、钽混合标准溶液于 50mL 容量瓶中，加入 0.5mL 氢氟酸及 5mL 硼酸溶液，以水稀释至刻度，混匀。标准溶液浓度为 0、0.5、2.0、5.0、10.0μg/mL。

将标准溶液与试样液一起于 Nb 309.418、313.079nm，Ta 240.063、238.706nm 处，用氩等离子体激发进行光谱测定。

【分析结果计算】

按式（4-85）计算铌、钽的质量分数（%）：

$$w = \frac{\rho V_0 V_2 \times 10^{-6}}{m V_1} \times 100\% \qquad (4\text{-}85)$$

式中，ρ 为分析试液中钼、钨的质量浓度，μg/mL；V_0 为分析试液的总体积，mL；V_1 为分取试液体积，mL；V_2 为分析试液体积，mL；m 为试样质量，g。

【注意事项】

试样溶液中加氢氟酸时，一定要边加边缓慢搅拌形成氟化稀土沉淀，并保温30min，否则过滤时容易穿滤。

4.4.15.3 稀土金属中铌、钽量的测定——电感耦合等离子体质谱法

【适用范围】

本方法适用于稀土金属中铌、钽量的测定。测定范围：铌、钽 0.0010%~0.050%。

【方法提要】

试样以硝酸溶解，经氟化分离稀土，在稀氢氟酸介质中，直接以氩等离子体质谱测定。

【试剂与仪器】

（1）硝酸（1+1）；

（2）氢氟酸（$\rho=1.15g/cm^3$）；

（3）过氧化氢（30%）；

（4）铌、钽混合标准溶液：1mL 含 1μg 铌、1μg 钽，2%氢氟酸介质，储存于塑料瓶中；

（5）氩气（>99.99%）；

（6）电感耦合等离子体质谱仪：质量分辨率（0.7±0.1）aum，仪器配耐氢氟酸进样装置。

【分析步骤】

准确称取 1.0g 金属试样于 200mL 聚四氟乙烯烧杯中，加入少许水及 10mL 硝酸（1+1），加热至试样完全溶解，加入 50mL 水，加热近沸。取下，加入 5mL 氢氟酸，加热至微沸 2min，在 60~80℃保温 30min，取下，冷却至室温，移入 100mL 塑料容量瓶中，以水稀释至刻度，混匀。待沉淀下沉，干过滤待测。

分取 5.0mL 滤液于表 4-135 相应容量瓶中，并加入相应铯内标溶液，以水稀释至刻度，混匀。

表 4-135 定容体积

铌、钽质量分数/%	定容体积/mL	加入铯内标溶液体积/mL
0.0010~0.010	100	1.0
>0.010~0.050	250	2.5

【标准曲线绘制】

分别移取 0、0.5、2.0、5.0、10.0mL 铌、钽混合标准溶液，以水稀释至刻度，混匀。此标准系列溶液浓度为 0、5.0、20.0、50.0、100.0ng/mL。

将标准溶液与试样液一起于电感耦合等离子体质谱仪测定 ^{93}Nb、^{181}Ta 的浓度。

【分析结果计算】

按式（4-86）计算各稀土元素的质量分数（%）：

$$w = \frac{\rho V_0 V_2 \times 10^{-9}}{m V_1} \times 100\% \tag{4-86}$$

式中，ρ 为分析试液中铌、钽的质量浓度，ng/mL；V_0 为试液总体积，mL；V_1 为分取试液体积，mL；V_2 为分析试液体积，mL；m 为试样质量，g。

【注意事项】

（1）试样溶液中加氢氟酸时，一定要边加边搅缓慢加入，并氟化 30min，否则过滤时容易穿滤。

（2）如果仪器没有耐氢氟酸进样装置，可加硼酸保护进样系统。

（3）对于金属钬中钽测定范围是 0.0020%～0.050%，采用系数校正法校准残留钬对钽的干扰。

4.4.15.4　稀土金属中钼、钨、铌、钽的测定——电感耦合等离子体质谱法

【适用范围】

本方法适用于稀土金属中钼、钨、铌、钽含量的测定。测定范围：0.0010%～0.10%。

【方法提要】

试样用硝酸分解，加氢氟酸沉淀分离稀土，在稀氢氟酸介质中，直接以氩等离子体激发，进行质谱测定。

【试剂与仪器】

（1）硝酸（$\rho=1.42\text{g/cm}^3$，优级纯）；

（2）氢氟酸（$\rho=1.15\text{g/cm}^3$，优级纯，1+99）；

（3）过氧化氢（30%）；

（4）铯标准溶液：$1\mu\text{g/mL}$，1%硝酸介质；

（5）混合标准溶液：1mL 含钼、钨、铌、钽各 $1\mu\text{g}$，1%氢氟酸介质；

（6）电感耦合等离子体质谱仪：质量分辨率（0.7±0.1）amu。

【分析步骤】

准确称取试样 1.0g 于 250mL 聚四氟乙烯烧杯中，加 10mL 硝酸、4～5 滴过氧化氢，于电热板上低温溶解至清，用水稀释至约 80mL，加热至沸，在不断搅拌中，缓缓加入 5mL 氢氟酸，保温 30min，此间摇动两次，放置冷却至室温。移入 250mL 容量瓶中，用水稀释至刻度，混匀，用慢速滤纸干过滤。移取 2～10mL 滤液于 100mL 塑料容量瓶中，加入 1mL 铯标准液，用氢氟酸（1+99）稀释至刻度，混匀待测。

【标准曲线绘制】

准确移取 0、0.2、0.5、1.0、5.0、10.0mL 混合标准溶液于一组 100mL 塑

料容量瓶中，加 1.00mL 铯标准溶液，用氢氟酸（1+99）稀释至刻度，混匀。此标准系列各元素浓度为 0、2.0、5.0、10.0、50.0、100.0ng/mL。

将系列标准溶液与试样液一起于电感耦合等离子体质谱仪测定条件下，测量 ^{98}Mo、^{194}W、^{93}Nb、^{181}Ta 同位素强度，将标准溶液的浓度直接输入计算机，用内标法校正非质谱干扰，并输出分析试液中钼、钨、铌、钽的浓度。

【分析结果计算】

由式（4-87）计算各稀土元素的质量分数（%）：

$$w = \frac{k\rho V_0 V_2 \times 10^{-9}}{mV_1} \times 100\% \qquad (4\text{-}87)$$

式中，ρ 为试液中钼、钨、铌、钽的质量浓度，ng/mL；V_0 为试液总体积，mL；V_1 为移取试液的体积，mL；V_2 为测定试液的体积，mL；m 为试样的质量，g；k 为氧化物对单质的换算系数。

【注意事项】

（1）试样必须完全溶解后，再加氢氟酸，否则试样溶解不完全。

（2）钬中钽的测定范围为 0.0020%~0.050%，用干扰系数校正溶液中残留钬对钽的影响。

4.4.16 钛量的测定

4.4.16.1 二安替比林分光光度法

【适用范围】

本方法适用于稀土金属中钛含量的测定。测定范围：0.0050%~0.50%。

【方法提要】

试样用硝酸分解，硫酸冒烟，三价钛氧化成四价，在盐酸介质中，钛与二安替比林甲烷生成黄色配合物，于分光光度计波长 420nm 处测量吸光度，计算钛量。

【试剂与仪器】

（1）焦硫酸钾；

（2）盐酸（$\rho=1.19\text{g/cm}^3$，1+1）；

（3）硝酸（$\rho=1.42\text{g/cm}^3$）；

（4）硫酸（$\rho=1.84\text{g/cm}^3$，1+1，5+95）；

（5）过氧化氢（30%）；

（6）抗坏血酸溶液（100g/L，使用时现配）；

（7）二安替比林甲烷溶液（50g/L，0.5mol/L 盐酸溶液）；

（8）钛标准溶液（20.0μg/mL，10%盐酸介质）；

（9）钛标准溶液（4.0μg/mL，10%盐酸介质）；

（10）分光光度计。

【分析步骤】

准确称取 0.5g 试样于 100mL 烧杯中，加 5mL 硝酸，加热溶解，继续加热至蒸干，取下冷却，加 2mL 硫酸（1+1），盖表面皿，加热至冒大烟，大烟过后，取下，稍冷，用硫酸（5+95）清洗表面皿及杯壁，加热溶解盐类。取下，稍冷，移入表 4-136 容量瓶中，用硫酸（5+95）稀释至刻度，混匀。

按表 4-136 准确移取试液于 50mL 容量瓶中，加 5mL 抗坏血酸溶液，混匀，加 10mL 盐酸（1+1）、10mL 二安替比林甲烷溶液，以水稀释至刻度，混匀，放置 40min。

按表 4-136 将部分试液移入比色皿中，在分光光度计波长 420nm 处，以试剂空白作参比，测量吸光度，从标准曲线上查得钛量。

表 4-136 定容及移取体积

钛质量分数/%	定容体积/mL	移取体积/mL	比色皿/cm
0.0050~0.010	50	10.0	3
>0.010~0.10	100	5.0	1
>0.10~0.50	250	5.0	1

【标准曲线绘制】

曲线一（钛 0.0050%~0.050%） 准确移取 0、1.0、2.0、3.0、4.0、5.0mL 钛标准溶液（4.0μg/mL）于 50mL 容量瓶中，以下按上述分析步骤操作。以钛量为横坐标、吸光度值为纵坐标，绘制标准曲线。

曲线二（钛>0.050%~0.50%） 准确移取 0、1.0、2.0、3.0、4.0、5.0mL 钛标准溶液（20.0μg/mL）于 50mL 容量瓶中，以下按上述分析步骤操作。以钛量为横坐标、吸光度值为纵坐标，绘制标准曲线。

【分析结果计算】

按式（4-88）计算试样中钛的质量分数（%）：

$$w = \frac{m_1 V_0 \times 10^{-6}}{mV} \times 100\% \qquad (4\text{-}88)$$

式中，m_1 为从标准曲线上查得的钛量，μg；m 为试样质量，g；V_0 为试液总体积，mL；V 为移取试液体积，mL。

4.4.16.2 二安替比林甲烷—氯化亚锡萃取分光光度法

【适用范围】

本方法适用于单一稀土氧化物中氧化钛含量的测定。测定范围：0.00010%~0.010%。

【方法提要】

试样用盐酸分解，残渣用硝酸、硫酸处理。在 2mol/L 盐酸介质中，钛与二安替比林甲烷、氯化亚锡生成离子缔合物，用氯仿萃取，于分光光度计波长 420nm 处测量吸光度，计算氧化钛的质量分数。

【试剂与仪器】

(1) 盐酸（$\rho = 1.19\text{g/cm}^3$，优级纯，2mol/L）；

(2) 硝酸（$\rho = 1.42\text{g/cm}^3$，优级纯）；

(3) 硫酸（$\rho = 1.84\text{g/cm}^3$，1+1）；

(4) 氢氟酸（1+4）；

(5) 二安替比林甲烷溶液（4%，2mol/L 盐酸介质）；

(6) 氯化亚锡溶液（20%，2mol/L 盐酸介质）；

(7) 三氯甲烷；

(8) 硼酸（饱和溶液，优级纯）；

(9) 二氧化钛标准溶液（2.0μg/mL，3mol/L 盐酸介质）；

(10) 分光光度计。

【分析步骤】

准确称取 0.1～1.0g 试样于 100mL 石英烧杯中，加 20mL 盐酸（2mol/L），加热溶解，取下稍冷，用快速定量滤纸过滤于 100mL 烧杯中，用盐酸（2mol/L）洗涤烧杯 3 次、洗涤沉淀 4～5 次，用水洗涤沉淀 3 次，沉淀连同滤纸放入原烧杯中，加 10mL 硫酸（1+1）、20mL 硝酸，加热冒烟至干。

用上述滤液提取此残渣，低温加热并蒸发体积至 30mL 左右，移入 60mL 分液漏斗中，加 5mL 二安替比林甲烷溶液，放置 30min，加 3mL 氯化亚锡溶液、10mL 三氯甲烷，振荡 1min，弃去水相，有机相用脱脂棉干过滤到 3cm 比色皿中，以三氯甲烷为参比，于分光光度计波长 420nm 处，测量吸光度，从标准曲线上查得二氧化钛量。

【标准曲线绘制】

准确移取 0、0.5、1.0、1.5、2.5、3.5、5.0mL 二氧化钛标准溶液于 60mL 分液漏斗中，以下按上述分析步骤操作。以二氧化钛量为横坐标、吸光度值为纵坐标，绘制标准曲线。

【分析结果计算】

按式 (4-89) 计算试样中二氧化钛的质量分数（%）：

$$w = \frac{m_1 \times 10^{-6}}{m} \times 100\% \tag{4-89}$$

式中，m_1 为从标准曲线上查得的钛量，μg；m 为试样质量，g。

【注意事项】

(1) 二氧化铈样品采用硝酸、过氧化氢溶解样品，高氯酸冒烟，然后处理残渣。

（2）必须放置 30min 后加氯化亚锡溶液，否则测定结果偏低，加氯化亚锡溶液出现白色沉淀属正常现象。

（3）高氯酸存在生成白色沉淀，硝酸银使有机相浑浊，锆对测定有干扰，其他离子不干扰测定。

4.4.16.3　电感耦合等离子体发射光谱法

【适用范围】

本方法适用于稀土金属中钛量的测定。测定范围：0.0050%~0.50%。

【方法提要】

试样用硝酸分解，氢氟酸分离稀土同时络合钛，直接以电感耦合等离子体发射光谱仪测定。

【试剂与仪器】

（1）硝酸（$\rho = 1.42 \mathrm{g/cm^3}$）；

（2）氢氟酸（$\rho = 1.15 \mathrm{g/cm^3}$）；

（3）硼酸溶液（50g/L）；

（4）盐酸（$\rho = 1.19 \mathrm{g/cm^3}$）；

（5）钛标准溶液（20.0μg/mL，10%盐酸介质）；

（6）氩气（>99.99%）；

（7）电感耦合等离子体发射光谱仪，倒线色散率不大于 0.26nm/mm。

【分析步骤】

准确称取 1.0g 试样于 200mL 聚四氟乙烯烧杯中，缓慢加入 5mL 硝酸，样品溶解后，加入 50mL 水，加热至沸，滴加 2mL 氢氟酸，边加热边搅动至沸，保温 10min，放置冷却，移入 100mL 容量瓶中，用水稀释至刻度，混匀，待沉淀完全后，用两张慢速滤纸干过滤。

按表 4-137 分取试液于 50mL 容量瓶中，加入 1mL 盐酸、5mL 硼酸溶液，用水稀释至刻度，混匀。

表 4-137　移取体积

钛质量分数/%	移取体积/mL
0.0050~0.10	10.0
>0.10~0.50	2.0

【标准曲线绘制】

准确移取 0、0.5、1.0、2.0、5.0mL 钛标准溶液于 50mL 容量瓶中，加入 1mL 盐酸、5mL 硼酸溶液，用水稀释至刻度，混匀。标准系列溶液浓度为 0、0.2、0.4、0.8、2.0μg/mL。

将标准系列溶液与试样液于 337.280、338.377nm 波长处，用电感耦合等离子体发射光谱仪进行测定。

【分析结果计算】

按式（4-90）计算试样中钛的质量分数（%）：

$$w = \frac{\rho V_1 V_3 \times 10^{-6}}{m V_2} \times 100\% \qquad (4\text{-}90)$$

式中，ρ 为分析试液中钛的质量浓度，$\mu g/mL$；V_1 为试液总体积，mL；V_2 为分取试液体积，mL；V_3 为分析试液体积，mL；m 为试样质量，g。

4.4.17　锂量的测定

4.4.17.1　原子吸收光谱法

【适用范围】

本方法适用于镧热还原稀土金属及熔盐电解稀土金属中锂量的测定。测定范围：0.0020%~0.050%。

【方法提要】

试样经硝酸分解，在稀酸介质中用空气-乙炔火焰于原子吸收分光光度计 670.8nm 波长处进行测定，采用标准曲线法测定的锂含量。

【试剂与仪器】

（1）硝酸（$\rho=1.42g/cm^3$，2+98）；

（2）锂标准溶液：$50\mu g/mL$，2%硝酸介质；

（3）原子吸收分光光度计；锂空心阴极灯，仪器参数见表4-138。

表 4-138　仪器工作参数

元素	波长/nm	狭缝/nm	灯电流/mA	空气流量 /L·min⁻¹	乙炔流量 /L·min⁻¹	观测高度 /mm
Li	670.8	0.7	6	15.0	1.8	7

【分析步骤】

准确称取试样 1.0g 于 100mL 烧杯中，加少量水，加入 5mL 硝酸，在电热板上低温加热溶解完全，冷却至室温，移入 100mL 容量瓶中，用水稀释至刻度，混匀。按表 4-139 分取上述试液于 25mL 容量瓶中，用硝酸（2+98）稀释至刻度，摇匀。

表 4-139　移取体积

含量范围/%	移取体积/mL
0.0020~0.020	原液测定
>0.020~0.050	5.0

【标准曲线绘制】

于一系列 50mL 容量瓶中，准确加入 0、0.4、1.0、2.0、4.0mL 锂标准溶液，用硝酸（2+98）稀释至刻度，摇匀。

以试剂空白调零，在空气-乙炔火焰于原子吸收分光光度计 670.8nm 波长处，同时测定试液及标准系列溶液，绘制标准曲线，从标准曲线求得待测试液中锂的浓度。

【分析结果计算】

按式（4-91）计算样品中锂的含量（%）：

$$w = \frac{\rho V b \times 10^{-6}}{m} \times 100\% \tag{4-91}$$

式中，ρ 为由标准曲线计算得出的被测试液锂的质量浓度，$\mu g/mL$；V 为试液总体积，mL；b 为稀释倍数；m 为试样的质量，g。

4.4.17.2 电感耦合等离子体发射光谱法

【适用范围】

本方法适用于镧热还原稀土金属及熔盐电解稀土金属中锂量的测定。测定范围 0.010%～0.50%。

【方法提要】

试样以硝酸溶解，在稀酸介质中，采用标准曲线法，直接以氩等离子激发进行光谱测定，从标准曲线中求得锂含量。

【试剂与仪器】

（1）硝酸（1+1）；

（2）锂标准溶液：1mL 含 50μg 锂；

（3）氩气（>99.99%）；

（4）电感耦合等离子体发射光谱仪，倒线色散率不大于 0.26nm/mm。

【分析步骤】

准确称取 1.0g 金属试样于 100mL 烧杯中，加入 10mL 硝酸（1+1），低温加热至试样完全溶解，取下，冷却至室温，移入 100mL 容量瓶中，以水稀释至刻度，混匀。按表 4-140 稀释后，补加硝酸（1+1），使酸度为 2%。

表 4-140 稀释倍数

含量/%	稀释倍数
0.010～0.10	5
>0.10～0.50	10

【标准曲线绘制】

在 4 个 50mL 容量瓶中分别加入 0、0.5、1.0、5.0mL 锂标准溶液，加入

2mL 硝酸（1+1），以水稀释至刻度，摇匀。锂标准系列溶液浓度为 0、0.5、1.0、5.0μg/mL。

将标准溶液与试样液一起于 670.758nm 波长处，用氩等离子体激发进行光谱测定。

【分析结果计算】

按式（4-92）计算锂的质量分数（%）：

$$w = \frac{\rho V b \times 10^{-6}}{m} \times 100\% \tag{4-92}$$

式中，ρ 为由标准曲线计算得出的被测试液锂的质量浓度，μg/mL；V 为被测试液的总体积，mL；b 为稀释倍数；m 为试样的质量，g。

【注意事项】

本方法也可以测定电解质中锂含量，采用高氯酸溶解样品，稀释后进行测定。

4.4.18   非稀土杂质同时测定

4.4.18.1   钙、镁、铁、硅、钛量的测定——电感耦合等离子体发射光谱法

【适用范围】

本方法适用于单一稀土金属及其氧化物中钙、镁、铁、硅、钛量的测定。测定范围：钙 0.0050%～0.50%、镁 0.0050%～0.25%、铁 0.010%～0.50%、硅 0.010%～0.50%、钛 0.010%～0.50%。

【方法提要】

试样以硝酸溶解，在稀酸介质中，采用基体匹配法，直接以氩等离子体激发进行光谱测定，从标准曲线中求得各测定元素含量。

【试剂与仪器】

（1）硝酸（1+1）；

（2）过氧化氢（30%）；

（3）氧化镧、氧化铈、氧化镨、氧化钕、氧化钐、氧化铕、氧化钆、氧化铽、氧化镝、氧化钬、氧化铒、氧化铥、氧化镱、氧化镥、氧化钇标准贮备液：10mg/mL；

（4）镁、钙、铁、硅、钛标准贮备液：1mL 含 1mg 各元素；

（5）氩气（>99.99%）；

（6）电感耦合等离子体发射光谱仪，倒线色散率不大于 0.26nm/mm。

【分析步骤】

准确称取 0.5g 氧化物试样（金属试样称样量为 0.5k，k 为各元素单质与氧化物的换算平均系数）于 100mL 烧杯中，加入硝酸 10mL（1+1），低温加热至试

样完全溶解取下，冷却至室温，移入 100mL 容量瓶中，以水稀释至刻度，混匀待测。

【标准曲线绘制】

于 5 个 100mL 容量瓶中按表 4-141 所列浓度加入稀土基底及 5 个非稀土杂质标准贮备液，加 10mL 硝酸（1+1），以水稀释至刻度，混匀。

表 4-141 标准溶液质量浓度

标液编号	质量浓度/μg·mL⁻¹					
	基底元素	Ca	Mg	Fe	Si	Ti
1	5000	0	0	0	0	0
2	5000	0.20	0.20	0.50	0.50	0.50
3	5000	1.0	1.0	2.0	2.0	2.0
4	5000	5.0	5.0	10.0	10.0	10.0
5	5000	25.0	12.5	25.0	25.0	25.0

将标准溶液与试样液一起，于表 4-142 所示分析波长处，用氩等离子体激发进行光谱测定。

表 4-142 测定元素波长

元素	Ca	Mg	Fe	Si	Ti
分析线/nm	393.366 396.847	280.270 279.553	259.940 238.204	212.412 251.611 288.160	337.280 338.376

【分析结果计算】

按式（4-93）计算各测定元素的质量分数（%）：

$$w = \frac{\rho V \times 10^{-6}}{m} \times 100\% \tag{4-93}$$

式中，ρ 为分析试液中测定元素的质量浓度，μg/mL；V 为分析试液的总体积（母液与分取倍数之积），mL；m 为试样质量，g。

【注意事项】

（1）该方法也适用于镨钕金属及其化合物、镧铈金属及其化合物中钙、镁、铁、硅及铝元素的测定，标准曲线配制时，匹配相应基体元素即可。

（2）金属试样不均匀，可加大称样量分取后测定。

（3）需确定基体中各测定元素的含量。

4.4.18.2 钙、镁、铁量的测定——电感耦合等离子体发射光谱法

本方法适用于混合稀土金属及其氧化物中钙、镁、铁量的测定。测定范围：0.010%~1.00%。

【方法提要】

试样以盐酸或硝酸溶解，在稀酸介质中，采用纯试剂标准曲线进行校正，以氩等离子体激发进行光谱测定，从标准曲线中求得测定元素含量。

【试剂与仪器】

（1）盐酸（$\rho = 1.19\text{g/cm}^3$，1+1，优级纯）；

（2）硝酸（$\rho = 1.42\text{g/cm}^3$，1+1，优级纯）；

（3）过氧化氢（30%）；

（4）钙、镁、铁、铝标准溶液：1mL 含各测定元素 50μg（5%盐酸介质）；

（5）氩气（>99.99%）；

（6）电感耦合等离子体发射光谱仪，倒线色散率不大于 0.26nm/mm。

【分析步骤】

准确称取 0.50g 试样于 200mL 烧杯中，缓慢加入 20mL 盐酸（1+1）或硝酸（1+1），必要时加入几滴过氧化氢，低温加热至试样完全溶解，取下，冷却至室温，移入 100mL 容量瓶中，以水稀释至刻度，混匀待测。移取 0～5mL 溶液于50mL 容量瓶中，加 5mL HCl（1+1）或 HNO$_3$（1+1），混匀待测。

【标准曲线绘制】

在 4 个 50mL 容量瓶中分别加入不同体积 50μg/mL 的钙、镁、铁标准溶液，加入 2.5mL 盐酸或硝酸（与溶样用酸一致），以水稀释至刻度，混匀。此系列标准溶液浓度见表 4-143。

表 4-143　标准溶液质量浓度

标液编号	质量浓度/μg·mL^{-1}		
	Ca	Mg	Fe
1	0	0	0
2	0.50	0.50	1.00
3	1.00	1.00	5.00
4	5.00	5.00	10.00

将标准溶液与试样溶液一起于表 4-144 所示分析波长处，用氩等离子体激发进行光谱测定。

表 4-144　测定元素波长

元素	Ca	Mg	Fe
分析线/nm	393.366，396.847，317.933	279.553，280.270	259.940，238.204

【分析结果计算】

按式（4-94）计算各测定元素的质量分数（%）：

$$w = \frac{(\rho_0 - \rho_1)V \times 10^{-6}}{m} \times 100\% \qquad (4\text{-}94)$$

式中，ρ_0 为分析试液中测定元素的质量浓度，$\mu g/mL$；ρ_1 为空白试液中测定元素的质量浓度，$\mu g/mL$；V 为分析试液的总体积（母液与分取倍数之积），mL；m 为试样质量，g。

【注意事项】

（1）当测定液的基体浓度大于 $2mg/mL$ 时，需校正基体效应的影响，当测定液的基体浓度等于或小于 $2mg/mL$ 时，无需校正基体效应的影响，直接测定。

（2）测定钙元素时，对于含铈元素的试样，不应采用 393.366nm 波长线测定，含镨、钕元素的试样，不应采用 396.847nm 波长线测定。

（3）铈及氧化铈样品要采用硝酸与过氧化氢溶解。

4.4.18.3 钙、镁、铁、钠、锂量的测定——原子吸收分光光度法

【适用范围】

本方法适用于稀土金属及其氧化物、硝酸稀土、氟化稀土、抛光粉、硫化稀土、溴化稀土、稀土有机化合物中钙、镁、铁、钠、锂量的测定。测定范围：钙 0.010%～0.30%、镁 0.0050%～0.30%、铁 0.0050%～3.00%、钠 0.0050%～0.30%、锂 0.0050%～3.00%。

【方法提要】

试样经盐酸、硝酸或硝酸-高氯酸分解，在稀酸介质中用空气-乙炔火焰于原子吸收分光光度计进行测定，采用标准曲线法测定镁、铁、钠、锂的含量，采用标准加入法测定钙的含量。

【试剂与仪器】

（1）盐酸（$\rho = 1.19g/cm^3$，1+1）；

（2）硝酸（$\rho = 1.42g/cm^3$，1+1）；

（3）30%过氧化氢；

（4）高氯酸（$\rho = 1.76g/cm^3$）；

（5）钙标准溶液：1mL 含 50μg 钙（5%盐酸介质）；

（6）镁标准溶液：1mL 含 5μg 镁（5%盐酸介质）；

（7）铁标准溶液：1mL 含 50μg 铁（5%盐酸介质）；

（8）钠标准溶液：1mL 含 5μg 钠（5%盐酸介质）；

（9）锂标准溶液：1mL 含 50μg 锂（5%硝酸介质）；

（10）原子吸收分光光度计；钙、镁、铁、钠、锂空心阴极灯，仪器参数见表 4-145。

【分析步骤】

准确称取试样 1.0g 于 100mL 烧杯中，加入 10mL 盐酸（1+1），于电炉上低

表 4-145   仪器工作参数

元素	波长/nm	狭缝/nm	灯电流/mA	空气流量 /L·min^{-1}	乙炔流量 /L·min^{-1}	观测高度/mm
Ca	422.7	0.7	7	15.0	2.0	7
Mg	285.2	0.7	6	15.0	2.2	7
Fe	248.3	0.2	7	15.0	2.2	9
Na	589.0	0.2	6	15.0	1.8	7
Li	670.8	0.7	8	15.0	1.8	7

温加热至试样完全分解，取下，冷却至室温，移入 50mL 容量瓶中，以水稀释至刻度，摇匀待测。

【标准曲线绘制】

镁标准溶液配制   于一系列 50mL 容量瓶中，分别加入 1mL 含 5μg 镁的标准溶液 0、1.0、3.0、5.0mL，加 5mL 盐酸 (1+1)，以水稀释至刻度，摇匀。

铁标准溶液配制   于一系列 50mL 容量瓶中，分别加入 1mL 含 50μg 铁的标准溶液 0、1.0、3.0、5.0mL，加 5mL 盐酸 (1+1)，以水稀释至刻度，摇匀。

钠标准溶液配制   于一系列 50mL 容量瓶中，分别加入 1mL 含 5μg 钠的标准溶液 0、1.0、3.0、5.0mL，加 5mL 盐酸 (1+1)，以水稀释至刻度，摇匀。

锂标准溶液配制   于一系列 50mL 容量瓶中，分别加入 1mL 含 50μg 锂的标准溶液 0、1.0、2.0、3.0mL，加 5mL 硝酸 (1+1)，以水稀释至刻度，摇匀。

钙标准溶液配制   移取适量待测试液于一系列 50mL 容量瓶中，分别加入 1mL 含 50μg 钙的标准溶液 0、1.0、3.0、5.0mL，加 5mL 盐酸 (1+1)，以水稀释至刻度，摇匀。

(1) 以试剂空白调零，在空气-乙炔火焰于原子吸收分光光度计 285.2、248.3、589.0、670.8nm 波长处，同时测定标准溶液与试液，绘制标准曲线，从标准曲线得出待测试液中镁、铁、钠、锂的浓度。

(2) 以试剂空白调零，在空气-乙炔火焰于原子吸收分光光度计 422.7nm 波长处，同时测定试液及系列标准溶液，绘制标准曲线，从标准曲线外推法求得待测试液中钙的浓度。

【分析结果计算】

按式 (4-95) 计算样品中钙、镁、铁、钠、锂的质量分数 (%)：

$$w = \frac{\rho V b \times 10^{-6}}{m} \times 100\% \tag{4-95}$$

式中，ρ 为由标准曲线计算得出的被测试液钙、镁、铁、钠、锂的质量浓度，μg/mL；V 为被测试液体积，mL；b 为稀释倍数；m 为试样的质量，g。

【注意事项】

（1）氟化稀土、抛光粉样品准确称取 0.5g 于 100mL 烧杯（测定钠与钙元素时，采用石英烧杯）中，加 5mL 硝酸，加 15mL 高氯酸，加热冒烟至近干，稍冷，以盐酸加热提取（测锂加硝酸溶解样品），取下冷至室温，移入 25mL 容量瓶中，以水稀释至刻度，摇匀待测。

（2）硫化稀土样品溶解先加适量盐酸，低温加热后补加少量硝酸即可。

（3）稀土有机化合物要先加适量硝酸除碳后，以高氯酸冒烟、盐酸（硝酸）提取。

（4）如镁、铁、钠、锂含量需分取适量体积后测定，保持盐酸（硝酸）浓度 5%。

（5）富铈氧化物样品准确称取 0.5g 于 100mL 烧杯中，加 5mL 硝酸、5mL 过氧化氢，于电热板上低温加热至试样完全分解，取下冷至室温，移入 25mL 容量瓶中，以水稀释至刻度，摇匀待测。

（6）如待测元素含量需分取适量体积后测定，应保持盐酸浓度 5%。

（7）铁、镁测定时，用氘灯或自吸灯进行背景校正。

4.4.18.4 铝、铬、锰、铁、钴、镍、铜、锌、铅量的测定——电感耦合等离子体发射光谱法[29]

【适用范围】

本方法适用于稀土金属及其氧化物中铝、铬、锰、铁、钴、镍、铜、锌、铅量的测定，测定范围见表 4-146。

表 4-146 测定范围

元素	质量分数/%	元素	质量分数/%
氧化铝	0.010~0.10	氧化镍	0.0050~0.10
氧化铬	0.0050~0.10	氧化铜	0.0020~0.10
氧化锰	0.0010~0.10	氧化锌	0.0010~0.10
氧化铁	0.0050~0.80	氧化铅	0.0050~0.10
氧化钴	0.0020~0.10		

【方法提要】

试样经硝酸分解，在稀酸介质中直接以氩等离子体激发，进行光谱测定。

【试剂与仪器】

（1）硝酸（$\rho=1.42\text{g/cm}^3$，1+1）；

（2）过氧化氢（30%）；

（3）氧化铝、氧化铬、氧化锰、氧化铁、氧化钴、氧化镍、氧化铜、氧化锌、氧化铅标准溶液：分别为 100、10μg/mL；

（4）氧化镧、氧化铈、氧化镨、氧化钕、氧化钐、氧化铕、氧化钆、氧化铽、氧化镝、氧化钬、氧化铒、氧化铥、氧化镱、氧化镥、氧化钇基体溶液：1mL 含 100mg 各稀土氧化物，硝酸介质；

（5）电感耦合等离子体发射光谱仪，倒线色散率不大于 0.26nm/mm。

【分析步骤】

称取试样 1.0g 样品于 100mL 烧杯中，加入 10mL 硝酸（1+1），滴加过氧化氢助溶，于电炉上低温加热至试样完全分解，并蒸至溶液呈黄色，不再有小气泡出现，取下，冷却至室温，移入 100mL 容量瓶中，以水稀释至刻度，摇匀待测。

【标准曲线绘制】

按照表 4-147 分别移取浓度为 100μg/mL 和 10μg/mL 氧化铝、氧化铬、氧化锰、氧化铁、氧化钴、氧化镍、氧化铜、氧化锌、氧化铅溶液及各稀土氧化物基体溶液于 100mL 容量瓶中，加入 10mL 硝酸（1+1），以水稀释至刻度，混匀。标准溶液浓度见表 4-147。

表 4-147   标准溶液质量浓度

基体浓度	质量浓度/μg·mL^{-1}								
	Al_2O_3	Cr_2O_3	MnO_2	Fe_2O_3	Co_2O_3	NiO	CuO	ZnO	PbO
10000	0	0	0	0	0	0	0	0	0
10000	0.20	0.20	0.20	0.50	0.20	0.20	0.20	0.20	0.20
10000	1.00	1.00	1.00	10.00	1.00	1.00	1.00	1.00	1.00
10000	5.00	5.00	5.00	50.00	5.00	5.00	5.00	5.00	5.00
10000	10.00	10.00	10.00	80.00[①]	10.00	10.00	10.00	10.00	10.00

①用 1000μg/mL 进行配制。

将分析试液与标准溶液一起于表 4-148 所示分析波长处，进行氩等离子体光谱测定。

表 4-148   测定元素波长

元素	分析线/nm		
	La_2O_3	CeO_2	Nd_2O_3
Al	309.271	237.312 257.510[①]	308.215 226.909[①]
Cr	205.552	206.149	205.552 267.716[①]
Mn	259.373	259.373 257.610[①]	293.930 259.373[①]
Fe	259.940	240.488	259.940 238.204[①]

元素	分析线/nm		
	La$_2$O$_3$	CeO$_2$	Nd$_2$O$_3$
Co	237.862	228.616	237.862 228.616①
Ni	221.647	221.647	231.604
Cu	324.754	324.754	224.700 204.379①
Zn	213.856	206.200	213.856
Pb	280.200	280.200	280.200 283.306①

元素	分析线/nm		
	Eu$_2$O$_3$	Gd$_2$O$_3$	Y$_2$O$_3$
Al	237.312 396.152①	237.312 257.510	396.152 237.336①
Cr	205.552	205.552	205.552
Mn	259.373 260.569①	259.373 257.610	259.373 257.610①
Fe	259.940	259.940	259.940
Co	228.616 230.786①	237.862	237.862
Ni	221.647	221.647 216.556①	221.647
Cu	204.379 199.969	204.379	224.700
Zn	206.200	213.856	213.856 206.200①
Pb	220.353	220.353	283.306

① 辅助分析线。

【分析结果计算】

按式（4-96）计算样品中待测元素的质量分数（%）：

$$w = \frac{\rho V \times 10^{-6}}{mk} \times 100\% \qquad (4\text{-}96)$$

式中，ρ 为由标准曲线得出测试液待测元素的质量浓度，$\mu g/mL$；V 为分析试液的体积，mL；k 为各元素氧化物与其单质的质量比（计算氧化物含量时 $k=1$）；m 为试样的质量，g。

4.4.18.5　铝、铬、锰、钴、镍、铜、锌、铅、钛、钍量的测定——电感耦合等离子体质谱法

【适用范围】

本方法适用于稀土金属及其氧化物中铝、铬、锰、钴、镍、铜、锌、铅、钒、镉含量的测定。测定范围见表4-149。

表4-149　测定范围

元素	质量分数/%	元素	质量分数/%
铝	0.00010~0.050	镍	0.00010~0.050
铬	0.00010~0.050	铜	0.00010~0.050
锰	0.00010~0.050	锌	0.00010~0.050
钴	0.00010~0.050	铅	0.00010~0.050
钒	0.0010~0.050	镉	0.00010~0.010

【方法提要】

试样用硝酸溶解，在稀硝酸介质中，以氩等离子体为离子化源，以铯为内标进行校正，用质谱仪直接进行质谱测定。

【试剂与仪器】

(1) 硝酸 ($\rho=1.42g/cm^3$，优级纯，1+1，1+99)；

(2) 过氧化氢 (优级纯，30%)；

(3) 铯标准溶液：$1\mu g/mL$，1%硝酸介质；

(4) 混合标准溶液：1mL 含铝、锰、铅、铬、铜、锌、钴、镍、钒、镉各 $1\mu g$，1%硝酸介质；

(5) 电感耦合等离子体质谱仪：质量分辨率 (0.7±0.1)amu。

【分析步骤】

准确称取 0.5g 试样，置于 100mL 烧杯中，加少许水，加入 5mL 硝酸 (1+1)，滴加过氧化氢助溶，低温加热溶解完全，放置冷却至室温，移入 100mL 容量瓶中，用水稀释至刻度，混匀。

移取 1.0~10.0mL 试液于 100mL 容量瓶中，加入 1mL 铯标准溶液，用硝酸 (1+99) 稀释至刻度，混匀。

【标准曲线绘制】

准确移取 0、0.2、0.5、1.0、5.0、10.0mL 混合标准溶液于一组 100mL 容量瓶中，加 1.0mL 铯标准溶液，用硝酸 (1+99) 稀释至刻度，混匀。此标准系列溶液各元素浓度为 0、2.0、5.0、10.0、50.0、100.0ng/mL。

将标准系列溶液与试样液一起于电感耦合等离子体质谱仪测定条件下，测量

待测元素 ^{27}Al、^{55}Mn、^{52}Cr、^{53}Cr、^{208}Pb、^{63}Cu、^{65}Cu、^{59}Co、^{60}Ni、^{66}Zn、^{51}V、^{114}Cd 的强度。将标准溶液的浓度直接输入计算机，用内标法校正非质谱干扰，并输出分析试液中待测元素的浓度。

【分析结果计算】

按式（4-97）计算样品中待测元素的质量分数（％）：

$$w = \frac{k\rho V_2 V_0 \times 10^{-9}}{mV_1} \times 100\% \tag{4-97}$$

式中，ρ 为试液中待测元素的质量浓度，ng/mL；V_0 为试液总体积，mL；V_1 为移取试液的体积，mL；V_2 为测定试液的体积，mL；m 为试样的质量，g；k 为氧化物对单质的换算系数。

【注意事项】

（1）如果用盐酸溶解试样，则不能测定铬元素，铅含量会偏低。

（2）测定铝时，需随时用标准溶液或标准样品进行监控，校正测定结果。漂移严重时，应重新分析标准曲线再分析样品。

（3）用过氧化氢助溶时，应将溶液煮沸至无小气泡。

参 考 文 献

[1] 朴哲秀，裴蔼丽，黄本立. 电感耦合等离子体原子发射光谱法分析稀土元素的研究（Ⅰ）高纯氧化镧中十四种稀土杂质的测定 [J]. 分析化学，1989（1）：61~64.

[2] 陈天裕，汪正，陈奕睿. 端视式全谱直读电感耦合等离子体发射光谱法测定高纯氧化镧中稀土杂质 [J]. 理化检验（化学分册），2006（10）：843~847.

[3] 王淑英，刘杰，陈新海. 电感耦合等离子体原子发射光谱法直接测定高纯氧化铈中 14 个稀土杂质的研究 [J]. 分析化学，1992（11）：1273~1276.

[4] 刘湘生，柳凤粉. 电感耦合等离子体质谱法测定高纯氧化钕中稀土杂质的研究 [J]. 光谱实验室，1995（5）：86~91.

[5] 宋雪洁，刘欣丽，段太成，等. 电感耦合等离子体质谱法测定高纯氧化钕中的稀土杂质 [J]. 分析化学，2009，37（12）：1743~1748.

[6] 章新泉，刘晶磊，姜玉梅，等. 电感耦合等离子体质谱测定高纯金属钐中 25 种杂质元素 [C] // 全国稀土元素分析化学学术报告会，2003：73~75.

[7] 李金英，高炳华，关景素. 色层分离-端视电感耦合等离子体发射光谱法测定高纯氧化铕中稀土杂质元素 [J]. 岩矿测试，1994（3）：175~179.

[8] 曾艳，胡斌，江祖成，等. 无内标和基体匹配的 ICP-MS 直接测定高纯氧化铕中的 13 种痕量稀土杂质 [C] // 第十届全国稀土元素分析化学学术报告会论文集，41~42.

[9] 韩国军，伍星，童坚，等. 膜去溶-ICP-MS 法测定高纯 Eu_2O_3 中 14 种痕量稀土杂质 [J].

分析试验室，2009，28（11）：91~96.

[10] 刘湘生，蔡绍勤，张楠，等. 电感耦合等离子体质谱法测定高纯氧化钇中痕量稀土杂质 [J]. 分析化学，1997（4）：431~434.

[11] 邹骏城. 电感耦合等离子体发射光谱法测定高纯氧化铽中稀土杂质的探讨 [C] // 全国稀土分析化学学术报告会，2001.

[12] 曹心德，尹明，李冰，等. 萃取色谱分离—电感耦合等离子体质谱法测定高纯氧化铽中痕量稀土杂质的研究 [J]. 岩矿测试，1998，17（2）：88~94.

[13] 张翼明，郝冬梅，张志刚，等. ICP-MS 法测定金属镝及其氧化物中 14 种稀土杂质 [J]. 稀土，2006，27（3）：69~71.

[14] 胡珊玲，张少夫，温世杰. 电感耦合等离子体原子发射光谱法测定高纯氧化镥中 14 种稀土杂质元素 [J]. 理化检验（化学分册），2011，47（9）：1068~1070.

[15] 杨金夫，朴哲秀，曾宪津. 高纯氧化钇中镧、铈、钐、铝、铅和铜的电感耦合等离子体原子发射光谱法测定 [J]. 光谱学与光谱分析，1992，12（1）：60~66.

[16] 刘先国，王锷，方金东. 电感耦合等离子体原子发射光谱法测定高纯氧化钇中稀土杂质元素 [J]. 岩矿测试，2000（4）：292~294.

[17] GB/T 11065.3—1989 钐铕钆富集物化学分析方法　X 射线荧光光谱法 [S].

[18] GB/T 29656—2013 镨钕镝合金化学分析方法　第 7 部分：稀土配分量的测定　X 射线荧光光谱法 [S].

[19] 沈文馨，杨戈，刘燕，等. X 射线荧光光谱法测定钐铕钆富集物中十种稀土元素 [J]. 江西科学，1999，17（2）：114~116.

[20] 肖德明. 用滤膜法进行稀土氧化物原料组分的 X 射线荧光光谱分析 [J]. 铀矿地质，1992，16（4）：242~247.

[21] 李世珍，陆少兰，李建华. X 射线荧光光谱滤纸片法测定混合稀土溶液中 15 种稀土元素 [J]. 分析试验室，1992，11（3）：47~50.

[22] 毛振伟. X 射线荧光光谱滤纸片法测定离子吸附型稀土矿中单一稀土元素 [J]. 理化检验：化学分册，1993，29（4）：47~49.

[23] 李兵，罗重庆，刘千钧. X 射线荧光光谱灰化薄样法测定铽镝镥富集物中九个重稀土元素 [J]. 光谱学与光谱分析，1997，17（2）：114~118.

[24] 黄肇敏，周素莲. X 射线荧光光谱法测定混合稀土氧化物中稀土分量 [J]. 光谱学与光谱分析，2007，27（9）：1873~1877.

[25] 张桂梅. 电感耦合等离子体发射光谱法测定钐铕钆富集物中氧化镧，氧化铈，氧化镨，氧化钕，氧化钐，氧化铕，氧化钆，氧化铽，氧化镝，氧化钬，氧化铒，氧化铥，氧化镱，氧化镥，氧化钇量 [A]. 中国稀土学会理化检验学术委员会. 第十二届全国稀土元素分析化学学术报告暨研讨会论文集（下）[C]. 中国稀土学会理化检验学术委员会，2007：5.

[26] GB/T 26417—2010 镨钕合金及其化合物化学分析方法　稀土配分量的测定 [S].

[27] GB/T 12690.1—2015 稀土金属及其氧化物中非稀土杂质化学分析方法　高频-红外吸收法测定碳、硫量 [S].

[28] GB/T 12690.4—2003 稀土金属及其氧化物中非稀土杂质化学分析方法　氧、氮量的测定

脉冲-红外吸收法和脉冲-热导法［S］.

［29］赵萍红. 电感耦合等离子体发射光谱法直接测定氧化钇，氧化钇铕共沉产品中十个非稀土杂质元素含量［A］. 中国稀土学会理化检验学术委员会. 第十二届全国稀土元素分析化学学术报告暨研讨会论文集（下）［C］. 中国稀土学会理化检验学术委员会，2007：3.

5 稀土中间合金

5.1 稀土铁合金

5.1.1 稀土铁合金稀土总量的测定

5.1.1.1 草酸盐重量法

【适用范围】

本方法适用于镝铁、钕铁、钆铁中稀土总量的测定。测定范围：70.0%~90.0%。

【方法提要】

试样经盐酸分解，加入过氧化氢助溶，在 pH = 1.8~2.0 的条件下用草酸沉淀稀土，并分离铁、铝、镍等。于950℃灼烧，称其质量，计算稀土总量。

【试剂与仪器】

(1) 盐酸（$\rho = 1.19g/cm^3$，1+1）；

(2) 氨水（$\rho = 0.90g/cm^3$，1+1）；

(3) 过氧化氢（30%）；

(4) 草酸溶液（100g/L）；

(5) 草酸洗液（2.0g/L）；

(6) 间甲酚紫（1g/L，乙醇介质）。

【分析步骤】

准确称取 5g 试料置于 300mL 烧杯中，加 30mL 盐酸，加 2 滴过氧化氢助溶，盖上表面皿加热至样品溶解完全，冷却后，定容于 250mL 容量瓶中，混匀待测。

准确移取 10mL 试液（如果溶液不清，可干过滤后分取）于 250mL 烧杯中，加热水至 150mL，加热至沸，取下，加 1mL 过氧化氢，在不断搅拌下，加入 15mL 近沸的草酸溶液，加 4~6 滴间甲酚紫溶液，用氨水（1+1）、盐酸（1+1）和精密 pH 试纸调节 pH = 1.8~2.0，于 80~90℃保温 40min，冷却至室温，放置 2h 以上。

用定量慢速滤纸过滤，用草酸洗液洗涤烧杯 2~3 次，并用小片滤纸擦净烧杯，将沉淀完全转移至滤纸上，洗涤沉淀和滤纸 7~8 次。将沉淀连同滤纸放入已恒重的铂坩埚中，低温灰化完全。将铂坩埚于 950℃马弗炉中灼烧 40min，取出，置于干燥器中，冷却至室温，称其质量，重复操作，直至恒重。

【分析结果计算】

按式（5-1）计算试样中稀土总量的质量分数（%）：

$$w = \frac{(m_1 - m_2)V_1 k}{m_0 V} \times 100\% \qquad (5\text{-}1)$$

式中，m_1 为铂坩埚及烧成物的质量，g；m_2 为铂坩埚的质量，g；m_0 为试样的质量，g；V 为试液总体积，mL；V_1 为移取试液体积，mL；k 为氧化稀土换算成稀土的换算系数。

【注意事项】

样品溶解后，容量瓶中溶液可用于测定铁量。

5.1.1.2　氟化分离—草酸盐重量法

【适用范围】

本方法适用于铈铁及镧铈铁中稀土总量的测定。测定范围：10.0%~25.0%。

【方法提要】

以盐酸溶解样品，加入过氧化氢助溶，氟化分离除铁，在 pH = 1.8~2.0 的条件下用草酸沉淀稀土，并分离铁、铝、镍等。于 950℃ 灼烧，称其质量，计算稀土总量。

【试剂与仪器】

（1）盐酸（$\rho = 1.19\text{g/cm}^3$，1+1）；

（2）氨水（$\rho = 0.90\text{g/cm}^3$，1+1）；

（3）过氧化氢（30%）；

（4）氢氟酸（$\rho = 1.15\text{g/cm}^3$）；

（5）氢氟酸–盐酸洗液（2+2+96）；

（6）硝酸（$\rho = 1.42\text{g/cm}^3$）；

（7）高氯酸（$\rho = 1.67\text{g/cm}^3$）；

（8）草酸溶液（100g/L）；

（9）草酸洗液（2.0g/L）；

（10）间甲酚紫（1g/L，乙醇介质）。

【分析步骤】

准确称取 5g 试料置于 300mL 烧杯中，加 30mL 盐酸，加 1mL 过氧化氢助溶，盖上表面皿加热至样品溶解完全，冷却后，定容于 250mL 容量瓶中，混匀待测。

准确移取 50mL 试液于 300mL 聚四氟乙烯烧杯中，加入适量纸浆，加热水至 150mL，边搅拌边加入 20mL 氢氟酸，于 100℃ 水浴保温 40min，每 10min 搅拌一次。取下，冷却至室温，用慢速定量滤纸过滤，用氢氟酸-盐酸洗液洗涤聚四氟乙烯烧杯 2~3 次、洗涤沉淀 7~8 次，将滤纸取下放入 250mL 玻璃烧杯中。

加 30mL 硝酸和 10mL 高氯酸，盖上表面皿，加热破坏滤纸，冒烟至近干，用 2mL 盐酸（1+1）提取，并用少量水冲洗表面皿及杯壁，加热水至 150mL，并加入适量纸浆，边搅拌边加入 30mL 热的草酸溶液，加入 2~3 滴间甲酚紫溶液使溶液呈红色，以氨水（1+1）调至溶液变为橙黄色（以精密 pH 试纸检验 pH 值在 1.8~2.0 之间），于 80~90℃ 保温放置 2h，冷却，以慢速定量滤纸过滤，用草酸洗液洗涤烧杯 2~3 次、洗涤沉淀 7~8 次，取出沉淀放入事先已恒重的铂坩埚中灰化，于 900~950℃ 高温炉中灼烧至恒重，取出，冷却至室温，称量，计算。

【分析结果计算】

按式（5-2）计算试样中稀土总量的质量分数（%）：

$$w = \frac{(m_1 - m_2)V_1 k}{m_0 V} \times 100\% \tag{5-2}$$

式中，m_1 为铂坩埚及烧成物的质量，g；m_2 为铂坩埚的质量，g；m_0 为试样的质量，g；V 为试液总体积，mL；V_1 为移取试液体积，mL；k 为氧化稀土换算成稀土的换算系数。

【注意事项】

（1）分取时，如果溶液不清，可干过滤后分取。

（2）样品溶解后，溶液可用于测定铁量。

5.1.1.3　EDTA 滴定法

【适用范围】

本方法适用于稀土铁合金中稀土总量的测定。测定范围：10.0%~90.0%。

【方法提要】

以盐酸溶解样品，加入过氧化氢助溶，氟化分离除铁，采用磺基水杨酸掩蔽剩余铁，在 pH=5.5 条件下，以二甲酚橙为指示剂 EDTA 标准溶液滴定稀土。

【试剂与仪器】

（1）盐酸（$\rho=1.19\text{g/cm}^3$，1+1）；

（2）氨水（$\rho=0.90\text{g/cm}^3$，1+1）；

（3）过氧化氢（30%）；

（4）氢氟酸（$\rho=1.15\text{g/cm}^3$）；

（5）氢氟酸-盐酸洗液（2+2+96）；

（6）硝酸（$\rho = 1.42\text{g/cm}^3$，1+1）；

（7）高氯酸（$\rho = 1.67\text{g/cm}^3$）；

（8）抗坏血酸；

（9）磺基水杨酸溶液（100g/L）；

（10）甲基橙指示剂（2g/L）；

（11）六次甲基四胺缓冲溶液（pH = 5.5）：称取 200g 六次甲基四胺于 500mL 烧杯中，加 70mL 盐酸（1+1），以水稀释至 1L，混匀；

（12）二甲酚橙溶液（2g/L）；

（13）乙二胺四乙酸二钠（EDTA）标准滴定溶液（$c \approx 0.02\text{mol/L}$）。

【分析步骤】

准确称取 5g 试料置于 300mL 烧杯中，加 30mL 盐酸，加 1mL 过氧化氢助溶，盖上表面皿加热至样品溶解完全，冷却后，定容于 250mL 容量瓶中，混匀待测。

准确移取 50mL 试液于 300mL 聚四氟乙烯烧杯中，加入适量纸浆，加热水至 150mL，边搅拌边加入 20mL 氢氟酸，于 100℃水浴保温 40min，每 10min 搅拌一次。取下，冷却至室温，用慢速定量滤纸过滤，用氢氟酸-盐酸洗液洗涤聚四氟乙烯烧杯 2~3 次、洗涤沉淀 7~8 次，将滤纸取下放入玻璃烧杯。

以 30mL 硝酸和 10mL 高氯酸将滤纸破坏，冒烟至近干，用 5mL 盐酸（1+1）提取并溶解盐类，并用少量水冲洗表面皿及杯壁，将溶液移入 100mL 容量瓶中，以水稀释至刻度，混匀。

准确移取上述 2~10mL 试液于 250mL 三角瓶中，加入 50mL 水、0.2g 抗坏血酸、2mL 磺基水杨酸溶液、1 滴甲基橙溶液，以氨水（1+1）和盐酸（1+1）调节溶液刚变为黄色，加 5mL 六次甲基四胺缓冲溶液、2 滴二甲酚橙溶液，以 EDTA 标准滴定溶液滴定至溶液由紫红色刚变为亮黄色即为终点。

【分析结果计算】

按式（5-3）计算试样中稀土总量的质量分数（%）：

$$w = \frac{cVV_0V_2M \times 10^{-3}}{mV_1V_3} \times 100\%\tag{5-3}$$

式中，c 为 EDTA 标准溶液的物质的量浓度，mol/L；V 为滴定稀土消耗 EDTA 标准溶液的体积，mL；V_0 为试液总体积，mL；V_1 为移取试液体积，mL；V_2 为氟化后试液体积，mL；V_3 为滴定时移取试液体积，mL；m 为试样的质量，g；M 为稀土元素平均相对分子质量。

【注意事项】

（1）第一级分取时，如果溶液不清，可干过滤后分取。

（2）单一稀土铁合金按照稀土元素的相对原子质量直接进行计算即可。

（3）混合稀土铁合金稀土元素平均相对分子质量计算：按照电感耦合等离子体发射光谱法测定样品中稀土配分后按照附录 E 计算平均相对分子质量。

（4）样品溶解后的溶液可用于铁量的测定。

5.1.2 稀土铁合金中铁的测定——重铬酸钾容量法

【适用范围】

本方法适用于稀土铁合金中铁量的测定。测定范围：15.0%~85.0%。

【方法提要】

试料以盐酸溶解后，以钨酸钠为指示剂，用三氯化钛将三价铁还原成二价铁至生成"钨蓝"，再滴加重铬酸钾氧化过量的三价钛，加入硫磷混酸，以二苯胺磺酸钠为指示剂，用重铬酸钾标准溶液滴定至紫色为终点。

【试剂与仪器】

（1）盐酸（$\rho = 1.19g/cm^3$，1+1，1+9）；

（2）三氯化钛溶液（1+19）：将市售三氯化钛溶液（150~200g/mL）用盐酸（1+9）稀释 20 倍，现用现配；

（3）硫酸（$\rho = 1.84g/cm^3$，5+95）；

（4）磷酸（$\rho = 1.70g/cm^3$）；

（5）钨酸钠溶液（250g/L）：称取 25g 钨酸钠溶于适量水中（若浑浊需过滤），加 5mL 磷酸，用水稀释至 100mL，混匀；

（6）硫磷混酸：将 300mL 硫酸在不断搅拌下缓慢注入 500mL 水中，再加入 300mL 磷酸，用水稀释至 1000mL，混匀；

（7）硫酸亚铁铵溶液 $[(NH_4)_2Fe(SO_4)_2 \cdot 6H_2O]$（$c \approx 0.06mol/L$）；

（8）重铬酸钾标准溶液（$c \approx 0.010mol/L$）；

（9）重铬酸钾初调溶液（$c \approx 0.0030mol/L$）；

（10）二苯胺磺酸钠指示剂（5g/L）。

【分析步骤】

准确称取 5g 试样置于 300mL 烧杯中，加 30mL 盐酸（1+1），盖上表面皿低温加热至试样溶解完全，冷却至室温，移入 250mL 容量瓶中稀释至刻度，混匀。

根据含量准确移取试液 2~10mL 于 300mL 三角瓶中，用少量水吹洗内壁，加入 1mL 钨酸钠溶液，滴加三氯化钛溶液至溶液出现蓝色并过量 1~2 滴，用重铬酸钾初调溶液（$c \approx 0.0030mol/L$）回滴至淡蓝色（不计读数）。加入 10mL 硫磷混酸、2 滴二苯胺磺酸钠指示剂，立即用重铬酸钾标准溶液（$c \approx 0.010mol/L$）滴定至紫色 30s 不消失为终点。

【分析结果计算】

按式（5-4）计算试样中铁的质量分数（%）：

$$w = \frac{cV_1(V - V_0) \times 55.85 \times 6 \times 10^{-3}}{mV_2} \times 100\% \tag{5-4}$$

式中，V 为滴定试液所消耗重铬酸钾标准溶液的体积，mL；V_0 为滴定空白试液消耗的重铬酸钾标准溶液体积，mL；V_1 为试液总体积，mL；V_2 为分取试液体积，mL；c 为重铬酸钾标准溶液的浓度，mol/L；m 为试样质量，g；55.85 为铁的摩尔质量，g/mol；6 为重铬酸钾标准溶液与铁的相关系数。

【注意事项】

（1）随同试料做空白试验。按分析步骤进行操作，准确加入 6.00mL 硫酸亚铁铵溶液（$c \approx 0.06$mol/L），加入 10mL 硫磷混酸溶液，滴加 2 滴二苯胺磺酸钠指示剂（5g/L），立即用重铬酸钾标准溶液（$c = 0.01038$mol/L）滴定至终点，记下消耗重铬酸钾标准溶液（$c = 0.01038$mol/L）的体积 V_1。再向溶液中准确加入 6.00mL 硫酸亚铁铵溶液（$c \approx 0.06$mol/L），仍以重铬酸钾标准溶液（$c = 0.01038$mol/L）滴定至终点，当为一恒定值时，则（$V_1 - V_2$）即为空白实验消耗重铬酸钾标准溶液（$c = 0.01038$mol/L）的体积 V_0。

（2）测定时，钨酸钠必须在三氯化钛前加入，不加入钨酸钠，就无法准确测定铁量，钨酸钠加入量对结果没有影响；试剂加入顺序为钨酸钠—三氯化钛—硫磷混酸—指示剂。

（3）测定时，必须加入硫磷混酸，否则没有滴定终点，无法得到准确结果。

（4）测定时，二苯胺磺酸钠消耗重铬酸钾标准溶液，应严格控制指示剂加入量。

（5）溶解大样可以同时测定稀土总量。

（6）滴定与配制重铬酸钾标准溶液的温度应保持一致，否则应进行体积校正。温度每变化1℃，溶液体积的相对变化率约为 0.02%。即当滴定温度每高于配制温度1℃时，重铬酸钾标准溶液的浓度相对降低约 0.02%。

5.1.3　稀土铁合金中稀土杂质的测定[1]

5.1.3.1　镝铁合金中稀土杂质的测定

A　十四个稀土杂质元素的测定——电感耦合等离子体发射光谱法

【适用范围】

本方法适用于镝铁合金中镧、铈、镨、钕、钐、铕、钆、铽、钬、铒、铥、镱、镥、钇含量的测定。测定范围见表 5-1。

表 5-1   测定范围

元素	质量分数/%	元素	质量分数/%
La	0.0050~0.50	Tb	0.010~0.50
Ce	0.0050~0.50	Ho	0.010~0.50
Pr	0.0050~0.50	Er	0.010~0.50
Nd	0.0050~0.50	Tm	0.0050~0.50
Sm	0.0050~0.50	Yb	0.0050~0.50
Eu	0.0050~0.50	Lu	0.0050~0.50
Gd	0.010~0.50	Y	0.010~0.50

【方法提要】

试样以盐酸溶解，在稀盐酸介质中，直接以氩等离子体激发，进行光谱测定。以基体匹配法校正基体对测定元素的影响。

【试剂与仪器】

(1) 硝酸（$\rho = 1.42 \text{g/cm}^3$）；

(2) 盐酸（1+1）；

(3) 过氧化氢（30%）；

(4) 镝基体溶液：1mL 含 50mg 镝；

(5) 镧、铈、镨、钕、钐、铕、钆、铽、钬、铒、铥、镱、镥、钇单一稀土元素标准溶液：1mg/mL；

(6) 氩气（>99.99%）；

(7) 电感耦合等离子体发射光谱仪，倒线色散率不大于 0.26nm/mm。

【分析步骤】

准确称取 2.7g 试样于 100mL 烧杯中，加 20mL 盐酸（1+1），逐滴滴入过氧化氢，低温加热至溶解完全，冷却至室温，移入 50mL 容量瓶中，用水稀释至刻度，混匀。

移取 10mL 溶液于 100mL 容量瓶中，加 5mL HCl，以水稀释至刻度，混匀待测。

【标准曲线绘制】

将镝基体溶液及各稀土标准溶液分别移入 5 个 50mL 容量瓶中，并加入 10mL 盐酸（1+1），以水稀释至刻度，混匀。系列标准溶液质量浓度见表 5-2。

将标准溶液与试样液一起，于表 5-3 所示分析波长处，用氩等离子体激发进行光谱测定。

表 5-2　标准溶液质量浓度

标液编号	质量浓度/μg · mL^{-1}						
	镝	镧	铈	镨	钕	钐	铕
1	4000	0	0	0	0	0	0
2	4000	0.50	0.50	0.50	0.50	0.50	0.50
3	4000	2.50	2.50	2.50	2.50	2.50	2.50
4	4000	5.00	5.00	5.00	5.00	5.00	5.00
5	4000	25.00	25.00	25.00	25.00	25.00	25.00

标液编号	质量浓度/μg · mL^{-1}						
	钆	铽	钬	铒	铥	镱	镥	钇
1	0	0	0	0	0	0	0	0
2	0.50	0.50	0.50	0.50	0.50	0.50	0.50	0.50
3	2.50	2.50	2.50	2.50	2.50	2.50	2.50	2.50
4	5.00	5.00	5.00	5.00	5.00	5.00	5.00	5.00
5	25.00	25.00	25.00	25.00	25.00	25.00	25.00	25.00

表 5-3　测定元素波长

元素	分析线/nm	元素	分析线/nm
La	408.671, 412.322, 379.477	Tb	321.998, 332.440, 350.914
Ce	446.021, 428.993	Ho	379.675, 341.664, 345.600
Pr	511.076, 525.973, 417.939	Er	389.623, 369.265, 390.631
Nd	401.224, 411.732, 410.907	Tm	313.125, 379.576, 346.220
Sm	443.432, 442.434, 445.851	Yb	281.398, 328.937, 369.419
Eu	381.967, 664.506, 272.778	Lu	261.541, 307.760
Gd	342.246, 376.840, 385.098	Y	361.104, 360.192, 224.303, 371.029

【分析结果计算】

按式（5-5）计算各稀土元素的质量分数（%）：

$$w = \frac{\rho V \times 10^{-6}}{m} \times 100\% \tag{5-5}$$

式中，ρ 为分析试液中各稀土元素的质量浓度，μg/mL；V 为分析试液的总体积（母液与分取倍数之积），mL；m 为试样质量，g。

【注意事项】

（1）由于镝铁合金中铁的含量较低，对测定元素产生的基体效应可以忽略，因此标准曲线中无铁的浓度。

（2）配制标准曲线时，镝的浓度可根据实际样品中镝铁的配分比例配制。

B   五元素的测定——电感耦合等离子体发射光谱法

【适用范围】

本方法适用于镝含量为 80% 左右的镝铁合金中钆、铽、钬、铒和钇的测定。测定范围：0.010% ~ 0.50%。

【方法提要】

试样以盐酸溶解，在稀酸介质中，采用基体匹配法，直接以氩等离子体激发进行光谱测定，从标准曲线中求得各测定元素含量。

【试剂与仪器】

（1）盐酸（1+1）；

（2）过氧化氢（30%）；

（3）镝基体溶液：1mL 含 40mg 镝；

（4）钆、铽、钬、铒和钇标准溶液：1mL 含 50μg 各稀土元素（5% 盐酸或硝酸介质）；

（5）氩气（>99.99%）；

（6）电感耦合等离子体发射光谱仪，倒线色散率不大于 0.26nm/mm。

【分析步骤】

准确称取 0.50g 试样于 100mL 烧杯中，加入 20mL 盐酸（1+1），并滴加过氧化氢数滴，低温加热至试样完全溶解，取下，冷却至室温，移入 100mL 容量瓶中，以水稀释至刻度，混匀待测。

【标准曲线绘制】

在 4 个 100mL 容量瓶中按表 5-4 所示浓度加入镝基体溶液及各稀土杂质标准溶液，加 10mL 盐酸（1+1），以水稀释至刻度，混匀。

将标准溶液与试样液一起，在表 5-5 所示分析波长处测定，用电感耦合等离子体发射光谱仪进行测定。

表 5-4 标准溶液质量浓度

标液编号	质量浓度/μg·mL^{-1}					
	Dy	Gd	Tb	Ho	Er	Y
1	4000	0	0	0	0	0
2	4000	0.50	0.50	0.50	0.50	0.50
3	4000	2.0	2.0	2.0	2.0	2.0
4	4000	10.0	10.0	10.0	10.0	10.0

表 5-5 测定元素波长

元　素	分析线/nm
Gd	342. 246，376. 840，385. 098
Tb	321. 998，332. 440，384. 873，350. 914
Ho	379. 675，341. 644，345. 600
Er	389. 623，369. 265，390. 631
Y	361. 104，360. 192，224. 303，371. 029

【分析结果计算】

按式（5-6）计算各稀土元素的质量分数（%）：

$$w = \frac{\rho V \times 10^{-6}}{m} \times 100\% \tag{5-6}$$

式中，ρ 为分析试液中各稀土元素的质量浓度，$\mu g/mL$；V 为分析试液的总体积（母液与分取倍数之积），mL；m 为试样质量，g。

5.1.3.2　钆铁合金中稀土杂质的测定

A　十四个稀土杂质元素的测定——电感耦合等离子体发射光谱法

【适用范围】

本方法适用于钆铁合金中 14 个稀土杂质元素的测定。测定范围：0.010%~0.50%。

【方法提要】

试样以盐酸溶解，在稀酸介质中，采用基体匹配法，直接以氩等离子体激发进行光谱测定，从标准曲线中求得各测定元素含量。

【试剂与仪器】

（1）盐酸（1+1）；

（2）过氧化氢（30%）；

（3）钆基体溶液：1mL 含 30mg 钆；

（4）铁基体溶液：1mL 含 10mg 铁；

（5）镧、铈、镨、钕、钐、铕、铽、镝、钬、铒、铥、镱、镥和钇标准溶液：1mL 含 100μg 各元素；

（6）氩气（>99.99%）；

（7）电感耦合等离子体发射光谱仪，倒线色散率不大于 0.26nm/mm。

【分析步骤】

准确称取 2.0g 试样于 250mL 烧杯中，加入 40mL 盐酸（1+1），滴加数滴过氧化氢，低温加热至试样完全溶解，取下，冷却至室温，移入 100mL 容量瓶中，以水稀释至刻度，混匀，准确移取 10mL 试液于 100mL 容量瓶中，加 5mL 盐酸（1+1），以水稀释至刻度，混匀待测。

【标准曲线绘制】

在 5 个 200mL 容量瓶中按表 5-6 所列浓度加入钆、铁基体溶液及 14 个稀土元素标准溶液，加 5mL 盐酸（1+1），以水稀释至刻度，混匀。

将标准溶液与试样液一起于表 5-7 所示分析波长处，用氩等离子体激发进行光谱测定。

表 5-6　标准溶液质量浓度

标液编号	质量浓度/μg·mL^{-1}							
	钆	铁	镧	铈	镨	钕	钐	铕
1	1500	500	0	0	0	0	0	0
2	1500	500	0.20	0.20	0.20	0.20	0.20	0.20
3	1500	500	1.0	1.0	1.0	1.0	1.0	1.0
4	1500	500	5.0	5.0	5.0	5.0	5.0	5.0
5	1500	500	10.0	10.0	10.0	10.0	10.0	10.0

标液编号	质量浓度/μg·mL^{-1}							
	铽	镝	钬	铒	铥	镱	镥	钇
1	0	0	0	0	0	0	0	0
2	0.20	0.20	0.20	0.20	0.20	0.20	0.20	0.20
3	1.0	1.0	1.0	1.0	1.0	1.0	1.0	1.0
4	5.0	5.0	5.0	5.0	5.0	5.0	5.0	5.0
5	10.0	10.0	10.0	10.0	10.0	10.0	10.0	10.0

表 5-7　测定元素波长

元素	分析线/nm	元素	分析线/nm
La	408.671，412.623	Tb	353.170
Ce	418.660，446.021	Ho	345.600
Pr	414.311，410.072	Er	337.271，326.941
Nd	401.225	Tm	313.126
Sm	442.434，363.427	Yb	281.138
Eu	381.965	Lu	261.542
Dy	384.875，350.914，367.635	Y	371.029

【分析结果计算】

按式（5-7）计算各稀土元素的质量分数（%）：

$$w = \frac{\rho V V_2 \times 10^{-6}}{m V_1} \times 100\% \qquad (5\text{-}7)$$

式中，ρ 为分析试液中各稀土元素的质量浓度，$\mu g/mL$；V 为分析试液的总体积，mL；V_1 为分取试液体积，mL；V_2 为测定试液体积，mL；m 为试样质量，g。

    B   五元素的测定——电感耦合等离子体发射光谱法

【适用范围】

本方法适用于钆铁合金中 5 个稀土元素钐、铕、铽、镝及钇的测定。测定范围：$0.010\% \sim 0.50\%$。

【方法提要】

试样以盐酸溶解，在稀酸介质中，采用基体匹配法，直接以氩等离子体激发进行光谱测定，从标准曲线中求得各测定元素含量。

【试剂与仪器】

    （1）盐酸（1+1）；

    （2）过氧化氢（30%）；

    （3）钆基体溶液：1mL 含 40mg 钆；

    （4）铁基体溶液：1mL 含 10mg 铁；

    （5）钐、铕、铽、镝和钇标准溶液：1mL 含 50μg 各稀土元素（5%盐酸或硝酸介质）；

    （6）氩气（>99.99%）；

    （7）电感耦合等离子体发射光谱仪，倒线色散率不大于 0.26nm/mm。

【分析步骤】

准确称取 1.0g 试样于 250mL 烧杯中，加入 20mL 盐酸（1+1），滴加过氧化氢数滴，低温加热至试样完全溶解，取下，冷却至室温，移入 200mL 容量瓶中，以水稀释至刻度，混匀待测。

【标准曲线绘制】

在 5 个 50mL 容量瓶中按表 5-8 所列浓度加入钆、铁基体溶液及 5 个稀土杂质标准溶液，加 5mL 盐酸（1+1），以水稀释至刻度，混匀。

表 5-8　标准溶液质量浓度

标液编号	质量浓度/$\mu g \cdot mL^{-1}$						
	Gd	Fe	Sm	Eu	Tb	Dy	Y
1	4000	1000	0	0	0	0	0
2	4000	1000	0.50	0.50	0.50	0.50	0.50
3	4000	1000	2.0	2.0	2.0	2.0	2.0
4	4000	1000	10.0	10.0	10.0	10.0	10.0
5	4000	1000	25.0	25.0	25.0	25.0	25.0

将标准溶液与试样液一起于表 5-9 所示分析波长处，用氩等离子体激发进行光谱测定。

表 5-9　测定元素波长

元素	分析线/nm	元素	分析线/nm
Sm	442.434	Dy	353.170
Eu	381.965	Y	371.029
Tb	384.875		

【分析结果计算】

按式（5-8）计算各稀土元素的质量分数（%）：

$$w = \frac{\rho V \times 10^{-6}}{m} \times 100\% \qquad (5-8)$$

式中，ρ 为分析试液中各稀土元素的质量浓度，μg/mL；V 为分析试液的总体积，mL；m 为试样质量，g。

5.1.3.3　钬铁合金中稀土杂质的测定——电感耦合等离子体发射光谱法

【适用范围】

本方法适用于钬铁合金中 14 个稀土杂质元素的测定。测定范围见表 5-10。

表 5-10　测定范围

元素	质量分数/%	元素	质量分数/%
La	0.0050~0.50	Tb	0.010~0.50
Ce	0.0050~0.50	Dy	0.010~0.50
Pr	0.0050~0.50	Er	0.0050~0.50
Nd	0.0050~0.50	Tm	0.010~0.50
Sm	0.010~0.50	Yb	0.0050~0.50
Eu	0.0050~0.50	Lu	0.0050~0.50
Gd	0.010~0.50	Y	0.0050~0.50

【方法提要】

试样以盐酸溶解，在稀酸介质中，采用基体匹配法，直接以氩等离子体激发进行光谱测定，从标准曲线中求得各测定元素含量。

【试剂与仪器】

（1）盐酸（1+1）；

（2）硝酸（1+1）；

（3）过氧化氢（30%）；

（4）钛基体溶液：1mL 含 50mg 钛；

（5）镧、铈、镨、钕、钐、铕、钆、铽、镝、铒、铥、镱、镥和钇标准溶液：1mL 含 100μg 各元素；

（6）氩气（>99.99%）；

（7）电感耦合等离子体发射光谱仪，倒线色散率不大于 0.26nm/mm。

【分析步骤】

准确称取 2.5g 试样于 300mL 烧杯中，加入 30mL 盐酸（1+1）及 0.5mL 硝酸（1+1），逐滴加入过氧化氢，低温加热至溶解完全，冷却至室温，移入 100mL 容量瓶中用水稀释至刻度，混匀。分取 10mL 于 50mL 容量瓶中，加 5mL 盐酸（1+1），以水稀释至刻度，混匀待测。

【标准曲线绘制】

在 6 个 100mL 容量瓶中按表 5-11 所示浓度加入钛基体溶液及 14 个稀土元素标准溶液，加 10mL 盐酸（1+1），以水稀释至刻度，混匀。

表 5-11　标准溶液质量浓度

标液编号	质量浓度/μg·mL^{-1}							
	钛	镧	铈	镨	钕	钐	铕	钆
1	4000	0	0	0	0	0	0	0
2	4000	0.50	0.50	0.50	0.50	0.50	0.50	0.50
3	4000	1.0	1.0	1.0	1.0	1.0	1.0	1.0
4	4000	2.0	2.0	2.0	2.0	2.0	2.0	2.0
5	4000	5.0	5.0	5.0	5.0	5.0	5.0	5.0
6	4000	25.0	25.0	25.0	25.0	25.0	25.0	25.0

标液编号	质量浓度/μg·mL^{-1}						
	铽	镝	铒	铥	镱	镥	钇
1	0	0	0	0	0	0	0
2	0.50	0.50	0.50	0.50	0.50	0.50	0.50
3	1.0	1.0	1.0	1.0	1.0	1.0	1.0
4	2.0	2.0	2.0	2.0	2.0	2.0	2.0
5	5.0	5.0	5.0	5.0	5.0	5.0	5.0
6	25.0	25.0	25.0	25.0	25.0	25.0	25.0

将标准溶液与试样液一起于表 5-12 所示分析波长处，用氩等离子体激发进行光谱测定。

表 5-12 测定元素波长

元素	分析线/nm	元素	分析线/nm
La	408.671，399.575	Tb	370.285
Ce	413.380	Dy	353.171，394.468
Pr	390.844，422.533	Er	337.271，369.265，390.632
Nd	430.358，406.109	Tm	376.133，313.125
Sm	360.949，443.432	Yb	328.937
Eu	381.967，412.970	Lu	261.542
Gd	336.224，354.936	Y	371.030，377.433

【分析结果计算】

按式（5-9）计算各稀土元素的质量分数（%）：

$$w = \frac{\rho V_0 V_2 \times 10^{-6}}{m_0 V_1} \times 100\% \tag{5-9}$$

式中，ρ 为查得试样中被测元素的质量浓度，$\mu g/mL$；V_0 为试液总体积，mL；V_1 为分取试液体积，mL；V_2 为分析试液体积，mL；m 为试料的质量，g。

5.1.3.4 钇铁合金中稀土杂质的测定——电感耦合等离子体发射光谱法[2~4]

【适用范围】

本方法适用于钇铁合金中 14 个稀土杂质元素的测定。测定范围：0.0050%~0.50%。

【方法提要】

试样以盐酸溶解，在稀酸介质中，采用基体匹配法，直接以氩等离子体激发进行光谱测定，从标准曲线中求得各测定元素含量。

【试剂与仪器】

（1）盐酸（1+1，1+19）；

（2）过氧化氢（30%）；

（3）钇基体溶液：1mL 含 31.25mg 钇；

（4）铁基体溶液：1mL 含 18.75mg 铁；

（5）镧、铈、镨、钕、钐、铕、钆、铽、镝、钬、铒、铥、镱、镥标准溶液：1mL 含 100μg；

（6）氩气（>99.99%）；

（7）电感耦合等离子体发射光谱仪，倒线色散率不大于 0.26nm/mm。

【分析步骤】

准确称取 5.0g 试样于 300mL 烧杯中，加入 40mL 盐酸（1+1），逐滴加入过氧化氢，低温加热至溶解完全，冷却至室温，移入 100mL 容量瓶中用水稀释至刻度，混匀。准确移取 10mL 溶液于 100mL 容量瓶中，加 5mL 盐酸（1+1），以水稀释至刻度，混匀待测。

【标准曲线绘制】

在 6 个 100mL 容量瓶中按表 5-13 所列浓度加入钇基体溶液及 14 个稀土元素标准溶液，加 10mL 盐酸（1+1），以水稀释至刻度，混匀。

表 5-13　标准溶液质量浓度

系列标准溶液	基体浓度/μg·mL⁻¹		质量浓度/μg·mL⁻¹					
	Y	Fe	La	Ce	Pr	Nd	Sm	Eu
1	3125	1875	0	0	0	0	0	0
2	3125	1875	0.20	0.20	0.20	0.20	0.20	0.20
3	3125	1875	1.0	1.0	1.0	1.0	1.0	1.0
4	3125	1875	5.0	5.0	5.0	5.0	5.0	5.0
5	3125	1875	10.0	10.0	10.0	10.0	10.0	10.0
6	3125	1875	25.0	25.0	25.0	25.0	25.0	25.0

系列标准溶液	质量浓度/μg·mL⁻¹							
	Gd	Tb	Dy	Ho	Er	Tm	Yb	Lu
1	0	0	0	0	0	0	0	0
2	0.20	0.20	0.20	0.20	0.20	0.20	0.20	0.20
3	1.0	1.0	1.0	1.0	1.0	1.0	1.0	1.0
4	5.0	5.0	5.0	5.0	5.0	5.0	5.0	5.0
5	10.0	10.0	10.0	10.0	10.0	10.0	10.0	10.0
6	25.0	25.0	25.0	25.0	25.0	25.0	25.0	25.0

将标准溶液与试样液一起于表 5-14 所示分析波长处，用氩等离子体激发进行光谱测定。

表 5-14　测定元素波长

元素	分析线/nm	元素	分析线/nm
La	408.672	Tb	400.547，350.917
Ce	413.765，418.660	Dy	353.170
Pr	440.882，417.937	Ho	339.898，345.600
Nd	401.225，444.639	Er	390.631
Sm	428.079，443.432	Tm	313.126
Eu	381.967，390.710	Yb	328.937
Gd	335.047，376.839	Lu	261.542

【分析结果计算】

按式（5-10）计算各稀土元素的质量分数（%）：

$$w = \frac{\rho V_0 V_2 \times 10^{-6}}{m_0 V_1} \times 100\% \qquad (5\text{-}10)$$

式中，ρ 为查得试样中被测元素的质量浓度，$\mu g/mL$；V_0 为试液总体积，mL；V_1 为分取试液体积，mL；V_2 为分析试液体积，mL；m 为试料的质量，g。

5.1.3.5　铈铁合金中稀土杂质的测定——电感耦合等离子体发射光谱法

【适用范围】

本方法适用于铈铁合金中 14 个稀土杂质元素的测定。测定范围见表 5-15。

表 5-15　测定范围

元素	质量分数/%	元素	质量分数/%
La	0.0050~0.25	Dy	0.010~0.25
Pr	0.020~0.25	Ho	0.0050~0.25
Nd	0.020~0.25	Er	0.0050~0.25
Sm	0.010~0.25	Tm	0.0050~0.25
Eu	0.0050~0.25	Yb	0.0050~0.25
Gd	0.010~0.25	Lu	0.0050~0.25
Tb	0.020~0.25	Y	0.0050~0.25

【方法提要】

试样以盐酸分解，在稀盐酸介质中，直接以氩等离子体光源激发，进行光谱测定，以基体匹配法校正基体对测定的影响。

【试剂与仪器】

(1) 盐酸 (1+1，1+19)；

(2) 过氧化氢 (30%)；

(3) 混合稀土标准溶液：1mL 含 50μg 各稀土元素 (镧、镨、钕、钐、铕、钆、铽、镝、钬、铒、铥、镱、镥、钇)；

(4) 铈基体溶液：1mL 含 15mg 铈；

(5) 铁基体溶液：1mL 含 42.5mg 铁；

(6) 电感耦合等离子体发射光谱仪，倒线色散率不大于 0.26nm/mm。

(7) 氩气 (>99.99%)。

【分析步骤】

准确称取 5.0g 试样于 300mL 烧杯中，加入 50mL 盐酸 (1+1)，滴加 0.5mL 过氧化氢，低温加热至溶解完全，冷却至室温，移入 100mL 容量瓶中，以水稀释至刻度，混匀。

准确移取 10mL 溶液于 100mL 容量瓶中，用盐酸 (1+19) 稀释至刻度，混匀。

【标准曲线绘制】

分别准确移取混合稀土标准溶液于 6 个 100mL 容量瓶中，加入铁及铈基体溶液，用水稀释至刻度，混匀，标准溶液质量浓度见表 5-16。

表 5-16 标准溶液质量浓度

标液编号	质量浓度/$\mu g \cdot mL^{-1}$							
	Ce	Fe	La	Pr	Nd	Sm	Eu	Gd
1	750	4250	0	0	0	0	0	0
2	750	4250	0.25	0.25	0.25	0.25	0.25	0.25
3	750	4250	0.50	0.50	0.50	0.50	0.50	0.50
4	750	4250	2.00	2.00	2.00	2.00	2.00	2.00
5	750	4250	5.00	5.00	5.00	5.00	5.00	5.00
6	750	4250	12.50	12.50	12.50	12.50	12.50	12.50

标液编号	质量浓度/$\mu g \cdot mL^{-1}$							
	Tb	Dy	Ho	Er	Tm	Yb	Lu	Y
1	0	0	0	0	0	0	0	0
2	0.25	0.25	0.25	0.25	0.25	0.25	0.25	0.25
3	0.50	0.50	0.50	0.50	0.50	0.50	0.50	0.50
4	2.00	2.00	2.00	2.00	2.00	2.00	2.00	2.00
5	5.00	5.00	5.00	5.00	5.00	5.00	5.00	5.00
6	12.50	12.50	12.50	12.50	12.50	12.50	12.50	12.50

将标准溶液与试样液一起于表 5-17 所示分析波长处，用氩等离子体激发进行光谱测定。

表 5-17 测定元素波长

元素	分析线/nm	元素	分析线/nm
La	333.749，399.575	Dy	340.780
Pr	410.017，422.293	Ho	345.600
Nd	430.357，406.109	Er	337.275，323.059
Sm	359.260，388.528	Tm	313.125
Eu	381.966，412.974	Yb	328.937
Gd	310.051，335.048	Lu	261.541
Tb	332.440	Y	377.433，371.029

【分析结果计算】

按式（5-11）计算试样中各元素的质量分数（%）：

$$w = \frac{(\rho - \rho_0)VV_0 \times 10^{-6}}{mV_1} \times 100\% \tag{5-11}$$

式中，ρ 为分析试液中各待测稀土元素的质量浓度，$\mu g/mL$；ρ_0 为空白试液中各待测稀土元素的质量浓度，$\mu g/mL$；V 为分析试液体积，mL；V_0 为试液总体积，mL；V_1 为分取试液体积，mL；m 为试料的质量，g。

5.1.4　稀土铁合金中钙、镁、铝、硅、镍、锰、钼、钨量的测定[5~7]

5.1.4.1　镝铁合金中钙、镁、铝、硅、镍、钼、钨量的测定——电感耦合等离子体发射光谱法

【适用范围】

本方法适用于镝铁合金中钙、镁、铝、硅、镍、钼、钨量的测定，测定范围：钙、镁、镍 0.0050%～0.050%，铝、硅、钼 0.020%～0.10%，钨 0.030%～0.20%。

【方法提要】

试样以硝酸分解，标准曲线法测定钙、镁含量，基体匹配法测定铝、硅、镍含量，氟化分离法测定钼、钨含量。

【试剂与仪器】

(1) 硝酸（$\rho = 1.42g/cm^3$，1+1）；

(2) 氢氟酸（$\rho = 1.15g/cm^3$）；

(3) 盐酸（1+1）；

(4) 氨水（优级纯，1+3）；

(5) 氢氧化钠（优级纯）；

(6) 钙、镁标准溶液：1mL 分别含 5μg 钙、镁；

(7) 镍标准溶液：1mL 含 100μg 镍，保存于塑料瓶中；

(8) 铝标准溶液：1mL 含 200μg 铝，保存于塑料瓶中；

(9) 硅标准溶液：1mL 含 200μg 硅，2%碳酸钠介质，保存于塑料瓶中；

(10) 钼标准溶液：1mL 含 200μg 钼，1%氨水介质，保存于塑料瓶中；

(11) 钨标准溶液：1mL 含 200μg 钨，5%氢氟酸介质，保存于塑料瓶中；

(12) 铁基体溶液：1mL 含 10mg 铁，镍含量<0.001%、铝含量<0.0005%、钼含量<0.0005%、硅含量<0.001%，保存于塑料瓶中；

(13) 镝基体溶液：1mL 含 40mg 镝，镍含量<0.0002%、铝含量<0.0005%、钼含量<0.0005%、硅含量<0.001%，保存于塑料瓶中；

(14) 电感耦合等离子体发射光谱仪，倒线色散率不大于 0.26nm/mm；

(15) 氩气（>99.99%）。

【分析步骤】

准确称取 1.0g 试样于 100mL 烧杯中，加入 20mL 水、5mL 硝酸，低温加热至试样完全溶解，取下，冷却至室温。移入 200mL 容量瓶中，以水稀释至刻度，混匀。准确移取试液 10.0mL 于 25mL 容量瓶中，以水稀释至刻度，摇匀待测。用于测定钙、镁、铝、硅、镍。

准确称取 1.0g 试样于 200mL 聚四氟乙烯烧杯中，加入 5mL 硝酸，低温加热溶解至清，加入约 50mL 水，加热至近沸，加入 2~3mL 氢氟酸，加热至近沸，保温 10min，放置冷却至室温，移入 100mL 容量瓶中，用水稀释至刻度，混匀。待沉淀下沉后，用两张慢速滤纸干过滤。分取 10.0mL 滤液于 25mL 容量瓶中，用水稀释至刻度，混匀。用于测定钼、钨。

【标准曲线绘制】

分别准确移取镍标准溶液，铝标准溶液，硅标准溶液于 4 个 50mL 塑料容量瓶中，加入 2.0mL 铁基体溶液及 2.0mL 镝基体溶液，用水稀释至刻度，混匀，标准溶液浓度见表 5-18（标 1）。

分别移取钙标准溶液、镁标准溶液于 4 个 25mL 容量瓶中，加入 0.25mL 硝酸，用水稀释至刻度，混匀，标准溶液浓度见表 5-18（标 2）。

分别移取钼标准溶液，钨标准溶液于 4 个 50mL 塑料容量瓶中，补加 2 滴氢氟酸，用水稀释至刻度，混匀，标准溶液浓度见表 5-18（标 3）。

表 5-18　标准溶液质量浓度

标液编号	质量浓度/$\mu g \cdot mL^{-1}$						
	Ni	Al	Si	Ca	Mg	Mo	W
1	0.00	0.00	0.00	0.00	0.00	0.00	0.00
2	0.50	1.00	1.00	0.20	0.20	2.00	2.00
3	1.00	2.00	2.00	0.50	0.50	4.00	4.00
4	5.00	10.00	10.00	1.00	1.00	8.00	12.00

将标准溶液与试样液一起于表 5-19 所示分析波长处，用氩等离子体激发进行光谱测定。

表 5-19　测定元素波长

元素	分析线/nm	元素	分析线/nm
Ca	393.366	Mg	280.270
Ni	216.555	Al	308.215
Si	212.412	W	207.912, 209.475
Mo	203.846, 202.032		

【分析结果计算】

按式（5-12）计算试样中各元素的质量分数（%）：

$$w = \frac{(\rho_0 - \rho_1)V \times 10^{-6}}{m} \times 100\% \tag{5-12}$$

式中，ρ_0 为分析试液中测定元素的质量浓度，$\mu g/mL$；ρ_1 为分析试液中测定元素空白的质量浓度，$\mu g/mL$；V 为分析试液的总体积（母液与分取倍数之积），mL；m 为试样质量，g。

【注意事项】

（1）基体匹配法测定铝、硅、镍含量时，应根据样品实际情况确定基体中镝与铁的比例。

（2）依据样品的测定需求，钙、镁可以分别采用不同的方法进行测定。

5.1.4.2　钆铁合金中钙、镁、铝、锰的测定——电感耦合等离子体发射光谱法

【适用范围】

本方法适用于钆铁合金中钙、镁、铝、锰量的测定。测定范围：钙、镁 0.0010%~0.050%，铝 0.010%~0.10%，锰 0.0050%~0.10%。

【方法提要】

试样以硝酸分解，在稀酸介质中，以电感耦合等离子体发射光谱仪进行测定，以基体匹配法校正基体对测定的影响。

【试剂与仪器】

（1）硝酸（1+1）；

（2）铁基体溶液：1mL 含 50mg 铁；

（3）钆基体溶液：1mL 含 150mg 钆；

（4）钙、镁、铝、锰混合标准溶液：1mL 分别含 50μg 钙、镁、铝、锰；

（5）电感耦合等离子体发射光谱仪，倒线色散率不大于 0.26nm/mm；

（6）氩气（>99.99%）。

【分析步骤】

准确称取 1.0g 试样于 250mL 烧杯中，加 10mL 硝酸（1+1），低温加热至试样完全溶解，取下，冷却至室温。移入 100mL 容量瓶中，以水稀释至刻度，混匀待测。

【标准曲线绘制】

分别准确移取 5mL 铁基体溶液及 5mL 钆基体溶液于 4 个 100mL 容量瓶中，分别加入 0、1.0、2.0、10.0、20.0mL 钙、镁、铝、锰混合标准溶液，加入 5mL 硝酸，以水稀释至刻度，混匀，标准溶液质量浓度见表 5-20。

表 5-20　标准溶液质量浓度

标液编号	质量浓度/μg·mL⁻¹					
	Gd	Fe	Mg	Al	Ca	Mn
1	7500	2500	0.00	0.00	0.00	0.00
2	7500	2500	0.50	0.50	0.50	0.50
3	7500	2500	1.00	1.00	1.00	1.00
4	7500	2500	5.00	5.00	5.00	5.00
5	7500	2500	10.00	10.00	10.00	10.00

将标准溶液与试样液一起于表 5-21 所示分析波长处，用氩等离子体激发进行光谱测定。

表 5-21　测定元素波长

元素	分析线/nm	元素	分析线/nm
Ca	393.366	Mg	279.553
Mn	257.610	Al	236.706，167.079

【分析结果计算】

按式（5-13）计算试样中各元素的质量分数（%）：

$$w = \frac{(\rho_0 - \rho_1)V \times 10^{-6}}{m} \times 100\% \tag{5-13}$$

式中，ρ_0 为分析试液中测定元素的质量浓度，μg/mL；ρ_1 为分析试液中测定元素空白的质量浓度，μg/mL；V 为分析试液的总体积，mL；m 为试样质量，g。

【注意事项】

（1）基体匹配法测定钙、镁、铝、锰量时，应根据样品实际情况确定基体中钆与铁的比例。

（2）依据样品的测定需求，钙、镁可以分别采用基体匹配或标准加入法进行测定。

5.1.4.3　硅量的测定——分光光度法

【适用范围】

本方法适用于稀土铁合金中硅量的测定。测定范围：0.010%～0.20%。

【方法提要】

试样以混合酸溶解，在稀酸介质中，硅与钼酸铵形成硅钼杂多酸，在硫酸和草酸介质中分解磷、砷杂多酸，用抗坏血酸还原钼杂多酸为蓝色低价配合物，于分光光度计波长 800nm 处测定吸光度，以标准曲线求得相应的硅量。

【试剂与仪器】

（1）混合酸：180mL 盐酸（优级纯）与 60mL 硝酸（优级纯）混合并用水

稀释至 1000mL;

  (2) 氨水 (1+1);

  (3) 硫酸 (1+5, 优级纯);

  (4) 草酸-硫酸混酸:1g 草酸溶于 100mL 硫酸中 (1+5, 优级纯);

  (5) 钼酸铵溶液 (50g/L);

  (6) 抗坏血酸 (10g/L, 现用现配);

  (7) 硅标准溶液:1mL 含 10μg 硅 (储存于塑料瓶中);

  (8) 对硝基酚溶液 (1g/L)。

【分析步骤】

  准确称取 1.0g 试样于 250mL 聚四氟乙烯烧杯中,加入约 30mL 水、40mL 混合酸,盖上表面皿,剧烈反应后,低温加热至试样完全溶解,取下,稍冷,用水洗杯壁及表面皿,冷却至室温,移入 200mL 容量瓶中,以水稀释至刻度,混匀。

  准确移取 2.0~10.0mL 试液于 25mL 比色管中,加入 1 滴对硝基酚溶液,用氨水调至溶液刚为黄色,加入 0.5mL 硫酸,2.5mL 钼酸铵溶液 (每加一种溶液需混匀),在不低于 20℃室温下放置 10min,加入 5mL 草酸-硫酸混酸、2.5mL 抗坏血酸 (每加一种溶液需混匀),用水稀释至刻度,混匀,放置 10min。

  移取部分试液于 1cm 比色皿中,以试料空白为参比,于分光光度计波长 800nm 处测其吸光度。

【标准曲线绘制】

  准确移取 0、0.5、1.0、2.0、3.0、4.0mL 硅标准溶液于 6 个 25mL 比色管中,加入 1 滴对硝基酚溶液,以下按操作步骤进行。

【分析结果计算】

  按式 (5-14) 计算硅的质量分数 (%):

$$w = \frac{\rho V \times 10^{-6}}{m V_1} \times 100\% \tag{5-14}$$

式中,ρ 为标准曲线中得出试液中硅的质量浓度,μg/mL;V 为分析试液的总体积,mL;V_1 为分取试液体积,mL;m 为试样质量,g。

5.1.5 稀土铁合金中氧量的测定——脉冲-红外吸收法

【适用范围】

  本方法适用于稀土铁合金中氧量的测定。测定范围:氧 0.0020%~0.50%。

【方法提要】

  在惰性气氛下加热熔融石墨坩埚中的试料,试料中的氧呈二氧化碳析出,进入红外检测器中进行测定。

【试剂与仪器】

（1）带盖镍囊；

（2）石墨坩埚；

（3）四氯化碳；

（4）高纯氩气（≥99.99%）；

（5）脉冲-氧氮分析仪：分析功率5kW，检测器灵敏度0.001μg/g。

【分析步骤】

试样用锉刀打磨去皮，剪成小块，用四氯化碳浸泡、清洗。测量前取出，快速吹干。称取试料0.10~0.20g，加入带盖镍囊中，扣紧后装入仪器进料器。输入试样质量，打开脉冲炉，将石墨坩埚置于下电极开始测定。随后下电极上升，坩埚脱气，进样，加热熔融，经气体提取、分离、检测，由仪器显示试样中氧的分析结果。如仪器不能自动显示分析结果则按式（5-15）计算。

【分析结果计算】

按式（5-15）计算样品中氧的质量分数（%）：

$$w = w_2 - \alpha w_1 \tag{5-15}$$

式中，w_1 为空白试验氧含量，%；w_2 为带盖镍囊和试料中氧含量，%；α 为带盖镍囊与试料的质量比（在1.2~2.0之间）。

【注意事项】

（1）按仪器工作条件测三次空白（坩埚+助熔剂），其相对标准偏差小于15%方可进行下一步。

（2）在0.0020%~0.50%范围内选择三个合适的钢或钛合金标样，按仪器工作条件校正标准曲线。

（3）称取两份试样进行平行测定，如其测定值的相对误差不大于10%，取其平均值作为结果。

（4）金属试样制成屑状或每克10块以上的小块，取样后立即分析。

（5）助熔剂带盖镍囊也可用锡片代替，用锡片包好样品进行测定，注意空白。

5.2　稀土镁合金

5.2.1　稀土镁合金中稀土总量的测定

5.2.1.1　草酸盐重量法

【适用范围】

本方法适用于钆镁、镧镁、钇镁、镧铈镁等稀土镁合金中稀土总量的测定。测定范围：15.0%~90.0%。

【方法提要】

试样经盐酸分解，在氯化铵存在下，氨水沉淀稀土，分离钙、镁等。以盐酸溶解稀土，在 pH＝1.8～2.0 的条件下用草酸沉淀稀土，以分离铁、铝、镍等。于 950℃灼烧，称其质量，计算稀土总量。

【试剂与仪器】

(1) 氯化铵；

(2) 盐酸（ρ＝1.19g/cm^3，1+1）；

(3) 硝酸（ρ＝1.42g/cm^3）；

(4) 高氯酸（ρ＝1.67g/cm^3）；

(5) 氨水（ρ＝0.90g/cm^3，1+1）；

(6) 过氧化氢（30%）；

(7) 氯化铵-氨水洗液：100mL 水中含 2.0g 氯化铵和 2.0mL 氨水；

(8) 草酸溶液（100g/L）；

(9) 草酸洗液（2.0g/L）；

(10) 间甲酚紫（1g/L，乙醇介质）。

【分析步骤】

准确称取 5.0g 试样于 300mL 烧杯中，加 40mL 盐酸，加 2 滴过氧化氢助溶，加热至样品溶解完全，冷却后，定容于 250mL 容量瓶中，混匀。

准确移取试液 20.0mL 于 250mL 烧杯中，加 3g 氯化铵，以水稀释至约 100mL，加热至近沸，在不断搅拌下滴加氨水（1+1），至沉淀刚出现，加 0.1mL 过氧化氢，搅拌。加入 20mL 氨水（1+1），煮沸。取下稍冷，用定量中速滤纸过滤，用氯化铵-氨水洗液洗涤烧杯 2～3 次、洗涤沉淀 6～8 次，弃去滤液。将沉淀连同滤纸放入原 250mL 烧杯中，加 30mL 硝酸、15mL 高氯酸，加热使沉淀和滤纸溶解完全，继续加热至冒高氯酸白烟，并蒸至近干。取下，稍冷后，加入 5mL 盐酸（1+1），用水吹洗杯壁，加热溶解盐类，再次进行氨水沉淀稀土，分离钙、镁等。

将沉淀和滤纸放于原烧杯中，加 20mL 盐酸（1+1），盖表面皿，破坏滤纸。用水洗杯壁，加热水至 100mL，煮沸，取下，加 20mL 近沸的草酸溶液，加 4～6 滴间甲酚紫溶液，用氨水（1+1）、盐酸（1+1）和精密 pH 试纸调节 pH＝1.8～2.0。于 80～90℃保温 40min，冷却至室温，放置 2h 以上。用定量慢速滤纸过滤，用草酸洗液洗涤烧杯 2～3 次，并用小片滤纸擦净烧杯，将沉淀完全转移至滤纸上，洗涤沉淀和滤纸 7～8 次。将沉淀连同滤纸放入已恒定的铂坩埚中，低温灰化完全。将铂坩埚于 950℃马弗炉中灼烧 40min，取出，置于干燥器中，冷却至室温，称其质量，重复操作，直至恒重。

【分析结果计算】

按式（5-16）计算试样中稀土总量的质量分数（%）：

$$w = \frac{(m_1 - m_2)V_1 R}{m_0 V} \times 100\% \qquad (5\text{-}16)$$

式中，m_1 为铂坩埚及烧成物的质量，g；m_2 为铂坩埚的质量，g；m_0 为试样的质量，g；V 为试液总体积，mL；V_1 为移取试液体积，mL；R 为氧化稀土换算成稀土的换算系数。

【注意事项】

（1）氨水分离后的氢氧化稀土可用于 EDTA 标准溶液滴定稀土。

（2）样品溶解时应慢慢滴加盐酸溶剂，减少剧烈反应。

5.2.1.2 EDTA 滴定法

【适用范围】

本方法适用于钆镁、镧镁、钇镁、钕镁及镧铈镁等稀土镁合金中稀土总量的测定。测定范围：15.0%～90.0%。

【方法提要】

试样经盐酸分解，在氯化铵存在下，氨水沉淀稀土，分离钙、镁等，以盐酸溶解氢氧化稀土，在 pH＝5.5 条件下，以二甲酚橙为指示剂，以 EDTA 标准溶液滴定稀土总量。

【试剂与仪器】

（1）抗坏血酸；

（2）氯化铵；

（3）盐酸（$\rho = 1.19 \text{g/cm}^3$，1+1）；

（4）硝酸（$\rho = 1.42 \text{g/cm}^3$）；

（5）高氯酸（$\rho = 1.67 \text{g/cm}^3$）；

（6）氨水（$\rho = 0.90 \text{g/cm}^3$，1+1）；

（7）过氧化氢（30%）；

（8）氯化铵-氨水洗液：100mL 水中含 2.0g 氯化铵和 2.0mL 氨水；

（9）氯化铁溶液（0.2%）；

（10）磺基水杨酸；

（11）甲基橙；

（12）六次甲基四胺：200g 六次甲基四胺溶于 200mL 水中，溶解后加 70mL 盐酸（1+1），用水稀释至 1000mL；

（13）二甲酚橙（1g/L）；

（14）EDTA 标准溶液（$c \approx 0.020 \text{mol/L}$）。

【分析步骤】

准确称取 2.5g 试样于 300mL 烧杯中，加 30mL 盐酸（1+1），盖上表面皿加热至溶解完全，取下冷却至室温，将试液移入 250mL 容量瓶中，稀释至刻度，混匀。

分取 50mL 溶液于 300mL 烧杯中，加水至 150mL，加入氯化铵 2.0g，加入氯化铁溶液 2mL，加热至沸，以氨水（1+1）调至溶液刚出现黄色沉淀，并过量

10mL；加热至出现大气泡，取下稍冷，过滤于 300mL 烧杯中，用氯化铵洗液洗涤烧杯 2~3 次、洗涤沉淀 5~7 次。

将沉淀放入原烧杯中，加 30mL 硝酸和 10mL 高氯酸将滤纸破坏，冒烟至近干，用 5mL 盐酸（1+1）提取并溶解盐类，并用少量水冲洗表面皿及杯壁，将溶液移入 100mL 容量瓶中，以水稀释至刻度，混匀。

准确移取上述 10~20mL 试液于 250mL 三角瓶中，加入 50mL 水、0.2g 抗坏血酸、2mL 磺基水杨酸溶液、1 滴甲基橙溶液，以氨水（1+1）和盐酸（1+1）调节溶液刚变为黄色，加 5mL 六次甲基四胺缓冲溶液、2 滴二甲酚橙溶液，以 EDTA 标准滴定溶液滴定至溶液由紫红色刚变为亮黄色即为终点。

【分析结果计算】

按式（5-17）计算试样中稀土总量的质量分数（%）：

$$w = \frac{cVV_0V_2M \times 10^{-3}}{mV_1V_3} \times 100\% \tag{5-17}$$

式中，c 为 EDTA 的物质的量浓度，mol/L；V 为滴定稀土消耗 EDTA 标准溶液的体积，mL；V_0 为试液总体积，mL；V_1 为移取试液体积，mL；V_2 为氨水分离后试液体积，mL；V_3 为滴定时移取试液体积，mL；m 为试样的质量，g；M 为稀土元素平均相对分子质量。

【注意事项】

（1）单一稀土镁合金按照稀土元素的相对原子质量直接进行计算即可。

（2）混合稀土镁合金稀土元素平均相对分子质量计算：按照电感耦合等离子体发射光谱法测定样品中稀土的配分后，再按照附录 E 计算平均相对分子质量。

（3）氨水分离后的滤液可以用于测定镁量。

5.2.2　稀土镁合金中镁量的测定——EDTA 容量法

【适用范围】

本方法适用于稀土镁合金中镁量的测定。测定范围：10.00%~85.00%。

【方法原理】

试样以盐酸溶解，氨水分离稀土，在 pH ≈ 10 时，以铬黑 T 为指示剂，EDTA 标准滴定溶液滴定镁量。

【试剂与仪器】

（1）盐酸（ρ = 1.19g/cm^3，1+1）；

（2）氨水（ρ = 0.90g/cm^3，1+1）；

（3）氨水-氯化铵洗液（20g/L）：称取 2g 氯化铵溶于 100mL 水中，以氨水调至 pH ≈ 9~10；

（4）氯化铁溶液（2g/L）；

（5）氨性缓冲溶液：称取 67.5g 氯化铵溶于水中，加 570mL 氨水，以水稀释至 1L，混匀；

（6）铬黑 T 指示剂：称取 1g 铬黑 T 指示剂与 99g 氯化钠研磨，混匀烘干，保存于磨口瓶中；

（7）EDTA 标准溶液（$c \approx 0.030 \text{mol/L}$）。

【分析步骤】

准确称取 2.5g 试样于 300mL 烧杯中，加入 50mL 盐酸（1+1），加热至溶解完全，取下冷却至室温，移入 250mL 容量瓶中，以水稀释至刻度，混匀。

准确移取 10mL 于 300mL 烧杯中，加水至体积约 120mL，加 2g 氯化铵、2mL 氯化铁溶液（2g/L），加热至沸，以氨水（1+1）调至出现黄色沉淀，并过量 20mL，加热至沸，取下稍冷，以中速滤纸过滤于 300mL 烧杯中，氨水-氯化铵洗液（20g/L）洗涤烧杯 2~3 次、洗涤沉淀 5~7 次，弃去沉淀。加入 10mL 氨性缓冲溶液、少许铬黑 T 指示剂，以 EDTA 标准滴定溶液滴定至由酒红色变为纯蓝色即为终点，记下读数。

【分析结果计算】

按式（5-18）计算样品中镁的质量分数（%）：

$$w = \frac{VcV_0 \times 24.30}{mV_1} \times 100\% \tag{5-18}$$

式中，c 为 EDTA 标准滴定溶液的物质的量浓度，mol/L；V 为消耗 EDTA 标准滴定溶液的体积，mL；24.30 为镁的摩尔质量，g/mol；V_0 为试样总体积，mL；V_1 为试样移取体积，mL；m 为试样质量，g。

【注意事项】

（1）由于试样与盐酸反应剧烈，操作时要缓慢加入盐酸。

（2）镁量较高时，可两次氨水分离释放镁。

（3）氨水分离后的沉淀可用于测定稀土总量。

5.2.3 稀土镁合金中碳量的测定——高频-红外吸收法[8~10]

【适用范围】

本方法适用于稀土镁合金中碳量的测定。测定范围：0.010%~0.50%。

【方法提要】

试料在助熔剂存在下，于高频感应炉内，氧气氛中熔融燃烧，碳呈二氧化碳释出，以红外线吸收器测定。

【试剂与仪器】

（1）纯铁助熔剂；

（2）钨助熔剂；

（3）锡助熔剂；

（4）碳硫专用瓷坩埚：经1000℃灼烧2h，自然冷却后，置于干燥器中备用；

（5）高频-红外碳硫仪：功率1.0~2.5kW，检测器灵敏度0.1μg/g；

（6）氧气（≥99.5%）。

【分析步骤】

经空白校正及仪器校正标准曲线后，称取0.5g纯铁助熔剂于坩埚中，称取试样0.15~0.25g，再加入1.5g钨助熔剂、0.3g锡助熔剂。将坩埚置于高频炉坩埚支架上加热燃烧测定，由仪器显示试样中碳的分析结果。如仪器不能自动显示分析结果则按式（5-19）计算。

【分析结果计算】

按式（5-19）计算样品中碳的质量分数（%）：

$$w = w_2 - \alpha w_1 \tag{5-19}$$

式中，w_1为空白试验碳含量，%；w_2为测定后的碳含量，%；α为助熔剂量与实际称样量的比值。

【注意事项】

（1）按仪器工作条件测三次空白（坩埚+助熔剂），其相对标准偏差小于15%方可进行下一步。

（2）称取两个钢标样按仪器工作条件校正标准曲线。

（3）称取两份试样进行平行测定，如其测定值的相对误差不大于10%，取其平均值报结果。

（4）试样制成屑状或每克10块以上的小块，取样后立即分析。

5.2.4 稀土镁合金中铝、钙、铜、铁、镍、硅量的测定——电感耦合等离子体发射光谱法[11]

5.2.4.1 钆镁合金中铝、钙、铜、铁、镍、硅量的测定

【适用范围】

本方法适用于钆镁合金中铝、钙、铜、铁、镍和硅含量的测定，测定范围见表5-22。

表5-22 测定范围

元素	质量分数/%	元素	质量分数/%
铝	0.010~0.20	铁	0.0050~0.20
钙	0.0050~0.20	镍	0.0050~0.20
铜	0.0050~0.20	硅	0.010~0.20

【方法提要】

试样采用硝酸溶解后，在稀酸介质中，直接以氩等离子体激发进行光谱测定，采用基体匹配法校正基体影响。

【试剂与仪器】

(1) 硝酸（1+1）；

(2) 混合标准溶液：1mL 分别含有 100μg 铝、钙、铜、铁、镍和硅；

(3) 钆基体溶液：1mL 含有 25mg 钆；

(4) 镁基体溶液：1mL 含有 25mg 镁；

(5) 氩气（>99.99%）；

(6) 电感耦合等离子体发射光谱仪，倒线色散率不大于 0.26nm/mm。

【分析步骤】

准确称取试样 2.5g 于 200mL 烧杯中，加入 50mL 水，分次加入 30mL 硝酸（1+1），待剧烈反应后，加热溶解至清，煮沸以除尽氮氧化物。冷却至室温，将溶液移入 100mL 容量瓶中，用水稀释至刻度，混匀。

准确分取 10mL 溶液于 50mL 容量瓶中，加入 5mL 硝酸（1+1），以水稀释至刻度，混匀。

【标准曲线绘制】

分别移取 0、0.5、1.0、3.0、10.0mL 混合标准溶液于 5 个 100mL 容量瓶中，根据样品，按照表 5-23 加入不同的基体量，再加入 10mL 硝酸（1+1），以水稀释至刻度，混匀。此标准系列溶液中被测元素的浓度分别为 0、0.50、1.00、3.00、10.00μg/mL，基体浓度均为 5mg/mL。

表 5-23 基体质量浓度

不同基体比例/%		加入钆基体溶液量/mL	加入镁基体溶液量/mL	钆基体浓度/mg·mL⁻¹	镁基体浓度/mg·mL⁻¹	总基体浓度/mg·mL⁻¹
钆	镁					
85±2	余量	17.00	3.00	4.25	0.75	5.00
75±2	余量	15.00	5.00	3.75	1.25	5.00
30±2	余量	6.00	14.00	1.50	3.50	5.00
25±2	余量	5.00	15.00	1.25	3.75	5.00
20±2	余量	4.00	16.00	1.00	4.00	5.00

将标准溶液与试样液一起于表 5-24 所示分析波长处，用氩等离子体激发进行光谱测定。

表 5-24   测定元素波长

元素	分析线/nm	元素	分析线/nm
铝	394.401，167.019，237.312	铁	259.940，239.562
钙	393.366，317.933	镍	231.604，221.647
铜	324.754，224.700	硅	212.412，251.612

【分析结果计算】

按式（5-20）计算待测元素的质量分数（%）：

$$w = \frac{(\rho - \rho_0)V_0 V_2 \times 10^{-6}}{m V_1} \times 100\% \tag{5-20}$$

式中，ρ 为分析试液中待测元素的质量浓度，$\mu g/mL$；ρ_0 为空白试液中待测元素的质量浓度，$\mu g/mL$；V_1 为分取试液体积，mL；V_0 为试液总体积，mL；V_2 为测定试液体积，mL；m 为试料的质量，g。

5.2.4.2   镧镁合金中铝、钙、铜、铁、镍、硅量的测定

【适用范围】

本方法适用于镧镁合金中铝、钙、铜、铁、镍和硅量的测定。测定范围：0.0050%~0.50%。

【方法提要】

试料用硝酸溶解后，进行氩等离子体光谱法测定，采用基体匹配法校正基体影响。

【试剂与仪器】

（1）硝酸（1+1）；

（2）混合标准溶液：1mL 分别含有 100μg 铝、钙、铜、铁、镍和硅；

（3）镧基体溶液：1mL 含有 25mg 镧；

（4）镁基体溶液：1mL 含有 25mg 镁；

（5）氩气（>99.99%）；

（6）电感耦合等离子体发射光谱仪，倒线色散率不大于 0.26nm/mm。

【分析步骤】

准确称取 1.0g 试样于 200mL 烧杯中，加入 50mL 水，分次加入 25mL 硝酸（1+1），待剧烈反应后，加热至溶解完全，冷却后移入 200mL 容量瓶中，用水稀释至刻度，混匀待测。

【标准曲线绘制】

分别移取 0、0.5、1.0、3.0、10.0、25.0mL 混合标准溶液于 6 个 100mL 容量瓶中，加入 5.0mL 镧基体溶液和 15.0mL 镁基体溶液，以水稀释至刻度，混匀。此系列标准溶液中被测元素的浓度分别为 0、0.5、1.0、3.0、10.0、25.0μg/mL。

将标准溶液与试样液一起于表 5-25 所示分析波长处，用氩等离子体激发进行光谱测定。

表 5-25　测定元素波长

元素	分析线/nm	元素	分析线/nm
铝	167.019，237.312	铁	238.204，234.350
钙	396.847，393.366	镍	216.555，231.604
铜	327.395，324.754	硅	251.432，212.412

【分析结果计算】

按式（5-21）计算待测元素的质量分数（%）：

$$w = \frac{(\rho - \rho_0)V \times 10^{-6}}{m} \times 100\% \qquad (5\text{-}21)$$

式中，ρ 为分析试液中待测元素的质量浓度，μg/mL；ρ_0 为空白溶液中待测元素的质量浓度，μg/mL；V 为分析试液体积，mL；m 为试料的质量，g。

【注意事项】

样品不均匀时，应称取 5g 大样，移取后进行测定。

5.2.4.3　钕镁合金中铝、铜、铁、镍、硅量的测定[12]

【适用范围】

本方法适用于钕镁合金中铝、铜、铁、镍和硅量的测定。测定范围：铝、铜、铁、镍 0.0050%~0.20%、硅 0.010%~0.20%。

【方法提要】

试料用硝酸溶解后，进行氩等离子体光谱法测定，采用准基体匹配法校正基体影响。

【试剂与仪器】

（1）硝酸（1+1）；

（2）混合标准溶液：1mL 分别含有 100μg 铝、铜、铁、镍和硅；

（3）钕基体溶液：1mL 含有 25mg 钕；

（4）镁基体溶液：1mL 含有 25mg 镁；

（5）氩气（>99.99%）；

（6）电感耦合等离子体发射光谱仪，倒线色散率不大于 0.26nm/mm。

【分析步骤】

准确称取试样 5.0g 于 400mL 烧杯中，加入 50mL 水，分次加入 30mL 硝酸（1+1），待剧烈反应后，加热溶解至清，煮沸以除尽氮氧化物。冷却至室温，将溶液移入 100mL 容量瓶中，用水稀释至刻度，混匀。

准确分取 10mL 溶液于 100mL 容量瓶中，加入 10mL 硝酸（1+1），以水稀释至刻度，混匀。

【标准曲线绘制】

　　根据钕镁合金产品牌号不同，配制不同基体系列标准溶液。分别移取 0、0.5、1.0、3.0、5.0、10.0mL 混合标准溶液于 6 个 100mL 容量瓶中，根据样品，按照表 5-26 加入不同的基体量，再加入 10mL 硝酸（1+1），以水稀释至刻度，混匀。此标准系列溶液中被测元素的浓度分别为 0、0.5、1.0、3.0、5.0、10.0μg/mL，总基体浓度均为 5mg/mL。

表 5-26　基体质量浓度

不同基体比例/%		加入钕基体溶液量/mL	加入镁基体溶液量/mL	钕基体浓度/mg·mL^{-1}	镁基体浓度/mg·mL^{-1}	总基体浓度/mg·mL^{-1}
钕	镁					
35±2	余量	7.0	13.0	1.75	3.25	5.00
30±2	余量	6.0	14.0	1.50	3.50	5.00
25±2	余量	5.0	15.0	1.25	3.75	5.00

　　将标准溶液与试样液一起于表 5-27 所示分析波长处，用氩等离子体激发进行光谱测定。

表 5-27　测定元素波长

元素	分析线/nm	元素	分析线/nm
铝	167.079，237.313，257.509	镍	216.555，221.647，231.604
铜	213.598，324.754，327.396	硅	212.412，251.612，288.158
铁	234.350，240.488，259.940		

【分析结果计算】

　　按式（5-22）计算待测元素的质量分数（%）：

$$w = \frac{(\rho - \rho_0)V_0V_2 \times 10^{-6}}{mV_1} \times 100\% \qquad (5\text{-}22)$$

式中，ρ 为分析试液中待测元素的质量浓度，μg/mL；ρ_0 为空白试液中待测元素的质量浓度，μg/mL；V_1 为分取试液体积，mL；V_0 为试液总体积，mL；V_2 为分析试液总体积，mL；m 为试料的质量，g。

5.2.5　稀土镁合金中氟量的测定——水蒸气蒸馏分光光度法

【适用范围】

　　本方法适用于稀土镁合金中氟量的测定。测定范围：0.010%~0.50%。

【方法提要】

试样中的氟经水汽蒸馏伴随高氯酸烟挥发，与其他元素分离，冷凝回收富集。以酚酞为指示剂，用氢氧化钠、盐酸调节馏分至无色，以丙酮为稳定剂、茜素氨羧络合腙（$C_{19}H_{15}NO_8$）为显色剂，水浴保温，在波长 630nm 处测其吸光度，标准曲线上查找氟量，计算试样中氟的质量分数。

【试剂与仪器】

（1）乙酸钠；

（2）高氯酸（优级纯，$\rho=1.67g/cm^3$）；

（3）氢氧化钠溶液（优级纯，饱和，25%）；

（4）盐酸（优级纯，1+1，5+95）；

（5）乙酸；

（6）氨水（优级纯，1+1）；

（7）丙酮；

（8）氯化镧溶液：称取 3.2589g 氧化镧（4N）于 250mL 烧杯中，加少量水，滴加盐酸（1+1）至氧化镧刚好溶解，将溶液移入 500mL 容量瓶中，用水稀释至刻度，混匀，溶液浓度为 0.04mol/L；

（9）乙酸-乙酸钠缓冲溶液：称取 120g 乙酸钠（优级纯）于 250mL 烧杯中，用适量水将其溶解，将溶液移入 2500mL 容量瓶中，加入 30mL 乙酸，用水稀释至刻度，混匀，溶液 pH≈5.3；

（10）茜素氨羧络合腙显色剂：称取 0.0482g 茜素氨羧络合腙于 250mL 烧杯中，加入 1mL 氨水将其溶解，依次加入 125mL 丙酮、6.25mL 氯化镧溶液和 50mL 乙酸-乙酸钠缓冲溶液，移入 250mL 容量瓶中，用水稀释至刻度，混匀；

（11）氟标准溶液：100μg/mL，保存于塑料瓶中；

（12）酚酞指示剂：10g/L，1g 酚酞溶于 100mL 乙醇（3+2）中。

【分析步骤】

准确称取试样 1.0g 于三口瓶中，依据图 2-1 组装蒸馏分离装置，打开冷凝水，分液漏斗滴加 25mL 高氯酸于三口瓶中，用橡皮塞塞紧瓶口，将蒸馏瓶与蒸汽瓶连接，接通冷却水，加热蒸馏，用 250mL 烧杯盛接蒸馏液。保持蒸馏温度维持在 130~140℃，控制馏出液速度 3~4mL/min，蒸馏 40min。

加 2~3 滴酚酞指示剂，用氢氧化钠溶液（饱和，25%）及盐酸调至红色，再用 HCl（1+1）调至恰好无色，定容于 250mL 容量瓶。

按表 5-28 移取适量蒸馏液于 25mL 比色管中，依次加入 5mL 茜素络合腙指示剂、6mL 丙酮摇匀后，40℃ 水浴保温 50min，用 2cm 比色皿，于波长 630nm 处测定。

表 5-28   分取体积

氟质量分数/%	0.010~0.030	>0.030~0.060	>0.060~0.15	>0.15~0.50
移取液体积/mL	10.0	5.0	2.0	10.0/200×10.0

【标准曲线绘制】

准确移取 0、1.00、3.00、5.00、6.00mL 氟标准溶液于盛有 25mL 高氯酸的蒸馏瓶中，按实验方法进行蒸馏。馏分经调节酸度后移入 250mL 容量瓶中，用水稀释至刻度，混匀。

分取 5.0mL 上述溶液于 25mL 比色管中（显色体系中氟量依次为 0、2.00、6.00、10.00、12.00μg），按照分析步骤显色，测其吸光度，试剂空白为参比，以吸光度为纵坐标、氟量为横坐标，绘制标准曲线。

【分析结果计算】

按式（5-23）计算试样中氟的质量分数（%）：

$$w = \frac{\rho V_0 \times 10^{-6}}{mV} \times 100\% \tag{5-23}$$

式中，ρ 为标准曲线中查得氟元素的质量浓度，μg/mL；V 为分取试液体积，mL；V_0 为试液总体积，mL；m 为试料的质量，g。

【注意事项】

如果试样不均匀，可增加称样量。

5.2.6 稀土镁合金中稀土杂质量的测定

5.2.6.1 钆镁合金中稀土杂质的测定

A   钆镁合金中稀土杂质的测定——电感耦合等离子体发射光谱法

【适用范围】

本方法适用于钆镁合金中稀土杂质的测定。测定范围：镧、铈、镨、钕、钐、铕、镝、钬、铒、铥、钇 0.010%~0.50%，镱、镥 0.0020%~0.50%。

【方法提要】

试样以盐酸溶解，在稀盐酸介质中，以基体匹配法校正基体对测定的影响，直接以氩等离子体光源激发，进行光谱测定。

【试剂与仪器】

(1) 盐酸（1+1，1+19）；

(2) 过氧化氢（30%）；

（3）钆基体溶液：1mL 含 20mg 钆；

（4）镁基体溶液：1mL 含 20mg 镁；

（5）镧、铈、镨、钕、钐、铕、铽、镝、钬、铒、铥、镱、镥、钇：100μg/mL；

（6）电感耦合等离子体发射光谱仪：倒线色散率不大于 0.26nm/mm；

（7）氩气（>99.99%）。

【分析步骤】

准确称取 2.0g 试样置于 250mL 烧杯中，加 40mL 盐酸（1+1）、几滴过氧化氢，低温加热至溶解完全，冷却至室温，移入 100mL 容量瓶中，用水稀释至刻度，混匀。

移取 10mL 试液于 100mL 容量瓶中，用盐酸（1+19）稀释至刻度，混匀。

【标准曲线绘制】

将各稀土元素标准溶液按表 5-29 所示浓度分别移入 15 个 100mL 容量瓶中，用盐酸（1+19）稀释至刻度，混匀，制得标准系列溶液，待用。

表 5-29　标准溶液质量浓度

标液编号	质量浓度/μg·mL^{-1}							
	Gd	Mg	La	Ce	Pr	Nd	Sm	Eu
1	400	1600	0.00	0.00	0.00	0.00	0.00	0.00
2	400	1600	1.00	1.00	1.00	1.00	1.00	1.00
3	400	1600	2.00	2.00	2.00	2.00	2.00	2.00
4	400	1600	5.00	5.00	5.00	5.00	5.00	5.00
5	400	1600	10.00	10.00	10.00	10.00	10.00	10.00
6	1000	1000	0.00	0.00	0.00	0.00	0.00	0.00
7	1000	1000	1.00	1.00	1.00	1.00	1.00	1.00
8	1000	1000	2.00	2.00	2.00	2.00	2.00	2.00
9	1000	1000	5.00	5.00	5.00	5.00	5.00	5.00
10	1000	1000	10.00	10.00	10.00	10.00	10.00	10.00
11	1600	400	0.00	0.00	0.00	0.00	0.00	0.00
12	1600	400	1.00	1.00	1.00	1.00	1.00	1.00
13	1600	400	2.00	2.00	2.00	2.00	2.00	2.00
14	1600	400	5.00	5.00	5.00	5.00	5.00	5.00
15	1600	400	10.00	10.00	10.00	10.00	10.00	10.00

续表 5-29

标液编号	质量浓度/μg·mL⁻¹							
	Tb	Dy	Ho	Er	Tm	Yb	Lu	Y
1	0.00	0.00	0.00	0.00	0.00	0.00	0.00	0.00
2	1.00	1.00	1.00	1.00	1.00	1.00	1.00	1.00
3	2.00	2.00	2.00	2.00	2.00	2.00	2.00	2.00
4	5.00	5.00	5.00	5.00	5.00	5.00	5.00	5.00
5	10.00	10.00	10.00	10.00	10.00	10.00	10.00	10.00
6	0.00	0.00	0.00	0.00	0.00	0.00	0.00	0.00
7	1.00	1.00	1.00	1.00	1.00	1.00	1.00	1.00
8	2.00	2.00	2.00	2.00	2.00	2.00	2.00	2.00
9	5.00	5.00	5.00	5.00	5.00	5.00	5.00	5.00
10	10.00	10.00	10.00	10.00	10.00	10.00	10.00	10.00
11	0.00	0.00	0.00	0.00	0.00	0.00	0.00	0.00
12	1.00	1.00	1.00	1.00	1.00	1.00	1.00	1.00
13	2.00	2.00	2.00	2.00	2.00	2.00	2.00	2.00
14	5.00	5.00	5.00	5.00	5.00	5.00	5.00	5.00
15	10.00	10.00	10.00	10.00	10.00	10.00	10.00	10.00

将标准溶液与试样液一起于表 5-30 所示分析波长处，进行氩等离子体光谱测定。

表 5-30　测定元素波长

元素	分析线/nm	元素	分析线/nm
La	333.749, 408.671	Dy	353.170
Ce	418.660, 413.380	Ho	345.600
Pr	414.311, 417.942, 422.533	Er	337.271
Nd	401.225	Tm	313.126
Sm	442.434, 359.262	Yb	289.138, 328.937
Eu	381.965	Lu	261.542
Tb	384.875, 332.440, 367.635	Y	371.029

【分析结果计算】

按式（5-24）计算试样中稀土元素的质量分数（%）：

$$w = \frac{(\rho - \rho_0)V_2V_0 \times 10^{-6}}{mV_1} \times 100\% \qquad (5-24)$$

式中，ρ 为被测稀土元素的质量浓度，$\mu g/mL$；ρ_0 为空白试验被测稀土元素的质量浓度，$\mu g/mL$；V_1 为分取试液体积，mL；V_2 为分析试液体积，mL；V_0 为试液总体积，mL；m 为试料的质量，g。

【注意事项】

稀土杂质元素也可以只测定 5 元素：钐、铕、铽、镝、钇。

B 钇镁合金中稀土杂质的测定——电感耦合等离子体质谱法

【适用范围】

本方法适用于钇镁合金中稀土杂质的测定。测定范围：镧、铈、镨、钕、钐、铕、铽、镝、钬、铒、铥、钇 0.0010%～0.050%。

【方法提要】

试样以硝酸溶解，过氧化氢助溶，以铯为内标在等离子体质谱仪上测定。

【试剂与仪器】

(1) 硝酸（优级纯，1+1）；

(2) 盐酸（优级纯）；

(3) 过氧化氢（30%，优级纯）；

(4) 混合稀土标准溶液：各稀土元素浓度为 $1\mu g/mL$；

(5) 铯内标溶液：移取 1mL 铯于 1000mL 容量瓶中，加 10mL 硝酸，以水稀释至刻度，混匀，此溶液 1mL 含铯 $1.0\mu g$；

(6) 电感耦合等离子体质谱仪：质量分辨率 （0.7±0.1）amu。

【分析步骤】

准确称取试样 2.5g 于 50mL 烧杯中，加 20mL 硝酸（1+1），加热溶清（不清时，可加 1 滴过氧化氢），冷却，转移至 250mL 容量瓶中并以水稀释至刻度，混匀。

按表 5-31 移取溶液于容量瓶中，加入铯内标溶液，使其浓度为 10ng/mL，补加硝酸（1+1），使其酸度为 1%（体积分数），以水稀释至刻度，混匀待测。

表 5-31 移取量及定容体积

稀土杂质元素含量范围/%	移取量/mL	定容体积/mL
0.0010～0.010	5	100
>0.010～0.050	2	200

【标准曲线绘制】

准确移取适量混合稀土标准溶液和铯内标溶液，配制成系列标准溶液，加入适量硝酸使溶液酸度保持在 1%，该系列标准溶液浓度见表 5-32。

表 5-32 标准溶液质量浓度

标准系列名称	标 1	标 2	标 3	标 4	标 5	标 6
混合稀土浓度/ng·mL^{-1}	0.0	5.0	10.0	20.0	50.0	100.0
铯内标浓度/ng·mL^{-1}	10.0	10.0	10.0	10.0	10.0	10.0

【分析结果计算】

按式（5-25）计算试样中待测元素的质量分数（%）：

$$w = \frac{(\rho - \rho_0)VV_1}{m_0 V_2 \times 10^9} \times 100\% \qquad (5-25)$$

式中，ρ 为试液中待测稀土元素的质量浓度，ng/mL；ρ_0 为空白溶液中待测稀土元素的质量浓度，ng/mL；V 为试液总体积，mL；V_1 为试液测定的体积，mL；V_2 为试液移取的体积，mL；m_0 为试料的质量，g。

【注意事项】

（1）测定 Tb 时，Gd 对 Tb 有峰前和峰后干扰，测定时，用 Gd 标准溶液配制成测定试样时的浓度，在质量数 159 处测量引起的干扰量，从而计算 Gd 对 Tb 的干扰量。

（2）测定镱及镥元素时，请参照国家标准 GB/T 18115.7 分离钆基体后再测定。

5.2.6.2 镧镁合金中稀土杂质的测定

A 镧镁合金中稀土杂质的测定——电感耦合等离子体发射光谱法

【适用范围】

本方法适用于镧镁合金中稀土杂质的测定。测定范围：铈、镨、钕、钐、铕、钆、铽、镝、钬、铒、铥、镱、镥、钇 0.010%~0.25%。

【方法提要】

试样以盐酸溶解，在稀盐酸介质中，以基体匹配法校正基体对测定的影响，直接以氩等离子体光源激发，进行光谱测定。

【试剂与仪器】

（1）过氧化氢（30%）；

（2）盐酸（1+1，1+19）；

（3）混合稀土标准溶液：1mL 分别含 50μg 铈、镨、钕、钐、铕、钆、铽、镝、钬、铒、铥、镱、镥、钇；

（4）镧基体标准溶液：1mL 含 20mg 镧；

（5）镁基体标准溶液：1mL 含 20mg 镁；

（6）电感耦合等离子体发射光谱仪，倒线色散率不大于 0.26nm/mm；

（7）氩气（>99.99%）。

【分析步骤】

准确称取试样 2.0g 于 200mL 烧杯中，加 40mL 盐酸（1+1），滴加过氧化氢，低温加热至溶解完全，冷却至室温，移入 100mL 容量瓶中以水稀释至刻度，混匀。

移取 10.0mL 于 100mL 容量瓶中，以盐酸（1+19）稀释至刻度，混匀。

【标准曲线绘制】

将基体标准溶液及混合稀土标准溶液分别移取不同体积于 5 个 100mL 容量瓶中，以盐酸（1+19）稀释至刻度，混匀，制得系列标准溶液，各元素质量浓度见表 5-33。

表 5-33　标准溶液质量浓度

标液编号	质量浓度/$\mu g \cdot mL^{-1}$							
	La	Mg	Ce	Pr	Nd	Sm	Eu	Gd
1	400	1600	0.00	0.00	0.00	0.00	0.00	0.00
2	400	1600	0.50	0.50	0.50	0.50	0.50	0.50
3	400	1600	1.00	1.00	1.00	1.00	1.00	1.00
4	400	1600	2.00	2.00	2.00	2.00	2.00	2.00
5	400	1600	5.00	5.00	5.00	5.00	5.00	5.00

标液编号	质量浓度/$\mu g \cdot mL^{-1}$							
	Tb	Dy	Ho	Er	Tm	Yb	Lu	Y
1	0.00	0.00	0.00	0.00	0.00	0.00	0.00	0.00
2	0.50	0.50	0.50	0.50	0.50	0.50	0.50	0.50
3	1.00	1.00	1.00	1.00	1.00	1.00	1.00	1.00
4	2.00	2.00	2.00	2.00	2.00	2.00	2.00	2.00
5	5.00	5.00	5.00	5.00	5.00	5.00	5.00	5.00

将分析试液与标准溶液一起于表 5-34 所示波长处，同时进行氩等离子体光谱测定。

表 5-34　测定元素波长

元素	分析线/nm	元素	分析线/nm
Ce	413.380，413.764	Dy	353.170
Pr	417.942，390.844	Ho	345.600
Nd	401.225，430.358	Er	337.271
Sm	446.734，359.260	Tm	313.126
Eu	381.965	Yb	328.937
Gd	354.936，342.247	Lu	261.542
Tb	350.917	Y	371.029

【分析结果计算】

按式（5-26）计算稀土元素的质量分数（%）：

$$w = \frac{(\rho - \rho_0)V_0V_2 \times 10^{-6}}{mV_1} \times 100\% \qquad (5-26)$$

式中，ρ 为被测稀土元素的质量浓度，$\mu g/mL$；ρ_0 为空白溶液中被测稀土元素的质量浓度，$\mu g/mL$；V_0 为试液总体积，mL；V_1 为分取试液体积，mL；V_2 为分析试液体积，mL；m 为试料的质量，g。

【注意事项】

稀土杂质元素也可以只测定5元素：铈、镨、钕、钐、钇。

B　镧镁合金中稀土杂质的测定——电感耦合等离子体质谱法

【适用范围】

本方法适用于镧镁合金中稀土杂质的测定。测定范围：铈、镨、钕、钐、铕、钆、铽、镝、钬、铒、铥、镱、镥、钇 0.0010%～0.10%。

【方法提要】

试样以硝酸溶解，过氧化氢助溶，以铯为内标在等离子质谱仪上测定。

【试剂与仪器】

（1）过氧化氢（优级纯，30%）；

（2）硝酸（优级纯，1+1）；

（3）混合稀土标准溶液：1mL 分别含 1μg 铈、镨、钕、钐、铕、钆、铽、镝、钬、铒、铥、镱、镥、钇，1%硝酸介质；

（4）铯内标溶液：1mL 分别含 1μg 铯，1%硝酸介质；

（5）电感耦合等离子体质谱仪：质量分辨率（0.7±0.1）amu。

（6）氩气（>99.99%）。

【分析步骤】

准确称取 0.2g 试样于 50mL 烧杯中，加入 4mL 硝酸（1+1），加热至溶解完全（不清时，可加入 1 滴过氧化氢），冷却至室温后移入 100mL 容量瓶中，以水稀释至刻度，混匀。

按表 5-35 移取试液于 100mL 容量瓶中，加入 1.0mL 铯内标溶液，补加 2mL 硝酸（1+1），以水稀释至刻度，混匀。

表 5-35　移取体积

稀土元素质量分数/%	总体积/mL	移取体积/mL	定容体积/mL
0.0010～0.020	100	5.0	100
>0.020～0.10	100	2.0	100

【标准曲线绘制】

按表 5-36 移取适量混合稀土标准溶液和铯内标溶液，配制成标准系列溶液，加入适量硝酸使溶液酸度保持在 1%，该标准系列溶液浓度见表 5-36。

表 5-36　标准溶液质量浓度

标准系列名称	混合稀土浓度/ng·mL^{-1}	铯内标浓度/ng·mL^{-1}
标 1	0.0	10.0
标 2	5.0	10.0
标 3	10.0	10.0
标 4	20.0	10.0
标 5	50.0	10.0

将分析试液及系列标准溶液同时进行氩等离子体质谱测定，推荐测定同位素见表 5-37。

表 5-37　测定元素质量数

元素	质量数	元素	质量数
Ce	140，142	Ho	165
Pr	141	Er	166
Nd	146	Tm	169
Sm	147	Yb	174
Eu	151	Lu	176
Gd	160	Y	89
Tb	159	Cs	133
Dy	161		

【分析结果计算】

按式（5-27）计算稀土元素的质量分数（%）：

$$w = \frac{(\rho_1 - \rho_0)VV_1 \times 10^{-9}}{mV_2} \times 100\% \qquad (5\text{-}27)$$

式中，ρ_0 为空白溶液待测稀土元素的质量浓度，ng/mL；ρ_1 为试液中待测稀土元素的质量浓度，ng/mL；V 为试液总体积，mL；V_1 为测定试液体积，mL；V_2 为分取试液体积，mL；m 为试料的质量，g。

【注意事项】

样品不均匀需称取大样分取后测定。

5.2.6.3   钕镁合金中稀土杂质的测定——电感耦合等离子体发射光谱法

【适用范围】

本方法适用于钕镁合金中稀土杂质的测定。测定范围见表 5-38。

表 5-38   测定范围

元素	质量分数/%	元素	质量分数/%
镧	0.0050~0.50	镝	0.010~0.50
铈	0.0050~0.50	钬	0.010~0.50
镨	0.0050~0.50	铒	0.010~0.50
钐	0.0050~0.50	铥	0.0050~0.50
铕	0.0050~0.50	镱	0.0050~0.50
钆	0.010~0.50	镥	0.0050~0.50
铽	0.010~0.50	钇	0.010~0.50

【方法提要】

试样以盐酸溶解，在稀盐酸介质中，以基体匹配法校正基体对测定的影响，直接以氩等离子体光源激发，进行光谱测定。

【试剂与仪器】

（1）过氧化氢（30%）；

（2）盐酸（1+1，1+19）；

（3）混合稀土标准溶液：1mL 分别含 100μg 镧、铈、镨、钐、铕、钆、铽、镝、钬、铒、铥、镱、镥、钇；

（4）钕基体标准溶液：1mL 含 25mg 钕；

（5）镁基体标准溶液：1mL 含 25mg 镁；

（6）电感耦合等离子体发射光谱仪，倒线色散率不大于 0.26nm/mm；

（7）氩气（>99.99%）。

【分析步骤】

准确称取试样 2.5g 于 200mL 烧杯中，缓慢加入 40mL 盐酸（1+1），低温加热至溶解完全，冷却至室温，移入 100mL 容量瓶中以水稀释至刻度，混匀。

准确移取 10mL 于 100mL 容量瓶中，以盐酸（1+19）稀释至刻度，混匀。

【标准曲线绘制】

根据产品牌号不同，配制不同基体的标准溶液，标准溶液浓度见表 5-39。

表 5-39 基体质量浓度

钕镁合金成分/%		Nd		Mg	
Nd	Mg	浓度 /mg·mL^{-1}	钕基体溶液 体积/mL	浓度 /mg·mL^{-1}	钕基体溶液 体积/mL
35±2	余量	0.875	3.5	1.625	6.5
30±2	余量	0.75	3.0	1.75	7.0
25±2	余量	0.625	2.5	1.875	7.5

分别移取 0、0.5、1.0、3.0、5.0、10.0mL 混合稀土标准溶液于 6 个 100mL 容量瓶中，根据产品牌号加入不同的基体溶液，以盐酸（1+19）稀释至刻度，混匀。此系列标准溶液浓度分别为 0、0.5、1.0、3.0、5.0、10.0μg/mL。

将分析试液与标准溶液于表 5-40 所示波长处，同时进行氩等离子体光谱测定。

表 5-40 测定元素波长

元素	分析线/nm	元素	分析线/nm
La	408.671，412.322	Dy	340.780，364.540
Ce	413.380，413.765	Ho	341.646，379.675
Pr	417.939，422.535	Er	369.265，389.623
Sm	356.827，442.434	Tm	313.126，346.220
Eu	412.970，420.505	Yb	289.138，369.419
Gd	342.247，376.879	Lu	261.542，307.760
Tb	332.440，384.873	Y	324.228，371.030

【分析结果计算】

按式（5-28）计算稀土元素的质量分数（%）：

$$w = \frac{(\rho - \rho_0)V_0V_2 \times 10^{-6}}{mV_1} \times 100\% \qquad (5-28)$$

式中，ρ 为被测稀土元素的质量浓度，μg/mL；ρ_0 为空白溶液中被测稀土元素的质量浓度，μg/mL；V_0 为试液总体积，mL；V_1 为分取试液体积，mL；V_2 为分析试液体积，mL；m 为试料的质量，g。

【注意事项】

稀土杂质元素也可以只测定 5 元素：镧、铈、镨、钕、钇。

5.3　稀土硅铁及镁硅铁合金

5.3.1　稀土总量的测定

5.3.1.1　EDTA 容量法

【适用范围】

本方法适用于稀土硅铁合金及镁硅铁合金中稀土总量的测定。测定范围：2.0%~42.0%。

【方法提要】

试样以硝酸-氢氟酸溶解，以氟化物形式将稀土和钍沉淀，与铁分离，硝酸、高氯酸破坏滤纸，盐酸提取，调节 pH = 5.5，以六次甲基四胺沉淀钍，抗坏血酸还原铈（Ⅳ）、铁（Ⅲ），乙酰丙酮掩蔽钛、铝等元素，以二甲酚橙为指示剂，EDTA 标准滴定溶液滴定稀土。

【试剂与仪器】

(1) 抗坏血酸；

(2) 硝酸（$\rho = 1.42 \text{g/cm}^3$）；

(3) 氢氟酸（$\rho = 1.15 \text{g/cm}^3$）；

(4) 高氯酸（$\rho = 1.67 \text{g/cm}^3$）；

(5) 过氧化氢（30%）；

(6) 盐酸（$\rho = 1.19 \text{g/cm}^3$，1+1）；

(7) 氨水（$\rho = 0.70 \text{g/cm}^3$，1+1）；

(8) 混酸洗液：100mL 溶液中含硝酸和氢氟酸各 5mL；

(9) 六次甲基四胺溶液（200g/L）；

(10) 乙酰丙酮溶液（1+19）；

(11) 溴甲酚绿指示剂溶液（2g/L）：0.2g 溴甲酚绿指示剂溶解于 5.8mL 氢氧化钠溶液（0.05mol/L）中，以水稀释至 100mL，混匀；

(12) 二甲酚橙指示剂溶液（2g/L）；

(13) 乙二胺四乙酸二钠（EDTA）标准溶液（$c \approx 0.015 \text{mol/L}$）。

【分析步骤】

准确称取试样 0.1g 于 250mL 聚四氟乙烯烧杯中，加入 10mL 硝酸、5mL 氢氟酸、1mL 过氧化氢，使试样溶解完全后，加水使总体积约为 50mL，充分搅拌 1min，静置 15min，以慢速滤纸包角过滤，以混酸洗液洗涤烧杯 2~3 次、洗涤沉淀 7~8 次。

将沉淀连同滤纸移入 300mL 烧杯中，加入 15mL 硝酸、5mL 高氯酸，置于电炉上加热破坏滤纸并溶解沉淀，蒸发至冒高氯酸烟，并浓缩至近干，取下冷却，加 2mL 盐酸（1+1）、30mL 水，加热煮沸，取下冷却。

加入 2 滴溴甲酚绿指示剂，以六次甲基四胺溶液调溶液由黄色变为微绿色并过量 1~2 滴，加热煮沸 1~2min，使溶液由绿色变微蓝色，流水冷却至室温，加入 0.5g 抗坏血酸，摇匀，加 10mL 乙酰丙酮溶液、5mL 六次甲基四胺溶液，混匀，滴入 1 滴二甲酚橙指示剂溶液，以 EDTA 标准滴定溶液（ $c \approx 0.015 \text{mol/L}$ ）滴定至溶液由紫红色变为亮黄色。

【分析结果计算】

按式（5-29）计算稀土总量的质量分数（%）：

$$w = \frac{cVM}{m \times 1000} \times 100\% \tag{5-29}$$

式中， c 为 EDTA 标准滴定溶液的物质的量浓度，mol/L； V 为消耗 EDTA 标准滴定溶液的体积，mL； m 为试样的质量，g； M 为试样中稀土元素相对比例相一致的混合稀土金属的摩尔质量，g/mol，按下式计算：

$$M = \sum P_i k_i$$

P_i 为各稀土金属元素在试样所含相应混合稀土金属总量中所占的质量分数，%； k_i 为各稀土金属的摩尔质量，g/mol。

【注意事项】

（1）合金试样溶解完全后，形成的氟化稀土胶状沉淀易穿滤，过滤时滤纸要包角。

（2）洗涤沉淀时，要将铁离子充分洗去，否则影响判断滴定终点，导致结果偏高。

5.3.1.2　电感耦合等离子体发射光谱法[13]

【适用范围】

本方法适用于稀土硅铁合金及镁硅铁合金中稀土总量的测定。测定范围：0.50%~6.00%。

【方法提要】

试样以硝酸和氢氟酸分解，高氯酸冒烟驱氟，在稀酸介质中，直接以氩电感耦合等离子体激发进行光谱测定，从标准曲线中求得其稀土总量。

【试剂与仪器】

（1）硝酸（ $\rho = 1.42 \text{g/cm}^3$ ）；

（2）氢氟酸（ $\rho = 1.15 \text{g/cm}^3$ ）；

（3）高氯酸（ $\rho = 1.67 \text{g/cm}^3$ ）；

（4）盐酸（ $\rho = 1.19 \text{g/cm}^3$ ，1+1）；

（5）过氧化氢（30%）；

（6）镧、铈、镨、钕、钐、铕、钆、铽、镝、钬、铒、铥、镱、镥和钇标准溶液：1mL 含 100μg 各稀土元素（5%盐酸或硝酸介质）；

（7）氩气（>99.99%）；

（8）电感耦合等离子体发射光谱仪，倒线色散率不大于0.26nm/mm。

【分析步骤】

准确称取0.2g试样于100mL聚四氟乙烯烧杯中，加入5mL硝酸，缓慢滴加3~5mL氢氟酸，加热至分解完全，加入5mL高氯酸，加热冒烟至尽干，稍冷，加入10mL盐酸（1+1）、2滴过氧化氢（30%），加热溶解盐类，冷却至室温，移入50mL容量瓶中，以水稀释至刻度，混匀待测。

【标准曲线绘制】

先配制混合标准溶液，质量浓度见表5-41。

表 5-41　混合标准溶液质量浓度

元素	质量浓度/$\mu g \cdot mL^{-1}$	元素	质量浓度/$\mu g \cdot mL^{-1}$
La	25.00	Dy	1.00
Ce	50.00	Ho	1.00
Pr	5.00	Er	1.00
Nd	15.00	Tm	0.50
Sm	1.00	YB	0.50
Eu	0.50	Lu	0.50
Gd	1.00	Y	1.00
Tb	2.00		

准确移取0、5.0、25.0mL混合标准溶液于一组50mL容量瓶中，加入2mL盐酸（1+1），以水稀释至刻度，混匀，标准溶液质量浓度见表5-42。

表 5-42　标准溶液质量浓度

标液编号	质量浓度/$\mu g \cdot mL^{-1}$							
	La	Ce	Pr	Nd	Sm	Eu	Gd	Tb
1	0	0	0	0	0	0	0	0
2	2.50	5.00	0.50	1.50	0.10	0.050	0.10	0.20
3	12.50	25.00	2.50	7.50	0.50	0.25	0.50	1.00

标液编号	质量浓度/$\mu g \cdot mL^{-1}$						
	Dy	Ho	Er	Tm	Yb	Lu	Y
1	0	0	0	0	0	0	0
2	0.10	0.10	0.10	0.050	0.050	0.050	0.10
3	0.50	0.50	0.50	0.25	0.25	0.25	0.50

将标准溶液与试样液一起于表5-43所示分析波长处，进行氩等离子体光谱测定。

表 5-43   测定元素波长

元素	分析线/nm	元素	分析线/nm
La	408.671，398.852	Dy	349.468
Ce	380.153，446.021	Ho	345.600
Pr	417.939，422.532	Er	369.262
Nd	378.425，397.326	Tm	313.125
Sm	360.949，359.259	Yb	369.419
Eu	412.972	Lu	291.139
Gd	418.426	Y	377.433
Tb	350.914		

【分析结果计算】

按式（5-30）计算稀土总量的质量分数（%）：

$$w = \frac{\sum \rho V \times 10^{-6}}{m} \times 100\% \tag{5-30}$$

式中，$\sum \rho$ 为分析试液中各稀土元素质量浓度之和，μg/mL；V 为分析试液的总体积（母液与分取倍数之积），mL；m 为试样质量，g。

【注意事项】

日常分析中，以包头矿为原料的稀土硅铁合金，在测定稀土总量时仅需考虑镧、铈、镨、钕、钐和钇量。

5.3.2　氧化镁量的测定

5.3.2.1　原子吸收分光光度法

【适用范围】

本方法适用于稀土硅铁合金及镁硅铁合金中氧化镁量的测定。测定范围：0.050%~2.00%。

【方法提要】

试样经重铬酸钾溶液浸取，在稀酸介质中用空气-乙炔火焰于原子吸收分光光度计 285.2nm 波长处进行测定，采用标准加入法测定氧化镁的含量。

【试剂与仪器】

（1）盐酸（$\rho = 1.19 \text{g/cm}^3$，1+1）；

（2）重铬酸钾溶液（40g/L）；

（3）氧化镁标准溶液：1mL 含 5μg 氧化镁（5%盐酸介质）；

（4）原子吸收分光光度计；镁空心阴极灯，仪器参数见表5-44。

表5-44　仪器工作参数

元素	波长/nm	狭缝/nm	灯电流/mA	空气流量/L·min^{-1}	乙炔流/L·min^{-1}	观测高度/mm
Mg	285.2	0.7	6	15.0	1.8	7

【分析步骤】

准确称取试样0.2g于150mL预先烘干的三角瓶中，加入25mL重铬酸钾溶液，盖上胶塞，于振荡器上振荡35min，取下，即刻过滤、以水洗涤至无黄色，滤液搜集于250mL容量瓶中，以水稀释至刻度，摇匀备用。

【标准曲线绘制】

根据样品中MgO含量，移取适量待测试液于一系列50mL容量瓶中，准确加入5μg/mL氧化镁的标准溶液0、1.0、3.0、5.0mL，加5mL盐酸（1+1），以水稀释至刻度，摇匀待测。

以试剂空白调零，在空气-乙炔火焰于原子吸收分光光度计285.2nm波长处，测定待测溶液，绘制标准曲线，从标准曲线外推法求得待测液中氧化镁的浓度。

【分析结果计算】

按式（5-31）计算样品中氧化镁的质量分数（%）：

$$w = \frac{\rho V b \times 10^{-6}}{m} \times 100\% \qquad (5-31)$$

式中，ρ为由标准曲线计算得出的被测试液氧化镁的质量浓度，μg/mL；V为被测试液的总体积，mL；b为稀释倍数；m为试样的质量，g。

【注意事项】

（1）三角瓶应该烘去水分再称量样品。

（2）振荡器为实验室普通振荡器，频率适中即可。

（3）可采用氘灯或自吸收灯进行背景校正。

5.3.2.2　电感耦合等离子体发射光谱法

【适用范围】

本方法适用于稀土硅铁合金及镁硅铁合金中氧化镁量的测定。测定范围：0.30%～3.00%。

【方法提要】

试料用重铬酸钾溶液浸取分离，在稀盐酸介质中，采用电感耦合等离子体发射光谱法，在波长280.270或285.213nm处，测定氧化镁的含量。

【试剂与仪器】

（1）盐酸（1+1）；

（2）重铬酸钾溶液（40g/L）；

（3）氧化镁标准溶液：1mL 含 50μg 氧化镁；

（4）氩气（>99.99%）；

（5）电感耦合等离子体发射光谱仪，倒线色散率不大于 0.26nm/mm。

【分析步骤】

准确称取 0.2g 试样于 150mL 锥形瓶（预先烘干）中，加入 25mL 重铬酸钾溶液，用胶皮塞塞紧瓶口，置于振荡器上振荡 35min，取下用中速滤纸过滤于 250mL 容量瓶中。用水冲洗锥形瓶 3~4 次，洗涤滤纸至无黄色，弃去滤纸，以水稀释至刻度，混匀。

准确移取试液 2.0~5.0mL 于 25mL 容量瓶中，加入 2mL 盐酸。以水稀释至刻度，混匀。

【标准曲线绘制】

移取 0、0.5、1.0、2.0mL 氧化镁标准溶液于一系列 50mL 容量瓶中，配制浓度为 0、0.50、1.00、2.00μg/mL 氧化镁标准系列溶液。

在波长 280.270、285.213nm 处测定试样液及标准溶液，由标准曲线得出试样液中氧化镁的浓度，计算样品中氧化镁的质量分数。

按式（5-32）计算各氧化镁的质量分数（%）：

$$w = \frac{(\rho - \rho_0) V_0 V_2 \times 10^{-6}}{m V_1} \times 100\% \qquad (5\text{-}32)$$

式中，ρ 为分析试液中氧化镁的质量浓度，μg/mL；ρ_0 为空白试液中氧化镁的质量浓度，μg/mL；V_0 为分析试液总体积，mL；V_1 为分取试液体积，mL；V_2 为分析试液体积，mL；m 为试样质量，g。

【注意事项】

称取样品之前将锥形瓶烘干，并且瓶口样品不可用水冲洗。

5.3.3 铁量的测定

【适用范围】

本方法适用于稀土硅铁合金及镁硅铁合金中铁量的测定。测定范围：15.0%~35.0%。

【方法提要】

试样以氢氟酸、硝酸分解，高氯酸冒烟除氟，盐酸提取，氯化亚锡初步还原至浅黄色，再以钨酸钠为指示剂，用三氯化钛将三价铁全部还原成二价铁至生成"钨蓝"，再滴加重铬酸钾初调溶液调至浅蓝色，以二苯胺磺酸钠、甲基橙为指示剂，用重铬酸钾标准溶液滴定至紫色即为终点。

【试剂与仪器】

（1）硝酸（$\rho = 1.42$g/cm³）；

（2）氢氟酸（$\rho = 1.15\text{g/cm}^3$）；

（3）高氯酸（$\rho = 1.67\text{g/cm}^3$）；

（4）硫磷混酸：向 700mL 水中缓缓加入 150mL 硫酸、150mL 磷酸；

（5）盐酸（1+1）；

（6）氯化亚锡溶液：60g/L；

（7）钨酸钠溶液：250g/L；

（8）二苯胺磺酸钠溶液：2g/L；

（9）三氯化钛溶液：将市售三氯化钛溶液用盐酸（1+1）稀释 20 倍，用时现配；

（10）重铬酸钾初调溶液：$c = 0.003\text{mol/L}$；

（11）重铬酸钾标准溶液：$c \approx 0.016\text{mol/L}$。

【分析步骤】

准确称取 0.1g 试样于聚四氟乙烯烧杯中，加 10 mL 硝酸、5mL 氢氟酸、5mL 高氯酸，加热使试样溶解，继续加热至冒大量白烟，取下稍冷，移入 300mL 锥形瓶中，加热蒸发至干，稍冷，加入 20mL 盐酸（1+1），充分摇动，滴加氯化亚锡溶液至溶液呈浅黄色，加热浅黄色不褪，取下流水冷却至室温，加约 80mL 水，加入约 1mL 钨酸钠，滴加三氯化钛溶液至出现明显蓝色，滴加重铬酸钾初调溶液至蓝色刚好消失。加 2 滴二苯胺磺酸钠，加 10mL 硫磷混酸，用重铬酸钾标准溶液滴定至紫色即为终点。

【分析结果计算】

按式（5-33）计算铁的质量分数（%）：

$$w = \frac{cV \times 55.85 \times 6}{m \times 1000} \times 100\% \tag{5-33}$$

式中，c 为重铬酸钾标准溶液的物质的量浓度，mol/L；V 为滴定时消耗重铬酸钾标准溶液的体积，mL；m 为试料质量，g；55.85 为铁摩尔质量，g/mol；6 为重铬酸钾与铁的相关系数。

5.3.4   硅量的测定

5.3.4.1   重量法

【适用范围】

本方法适用于稀土硅铁合金及镁硅铁合金中硅量的测定。测定范围：20.0%~50.0%。

【方法提要】

试料用氢氧化钠-过氧化钠熔融，使硅转化为硅酸盐，经高氯酸脱水，于高温下灼烧为二氧化硅，用氢氟酸飞硅，重量法测定沉淀中硅量，钼蓝分光光度法测定滤液中硅量，二者合为样品中硅含量。

【试剂与仪器】

　（1）氢氧化钠；

　（2）过氧化钠；

　（3）盐酸（$\rho = 1.19 \text{g/cm}^3$，1+1，1+9）；

　（4）氢氟酸（$\rho = 1.15 \text{g/cm}^3$）；

　（5）高氯酸（$\rho = 1.67 \text{g/cm}^3$）；

　（6）对硝基酚乙醇溶液（1g/L）；

　（7）氨水（$\rho = 0.90 \text{g/cm}^3$，1+1）；

　（8）硫酸溶液（1+35）；

　（9）钼酸铵溶液（50g/L）；

　（10）草酸-硫酸混合溶液：2g 草酸溶于 100mL 硫酸（1+2）中；

　（11）抗坏血酸溶液（100g/L，现用现配）；

　（12）硫氰酸钾溶液（100g/L）；

　（13）硝酸银溶液（10g/L）；

　（14）硅标准溶液：1mL 含 10μg 硅，储存于塑料瓶中；

　（15）分光光度计。

【分析步骤】

　　准确称取 0.3g 试样置于盛有 2g 氢氧化钠（预先烘去水分）的 30mL 镍坩埚中，覆盖 1.5g 过氧化钠，加盖后在电炉上加热除去水分，摇动坩埚使试样均匀分散，取下稍冷，置于 750℃ 马弗炉中熔融至樱红色并保持 5min，取出稍冷。

　　将坩埚外壁用水洗净，在 300mL 塑料烧杯中，用 100mL 热水浸取熔块，用水洗净坩埚及盖，在不断搅拌下加入盐酸，使溶液中和至酸性并过量 10mL，将溶液转移至 400mL 烧杯中，加入 30mL 高氯酸，低温蒸发至干，取下冷却。

　　加入 10mL 盐酸，用水吹洗杯壁及表面皿，低温溶解盐类至清亮，取下，趁热用慢速滤纸过滤，滤液接收于 250mL 容量瓶中，用擦棒擦净烧杯，热盐酸（1+1）洗涤烧杯 2 遍、洗涤沉淀至无铁离子（硫氰酸钾溶液检验），再用热水洗至无氯离子（硝酸银溶液检验），滤液用水稀释至刻度，混匀。

　　将滤纸置于已恒重的铂坩埚中，低温灰化完全，在 950℃ 高温炉中灼烧 40min，取出稍冷，置于干燥器中冷却至室温迅速称重。

　　将铂坩埚滴入少许水润湿，加入 5mL 氢氟酸，于水浴上蒸至冒净白烟，重复 4~5 遍，取下铂坩埚，置于 950℃ 高温炉中灼烧 30min，取出稍冷，置于干燥器中冷却至室温迅速称重。

　　准确移取 5.0mL 滤液于 50mL 容量瓶中，加入 1~2 滴对硝基酚乙醇溶液，用氨水（1+1）中和至黄色，再用硫酸溶液中和至黄色褪去并过量 4mL，混匀，加入 5mL 钼酸铵溶液，混匀，放置 10min，加入 5mL 草酸-硫酸混合溶液，混匀，加入 2.5mL 抗坏血酸溶液，用水稀释至刻度，混匀。10min 后以空白溶液为参比，用 3cm 比色皿，于分光光度计 650nm 处测量吸光度，从标准曲线中查出相应硅量，计算溶液中硅含量。

【标准曲线绘制】

准确移取硅标准溶液 0、1.0、2.0、3.0、4.0、5.0mL 于一组 50mL 容量瓶中。将显色的部分溶液移入 3cm 比色皿中，于分光光度计 650nm 处测量吸光度，以硅量为横坐标、吸光度为纵坐标，绘制标准曲线。

【分析结果计算】

按式（5-34）计算硅的质量分数（%）：

$$w = \left(\frac{[(m_1 - m_2) - (m_3 - m_4)] \times 0.4674}{m} + \frac{m_5 V_0}{m V_1 \times 10^6} \right) \times 100\% \quad (5\text{-}34)$$

式中，m_1 为重量法二氧化硅和铂坩埚的质量，g；m_2 为重量法飞硅后杂质和铂坩埚的质量，g；m_3 为重量法空白实验二氧化硅和铂坩埚的质量，g；m_4 为重量法空白实验飞硅后杂质和铂坩埚的质量，g；m_5 为标准曲线上查得硅量，μg；V_0 为试液总体积，mL；V_1 为分取试液体积，mL；m 为试样量，g；0.4674 为二氧化硅与硅的换算系数。

5.3.4.2　氟硅酸钾容量法

【适用范围】

本方法适用于稀土硅铁合金及镁硅铁合金中硅量的测定。测定范围：20.0%~50.0%。

【方法提要】

试料以硝酸、氢氟酸溶解，加入饱和硝酸钾生成氟硅酸钾沉淀，加入沸水，使氟硅酸钾沉淀水解释放出氢氟酸，氢氧化钠标准溶液滴定氢氟酸，间接计算样品中硅量。

【试剂与仪器】

(1) 硝酸（$\rho = 1.42\text{g/cm}^3$）；

(2) 氢氟酸（$\rho = 1.15\text{g/cm}^3$）；

(3) 过氧化氢（30%）；

(4) 酒石酸-尿素混合液：称取 20g 酒石酸溶于 100mL 水中，加 10g 尿素混匀；

(5) 硝酸钾饱和溶液：按硝酸钾溶解度配制饱和溶液；

(6) 硝酸钾-乙醇洗液；

(7) 中性水：将蒸馏水或离子交换水煮沸 15min，以酚酞为指示剂滴加氢氧化钠溶液至微红色；

(8) 酚酞指示剂（10g/L）；

（9）氢氧化钠标准溶液（约 0.2mol/L，以最终标定后为准）。

【分析步骤】

准确称取 0.1g 试样于 300mL 塑料烧杯中，加入 10mL 硝酸，稍冷，缓慢加入 5mL 氢氟酸，滴加 4~5 滴过氧化氢溶解样品，用少量水冲洗杯壁，加 3mL 酒石酸-尿素混合溶液，用塑料棒搅拌后，加少许纸浆，加 20mL 饱和硝酸钾溶液，搅拌 1min，在室温 20℃ 左右静置 15min，用塑料漏斗和中速滤纸过滤，用硝酸钾-乙醇洗液洗涤烧杯、滤纸各 4 次。

将沉淀与滤纸置于原烧杯中，加 20~30mL 硝酸钾-乙醇洗液，3~4 滴酚酞指示剂，用氢氧化钠标准溶液滴定至溶液呈红色，用塑料棒搅碎滤纸，继续用氢氧化钠标准溶液滴定至溶液红色（不计读数），并加入 100mL 热水（不含二氧化碳的沸水），补加 5~6 滴酚酞指示剂，用氢氧化钠标准溶液滴定溶液呈微红色即为终点。

【分析结果计算】

按式（5-35）计算硅的质量分数（%）：

$$w = \frac{c(V_2 - V_1) \times 7.022}{m \times 10^3} \times 100\% \tag{5-35}$$

式中，c 为氢氧化钠标准溶液的物质的量浓度，mol/L；V_2 为滴定消耗氢氧化钠体积，mL；V_1 为空白消耗氢氧化钠体积，mL；m 为试样量，g；7.022 为被测元素基本单元摩尔质量，g/mol。

【注意事项】

（1）在中和游离氢氟酸时，以塑料棒搅碎滤纸要充分，否则滴定结果偏高。

（2）中和游离氢氟酸时，酚酞指示剂显示的颜色应尽量与水解后的中和反应颜色一致。

5.3.5 铝量的测定——EDTA 滴定法

【适用范围】

本方法适用于稀土硅铁合金及镁硅铁合金中铝量的测定。测定范围：0.5%~2.0%。

【方法提要】

试样以硝酸、氢氟酸溶解，高氯酸冒烟除氟，小体积强碱分离，在 pH=5.5 时，以 EDTA 络合铝，以二甲酚橙为指示剂，用锌标准溶液滴定过量的 EDTA，加入氟化钠络合铝并释放出相应当量的 EDTA，再用锌标准溶液滴定 EDTA，求得铝量。

【试剂与仪器】

（1）氯化钠：固体；

（2）氢氧化钠：固体；

（3）氟化铵：固体；

（4）硝酸（$\rho = 1.42\text{g/cm}^3$）；

（5）氢氟酸（$\rho = 1.15\text{g/cm}^3$）；

（6）高氯酸（$\rho = 1.67\text{g/cm}^3$）；

（7）盐酸：（$\rho = 1.19\text{g/cm}^3$，1+4）；

（8）氨水（1+1）；

（9）对硝基酚指示剂（1g/L）；

（10）乙酸-乙酸钠缓冲溶液（pH = 5.5）：称取结晶乙酸钠200g溶解于水中，加9mL冰乙酸，用水稀释至1000mL；

（11）二甲酚橙指示剂（2g/L）；

（12）EDTA标准溶液：0.01mol/L；

（13）锌标准溶液：0.01mol/L。

【分析步骤】

准确称取0.5g试样于黄金皿中，缓慢滴加15mL硝酸，滴加5mL氢氟酸，至试样溶解后，加5mL高氯酸，加热冒烟至近干。取下稍冷，用水冲洗皿壁，再加2mL高氯酸，加热冒烟至近干。取下稍冷，加5mL盐酸，加热使盐类溶解，在不断搅拌下，将溶液倒入已盛有混匀的12g氢氧化钠及5g氯化钠的聚四氟乙烯烧杯中，用5~10mL水洗黄金皿，搅拌溶液，加热煮沸。取下，冷至室温，移入200mL容量瓶中，以水稀释至刻度，摇匀，干过滤。吸取上述试液100mL于400mL烧杯中，加入EDTA标准溶液（视铝量而定）并过量5mL。加对硝基酚指示剂2滴，以盐酸中和至无色，以氨水（1+1）调至黄色，再用盐酸（1+1）调至无色，加20mL乙酸-乙酸钠缓冲溶液，加热煮沸2min，取下稍冷，加3~4滴二甲酚橙指示剂，用锌标准溶液滴定到溶液变红（不计读数），加2g氟化铵，煮沸2min，取下稍冷（与第一次温度一致），再加10mL乙酸-乙酸钠缓冲溶液，补加二甲酚橙指示剂2滴，以锌标准溶液滴定至红色为终点。

【分析结果计算】

按式（5-36）计算试样中铝的质量分数（%）：

$$w = \frac{c(V - V_0)V_1 \times 27.0 \times 10^{-3}}{mV_2} \times 100\% \tag{5-36}$$

式中，V为滴定试液所消耗锌标准溶液的体积，mL；V_0为滴定空白实验消耗的锌标准滴定溶液体积，mL；V_1为试液总体积，mL；V_2为分取试液体积，mL；c为锌标准滴定溶液的浓度，mol/L；m为试料质量，g；27.0为铝的摩尔质量，g/mol。

【注意事项】

（1）溶解样品时，氟必须赶尽，否则结果偏低。

（2）由于铝和 EDTA 的络合反应速度极慢，所以需热滴定。

（3）如加二甲酚橙指示剂后溶液呈红色，说明 EDTA 加入量不够，可补加 EDTA 后再按分析步骤进行。

5.3.6 钛量的测定——二安替比林分光光度法

【适用范围】

本方法适用于稀土硅铁合金及镁硅铁合金中钛含量的测定。测定范围：0.1%～5.0%。

【方法提要】

试样用硝酸、氢氟酸分解，硫酸冒烟。在 5%～10% 盐酸介质中，钛与二安替比林甲烷生成黄色配合物，于分光光度计波长 420nm 处测量吸光度，计算钛的质量分数。

【试剂与仪器】

（1）氢氟酸（$\rho = 1.15\text{g/cm}^3$）；

（2）硝酸（$\rho = 1.42\text{g/cm}^3$）；

（3）硫酸（1+1，5%）；

（4）过氧化氢（30%）；

（5）盐酸（1+1，10%）；

（6）抗坏血酸（100 g/L，使用时现配）；

（7）二安替比林甲烷溶液（50g/L，4% 盐酸介质）；

（8）钛标准溶液（100μg/mL）；

（9）分光光度计。

【分析步骤】

准确称取 0.2g 试样于黄金皿中，加 5mL 硝酸、2～3mL 氢氟酸，待剧烈作用后，加入 10 滴过氧化氢，加热溶解，加 10mL 硫酸（1+1），加热蒸发至冒烟并蒸至近干，取下，稍冷，用 5% 硫酸浸取，加热使盐类溶解，冷却至室温，用 5% 硫酸将溶液移入 100mL 容量瓶中，稀释至刻度，摇匀（如钡高，溶液不清，干过滤）。准确移取两份试液 2～10mL 于 2 个 50mL 容量瓶中。一份显色液，加 5mL 抗坏血酸，混匀，静置 10min，加 10mL 盐酸（1+1），加 10mL 二安替比林甲烷溶液，以水稀释至刻度，混匀。另一份作空白溶液，加 5mL 抗坏血酸，摇动，使黄色褪去，加 10mL 盐酸（1+1），以水稀释至刻度，混匀，放置 1h。于分光光度计波长 420nm 处，用 1cm 比色皿，并以试剂空白作参比，测量吸光度。从标准曲线上查得钛量。

【标准曲线绘制】

准确移取 0、0.5、1.0、1.5、2.0、2.5mL 钛标准溶液，于已加 5mg 铁一系

列 50mL 容量瓶中,以下按上述分析步骤操作。以钛量为横坐标,以吸光度值为纵坐标,绘制标准曲线。

【分析结果计算】

按式(5-37)计算试样中钛的质量分数(%):

$$w = \frac{m_1 V_0 \times 10^{-6}}{mV} \times 100\% \tag{5-37}$$

式中,m_1 为从标准曲线上查得钛的质量,μg;m 为试样质量,g;V_0 为试液总体积,mL;V 为移取试液体积,mL。

【注意事项】

(1)由于铁对测定有影响,所以空白液加相应的铁,标准曲线绘制也加一定量的铁。

(2)氟离子必须赶尽,它使配合物褪色,结果偏低。

5.3.7 锰量的测定——过硫酸铵银盐法

【适用范围】

本方法适用于稀土硅铁合金及镁硅铁合金中锰量的测定。测定范围:1.0%~10.0%。

【方法提要】

试样以硝酸、氢氟酸溶解,硫酸冒烟除氟,在硫磷混酸介质中,以硝酸银为催化剂,过硫酸铵氧化锰,用亚砷酸钠-亚硝酸钠标液滴定。

【试剂与仪器】

(1)硝酸($\rho = 1.42g/cm^3$);

(2)氢氟酸($\rho = 1.15g/cm^3$);

(3)硫酸(1+1);

(4)磷酸($\rho = 1.69g/cm^3$);

(5)硝酸银溶液(17g/L);

(6)过硫酸铵溶液(250g/L);

(7)氯化钠溶液(10g/L);

(8)硫酸-磷酸混合酸:在 600mL 水中加入 320mL 硫酸(1+1)及 80mL 磷酸;

(9)亚砷酸钠-亚硝酸钠标准溶液(0.02mol/L)。

【分析步骤】

准确称取 0.1g 试样于黄金皿中,缓慢滴加 5mL 硝酸、5mL 氢氟酸,至试样溶解后,加 2~4mL 硫酸,加热蒸发至冒浓厚白烟。取下稍冷,用水冲洗皿壁,继续加热至冒烟 1min,取下稍冷,加水使盐类溶解,移入 300mL 锥形瓶中,加

20mL 硫酸（1+1）、5mL 硫磷混酸，加水稀释至 120～130mL，加 5mL 硝酸银溶液、20mL 过硫酸铵溶液，加热煮沸 30～45s，取下静置 2min，流水冷却至室温，加 5mL 氯化钠溶液，立即以亚砷酸钠-亚硝酸钠标准溶液滴定至粉色刚刚消失为终点。

【分析结果计算】

按式（5-38）计算试样中锰的质量分数（%）：

$$w = \frac{cV \times 54.94 \times 10^{-3}}{m} \times 100\% \tag{5-38}$$

式中，V 为滴定试液所消耗亚砷酸钠-亚硝酸钠标准溶液的体积，mL；c 为亚砷酸钠-亚硝酸钠标准滴定溶液的浓度，mol/L；m 为试料质量，g；54.94 为锰的摩尔质量，g/mol。

【注意事项】

（1）试样可用磷酸在锥形瓶中溶解，加数滴氢氟酸助溶，滴加硝酸破坏碳化物。

（2）铈高的试样，终点为淡黄色。

（3）分析检测试样及标样时，标样应与样品成分含量相近，滴定速度控制一致。

5.3.8 钍量的测定——偶氮胂Ⅲ分光光度法

【适用范围】

本方法适用于稀土硅铁合金及镁硅铁合金中钍量的测定。测定范围：0.050%～0.50%。

【方法提要】

试样以硝酸、氢氟酸溶解，硫酸冒烟后，亚硝酸钠还原四价铈成三价，用六次甲基四胺调 pH=5.8 左右，钍定量沉淀与大量稀土分离，沉淀用盐酸溶解，用抗坏血酸还原铁成二价，在盐酸和草酸介质中，偶氮胂Ⅲ显色，光度法测钍。

【试剂与仪器】

（1）硝酸（$\rho = 1.42\text{g/cm}^3$）；

（2）氢氟酸（$\rho = 1.15\text{g/cm}^3$）；

（3）硝酸、氢氟酸洗液：每 100mL 洗液含有 5mL 硝酸和 5mL 氢氟酸；

（4）高氯酸（$\rho = 1.67\text{g/cm}^3$）；

（5）盐酸（$\rho = 1.19\text{g/cm}^3$，1+1，2%洗液）；

（6）氯化铵：固体，5%洗液；

（7）六次甲基四胺：10%溶液；

（8）氨水（1+1）；

（9）草酸-盐酸混合溶液：4g草酸溶于50mL水中，加50mL盐酸；

（10）钍标准溶液：1mL含钍10μg，1%盐酸介质；

（11）偶氮胂Ⅲ溶液（0.1%）；

（12）亚硝酸钠；

（13）抗坏血酸；

（14）分光光度计。

【分析步骤】

准确称取0.2g试样于300mL塑料烧杯中，加10mL硝酸、5mL氢氟酸，滴加过氧化氢助溶，加30mL水，充分搅拌，用慢速滤纸过滤，硝酸-氢氟酸洗液洗涤烧杯2~3次，将杯中残存沉淀全部擦洗至滤纸上，洗涤滤纸和沉淀6~7次，沉淀连同滤纸放入300mL烧杯中，加15mL硝酸、5mL高氯酸，于电炉上加热破坏滤纸，驱氟，转成溶液，并冒白烟，取下稍冷，加5~10mL盐酸（1+1）及80mL水，加热使盐类溶解，加2mg铁，加3g氯化铵和少许亚硝酸钠，加热煮沸1min，先用氨水将大量酸中和，使溶液呈微酸性，然后用六次甲基四胺调至大量沉淀出现，再过量2mL，稍煮沸，取下稍冷，待沉淀下降，用中速滤纸过滤，用5%氯化铵洗液洗涤烧杯2~3次、洗涤沉淀6~7次，沉淀用热的盐酸（1+1）溶于原烧杯中，以2%盐酸洗净滤纸，溶液冷却至室温后，移入100mL容量瓶中，用水稀释至刻度，混匀。

准确移取5mL试液于50mL容量瓶中，加少许抗坏血酸和水，摇动使其溶解，将铁还原成二价，加10mL草酸-盐酸混合溶液、20mL盐酸、2.0mL偶氮胂Ⅲ溶液，用水稀释至刻度，摇匀，于分光光度计波长665nm处，用2cm比色皿，并以试剂空白作参比，测量吸光度。从标准曲线上查得氧化钍量。

【标准曲线绘制】

于一系列50mL容量瓶中，移取0、1.0、2.0、3.0、4.0、5.0mL钍标准溶液，加少许抗坏血酸和水，摇动使其溶解，将铁还原成二价，加10mL草酸-盐酸混合溶液、20mL盐酸、2mL偶氮胂Ⅲ溶液，用水稀释至刻度，摇匀，于分光光度计波长665nm处，用2cm比色皿，并以试剂空白作参比，测量吸光度。以钍量为横坐标，以吸光度值为纵坐标，绘制标准曲线。

【分析结果计算】

按式（5-39）计算试样中二氧化钍的质量分数（%）：

$$w = \frac{m_1 V_0 \times 10^{-6}}{mV} \times 100\% \qquad (5-39)$$

式中，m_1为从标准曲线上查得的氧化钍量，μg；m为试样质量，g；V_0为试液总体积，mL；V为移取试液体积，mL。

【注意事项】

（1）用氨水中和时，不可使氢氧化铁沉淀析出，应慢慢加入，使溶液呈微酸性。

（2）加抗坏血酸还原铁时，先加入少量水，降低酸度，使铁还原效果好。

（3）加入亚硝酸钠还原铈成三价，在六次甲基四胺分离钍时，三价铈不沉淀，如铈分离不净，和钍同时显色，使结果偏高。

（4）钍含量小于0.1%的试样可用3cm比色皿绘制标准曲线。

5.3.9 钙、镁、锰、钛、钡量的测定——电感耦合等离子体发射光谱法[14]

【适用范围】

本方法适用于稀土硅铁合金及镁硅铁合金中钙、镁、锰、钛及钡量的测定。测定范围见表5-45。

表5-45 测定范围

元素	质量分数/%	元素	质量分数/%
钙	0.50~6.0	钛	0.30~5.0
镁	0.20~11.0	钡	0.20~10.0
锰	0.50~4.0		

【方法提要】

试样以硝酸和氢氟酸分解，高氯酸冒烟驱氟，在稀酸介质中，直接以氩等离子体激发进行光谱测定，从标准曲线中求得其钙、镁、锰、钛、钡量。

【试剂与仪器】

（1）硝酸（$\rho = 1.42\text{g/cm}^3$，优级纯）；

（2）氢氟酸（$\rho = 1.15\text{g/cm}^3$，优级纯）；

（3）高氯酸（$\rho = 1.67\text{g/cm}^3$，优级纯）；

（4）盐酸（$\rho = 1.19\text{g/cm}^3$，优级纯，1+49）；

（5）过氧化氢（30%）；

（6）钙、镁、锰、钛和钡混合标准溶液：1mL分别含50μg钙、镁、锰、钛和钡，2%盐酸介质；

（7）氩气（>99.99%）；

（8）电感耦合等离子体发射光谱仪，倒线色散率不大于0.26nm/mm。

【分析步骤】

准确称取0.1g试样于干燥的聚四氟乙烯烧杯中，加入5mL硝酸，缓慢滴加2mL氢氟酸，加热至试样分解完全，加入5mL高氯酸，加热冒烟至尽干，稍冷，加入5mL盐酸加热溶解盐类，冷却至室温，移入200mL容量瓶中，以水稀释至刻度，混匀。

准确移取 10.0mL 试液于 50mL 容量瓶中，加入 1mL 盐酸，以水稀释至刻度，混匀。

【标准曲线绘制】

移取 0、1.0、2.0、10.0、20.0mL 钙、镁、锰、钛和钡混合标准溶液于一组 100mL 容量瓶中，以盐酸（1+49）稀释至刻度，混匀。标准系列溶液浓度为 0、0.5、1.0、5.0、10.0μg/mL。

将标准溶液与试样液一起于表 5-46 所示分析波长处，用氩等离子体激发进行光谱测定。

表 5-46 测定元素波长

元素	分析线/nm	元素	分析线/nm
Ca	317.933	Mn	257.610
Mg	279.553	Ti	334.941
Ba	455.403		

【分析结果计算】

按式（5-40）计算各测定元素的质量分数（%）：

$$w = \frac{(\rho_1 - \rho_0)V \times 10^{-6}}{m} \times 100\% \tag{5-40}$$

式中，ρ_1 为分析试液中测定元素的质量浓度，μg/mL；ρ_0 为空白试液中测定元素的质量浓度，μg/mL；V 为分析试液的总体积（母液与分取倍数之积），mL；m 为试样质量，g。

【注意事项】

本方法采用的仪器为全谱直读电感耦合等离子体光谱仪，谱线也可采用 Mg 280.21nm、Mn 293.93nm、Ti 336.12nm、Ba 233.52nm。

5.3.10 钛、钡、钍量的测定——电感耦合等离子体质谱法[15]

【适用范围】

本方法适用于稀土硅铁合金及镁硅铁合金中钛、钍、钡量的测定。测定范围：0.010%～0.30%。

【方法提要】

试样用硝酸、氢氟酸溶解，高氯酸冒烟驱氟，在稀酸介质中，以氩等离子体为离子化源，以铯为内标进行校正，用质谱法直接进行测定。

【试剂与仪器】

(1) 硝酸（优级纯，$\rho = 1.42g/cm^3$）；

（2）高氯酸（优级纯，$\rho = 1.67\text{g/cm}^3$）；

（3）氢氟酸（优级纯，$\rho = 1.15\text{g/cm}^3$）；

（4）盐酸（优级纯，$\rho = 1.19\text{g/cm}^3$，1+1，1+99）；

（5）铯标准溶液：$1\mu\text{g/mL}$，1%盐酸介质；

（6）混合标准溶液：1mL 含钛、钡、钍各 $1\mu\text{g}$，1%盐酸介质；

（7）电感耦合等离子体质谱仪：质量分辨率（0.7±0.1）amu。

【分析步骤】

准确称取 0.1g 试样，置于干燥的聚四氯乙烯烧杯中，缓慢滴加 5mL 硝酸、2mL 氢氟酸，边摇边加，待试样溶解后加入 5mL 高氯酸，加热至高氯酸浓烟冒尽，取下冷却，加入 5mL 盐酸（1+1）溶解盐类，移入 100mL 容量瓶中，用水稀释至刻度，混匀。

准确移取 1~10mL 试液于 100mL 容量瓶中，加入 1mL 铯标准溶液，用盐酸（1+99）稀释至刻度，混匀。

【标准曲线绘制】

准确移取 0、0.2、0.5、1.0、5.0、10.0mL 混合标准溶液于一组 100mL 容量瓶中，加 1mL 铯标准溶液，用盐酸（1+99）稀释至刻度，混匀。此标准系列溶液各待测元素浓度为 0、2.0、5.0、10.0、50.0、100.0ng/mL。

将系列标准溶液与试样液一起于电感耦合等离子体质谱仪测定条件下，测量待测元素 ^{47}Ti、^{49}Ti、^{136}Ba、^{137}Ba、^{232}Th 的强度。将标准溶液的浓度直接输入计算机，用内标法校正非质谱干扰，并输出分析试液中待测元素的浓度。

【分析结果计算】

按式（5-41）计算各测定元素的质量分数（%）：

$$w = \frac{(\rho_1 - \rho_0) V_2 V_0 \times 10^{-9}}{m V_1} \times 100\% \qquad (5\text{-}41)$$

式中，ρ_1 为试液中待测元素的质量浓度，ng/mL；ρ_0 为空白试液中待测元素的质量浓度，ng/mL；V_0 为试液总体积，mL；V_1 为移取试液的体积，mL；V_2 为测定试液的体积，mL；m 为试样的质量，g。

参 考 文 献

[1] 徐静，王志强，李明来，等. 电感耦合等离子体原子发射光谱法测定镝铁电解粉尘中 15 种稀土元素 [J]. 冶金分析，2013，33（7）：25~29.

[2] 陈绯宇，张少夫，温世杰. 电感耦合等离子体原子发射光谱法测定钇铁合金中 14 种稀土杂质元素 [J]. 有色金属科学与工程，2017，8（6）：121~124.

[3] 温世杰，周俊海，张少夫. 电感耦合等离子体原子发射光谱法测定钇铁合金中铝、硅、

钙、镁、锰 [J]. 有色金属科学与工程, 2016, 7 (1): 133~136.

[4] 王衍鹏, 龚琦, 李斌. 电感耦合等离子体原子发射光谱法测定 La、Ce、Yb 基体中痕量稀土杂质的多元光谱拟合校正限度 [J]. 冶金分析, 2011, 31 (2): 20~27.

[5] 金斯琴高娃, 崔爱端, 李玉梅, 等. 电感耦合等离子体发射光谱法测定镝铁合金中非稀土杂质 [C] // 全国稀土化学分析学术研讨会, 2011: 85~88.

[6] 杨开放, 黎莉, 郭卿. 电感耦合等离子体发射光谱 (ICP-OES) 法在非金属元素测定中的应用 [J]. 中国无机分析化学, 2016, 6 (4): 15~19.

[7] 陈文魁. X 射线荧光光谱法、电感耦合等离子体质谱法与电感耦合等离子体发射光谱法对土壤中重金属元素的测定及比较 [J]. 低碳世界, 2017 (16): 10~11.

[8] XB/T 614.3—2011 钆镁合金化学分析方法 第3部分: 碳量的测定 高频-红外吸收法 [S].

[9] GB/T 29916—2013 镧镁合金化学分析方法 第3部分: 碳量的测定 高频-红外吸收法 [S].

[10] GB/T 26416.5—2010 镝铁合金化学分析方法 第5部分: 氧量的测定 脉冲-红外吸收法 [S].

[11] 鲍叶琳, 刘鹏宇. 电感耦合等离子体原子发射光谱法 (ICP-AES) 测定稀土镁合金中锆 [J]. 中国无机分析化学, 2013, 3 (S1): 83~85.

[12] 刘荣丽. ICP-AES 法测定钕镁合金中铝铜铁镍硅量 [J]. 稀有金属与硬质合金, 2013, 41 (5): 43~46.

[13] 于媛君, 亢德华, 王铁, 等. ICP-MS 法在钢铁及合金中五种轻稀土元素的分析应用 [C]//第八届 (2011) 中国钢铁年会论文集. 2011: 1~7.

[14] 金斯琴高娃, 郝茜, 李玉梅, 等. 稀土硅铁合金及镁硅铁合金中钙、镁、锰量的分析方法——ICP-AES 法 [J]. 稀土, 2013, 34 (4): 70~73.

[15] 陈玉红, 刘正, 王海舟, 等. 八极杆碰撞/反应池 (ORS)-ICP-MS 技术测定镍基合金中的砷硒碲镓锗 [C]//第十一届全国稀土分析化学学术报告会论文集, 2005: 158~161.

6 稀土功能材料分析

6.1 钕铁硼磁性材料

6.1.1 稀土总量的测定——草酸盐重量法

【适用范围】

本方法适用于钕铁硼合金中稀土总量的测定。测定范围：10.0%~50.0%。

【方法提要】

试样以盐酸溶解，在纸浆存下，以氢氟酸沉淀稀土并分离大量铁等杂质，用硝酸、高氯酸破坏滤纸并溶解沉淀，在 pH=1.5~2.0 的盐酸介质中加草酸形成草酸稀土沉淀，分离残留的铁杂质。沉淀物经过滤、洗涤、灰化、灼烧至恒重。

【试剂与仪器】

(1) 高氯酸（$\rho=1.67\text{g/cm}^3$）；

(2) 盐酸（$\rho=1.19\text{g/cm}^3$，1+1，2+98）；

(3) 硝酸（$\rho=1.42\text{g/cm}^3$）；

(4) 氢氟酸（$\rho=1.15\text{g/cm}^3$）；

(5) 氢氟酸-盐酸洗液：100mL 水中含有 5mL 盐酸及 5mL 氢氟酸；

(6) 过氧化氢（30%）；

(7) 氨水（1+1）；

(8) 草酸溶液（100g/L）；

(9) 草酸洗液（10g/L）；

(10) 甲酚红溶液（2g/L）：2g 甲酚红溶于 1L 乙醇（1+1）中。

【分析步骤】

准确称取 2g 试样于 300mL 的烧杯中，缓慢加入 30mL 盐酸（1+1），加入 1mL 过氧化氢，低温加热至试样溶解完全后，冷却至室温，移入 100mL 容量瓶中，以水稀释至刻度，摇匀。准确移取 25mL 试液于 300mL 聚四氟乙烯烧杯中，加入少许纸浆，保持体积约为 100mL。

将聚四氟乙烯烧杯放于电热板上加热，在不断搅拌下缓缓加入 15mL 氢氟酸。保温 30~40min，每隔 10min 搅拌一次，取下，冷却至室温。用慢速滤纸过滤，以氢氟酸-盐酸洗液洗涤聚四氟乙烯烧杯 2~3 次、洗涤沉淀 8~10 次（用小块滤纸擦净聚四氟乙烯烧杯，放入沉淀中）。

将沉淀连同滤纸放入原玻璃烧杯中，加30mL硝酸及15mL高氯酸，盖上表面皿，加热破坏滤纸并溶解沉淀。待剧烈作用停止后继续冒烟并蒸至近干，取下，冷却至室温。加入5mL盐酸（1+1），加热使盐类完全溶解，吹洗杯壁。加入100mL沸水，加入30mL近沸的草酸溶液，滴加2滴甲酚红，用氨水（1+1）、盐酸（1+1）和精密pH试纸调节酸度在pH=1.5~2.0，室温放置2h。用定量慢速滤纸过滤，用草酸洗液洗涤烧杯2~3次、洗涤沉淀6~8次。将沉淀连同滤纸置于已恒重的铂坩埚中，低温灰化。将铂坩埚置于950℃高温炉中灼烧40min，取出，稍冷，置于干燥器中，冷却至室温，称其质量，重复操作直至恒重。

【分析结果计算】

按式（6-1）计算氧化稀土的质量分数（%）：

$$w_{REO} = \frac{m_1 - m_2}{m} \times 100\% \tag{6-1}$$

式中，m_1为铂坩埚及烧成物的质量，g；m_2为铂坩埚的质量，g；m为试样的质量，g。

按式（6-2）计算稀土的质量分数（%）：

$$w_{RE} = w_{REO} \times k \tag{6-2}$$

式中，k为稀土金属与相应氧化物的换算系数。

【注意事项】

稀土氧化物与稀土的换算系数也可按照附录E的计算公式，按照电感耦合等离子体发射光谱法得到的配分计算。

6.1.2　稀土元素量的测定——电感耦合等离子体发射光谱法[1]

【适用范围】

本方法适用于钕铁硼磁性材料中稀土元素（镨、钕、铽、钆、镝、钬）的测定。测定范围见表6-1。

表6-1　测定范围

元素	质量分数/%	元素	质量分数/%
Pr	0.10~10.0	Gd	0.10~2.5
Nd	20.0~35.0	Tb	0.10~2.5
Dy	0.10~5.0	Ho	0.10~2.5

【方法提要】

试样以盐酸溶解，在稀酸介质中，采用纯试剂标准曲线进行校正，以氩等离子体激发进行光谱测定，从标准曲线中求得各测定元素含量。

【试剂与仪器】

（1）盐酸（1+1）；

（2）镨、钕、钆、铽、镝、钬标准溶液：1mL 含 50μg 各稀土元素（5%盐酸）；

（3）氩气（>99.99%）；

（4）电感耦合等离子体发射光谱仪，倒线色散率不大于 0.26nm/mm。

【分析步骤】

准确称取 1.0g 试样于 200mL 烧杯中，缓慢加入 20mL 盐酸（1+1），低温加热至试样完全溶解，取下，冷却至室温，移入 200mL 容量瓶中，以水稀释至刻度，混匀。根据各元素含量，稀释不同倍数，使各稀土元素测定值控制在标准曲线范围之内。

【标准曲线绘制】

在 4 个 100mL 容量瓶中分别加入不同浓度、不同体积的各稀土元素标准溶液，配制成系列标准曲线。标准曲线质量浓度见表 6-2。

表 6-2 标准溶液质量浓度

标液编号	质量浓度/μg·mL^{-1}					
	Pr	Nd	Gd	Tb	Dy	Ho
1	0	0	0	0	0	0
2	0.50	3.50	0.25	0.25	0.50	0.25
3	1.00	7.00	0.50	0.50	1.00	0.50
4	5.00	35.00	2.50	2.50	5.00	2.50

将标准溶液与试样液一起于表 6-3 所示分析波长处，用氩等离子体激发进行光谱测定。

表 6-3 测定元素波长

元素	分析线/nm	元素	分析线/nm
Pr	390.844，422.293，440.824	Gd	342.247，336.223
Nd	406.109，401.225，445.157	Tb	332.440，350.917
Dy	387.211，340.780，353.170	Ho	341.646，339.898

【分析结果计算】

按式（6-3）计算各稀土元素的质量分数（%）：

$$w = \frac{\rho V \times 10^{-6}}{m} \times 100\% \qquad (6\text{-}3)$$

式中，ρ 为分析试液中各稀土元素的质量浓度，$\mu g/mL$；V 为分析试液的总体积（母液与分取倍数之积），mL；m 为试样质量，g。

【注意事项】

（1）采用纯试剂标准曲线校正，测定元素含量不宜太低，否则需要进行基体匹配。

（2）测定稀土总量结果时，将各稀土元素结果求和即可。

6.1.3 稀土配分量的测定

6.1.3.1 滤纸片—X 射线荧光光谱法

【适用范围】

本方法适用于钕铁硼合金中 15 个稀土元素配分量的测定。测定范围：0.10%~99.0%。

【方法提要】

试样经硝酸和盐酸溶解，草酸沉淀分离灼烧成混合稀土氧化物，该氧化物经盐酸溶解蒸至近干，加入钒内标溶液，制成薄样，按分析条件测量待测元素分析特征线和内标元素特征线 X 射线荧光强度比值。根据该比值与待测元素含量之间的线性关系，选择相应的数学模型，计算出待测元素的相对含量。

【试剂与仪器】

（1）单一稀土氧化物（La_2O_3、CeO_2、Pr_6O_{11}、Nd_2O_3、Sm_2O_3、Eu_2O_3、Gd_2O_3、Tb_4O_7、Dy_2O_3、Ho_2O_3、Er_2O_3、Tm_2O_3、Yb_2O_3、Lu_2O_3、Y_2O_3）：纯度>99.99%；

（2）仪器：顺序式 X 射线荧光光谱仪，最大使用功率不小于 3kW；

（3）红外线灯；

（4）微量移液器（0.1~0.5mL 可调）；

（5）滤纸片（ϕ50mm）；

（6）草酸（分析纯，2%）；

（7）氨水（1+1）；

（8）硝酸（1+1）；

（9）盐酸（1+1）；

（10）过氧化氢（30%）；

（11）钒内标溶液：准确称取 1.5436g 偏钒酸铵，置于 250mL 烧杯中，加入一定量的水，加热溶解完全后，移入 200mL 容量瓶中，加入 6mL 盐酸，用水稀释至刻度，混匀，此溶液 1mL 含 6mg 五氧化二钒；

（12）氩甲烷气（氩 90%，甲烷 10%）。

【分析步骤】

称取约 2.0g 的试样于 250mL 烧杯中，加入 30mL 盐酸（1+1）和 10mL 硝酸（1+1）溶解完全，加入约 100mL 水，煮沸后加入 10g 草酸，在 pH=1.8~2.0，使稀土沉淀完全，在 80~90℃保温 40min，冷却至室温，放置 2h。

用慢速定量滤纸过滤，将沉淀全部转入滤纸上，用 2% 的草酸洗液洗涤沉淀 2~3 次。将沉淀连同滤纸放入铂坩埚中，低温加热灰化后，于 950℃灼烧成稀土氧化物。

称取上述稀土氧化物 0.2000g 于 100mL 烧杯中，加入 5mL HCl（1+1），低温蒸干，冷却后加入 2.0mL 钒内标液溶解，溶解清亮摇匀，用自动移液器移取 0.3mL 试液滴在平铺于玻璃片的滤纸片上，放置 20min，在红外线灯下烘干，待测。

【标准曲线绘制】

混合稀土氧化物系列标准溶液制备　根据各元素含量范围配制系列标准溶液，各标准溶液稀土总浓度为 100mg/mL。按实验方法制备样片。

建立方法，设置参数、分析谱线、测量时间，将各稀土元素浓度值添加到标样表，测量标样，算出各元素间的谱线重叠干扰系数，绘制标准曲线。

测定　将分析样片正面向下放置在样杯中，装入 X 射线荧光光谱仪进样器，选择方法，输入样品编号进行测定，由计算机给出分析结果。

【分析结果计算】

选择归一化数据处理方式计算各稀土氧化物配分量（%）：

$$C_i = \frac{w_i}{\sum w_j} \times 100\% \tag{6-4}$$

式中，C_i 为归一化后待测元素氧化物的配分量；w_i 为待测元素的氧化物含量；$\sum w_j$ 为各稀土元素氧化物含量之和。

按式（6-5）计算归一化后待测元素单质的配分量（%）：

$$P_i = \frac{k_i w_i}{\sum (k_i w_i)} \times 100\% \tag{6-5}$$

式中，P_i 为归一化后待测元素的配分量；w_i 为待测元素的氧化物含量；k_i 为各元素单质与其氧化物的换算系数。

【注意事项】

（1）为保证低含量元素测量的准确性，测定后各元素质量分数之和应在 90~110 之间，否则需重新浓缩或稀释。

（2）可用移液管代替微量移液器。

（3）可用 EXCEL 软件进行归一化数据处理，计算各稀土元素配分量。

6.1.3.2 电感耦合等离子体发射光谱法

【适用范围】

本方法适用于钕铁硼合金中 15 个稀土元素配分量的测定。测定范围见表 6-4。

表6-4 测定范围

元素	质量分数/%	元素	质量分数/%
La	0.10~5.00	Dy	5.00~30.00
Ce	0.10~12.50	Ho	0.10~5.00
Pr	0.50~30.00	Er	0.10~0.50
Nd	0.50~75.00	Tm	0.10~0.50
Sm	0.10~7.50	Yb	0.10~0.50
Eu	0.10~0.50	Lu	0.10~0.50
Gd	0.50~15.00	Y	0.10~12.50
Tb	0.50~7.50		

【方法提要】

试样以王水溶解，在稀酸介质中，采用纯试剂标准曲线进行校正，以氩等离子体激发进行光谱测定，从标准曲线中求得各测定元素含量。

【试剂与仪器】

（1）盐酸（$\rho = 1.19 g/cm^3$）；

（2）硝酸（$\rho = 1.42 g/cm^3$）；

（3）镨、钕标准溶液：1mL 分别含 1000μg 镨、钕（5%盐酸介质）；

（4）镧、铈、镨、钐、铕、钆、铽、镝、钬、铒、铥、镱、镥和钇标准溶液：1mL 含 50μg 各稀土元素（5%盐酸或硝酸介质）；

（5）氩气（>99.99%）；

（6）电感耦合等离子体发射光谱仪，倒线色散率不大于 0.26nm/mm。

【分析步骤】

根据钕铁硼合金中稀土量，称取 0.5g 试样溶解样品于 150mL 烧杯中，缓慢加入 15mL 盐酸及 5mL 硝酸，加热至试样完全溶解，取下，冷却至室温，移入 200mL 容量瓶中，以水稀释至刻度，混匀。分取试液，使稀土总量控制在 50~100μg/mL 之间，待测。

【标准曲线绘制】

在 6 个 100mL 容量瓶中分别加入不同浓度、不同体积的各稀土元素标准溶液，配制成系列标准溶液，标准溶液浓度见表 6-5。

表6-5 标准溶液质量浓度

标液编号	质量浓度/μg·mL⁻¹							
	La	Ce	Pr	Nd	Sm	Eu	Gd	Tb
1	15	7.5	35	0	10	2	0	10
2	5	5	20	13.5	5	1.5	20	5
3	2	2	10	23	2	1	10	2
4	1	1	5	61.5	1	0.5	5	1
5	0.5	0.5	1	88.5	0.5	0.1	2	0.5
6	0	0	0	98	0	0	1	0

标液编号	质量浓度/μg·mL⁻¹						
	Dy	Ho	Er	Tm	Yb	Lu	Y
1	0	5	2	2	2	2	7.5
2	10	4	1.5	1.5	1.5	1.5	5
3	40	2	1	1	1	1	2
4	20	1	0.5	0.5	0.5	0.5	1
5	5	0.5	0.1	0.1	0.1	0.1	0.5
6	1	0	0	0	0	0	0

注：表中稀土元素以氧化物计。

将标准溶液与试样溶液一起于表6-6所示分析波长处，进行氩等离子体光谱测定。

表6-6 测定元素波长

元素	分析线/nm	元素	分析线/nm
La	333.749	Dy	387.212，340.780
Ce	413.380	Ho	341.646
Pr	440.884	Er	369.265
Nd	445.157	Tm	384.802
Sm	442.435	Yb	369.420
Eu	412.970	Lu	261.542
Gd	342.247	Y	371.029
Tb	332.440		

【分析结果计算】

按式（6-6）计算各稀土元素的配分量（%）：

$$w = \frac{k_i \rho_i}{\sum k_i \rho_i} \times 100\% \tag{6-6}$$

式中，ρ_i 为分析试液中各稀土元素的质量浓度，$\mu g/mL$；$\sum \rho_i$ 为各稀土元素的质量浓度之和，$\mu g/mL$；k_i 为各稀土元素单质与氧化物换算系数。

6.1.4 铁量的测定——重铬酸钾容量法

【适用范围】

本方法适用于钕铁硼合金中铁量的测定。测定范围：40.0%~70.0%。

【方法提要】

试料以盐酸溶解后，以钨酸钠为指示剂，用三氯化钛将三价铁还原成二价铁至生成"钨蓝"，再滴加重铬酸钾初调溶液氧化过量的三价钛，加入硫磷混酸，以二苯胺磺酸钠为指示剂，用重铬酸钾标准溶液滴定至紫色为终点。

【试剂与仪器】

（1）盐酸（$\rho = 1.19 g/cm^3$，1+1，1+9）；

（2）市售三氯化钛溶液（150~200g/mL）；

（3）三氯化钛溶液（1+19）：将市售三氯化钛溶液（150~200g/mL）用盐酸（1+9）稀释20倍，用时现配；

（4）硫酸（$\rho = 1.84 g/cm^3$）；

（5）磷酸（$\rho = 1.69 g/cm^3$）；

（6）硫酸（5+95）；

（7）钨酸钠溶液（250g/L）：称取25g钨酸钠溶于适量水中（若浑浊需过滤），加5mL磷酸，用水稀释至100mL，混匀；

（8）硫磷混酸：将300mL硫酸在不断搅拌下缓慢注入500mL水中，再加入300mL磷酸，用水稀释至1000mL，混匀；

（9）硫酸亚铁铵溶液（$(NH_4)_2Fe(SO_4)_2 \cdot 6H_2O$，$c \approx 0.06 mol/L$）；

（10）重铬酸钾标准溶液（$c = 0.01038 mol/L$）；

（11）重铬酸钾初调溶液（$c \approx 0.0030 mol/L$）；

（12）二苯胺磺酸钠指示剂（5g/L）。

【分析步骤】

准确称取0.1g试样置于300mL烧杯中，加30mL盐酸（$\rho = 1.19 g/cm^3$），盖上表面皿，加热试料溶解至完全，冷却至室温，移入250mL容量瓶中以水稀释至刻度，混匀。

准确移取试液10mL于300mL三角瓶中，用少量水吹洗烧杯内壁，加入1mL钨酸钠溶液（250g/L），滴加三氯化钛溶液（1+19）至溶液出现蓝色并过量1~2滴，用重铬酸钾初调溶液（$c \approx 0.0030 mol/L$）回滴至淡蓝色（不计读数）。加入

10mL 硫磷混酸、2 滴二苯胺磺酸钠指示剂，立即用重铬酸钾标准溶液（$c =$ 0.01038mol/L）滴定至紫色 30s 不消失为终点。

【分析结果计算】

按式（6-7）计算试样中铁的质量分数（%）：

$$w = \frac{c(V - V_0) \times 55.85 \times 6 \times 10^{-3}}{m} \times 100\% \tag{6-7}$$

式中，V 为滴定试液所消耗重铬酸钾标准溶液的体积，mL；V_0 为滴定空白试液消耗的重铬酸钾标准溶液体积，mL；c 为重铬酸钾标准溶液的浓度，mol/L；m 为试样质量，g；55.85 为铁的摩尔质量，g/mol；6 为重铬酸钾标准溶液与铁的相关系数。

【注意事项】

滴定与配制重铬酸钾标准溶液的温度应保持一致，否则应进行体积校正。温度每变化 1℃，溶液体积的相对变化率约为 0.02%，即当滴定温度每高于配制温度 1℃ 时，重铬酸钾标准溶液的浓度相对降低约 0.02%。

6.1.5　碳量的测定——高频-红外吸收法[2]

【适用范围】

本方法适用于钕铁硼合金中碳量的测定。测定范围：0.0050%~0.50%。

【方法提要】

试料在助熔剂存在下，于高频感应炉内，氧气氛中熔融燃烧，碳呈二氧化碳释出，以红外线吸收器测定。

【试剂与仪器】

（1）钨助熔剂；

（2）锡助熔剂；

（3）碳硫专用瓷坩埚：经 1000℃ 灼烧 2h，自然冷却后，置于干燥器中备用；

（4）高频-红外碳硫仪：功率 1.0~2.5kW，检测器灵敏度 0.1μg/g；

（5）氧气（≥99.5%）。

【分析步骤】

经空白校正及仪器校正标准曲线后，准确称取试样 0.10~0.50g，加入 1.2g 钨助熔剂、0.3g 锡助熔剂。将坩埚置于高频炉坩埚支架上，升到燃烧管内加热燃烧测定，由仪器显示试样中碳的分析结果。如仪器不能自动显示分析结果则按式（6-8）计算。

【分析结果计算】

按式（6-8）计算样品中碳的质量分数（%）：

$$w = w_2 - \alpha w_1 \tag{6-8}$$

式中，w_2 为测定后的碳含量，%；α 为助熔剂与实际称样量的比值；w_1 为空白试验碳含量，%。

【注意事项】

（1）按仪器工作条件测三次空白（坩埚+助熔剂），其相对标准偏差小于 15% 方可进行下一步。

（2）称取两个标样按仪器工作条件校正标准曲线。

（3）称取两份试样进行平行测定，如其测定值的相对误差不大于 10%，取其平均值报结果。

（4）试样制成屑状或每克 10 块以上的小块，取样后立即分析。

6.1.6　钕铁硼合金中氧、氮量的测定——脉冲-红外吸收及热导法[3]

【适用范围】

本方法适用于钕铁硼合金中氧、氮量的测定。测定范围：氧 0.0020% ~ 0.50%，氮 0.0020% ~ 0.10%。

【方法提要】

在惰性气氛下加热熔融石墨坩埚中的试料，试料中的氧呈二氧化碳析出，进入红外检测器中进行测定。氮呈氮气析出，进入热导检测器中进行测定。

【试剂与仪器】

（1）带盖镍囊；

（2）石墨坩埚；

（3）四氯化碳；

（4）高纯氦气（≥99.99%）；

（5）脉冲-氧氮分析仪：分析功率 5kW，检测器灵敏度 0.001μg/g。

【分析步骤】

称取试料 0.10~0.20g，加入带盖镍囊中，扣紧后装入氧氮仪进料器。输入试样质量，打开脉冲炉，将石墨坩埚置于下电极开始测定。随后下电极上升，坩埚脱气，进样，加热熔融，经气体提取、分离、检测，由仪器显示试样中氧、氮的分析结果。如仪器不能自动显示分析结果则按式（6-9）计算。

【分析结果计算】

按式（6-9）计算样品中氧（氮）的质量分数（%）：

$$w = w_1 - \alpha w_2 \tag{6-9}$$

式中，w_2 为空白试验氧（氮）质量分数，%；w_1 为带盖镍囊和试料中氧（氮）质量分数，%；α 为助熔剂与试料的质量比。

【注意事项】

（1）测定样品呈片状或块状，去皮、剪成小块，放入四氯化碳中清洗，测量前取出，快速吹干；测定样品呈粉状，直接加入带盖镍囊测定。

（2）按仪器工作条件测三次空白（坩埚+助熔剂），其相对标准偏差小于15%方可进行下一步。

（3）在0.010%~0.50%范围内选择三个合适的钢或钛合金标样，按仪器工作条件校正标准曲线。

（4）称取两份试样进行平行测定，如其测定值的相对误差不大于10%，取其平均值报结果。

（5）金属试样制成屑状或每克10块以上的小块，取样后立即分析。

6.1.7　氢量的测定——脉冲-热导法

【适用范围】

本方法适用于钕铁硼合金中总氢量的测定。测定范围：0.00010%~0.020%。

【方法提要】

在惰性气氛下加热熔融石墨坩埚中的试料，试料中的氢呈氢气析出，进入热导检测器中进行测定。

【试剂与仪器】

（1）带盖镍囊；

（2）石墨坩埚；

（3）分子筛；

（4）Schutze试剂；

（5）脉冲-氧氮氢分析仪（或定氢仪）：分析功率2.5kW，检测器灵敏度0.001μg/g；

（6）四氯化碳；

（7）氩气（>99.99%）。

【分析步骤】

称取试料0.20~0.40g，加入带盖镍囊中，扣紧后装入氧氢仪进料器。输入试样质量，打开脉冲炉，将石墨坩埚置于下电极开始测定。随后下电极上升，坩埚脱气，进样，加热熔融，经气体提取、分离、检测，由仪器显示试样中氢的分析结果。如仪器不能自动显示分析结果则按式（6-10）计算。

【分析结果计算】

按式（6-10）计算样品中氢的质量分数（%）：

$$w = w_2 - \alpha w_1 \tag{6-10}$$

式中，w_1为空白试验氢含量，%；w_2为带盖镍囊和试料中氢含量，%；α为带盖镍囊与试料的质量比（在1.2~2.0之间）。

【注意事项】

（1）测定样品呈片状或块状，去皮、剪成小块，放入四氯化碳中清洗，测量前取出，快速吹干；测定样品呈粉状，直接加入带盖镍囊测定。

（2）按仪器工作条件测三次空白（坩埚+助熔剂），其相对标准偏差小于15%方可进行下一步。

（3）在 0.00010%～0.020% 范围内选择三个合适的标样，按仪器工作条件校正标准曲线。

（4）金属试样制成屑状或每克 10 块以上的小块，取样后立即分析。

（5）高纯氩气可以由高纯氮气代替，动力气使用普通氮气。

6.1.8　硅含量的测定——硅钼蓝分光光度法

【适用范围】

本方法适用于钕铁硼合金中硅含量的测定。测定范围：0.010%～4.0%。

【方法提要】

试样由盐酸分解，在弱酸性溶液中硅酸与钼酸铵生成硅钼黄杂多酸，在草-硫混酸存在下，用硫酸亚铁铵还原成硅钼蓝，于分光光度计波长 660nm 处，用 1cm 比色皿进行测定。

【试剂与仪器】

（1）盐酸（$\rho = 1.19g/cm^3$，优级纯，1+1，1+4）；

（2）氨水（1+4）；

（3）硫酸（1mol/L）；

（4）草酸-硫酸混合溶液：将 6g 草酸溶于 500mL 水中，缓慢加入 100mL 硫酸；

（5）硫酸亚铁铵（60g/L）：称取 6g 硫酸亚铁铵溶解于 100mL 5% 硫酸介质（不要加热），如有浑浊，需过滤后使用；

（6）钼酸铵溶液（50g/L，优级纯）；

（7）对硝基酚指示剂溶液（2g/L）；

（8）二氧化硅标准溶液（2μg/mL）；

（9）722 分光光度计。

【分析步骤】

准确称取 0.2g 试样置于 100mL 烧杯中，加 10mL 浓盐酸于低温溶解，稍冷移至 100mL 容量瓶中定容。

准确移取 5.0mL 试液于 100mL 容量瓶中，加 15mL 水、2 滴对硝基酚，用氨水（1+4）调至溶液呈黄色，再用硫酸（1mol/L）调至黄色刚消失并过量 3mL，加入 5mL 钼酸铵，放置 10min，于试液中加 30mL 水、20mL 草硫混酸，立即加入 5mL 硫酸亚铁铵，以水稀释至刻度混匀，放置 10min。

移取试液于 1cm 比色皿中，以试样空白为参比，于分光光度计波长 660nm

处测量其吸光度。从标准曲线上查得相应的二氧化硅量。

【标准曲线绘制】

准确移取 0、0.5、1.0、2.0、3.0、3.5mL 二氧化硅标准溶液于 100mL 容量瓶中，以下按上述分析步骤操作。移取试液于 1cm 比色皿中，以试剂空白为参比，于分光光度计波长 660nm 处测量其吸光度。以吸光度为纵坐标、二氧化硅量为横坐标，绘制标准曲线。

【分析结果计算】

按式（6-11）计算样品中硅的质量分数（%）：

$$w = \frac{m_1 V \times 0.4674 \times 10^{-6}}{V_0 m} \times 100\% \tag{6-11}$$

式中，m_1 为由标准曲线上查出的二氧化硅的质量，μg；V 为分析试液的总体积，mL；V_0 为分取试液的体积，mL；m 为试样的质量，g；0.4674 为二氧化硅换算成硅的系数。

【注意事项】

（1）钼酸铵加入后一般放置 5~10min，使钼黄发色完全，但放置时间过长有褪色现象。

（2）加入草-硫混酸后，应立即加入亚铁，因草酸能破坏硅钼黄而使结果偏低。

6.1.9　氯根量的测定——硝酸银比浊法

【适用范围】

本方法适用于钕铁硼中氯根量的测定。测定范围：0.0050%~0.50%。

【方法提要】

试样以稀硝酸溶解，在稀硝酸介质中，氯离子与银离子生成均匀而细小的氯化银胶体，在稳定剂丙三醇的存在下，于分光光度计波长 430nm 处进行比浊，在标准曲线上查得相应的氯量。

【试剂与仪器】

（1）硝酸（1+1，1+3）；

（2）过氧化氢（30%）；

（3）硝酸银（5g/L）；

（4）丙三醇（1+1）；

（5）氯标准溶液（20μg/mL）；

（6）分光光度计。

【分析步骤】

准确称取试样 0.5g 置于 100mL 烧杯中，加 5~10mL 硝酸（1+1），在低温电炉上加热溶解至清，冷却至室温。将溶液按表 6-7 移入容量瓶中。

表 6-7 移取体积

质量分数/%	总体积/mL	分取体积/mL	质量分数/%	总体积/mL	分取体积/mL
0.0050~0.010	—	—	>0.050~0.10	100	10
>0.010~0.050	50	10	>0.10~0.50	250	5

准确移取两份试液于 25mL 比色管中，补加 2mL 硝酸（1+1），加入 2mL 丙三醇。其中一份用水稀释至刻度，此溶液为补偿溶液；另一份加入 2mL 硝酸银，每加一种试剂需轻轻混匀，用水稀释至刻度，混匀。

将比色管放入 60~80℃的水浴中保温 15min，冷却至室温。将部分补偿溶液和部分试样溶液移入 3cm 比色皿中，以试剂空白作参比，于分光光度计波长 430nm 处，测量其吸光度，由标准曲线查出溶液中氯量。

【标准曲线绘制】

准确移取 0、0.5、1.0、2.0、3.0、4.0mL 氯标准溶液于 6 个 25mL 比色管中，以下按上述分析步骤进行，移取部分试液于 3cm 比色皿中，以试剂空白为参比，于分光光度计波长 430nm 处测量其吸光度，以氯浓度为横坐标、吸光度为纵坐标，绘制标准曲线。

【分析结果计算】

按式（6-12）计算试样中氯根的质量分数（%）：

$$w = \frac{(m_1 - m_0)V \times 10^{-6}}{V_0 m} \times 100\% \tag{6-12}$$

式中，m_1 为由标准曲线上查出的氯量，μg；m_0 为由标准曲线上查出的试样空白溶液中氯量，μg；V 为分析试液的总体积，mL；V_0 为分取试液的体积，mL；m 为试样的质量，g。

【注意事项】

如试液浑浊，需干过滤后进行比浊测定。

6.1.10 硼、铝、铜、钴、镁、硅、钙和镓的测定——电感耦合等离子体发射光谱法

【适用范围】

本方法适用于钕铁硼磁性材料中硼、铝、铜、钴、镁、硅、钙和镓的测定。测定范围见表 6-8。

表 6-8 测定范围

元素	质量分数/%	元素	质量分数/%
B	0.80~1.20	Ga	0.010~2.0
Al	0.010~2.0	Ca	0.010~0.50
Co	0.010~2.0	Mg	0.010~0.50
Cu	0.010~2.0	Si	0.020~0.50

【方法提要】

试样以盐酸溶解，在稀酸介质中，硼采用纯试剂标准曲线法进行校正，其余元素采用基体匹配法进行校正，以氩等离子体激发进行光谱测定，从标准曲线中求得各待测元素含量。

【试剂与仪器】

（1）盐酸（1+1）；

（2）硼、铝、钴、铜、镓、钙、镁、硅标准溶液：1mL 含 50μg 各元素（5%盐酸介质）；

（3）镨基体溶液：1mL 含 10mg 镨；

（4）钕基体溶液：1mL 含 50mg 钕；

（5）铁基体溶液：1mL 含 50mg 铁；

（6）氩气（>99.99%）；

（7）电感耦合等离子体发射光谱仪，倒线色散率不大于 0.26nm/mm。

【分析步骤】

准确称取 1.0g 试样于 200mL 烧杯中，缓慢加入 20mL 盐酸（1+1），低温加热至试样完全溶解，取下，冷却至室温，移入 200mL 容量瓶中，以水稀释至刻度，混匀。根据各元素含量，稀释不同倍数，待测（酸度为 2.5%）。

【标准曲线绘制】

在 4 个 50mL 容量瓶中分别加入 0、1.0、5.0、10.0mL 的硼标准溶液，加入 2.5mL 盐酸（1+1），以水稀释至刻度，混匀。此系列标准溶液浓度为 0、1.0、5.0、10.0μg/mL。

在 4 个 100mL 容量瓶中分别按基体元素比例加入镨、钕、铁，并分别加入不同浓度、不同体积各测定元素（除硼外）标准溶液，配制成系列标准曲线，标准曲线浓度见表6-9。

表 6-9　标准溶液质量浓度

标液编号	质量浓度/μg·mL^{-1}									
	Pr	Nd	Fe	Al	Co	Cu	Ga	Ca	Mg	Si
1	250	1250	3500	0	0	0	0	0	0	0
2	250	1250	3500	1.00	1.00	1.00	1.00	1.00	1.00	1.00
3	250	1250	3500	5.00	5.00	5.00	5.00	5.00	5.00	5.00
4	250	1250	3500	10.00	10.00	10.00	10.00	10.00	10.00	10.00

将标准溶液与试样液一起于表6-10所示分析波长处测定，用氩等离子体激发进行光谱测定。

表 6-10   测定元素波长

元素	分析线/nm	元素	分析线/nm
B	208.889	Ga	294.364
Al	396.152	Ca	393.366
Co	228.615	Mg	279.553
Cu	327.395	Si	251.611

【分析结果计算】

按式（6-13）计算各测定元素的质量分数（％）：

$$w = \frac{(\rho_0 - \rho_1) V \times 10^{-6}}{m} \times 100\% \tag{6-13}$$

式中，ρ_0 为分析试液中测定元素的质量浓度，$\mu g/mL$；ρ_1 为空白试液中测定元素的质量浓度，$\mu g/mL$；V 为分析试液的总体积（母液与分取倍数之积），mL；m 为试样质量，g。

【注意事项】

（1）当测定液的基体浓度等于或小于 2mg/mL 时，采用纯试剂标准曲线即可测定。

（2）溶样时，可加入过氧化氢助溶，也可加入硝酸溶解。

（3）溶样过程中，试液体积不可过少，以免硼、硅偏低。

（4）配制基体匹配的标准曲线时，需要扣除基体中测定元素的空白值，尤其是铝、钙、镁、硅。

6.1.11   铝、铜、钴、钒、铬、锰、镍、锌、镓和钛量的测定——电感耦合等离子体质谱法[4]

【适用范围】

本方法适用于钕铁硼磁性材料中铝、铜、钴、钒、铬、锰、镍、锌、镓、钛含量的测定。测定范围：0.0050%~0.50%。

【方法提要】

试样用硝酸溶解，在稀硝酸介质中，以氩等离子体为离子化源，以铯为内标进行校正，进行质谱测定。

【试剂与仪器】

（1）硝酸（优级纯，$\rho = 1.42g/cm^3$，1+99）；

（2）铯标准溶液：$1\mu g/mL$，1%硝酸介质；

（3）混合标准溶液：1mL 含铝、钴、铜、钒、铬、锰、镓、镍、锌、镓和钛各 $1\mu g$，1%硝酸介质；

（4）电感耦合等离子体质谱仪：质量分辨率（0.7±0.1）amu。

【分析步骤】

准确称取 0.1g 试样，于 150mL 小烧杯中，加入 10mL 去离子水和 5mL HNO$_3$，低温加热溶解清亮。取下冷却，转移至 100mL 容量瓶，定容，混匀。移取 1mL 溶液于 100mL 容量瓶中，加入 1mL 铯标准溶液，用硝酸（1+99）稀释至刻度，混匀。

【标准曲线绘制】

移取 0、0.20、0.50、1.0、5.0、10.0mL 混合标准溶液于一组 100mL 容量瓶中，加 1.00mL 铯标准溶液，用硝酸（1+99）稀释至刻度，混匀。此标准系列的各元素浓度为 0、2.0、5.0、10.0、50.0、100.0ng/mL。

将此系列标准溶液与试样液一起于电感耦合等离子体质谱仪测定条件下，测量待测元素 ^{27}Al、^{59}Co、^{65}Cu、^{51}V、^{52}Cr、^{53}Cr、^{55}Mn、^{69}Ga、^{60}Ni、^{66}Zn、^{47}Ti、^{49}Ti 的强度。将标准溶液的浓度直接输入计算机，用内标法校正非质谱干扰，并输出分析试液中待测元素的浓度。

【分析结果计算】

按式（6-14）计算各测定元素的质量分数（%）：

$$w = \frac{(\rho_1 - \rho_0)V_2 V_0 \times 10^{-9}}{mV_1} \times 100\% \qquad (6\text{-}14)$$

式中，ρ_1 为试液中待测元素的质量浓度，ng/mL；ρ_0 为空白试液中待测元素的质量浓度，ng/mL；V_0 为试液总体积，mL；V_1 为移取试液的体积，mL；V_2 为测定试液的体积，mL；m 为试样的质量，g。

6.1.12 钼、钨、铌、锆和钛量的测定[5]

6.1.12.1 电感耦合等离子体发射光谱法

【适用范围】

本方法适用于钕铁硼磁性材料中钼、钨、铌、锆和钛的测定。测定范围：0.010%~1.00%。

【方法提要】

试样以硝酸溶解，冒硫酸烟，在硫酸介质中，采用基体匹配法进行校正，以氩等离子体激发进行光谱测定，从标准曲线中求得各测定元素含量。

【试剂与仪器】

（1）硝酸（1+1）；

（2）硫酸（1+1）；

（3）盐酸（1+1）；

（4）钼、钨、铌、锆及钛标准溶液：1mL 含 50μg 各元素（5%氢氟酸介质，储存于塑料瓶中）；

（5）氩气（>99.99%）；

（6）电感耦合等离子体发射光谱仪，倒线色散率不大于 0.26nm/mm。

【分析步骤】

准确称取 0.25g 试样于 100mL 烧杯中，加入 5mL 硝酸（1+1），低温加热至试样完全溶解，取下。稍冷后加入 10mL 硫酸（1+1），低温加热至冒硫酸烟。取下，冷却，加水及 10mL 盐酸（1+1）溶解盐类，溶液澄清后移入 100mL 容量瓶中，以水稀释至刻度，混匀待测。

【标准曲线绘制】

在 5 个 100mL 容量瓶中分别按基体元素比例加入镨、钕、铁，并加入不同浓度、不同体积的各测定元素标准溶液，加 10mL（1+1）硫酸，配制成系列标准溶液。标准溶液浓度见表 6-11。

表 6-11　标准溶液质量浓度

标液编号	质量浓度/μg·mL^{-1}							
	Pr	Nd	Fe	Mo	W	Nb	Zr	Ti
1	187.5	562.5	1750	0	0	0	0	0
2	187.5	562.5	1750	0.50	0.50	0.50	0.50	0.50
3	187.5	562.5	1750	1.00	1.00	1.00	1.00	1.00
4	187.5	562.5	1750	5.00	5.00	5.00	5.00	5.00
5	187.5	562.5	1750	12.50	12.50	12.50	12.50	12.50

将标准溶液与试样液一起于表 6-12 所示分析波长处，用氩等离子体激发进行光谱测定。

表 6-12　测定元素波长

元素	Mo	W	Nb	Zr	Ti
分析线/nm	281.615	207.912	316.340	343.823	336.122

【分析结果计算】

按式（6-15）计算各测定元素的质量分数（%）：

$$w = \frac{\rho V \times 10^{-6}}{m} \times 100\% \tag{6-15}$$

式中，ρ 为分析试液中测定元素的质量浓度，μg/mL；V 为分析试液的总体积（母液与分取倍数之积），mL；m 为试样质量，g。

【注意事项】

（1）硫酸冒烟时，要不断摇动烧杯，否则盐类易迸溅，导致结果偏低。

（2）标准曲线最好每周配制，以免测定元素水解，使结果偏高。

（3）如不测定锆元素，可采用硝酸与氢氟酸溶样，过滤除去稀土基体，测定液中加入硼酸保护仪器进样系统，采用纯试剂标准曲线校正。

6.1.12.2　电感耦合等离子体质谱法

【适用范围】

本方法适用于钕铁硼磁性材料中钼、钨、铌、锆含量的测定。测定范围：0.0050%~0.50%。

【方法提要】

试样用硝酸分解，加氢氟酸沉淀分离稀土，在稀氢氟酸介质中，直接以电感耦合等离子体激发，进行质谱测定。

【试剂与仪器】

（1）硝酸（优级纯，$\rho = 1.42 g/cm^3$）；

（2）氢氟酸（优级纯，$\rho = 1.15 g/cm^3$，1+99）；

（3）过氧化氢（优级纯，30%）；

（4）铯标准溶液：$1 \mu g/mL$，1%硝酸介质；

（5）混合标准溶液：1mL 含钼、钨、铌、锆各 $1 \mu g$，1%氢氟酸介质；

（6）电感耦合等离子体质谱仪：质量分辨率（0.7±0.1）amu。

【分析步骤】

准确称取 0.1g 试样，置于 250mL 聚四氟烧杯中，加入 10mL 去离子水和 5mL HNO_3，低温加热溶解至清亮。加水至体积为 100mL，边搅拌边加入 8mL 氢氟酸，60~70℃保温 15min，取下冷却，将溶液和沉淀一起转入 100mL 塑料容量瓶中，定容，混匀。

慢速滤纸干过滤，移取 1mL 溶液于 100mL 容量瓶中，加入 0.5mL HF 和 1.0mL 铯标准溶液，定容，摇匀待测。

【标准曲线绘制】

移取 0、0.2、0.5、1.0、5.0、10.0mL 混合标准溶液于一组 100mL 塑料容量瓶中，加 1.0mL 铯标准溶液，用氢氟酸（1+99）稀释至刻度，混匀。此标准系列溶液各元素浓度为 0、2.0、5.0、10.0、50.0、100.0ng/mL。

将此系列标准溶液与试样液一起在电感耦合等离子体质谱仪测定条件下，测量 ^{98}Mo、^{194}W、^{93}Nb、^{90}Zr 同位素强度，将标准溶液的浓度直接输入计算机，用内标法校正非质谱干扰，并输出分析试液中钼、钨、铌、锆的浓度。

【分析结果计算】

按式（6-16）计算各测定元素的质量分数（%）：

$$w = \frac{\rho V_2 V_0 \times 10^{-9}}{m V_1} \times 100\% \tag{6-16}$$

式中，ρ 为试液中钼、钨、铌、锆的质量浓度，ng/mL；V_0 为试液总体积，mL；

V_1 为移取试液的体积，mL；V_2 为测定试液的体积，mL；m 为试样的质量，g。

【注意事项】

（1）氢氟酸不能加多，否则锆含量偏低。

（2）如果只测锆元素，可用硫酸冒烟测定。

（3）如果仪器无耐氢氟酸雾化器，需加硼酸溶液保护。

6.2 钐钴磁性材料

6.2.1 钐、钴、铜、铁、锆、镨和钆的测定[6]

6.2.1.1 电感耦合等离子体发射光谱法

【适用范围】

本方法适用于钐钴磁性材料中钐、钴、铜、铁、锆、镨和钆的测定。测定范围见表 6-13。

表 6-13 测定范围

元素	质量分数/%	元素	质量分数/%
Sm	20.0~50.0	Zr	0.10~5.0
Co	40.0~80.0	Pr	0.10~5.0
Cu	0.10~10.0	Gd	0.10~10.0
Fe	0.10~20.0		

【方法提要】

试样以硝酸、硫酸溶解，在稀盐酸介质中，采用纯试剂标准曲线法进行校正，以氩等离子体激发进行光谱测定，从标准曲线中求得各测定元素含量，进行归一化处理。

【试剂与仪器】

（1）盐酸（$\rho = 1.19\text{g/cm}^3$）；

（2）硝酸（$\rho = 1.42\text{g/cm}^3$）；

（3）硫酸（$\rho = 1.84\text{g/cm}^3$）；

（4）铜、铁、锆、镨、钆标准溶液：1mL 含 50μg 各元素（5%盐酸介质）；

（5）钐、钴标准溶液：1mL 含 500μg 各元素（5%盐酸介质）；

（6）氩气（>99.99%）；

（7）电感耦合等离子体发射光谱仪，倒线色散率不大于 0.26nm/mm。

【分析步骤】

准确称取 0.20g 试样于 100mL 烧杯中，加入 5mL 硝酸及 5mL 硫酸，低温加热至试样完全溶解并冒硫酸烟，取下，冷却至室温。移入 100mL 容量瓶中，以水稀释至刻度，混匀。将此溶液稀释 100 倍，用水稀释至刻度，摇匀待测。

【标准曲线绘制】

在 4 个 100mL 容量瓶中分别加入不同浓度、不同体积的各测定元素标准溶液，配制成系列标准溶液。标准溶液浓度见表 6-14。

表 6-14　标准溶液质量浓度

标液编号	质量浓度/μg·mL⁻¹						
	Sm	Co	Cu	Fe	Zr	Gd	Pr
1	20.0	80.0	0	0	0	0	0
2	35.0	60.0	1.00	2.00	0.50	1.00	0.50
3	50.0	40.0	2.50	5.00	1.25	2.50	1.25
4	15.0	35.0	10.00	20.00	5.00	10.00	5.00

将标准溶液与试样液一起于表 6-15 所示分析波长处，用氩等离子体激发进行光谱测定。

表 6-15　测定元素波长

元素	Sm	Co	Cu	Fe	Zr	Pr	Gd
分析线/nm	442.434	228.615	324.754	259.940	339.198	414.311	342.246

【分析结果计算】

按式（6-17）计算各测定元素配分量的质量分数（%）：

$$w = \frac{\rho_i}{\sum \rho} \times 100\% \tag{6-17}$$

式中，ρ_i 为分析试液中各测定元素的质量浓度，μg/mL；$\sum \rho$ 为各测定元素的质量浓度之和，μg/mL。

6.2.1.2　熔融片—X 射线荧光法

【适用范围】

本方法适用于钐钴合金中钐、钴、铜、铁、锆、钆、镨量的 X 射线荧光光谱测定。各元素的测定范围见表 6-16。

表 6-16　测定范围

元素	质量分数/%	元素	质量分数/%
Sm	20.0~50.0	Zr	0.10~5.0
Co	40.0~80.0	Gd	0.10~10.0
Cu	0.10~10.0	Pr	0.10~10.0
Fe	0.10~18.0		

【方法提要】

试样于铂-黄金坩埚内用浓硝酸预氧化后，加入无水四硼酸锂和偏硼酸锂混合熔剂，以溴化铵为脱模剂，在熔样机内于1050℃熔融，制成玻璃样片，选择适当的数学模型校正元素间基体效应，用X射线荧光光谱法测定。

【试剂与仪器】

(1) 稀土氧化物：Pr_6O_{11}、Sm_2O_3、Gd_2O_3，纯度大于99.99%、总量大于99.5%；

(2) 三氧化二钴 (99.99%)；

(3) 氧化铜 (99.99%)；

(4) 三氧化二铁 (99.99%)；

(5) 二氧化锆 (99.99%)；

(6) 钐钴合金：去皮破碎后磨制成粉 (<120μm)；

(7) 无水四硼酸锂：在105℃烘2h；

(8) 偏硼酸锂：在105℃烘2h；

(9) 无水四硼酸锂和偏硼酸锂混合熔剂：无水四硼酸锂与偏硼酸锂质量比为2:1；

(10) 自动电热熔样机、高频电感熔样机或自动火焰熔样机；

(11) 铂黄坩埚 (95%Pt、5%Au)：要求坩埚底面及内壁平整光滑；

(12) 硝酸 ($\rho = 1.42g/cm^3$)；

(13) 溴化铵溶液：称取在105℃烘2h的溴化铵4.00g，置于250mL烧杯中，加水溶解，溶液移入200mL容量瓶中，用水稀释至刻度，混匀，此溶液1mL含20mg溴化铵；

(14) 氩甲烷气 (氩90%，甲烷10%)；

(15) 顺序式X射线荧光光谱仪，最大使用功率不小于3kW。

【分析步骤】

试样片的制备　准确称取钐钴合金试样0.8000g于铂黄坩埚中，用移液管吸取3.5mL浓硝酸，沿埚壁缓缓加入铂黄坩埚，使试样低温氧化溶解。待反应停止后在电热板上蒸至近干。取下冷却，加入7.0000g无水四硼酸锂和偏硼酸锂混合熔剂、0.7mL溴化铵溶液。将坩埚放入已加热到1050℃的熔样机内熔融20min，取出坩埚，置于水平耐火材料板上冷却至室温，将已成型玻璃样片与坩埚剥离、编号待测。

【标准曲线绘制】

根据钐钴合金中钐、钴、铜、铁、锆、钆、镨的含量范围，制备成金属总量为0.8000g的系列混合标准样品，见表6-17。配制标准样片所需氧化物量见表6-18。如同以上操作制成样片，在仪器工作条件下测定X射线荧光强度，校正基体吸收增强效应，绘制成标准曲线。

表 6-17　标准样品配分表　（%）

混合标准样品	Sm	Co	Cu	Fe	Zr	Pr	Gd
标1	50.00	38.00	0.00	12.00	0.00	0.00	0.00
标2	35.00	50.00	0.00	15.00	0.00	0.00	0.00
标3	27.00	55.00	0.00	18.00	0.00	0.00	0.00
标4	25.00	35.00	10.00	10.00	0.00	10.00	10.00
标5	45.00	30.00	5.00	5.00	5.00	5.00	5.00
标6	40.00	45.00	3.00	3.00	3.00	3.00	3.00
标7	33.00	62.00	1.00	1.00	1.00	1.00	1.00
标8	30.00	68.00	0.40	0.40	0.40	0.40	0.40
标9	24.00	75.00	0.20	0.20	0.20	0.20	0.20
标10	19.50	80.00	0.10	0.10	0.10	0.10	0.10

表 6-18　标准样品氧化物加入量

元素		Sm	Co	Cu	Fe	Zr	Pr	Gd
氧化物		Sm_2O_3	Co_2O_3	CuO	Fe_2O_3	ZrO_2	Pr_6O_{11}	Gd_2O_3
氧化物加入量/g	标1	0.4638	0.4277	0.0000	0.1373	0.0000	0.0000	0.0000
	标2	0.3247	0.5628	0.0000	0.1716	0.0000	0.0000	0.0000
	标3	0.2503	0.6191	0.0000	0.2059	0.0000	0.0000	0.0000
	标4	0.2319	0.3940	0.1001	0.1144	0.0000	0.0967	0.0922
	标5	0.4175	0.3377			0.2557[1]		
	标6	0.3711	0.5065			0.1534[1]		
	标7	0.3061	0.6979			0.0511[1]		
	标8	0.2783	0.7654			0.0205[1]		
	标9	0.2226	0.8442			0.0102[1]		
	标10	0.1809	0.9005			0.0051[1]		

① 五种氧化物合量。

测定　将制备的样片放入样品杯，按仪器工作条件进行测定，由计算机给出分析结果。仪器测定条件见表 6-19。

表 6-19   仪器测定条件

元素	谱线	探测器	峰位/(°)	背景偏角 1/(°)	背景偏角 2/(°)	PHD
Sm	Lα	FC	66.2524	−0.7220		33~68
Co	Kβ	FC	47.4892	−0.6920		37~67
Cu	Kα	FC	45.0174	0.7830		38~66
Fe	Kα	FC	57.5304	−0.7316		35~65
Zr	Kα	SC	22.5062	−0.5914	0.5702	30~66
Gd	Lα	FC	61.1186	0.8600		33~68
Pr	Lα	FC	75.4544	−0.6924		33~68

【分析结果计算】

选择归一化数据处理方式计算各元素含量（%）：

$$C_i = \frac{w_i}{\sum w_j} \times 100\% \tag{6-18}$$

式中，C_i 为归一化后待测元素的量，%；w_i 为测得待测元素的含量，%；$\sum w_j$ 为测得各元素含量之和，%。

【注意事项】

（1）每个样品制备 2 片样片。

（2）本实验所用熔样机为电热式，高频式与燃气式熔样机可适当改变熔样温度和时间。

（3）熔样机在熔样过程中自动摇摆、转动坩埚，将气泡赶尽，使样片均匀。

（4）钐钴合金熔片易裂，为提高成片率，所用铂黄坩埚要预先抛光。

（5）可用 EXCEL 软件进行归一化数据处理，计算各稀土元素配分量。

6.2.2   稀土总量的测定——草酸盐重量法

【适用范围】

本方法适用于钐钴合金中稀土总量的测定。测定范围：20.0%~45.0%。

【方法提要】

试样经硝酸、高氯酸分解，在氯化铵存在下，氨水沉淀稀土，分离钴、铜等。以盐酸溶解稀土，在 pH = 1.5~2.0 的条件下用草酸沉淀稀土，以分离铁。于 950℃灼烧，称其质量，计算稀土总量。

【试剂与仪器】

（1）氯化铵；

（2）盐酸（$\rho = 1.19 g/cm^3$，1+1）；

（3）氨水（$\rho = 0.90 g/cm^3$，1+1）；

（4）过氧化氢（30%）；

（5）氯化铵-氨水洗液：100mL 水中含 2g 氯化铵和 2mL 氨水；

（6）硝酸（$\rho = 1.42g/cm^3$）；

（7）高氯酸（$\rho = 1.67g/cm^3$）；

（8）草酸溶液（100g/L）；

（9）间甲酚紫（1g/L，乙醇介质）；

（10）草酸洗液（2.0g/L）。

【分析步骤】

准确称取试样 2g 置于 300mL 烧杯中，加 20mL 硝酸、2 滴过氧化氢及 10mL 高氯酸，低温加热至冒高氯酸烟，待试料溶解完全，蒸至近干。

取下，稍冷后，加入 3mL 盐酸（1+1），用水吹洗杯壁，加热使盐类溶解至清，冷却后，定容于 100mL 容量瓶中，混匀。

将试液干过滤，分取 20mL 滤液于 250mL 烧杯中，加 2g 氯化铵，以水稀释至约 100mL，加热至近沸，在不断搅拌下滴加氨水（1+1），至沉淀刚出现，加 0.1mL 过氧化氢，搅拌。加入 20mL 氨水（1+1），煮沸。取下稍冷，用中速定量滤纸过滤，用氯化铵-氨水洗液洗涤烧杯 2~3 次、洗涤沉淀 6~8 次，弃去滤液。

将沉淀连同滤纸放入原 300mL 烧杯中，加 30mL 硝酸、10mL 高氯酸，加热使沉淀和滤纸溶解完全，继续加热至冒高氯酸白烟，并蒸至近干。取下，稍冷后，加入 3mL 盐酸（1+1），用水吹洗杯壁，加热溶解至清，再次进行氨水沉淀稀土，分离钴、铜等。

将沉淀和滤纸放于原烧杯中，加 20mL 盐酸（1+1），破坏滤纸。用水洗杯壁，加热水至 100mL，煮沸，取下，加 20mL 近沸的草酸溶液，加 4~6 滴间甲酚紫溶液，用氨水（1+1）、盐酸（1+1）和精密 pH 试纸调节 pH ≈ 1.8~2。于 80~90℃ 保温 40min，冷却至室温，放置 2h 以上。用定量慢速滤纸过滤，用草酸洗液洗涤烧杯 2~3 次，并用小片滤纸擦净烧杯，将沉淀完全转移至滤纸上，洗涤沉淀和滤纸 7~8 次。将沉淀连同滤纸放入已恒重的铂坩埚中，低温灰化完全。将铂坩埚于 950℃ 马弗炉中灼烧 40min，取出，置于干燥器中，冷却至室温，称其质量，重复操作，直至恒重。

【分析结果计算】

按式（6-19）计算试料中稀土总量的质量分数（%）：

$$w = \frac{(m_1 - m_2)V_1 R}{m_0 V} \times 100\% \tag{6-19}$$

式中，m_1 为铂坩埚及烧成物的质量，g；m_2 为铂坩埚的质量，g；m_0 为试样的质量，g；V 为试液总体积，mL；V_1 为分取试液体积，mL；R 为氧化钐换算成钐的换算系数（0.8624）。

【注意事项】

如果合金中还有其他稀土元素，需用 ICP-OES 测定配分后，计算换算系数。

6.2.3　钙、铁量的测定

6.2.3.1　原子吸收分光光度法

【适用范围】

本方法适用于钐钴合金中钙、铁量的测定。测定范围：0.020%~0.50%。

【方法提要】

试样经王水分解，在稀酸介质中用空气-乙炔火焰于原子吸收分光光度计进行测定，采用标准曲线法测定铁的含量，采用标准加入法测定钙的含量。

【试剂与仪器】

(1) 盐酸（ρ=1.19g/cm³，1+1）；

(2) 硝酸（ρ=1.42g/cm³）；

(3) 过氧化氢（30%）；

(4) 铁、钙标准溶液：1mL 含 50μg 钙（5%盐酸介质）；

(5) 原子吸收分光光度计；钙、铁的空心阴极灯，仪器参数见表6-20。

表 6-20　仪器工作参数

元素	波长/nm	狭缝/nm	灯电流/mA	空气流量/L·min⁻¹	乙炔流量/L·min⁻¹	观测高度/mm
Ca	422.7	0.7	7	15.0	2.0	7
Fe	248.3	0.2	7	15.0	2.2	9

【分析步骤】

准确称取试样 1.0g 于 100mL 烧杯中，加入王水 20mL，于电炉上低温加热至试样完全分解，取下，冷却至室温，移入 50mL 容量瓶中，以水稀释至刻度，摇匀待测。

【标准曲线绘制】

铁标准溶液配制　于一系列 50mL 容量瓶中，加入铁标准溶液 0、1.00、3.00、5.00mL，加 5mL 盐酸（1+1），以水稀释至刻度，摇匀。

钙标准溶液配制　移取适量待测试液于一系列 50mL 容量瓶中，准确加入 1mL 含 50μg 钙的标准溶液 0、1.00、3.00、5.00mL，加 5mL 盐酸（1+1），以水稀释至刻度，摇匀。

(1) 以试剂空白调零，在空气-乙炔火焰，原子吸收分光光度计 248.3nm 波长处，同时测定试液及系列标准溶液，绘制标准曲线，从标准曲线求得待测试液中铁的浓度。

(2) 以试剂空白调零，在空气-乙炔火焰，原子吸收分光光度计 422.7nm 波长处，同时测定试液及系列标准溶液，绘制标准曲线，从标准曲线外推法求得待测试液中钙的浓度。

【分析结果计算】

按式（6-20）计算样品中钙、铁的质量分数（%）：

$$w = \frac{\rho V b \times 10^{-6}}{m} \times 100\% \tag{6-20}$$

式中，ρ 为由标准曲线计算得出的被测试液钙、铁的质量浓度，$\mu g/mL$；V 为被测试液体积，mL；b 为稀释倍数；m 为试样的质量，g。

【注意事项】

（1）如铁含量需分取适量体积后测定，保持盐酸浓度 5%。

（2）测定铁时，可采用氘灯或自吸收灯进行背景校正。

6.2.3.2　电感耦合等离子体发射光谱法

【适用范围】

本方法适用于钐钴磁性材料中铁、钙的测定。测定范围：0.010%~0.50%。

【方法提要】

试样以盐酸溶解，在稀酸介质中，采用纯试剂标准曲线法进行校正，以氩等离子体激发进行光谱测定，从标准曲线中求得各测定元素含量。

【试剂与仪器】

（1）盐酸（1+1）；

（2）铁、钙标准溶液：1mL 含 50μg 各元素（5%盐酸介质）；

（3）氩气（>99.99%）；

（4）电感耦合等离子体发射光谱仪，倒线色散率不大于 0.26nm/mm。

【分析步骤】

准确称取 0.5g 试样于 100mL 烧杯中，缓慢加入 10mL 盐酸（1+1），低温加热至试样完全溶解，取下，冷却至室温，移入 100mL 容量瓶中，以水稀释至刻度，混匀。根据各元素含量，稀释不同倍数（保持酸度为 2.5%），待测。

【标准曲线绘制】

在 4 个 50mL 容量瓶中分别加入 0、1.0、5.0、10.0mL 的铁标准溶液，0、0.5、1.0、5.0mL 的钙标准溶液，加入 2.5mL 盐酸（1+1），以水稀释至刻度，混匀。此系列标准溶液铁浓度为 0、1.00、5.00、10.00$\mu g/mL$，钙浓度为 0、0.50、1.00、5.00$\mu g/mL$。

将标准溶液与试样液一起于表 6-21 所示分析波长处，用氩电感耦合等离子体发射光谱仪进行测定。

表 6-21　测定元素波长

元素	Ca	Fe
分析线/nm	393.366	259.940，238.204

【分析结果计算】

按式（6-21）计算各测定元素的质量分数（%）：

$$w = \frac{(\rho_0 - \rho_1)V \times 10^{-6}}{m} \times 100\% \qquad (6\text{-}21)$$

式中，ρ_0 为分析试液中测定元素的质量浓度，$\mu g/mL$；ρ_1 为空白试液中测定元素的质量浓度，$\mu g/mL$；V 为分析试液的总体积（母液与分取倍数之积），mL；m 为试样质量，g。

【注意事项】

当测定液的基体浓度大于 $2mg/mL$ 时，需要进行基体效应的校正，当测定液的基体浓度等于或小于 $2mg/mL$ 时，采用纯试剂标准曲线即可测定。

6.2.4 氧量的测定——脉冲-红外吸收法[7]

【适用范围】

本方法适用于钐钴合金中氧量的测定。测定范围：0.010%~0.60%。

【方法提要】

在惰性气氛下加热熔融石墨坩埚中的试料，试料中的氧呈二氧化碳析出，进入红外检测器中进行测定。

【试剂与仪器】

(1) 带盖镍囊；

(2) 石墨坩埚；

(3) 四氯化碳；

(4) 氦气（≥99.99%）；

(5) 脉冲-氧氮分析仪：分析功率 5kW，检测器灵敏度 $0.001\mu g/g$。

【分析步骤】

试样用锉刀打磨去皮，剪成小块，用四氯化碳浸泡、清洗。测量前取出，快速吹干。称取试料 0.07~0.11g，加入带盖镍囊中，扣紧后装入氧氮仪进料器。输入试样质量，打开脉冲炉，将石墨坩埚置于下电极开始测定。随后下电极上升，坩埚脱气，进样，加热熔融，经气体提取、分离、检测，由仪器显示试样中氧、氮的分析结果。如仪器不能自动显示分析结果则按式（6-24）计算。

【分析结果计算】

按式（6-22）计算样品中氧的质量分数（%）：

$$w = w_2 - \alpha w_1 \qquad (6\text{-}22)$$

式中，w_1 为空白试验氧含量，%；w_2 为带盖镍囊和试料中氧含量，%；α 为带盖镍囊与试料的质量比（在 1.2~2.0 之间）。

【注意事项】

（1）按仪器工作条件测三次空白（坩埚+助熔剂），其相对标准偏差小于15%方可进行下一步。

（2）在0.010%~0.50%范围内选择三个合适的钢或钛合金标样，按仪器工作条件校正标准曲线。

（3）称取两份试样进行平行测定，如其测定值的相对误差不大于10%，取其平均值报结果。

（4）金属试样制成屑状或每克10块以上的小块，取样后立即分析。

6.3 稀土系贮氢材料

6.3.1 稀土总量的测定——草酸盐重量法

【适用范围】

本方法适用于贮氢合金中稀土总量的测定。测定范围：20.0%~50.0%。

【方法提要】

试样经酸分解，加氢氟酸沉淀稀土以分离铁、锰、镍等元素；用硝酸和高氯酸破坏滤纸和溶解沉淀，在氯化铵存在下，用氨水沉淀稀土分离钙、镁等元素；在pH=1.8~2.0的条件下用草酸沉淀稀土，以分离铁、铝、镍等，于950℃灼烧至恒重，称其质量，计算稀土总量。

【试剂与仪器】

（1）氯化铵；

（2）盐酸（$\rho=1.19\text{g/cm}^3$，1+1）；

（3）氨水（$\rho=0.90\text{g/cm}^3$，1+1）；

（4）过氧化氢（30%）；

（5）氯化铵-氨水洗液：100mL水中含2.0g氯化铵和2.0mL氨水；

（6）硝酸（$\rho=1.42\text{g/cm}^3$）；

（7）高氯酸（$\rho=1.67\text{g/cm}^3$）；

（8）氢氟酸（$\rho=1.15\text{g/cm}^3$）；

（9）氢氟酸-盐酸洗液（2+2+96）；

（10）草酸溶液（100g/L）；

（11）草酸洗液（2.0g/L）；

（12）甲酚红（2g/L）：称0.2g甲酚红溶于100mL 95%乙醇溶液。

【分析步骤】

准确称取2.0g试样置于250mL烧杯中，用少量水润湿试样，加20mL盐酸、10mL硝酸、5mL高氯酸，加热冒烟至近干，加10mL盐酸（1+1），加热使盐类溶解完全，冷却后，定容于100mL容量瓶中，混匀。

　　准确移取 20mL 待测液于 250mL 聚四氟乙烯烧杯中，补加热水至约 100mL，加少许纸浆，在不断搅拌下加入 15mL 氢氟酸。于沸水浴上保温 30~40min，每隔 10min 搅拌一次。取下，冷却至室温，用定量慢速滤纸过滤。用氢氟酸-盐酸溶液洗涤聚四氟乙烯烧杯 3~4 次（用滤纸片擦净烧杯），并洗涤沉淀和滤纸 8~10 次。

　　将沉淀和滤纸置于原玻璃烧杯中，加入 30mL 硝酸、15mL 高氯酸，破坏滤纸加热至冒高氯酸白烟，并蒸至近干。取下，稍冷后，加入 10mL 盐酸（1+1），用热水吹洗杯壁，加热使盐类溶解至清。加 3g 氯化铵，以水稀释至约 100mL，加热至近沸，在不断搅拌下滴加氨水（1+1），至沉淀刚出现，加 0.1mL 过氧化氢，搅拌。加入 20mL 氨水（1+1），煮沸。取下稍冷，用定量中速滤纸过滤，用氯化铵-氨水洗液洗涤烧杯 2~3 次、洗涤沉淀 6~8 次，弃去滤液。将沉淀和滤纸放于原烧杯中，加 20mL 盐酸（1+1），盖表面皿，溶解沉淀并破坏滤纸，用水洗杯壁，加热水至 100mL，煮沸，取下，加 30mL 近沸的草酸溶液，加 4~6 滴甲酚红溶液，用氨水（1+1）、盐酸（1+1）和精密 pH 试纸调节 pH=1.8~2，于 80~90℃保温 40min，冷却至室温，放置 2h 以上。

　　用定量慢速滤纸过滤，用草酸洗液洗涤烧杯 2~3 次，并用小片滤纸擦净烧杯，将沉淀完全转移至滤纸上，洗涤沉淀和滤纸 7~8 次。将沉淀连同滤纸放入已恒重的铂坩埚中，低温灰化完全。将铂坩埚于 950℃高温炉中灼烧 40min。取出，稍冷，置于干燥器中，冷却至室温，称其质量。重复操作，直至恒重。

【分析结果计算】

　　按式（6-23）计算稀土总量的质量分数（%）：

$$w = \frac{(m_1 - m_2)VK}{m_0 V_1} \times 100\% \tag{6-23}$$

式中，m_1 为铂坩埚及烧成物的质量，g；m_2 为铂坩埚的质量，g；m_0 为试样的质量，g；V 为试液总体积，mL；V_1 为分取试液体积，mL；K 为稀土氧化物换算成稀土金属的换算系数：

$$K = \sum K_i P_i \tag{6-24}$$

K_i 为各单一稀土氧化物在烧成物中所含稀土氧化物中所占的质量分数，%；P_i 为各稀土元素单质与其氧化物的换算系数。

【注意事项】

　　（1）甲酚红溶液也可用间甲酚紫溶液代替指示变色。

　　（2）K_i 按照 GB/T 16484.3—2009 十五个稀土元素配分的测定方法进行计算。

6.3.2　硅量测定——钼蓝分光光度法

【适用范围】

　　本方法适用于贮氢合金中硅量的测定。测定范围：0.0050%~0.50%。

【方法提要】

试样经王水溶解，在盐酸介质中，硅与钼酸铵形成硅钼杂多酸，用草-硫混酸消除磷、砷等干扰，用抗坏血酸还原硅钼杂多酸为硅钼蓝，于分光光度计波长800nm处测量其吸光度。

【试剂与仪器】

(1) 盐酸（$\rho = 1.19g/cm^3$，优级纯）；

(2) 氨水（优级纯，1+1）；

(3) 硝酸（$\rho = 1.42g/cm^3$，优级纯）；

(4) 硫酸（优级纯，1+5）；

(5) 草-硫混酸：1.0g草酸（优级纯）溶于100mL的硫酸（1+5）中；

(6) 抗坏血酸溶液（50g/L，现用现配）；

(7) 钼酸铵溶液（50g/L）；

(8) 对硝基酚指示剂（1g/L）；

(9) 硅标准溶液（5μg/mL）。

(10) 分光光度计。

【分析步骤】

根据含量，按表6-22准确称取样品于聚四氟乙烯烧杯中，用10mL水润湿，缓慢加入6mL盐酸、2mL硝酸，低温加热至试样溶解完全，并低温蒸发至溶液体积约2mL，稍冷，加入1mL盐酸，用水吹洗杯壁，低温加热至盐类溶解，冷却，移入250mL塑料容量瓶中，用水稀释至刻度，混匀。

表6-22 称样量

硅含量/%	0.0050~0.12	>0.12~0.25	>0.25~0.50
称样量/g	1.0	0.5	0.25

准确移取5mL试液两份于25mL比色管中，一份用水稀释至刻度，混匀；一份加入1滴对硝基酚指示剂，用氨水（1+1）调溶液至黄色，加入0.4mL硫酸（1+5），加入2.5mL钼酸铵溶液，室温放置15min，加入5mL草-硫混酸，立即加入2.5mL抗坏血酸，用水稀释至刻度，混匀，静置15min。

将第一份溶液移入1cm比色皿中，以水空白作参比，于分光光度计波长800nm处，测其吸光度，记录吸光度 A_1；将第二份溶液移入1cm比色皿中，以流程空白作参比，于分光光度计波长800nm处，测其吸光度，记录吸光度 A。

从标准曲线上查出吸光度为（$A-A_1$）相应的硅量，计算硅含量。

【标准曲线绘制】

准确移取0、0.20、1.0、2.0、3.0、5.0、6.0mL硅标准溶液于25mL比色管中，加入1滴对硝基酚指示剂，以下按上述分析步骤操作。以吸光度为纵坐标、硅量为横坐标，绘制标准曲线。

【分析结果计算】

按式（6-25）计算试样中硅的质量分数（%）：

$$w = \frac{m_1 V \times 10^{-6}}{mV_1} \times 100\% \tag{6-25}$$

式中，m_1 为自标准曲线上查得的硅量，μg；V 为试液总体积，mL；V_1 为移取试液体积，mL；m 为试样的质量，g。

【注意事项】

空白溶液有 2 份：1 份是流程空白，1 份是样品溶液自身空白。

6.3.3 碳量的测定——高频-红外吸收法

【适用范围】

本方法适用于贮氢合金中碳量的测定。测定范围：0.0050%~0.50%。

【方法提要】

试料在助熔剂存在下，于高频感应炉内，氧气氛中熔融燃烧，碳呈二氧化碳释出，以红外线吸收器测定。

【试剂与仪器】

（1）纯铁助熔剂；

（2）钨助熔剂；

（3）锡助熔剂；

（4）碳硫专用瓷坩埚：经 1000℃ 灼烧 2h，自然冷却后，置于干燥器中备用；

（5）高频-红外碳硫仪：功率 1.0~2.5kW，检测器灵敏度 0.001μg/g；

（6）氧气（≥99.5%）。

【分析步骤】

经空白校正及仪器校正标准曲线后，称取约 0.5g 纯铁助熔剂置于碳硫专用瓷坩埚中，准确称取 0.20~0.30g 试样，加入 0.9g 钨助熔剂、0.1g 锡助熔剂，再将坩埚置于高频炉坩埚支架上加热燃烧测定，由仪器显示试样中碳、硫的分析结果。如仪器不能自动显示分析结果则按式（6-26）计算。

【分析结果计算】

按式（6-26）计算样品中碳的质量分数（%）：

$$w = w_2 - \alpha w_1 \tag{6-26}$$

式中，w_1 为空白试验碳质量分数，%；w_2 为测定后碳质量分数，%；α 为助熔剂量与实际称样量的比值。

【注意事项】

（1）按仪器工作条件测三次空白（坩埚+助熔剂），其相对标准偏差小于

15%方可进行下一步。

（2）称取两个钢标样按仪器工作条件校正标准曲线。

（3）称取两份试样进行平行测定，如其测定值的相对误差不大于10%，取其平均值报结果。

（4）金属试样制成屑状或每克10块以上的小块，取样后立即分析。

6.3.4　镍量的测定——丁二酮肟重量法

【适用范围】

本方法适用于贮氢合金、贮氢电池废料中镍量的测定。测定范围：20.0%~60.0%。

【方法提要】

试样经酸分解，在氯化铵存在下，用氨水沉淀稀土、铁、锰、铝等元素。滤液在乙酸铵缓冲溶液中，以酒石酸作络合剂，在pH=6.0~6.4时，镍和丁二酮肟完全生成沉淀，与Co、Cu等元素分离。丁二酮肟镍经（145±5）℃烘箱中烘干至恒重。

【试剂与仪器】

（1）盐酸（$\rho=1.19g/cm^3$，1+1）；

（2）氨水（$\rho=0.90g/cm^3$，1+1）；

（3）氯化铵；

（4）过氧化氢（30%）；

（5）氯化铵-氨水洗液：100mL水中含2.0g氯化铵和2.0mL氨水；

（6）硝酸（$\rho=1.42g/cm^3$）；

（7）高氯酸（$\rho=1.67g/cm^3$）；

（8）酒石酸钠溶液（500g/L）；

（9）无水亚硫酸钠溶液（200g/L，用时现配）；

（10）丁二酮肟溶液（10g/L乙醇介质）；

（11）乙酸铵溶液（500g/L）。

【分析步骤】

准确称取2.0g试样置于250mL烧杯中，用少量水润湿试样，加20mL盐酸、10mL硝酸、5mL高氯酸，加热冒烟至近干。加5mL盐酸（1+1），加热使盐类溶解完全后，取下冷却，移入250mL容量瓶中，以水稀释至刻度，混匀。准确移取20mL待测液于250mL烧杯中，加3g氯化铵，以热水稀释至约100mL，加热至近沸，在不断搅拌下滴加氨水（1+1）至沉淀刚出现并过量20mL，加0.1mL过氧化氢，煮沸。取下稍冷，以中速滤纸过滤，氯化铵-氨水洗液洗涤烧杯2~3次、洗涤沉淀6~8次，弃去沉淀。

向滤液中加入30mL酒石酸钠溶液，以盐酸（1+1）调pH值至3.5左右，加入 20mL 无水亚硫酸钠溶液，搅拌片刻，放置 5min。加入丁二酮肟溶液，边搅边加 20mL 乙酸铵溶液，以盐酸（1+1）和氨水（1+1）调节溶液 pH=6.0~6.4，控制溶液总体积 400mL 左右，静置保温陈化 30min，冷却至室温。用已恒重的 4 号玻璃坩埚抽滤，用冷水洗涤烧杯和沉淀，将玻璃坩埚置于烘箱中于（145±5）℃烘箱中烘干，称重，重复操作，直至恒重。

【分析结果计算】

按式（6-27）计算镍的质量分数（%）：

$$w = \frac{(m_1 - m_2)V \times 0.2032}{m_0 V_1} \times 100\% \tag{6-27}$$

式中，m_1 为坩埚及烧成物的质量，g；m_2 为坩埚的质量，g；m_0 为试样的质量，g；V 为试液总体积，mL；V_1 为分取试液体积，mL；0.2032 为丁二酮肟镍和镍的换算系数。

【注意事项】

（1）丁二酮肟镍沉淀最合适为 pH=6.0~6.4，碱性太强，沉淀则会溶解。

（2）所用 4 号玻璃坩埚，使用前先用盐酸洗净，最后以抽滤洗净坩埚，然后在（145±5）℃烘箱中烘干，烘至恒重。

（3）按每 1mg Ni、Co、Cu 加入 0.6mL 丁二酮肟溶液计并过量 10mL。

（4）过滤速度不宜过快，切不可将沉淀吸干。

（5）防止过滤后沉淀吸干，洗涤时采用少量多次洗涤并使沉淀冲散为佳，洗涤用水总体积控制在 200mL 左右。

6.3.5　镍、镧、铈、镨、钕、钐、钇、钴、锰、铝、铁、镁、锌、铜分量的测定[8]

6.3.5.1　电感耦合等离子体发射光谱法

【适用范围】

本方法适用于贮氢材料中镧、铈、镨、钕、钐、钇、镍、钴、锰、铝、铁、镁、锌及铜的测定。测定范围见表 6-23。

表 6-23　测定范围

元素	质量分数/%	元素	质量分数/%
Ni	45.00~70.0	La	10.00~35.0
Ce	0.10~20.0	Pr	0.10~2.0
Nd	0.10~20.0	Sm	0.10~20.0
Y	0.10~5.0	Co	0.10~12.0
Mn	0.10~12.0	Al	0.10~3.0
Fe	0.10~5.0	Mg	0.10~5.0
Zn	0.10~0.50	Cu	0.10~15.0

【方法提要】

试样以盐酸溶解，在稀酸介质中，采用纯试剂标准曲线法进行校正，以氩等离子体激发进行光谱测定，从标准曲线中求得各测定元素含量，进行归一化处理。

【试剂与仪器】

（1）硝酸（1+1）；

（2）盐酸（1+1）；

（3）铈、镨、钕、钐、钇、钴、锰、铁、镁、锌、铜及铝标准溶液：1mL含 50μg 各元素（5%盐酸介质）；

（4）镧、镍标准溶液：1mL含 1mg 各元素（5%盐酸介质）；

（5）氩气（>99.99%）；

（6）电感耦合等离子体发射光谱仪，倒线色散率不大于 0.26nm/mm。

【分析步骤】

准确称取 0.50g 试样于 100mL 烧杯中，加入 5mL 水、5mL 硝酸（1+1）溶解，如有少量不溶物，可滴加 1~2mL 盐酸（1+1），加热溶解至样品完全分解，取下，冷却，移入 100mL 容量瓶中，用水稀释至刻度，混匀。

移取 2.0mL 于 100mL 容量瓶中，加入 2mL 盐酸（1+1），用水稀释至刻度，混匀。

【标准曲线绘制】

按照表 6-24 配制系列标准溶液，1%盐酸介质。

表 6-24　标准溶液质量浓度

元素	质量浓度/μg·L⁻¹						
	标1	标2	标3	标4	标5	标6	标7
Al	0.10	0.50	1.00	5.00	0		
Ce	10.00	20.00	5.00	2.50	0.25	0	0.50
Co	5.00	1.00	10.00	0.50	0.10	0	0.25
Cu	0.50	0.25	0.10	0	5.00	10.00	15.00
Fe	0.50	0.10	0.25	0	1.00	5.00	10.00
La	40.00	20.00	10.00	5.00	1.00	0	2.50
Mg	0.50	0.10	0.25	0	10.00	5.00	1.00
Mn	10.00	5.00	1.00	0.50	0.10	0	0.25
Nd	1.00	10.00	5.00	20.00	0.50	0.10	0
Ni	30.00	40.00	50.00	65.00	10.00	20.00	5.00
Pr	0.50	2.50	5.00	1.00	0.25	0.10	0
Sm	0.50	0.10	1.00	0	20.00	10.00	5.00
Y	0.50	0.10	0.25	0	1.00	10.00	5.00
Zn		0	0.10		0.25	0.50	1.00

将上述标准溶液与试样液一起于表 6-25 所示分析波长处，用氩等离子体激发进行光谱测定。

表 6-25　测定元素波长

元素	分析线/nm	元素	分析线/nm
Al	237.312，396.152	Mn	257.610，294.920
Ce	456.236，452.735，413.380，418.660	Nd	415.608，430.357，406.109，417.736
Co	228.616，231.160	Ni	352.453，231.604，341.476
Cu	324.754，327.396	Pr	410.072，414.311，422.293
Fe	239.563，259.940	Sm	428.079，443.432，388.529
La	387.164，379.478，408.671	Y	360.073，371.030
Mg	280.270，285.213	Zn	206.200，202.548

【分析结果计算】

按式（6-28）计算各测定元素配分量的质量分数（%）：

$$w = \frac{\rho_i}{\sum \rho} \times 100\% \tag{6-28}$$

式中，ρ_i 为分析试液中各测定元素的质量浓度，$\mu g/mL$；$\sum \rho$ 为各测定元素的质量浓度之和，$\mu g/mL$。

6.3.5.2　滤纸片—X 射线荧光光谱法[9]

【适用范围】

本方法适用于贮氢材料中镧、铈、镨、钕、钐、钇、镍、钴、锰、铝、铁、镁、锌及铜的测定。测定范围见表 6-23。

【方法提要】

试样用硝酸分解，以水定容，制成滤纸片薄样，选择适当的数学模型建立校正曲线，用 X 射线荧光光谱仪测定。

【试剂与仪器】

（1）硝酸（$\rho = 1.42 g/cm^3$，1+1）；

（2）过氧化氢（30%）；

（3）镧、镍基体溶液：1mL 分别含 50mg 镧、镍元素（硝酸介质）；

（4）铈、镨、钕、钐、钇、钴、锰、铁、镁、锌、铜及铝标准贮存溶液：1mL 分别含 20mg 各元素；

（5）铈、镨、钕、钐、钇、钴、锰、铁、镁、锌、铜及铝标准溶液：此溶液总浓度 20mg/mL，1mL 含铈、镨、钕、钐、钇、钴、锰、铝、铁、镁、锌、铜各 1.6667mg。

（6）塑料环托：内径 35mm，外径 50mm，高 8mm。

（7）锡片（ϕ50mm）：铝、锰、铁、钴、镍、铜、锌质量分数小于 0.01%。样品杯不含铝、锰、铁、钴、镍、铜、锌时不需要。

（8）氩甲烷气：含 90% 的氩，10% 的甲烷；

（9）滤纸片（ϕ50mm）：中速定量滤纸。

（10）X 射线荧光光谱仪：Rh 靶端窗 X 射线管（最大功率 4kW）。

【分析步骤】

试样片的制备　称取 0.4g 试样于 50mL 烧杯中，缓慢滴加 6mL 硝酸，待反应停止后，滴加适量过氧化氢，低温加热至溶解完全，冷却，将溶液移入 10mL 容量瓶中，用水稀释至刻度，混匀。用微量移液器吸取 0.10mL 均匀滴在平铺于塑料环托上的滤纸片上，放置 10min，在红外线灯下烘干待测。

【标准曲线绘制】

标准系列样片分量见表 6-26。

表 6-26　测定元素分量

（%）

序号	Ni	La	Ce	Pr	Nd	Sm	Y	Co	Mn	Al	Fe	Mg	Zn
标 1	68.80	30.00	0.10	0.10	0.10	0.10	0.10	0.10	0.10	0.10	0.10	0.10	0.10
标 2	64.60	33.00	0.20	0.20	0.20	0.20	0.20	0.20	0.20	0.20	0.20	0.20	0.20
标 3	61.40	35.00	0.30	0.30	0.30	0.30	0.30	0.30	0.30	0.30	0.30	0.30	0.30
标 4	70.00	24.00	0.50	0.50	0.50	0.50	0.50	0.50	0.50	0.50	0.50	0.50	0.50
标 5	60.00	28.00	1.00	1.00	1.00	1.00	1.00	1.00	1.00	1.00	1.00	1.00	1.00
标 6	55.00	21.00	2.00	2.00	2.00	2.00	2.00	2.00	2.00	2.00	2.00	2.00	2.00
标 7	46.00	18.00	3.00	3.00	3.00	3.00	3.00	3.00	3.00	3.00	3.00	3.00	3.00
标 8	58.00	12.00			5.00	15.00	5.00					5.00	
标 9	52.00	15.00	10.00						12.00		5.00		
标 10	49.00	10.00	15.00		9.00			12.00	5.00				
标 11	42.00	26.00	6.00			5.00		6.00					
标 12	40.00		20.00		20.00	20.00							
标 13	39.00	9.00			15.00	10.00		9.00	8.00				

标准系列样片制备方法　按表 6-27 所示量分别加入各元素贮存液或混合标准贮存溶液于 50mL 烧杯中，低温蒸至 5mL 以下，冷却后移入 10mL 容量瓶中，用水稀释至刻度，混匀，此标准溶液溶质总量为 40mg/mL。用微量移液器吸取 0.10mL 均匀滴在平铺于塑料环托上的滤纸片上，放置 10min，在红外线灯下烘干待测。

表 6-27 标准溶液加入量　　　　　　　　　　　　　　　　（mL）

序号	Ni	La	混合	Ce	Nd	Sm	Y	Co	Mn	Fe	Mg	Cu
标 1	5.50	2.40	0.24									
标 2	5.17	2.64	0.48									
标 3	4.91	2.80	0.72									
标 4	5.60	1.92	1.20									
标 5	4.80	2.24	2.40									
标 6	4.40	1.68	4.80									
标 7	3.68	1.44	7.20									
标 8	4.64	0.96		0	1.00	3.00	1.00	0	0	0	1.00	0
标 9	4.16	1.20		2.00	0	0	0	0	2.40	1.00	0	1.20
标 10	3.92	0.80		3.00	1.80	0	0	2.40	1.00	0	0	0
标 11	3.36	2.08		1.20	0	1.00	0	1.20	0	0	0	3.00
标 12	3.20			4.00	4.00	4.00	0	0	0	0	0	0
标 13	3.12	0.72				2.00		1.80				2.00

将制备的标准样片放入样品杯，上覆锡片，按仪器工作条件测量，选定数学模型进行回归分析，绘制标准曲线。

将制备的试样片放入样品杯中间，上覆锡片，按仪器工作条件进行测定。

推荐仪器工作条件　样品杯自旋，真空光路，无滤光片，镁元素用粗准直器，其他元素用中准直器，峰位及背景测量时间均为 10s。其他条件见表 6-28。

表 6-28 仪器测定条件

元素	谱线	探测器	衍射晶体	管压/kV	管流/mA	峰位/(°)	背景偏角 1/(°)	背景偏角 2/(°)	LL	UL
Ni	$K\beta$	Flow	LiF200	60	30	43.7592	-0.755		40	60
La	$L\alpha$	Flow	LiF200	60	60	82.942	-0.94		35	65
Ce	$L\alpha$	Flow	LiF200	60	60	79.0416	-0.8448		35	65
Pr	$L\beta_1$	Flow	LiF200	60	60	68.273	-0.5336		35	65
Nd	$L\beta_1$	Flow	LiF200	60	60	65.1456	0.529		35	65
Sm	$L\beta_1$	Flow	LiF200	60	60	59.5398	0.6614		35	65
Y	$K\alpha$	Scint.	LiF200	60	60	23.7648	-0.6502	0.6326	30	70
Co	$K\alpha$	Flow	LiF200	60	60	52.8102	0.7666		35	65
Mn	$K\alpha$	Flow	LiF200	60	60	62.9968	-0.71		35	65
Al	$K\alpha$	Flow	PE002	30	120	144.969	2.0302		20	60

元素	谱线	探测器	衍射晶体	管压/kV	管流/mA	峰位/(°)	背景偏角1/(°)	背景偏角2/(°)	LL	UL
Fe	Kα	Flow	LiF200	60	60	57.5382	−0.416		35	65
Mg	Kα	Flow	PX1	30	120	22.3044	−1.346		30	70
Zn	Kα	Scint.	LiF200	60	60	41.7858	−0.7044	0.7348	30	70
Cu	Kα	Flow	LiF200	60	60	45.0246	0.7182		40	60

【分析结果计算】

按式（6-29）计算各待测元素分量（%）：

$$\rho_i = \frac{w_i}{\sum w_i} \times 100\% \tag{6-29}$$

式中，ρ_i 为样品中测定的元素 i 的分量，%；w_i 为测定的元素 i 的质量分数，%；$\sum w_i$ 为测定的各元素的质量分数之和，%。

6.3.5.3 粉末压片—X射线荧光光谱法

【适用范围】

本方法适用于储氢合金中 Ni、La、Ce、Pr、Nd、Co、Mn、Al、Cu 量的测定。测定范围：Ni 45.0%～55.0%，La 17.0%～23.0%，Ce 4.0%～9.0%，Pr 0.10%～1.50%，Nd 0.10%～4.00%，Co 0.10%～11.00%，Mn 0.10%～6.00%，Al 0.10%～2.00%，Cu 0.10%～7.00%。

【方法提要】

将适当粒度的试样粉末压片制备样片，用 X 射线荧光光谱法测定各稀土元素荧光强度。当基体成分变化不大时，荧光强度与样品中荧光元素的浓度成正比；当基体变化范围较大时，可进行基体效应校正，由标准曲线查得各元素的浓度值。

【试剂与仪器】

（1）硼酸（分析纯）；

（2）压片模具：内径33.0mm，外径40.0mm；

（3）氩甲烷气（甲烷10%）；

（4）顺序式 X 射线荧光光谱仪：最大使用功率不小于3kW；

（5）盘式磨样机：最大压力75MPa；

（6）半自动压样机：最大压力75MPa。

【分析步骤】

制样　用盘式磨样机将试样磨制为粒度小于65μm的粉末，称取试样2.0g，用半自动压样机及压片模具，以硼酸镶边垫底加压至40MPa，保压20s制成测试样片，编号待测。

【标准曲线绘制】

将标准样品按以上操作制成样片，在仪器工作条件下测定 X 射线荧光强度，用理论 α 系数法校正 Ni 元素的基体效应，用经验系数法校正 Co、La、Ce 元素间的吸收增强效应，绘制成标准曲线。

将试样片及标准样片放入试样杯中，用 X 射线荧光光谱仪测定，由计算机给出分析结果。

【注意事项】

（1）试料制成粉状，粒度不大于 65μm（过 230 目筛）。

（2）制成的试样片应表面光滑，无裂痕。试样粉末与镶边硼酸界线清晰，无硼酸沾污。

（3）标准样品从实际生产样品中选出，各元素的含量要有梯度，经过化学法和电感耦合等离子体发射光谱法反复定值，以此作为标准样品。

6.3.6 铁、镁、锌及铜的测定——电感耦合等离子体发射光谱法

【适用范围】

本方法适用于贮氢材料中铁、镁、锌及铜的测定。测定范围：铁、镁、铜 0.0050%~0.30%，锌 0.010%~0.10%。

【方法提要】

试料经硝酸加热分解，在稀硝酸介质下，采用纯试剂标准曲线法进行校正，以氩等离子体激发进行光谱测定，从标准曲线中求得各测定元素含量。

【试剂与仪器】

（1）硝酸（1+1）；

（2）铁、镁、锌及铜混合标准溶液：1mL 含 50μg 各元素（5%盐酸介质）；

（3）氩气（>99.99%）；

（4）电感耦合等离子体发射光谱仪，倒线色散率不大于 0.26nm/mm。

【分析步骤】

准确称取 0.50g 试样于 100mL 烧杯中，加入 10mL 硝酸（1+1）加热溶解完全，取下，冷却至室温，移入 100mL 容量瓶中，用水稀释至刻度，混匀，按表 6-29 稀释待测。

表 6-29 移取及定容体积

含量范围/%	0.0050~0.20	>0.20~0.30
移取体积/mL	直接测定	5.00
定容体积/mL		25.00

【标准曲线绘制】

分别移取混合标准溶液 0、1.00、2.00、10.00、20.00mL 于 5 个 100mL 容量瓶中，加入 4mL 硝酸（1+1），以水稀释至刻度，混匀。该标准系列溶液中铁、镁、锌、铜浓度分别为 0、0.50、1.0、5.0、10.0μg/mL。

再从配制好的 10.0μg/mL 的混合标准溶液中移取 1.0mL 于 100mL 容量瓶中，加入 4mL 硝酸（1+1），以水稀释至刻度，混匀，该溶液中铁、镁、锌、铜浓度为 0.10μg/mL。

最终配制成的标准系列溶液中铁、镁、锌、铜的浓度分别为 0.00、0.10、0.50、1.00、5.00、10.00μg/mL。

将上述标准溶液与试样溶液一起于表 6-30 所示分析波长处，用氩等离子体激发进行光谱测定。

表 6-30　测定元素波长

元素	Fe	Mg	Zn	Cu
分析线/nm	259.940	280.270	206.191	313.598

【分析结果计算】

按式（6-30）计算各测定元素的质量分数（%）：

$$w = \frac{(\rho_1 - \rho_0)V \times 10^{-6}}{m} \times 100\% \tag{6-30}$$

式中，ρ_1 为分析试液中测定元素的质量浓度，μg/mL；ρ_0 为空白试液中测定元素的质量浓度，μg/mL；V 为分析试液的总体积（母液与分取倍数之积），mL；m 为试样质量，g。

【注意事项】

（1）铁、镁、锌、铜 4 个元素也可采用原子吸收光谱法进行测定。

（2）含量小于 0.2% 时，测定时基体浓度为 5mg/mL，需校正基体效应。

6.3.7　氧量的测定——脉冲-红外吸收法

【适用范围】

本方法适用于贮氢合金中氧量的测定。测定范围：0.0050%~0.20%。

【方法提要】

在惰性气氛下，样品经脉冲炉高温熔融释放出氧，与热坩埚反应，产生一氧化碳。一氧化碳经氧化铜炉催化后转化为二氧化碳，用红外吸收法进行测定。

【试剂与仪器】

（1）带盖镍囊：$w(\text{O}) \leqslant 0.0010\%$；

（2）氦气（≥99.99%）；

（3）石墨坩埚（光谱纯）；

（4）标准样品：在氧含量 0.0050%~0.20% 范围内选择合适的标准样品；

（5）脉冲-红外氧氮仪：脉冲炉温度大于 2000℃，检测器灵敏度 0.001g/g。

【分析步骤】

经空白校正及仪器校正标准曲线后，称取约 0.1~0.15g 试样，用镍囊包好后投入加料器中，打开脉冲炉，将石墨坩埚置于下电极。闭合下电极，分析自动进行，石墨坩埚脱气后，试料进入石墨坩埚中加热熔融，由脉冲-红外氧氮仪显示测定值。

【分析结果计算】

按式（6-31）计算样品中氧的质量分数（%）：

$$w = w_2 - \alpha w_1 \tag{6-31}$$

式中，w_1 为空白试验氧含量，%；w_2 为带盖镍囊和试料中氧含量，%；α 为测定空白时输入的样品质量（g）与测定 w_2 时输入的样品质量（g）之比。

【注意事项】

（1）按仪器工作条件测三次空白（坩埚+助熔剂），其相对标准偏差小于 15% 方可进行下一步。

（2）称取两个标样按仪器工作条件校正标准曲线。

（3）称取两份试样进行平行测定，如其测定值的相对误差不大于 10%，取其平均值报结果。

（4）金属试样制成屑状或每克 10 块以上的小块，取样后立即分析。

6.3.8　铅、镉量的测定[10,11]

6.3.8.1　电感耦合等离子体发射光谱法

【适用范围】

本方法适用于稀土系贮氢合金中铅、镉量的测定。测定范围：铅 0.010%~0.040%，镉 0.0020%~0.040%。

【方法提要】

试料以硝酸溶解，在硝酸介质中，直接以氩等离子体光源激发，采用标准加入法进行测定。

【试剂与仪器】

（1）硝酸（ρ=1.42g/cm³，优级纯，1+1）；

（2）铅标准溶液：1mL 含 50μg 铅；

（3）镉标准溶液：1mL 含 50μg 镉；

（4）氩气（>99.99%）；

（5）电感耦合等离子体发射光谱仪，倒线色散率不大于 0.26nm/mm。

【分析步骤】

准确称取 5g 试样于 250mL 烧杯中，用少量水润湿，加入 20mL 硝酸，低温加热溶解完全后，取下，冷却，移入 100mL 容量瓶中，以水稀释至刻度，混匀。

铅的测定　移取 5.00mL 试液于 4 个 50mL 容量瓶中，分别准确加入 0、0.5、1.0、2.0mL 铅标准溶液，加入 1mL 硝酸（1+1），以水稀释至刻度，混匀。该系列标准溶液浓度为 0、0.5、1.0、2.0μg/mL。

镉的测定　移取 10mL 试液于 5 个 50mL 容量瓶中，分别准确加入 0、0.1、0.5、1.0、2.0mL 镉标准溶液，加入 1mL 硝酸（1+1），以水稀释至刻度，混匀。该系列标准溶液浓度为 0、0.1、0.5、1.0、2.0μg/mL。

将待测液于表 6-31 所示分析波长处，用氩等离子体激发进行光谱测定。

表 6-31　测定元素波长

元素	分析线/nm
Pb	182.205，220.351
Cd	226.502，214.438

【分析结果计算】

按式（6-32）计算被测元素的质量分数（%）：

$$w = \frac{(\rho_1 - \rho_0) V_2 V_0 \times 10^{-6}}{mV_1} \times 100\% \tag{6-32}$$

式中，ρ_1 为由外推法得分析试液中铅、镉的质量浓度，μg/mL；ρ_0 为由外推法得空白试液中铅、镉的质量浓度，μg/mL；V_0 为试液总体积，mL；V_2 为测定溶液的体积，mL；V_1 为移取试液的体积，mL；m 为试料质量，g。

6.3.8.2　电感耦合等离子体质谱法

【适用范围】

本方法适用于稀土系贮氢合金中铅、镉量的测定。测定范围：0.00010%~0.040%。

【方法提要】

试料以稀硝酸溶解，在稀硝酸介质中，以氩等离子体光源激发，直接进行质谱测定，以内标法进行校正。

【试剂与仪器】

（1）硝酸（$\rho = 1.42\text{g/cm}^3$，优级纯，1+1，2+98）；

（2）铅、镉标准溶液：1.0μg/mL；

（3）铅、镉标准溶液：0.1μg/mL；

（4）铯内标溶液：1mL 含 1μg 铯的内标溶液，2%硝酸介质；

（5）氩气（>99.99%）；

（6）电感耦合等离子体质谱仪：质量分辨率（0.7±0.1）amu。

【分析步骤】

准确称取 1.0g 试样于 100mL 烧杯中，用少量水润湿，加入 10mL 硝酸（1+1），加热溶解完全后，取下，冷却，移入 100mL 容量瓶中，以水稀释至刻度，混匀。

按表 6-32 移取试液于 100mL 容量瓶中，加入 1.0mL 铯内标溶液，用硝酸（2+98）稀释至刻度，混匀待测。

表 6-32　移取体积

含量范围/%	0.00010~0.0050	>0.0050~0.040
移取体积/mL	5.00	1.00

【标准曲线绘制】

准确移取 0、1.00、5.00mL 铅、镉标准溶液（0.1μg/mL）和 2.00、5.00、10.00mL 铅、镉标准溶液（1.0μg/mL）于一系列 100mL 容量瓶中，加入 1.0mL 铯内标溶液，以硝酸（2+98）稀释至刻度，混匀，标准溶液浓度见表 6-33。

表 6-33　标准溶液质量浓度

标准溶液编号	1	2	3	4	5	6
镉质量浓度/ng·mL^{-1}	0	1.00	5.00	20.00	50.00	100.00
铅质量浓度/ng·mL^{-1}	0	1.00	5.00	20.00	50.00	100.00

将空白试液、分析试液与系列标准溶液同时进行氩等离子体质谱测定，推荐测定同位素质量数为 ^{111}Cd、^{208}Pb、^{133}Cs。

【分析结果计算】

按式（6-33）计算被测元素的质量分数（%）：

$$w = \frac{(\rho - \rho_0) V_1 V_3 \times 10^{-9}}{m V_2} \times 100\% \tag{6-33}$$

式中，ρ 为分析试液中铅或镉的质量浓度，ng/mL；ρ_0 为空白溶液中铅或镉的质量浓度，ng/mL；V_1 为试液总体积，mL；V_2 为移取试液的体积，mL；V_3 为分析试液的体积，mL；m 为试料的质量，g。

6.4　阴极发射材料——六硼化镧

6.4.1　硼量的测定——酸碱容量法

【适用范围】

本方法适用于六硼化镧中硼量的测定。测定范围：15.0%~40.0%。

【方法提要】

试样以稀硝酸溶解，以乙二胺四乙酸二钠盐络合镧，以氢氧化钠溶液调至中性，加入甘露醇使其与硼酸络合。定量释放出氢离子，加入过量氢氧化钠标准滴定溶液，以盐酸标准滴定溶液返滴定，根据盐酸和氢氧化钠标准滴定溶液消耗量计算硼的含量。

【试剂与仪器】

（1）甘露醇；

（2）硝酸（$\rho = 1.42\text{g/cm}^3$，1+3）；

（3）盐酸（$\rho = 1.19\text{g/cm}^3$，1+3）；

（4）氢氧化钠溶液（200g/L）；

（5）六次甲基四胺（400g/L）；

（6）氯化钡溶液（100g/L，配制氢氧化钠标准滴定溶液时使用）；

（7）乙二胺四乙酸二钠标准滴定溶液（$c \approx 0.015\text{mol/L}$）；

（8）氢氧化钠标准滴定溶液（$c \approx 0.15\text{mol/L}$）；

（9）盐酸标准滴定溶液（$c \approx 0.10\text{mol/L}$）；

（10）二甲酚橙指示剂（2g/L）；

（11）无水乙醇；

（12）甲基红指示剂（1g/L）：称取 0.1g 甲基红于 150mL 烧杯中，加 100mL 乙醇（1+4）溶解；

（13）酚酞指示剂（5g/L）：称取 0.5g 酚酞于 150mL 烧杯中，加 100mL 乙醇溶解；

（14）溴甲酚绿指示剂（1g/L）：称取 0.1g 溴甲酚绿指示剂于 150mL 烧杯中，加 100mL 乙醇（1+4）溶解。

【分析步骤】

准确称取 0.5g 试样于 300mL 烧杯中，加 10mL 水，滴加硝酸（1+3），待剧烈反应后，继续滴加硝酸（1+3），加热至溶解完全，低温加热至体积近 1mL，以少量水溶解盐类，移入 100mL 容量瓶中，以水稀释至刻度，混匀。

准确移取 3 份 20mL 溶液于 300mL 锥形瓶中，以水稀释至体积约 100mL，加 4 滴二甲酚橙指示剂（2g/L），以六次甲基四胺（400g/L）调至溶液呈紫红色并过量 5mL，以乙二胺四乙酸二钠标准滴定溶液（$c \approx 0.015\text{mol/L}$）滴定溶液刚呈亮黄色为终点。3 份溶液所消耗的乙二胺四乙酸二钠标准滴定溶液（$c \approx 0.015\text{mol/L}$）体积的极差应不超过 0.05mL，取其平均值。

准确移取 20mL 溶液于 300mL 锥形瓶中，准确加入上述操作中乙二胺四乙酸二钠标准滴定溶液（$c \approx 0.015\text{mol/L}$）消耗量，以水稀释至约 100mL，加热煮沸并保持微沸 10min，流水冷却后立即加入 6 滴甲基红指示剂（1g/L）、2 滴溴甲酚绿指示剂（1g/L），以氢氧化钠溶液（200g/L）调至溶液呈绿色，滴加盐酸（1+3）使溶液刚呈紫色，以氢氧化钠标准滴定溶液（$c \approx 0.15$mol/L）滴定至溶液刚呈亮绿色，不计读数。

加入3g甘露醇搅拌溶解，加4滴酚酞指示剂（5g/L），以氢氧化钠标准滴定溶液（$c \approx 0.15$mol/L）滴定至溶液呈紫色，再加1g甘露醇，搅拌溶解后，溶液的紫色不褪时再准确加入10.00mL氢氧化钠标准滴定溶液（$c \approx 0.15$mol/L），记下体积数，以盐酸标准滴定溶液（$c \approx 0.10$mol/L）滴定至溶液成亮绿色为终点，记下体积数。

【分析结果计算】

按式（6-34）计算试样中硼的质量分数（%）：

$$w = \frac{c_0(V_1 - V_0) - c_1(V_3 - V_2) \times 10.81}{m \times 1000} \times 100\% \qquad (6\text{-}34)$$

式中，m 为试样重，g；c_0 为氢氧化钠标准滴定溶液的物质的量浓度，mol/L；c_1 为盐酸标准滴定溶液的物质的量浓度，mol/L；V_1 为滴定试样溶液消耗的氢氧化钠标准滴定溶液体积，mL；V_0 为空白溶液所消耗的氢氧化钠标准滴定溶液体积，mL；V_3 为返滴定试样溶液消耗的盐酸标准滴定溶液体积，mL；V_2 为返滴定时空白溶液所消耗的盐酸标准滴定溶液体积，mL；10.81 为硼的摩尔质量，g/mol。

【注意事项】

（1）溶解样品时，要慢慢滴加硝酸（1+3）。

（2）溶解样品时，低温加热蒸切勿蒸干。

（3）滴定硼的过程中，加热温度不可太高，否则结果会偏低。

6.4.2　铁、钙、镁、铬、锰、铜量的测定——电感耦合等离子体发射光谱法[12]

【适用范围】

本方法适用于六硼化镧中铁、钙、镁、铬、锰、铜量的测定。测定范围：铁、钙0.0050%~0.50%，镁0.0005%~0.10%，铬、锰、铜0.0010%~0.10%。

【方法提要】

试样以硝酸溶解，于稀硝酸介质中直接以氩等离子体光源激发进行光谱测定，标准加入法校正基体对测定的干扰。

【试剂与仪器】

（1）硝酸（$\rho = 1.42$g/cm^3，1+1，优级纯）；

（2）铁、钙、镁、铬、锰、铜标准溶液：1mL含50μg各测定元素（5%盐酸或硝酸介质）；

（3）氩气（>99.99%）；

（4）电感耦合等离子体发射光谱仪，倒线色散率不大于 0.26nm/mm。

【分析步骤】

准确称取 2.5g 试样于 300mL 烧杯中，加 10mL 水，滴加硝酸（1+1），待剧烈反应后，继续滴加硝酸（1+1），加热至溶解完全，冷却后移入 100mL 容量瓶中，以水稀释至刻度，混匀。

分别准确移取 10mL 溶液到 10 个预先加入 1mL 硝酸（1+1）的 25mL 容量瓶中，加入不同体积各元素标准溶液，标准溶液质量浓度见表 6-34，以水稀释至刻度，混匀。

表 6-34 标准溶液质量浓度

系列号	编号	质量浓度/$\mu g \cdot mL^{-1}$					
		Fe	Ca	Mg	Cr	Mn	Cu
试样溶液	0	0	0	0	0	0	0
第一组 加标系列	1	0.5	0.5	0.05	0.1	0.1	0.1
	2	0.8	0.8	0.06	0.15	0.15	0.15
	3	1.0	1.0	0.08	0.2	0.2	0.2
第二组 加标系列	4	1	1	0.1	0.4	0.4	0.4
	5	5	5	0.8	0.8	0.8	0.8
	6	10	10	1.0	1.0	1.0	1.0
第三组 加标系列	7	15	15	3	3	3	3
	8	30	30	6	6	6	6
	9	50	50	10	10	10	10

将空白溶液及表 6-34 中的溶液依次进行氩等离子体光谱测定，根据试样中各元素含量范围选择相应的加标系列号，见表 6-35。

表 6-35 测定元素含量范围

系列号	元素含量/%					
	Fe	Ca	Mg	Cr	Mn	Cu
第一组 加标系列	0.0050~ 0.010	0.0050~ 0.010	0.0005~ 0.0008	0.0010~ 0.0020	0.0010~ 0.0020	0.0010~ 0.0020
第二组 加标系列	0.010~0.10	0.010~ 0.10	0.0008~ 0.010	0.0020~ 0.010	0.0020~ 0.010	0.0020~ 0.010
第三组 加标系列	0.10~0.50	0.10~0.50	0.010~0.10	0.010~0.10	0.010~0.10	0.010~0.10

推荐分析线波长见表6-36。

表 6-36　测定元素波长

元素	Fe	Ca	Mg	Cr	Mn	Cu
分析线/nm	239.562	393.366	280.270	205.552	257.610	324.754
	259.940	396.847	285.213	284.325	294.920	327.396

【分析结果计算】

按式（6-35）计算各测定元素的质量分数（%）：

$$w = \frac{(\rho_1 - \rho_0)V \times 10^{-6}}{m} \times 100\% \tag{6-35}$$

式中，ρ_1 为分析试液中测定元素的质量浓度，$\mu g/mL$；ρ_0 为空白试液中测定元素的质量浓度，$\mu g/mL$；V 为分析试液的总体积（母液与分取倍数之积），mL；m 为试样质量，g。

【注意事项】

（1）溶解样品时，要慢慢滴加硝酸（1+1）。

（2）分析线因仪器型号不同，略有差别。

（3）若样品不均匀，可加大称样量到5g，溶解后进200mL容量瓶，再分取测定。

6.4.3　钨量的测定——电感耦合等离子体发射光谱法[13]

【适用范围】

本方法适用于六硼化镧中钨量的测定。测定范围：0.0010%~0.10%。

【方法提要】

试样以硝酸溶解，氢氟酸络合钨，同时分离基体镧，测定时加入硼酸溶液，采用基体匹配法和背景扣除法消除基体的影响，以电感耦合等离子体发射光谱法测定。

【试剂与仪器】

（1）硝酸（$\rho = 1.42g/cm^3$，1+3）；

（2）氢氟酸（$\rho = 1.15g/cm^3$）；

（3）钨标准溶液：1mL 含 10μg、100μg 钨（5%氢氟酸介质）；

（4）硼酸溶液（50g/L）；

（5）氩气（>99.99%）；

（6）电感耦合等离子体发射光谱仪，倒线色散率不大于0.25nm/mm。

【分析步骤】

准确称取0.5g试样于200mL聚四氟乙烯烧杯中，加入10mL水，滴加5mL

硝酸（1+3），加热至沸，加入 3mL 氢氟酸，保温 20min，中间摇动 2 次，冷却至室温后移入 25mL 塑料容量瓶中，补加 15mL 硼酸溶液，以水稀释至刻度，混匀。以两张慢速滤纸干过滤，滤液用聚四氟乙烯烧杯盛接，待测。

【标准曲线绘制】

分别准确移取 10μg/mL 的钨标准溶液 0、1.0、5.0mL 及 100μg/mL 的钨标准溶液 2.5、5.0、7.5、10.0mL 置于一系列 50mL 容量瓶中，分别加入 1mL 氢氟酸、35mL 硼酸溶液，以水稀释至刻度，混匀。此系列标准溶液钨浓度分别为 0、0.2、1.0、5.0、10、15、20μg/mL。推荐测定元素波长 239.709、224.875nm。

【分析结果计算】

按式（6-36）计算试样中钨的质量分数（%）：

$$w = \frac{\rho V \times 10^{-6}}{m} \times 100\% \tag{6-36}$$

式中，ρ 为分析试液中钨的质量浓度，μg/mL；V 为分析试液的体积，mL；m 为试样质量，g。

【注意事项】

（1）溶解样品时，要慢慢滴加硝酸（1+3）。

（2）分析线因仪器型号不同，略有差别。

6.4.4 碳量的测定——高频-红外吸收法

【适用范围】

本方法适用于六硼化镧中碳量的测定。测定范围：0.010%~1.00%。

【方法提要】

试样置于陶瓷坩埚中，在纯铁和钨锡助熔剂存在下，于氧气流中，高频感应炉内燃烧，碳生成二氧化碳析出，随氧气流进入红外线吸收检测器检测，测得总碳量。

【试剂与仪器】

（1）氧气（>99.5%）；

（2）纯铁助熔剂；

（3）钨锡助熔剂；

（4）钢铁标准样品（c=0.010%~1%，选择 3 个合适的标准样品）；

（5）碳硫坩埚（经 1100℃灼烧 1h 后使用）；

（6）高频-红外碳硫测定仪或高频-红外碳测定仪（检测器灵敏度：0.001μg/g）。

【分析步骤】

按表 6-37 准确称取试样于预先盛有 1g 纯铁助熔剂的碳硫坩埚内，覆盖 0.4g

纯铁助熔剂和 2g 钨锡助熔剂，打开高频炉，将碳硫坩埚置于坩埚架上，测碳时，将坩埚支架置于燃烧管内。坩埚架上升，坩埚脱气，测碳时，高频燃烧。由仪器显示分析结果（如仪器不能自动显示分析结果，则按式（6-39）进行计算）。

表 6-37　称样量

碳质量分数/%	0.010~0.050	>0.050~0.10	>0.10~0.30	>0.30~0.50	>0.50~1.0
称样量/g	1.0	0.50	0.15	0.10	0.050

【分析结果计算】

按式（6-37）计算样品中碳的质量分数（%）：

$$w = w_2 - \alpha w_1 \tag{6-37}$$

式中，w_1 为空白试验碳含量，%；w_2 为测定后的碳含量，%；α 为助熔剂量与实际称样量的比值。

【注意事项】

（1）测定试样前，要进行碳硫坩埚、纯铁和钨锡助熔剂的空白测定，满足要求才可进行下步测定。

（2）测定空白时，要重复测定 3~5 次，其碳结果的平均空白值小于 0.0005%，方可进行下步测定。

6.4.5　酸溶硅量的测定——硅钼蓝分光光度法

【适用范围】

本方法适用于六硼化镧中酸溶硅量的测定。测定范围：0.0020%~0.10%。

【方法提要】

试样以稀硝酸溶解，在 0.1mol/L 硫酸介质中，正硅酸与钼酸铵生成黄色的硅钼杂多酸，提高硫酸浓度至 1.2mol/L 以消除磷、砷的干扰，以抗坏血酸将硅钼黄还原为硅钼蓝，于分光光度计波长 660nm 处测定吸光度，从标准曲线上查得硅量。

【试剂与仪器】

（1）硝酸（$\rho = 1.42 \text{g/cm}^3$，1+1，优级纯）；

（2）盐酸（$\rho = 1.19 \text{g/cm}^3$，1+1，优级纯）；

（3）硫酸（$\rho = 1.84 \text{g/cm}^3$，1+17，优级纯，贮于塑料瓶中）；

（4）氨水（$\rho = 0.90 \text{g/mL}$，1+1，优级纯，贮于塑料瓶中）；

（5）钼酸铵溶液（50g/L，优级纯，贮于塑料瓶中）；

（6）抗坏血酸溶液（30g/L，现用现配）；

（7）硅标准溶液（5μg/mL，贮于塑料瓶中）；

（8）对硝基酚溶液（1g/L）；

（9）分光光度计。

【分析步骤】

按表 6-38 准确称取试样于 200mL 聚四氟乙烯烧杯中，加入 5mL 水，滴加硝酸（1+1），低温加热溶解至完全，继续加热至近干，加入 5mL 盐酸（1+1）溶解盐类，按表 6-38 移入容量瓶中，以水稀释至刻度，混匀。

表 6-38　称样量及移取体积

硅质量分数/%	称样量/g	试液总体积/mL	移取体积/mL
0.0020~0.010	1.0	50.0	10.0
>0.010~0.020	0.50	50.0	5.0
>0.020~0.050	0.50	100.0	5.0
>0.050~0.10	0.50	100.0	2.0

按表 6-38 移取试样溶液于 25mL 比色管中，加 1 滴对硝基酚溶液，以氨水（1+1）调至溶液出现黄色，再以硫酸（1+17）调至黄色刚褪去。加入 2mL 硫酸（1+17），混匀，加 2mL 钼酸铵溶液，以水稀释至 20mL，于 20~35℃保温 10min，加入 3.5mL 硫酸（1+1），立即加入 1mL 抗坏血酸溶液，以水稀释至刻度，混匀，放置 10min 后，以流程空白溶液作参比，用 2cm 比色皿，于分光光度计 660nm 处测其吸光度，从标准曲线上查得相应硅量。

【标准曲线绘制】

准确移取 0、0.5、1.0、2.0、3.0、4.0、5.0、6.0mL 硅标准溶液于一组 25mL 比色管中，以下按分析步骤操作。以硅量为横坐标、吸光度为纵坐标，绘制标准曲线。

【分析结果计算】

按式（6-38）计算试样中硅的质量分数（%）：

$$w = \frac{m_1 V \times 10^{-6}}{m V_1} \times 100\% \qquad (6\text{-}38)$$

式中，m_1 为从标准曲线上查得的硅量，μg；V 为试样溶液总体积，mL；V_1 为移取试样溶液体积，mL；m 为试样的质量，g。

【注意事项】

（1）溶解样品时，要慢慢滴加硝酸（1+1）。

（2）显色反应时一定要保温，以确保反应完全。

参 考 文 献

[1] XB/T 617.2—2014 钕铁硼合金化学分析方法　第 2 部分：十五个稀土元素量的测定 [S].

[2] XB/T 617.6—2014 钕铁硼合金化学分析方法　第6部分：碳量的测定　高频-红外吸收法 [S].

[3] XB/T 617.7—2014 钕铁硼合金化学分析方法　第7部分：氧、氮量的测定　脉冲-红外吸收法和脉冲-热导法 [S].

[4] 凌青，余谨，赵云斌，等. 火焰原子吸收光谱法测量铜和铅增敏作用的研究 [J]. 中国卫生检验杂志，2010，20（10）：2424~2426.

[5] 陈世忠. 萃取分离基体—电感耦合等离子体质谱法测定高纯二氧化锆中痕量稀土杂质 [J]. 冶金分析，2006，26（3）：7~10.

[6] XB/T 610.1—2015 钐钴合金化学分析方法　钐、钴、铜、铁、锆、错、钇量的测定[S].

[7] XB/T 610.3—2015 钐钴合金化学分析方法　氧量的测定　脉冲-红外吸收法 [S].

[8] 张秀艳，周凯红，李建亭，等. 电感耦合等离子原子发射光谱法测定稀土系贮氢合金中镍、镧、铈、错、钕、钐、钇、钴、锰、铝、铁、镁、锌、铜分量 [J]. 金属功能材料，2017，24（6）：39~45.

[9] 吴文琪，王东杰，任旭东，等. X射线荧光光谱法测定稀土储氢合金中多种元素 [A]. 第十四届全国稀土化学分析学术研讨会论文集，赣州：中国稀土学会，2013：41~45.

[10] 高励珍，杜梅，金斯琴高娃，等. 稀土系贮氢合金中铅、镉量的测定——电感耦合等离子体原子发射光谱法 [J]. 金属功能材料，2017，24（2）：48~53.

[11] 王文元，吴瑕. 火焰原子吸收光谱法测定痕量铅的研究与应用 [J]. 天津化工，2010，24（3）：48~57.

[12] 郭海军，刘荣丽. 等离子发射光谱法测定六硼化镧中铁、钙、镁、铬、锰、铜 [J]. 湖南有色金属，2009，25（4）：56~59.

[13] 成国庆，刘荣丽. 电感耦合等离子体发射光谱法测定六硼化镧中钨量 [J]. 金属材料与冶金工程，2008（02）：47~50.

7 P507 萃取流程中间控制分析

7.1 盐酸浓度的测定

【适用范围】

本方法适用于工业盐酸浓度的测定。

【方法提要】

取适当体积的酸，以甲基红-次甲基蓝为指示剂，用氢氧化钠标准溶液滴定。

【试剂与仪器】

（1）甲基红指示剂（1g/L）：称取甲基红指示剂 0.1g，溶于 100mL 60%乙醇中；

（2）次甲基蓝指示剂（1g/L）；

（3）氢氧化钠标准溶液：0.25mol/L，用基准苯二甲酸氢钾标定。

【分析步骤】

准确移取 1mL 盐酸于 300mL 烧杯中，加约 150mL 中性水、8 滴甲基红指示剂及 2 滴次甲基蓝指示剂，立即以氢氧化钠标准溶液滴定，溶液由红色变为亮绿色即为终点。

【分析结果计算】

按式（7-1）计算盐酸的浓度（mol/L）：

$$c = \frac{c_1 V_1}{V} \tag{7-1}$$

式中，c_1 为氢氧化钠标准溶液的物质的量浓度，mol/L；V_1 为消耗氢氧化钠标准溶液的体积，mL；V 为移取盐酸的体积，mL。

【注意事项】

（1）两种指示剂的比例可视情况作适当增减。

（2）中性水系指去离子水，煮沸 5~10min 后，冷却至室温，用盐酸和氢氧化钠调至中性。

7.2 氢氧化铵浓度的测定

【适用范围】

本方法适用于用浓氨制备的氢氧化铵和工业氢氧化铵浓度的测定。

【方法提要】

氢氧化铵试液与过量的盐酸标准溶液反应，以氢氧化钠标准溶液滴定剩余的盐酸，由此求出氢氧化铵的浓度。

【试剂与仪器】

(1) 甲基红指示剂 (1g/L)：称取甲基红指示剂 0.1g，溶于 100mL 60% 乙醇中；

(2) 次甲基蓝指示剂 (1g/L)；

(3) 盐酸标准溶液：0.35mol/L；

(4) 氢氧化钠标准溶液：0.25mol/L，用基准苯二甲酸氢钾标定。

【分析步骤】

准确移取 1mL 氢氧化铵试液于预先盛有 30mL 或 35mL 盐酸标准溶液的 300mL 锥形瓶中，加 50mL 中性水，加 8 滴甲基红指示剂及 2 滴次甲基蓝指示剂，立即以氢氧化钠标准溶液滴定，溶液由紫色变为亮绿色即为终点。

【分析结果计算】

按式 (7-2) 计算氢氧化铵的浓度 (mol/L)：

$$c = \frac{c_2 V_2 - c_1 V_1}{V} \tag{7-2}$$

式中，V 为移取氢氧化铵的体积，mL；c_1 为氢氧化钠标准溶液的物质的量浓度，mol/L；V_1 为消耗氢氧化钠标准溶液的体积，mL；c_2 为盐酸标准溶液的物质的量浓度，mol/L；V_2 为加入盐酸标准溶液的体积，mL。

【注意事项】

加入盐酸的量可视氢氧化铵的浓度而适量增减。如加入试液后，溶液呈亮绿色，说明盐酸加入量不够，应补加到红色出现，再过量 5mL。

7.3 有机皂化当量的测定

【适用范围】

本方法适用于 P507-煤油中氨水浓度的测定❶。

【方法提要】

有机相经离心除去水分，以过量盐酸标准溶液中和有机相中氨水，再以氢氧化钠标准溶液滴定剩余的盐酸。

【试剂与仪器】

(1) 氢氧化钠标准溶液：0.25mol/L；

(2) 盐酸标准溶液：0.35mol/L；

---

❶ P507-煤油中氨水的浓度即为有机皂化当量。

（3）甲基红指示剂（1g/L）：0.1g 甲基红指示剂溶于 100mL 60%乙醇中；

（4）次甲基蓝指示剂（1g/L）。

【分析步骤】

取有机相（P507-煤油）于离心管中，在离心机中分离 5min（转速为 500r/min）。准确移取此有机液 5mL 于 60mL 分液漏斗中，准确加入 15~20mL 盐酸标准溶液，于振荡器上振荡 4min，静置分层后，小心分出水相，并过滤于 300mL 锥形瓶中，有机相用水洗两次，每次 10mL，振摇 1min，两次洗液均滤于此锥形瓶中，加 8 滴甲基红指示剂及 2 滴次甲基蓝指示剂，立即以氢氧化钠标准溶液滴定，溶液由紫色变为亮绿色即为终点。

【分析结果计算】

按式（7-3）计算有机皂化当量（mol/L）：

$$N = \frac{c_2 V_2 - c_1 V_1}{V} \tag{7-3}$$

式中，V 为移取 P507-煤油有机相体积，mL；c_1 为氢氧化钠标准溶液的物质的量浓度，mol/L；V_1 为消耗氢氧化钠标准溶液的体积，mL；c_2 为盐酸标准溶液的物质的量浓度，mol/L；V_2 为加入盐酸标准溶液的体积，mL。

【注意事项】

（1）加入盐酸的体积可随其有机皂化度的变化适当增减，一般消耗 10~15mL 氢氧化钠标准溶液为宜。

（2）有机皂化当量为（0.54±0.0050）mol/L。

7.4 稀土总量的测定

【适用范围】

本方法适用于原料液及萃取液中稀土总量的测定。

【方法提要】

试液在掩蔽剂存在下，pH=5.5 左右，以二甲酚橙为指示剂，用 EDTA 标准溶液滴定稀土总量。

【试剂与仪器】

（1）抗坏血酸；

（2）磺基水杨酸溶液（100g/L）；

（3）氨水（1+1，1+2）；

（4）六次甲基四胺溶液（200g/L）；

（5）二甲酚橙溶液（3g/L）；

（6）乙酰丙酮溶液（10%）；

（7）EDTA 标准溶液：0.015mol/L；

（8）盐酸（1+1）。

【分析步骤】

准确移取试液 1mL 于 300mL 锥形瓶中，加 10～20mL 水，少许抗坏血酸及 2～3mL 磺基水杨酸。加 4～6 滴二甲酚橙指示剂，滴加氨水（1+1）至溶液呈红色，再滴加盐酸（1+1）使红色刚褪，过量 2～3 滴，加 10mL 乙酰丙酮溶液、4～6mL 六次甲基四胺溶液，立即用 EDTA 标准溶液滴定，溶液由红紫色变为亮黄色即为终点。

【分析结果计算】

按式（7-4）计算稀土总量：

$$c = \frac{c_0 VM}{V_0} \tag{7-4}$$

式中，c_0 为 EDTA 标准溶液的物质的量浓度，mol/L；V 为消耗 EDTA 标准溶液的体积，mL；M 为萃取对应的稀土平均摩尔质量，g/mol；V_0 为所取试液的体积，mL。

【注意事项】

（1）萃余液吸取 1mL；原料液一般取 5mL，稀释至 100mL，再移取 5mL 测定。

（2）接近终点时可补加 2mL 六次甲基四胺溶液。

（3）抗坏血酸将三价铁还原为二价铁，消除三价铁的颜色干扰，使终点变色明显。

（4）乙酰丙酮掩蔽铝的干扰，否则结果偏高。

7.5 有机相中稀土总量的测定

7.5.1 稀土总量的测定

【适用范围】

本方法适用于各段萃取槽体有机相中常量稀土总量的测定。

【方法提要】

有机相以 7mol/L 盐酸、甲基异丁基甲酮同时萃取，使稀土进入水相并与铁分离，以二甲基酚橙为指示剂，在 pH=5.5 左右，用 EDTA 标准溶液滴定稀土。

【试剂与仪器】

（1）抗坏血酸；

（2）盐酸：7mol/L；

（3）甲基异丁基甲酮（MIBK）；

（4）磺基水杨酸溶液（100g/L）；

（5）六次甲基四胺溶液（200g/L）；

（6）二甲酚橙指示剂（3g/L）；

（7）乙酰丙酮溶液（10%）；

（8）盐酸（1+1）；

（9）氨水（1+1，1+2）；

（10）EDTA标准溶液：0.015mol/L。

【分析步骤】

准确移取5或10mL有机相试液于60mL分液漏斗内，加5mL盐酸（7mol/L）、2mL甲基异丁基甲酮，振摇5min，分层后将水相放入300mL烧杯中，用少量水冲洗分液漏斗的出液口，再加5mL盐酸（7mol/L）于上述盛有机试液的分液漏斗中，振摇1~2min，分层后，水相放入同一烧杯中，加氨水（1+1）中和至弱酸性，加少量抗坏血酸、2mL磺基水杨酸溶液、4~6滴二甲酚橙指示剂，滴加氨水（1+1）使溶液呈微红色，再滴加盐酸（1+1）使红色刚褪，过量2~3滴，加10mL乙酰丙酮溶液、5mL六次甲基四胺溶液，此时溶液pH≈5.5，立即用EDTA标准溶液滴定，溶液由红紫色变为亮黄色即为终点。

【分析结果计算】

按式（7-5）计算试液中稀土总量（g/L）：

$$\rho = \frac{c_0 V_0 M}{V} \tag{7-5}$$

式中，c_0为EDTA标准溶液的物质的量浓度，mol/L；V_0为消耗EDTA标准溶液的体积，mL；M为各段有机相试液中对应稀土的平均摩尔质量，g/mol；V为移取试液的体积，mL。

7.5.2　P507萃取工艺轻稀土配分量的测定——电感耦合等离子体发射光谱法

【适用范围】

本方法适用于P507盐酸体系萃取分离轻、中稀土流程中稀土配分量的测定。测定范围：0.010%~50.0%。

【方法提要】

试液经稀释，使REO的质量浓度为1mg/mL，在5%盐酸介质中，直接以氩等离子体激发进行光谱测定。

【试剂与仪器】

（1）盐酸（1+1）；

（2）氩气（>99.99%）；

（3）电感耦合等离子体发射光谱仪，倒线色散率不大于0.26nm/mm。

【分析步骤】

准确移取适量试液到100mL容量瓶中，加10mL（1+1）盐酸，以水稀释至刻度，摇匀。与标准溶液一起于氩等离子体激发进行光谱测定。

钕钐分、镨钕分、铈镨分、镧铈分、镧钙分流程见表 7-1。钐钆富集物提钬、钆、铒、镝流程见表 7-2。

表 7-1 钕钐分、镨钕分、铈镨分、镧铈分及镧钙分流程

方法名称	被测元素	分析线/nm	测定范围/%	共存元素及含量/%	标液基体组成及待测元素质量浓度/μg·mL⁻¹
NS/W	Sm	442.434	0.010~0.10	25/La, 50/Ce, 5/Pr, 20/Nd	250/La, 500/Ce, 50/Pr, 200/Nd, 0.10~1.0/Sm
NS/O	Nd	401.225	0.010~0.10	65/Sm, 10/Eu, 20/Gd, 5/Tb	650/Sm, 100/Eu, 200/Gd, 50/Tb, 0.10~1.0/Nd
PN/W	Nd	415.608	0.020~0.20	30/La, 60/Ce, 10/Pr	300/La, 600/Ce, 100/Pr, 0.20~2.0/Nd
PN/O	Pr	440.871	0.010~0.10	100/Nd	1000/Nd, 0.10~1.0/Pr
CP/W	Pr	414.311	0.010~0.10	35/La, 65/Ce	350/La, 650/Ce, 0.10~1.0/Pr
CP/O	Ce	446.021	0.020~0.20	100/Pr	1000/Pr, 0.20~2.0/Ce
LC/W	Ce	418.659	0.0050~0.05	100/La	1000/La, 0.050~0.50/Ce
LC/O	La	442.977	0.010~0.10	100/Ce	1000/Ce, 0.10~1.0/La
CP/W	Pr	414.311	0.010~0.10	35/La, 65/Ce	350/La, 650/Ce, 0.10~1.0/Pr
CP/O	Ce	413.380	0.010~0.10	25/Pr, 75/Nd	250/Pr, 750/Nd, 0.10~1.0/Ce
LCa/W	Ce	418.659	0.0050~0.050	100/La	1000/La, 0.050~0.50/Ce

表 7-2 钐钆富集物提铒镝流程

方法名称	被测元素	分析线/nm	标液浓度/μg·mL⁻¹	标液基体浓度/μg·mL⁻¹	测定范围/%	备注
钐钆铒镝中钬铒钇	Ho	381.097	2.0, 0.2	400/Gd 400/Sm 100/Tb 100/Dy	0.020~0.20	1mg/mL 进样
	Er	390.629	2.0, 0.2			
	Y	371.030	2.0, 0.2			
钐铕钆中铒镝	Tb	332.414	2.0, 0.2	500/Gd 500/Sm	0.020~0.20	1mg/mL 进样
	Dy	353.171	2.0, 0.2			

续表 7-2

方法名称	被测元素	分析线/nm	标液浓度/μg·mL⁻¹	标液基体浓度/μg·mL⁻¹	测定范围/%	备注
富铽	Sm	360.948	150.0, 200.0	—	30.0~40.0	0.5mg/mL 进样归一化
	Gd	310.049	100.0, 150.0		20.0~30.0	
	Tb	389.920	200.0, 50.0		10.0~40.0	
	Dy	387.211	50.0, 100.0		10.0~20.0	
钐钆富集物	Nd	401.225	5.0, 2.5	—	0.50~1.0	0.5mg/mL 进样归一化
	Sm	442.434	75.0, 400.0		15.0~80.0	
	Gd	342.248	400.0, 75.0		15.0~80.0	
	Eu	272.778	5.0, 10.0		1.0~2.0	
	Tb	332.440	5.0, 2.5		0.50~1.0	
	Dy	353.171	2.5, 5.0		0.50~1.0	
	Y	242.215	5.0, 2.5		0.50~1.0	
钆铽富集物	Sm	442.434	15.0, 1.0	—	0.20~3.0	0.5mg/mL 进样归一化
	Gd	342.248 310.050	300.0, 200.0		40.0~60.0	
	Tb	332.440 350.917	75.0, 50.0		10.0~15.0	
	Dy	353.171	100.0, 200.0		20.0~40.0	
	Y	371.030 242.219	10.0, 50.0		2.0~10.0	
铽镝富集物	Sm	360.948	50.0, 25.0	—	5.0~10.0	0.5mg/mL 进样归一化
	Gd	310.049	100.0, 25.0		5.0~20.0	
	Tb	389.920	250.0, 50.0		10.0~50.0	
	Dy	387.211	100.0, 400.0		20.0~80.0	
钐铕钆	Nd	401.225	5.0, 0.5	—	0.1~2.0	0.5mg/mL 进样归一化
	Sm	442.432	250.0, 25.0		5.0~60.0	
	Eu	272.778	50.0, 10.0		2.0~15.0	
	Gd	342.246	100.0, 10.0		2.0~25.0	
	Tb	350.917	25.0, 2.5		0.5~5.0	
	Dy	353.171	25.0, 2.5		0.5~5.0	
	Ho	341.648	10.0, 1.0		0.2~2.0	
	Er	390.629	10.0, 1.0		0.2~2.0	
	Y	242.219	50.0, 5.0		1.0~15.0	

方法名称	被测元素	分析线 /nm	标液浓度 /μg·mL⁻¹	标液基体浓度 /μg·mL⁻¹	测定范围 /%	备注
低铽钐钇	La	333.749	5.0, 1.0	—	0.2~5	0.5mg/mL 进样归一化
	Ce	413.388	25.0, 5.0		1~10	
	Pr	390.844 414.311	25.0, 5.0		1~10	
	Nd	401.225	25.0, 5.0		1~10	
	Sm	442.433	37.5, 75.0		15~75	
	Eu	272.778	25.0, 5.0		1~10	
	Gd	342.246	150.0, 30.0		5~30	
	Tb	332.414	0.5, 0.1		0.02~0.10	
	Dy	353.171	0.5, 0.1		0.02~0.10	
	Y	242.219	0.5, 0.1		0.02~0.10	
富钇	Ho	339.893	100.0, 10.0	900/Y	1.0~10.0	1mg/mL 进样
	Er	337.271	100.0, 10.0		1.0~10.0	
	Tm	342.51	20.0, 1.0		0.1~2.0	
	Yb	329.937	20.0, 1.0		0.1~2.0	
	Tb	350.917	5.0, 0.5		0.05~1.0	
	Dy	353.170 360.54	10.0, 1.0		0.10~1.0	
	La	379.478	1.0, 0.1		0.01~1.0	
富铽镝 钬铒钇	Dy	387.21 353.171	0.2, 0.02	400/Gd 300/Tb 300/Sm	0.002~0.02	1mg/mL 进样
	Ho	381.07	0.2, 0.02		0.002~0.02	
	Er	390.629	0.2, 0.02		0.002~0.02	
	Y	377.433 371.03	0.2, 0.02		0.002~0.02	
镧铈镨钕 富集物	La	333.749	50.0, 25.0	—	1.0~10.0	0.5mg/mL 进样归一化
	Ce	413.308	100.0, 250.0		10.0~60.0	
	Pr	422.535	50.0, 25.0		1.0~10.0	
	Nd	406.109	300.0, 200.0		20.0~80.0	
钕钐水	Sm	330.699	5.0, 0.5	100/La 100/Pr 200/Ce 600/Nd	0.05~0.5	1mg/mL 进样

方法名称	被测元素	分析线/nm	标液浓度/μg·mL⁻¹	标液基体浓度/μg·mL⁻¹	测定范围/%	备注
粗铕	Sm	442. 434	100. 0，500. 0	—	10. 0~40. 0	0. 5mg/mL 进样归一化
	Eu	272. 77	300. 0，150. 0		20. 0~60. 0	
	Gd	342. 247	100. 0，300. 0		10. 0~60. 0	

【注意事项】

（1）根据试液中稀土总量的含量移取不同体积，使试液中稀土氧化物的浓度为 1mg/mL。

（2）萃取工艺流程中槽体的情况经常变化，要求快速报出分析结果，所用标准曲线只有 2 点，标准曲线低标溶液中被测元素的浓度等于或小于工艺流程的控制指标，如分析结果在低标附近时，建议用仪器的作图功能把低标和试样比较一下，作出判断，或重新分析。

（3）分析结果小于低标的值，报小于该值即可，不必报具体值。

（4）用归一方法测定稀土配分时，对试液进样量的要求不很严格，但为了减小基体效应，要求稀土进样量在 0. 1~0. 5g/L 之间，试液为 5% 的盐酸或硝酸介质。

（5）NS/W 是指钕钐分组的水相，NS/O 是指钕钐分组的有机相，其余以此类推。

7.6 稀土料液及原料中非稀土杂质的测定

7.6.1 盐酸、硝酸、氨水、碳酸氢铵中 Zn、Al、Fe、Ca、Mg 的测定——电感耦合等离子体发射光谱法

【适用范围】

本方法适用于工业级盐酸、硝酸、氨水及碳酸氢铵中 Zn、Al、Fe、Ca、Mg 含量的测定。

【方法提要】

试样经蒸发、浓缩并在稀盐酸介质中直接以氩离子体激发进行光谱测定。

【试剂与仪器】

（1）盐酸（1+1）；

（2）钙、镁、锌、铝、铁标准溶液（50μg/mL）；

（3）氩气（>99. 99%）；

（4）电感耦合等离子体发射光谱仪，倒线色散率不大于 0. 26nm/mm。

【分析步骤】

准确称取碳酸氢铵 10g，逐滴加 10mL 盐酸（1+1）溶解；称取液体试样 100mL 于 250mL 烧杯中蒸至近干，以水加热提取，移入 100mL 容量瓶中，补加 10mL 盐酸（1+1），用水稀释至刻度，摇匀待测。

【标准曲线绘制】

将钙、镁、锌、铝及铁标准溶液按表 7-3 分别移入两个 100mL 容量瓶中，加 10mL HCl（1+1），以水稀释至刻度，摇匀。

表 7-3 标准溶液质量浓度

标样	质量浓度/μg·mL⁻¹				
	Zn	Al	Fe	Mg	Ca
高标	1.0	1.0	1.0	0.5	0.5
低标	0.2	0.2	0.2	0.1	0.1

将待测液与标准溶液一起于表 7-4 所示分析波长处，用氩等离子体激发进行光谱测定。

表 7-4 测定元素波长

元素	分析线/nm	元素	分析线/nm
Zn	213.857	Mg	279.553
Al	237.335	Ca	393.366
Fe	259.940		

【分析结果计算】

按式（7-6）计算各元素含量（%）：

$$w = \frac{\rho V \times 10^{-6}}{m} \times 100\% \tag{7-6}$$

式中，ρ 为分析试液中各元素的质量浓度，μg/mL；V 为分析试液体积，mL；m 为试样质量，g。

【注意事项】

（1）如含量过高可以移取后测定。

（2）若样品是液体，计算公式中 m 换为样液体积（L），所得结果为 g/L。

（3）工业氨水于石英烧杯内蒸发浓缩。

7.6.2 料液中 Zn、Al、Fe、Ca、Mg、Ba 的测定

【适用范围】

本方法适用于除铁料液中 Zn、Al、Fe、Ca、Mg、Ba 的测定。

【方法提要】

试样经稀释，在稀盐酸介质中直接以氩离子激发进行光谱测定。

【标准曲线绘制】

将钙、镁、锌、铝、铁、钡标准溶液按表7-5浓度分别移入两个100mL容量瓶中，加10mL HCl（1+1），以水稀释至刻度，混匀待测。

表7-5　标准溶液质量浓度

标样	质量浓度/$\mu g \cdot mL^{-1}$					
	Zn	Al	Fe	Mg	Ca	Ba
高标	1.0	2.0	1.0	3.0	10	5
低标	0.1	0.2	0.1	0.3	1	0.5

将标准溶液与测试溶液一起于表7-6所示波长处，进行氩等离子体激发光谱测定。

表7-6　测定元素波长

元素	分析线/nm	元素	分析线/nm
Zn	213.857	Mg	279.553
Al	237.335	Ca	393.366
Fe	259.940	Ba	455.403

【分析步骤】

准确移取试样0.5mL于100mL容量瓶中，加10mL盐酸（1+1），以水稀释至刻度，摇匀待测。

【分析结果计算】

按式（7-7）计算试样中待测元素的质量浓度（$\mu g/mL$）：

$$\rho = \frac{\rho_1 V_1}{V} \tag{7-7}$$

式中，ρ_1为分析试液中待测元素的质量浓度，$\mu g/mL$；V_1为分析试液体积，mL；V为试样体积，mL。

【注意事项】

（1）料液如浑浊必须过滤后移取，本方法中稀土基体及光谱干扰很小，可以用纯试剂曲线。

（2）本方法的标准曲线低标部分是等于或小于工艺要求控制的指标。当分析结果与此相近时，请用仪器的作图功能把低标和试样比较一下，作出判断。对试样小于低标的结果，一律报低标，不报具体值。因为低标一般已接近仪器的测定下限，误差较大。

（4）对于用归一法程序测定各种稀土配分时，对试样量控制不严格，但为了防止基体效应和干扰，并考虑仪器的灵敏度，进样量要控制在 $0.5 \sim 1.0 mg/mL$ 之间，介质为5%的盐酸和硝酸。

参 考 文 献

［1］倪德桢，庄永泉，王琳，等．稀土冶金分析手册．包头：中国稀土学会《稀土》编辑部，1994．

8 微量稀土元素的测定

8.1 钢中稀土元素的测定[1]

8.1.1 电感耦合等离子体发射光谱法

【适用范围】

本方法适用于钢中稀土元素（镧、铈、镨、钕）的测定。测定范围：0.050%~2.00%。

【方法提要】

试样以盐酸或王水溶解，在稀酸介质中，直接以氩等离子体激发进行光谱测定，从标准曲线中求得测定元素含量。

【试剂与仪器】

（1）硝酸（1+1）；

（2）盐酸（1+1）；

（3）镧、铈、镨、钕标准溶液：1mL 含 50μg 各稀土元素（5%盐酸介质）；

（4）氩气（>99.99%）；

（5）电感耦合等离子体发射光谱仪，倒线色散率不大于 0.26nm/mm。

【分析步骤】

准确称取试样 0.20g 于 100mL 烧杯中，加入 20mL 盐酸（1+1），低温加热至完全溶解（盐酸不能完全分解的样品用王水溶解）。取下，冷却至室温，移入 100mL 容量瓶中，以水稀释至刻度，混匀待测。

【标准曲线绘制】

在 4 个 50mL 容量瓶中分别加入镧、铈、镨、钕标准溶液 0、1.0、5.0、10.0mL，加 2.5mL 盐酸，以水稀释至刻度，混匀。此系列标准溶液镧、铈、镨、钕的浓度分别为 0、1.0、5.0、10.0μg/mL。

将标准溶液与分析试液于表 8-1 所示分析波长处，用氩等离子体激发进行光谱测定。

表 8-1　测定元素波长

元素	La	Ce	Pr	Nd
分析线/nm	398.852	413.765	410.072	430.357

【分析结果计算】

按式（8-1）计算各待测元素的质量分数（％）：

$$w = \frac{\rho V \times 10^{-6}}{m} \times 100\% \tag{8-1}$$

式中，ρ 为分析试液中待测元素的质量浓度，$\mu g/mL$；V 为分析试液的体积，mL；m 为试样质量，g。

【注意事项】

钢中稀土总量的计算只需将各元素的含量加和即可。

8.1.2　偶氮氯膦 mA 分光光度法

【适用范围】

本方法适用于钢中微量稀土含量的测定。测定范围：0.0050%～0.20%。

【方法提要】

试样用酸分解，在 pH＝0.5～2.0 的酸性溶液中，稀土元素与偶氮氯膦 mA 生成蓝色配合物。于分光光度计波长 660nm 处测量吸光度，计算稀土的质量分数。

【试剂与仪器】

（1）硝酸（1+3）；

（2）草酸（50g/L）；

（3）偶氮氯膦 mA 溶液（0.4g/L）；

（4）稀土标准溶液（4μg/mL）：用混合稀土氧化物或高纯氧化物配制；

（5）纯铁空白溶液（2～4mg/mL）；

（6）分光光度计。

【分析步骤】

准确称取 0.1～0.2g 试样于 150mL 锥形瓶中，加 10mL 硝酸，加热试样至溶解完全，取下冷却，将试液移入 50mL 容量瓶中，以水稀释至刻度，混匀。

准确移取 5mL 上述试液于 25mL 容量瓶中，加 7mL 草酸溶液、2.0mL 偶氮氯膦 mA 溶液，混匀，以水稀释至刻度，混匀。

将部分试液移入 2 或 3cm 比色皿中，在分光光度计波长 660nm 处，以纯铁空白溶液作参比，测量吸光度。从标准曲线上查得稀土量。

【标准曲线绘制】

准确移取 5mL 纯铁空白溶液数份于一系列 25mL 容量瓶中，准确移取 0、0.5、1.0、1.5、2.0、2.5、3.0、4.0、4.5、5.0mL 稀土标准溶液，以下按上述操作步骤进行，以不加稀土的空白溶液为参比，以稀土量为横坐标，以吸光度值为纵坐标，绘制标准曲线。

【分析结果计算】

按式（8-2）计算试样中稀土的质量分数（%）：

$$w = \frac{m_1 V_0 \times 10^{-6}}{mV} \times 100\% \tag{8-2}$$

式中，m_1 为从标准曲线上查得稀土的质量，μg；m 为试样质量，g；V_0 为试样溶液总体积，mL；V 为移取试样溶液体积，mL。

【注意事项】

（1）基体铁用草酸掩蔽，钛量高时用草酸-过氧化氢联合掩蔽，铬量高时用高氯酸冒烟，滴加盐酸除铬。

（2）纯铁空白溶液的浓度与样液的基体浓度应匹配。

8.1.3　三溴偶氮胂分光光度法

【适用范围】

本方法适用于生铁、普通钢、低合金钢中微量稀土含量的测定。测定范围：0.0050%~0.10%。

【方法提要】

试样经盐酸、硝酸分解，高氯酸冒烟，在 1mol/L 盐酸介质中，加抗坏血酸还原铁，以三溴偶氮胂分光光度法测定铈组稀土的质量分数。

【试剂与仪器】

（1）盐酸（$\rho = 1.19g/cm^3$，1+1）；

（2）硝酸（1+3）；

（3）高氯酸（$\rho = 1.67g/cm^3$）；

（4）抗坏血酸；

（5）三溴偶氮胂溶液（0.5g/L）；

（6）铈组稀土标准溶液（5μg/mL）；

（7）分光光度计。

【分析步骤】

准确称取 0.1~0.25g 试样于 150mL 锥形瓶中，加 8mL 硝酸（1+3）、1mL 盐酸，加热溶解后，加 2mL 高氯酸，加热蒸发冒浓厚白烟至近干，取下稍冷，加 10mL 水，加热溶解盐类，冷却至室温，移入 50mL 容量瓶中，以水稀释至刻度，混匀。

准确移取 1~5mL 试液于 25mL 容量瓶中，加 50~70mg 抗坏血酸，摇动使其溶解，加 4.2mL 盐酸（1+1）、2mL 三溴偶氮胂溶液，混匀，以水稀释至刻度，混匀。

将部分试液移入 1cm 比色皿中，于分光光度计波长 630nm 处，以试剂空白溶液作参比,测量吸光度。从标准曲线上查得稀土量。

【标准曲线绘制】

于一系列 25mL 容量瓶中,准确移取 0、0.5、1.0、1.5、2.0、2.5、3.0、4.0mL 稀土标准溶液,加 50~70mg 抗坏血酸,以下按上述操作步骤进行。以稀土量为横坐标,以吸光度为纵坐标,绘制标准曲线。

【分析结果计算】

按式(8-3)计算试样中稀土的质量分数(%):

$$w = \frac{m_1 V_0 \times 10^{-6}}{mV} \times 100\% \tag{8-3}$$

式中,m_1 为从标准曲线上查得稀土的质量,μg;m 为试样质量,g;V_0 为试液总体积,mL;V 为移取试液体积,mL。

【注意事项】

(1)本方法也适用于铸铁、不锈钢等样品,试样分解后,滤去游离碳进行测定。

(2)对于含铬量高的试样,如高铬不锈钢、高铬硅硼镍基合金,试样分解后,高氯酸冒烟,滴加盐酸使铬成铬酰除去。

(3)显色酸度在 0.024~1.68mol/L 盐酸介质,铈组元素吸光度几乎恒定。

(4)如钢中加入包头矿组成的混合稀土金属,铈组稀土即为稀土总量。

8.1.4 氟化分离—偶氮胂Ⅲ分光光度法

【适用范围】

本方法适用于中、高合金钢中微量稀土含量的测定。测定范围:0.0050%~0.50%。

【方法提要】

以王水或硫酸分解样品,以纸浆做载体,加入氟化铵使稀土与镍、铬、钛、铌、铁等大量干扰元素分离。在 pH=2 酸度下,以抗坏血酸还原铁,磺基水杨酸掩蔽铝和钙,以偶氮胂Ⅲ分光光度法测定稀土总量。

【试剂与仪器】

(1)盐酸($\rho = 1.19\text{g/cm}^3$,1+1,1+4);

(2)硫酸(1+5);

(3)高氯酸($\rho = 1.67\text{g/cm}^3$);

(4)硝酸($\rho = 1.42\text{g/cm}^3$);

(5)抗坏血酸溶液(1%,现用现配);

(6)氟化铵溶液(200g/L);

（7）氟化铵-盐酸洗液：25mL 氟化铵溶液、25mL 盐酸（1+4）混合，加水至 500mL；

（8）氨水（1+1）；

（9）磺基水杨酸溶液（100g/L）；

（10）缓冲溶液（pH = 2）：119mL 盐酸（0.1mol/L）加 440mL 氯化钾溶液（0.2mol/L），混合后以水稀释至 1000mL；

（11）偶氮胂Ⅲ溶液（0.5g/L）；

（12）稀土标准溶液（50μg/mL）；

（13）分光光度计。

【分析步骤】

准确称取 0.5~1.0g 试样于 300mL 锥形瓶中，加 30mL 硫酸（1+5），加热溶解后，稀释体积至 100mL，加热煮沸数分钟，移入 300mL 聚四氟乙烯烧杯中，用热水稀释至 150mL，加 25mL 氟化铵溶液，少许纸浆，煮沸 2min，80℃保温 15~20min，用慢速滤纸过滤，用氟化铵-盐酸洗液洗涤烧杯 2~3 次、洗涤沉淀 8~10 次，再用热水洗涤沉淀 5 次。

将沉淀连同滤纸放入 250mL 烧杯中，加 15mL 硝酸、5mL 高氯酸，加热使溶液清亮并蒸发至近干，稍冷，加 3mL 盐酸、25~30mL 水，加一小块刚果红试纸，用氨水（1+1）及盐酸（1+4）调节至试纸呈紫红色，转移至 50mL 容量瓶中，以水稀释至刻度，混匀。

准确移取 2~10mL 试液于 25mL 容量瓶中，加 1mL 抗坏血酸溶液、1mL 磺基水杨酸溶液、5mL 缓冲溶液、5mL 偶氮胂Ⅲ溶液，以水稀释至刻度，混匀。

将部分试液移入 3cm 比色皿中，于分光光度计波长 655nm 处，以试剂空白试液作参比，测量吸光度。从标准曲线上查得稀土量。

【标准曲线绘制】

称取不含稀土的钢样 1g，分别准确移取 0、1.0、2.0、4.0、8.0、10.0、15.0、20.0mL 稀土标准溶液，加 50~70mg 抗坏血酸，以下按上述操作步骤进行氟化分离、分取、显色。以稀土量为横坐标，以吸光度为纵坐标，绘制标准曲线。

【分析结果计算】

按式（8-4）计算试样中稀土的质量分数（%）：

$$w = \frac{m_1 V_0 \times 10^{-6}}{mV} \times 100\% \qquad (8\text{-}4)$$

式中，m_1 为从标准曲线上查得稀土的质量，μg；m 为试样质量，g；V_0 为试液总体积，mL；V 为移取试液体积，mL。

【注意事项】

（1）不锈钢可用稀王水溶解后，稀释至 150mL，加 30mL 氟化铵溶液进行氟化分离。

（2）对高合金钢试样滴加硝酸破坏碳化物，否则合金元素碳化物会混入氟化稀土沉淀中影响测定。

（3）对于含钨较高的试样，若有钨析出，可过滤除去，沉淀不吸附稀土。

（4）在用硝酸分解试样后，三价铁最好用抗坏血酸还原成二价，减少氟化分离时三价铁的干扰。

（5）对于含铝较高的试样，由于形成稀土、铝及氟的三元配合物，稀土损失严重，不能采用该法。

8.1.5   电感耦合等离子体质谱法

【适用范围】

本方法适用于钢中稀土含量的测定。测定范围为 0.0010%～0.050%。

【方法提要】

试样用王水分解，在稀酸介质中，直接以氩等离子体激发进行质谱测定。

【试剂与仪器】

（1）硝酸（优级纯，$\rho = 1.42\text{g/cm}^3$）；

（2）盐酸（优级纯，$\rho = 1.19\text{g/cm}^3$）；

（3）铯标准溶液：$1\mu\text{g/mL}$，1%王水介质；

（4）混合稀土标准溶液：1mL 含 15 个稀土元素氧化物各 $1\mu\text{g}$，1%王水介质；

（5）电感耦合等离子体质谱仪：质量分辨率（0.7±0.1）amu。

【分析步骤】

准确称取 0.5g 试样，置于 250mL 烧杯中，加入 5mL HNO_3 和 15mL HCl，低温加热溶解至清亮。取下冷却，将溶液转移至 100mL 容量瓶中，定容，混匀。

移取 5mL 溶液于 100mL 容量瓶中，加入 1.0mL 铯标准溶液，定容，摇匀待测。

【标准曲线绘制】

准确移取 0、0.2、0.5、1.0、5.0、10.0mL 混合稀土标准溶液于一组 100mL 容量瓶中，加 1.0mL 铯标准溶液、1mL 王水，用水稀释至刻度，混匀。此标准溶液浓度为 0、2.0、5.0、10.0、50.0、100.0ng/mL。

将系列标准溶液与试液样一起在电感耦合等离子体质谱仪测定条件下，依据表 8-2 推荐的质量数，测量各稀土氧化物同位素的强度，将标准溶液的浓度直接输入计算机，用内标法校正非质谱干扰，并输出分析试液中各稀土氧化物的浓度。

表 8-2 测定元素质量数

元素	质量数	元素	质量数
La	139	Dy	163，164
Ce	140	Ho	165
Pr	141	Er	166，170
Nd	143，146	Tm	169
Sm	147，149	Yb	172，174
Eu	151，153	Lu	175
Gd	160	Y	89
Tb	159	Cs	133

【分析结果计算】

按式（8-5）计算各待测元素的质量分数（%）：

$$w = \frac{\sum \frac{(\rho_i - \rho_{i0})}{k_i} V_2 V_0 \times 10^{-9}}{mV_1} \times 100\% \qquad (8\text{-}5)$$

式中，ρ_i 为分析试液中第 i 种待测稀土元素的质量浓度，ng/mL；ρ_{i0} 为空白试液中第 i 种稀土元素的质量浓度，ng/mL；$\sum \dfrac{(\rho_i - \rho_{i0})}{k_i}$ 为 15 个稀土元素的质量浓度之和，ng/mL；V_0 为试液总体积，mL；V_1 为移取试液的体积，mL；V_2 为分析试液的体积，mL；m 为试样的质量，g；k_i 为某一稀土氧化物对单质的换算系数。

【注意事项】

样品溶解不清时，用焦硫酸钾处理残渣，合并于原溶液中。

8.2 铝及铝合金中微量稀土测定[2~4]

8.2.1 三溴偶氮胂直接光度法

【适用范围】

本方法适用于纯铝及铝稀土合金中铈组稀土总量的测定。测定范围：0.010%～1.0%。

【方法提要】

试样经氢氧化钠分解，盐酸酸化，在 1mol/L 的盐酸介质中，以抗坏血酸还原铁，三溴偶氮胂直接光度法测定铈组稀土元素。

【试剂与仪器】

（1）氢氧化钠；

（2）盐酸（1+1）；

（3）抗坏血酸；

（4）三溴偶氮胂显色液（5g/L）；

（5）铈组混合稀土标准溶液（2μg/mL）；

（6）分光光度计。

【分析步骤】

准确称取试样 0.1~0.2g 于 100mL 锥形瓶中，加氢氧化钠 2~3g，加水少许，微热溶解后，加 5mL 盐酸酸化，溶清，移至 100mL 容量瓶中，以水稀释至刻度，摇匀。

准确移取上述试液 1~10mL 于 25mL 容量瓶中，加 50~70mg 抗坏血酸、4.2mL 盐酸（1+1）、2mL 三溴偶氮胂显色液，以水稀释至刻度，摇匀。于分光光度计波长 630nm 处，用 1cm 比色皿，并以试剂空白作参比，测量吸光度。从标准曲线上查得铈组稀土量。

【标准曲线绘制】

于一系列 25mL 容量瓶中，准确移取 0、1.0、2.0、3.0、4.0、5.0、7.0、8.0mL 铈组混合稀土标准溶液，加 50~70mg 抗坏血酸，以下按分析步骤操作。以铈组稀土量为横坐标，以吸光度值为纵坐标，绘制标准曲线。

【分析结果计算】

按式（8-6）计算试样中铈组稀土量的质量分数（%）：

$$w = \frac{m_1 V_0 \times 10^{-6}}{mV} \times 100\% \tag{8-6}$$

式中，m_1 为从标准曲线上查得铈组稀土的质量，μg；m 为试样质量，g；V_0 为试液总体积，mL；V 为移取试液体积，mL。

【注意事项】

（1）对低含量可作 3cm 比色皿的标准曲线，铈组稀土 0~6μg。

（2）如铝合金系加包头矿的稀土氧化物，铈组稀土即为稀土总量。

8.2.2 电感耦合等离子体质谱法

【适用范围】

本方法适用于铝合金中稀土总量的测定。测定范围：0.010%~1.00%。

【方法提要】

试样用氢氧化钠分解，以硝酸溶液酸化，在稀酸介质中，以电感耦合等离子体质谱法测定稀土元素。

【试剂与仪器】

（1）氢氧化钠；

（2）硝酸（1+1，1+99）；

（3）稀土混合标准溶液：1mL 含 15 个稀土元素各 1μg，1% 硝酸介质；

（4）铯标准溶液：1μg/mL，1%硝酸介质；

（5）电感耦合等离子体质谱仪：质量分辨率（0.7±0.1）amu。

推荐测定同位素见表8-3。

表 8-3 测定元素质量数

元素	质量数	元素	质量数
La	139	Dy	163，164
Ce	140	Ho	165
Pr	141	Er	166，170
Nd	143，146	Tm	169
Sm	147，149	Yb	172，174
Eu	151，153	Lu	175
Gd	160	Y	89
Tb	159	Cs	133

【分析步骤】

准确称取 0.5g 试样，置于 100mL 聚四氟烧杯中，加氢氧化钠 2~3g，加水少许，微热溶解后，加入 10mL 硝酸（1+1），加热溶解盐类，取下，冷却至室温，移入 100mL 容量瓶中，摇匀。根据样品中稀土含量，移取 1~10mL 溶液于 100mL 容量瓶中，加入 1mL 铯标准溶液，用硝酸（1+99）定容，摇匀待测。

【标准曲线绘制】

准确移取 0、0.5、1.0、5.0、10.0mL 稀土混合标准溶液于一组 100mL 容量瓶中，加 1.00mL 铯标准溶液，用硝酸（1+99）稀释至刻度，混匀。此标准系列溶液的浓度为 0、5.0、10.0、50.0、100.0ng/mL。

将标准系列溶液与分析试液一起于电感耦合等离子体质谱仪上测定 15 个稀土元素的浓度。

【分析结果计算】

按式（8-7）计算样品中稀土总量（%）：

$$w = \frac{\sum (\rho_i - \rho_{i0}) V_2 V_0 \times 10^{-9}}{mV_1} \times 100\% \tag{8-7}$$

式中，ρ_i 为分析试液中第 i 个稀土元素的质量浓度，ng/mL；ρ_0 为空白试液中第 i 个稀土元素的质量浓度，ng/mL；$\sum (\rho_i - \rho_{i0})$ 为 15 个稀土元素的质量浓度之和，ng/mL；V_0 为试液总体积，mL；V_1 为移取试样溶液的体积，mL；V_2 为分析试液的体积，mL；m 为试样的质量，g。

8.2.3 电感耦合等离子体发射光谱法

【适用范围】

本方法适用于铝合金中稀土总量的测定。测定范围：0.50%~2.00%。

【方法提要】

试样用氢氧化钠分解，以盐酸酸化，在稀酸介质中，直接以氩等离子体激发进行光谱测定，以标准加入法校正，采用外推法求得各测定元素含量并求和。

【试剂与仪器】

（1）氢氧化钠；

（2）盐酸（$\rho = 1.19\text{g/cm}^3$，1+1）；

（3）稀土标准溶液（100μg/mL）：1mL镧、铈、镨、钕、钐、铕、钆和钇为25.0、50.0、5.0、15.0、1.0、1.0、1.0、1.0μg/mL，2%盐酸；

（4）氩气（>99.99%）；

（5）电感耦合等离子体发射光谱仪，倒线色散率不大于0.26nm/mm。

【分析步骤】

准确称取1.0g试样，置于100mL聚四氟烧杯中，加氢氧化钠2~3g，加水少许，微热溶解后，加入10mL盐酸，加热溶解盐类，取下，冷却至室温，移入100mL容量瓶中，摇匀。

准确移取5~10mL上述试液于4个50mL容量瓶中，分别加入稀土标准溶液0、5.0、10.0、20.0mL，再补加2mL盐酸（1+1），用水稀释至刻度，摇匀待测。

将标准溶液与试液于表8-4所示分析波长处，用电感耦合等离子体发射光谱仪进行测定。

以各稀土浓度为横坐标，强度值为纵坐标，绘制标准曲线，采用外推法求得待测试液中各稀土元素的浓度。

表8-4 测定元素波长

元素	La	Ce	Pr	Nd
分析线/nm	398.852	446.021	410.072	430.357
元素	Sm	Eu	Gd	Y
分析线/nm	360.948	272.778	310.051	371.029

【分析结果计算】

按式（8-8）计算稀土总量的质量分数（%）：

$$w = \frac{\sum (\rho_i - \rho_{i0}) V_2 V_0 \times 10^{-6}}{mV_1} \times 100\% \tag{8-8}$$

式中，ρ_i 为分析试液中第 i 个稀土元素的质量浓度，μg/mL；ρ_{i0} 为空白试液中第 i 个稀土元素的质量浓度，μg/mL；V_2 为分析试液体积，mL；V_0 为试样溶液体积，mL；V_1 为移取试样溶液体积，mL；m 为试样质量，g。

8.3 铅合金中微量稀土总量的测定

8.3.1 二溴—氯偶氮胂直接光度法

【适用范围】

本方法适用于铅合金中铈组稀土总量的测定。测定范围：0.010%~3.00%。

【方法提要】

试样经硝酸溶解，移取部分试液两份，在 1.7mol/L 的盐酸介质中，一份以 DBC 偶氮胂Ⅲ显色，一份加六偏磷酸钠破坏铈组元素与 DBC 偶氮胂的显色配合物，褪色作参比液，以此抵消铅的干扰。

【试剂与仪器】

（1）硝酸（1+1）；

（2）盐酸（1+1）；

（3）六偏磷酸钠（100g/L）；

（4）DBC 偶氮胂显色剂（5g/L）；

（5）铈组混合稀土标准溶液（2μg/mL）；

（6）分光光度计。

【分析步骤】

准确称取试样 0.1g 于 200mL 烧杯中，加 10mL 硝酸（1+1），低温加热溶解后，移至 100mL 容量瓶中，以水稀释至刻度，摇匀。准确移取以上试液 1~5mL 于 2 个 25mL 容量瓶中。

显色液：加 7mL 盐酸，3mL DBC 偶氮胂显色剂，用水稀释至刻度，摇匀。

参比液：加 7mL 盐酸、1.5mL 六偏磷酸钠、3mL DBC 偶氮胂显色剂，用水稀释至刻度，摇匀。

将参比液与显色液一起于分光光度计波长 630nm 处测量吸光度，用 1cm 比色皿。从标准曲线上查得铈组稀土量。

【标准曲线绘制】

于一系列 25mL 容量瓶中加 4mg 铅溶液，准确移取 0、0.25、0.5、1.5、2.5、4.5、6.5mL 铈组混合稀土标准溶液，共两组，分别按样液的显色液和参比液操作，测出吸光度。以铈组稀土量为横坐标，以吸光度值为纵坐标，绘制标准曲线。

【分析结果计算】

按式（8-9）计算试样中铈组稀土量的质量分数（%）：

$$w = \frac{m_1 V_0 \times 10^{-6}}{mV} \times 100\% \tag{8-9}$$

式中，m_1 为从标准曲线上查得铈组稀土的质量，μg；m 为试样质量，g；V_0 为试液总体积，mL；V 为移取试液体积，mL。

【注意事项】

（1）一般铅合金中加入的混合稀土金属，若由包头矿提取，铈组稀土占总稀土的99%，可认为是稀土总量。

（2）如试样中含锡，可加10mL混合液（200mL 5%酒石酸溶液与100mL硝酸混合），溶解试样，加10mL 10%氯化钾溶液，继续溶解清亮，移入100mL容量瓶中，以水稀释至刻度，摇匀待测。

（3）铅对显色有一定的影响，显色液中铅含量要尽量与标准曲线中加铅量一致，特别是大于4mg铅量的情况。

8.3.2 氟化分离—二溴—氯偶氮胂分光光度法

【适用范围】

本方法适用于铅合金中铈组稀土总量的测定。测定范围：0.0010%~0.10%。

【方法提要】

试样经硝酸溶解，以钙作载体，氟化分离大部分的铅，过滤后，沉淀连同滤纸以硝酸和高氯酸溶解，稀释后在1.7mol/L的盐酸介质中，以DBC偶氮胂Ⅲ显色，在波长630nm处测定吸光度。

【试剂与仪器】

（1）盐酸（1+1）；

（2）硝酸（1+1）；

（3）氢氟酸（$\rho=1.15g/cm^3$）；

（4）氧化钙溶液（2g/L）；

（5）氢氟酸-硝酸洗液：10mL硝酸、10mL氢氟酸用水稀释至500mL；

（6）DBC偶氮胂（5g/L）；

（7）铈组混合稀土标准溶液（2、50μg/mL）；

（8）分光光度计。

【分析步骤】

准确称取试样1g于250mL烧杯中，加20mL硝酸（1+1），加热至试样完全分解，移入聚四氟乙烯烧杯中，加1mL氧化钙溶液，加少许纸浆，加水稀释至约150mL。加热到60~70℃，加20mL氢氟酸，充分搅拌后，保温20min，用慢速滤纸过滤，用氢氟酸-硝酸洗液洗涤烧杯3~5次、洗涤沉淀8~10次。

将沉淀放入原烧杯中加20mL硝酸、5mL高氯酸，加热到冒高氯酸烟并蒸发到近干。取下稍冷，移入50mL容量瓶中，以水稀释至刻度，摇匀。

准确移取上述试液5.0mL于25mL容量瓶中，加7mL盐酸（1+1）、3mL DBC偶氮胂显色剂，用水稀释至刻度，摇匀。于分光光度计波长630nm处，用3cm比色皿，以试剂空白作参比测量吸光度。从标准曲线上查得铈组稀土量。

【标准曲线绘制】

于一系列 25mL 容量瓶中，准确移取 0、0.5、1.0、2.0、3.0、4.0、5.0mL 铈组混合稀土标准溶液（2μg/mL），以下按上述分析步骤操作。以铈组稀土量为横坐标，以吸光度值为纵坐标，绘制标准曲线。

【分析结果计算】

按式（8-10）计算试样中铈组稀土量的质量分数（%）：

$$w = \frac{m_1 V_0 \times 10^{-6}}{mV} \times 100\% \tag{8-10}$$

式中，m_1 为从标准曲线上查得铈组稀土的质量，μg；m 为试样质量，g；V_0 为试液总体积，mL；V 为移取试液体积，mL。

【注意事项】

（1）稀土总量系指以轻稀土为主的包头矿混合稀土。

（2）显色时，铅和钙量超过 500μg 将干扰测定，本方法分离后都小于此值。

（3）显色反应即刻完成，至少可稳定 7h。

8.3.3　电感耦合等离子体质谱法

【适用范围】

本方法适用于铅合金中稀土总量的测定。测定范围：0.010%～1.00%。

【方法提要】

试样用稀硝酸分解，在稀酸介质中，以电感耦合等离子体质谱法测定稀土元素。

【试剂与仪器】

（1）硝酸（1+3，1+99）；

（2）稀土混合标准溶液：1mL 含 15 个稀土元素各 1μg，1% 硝酸介质；

（3）铯标准溶液：1μg/mL，1% 硝酸介质；

（4）电感耦合等离子体质谱仪：质量分辨率（0.7±0.1）amu。

【分析步骤】

准确称取 0.5g 试样，置于 100mL 烧杯中，加水少许，加 20mL 硝酸（1+3），加热溶解后，取下，冷却至室温，移入 100mL 容量瓶中，摇匀。根据样品中稀土含量，移取 1～10mL 溶液于 100mL 容量瓶中，加入 1mL 铯标准溶液，用硝酸（1+99）定容，摇匀待测。

【标准曲线绘制】

准确移取 0、0.5、1.0、5.0、10.0mL 稀土混合标准溶液于一组 100mL 容量瓶中，加 1.00mL 铯标准溶液，用硝酸（1+99）稀释至刻度，混匀。此标准系列溶液的浓度为 0、5.0、10.0、50.0、100.0ng/mL。

将标准系列溶液与分析试液一起于电感耦合等离子体质谱仪上测定 15 个稀土元素的浓度。推荐测定同位素见表 8-5。

表 8-5 测定元素质量数

元素	质量数	元素	质量数
La	139	Dy	163，164
Ce	140	Ho	165
Pr	141	Er	166，170
Nd	143，146	Tm	169
Sm	147，148	Yb	172，174
Eu	151，153	Lu	175
Gd	160	Y	89
Tb	159	Cs	133

【分析结果计算】

按式（8-11）计算试样中稀土总量的质量分数（%）：

$$w = \frac{\sum (\rho_i - \rho_{i0}) V_2 V_0 \times 10^{-9}}{m V_1} \times 100\% \tag{8-11}$$

式中，ρ_i 为分析试液中第 i 个稀土元素的质量浓度，ng/mL；ρ_{i0} 为空白试液中第 i 个稀土元素的质量浓度，ng/mL；$\sum (\rho_i - \rho_{i0})$ 为 15 个稀土元素的质量浓度之和，ng/mL；V_0 为试液总体积，mL；V_1 为移取试液的体积，mL；V_2 为分析试液的体积，mL；m 为试样的质量，g。

8.3.4 电感耦合等离子体发射光谱法

【适用范围】

本方法适用于铅合金中稀土总量的测定。测定范围：0.50%~2.00%。

【方法提要】

试样用稀硝酸分解，在稀酸介质中，直接以氩等离子体激发进行光谱测定，以标准加入法校正，采用外推法求得各稀土元素含量并求和。

【试剂与仪器】

（1）硝酸（1+1，1+3）；

（2）稀土标准溶液（100μg/mL）：1mL 含镧、铈、镨、钕、钐、铕、钆和钇为 25.0、50.0、5.0、15.0、1.0、1.0、1.0、1.0μg/mL，2% 硝酸介质；

（3）氩气（>99.99%）；

（4）电感耦合等离子体发射光谱仪，倒线色散率不大于 0.26nm/mm。

【分析步骤】

准确称取 1.0g 试样，置于 100mL 烧杯中，加水少许，加 20mL 硝酸（1+3），加热溶解后，取下，冷却至室温，移入 100mL 容量瓶中，用水稀释至刻度，摇匀。

准确移取 5~10mL 上述试液于 4 个 50mL 容量瓶中，分别加入稀土标准溶液 0、5.0、10.0、20.0mL，再补加 2mL 硝酸（1+1），用水稀释至刻度，摇匀待测。

将标准溶液与试液于表 8-6 所示分析波长处，用电感耦合等离子体发射光谱仪进行测定。以各稀土元素浓度为横坐标、强度值为纵坐标，绘制标准曲线，采用外推法求得待测试液中各稀土元素的浓度。

表 8-6 测定元素波长

元素	La	Ce	Pr	Nd
分析线/nm	398.852	446.021	410.072	430.357
元素	Sm	Eu	Gd	Y
分析线/nm	360.948	272.778	310.051	371.029

【分析结果计算】

按式（8-12）计算稀土总量的质量分数（%）：

$$w = \frac{\sum (\rho_i - \rho_{i0}) \; V_2 V_0 \times 10^{-6}}{m V_1} \times 100\% \tag{8-12}$$

式中，ρ_i 为分析试液中第 i 个稀土氧化物的质量浓度，$\mu g/mL$；ρ_{i0} 为空白试液中第 i 个稀土氧化物的质量浓度，$\mu g/mL$；V_2 为分析试液体积，mL；V_0 为试样溶液总体积，mL；V_1 为移取试样溶液的体积，mL；m 为试样质量，g。

8.4 土壤中微量稀土总量的测定

8.4.1 对马尿偶氮氯膦光度法

【适用范围】

本方法适用于土壤中稀土总量的测定。测定范围：0.0050%~0.50%。

【方法提要】

试样经碱熔，三乙醇胺和 EDTA 溶液提取，分离大部分的铝、钙、镁、硅等元素，用氟化铵和草酸溶液掩蔽微量的锆、钛、铁，在 pH=0.7 条件下，以对马尿酸偶氮氯膦光度法测定稀土总量。

【试剂与仪器】

（1）氢氧化钠（固体，10g/L 洗液）；

（2）过氧化钠；

（3）三乙醇胺（1+1）；

（4）EDTA；

（5）氯化镁（50g/L）；

（6）盐酸（1+1，2mol/L，1%洗液）；

（7）氟化铵溶液（10g/L）；

（8）草酸溶液（50g/L）；

（9）对马尿酸偶氮氯膦显色液（30g/L）；

（10）混合稀土氧化物标准溶液（4μg/mL，pH=1）；

（11）分光光度计。

【分析步骤】

准确称取试样 0.5g 于盛有 3g 氢氧化钠（预先低温烘去水分）的刚玉坩埚中，加 2g 过氧化钠，在 700~750℃ 马弗炉中熔融 10~15min，取出，稍冷，放入盛有 10mL 三乙醇胺、0.5g EDTA 和 100mL 热水的烧杯中，待剧烈反应停止，用水洗净坩埚，补加 3~5g 氢氧化钠和 2mL 氯化镁溶液，加热煮沸，放置 1h。

沉淀用中速定量滤纸过滤，以氢氧化钠洗液洗涤烧杯及沉淀各 3~4 次，用水洗涤沉淀 2 次，滤液弃去，以 18mL 热盐酸（1+1）溶解沉淀于原烧杯中，用热盐酸洗液（1%）洗涤滤纸 5~6 次，溶液移入 100mL 容量瓶中，以水稀释至刻度，摇匀。

准确移取上述试液 5mL 于 25mL 容量瓶中，加水至 10mL，加 2mL 氟化铵溶液、1mL 草酸溶液、2mL 对马尿酸偶氮氯膦显色液，用水稀释至刻度，摇匀。在分光光度计波长 680nm 处，用 3cm 比色皿，以试剂空白作参比测量吸光度。从标准曲线上查得稀土量。

【标准曲线绘制】

于一系列 25mL 容量瓶中，准确移取 0、0.25、0.5、1.0、1.5、2.0mL 混合稀土标准溶液，加 2.5mL 盐酸（2mol/L），加水至 10mL，以下按上述分析步骤操作。以稀土量为横坐标，以吸光度值为纵坐标，绘制标准曲线。

【分析结果计算】

按式（8-13）计算试样中稀土量的质量分数（%）：

$$w = \frac{m_1 V_0 \times 10^{-6}}{mV} \times 100\% \qquad (8\text{-}13)$$

式中，m_1 为从标准曲线上查得稀土的质量，μg；m 为试样质量，g；V_0 为试液总体积，mL；V 为移取试液体积，mL。

【注意事项】

（1）如稀土含量高，试液移取少于 5mL 可补加盐酸（2mol/L）到 5mL，以保证显色酸度为 0.2mol/L。

（2）680~685nm 是以轻稀土为主的混合稀土氧化物，和以钇为主的混合稀土氧化物，与显色剂形成配合物的等吸收点，在此波长下，两条标准曲线重合。

（3）补加氯化镁主要是作为载体加入，以保证稀土氢氧化物沉淀完全。

8.4.2　电感耦合等离子体质谱法

【适用范围】

本方法适用于土壤中稀土总量的测定。测定范围：0.010%~0.50%。

【方法提要】

试样用氢氧化钠-过氧化钠熔融分解，使稀土元素与硅、铝、钠等元素分离，用硝酸和高氯酸破坏滤纸并溶解沉淀，在稀酸介质中，以电感耦合等离子体质谱法测定稀土元素。

【试剂与仪器】

（1）氢氧化钠；

（2）过氧化钠；

（3）硝酸（优级纯，$\rho = 1.42\text{g/cm}^3$，1+99）；

（4）高氯酸（优级纯，$\rho = 1.67\text{g/cm}^3$）；

（5）盐酸（优级纯，$\rho = 1.19\text{g/cm}^3$，1+1）；

（6）氢氧化钠洗液（20g/L）；

（7）混合稀土标准溶液：1mL 含 15 个稀土元素氧化物各 1μg，1%硝酸介质；

（8）铯标准溶液：1μg/mL，1%硝酸介质；

（9）电感耦合等离子体质谱仪：质量分辨率（0.7±0.1）amu。

【分析步骤】

准确称取 0.5g 试样，于盛有 3g 氢氧化钠（预先加热除去水分）的 30mL 镍坩埚中，覆盖 1.5g 过氧化钠，置于 750℃高温炉中熔融 7~10min，中间取出摇动一次，取出稍冷。将坩埚置于 400mL 烧杯中，加入 120mL 热水浸取，待剧烈作用停止后，取出坩埚，用水冲洗坩埚外壁，用滴管吸取约 2mL 盐酸（1+1）冲洗坩埚，用水洗净坩埚取出。控制溶液体积约为 180mL，将溶液煮沸 2min，取下，稍冷，用中速滤纸过滤，以氢氧化钠洗液洗涤烧杯 2~3 次、洗涤沉淀 5~6 次。

将沉淀连同滤纸放入原烧杯中，加入 30mL 硝酸和 5mL 高氯酸，盖上表面皿，加热破坏滤纸和溶解沉淀，待剧烈作用停止后继续冒烟并蒸发体积约 2~3mL，取下，冷却至室温。加入 5mL 硝酸，加热溶解至清，取下，冷却至室温，移入 100mL 容量瓶中，摇匀。

根据样品中稀土含量，移取 1~10mL 上述试液于 100mL 容量瓶中，加入 1mL 铯标准溶液，用硝酸（1+99）定容，摇匀待测。

【标准曲线绘制】

准确移取 0、0.5、1.0、5.0、10.0mL 混合稀土标准溶液于一组 100mL 容量瓶中，加 1.0mL 铯标准溶液，用硝酸（1+99）稀释至刻度，混匀。此标准系列的浓度为 0、5.0、10.0、50.0、100.0ng/mL。

将标准溶液与分析试液一起于电感耦合等离子体质谱仪上测定 15 个稀土元素的浓度。

【分析结果计算】

按式（8-14）计算试样中稀土量的质量分数（%）：

$$w = \frac{\sum(\rho_i - \rho_{i0})V_2 V_0 \times 10^{-9}}{mV_1} \times 100\% \tag{8-14}$$

式中，ρ_i 为试液中第 i 个稀土元素的质量浓度，ng/mL；ρ_{i0} 为空白试液中第 i 个稀土元素的质量浓度，ng/mL；$\sum(\rho_i - \rho_{i0})$ 为 15 个稀土元素的浓度之和，ng/mL；V_0 为试样溶液总体积，mL；V_1 为移取试样溶液的体积，mL；V_2 为分析试液的体积，mL；m 为试样的质量，g。

推荐测定同位素见表 8-7。

表 8-7　测定元素质量数

元素	质量数	元素	质量数
La	139	Dy	163, 164
Ce	140	Ho	165
Pr	141	Er	166, 170
Nd	143, 146	Tm	169
Sm	147, 149	Yb	172, 174
Eu	151, 153	Lu	175
Gd	160	Y	89
Tb	159	Cs	133

【注意事项】

如样品中含有 Cs 元素，会干扰内标的校正，可用 1.0μg/mL 铑标准溶液作为校正内标。

8.5　塑料、油漆中微量铈组稀土总量的测定

8.5.1　三溴偶氮胂光度法

【适用范围】

本方法适用于尼龙、塑料及油漆中铈组稀土总量的测定。测定范围：0.010%~1.00%。

【方法提要】

试样经硝酸破坏有机物、高氯酸冒烟，在 1mol/L 盐酸介质中，以三溴偶氮胂光度法测定铈组稀土总量。

【试剂与仪器】

(1) 抗坏血酸；

(2) 盐酸（6mol/L）；

(3) 三溴偶氮肿（5g/L）；

(4) 硝酸（$\rho = 1.42\mathrm{g/mL}$）；

(5) 混合稀土氧化物标准溶液（2μg/mL）；

(6) 高氯酸（$\rho = 1.67\mathrm{g/cm^3}$）；

(7) 分光光度计。

【分析步骤】

准确称取试样 0.5~2g，置于 150mL 锥形瓶中，加 40~50mL 硝酸，低温加热溶解后，加 10mL 高氯酸，加热至冒浓厚白烟，蒸发至约 2mL。取下稍冷，加少量水微热使盐类溶解，冷至室温，移入 100mL 容量瓶中，以水稀释至刻度，摇匀。

分取上述试液 1~2mL 于 25mL 容量瓶中，加 50~70mg 抗坏血酸、4.2mL 盐酸、2mL 三溴偶氮肿溶液，以水稀释至刻度，摇匀。于分光光度计波长 630nm 处，用 1cm 比色皿，以试剂空白作参比测量吸光度。从标准曲线上查得铈组稀土质量。

【标准曲线绘制】

于一系列 25mL 容量瓶中，准确移取 0、0.5、1.0、2.0、3.0、4.0、5.0、6.0mL 混合稀土标准溶液，以下按上述分析步骤操作。以稀土氧化物量为横坐标，以吸光度值为纵坐标，绘制标准曲线。

【分析结果计算】

按式（8-15）计算试样中铈组稀土氧化物量的质量分数（%）：

$$w = \frac{mV \times 10^{-6}}{m_1 V_1} \times 100\% \tag{8-15}$$

式中，m_1 为从标准曲线上查得铈组稀土氧化物含量，μg；m 为试样质量，g；V 为试样溶液总体积，mL；V_1 为移取试样溶液体积，mL。

【注意事项】

(1) 如样品中加入的是包头矿混合稀土氧化物，本结果即为总量的结果。

(2) 在 1mol/L 盐酸介质中，三溴偶氮肿与单一稀土配合物的摩尔吸光系数是随原子序数增加而减少，所以在此酸性下不宜作为中重稀土的显色剂。

(3) 本方法也可用于皮毛、地毯中微量稀土的测定。在高氯酸冒烟时氧化铬，加盐酸除去铬后再装瓶，稀释后显色测定。

8.5.2　电感耦合等离子体质谱法

【适用范围】

本方法适用于塑料中稀土总量的测定。测定范围：0.10~20.00μg/g。

【方法提要】

试样用硫酸、硝酸和氢氟酸分解，在稀酸介质中，直接以氩等离子体激发，进行质谱测定。

【试剂与仪器】

(1) 硝酸（优级纯，$\rho = 1.42\text{g/cm}^3$）；

(2) 硫酸（优级纯，$\rho = 1.84\text{g/cm}^3$）；

(3) 氢氟酸（优级纯，$\rho = 1.15\text{g/cm}^3$）；

(4) 铯标准溶液：$1\mu\text{g/mL}$，1%硝酸介质；

(5) 混合稀土标准溶液：1mL 含 15 个稀土元素氧化物各 $1\mu\text{g}$，1%硝酸介质；

(6) 电感耦合等离子体质谱仪：质量分辨率（0.7 ± 0.1）amu；

(7) 微波消解仪。

【分析步骤】

准确称取 1.0g 试样，置于 100mL 消解罐中，加入 5mL 硫酸、5mL 硝酸和 5mL 氢氟酸，消解程序见表 8-8。

取出，将溶液转移至 100mL 烧杯中，加热至硫酸冒烟尽干，冷却，用 1mL 硝酸溶解盐类。移入 100mL 容量瓶中，加入 1.0mL 铯标准溶液，用水稀释至刻度，混匀待测。随同试样做空白试样。

表 8-8   消解程序

消解程序	功率/W	升温时间/min	保持时间/min	IR 控制温度/℃	风扇速度
第一步	1000	10	20	175	1
第二步			40	室温	3

【标准曲线绘制】

准确移取 0、0.2、0.5、1.0、5.0、10.0mL 混合稀土标准溶液于一组 100mL 容量瓶中，加 1.0mL 铯标准溶液、1mL 硝酸，用水稀释至刻度，混匀。此标准溶液各待测元素浓度为 0、2.0、5.0、10.0、50.0、100.0ng/mL。

将系列溶液与分析试液一起于电感耦合等离子体质谱仪测定条件下，测量稀土氧化物同位素的强度，将标准溶液的浓度直接输入计算机，用内标法校正非质谱干扰，并输出分析试液中稀土氧化物的浓度。

【分析结果计算】

按式（8-16）计算试样中稀土总量的含量（$\mu\text{g/g}$）：

$$w = \frac{\sum(\rho_i - \rho_{i0})V_0 \times 10^{-3}}{m} \tag{8-16}$$

式中，ρ_i 为试液中第 i 个稀土元素的质量浓度，ng/mL；ρ_{i0} 为空白试液中第 i 个稀土元素的质量浓度，ng/mL；$\sum(\rho_i - \rho_{i0})$ 为 15 个稀土元素的质量浓度之和，ng/mL；V_0 为试液总体积，mL；m 为试样的质量，g。

推荐测定同位素见表 8-9。

表 8-9　测定元素质量数

元素	质量数	元素	质量数
La	139	Dy	163，164
Ce	140	Ho	165
Pr	141	Er	166，170
Nd	143，146	Tm	169
Sm	147，149	Yb	172，174
Eu	151，153	Lu	175
Gd	160	Y	89
Tb	159	Cs	133

【注意事项】

（1）微波消解仪要充分冷却后，再取出转子，避免烫伤。

（2）消解罐要充分冷却后，再将溶液转移，以免酸气伤人。

（3）硫酸冒烟一定要尽干，否则测定结果偏低。

8.6　水中微量稀土总量的测定[5~7]

8.6.1　PMBP 萃取色谱预富集—对羟基偶氮氯膦光度法

【适用范围】

本方法适用于稀土厂废水和饮用水中稀土氧化物总量的测定。测定范围：0.010~1.00μg/L。

【方法提要】

试样经预浓缩，用 PMBP 萃淋树脂，在 pH = 5.5~6.0，使稀土与杂质元素铁、钙、钡分离，洗脱后，以对羟基偶氮氯膦光度法测定稀土总量。

【试剂与仪器】

（1）对羟基偶氮氯膦显色液（5g/L）；

（2）氯乙酸-氢氧化钠缓冲液：1 份氢氧化钠溶液（0.2mol/L）与 2 份氯乙酸溶液（0.2mol/L）混合，在酸度计上调至 pH = 2.4；

（3）混合指示剂：0.15g 溴甲酚绿、0.05g 甲基红溶于 30mL 乙醇中，以水稀释至 100mL；

（4）EDTA；

（5）磺基水杨酸：50g/L，用氢氧化钠调 pH = 5.5；

（6）PMBP 萃淋树脂：120~200 目；

（7）抗坏血酸；

（8）盐酸洗液（pH=1.9）；

（9）混合稀土氧化物标准溶液（10μg/mL）；

（10）分光光度计；

（11）PHS-2 型酸度计。

【分析步骤】

准确移取一定量试液，加热蒸发至约 5mL，加 0.3g 抗坏血酸、1 滴混合指示剂，用氨水（1+1）调至溶液由红变绿，在酸度计上调到 pH=5.5，加 5mL 磺基水杨酸，以 1mL/min 的流速通过装有 1g 左右 PMBP 萃淋树脂的玻璃交换柱，然后分别用 20mL 水和 1mL 盐酸洗液淋洗，用 6mL 的盐酸洗液洗脱稀土，洗脱液流入 10mL 比色管中，加 3mL 氯乙酸-氢氧化钠缓冲液、0.8mL 对羟基偶氮氯膦显色液，加水稀释至刻度，摇匀，20min 后，于分光光度计波长 730nm 处，用 1cm 比色皿，以试剂空白作参比测量吸光度。从标准曲线上查得稀土氧化物质量。

【标准曲线绘制】

于一系列 10mL 比色管中，准确移取 0、0.10、0.20、0.30、0.40mL 混合稀土标准溶液，以下按上述分析步骤操作。以稀土氧化物质量为横坐标，以吸光度值为纵坐标，绘制标准曲线。

【分析结果计算】

按式（8-17）计算试样中稀土氧化物量的质量浓度（μg/L）：

$$\rho = \frac{m \times 1000}{V} \tag{8-17}$$

式中，m 为从标准曲线上查得稀土氧化物含量，μg；V 为移取试液体积，mL。

【注意事项】

（1）显色后 15min 开始稳定，40min 内吸光度不变。

（2）本方法相对标准偏差小于 5%。

8.6.2　电感耦合等离子体质谱法

液体样品经浓缩后参照 8.5.2 节的方法进行电感耦合等离子体质谱测试。

8.7　人发中痕量稀土总量的测定

8.7.1　4,6-二溴偶氮氯膦光度法

【适用范围】

本方法适用于人发中稀土总量的测定。测定范围：0.00050%~0.0050%。

【方法提要】

试样经硝酸、高氯酸分解，以高选择性的显色剂4,6-二溴偶氮胂Ⅲ与稀土显色，使人发中常见的铁、钙、镁、铝不干扰测定，以此测定稀土总量。

【试剂与仪器】

(1) 硝酸（$\rho=1.42g/cm^3$）；

(2) 高氯酸（$\rho=1.67g/cm^3$）；

(3) 4,6-二溴偶氮胂Ⅲ（5g/L）；

(4) 氯乙酸-氢氧化钠缓冲液（pH=1.8）；

(5) 混合稀土氧化物标准溶液（1μg/mL）；

(6) 分光光度计。

【分析步骤】

准确称取0.2g发样（处理好的）于100mL烧杯中，加10mL硝酸、2mL高氯酸，于80~100℃水浴中加热溶解，待溶液为橙红色时，移至电热板上加热，直到溶液转为无色，蒸到近干，加少量水溶解，转入25mL容量瓶中，加5mL氯乙酸-氢氧化钠缓冲液和2.5mL 4,6-二溴偶氮胂Ⅲ，以水稀释至刻度，摇匀。放置15min，于分光光度计波长640nm处，用5cm比色皿，以试剂空白作参比测量吸光度。从标准曲线上查得稀土氧化物质量。

【标准曲线绘制】

于一系列25mL容量瓶中，准确移取0、1.0、2.0、3.0、4.0、5.0mL混合稀土标准溶液，以下按上述分析步骤操作。以稀土氧化物质量为横坐标，以吸光度值为纵坐标，绘制标准曲线。

【分析结果计算】

按式（8-18）计算试样中稀土氧化物的质量分数（%）：

$$w = \frac{m_1 \times 10^{-6}}{m} \times 100\% \tag{8-18}$$

式中，m_1为从标准曲线上查得稀土氧化物质量，μg；m为称取试样质量，g。

【注意事项】

(1) pH=1.8时，轻重稀土的吸光度较接近，并且变化平稳。

(2) 用该显色剂绘制标准曲线，包头矿氧化物、寻乌矿氧化物、龙南矿氧化物混合稀土标准曲线斜率十分接近，故可认为该试剂是较好的总量试剂。

(3) 头发样品前处理：将发样放入250mL烧杯中，用洗发膏及水反复洗涤，最后用丙酮浸泡3min，再用水洗净，于60℃烘干，剪成5~10mm小段。

8.7.2　电感耦合等离子体质谱法

【适用范围】

本方法适用于人发、内脏中稀土总量的测定。测定范围：1.5~2000μg/g。

【方法提要】

试样用硝酸消解、高氯酸冒烟分解，在稀酸介质中，以电感耦合等离子体质谱法测定稀土元素。

【试剂与仪器】

（1）硝酸（$\rho = 1.42 \text{g/cm}^3$，1+3，1+99）；

（2）高氯酸（$\rho = 1.67 \text{g/cm}^3$）；

（3）混合稀土氧化物标准溶液：1mL 含 15 个稀土元素氧化物各 1μg，1% 硝酸；

（4）铯标准溶液：1μg/mL，1%硝酸介质；

（5）电感耦合等离子体质谱仪：质量分辨率（0.7±0.1）amu。

【分析步骤】

准确称取 1.0g 试样于 100mL 烧杯中，加 20mL 硝酸及 8mL 高氯酸加热冒烟至溶液为 1~2mL 后，取下，稍冷，加入 5mL 硝酸（1+3）加热提取，冷却至室温，将试样溶液移入 50mL 容量瓶中，摇匀。

若各稀土浓度高于 100ng/mL，可根据样品中稀土含量，移取 1~10mL 溶液于 100mL 容量瓶中，加入 1mL 铯标准溶液，用硝酸（1+99）定容，摇匀待测。

【标准曲线绘制】

准确移取 0、0.5、1.0、5.0、10.0mL 稀土混合标准溶液于一组 100mL 容量瓶中，加 1.0mL 铯标准溶液，用硝酸（1+99）稀释至刻度，混匀。此标准系列溶液的浓度为 0、5.0、10.0、50.0、100.0ng/mL。

将标准系列溶液与分析试液一起于电感耦合等离子体质谱仪上测定 15 个稀土元素的浓度，推荐测定同位素见表 8-10。

表 8-10　测定元素质量数

元素	质量数	元素	质量数
La	139	Dy	163，164
Ce	140	Ho	165
Pr	141	Er	166，170
Nd	143，146	Tm	169
Sm	147，149	Yb	172，174
Eu	151，153	Lu	175
Gd	160	Y	89
Tb	159	Cs	133

【分析结果计算】

按式（8-19）计算试样中稀土总量的质量分数（%）：

$$w = \frac{\sum (\rho_i - \rho_{i0}) V_2 V_0 \times 10^{-3}}{mV_1} \times 100\% \qquad (8\text{-}19)$$

式中，ρ_i 为分析试液中第 i 个稀土元素的质量浓度，ng/mL；ρ_{i0} 为空白试液中第 i 个稀土元素的质量浓度，ng/mL；$\sum (\rho_i - \rho_{i0})$ 为 15 个稀土元素的质量浓度之和，ng/mL；V_0 为试样溶液总体积，mL；V_1 为移取试液的体积，mL；V_2 为测定试液的体积，mL；m 为试样的质量，g。

8.8 牧草中微量稀土总量的测定[8~12]

8.8.1 DCS 偶氮胂光度法

【适用范围】

本方法适用于牧草中稀土总量的测定。测定范围：0.10~3.0μg/g。

【方法提要】

试样经灰化，硝化，用 PMBP-苯-环己烷协同萃取，使稀土与铁、钙、镁和磷等干扰元素分离，在 pH=3.0 与 DCS 偶氮胂显色，光度法测定稀土总量。

【试剂与仪器】

(1) 硝酸（$\rho = 1.42 \text{g/cm}^3$）；

(2) 高氯酸（$\rho = 1.67 \text{g/cm}^3$）；

(3) 过氧化氢（30%）；

(4) 盐酸（1+1，1+99）；

(5) 氨水（1+9）；

(6) 磺基水杨酸溶液（600g/L，用氨水调至中性）；

(7) 硫氰酸铵溶液（600g/L）；

(8) 洗涤液：5mL 磺基水杨酸（600g/L）和 50mL 硫氰酸铵（600g/L），加 60mL pH=4.2 的缓冲液，以水稀释至 300mL；

(9) 二甲基黄指示剂（1g/L）；

(10) PMBP 萃取液（0.01mol/L）：溶于苯-异戊醇（4+1）中；

(11) DCS 偶氮胂显色液（0.25g/L）；

(12) 甲基橙指示剂（1g/L）；

(13) 氯乙酸-氨水缓冲液：1 份氨水（1mol/L）与 1 份氯乙酸（1mol/L）混合，在酸度计上调至 pH=3.0；

(14) 冰乙酸-氢氧化钠缓冲液：pH=4.2；

(15) 混合稀土氧化物标准溶液（1μg/mL）；

(16) 抗坏血酸（20g/L）；

(17) 分光光度计；

(18) pHS-2 型酸度计。

【分析步骤】

准确称取 10g 牧草于 100mL 石英皿中，在电炉上加热到冒烟使之全部炭化，放入 600℃ 高温炉中灼烧 4h 或更长时间，使呈白色。取出稍冷，加 5mL 硝酸进行硝化，不断摇动，蒸到近干，如硝化不完全可加硝酸直到完全。再放入 600℃ 马弗炉内灼烧 1~2h，取出冷却，加 5mL 盐酸（1+1）、10 滴过氧化氢，加热溶解试样，取下稍冷，移入 25mL 容量瓶中，用水稀释至刻度，摇匀。

准确移取上述试液 5mL 于 60mL 分液漏斗中，加 2mL 磺基水杨酸溶液，加 1~2mL 抗坏血酸还原铁，加 5mL 硫氰酸铵溶液、1 滴二甲基黄指示剂，用氨水（1+9）调溶液呈橙色，加 5mL 冰乙酸-氢氧化钠缓冲液、20mL PMBP-苯-异戊醇萃取液，振摇 2min，分层后弃去水相，有机相用 10mL 洗涤液洗两次，每次摇 10~30s，弃去水相，加 10mL 盐酸（1+99）反萃 2min，水相放入 100mL 烧杯中，再加 5mL 盐酸（1+99）反萃 1min，水相合并，加 1~2mL 高氯酸，加热冒烟并蒸至近干，加数滴盐酸（1+1）溶解，移入 25mL 容量瓶中，加 2mL 抗坏血酸、2 滴甲基橙指示剂，用氨水（1+9）和盐酸（1+9）调至橘红色，加 3mL 氯乙酸-氨水缓冲液、2mL DCS 偶氮胂溶液，加水稀释至刻度，摇匀。于分光光度计波长 630nm 处，用 5cm 皿比色，以试剂空白作参比测量吸光度。从标准曲线上查得稀土氧化物量。

【标准曲线绘制】

于一系列 60mL 分液漏斗中，准确移取 0、0.2、0.5、1.0、2.0、3.0mL 混合稀土标准溶液，以下按上述分析步骤操作。以稀土氧化物量为横坐标，以吸光度值为纵坐标，绘制标准曲线。

【分析结果计算】

按式（8-20）计算试样中稀土氧化物量的含量（μg/g）：

$$w = \frac{m_1 V}{m V_1} \tag{8-20}$$

式中，m_1 为从标准曲线上查得稀土氧化物量的质量，μg；m 为试样质量，g；V 为试样溶液总体积，mL；V_1 为分取试样溶液体积，mL。

8.8.2　电感耦合等离子体质谱法

【适用范围】

本方法适用于大米、稻草中稀土总量的测定。测定范围：1.5~2000μg/g。

【方法提要】

试样在高压消解罐中用硝酸、过氧化氢加热分解，在稀酸介质中，以电感耦合等离子体质谱法测定稀土元素。

【试剂与仪器】

(1) 硝酸（$\rho = 1.42g/cm^3$，1+99）；

(2) 过氧化氢（30%）；

(3) 混合稀土氧化物标准溶液：1mL 含 15 个稀土元素氧化物各 1μg，1%硝酸介质；

(4) 铯标准溶液：1μg/mL，1%硝酸介质；

(5) 电感耦合等离子体质谱仪：质量分辨率（0.7±0.1）amu。

【分析步骤】

准确称取 1.0g 试样，置于高压消解仪聚四氟罐中，加 10mL 硝酸及 5mL 过氧化氢，盖好内盖，旋紧外盖，于 140℃加热 4h 后，取出，冷却至室温，小心松开盖子，将试样溶液移入 50mL 容量瓶中，摇匀。

若各稀土浓度高于 100ng/mL 可根据样品中稀土含量，移取 1～10mL 溶液于 100mL 容量瓶中，加入 1mL 铯标准溶液，用硝酸（1+99）定容，摇匀待测。

【标准曲线绘制】

准确移取 0、0.5、1.0、5.0、10.0mL 稀土混合标准溶液于一组 100mL 容量瓶中，加 1.00mL 铯标准溶液，用硝酸（1+99）稀释至刻度，混匀。此标准系列溶液的浓度为 0、5.0、10.0、50.0、100.0ng/mL。

将标准系列溶液与分析试液一起于电感耦合等离子体质谱仪上测定 15 个稀土元素的浓度，推荐测定同位素见表 8-11。

表 8-11 测定元素质量数

元素	质量数	元素	质量数
La	139	Dy	163，164
Ce	140	Ho	165
Pr	141	Er	166，170
Nd	143，146	Tm	169
Sm	147，149	Yb	172，174
Eu	151，153	Lu	175
Gd	160	Y	89
Tb	159	Cs	133

【分析结果计算】

按式（8-21）计算试样中稀土总量（μg/g）：

$$w = \frac{\sum (\rho_i - \rho_{i0}) V_2 V_0 \times 10^{-3}}{mV_1} \tag{8-21}$$

式中，ρ_i 为试液中第 i 个稀土元素的质量浓度，ng/mL；ρ_{i0} 为空白试液中第 i 个稀土元素的质量浓度，ng/mL；$\sum(\rho_i-\rho_{i0})$ 为 15 个稀土元素的质量浓度之和，ng/mL；V_0 为试样溶液总体积，mL；V_1 为移取试液的体积，mL；V_2 为测定试液的体积，mL；m 为试样的质量，g。

8.9 粮食中微量稀土总量的测定

8.9.1 三溴偶氮胂光度法

【适用范围】

本方法适用于籼稻、粳稻、冬小麦、春小麦中稀土氧化物总量的测定。测定范围：0.050~1.00μg/g。

【方法提要】

试样经灰化，硝化，用 PMBP-异戊醇-环己烷协同萃取，使稀土与铁、钙、镁和磷等干扰元素分离，在 pH=3.1 条件下与三溴偶氮胂显色，光度法测定稀土总量。

【试剂与仪器】

(1) 硝酸（$\rho=1.42\text{g/cm}^3$）；

(2) 高氯酸（$\rho=1.67\text{g/cm}^3$）；

(3) 过氧化氢（30%）；

(4) 盐酸（1+1，1+9，1%）；

(5) 氨水（1+9）；

(6) 抗坏血酸（20g/L）；

(7) 磺基水杨酸（600g/L，用氨水调至中性）；

(8) 硫氰酸铵溶液（600g/L）；

(9) 二甲基黄指示剂（1g/L）；

(10) PMBP-异戊醇-环己烷萃取液（3g/L）：0.3g PMBP 溶于 80mL 环己烷和 20mL 异戊醇中；

(11) 三溴偶氮胂（0.2g/L）；

(12) 甲基橙指示剂（1g/L）；

(13) 氯乙酸-氢氧化铵缓冲液：1 份氨水（1mol/L）与 1 份氯乙酸（1mol/L）混合，在酸度计上调至 pH=3.1；

(14) 冰乙酸-氨水缓冲液：28.5mL 冰乙酸加 10mL 氨水，加水到 800mL，在酸度计上调至 pH=4.3，稀释至 1L；

(15) 混合稀土氧化物标准溶液（0.5μg/mL）；

(16) 分光光度计；

(17) pHS-2 型酸度计。

【分析步骤】

称取粮食 5~10g 于 100mL 石英皿中，在电炉上逐渐加温，加热到不冒烟。放入高温炉中，温度逐渐升到 550~600℃，保持 6~8h。取出稍冷，加 5mL 硝酸，于电炉上加热溶解试样，并蒸到近干，放入马弗炉内灼烧 2h 取出加 2mL 盐酸（1+1）、10 滴过氧化氢溶解煮沸，稍冷，移入 60mL 分液漏斗中，加 2mL 磺基水杨酸，加抗坏血酸溶液使其变为微红色或无色，加 5mL 硫氰酸铵、1 滴二甲基黄指示剂，用氨水（1+9）调溶液呈橙色，加 5mL 冰乙酸-氨水缓冲液，保持水相体积 20mL，加 20mL PMBP-异戊醇-环己烷萃取液，振摇 2min，分层后弃去水相，有机相用 10mL 1% 盐酸反萃 2min，水相放入 100mL 烧杯中，有机相再加 5mL 1% 盐酸反萃 1min，反萃液合并，加 1~2mL 高氯酸，加热蒸至近干，加 2mL 抗坏血酸，2 滴甲基橙指示剂，用氨水（1+1）和盐酸（1+9）调至橘红色，加 3mL 氯乙酸-氨水缓冲液，2mL 三溴偶氮胂溶液，加水稀释至刻度，摇匀。于分光光度计波长 635nm 处，用 5cm 比色皿，以试剂空白作参比测量吸光度。从标准曲线上查得稀土氧化物量。

【标准曲线绘制】

于一系列 60mL 分液漏斗中，准确移取 0、0.5、1.0、2.0、4.0、6.0mL 混合稀土标准溶液，以下按上述分析步骤操作。以稀土氧化物量为横坐标，以吸光度值为纵坐标，绘制标准曲线。

【分析结果计算】

按式（8-22）计算试样中稀土氧化物的含量（μg/g）：

$$w = \frac{m}{m_1} \tag{8-22}$$

式中，m 为从标准曲线上查得稀土氧化物质量，μg；m_1 为称取试样质量，g。

【注意事项】

（1）由于试样中含量极微，注意器皿和试剂的沾污。

（2）灰化时不可操之过急，以免试样迸溅造成损失。

8.9.2　电感耦合等离子体质谱法

参照 8.8.2 节电感耦合等离子体质谱法。

8.10　大白鼠肝和骨骼中微量铈组稀土总量的测定

8.10.1　三溴偶氮胂光度法

【适用范围】

本方法适用于动物肝及骨骼中稀土总量的测定。测定范围：0.000050%~

0. 0010%。

【方法提要】

试样经硝酸、高氯酸分解，在 pH=1 条件下采用三溴偶氮胂光度法测定轻稀土总量。

【试剂与仪器】

（1）抗坏血酸；

（2）盐酸（1+1）；

（3）三溴偶氮胂（2g/L）；

（4）硝酸-高氯酸混合酸（7+3）；

（5）混合稀土氧化物标准溶液（1μg/mL）；

（6）氨水（1+1）；

（7）分光光度计。

【分析步骤】

准确称取经真空冷冻干燥的试样 0.5~2g，置于 50mL 烧杯中，加 10mL 硝酸-高氯酸混合酸，缓慢加热，待出现白烟时除去表皿，继续加热蒸干。取下稍冷，加 2mL 盐酸（1+1）溶解，加 50mg 抗坏血酸，用氨水调 pH=3~4，移入 25mL 容量瓶中，加 1.5mL 盐酸、2mL 三溴偶氮胂溶液，以水稀释至刻度，摇匀。于分光光度计波长 630nm 处，用 3cm 比色皿，以试剂空白作参比测量吸光度。从标准曲线上查得稀土氧化物量。

【标准曲线绘制】

于一系列 25mL 容量瓶中，准确移取 0、1.0、2.0、4.0、6.0mL 混合稀土标准溶液，以下按上述分析步骤操作。以稀土氧化物量为横坐标，以吸光度值为纵坐标，绘制标准曲线。

【分析结果计算】

按式（8-23）计算试样中稀土氧化物的质量分数（%）：

$$w = \frac{m_1 \times 10^{-6}}{m} \times 100\% \tag{8-23}$$

式中，m_1 为从标准曲线上查得稀土氧化物质量，μg；m 为称取试样质量，g。

【注意事项】

骨骼样灰化后可直接称 50mg，加盐酸（1+1）溶解。本方法亦可用于血样的测定，称样 2g。

8.10.2　电感耦合等离子体质谱法

参照 8.7.2 节电感耦合等离子体质谱法。

8.11　食品及茶叶中稀土元素的测定——消解—电感耦合等离子体质谱法[13]

【适用范围】

本方法适用于食品及茶叶中稀土含量的测定。测定范围为 $0.10 \sim 20 \mu g/g$。

【方法提要】

试样用硝酸和过氧化氢分解，在稀酸介质中，直接以氩等离子体激发，进行质谱测定。

【试剂与仪器】

（1）硝酸（优级纯，$\rho = 1.42 g/cm^3$）；

（2）过氧化氢（优级纯，30%）；

（3）铯标准溶液：$1 \mu g/mL$，1%硝酸介质；

（4）混合稀土氧化物标准溶液：1mL 含 15 个稀土元素氧化物各 $1 \mu g$，1%硝酸介质；

（5）电感耦合等离子体质谱仪：质量分辨率（0.7±0.1）amu；

（6）微波消解仪。

【分析步骤】

微波消解样品处理　准确称取 1.0g 试样，置于 100mL 消解罐中，加入 10mL HNO_3 和 2mL H_2O_2，进行样品消解，消解程序见表 8-12。取出，将溶液转移至 100mL 容量瓶中，加入 1.0mL 铯标准溶液，以水稀释至刻度，混匀待测。

表 8-12　消解程序

消解程序	功率/W	升温时间/min	保持时间/min	IR 控制温度/℃	风扇速度
第一步	600	10	20	175	1
第二步	1000		20	175	1
第三步			40	室温	3

高压消解罐样品前处理　准确称取 1.0g 试样，置于 150mL 消解罐中，加入 10mL HNO_3 和 2mL H_2O_2，放入烘箱中。升温至 145℃，保持 1h，冷却取出，将溶液转移至 100mL 容量瓶中，加入 1.0mL 铯标准溶液，以水稀释至刻度，混匀待测。随同试样做空白试样。

【标准曲线绘制】

准确移取 0、0.2、0.5、1.0、5.0、10.0mL 混合稀土标准溶液于一组 100mL 容量瓶中，加 1.0mL 铯标准溶液、1mL 硝酸，用水稀释至刻度，混匀。此标准系列的各个待测元素浓度为 0、2.0、5.0、10.0、50.0、100.0ng/mL。将标准溶液与试样液一起于电感耦合等离子体质谱仪测定条件下，测量稀土氧化物同位素的强度，将标准溶液的浓度直接输入计算机，用内标法校正非质谱干扰，并输出分析试液中稀土氧化物的浓度。

【分析结果计算】

按式（8-24）计算试样中稀土氧化物的含量（μg/g）：

$$w = \frac{\sum (\rho_i - \rho_{i0}) V_0 \times 10^{-3}}{m} \tag{8-24}$$

式中，ρ_i 为试液中第 i 稀土元素的质量浓度，ng/mL；ρ_{i0} 为空白试液中第 i 稀土元素的质量浓度，ng/mL；$\sum (\rho_i - \rho_{i0})$ 为 15 个稀土元素的质量浓度之和，ng/mL；V_0 为试样溶液总体积，mL；m 为试样的质量，g。

推荐测定同位素见表 8-13。

表 8-13　测定元素质量数

元素	质量数	元素	质量数
La	139	Dy	163，164
Ce	140	Ho	165
Pr	141	Er	166，170
Nd	143，146	Tm	169
Sm	147，149	Yb	172，174
Eu	151，153	Lu	175
Gd	160	Y	89
Tb	159	Cs	133

【注意事项】

（1）微波消解仪要充分冷却后，再取出转子。

（2）消解罐要充分冷却后，再将溶液转移，以免酸气伤人。

（3）高压消解罐要室温放入烘箱中。如果烘箱已是高温，放入高压消解罐时避免伤人，而且消解时间要适当延长。

（4）本方法同时适用于药品中稀土元素的测定，微波消解升温功率需加强到第一步 800W、第二步 1200W。如果是成品药，将要捣碎混匀后称取；如果是中药原材料，需将表面用水清洗干净后称取。

参 考 文 献

[1] 杨丽荣. 电感耦合等离子体发射光谱法测定钢中铌、钨、锆含量 [A]. 中国金属学会.

第九届中国钢铁年会论文集［C］.中国金属学会，2013：5.

［2］周元敬，龙尚俊，李家华，等.电感耦合等离子体原子发射光谱法测定铝合金中镧、铈、钪的含量［J］.理化检验（化学分册），2017，53（12）：1427～1431.

［3］朱海燕，于永栗，蔡士端，等.电感耦合等离子体发射光谱法测定铝合金中La、Ce、Pr、Nd、Sm［J］.光谱学与光谱分析，1992（6）：47～50.

［4］陈浩，黎雯，程竹筠，等.铝合金中痕量稀土和非稀土杂质的化学分离富集和ICP光谱测定［J］.稀土，1990（2）：23～25.

［5］吴少尉，胡斌，何蔓，等.低温电热蒸发ICP-MS测定天然水中的痕量稀土元素［C］//第十二届全国稀土元素分析化学学术报告暨研讨会论文集，2007：95～96.

［6］刘刚，瞿成利，常凤鸣，等.胶州湾海水中悬浮颗粒对溶解态微量元素的影响［J］.海洋科学，2008，32（3）：55～61.

［7］李政军，钟志光，陈佩玲，等.ORS—ICP-MS测定工业废水中La系稀土元素［J］.光谱实验室，2004，21（2）：264～266.

［8］贺小敏，王敏，王小东，等.微波消解—石墨炉原子吸收光谱法测定菜籽及饼粕中铅和镉［J］.光谱学与光谱分析，2007，27（11）：2353～2356.

［9］刘树彬，郧海丽，冯俊霞，等.原子吸收光谱法在测定食品中金属元素的研究进展［J］.理化检验（化学分册），2010，46（7）：850～854.

［10］黄碧霞，蔡继宝，芮蕾，等.大豆根细胞质膜上的稀土元素［J］.稀土，2001，22（3）：56～58.

［11］王松君，曹林，常平，等.ICP-MS测定中草药狼毒中稀土和微量元素［J］.光谱学与光谱分析，2006，26（7）：1330～1333.

［12］冯信平，田家金.微波消解ICP-MS法测定植物性食品中15种稀土元素［J］.热带作物学报，2010，31（12）：2287～2291.

［13］高健会，赵良娟，葛宝坤，等.密闭高压消化ICP-MS测定茶叶等植物性样品中15种痕量稀土元素［J］.中国卫生检验杂志，2006，16（5）：551～553.

9 稀土可回收物料分析

9.1 钕铁硼废料中稀土总量的测定

9.1.1 草酸盐重量法

【适用范围】

本方法适用于钕铁硼废料中稀土氧化物总量的测定。测定范围：5.00%～70.00%。

【方法提要】

试料用酸分解，高氯酸冒烟除硅，氢氟酸沉淀稀土分离铁、铝等，氨水沉淀分离钙、镁。在 pH=1.8~2.0 草酸沉淀稀土，灰化后于950℃将沉淀灼烧成氧化物，称其质量，计算稀土氧化物总量。

【试剂与仪器】

(1) 氯化铵；

(2) 氢氟酸（$\rho=1.15g/cm^3$）；

(3) 高氯酸（$\rho=1.67g/cm^3$）；

(4) 过氧化氢（30%）；

(5) 硝酸（$\rho=1.42g/cm^3$）；

(6) 氨水（1+1）；

(7) 盐酸（1+1）；

(8) 盐酸-氢氟酸洗液（2+2+96）；

(9) 氯化铵-氨水洗液：100mL 水中含 2g 氯化铵和 2mL 氨水；

(10) 草酸溶液（100g/L）；

(11) 甲酚红溶液（2g/L，乙醇（1+1）介质）；

(12) 草酸洗液：100mL 溶液中含 1g 草酸、1g 草酸铵及 1mL 无水乙醇。

【分析步骤】

按表 9-1 准确称取试样（炉渣料、块片料、干燥粉料）置于 300mL 烧杯中，加 30mL 盐酸、2mL 过氧化氢，加热使试样溶解至清（若试样溶解不清，加 30mL 盐酸、2mL 过氧化氢、20mL 硝酸、15mL 高氯酸，低温加热至试料溶解完全，冒烟并蒸至 1mL 左右，加 20mL 盐酸（1+1），加热使盐类溶解至清）。

油泥料、潮湿粉料需将试样置于已恒重的 100mL 瓷蒸发皿中，低温加热至干燥，烧尽试料表面油分及水分，冷却，按表 9-1 称其质量，加 30mL 盐酸、2mL 过氧化氢、20mL 硝酸、15mL 高氯酸，低温加热至试料溶解完全，冒烟并蒸至 1mL 左右，加 20mL 盐酸（1+1），加热使盐类溶解至清。

按表 9-1 将试液转移至容量瓶中，用水稀释至刻度，混匀。将试液干过滤，按表 9-1 准确分取滤液于 250mL 聚四氟乙烯烧杯中，加入 20mL 盐酸（1+1）、10~15 滴过氧化氢及少许纸浆，补加热水至约 100mL，在不断搅拌下加入 15mL 氢氟酸，于沸水浴上保温 30~40min，每隔 10min 搅拌一次。取下，冷却至室温，用定量慢速滤纸过滤，用盐酸-氢氟酸洗液洗涤烧杯 3~4 次（用滤纸片擦净烧杯），洗涤沉淀及滤纸 8~10 次。将沉淀和滤纸置于 250mL 玻璃烧杯中，加入 30mL 硝酸、15mL 高氯酸，加热使沉淀和滤纸溶解完全，继续加热至冒高氯酸白烟，并蒸至近干。取下，稍冷后，加入 3mL 盐酸（1+1），用水吹洗杯壁，加热溶解至清，加入 2g 氯化铵，以水稀释至约 100mL，加热至近沸，滴加氨水（1+1）至刚出现沉淀，加入 0.1mL 过氧化氢、20mL 氨水（1+1），煮沸。用中速定量滤纸过滤。用氯化铵-氨水洗液洗涤烧杯 2~3 次、洗涤沉淀 6~7 次，弃去滤液。将沉淀和滤纸放于原烧杯中，加入 20mL 盐酸、3~4 滴过氧化氢，用玻璃棒将滤纸捣烂，加入 100mL 水，煮沸，加入近沸的 30mL 草酸溶液，加 4~6 滴甲酚红溶液，用氨水（1+1）、盐酸（1+1）和精密 pH 试纸调节 pH=1.8~2.0，于 80~90℃保温 40min，冷却至室温，放置 2h。用慢速定量滤纸过滤，用草酸洗液洗涤烧杯 2~3 次，用小块滤纸擦净烧杯，将沉淀全部转移至滤纸上，洗涤沉淀 8~10 次。将沉淀连同滤纸放入 950℃灼烧至质量恒定的铂坩埚中，低温加热，将沉淀和滤纸灰化。将铂坩埚和沉淀于 950℃高温炉中灼烧 40min，将铂坩埚及烧成的氧化稀土置于干燥器中，冷却至室温，称其质量。

表 9-1 称样量及移取体积

试 样	质量分数/%	称样量/g	移取体积/定容体积/mL
炉渣样、块片样、干燥粉样	5.00~20.00	5.0	20/100
	30.00~70.00	5.0	20/200
油泥样、潮湿粉样		30.0（灼烧前）	
	5.00~20.00	5.0（灼烧后）	20/100
	30.00~70.00	5.0（灼烧后）	20/200

【分析结果计算】

按式（9-1）计算炉渣样、块片样、干燥粉样中稀土氧化物总量的质量分数（%）：

$$w = \frac{(m_1 - m_2)V}{m_0 V_1} \times 100\% \tag{9-1}$$

式中，m_1 为铂坩埚及烧成物的质量，g；m_2 为铂坩埚的质量，g；m_0 为试样的质量，g；V 为试样溶液总体积，mL；V_1 为分取试液体积，mL。

按式（9-2）计算油泥料、潮湿粉料中稀土氧化物总量的质量分数（%）：

$$w = \frac{(m_1 - m_2)V}{m_0 V_1} \times \frac{m_3 - m_4}{m_5} \times 100\% \tag{9-2}$$

式中，m_1 为铂坩埚及烧成物的质量，g；m_2 为铂坩埚的质量，g；m_0 为油泥样、潮湿粉样灼烧后称取的质量，g；m_5 为油泥样、潮湿粉样灼烧前的质量，g；m_3 为瓷蒸发皿及灼烧后油料的质量，g；m_4 为瓷蒸发皿的质量，g；V 为试样溶液总体积，mL；V_1 为移取试液体积，mL。

【注意事项】

氟化分离时，需加纸浆，否则氟化稀土过滤时易穿滤，造成结果偏低。

9.1.2　电感耦合等离子体发射光谱法

【适用范围】

本方法适用于钕铁硼废料中稀土总量的测定。测定范围：0.50%~10.0%。

【方法提要】

试样以盐酸溶解样品（油泥样品以硝酸消化、高氯酸冒烟），在稀酸介质中，直接以氩等离子体激发进行光谱测定，从标准曲线中求得各稀土元素含量并求和。

【试剂与仪器】

(1) 硝酸（$\rho = 1.42\text{g/cm}^3$）；

(2) 盐酸（$\rho = 1.19\text{g/cm}^3$，1+1，1+3）；

(3) 高氯酸（$\rho = 1.67\text{g/cm}^3$）；

(4) 过氧化氢（30%）；

(5) 氧化镨、氧化钕、氧化镝、氧化钆、氧化铽和氧化钬标准溶液：1mL 含 50μg 各稀土氧化物；

(6) 氩气（>99.99%）；

(7) 电感耦合等离子体发射光谱仪，倒线色散率不大于 0.26nm/mm。

【分析步骤】

称取试料 0.2~0.5g 于 300mL 烧杯中，加 20mL 盐酸、几滴过氧化氢，低温加热至溶解完全（对于油泥状的样品，应以硝酸、高氯酸分解），冷却至室温，移入 200mL 容量瓶中用水稀释至刻度，混匀。

准确移取 2~10mL 试液于 100mL 容量瓶中，加 5mL 盐酸（1+1），用水稀释至刻度，摇匀待测。

【标准曲线的绘制】

将 Pr_6O_{11}、Nd_2O_3、Dy_2O_3、Gd_2O_3、Tb_4O_7、Ho_2O_3 标准溶液按表 9-2 分别移入 3 个 50mL 容量瓶中，并加入 5mL 盐酸（1+1），以水稀释至刻度，混匀，制得 3 个标准系列溶液，待用。标准系列溶液浓度见表 9-2。

将标准溶液与分析试液于表 9-3 所示分析波长处，用电感耦合等离子体发射光谱仪进行测定。

表 9-2 标准溶液质量浓度

标液编号	质量浓度/$\mu g \cdot mL^{-1}$					
	Pr_6O_{11}	Nd_2O_3	Dy_2O_3	Gd_2O_3	Tb_4O_7	Ho_2O_3
1	0	0	0	0	0	0
2	2.0	6.0	0.60	0.50	0.50	0.50
3	10.0	30.0	3.0	2.50	2.50	2.50

表 9-3 测定元素波长

元素	Pr	Nd	Dy	Gd	Tb	Ho
分析线/nm	450.884	430.357	394.468	342.246	350.914	345.600
	390.843	401.224	353.171	336.224		339.895

【分析结果计算】

按式（9-3）计算稀土总量的质量分数（%）：

$$w = \frac{\sum (\rho_i - \rho_{i0}) V_1 V_3 \times 10^{-6}}{m V_2} \times 100\% \tag{9-3}$$

式中，ρ_i 为分析试液中各稀土氧化物的质量浓度，$\mu g/mL$；ρ_{i0} 为空白试液中各稀土氧化物的质量浓度，$\mu g/mL$；V_1 为分析试液体积，mL；V_2 为分取试液体积，mL；V_3 为试样溶液体积，mL；m 为试样质量，g。

9.2 钐钴废料中稀土总量的测定——草酸盐重量法

【适用范围】

本方法适用于钐钴合金、钐钴废料中钐含量的测定。测定范围：10.00% ~ 45.00%。

【方法提要】

试样经硝酸、高氯酸分解，在氯化铵存在下，氨水沉淀稀土，分离钴、铜等。以盐酸溶解氢氧稀土，在 $pH = 1.5 \sim 2.0$ 的条件下用草酸沉淀稀土，以分离铁。于 950℃灼烧，称稀土氧化物质量，计算稀土总量。

【试剂与仪器】

(1) 盐酸（$\rho=1.19\text{g/cm}^3$，1+1）；

(2) 氨水（$\rho=0.90\text{g/cm}^3$，1+1）；

(3) 氯化铵；

(4) 过氧化氢（30%）；

(5) 硝酸（$\rho=1.42\text{g/cm}^3$）；

(6) 高氯酸（$\rho=1.67\text{g/cm}^3$）；

(7) 氯化铵-氨水洗液：100mL 水中含 2.0g 氯化铵和 2.0mL 氨水；

(8) 草酸溶液（100g/L）；

(9) 间甲酚紫（1g/L，乙醇介质）；

(10) 草酸洗液（2.0g/L）。

【分析步骤】

准确称取试样 2g 置于 300mL 烧杯中，加 20mL 硝酸、2 滴过氧化氢及 10mL 高氯酸，低温加热至高氯酸冒烟至近干。取下，稍冷后，加入 3mL 盐酸（1+1），以水吹洗杯壁，加热使盐类溶解至完全，冷却后，定容于 100mL 容量瓶中，混匀。

将试液干过滤，准确移取 20mL 滤液于 250mL 烧杯中，加 2g 氯化铵，以水稀释至约 100mL，加热至近沸，在不断搅拌下滴加氨水（1+1），至沉淀刚出现，加 0.1mL 过氧化氢。加入 20mL 氨水（1+1），煮沸。取下稍冷，用定量中速滤纸过滤，用氯化铵-氨水洗液洗涤烧杯 2~3 次、洗涤沉淀 6~8 次，弃去滤液。将沉淀连同滤纸放入原 250mL 烧杯中，加 30mL 硝酸、15mL 高氯酸，低温加热至冒高氯酸烟近干，取下，稍冷后，加入 3mL 盐酸（1+1）、用水吹洗杯壁，加热溶解至清，再次进行氨水沉淀稀土，分离钴、铜等。将沉淀和滤纸放于原烧杯中，加 20mL 盐酸（1+1）、1mL 过氧化氢，盖表面皿，破坏滤纸。用水洗杯壁，加热水至 100mL，煮沸，取下，加 30mL 近沸的草酸溶液，加 4~6 滴间甲酚紫溶液，用氨水（1+1）、盐酸（1+1）和精密 pH 试纸调节 pH=1.8~2.0。于 80~90℃保温 40min，冷却至室温，放置 2h 以上。用定量慢速滤纸过滤，用草酸洗液洗涤烧杯 2~3 次，并用小片滤纸擦净烧杯，将沉淀完全转移至滤纸上，洗涤沉淀和滤纸 7~8 次。将沉淀连同滤纸放入 950℃马弗炉灼烧至质量恒定的铂坩埚中，低温灰化完全。将铂坩埚于 950℃马弗炉中灼烧 40min，取出，置于干燥器中，冷却至室温，称其质量。

【分析结果计算】

按式（9-4）计算试料中稀土总量的质量分数（%）：

$$w = \frac{(m_1 - m_2)VR}{m_0V_1} \times 100\% \tag{9-4}$$

式中，m_1 为铂坩埚及烧成物的质量，g；m_2 为铂坩埚的质量，g；m_0 为试样的质量，g；V 为试样溶液总体积，mL；V_1 为移取试液体积，mL；R 为氧化钐换算成钐的换算系数。

【注意事项】

重量法测定时，需 2 次分离钴、铜等元素。

9.3 抛光粉废粉中稀土总量的测定——草酸盐重量法

【适用范围】

本方法适用于抛光粉、抛光粉废粉中稀土总量的测定。测定范围：20.0%~80.0%。

【方法提要】

试样用氢氧化钠-过氧化钠熔融分解，分离硅、铝。沉淀用盐酸溶解，氢氟酸分离铁、锰、钛、铌、钽、镍等。高氯酸冒烟除硅，氨水沉淀分离钙、镁。在 pH=1.8~2.0 条件下以草酸沉淀稀土，灼烧至恒重。计算稀土氧化物总量。

【试剂与仪器】

（1）氢氧化钠；

（2）过氧化钠；

（3）氯化铵；

（4）氢氟酸（$\rho=1.15\text{g/cm}^3$）；

（5）高氯酸（$\rho=1.67\text{g/cm}^3$）；

（6）过氧化氢（30%）；

（7）硝酸（$\rho=1.42\text{g/cm}^3$）；

（8）氨水（1+1）；

（9）盐酸（1+1）；

（10）盐酸洗液（2+98）；

（11）氢氧化钠洗液（20g/L）；

（12）盐酸-氢氟酸洗液（2+2+96）；

（13）氯化铵-氨水洗液：100mL 水中含 2g 氯化铵和 2mL 氨水；

（14）草酸溶液（100g/L）；

（15）甲酚红溶液（2g/L，乙醇（1+1）介质）；

（16）草酸洗液：100mL 溶液中含 1g 草酸、1g 草酸铵及 1mL 无水乙醇。

【分析步骤】

按表 9-4 准确称取试样置于盛有 3g 氢氧化钠（预先烘去水分）的 30mL 镍坩埚中，覆盖 1.5g 过氧化钠，置于 750℃ 马弗炉中熔融至缨红并保持 5~10min（中间取出摇动一次），取出稍冷。将坩埚置于 300mL 烧杯中，加 120mL 热水浸取。待剧烈作用停止后，用 2mL 盐酸（1+1）和水洗净坩埚，控制体积约 150mL，加 1.0mL 过氧化氢。将溶液煮沸 2min，稍冷。用中速滤纸过滤，以氢氧化钠洗液洗涤烧杯 2~3 次、洗涤沉淀 5~6 次。

表 9-4　称样量

氧化稀土总量的质量分数/%	称样量/%
20.00~50.00	0.40
>50.00~80.00	0.30

将沉淀连同滤纸放入 250mL 聚四氟乙烯烧杯中，加入 20mL 盐酸（1+1）及 10~15 滴过氧化氢。将滤纸捣碎，加热溶解沉淀，补加热水至约 100mL。在不断搅拌下加入 15mL 氢氟酸，于沸水浴上保温 30~40min，每隔 10min 搅拌一次。取下，冷却至室温，用定量慢速滤纸过滤，用盐酸-氢氟酸洗液洗涤烧杯 3~4 次（用滤纸片擦净烧杯），洗涤沉淀及滤纸 8~10 次。将沉淀和滤纸置于原玻璃烧杯中，加入 30mL 硝酸、15mL 高氯酸，加热使沉淀和滤纸溶解完全，继续加热至冒高氯酸白烟至近干。取下，稍冷后，加入 5mL 盐酸（1+1），用水吹洗杯壁，加热使盐类溶解至清亮。用定量中速滤纸过滤于 300mL 烧杯中，用热的盐酸洗液洗净烧杯，并洗涤滤纸 8~10 次，弃去滤纸。在滤液中加入 2g 氯化铵，以水稀释至约 100mL，加热至近沸，滴加氨水（1+1）至刚出现沉淀，加入 0.1mL 过氧化氢、20mL 氨水（1+1），煮沸。用中速定量滤纸过滤。用氯化铵-氨水洗液洗涤烧杯 2~3 次、洗涤沉淀 6~7 次，弃去滤液。将沉淀和滤纸放于原烧杯中，加入 10mL 盐酸、3~4 滴过氧化氢，用玻璃棒将滤纸捣烂。加入 100mL 水，煮沸。加入近沸的 50mL 草酸溶液，加 4~6 滴甲酚红溶液，用氨水（1+1）、盐酸（1+1）和精密 pH 试纸调节 pH=1.8~2.0，于 80~90℃保温 40min，冷却至室温，放置 2h。用慢速定量滤纸过滤，用草酸洗液洗涤烧杯 2~3 次，用小块滤纸擦净烧杯，将沉淀全部转移至滤纸上，洗涤沉淀 8~10 次。将沉淀连同滤纸放入 950℃灼烧至质量恒定的铂坩埚中，低温加热，将沉淀和滤纸灰化。将铂坩埚和沉淀于 950℃高温炉中灼烧 40min，将铂坩埚及烧成的氧化稀土置于干燥器中，冷却至室温，称其质量。

【分析结果计算】

按式（9-5）计算试料中氧化稀土总量的质量分数（%）：

$$w = \frac{m_1 - m_2}{m_0} \times 100\% \tag{9-5}$$

式中，m_1 为铂坩埚及烧成物的质量，g；m_2 为铂坩埚的质量，g；m_0 为试样的质量，g。

【注意事项】

（1）碱熔分离硅、铝、氟及磷酸根等阴离子，碱熔也可以用铁坩埚，但氢氧化铁沉淀为无定型沉淀，难以过滤洗涤。

（2）碱性条件下，过氧化氢以氧化性为主；酸性条件下，过氧化氢以还原性为主。

（3）氟化分离时，必须有纸浆，否则氟化稀土过滤时易于穿滤造成结果偏低。

9.4　废弃稀土荧光粉废粉

9.4.1　稀土总量的测定——草酸盐重量法

【适用范围】

本方法适用于废弃稀土荧光粉中稀土氧化物总量的测定。测定范围：10.00%~70.00%。

【方法提要】

试样经碱熔、水浸、碱分离、硝酸和高氯酸破坏滤纸、盐酸提取后，氨水分离、脱硅和草酸盐沉淀分离铝、镁、钡、钙、硅等杂质元素，在高温下灼烧草酸稀土生成稀土氧化物，称其质量，计算稀土氧化物总量。

【试剂与仪器】

（1）过氧化钠；

（2）氯化铵；

（3）硝酸（$\rho=1.42\text{g/cm}^3$）；

（4）高氯酸（$\rho=1.67\text{g/cm}^3$）；

（5）氢氧化钠洗液（20g/L）；

（6）盐酸（1+1）；

（7）硫酸（1+1）；

（8）过氧化氢（30%）；

（9）氨水（1+1）；

（10）氯化铵洗液：2g氯化铵溶于100mL水中，以氨水（1+1）调至pH=9~10。

（11）盐酸洗液：100mL水中含4mL盐酸（1+1）；

（12）草酸溶液（100g/L）；

（13）草酸洗液（20g/L）；

（14）间甲酚紫（1g/L，乙醇介质）。

【分析步骤】

称取0.5g试样置于预先盛有2g过氧化钠的50mL镍坩埚中，混合均匀后加盖一层过氧化钠，加盖，置于650℃马弗炉中熔融30min，取出，冷却。将坩埚置于300mL烧杯中，加120mL热水浸取，待剧烈作用停止后，洗出坩埚和盖。煮沸，用中速滤纸过滤，用氢氧化钠洗液洗涤烧杯2~3次、洗涤沉淀7~8次，将滤纸连同沉淀取下放回原烧杯。

加入20mL硝酸、5mL高氯酸，盖上表面皿，低温加热破坏滤纸，冒烟至近干，以5mL盐酸（1+1）提取，加热溶解盐类至清，加热水至120mL，并加入2g氯化铵，用氨水（1+1）调出少量沉淀后，加20mL氨水（1+1），此时pH=9~10（以广泛pH试纸检验）。加1mL过氧化氢，煮沸，取下，使pH值始终保持在9~10。用中速滤纸过滤，用氯化铵洗液洗涤烧杯2~3次、洗涤沉淀7~8次，将滤纸连同沉淀取下放回原烧杯。

加入20mL硝酸、5mL高氯酸和5mL硫酸（1+1），盖上表面皿，低温加热破坏滤纸，冒烟至近干，以5mL盐酸（1+1）提取，用少量水冲洗表面皿及杯壁，加热溶解盐类至清，用中速滤纸过滤，滤液接收于300mL新烧杯中。用热的盐酸洗液洗涤原烧杯2~3次、洗涤沉淀7~8次。

向盛有滤液的烧杯中加热水至120mL，并加入2g氯化铵，用氨水调出少量沉淀后，加20mL氨水（1+1），此时pH=9~10（以广泛pH试纸检验）。加1mL过氧化氢，煮沸，取下，使pH值始终保持在9~10。用中速滤纸过滤，用氯化铵洗液洗涤烧杯2~3次、洗涤沉淀7~8次，将滤纸连同沉淀取下放回原烧杯。

用20mL盐酸（1+1）、1mL过氧化氢将滤纸破坏成纸浆，加热水至150mL，加热至近沸，加50mL近沸的草酸溶液，加入2~3滴间甲酚紫使溶液呈红色，以氨水（1+1）调至溶液变为橙黄色，以精密pH试纸测得pH=1.8~2.0，室温放置12~15h。以慢速滤纸过滤，弃去滤液，用草酸洗液洗涤烧杯2~3次、洗涤沉淀7~8次，沉淀连同滤纸取出放入事先已恒重的铂坩埚中灰化，于950℃高温炉中灼烧至恒重，取出，放入干燥器中冷却至室温，称其质量。

【分析结果计算】

按式（9-6）计算废弃稀土荧光粉中稀土氧化物的质量分数（%）：

$$w = \frac{m_1 - m_2}{m_0} \times 100\% \tag{9-6}$$

式中，m_1为铂坩埚及烧成物的质量，g；m_2为铂坩埚质量，g；m_0为样品的质量，g。

9.4.2 铅、镉、汞量的测定——电感耦合等离子体发射光谱法

【适用范围】

本方法适用于废弃灯用三基色稀土荧光粉中铅、汞和废弃阴极射线管稀土荧光粉中铅、镉的测定。测定范围见表9-5。

表 9-5 测定范围

类 别	元 素	质量分数/%
CRT 荧光粉废料	铅（Pb）	0.100~5.00
	镉（Cd）	0.010~20.00
灯用三基色荧光粉废料	铅（Pb）	0.100~5.00
	汞（Hg）	0.010~0.500

【方法提要】

试样经酸消解或碱熔，在酸性介质中，直接以氩等离子体光源激发，进行光谱测定。

【试剂与仪器】

（1）过氧化钠；

（2）硝酸（$\rho=1.42 \mathrm{g/cm^3}$，1+4，1+19）；

（3）过氧化氢（30%）；

（4）高氯酸（$\rho=1.67 \mathrm{g/cm^3}$）；

（5）铅标准溶液：质量浓度为 $100 \mu\mathrm{g/mL}$；

（6）镉标准溶液：质量浓度为 $100 \mu\mathrm{g/mL}$；

（7）汞标准溶液：质量浓度为 $100 \mu\mathrm{g/mL}$；

（8）氩气（>99.99%）；

（9）电感耦合等离子体发射光谱仪，倒线色散率不大于 0.26nm/mm。

【分析步骤】

常规酸消解法溶解汞、镉　称取 0.5g 试样置于 50mL 磨砂锥形瓶中，加入 4mL 硝酸、0.5mL 过氧化氢，加磨砂盖，置于 80℃ 水浴加热反应 2h。待消解完成，冷却，用慢速滤纸过滤到 100mL 容量瓶中，用硝酸（1+4）洗涤锥形瓶和滤纸 3~5 次，洗液合并于容量瓶，用水稀释至刻度，摇匀。

碱熔法溶解铅　称取 0.5g 试样并置于盛有 2g 过氧化钠（预先烘去水分）的 50mL 镍坩埚中，混合均匀后加盖，放入 650℃ 马弗炉中熔融 30min，取出，冷却。将坩埚置于 250mL 烧杯中，加热水约 100mL，加热浸取，待剧烈作用停止后，用水冲洗坩埚和盖 3~5 次后取出。用中速滤纸过滤，用去离子水洗涤烧杯 2~3次、洗涤沉淀 5~6 次。将滤纸连同沉淀取下放回原烧杯，加入 20mL 硝酸和 5mL 高氯酸，低温加热破坏滤纸，冒烟至近干，取下冷却后加 5mL 硝酸煮沸回溶，冷却后用慢速滤纸过滤移入 100mL 容量瓶中，用硝酸（1+4）洗涤烧杯和滤纸 3~5 次，用水稀释至刻度，摇匀。

按表 9-6 稀释倍数分取上述待测液于相应容量瓶中，用硝酸（1+19）稀释至刻度，摇匀待测。

表9-6 移取体积

质量分数/%	稀释倍数	质量浓度/μg·mL⁻¹
0.010~0.10	2	0.25~2.5
≥0.10~1.00	5	1~10
≥1.00~5.00	25	2~10
≥5.00~20.00	100	2.5~10

【标准曲线绘制】

各元素质量浓度见表9-7。根据表9-7中铅、镉、汞元素标准系列浓度，分别移取Pb、Cd、Hg标准溶液于6个100mL容量瓶中，用硝酸（1+19）稀释至刻度，配制Pb、Cd、Hg标准系列溶液。

表9-7 标准溶液质量浓度

标液编号	质量浓度/μg·mL⁻¹		
	Pb	Cd	Hg
0	0	0	0
1	0.5	0.2	0.2
2	1	1	0.5
3	2	2	1
4	5	5	2
5	10	10	5

将系列标准溶液及分析试液于表9-8所示分析线波长处，进行氩等离子体光谱测定。

表9-8 测定元素波长

元素	Pb	Cd	Hg
分析线/nm	220.353	226.502，228.802	184.887，194.164

【分析结果计算】

按式（9-7）计算废弃稀土荧光粉中被测元素质量分数（%）：

$$w_x = \frac{(\rho - \rho_0)Vb}{m \times 10^6} \times 100\% \tag{9-7}$$

式中，x 为被测元素；ρ 为分析试液中待测元素的质量浓度，$\mu g/mL$；ρ_0 为空白试液中待测元素的质量浓度，$\mu g/mL$；V 为分析试液体积，mL；b 为试液稀释倍数；m 为试料的质量，g。

【注意事项】

（1）在采样和制备过程中应注意不使试样受到污染，所有玻璃器皿均需要以硝酸（1+4）浸泡24h，用水反复冲洗，最后用去离子水冲洗干净。

（2）在 Hg 测试中，在处理样品和标准系列中加入 $1\mu g/mL$ 金标准溶液作稳定剂，可有效改善 Hg 测试时的精密度，较好地消除 Hg 的记忆效应。

9.4.3　氧化镧、氧化铈、氧化铕、氧化钆、氧化铽、氧化镝、氧化钇量的测定——电感耦合等离子体发射光谱法

【适用范围】

本方法适用于废弃稀土荧光粉中氧化镧、氧化铈、氧化铕、氧化钆、氧化铽、氧化镝、氧化钇量的测定。测定范围见表9-9。

表 9-9　测定范围

稀土氧化物	质量分数/%
氧化钇	5.00~45.00
氧化铕	0.10~6.00
氧化铈、氧化铽	0.050~10.00
氧化镧	0.050~20.00
氧化镝、氧化钆	0.050~0.50

【方法提要】

试样经碱熔、水浸，碱分离，盐酸酸化。在稀酸介质中，直接以氩等离子体光源激发，进行光谱测定。

【试剂与仪器】

（1）过氧化钠（优级纯）；

（2）氢氧化钠洗液（20g/L）；

（3）盐酸（$\rho=1.19g/cm^3$，优级纯，4+46）；

（4）硝酸（1+1）；

（5）高氯酸（$\rho=1.67g/cm^3$）；

（6）氧化镧、氧化铈、氧化铕、氧化钆、氧化铽、氧化镝、氧化钇标准溶液质量浓度：分别为200、100、$10\mu g/mL$；

（7）氩气（>99.99%）；

（8）电感耦合等离子体发射光谱仪，倒线色散率不大于0.26nm/mm。

【分析步骤】

称取0.5g试样于盛有2g过氧化钠（预先烘去水分）的50mL镍坩埚中，混合均匀后加盖一层过氧化钠，加盖，置于650℃马弗炉中熔融30min，取出，冷却。将坩埚置于300mL烧杯中，加150mL热水浸取，待剧烈作用停止后，洗出坩埚和盖。用中速滤纸过滤，用氢氧化钠洗液洗涤烧杯2~3次、洗涤沉淀5~6次。

将沉淀连同滤纸放入原烧杯中，加入20mL硝酸（1+1）和5mL高氯酸，盖

上表面皿，低温加热破坏滤纸，冒烟至近干，加 5mL 盐酸溶解盐类，冷却后移入 100mL 容量瓶中，用水稀释至刻度，摇匀。

根据稀土元素测定范围，按表 9-10 分取溶液于相应容量瓶中，用盐酸（4+46）稀释至刻度，摇匀待测。

表 9-10　分取体积

测定范围/%	分取体积/mL	定容体积/mL
0.050~1.0	10	100
≥1.0~10.0	5	100
≥10.0~45.0	5	250

【标准曲线的绘制】

标准系列溶液 1　将钇、铕、铈、铽、镧、镝、钆（以氧化物计）标准溶液按表 9-11 分别移入 5 个 100mL 容量瓶中，用盐酸（4+46）稀释至刻度，制得标准系列溶液 1，标准系列溶液质量浓度见表 9-11。

表 9-11　标准溶液质量浓度

标液编号	质量浓度/μg·mL⁻¹						
	钇	铕	铈	铽	镧	镝	钆
1	0	0	0	0	0	0	0
2	0.2	0.2	0.2	0.2	0.2	0.2	0.2
3	0.5	0.5	0.5	0.5	0.5	0.5	0.5
4	2.0	2.0	2.0	2.0	2.0	1.0	1.0
5	6.0	6.0	6.0	6.0	6.0	3.0	3.0

标准系列溶液 2　将钇、铕、铈、铽、镧、镝、钆（以氧化物计）标准溶液按表 9-12 分别移入 6 个 100mL 容量瓶中，用盐酸（4+46）稀释至刻度，制得标准系列溶液 2，标准系列溶液质量浓度见表 9-12。

表 9-12　标准溶液质量浓度

标液编号	质量浓度/μg·mL⁻¹						
	钇	铕	铈	铽	镧	镝	钆
1	0	0	0	0	0	0	0
2	2.5	1.0	1.0	1.0	2.0	0.2	0.2
3	5.0	2.5	2.5	2.5	5.0	0.5	0.5
4	15	5.0	5.0	5.0	10	1.0	1.0
5	25	10	15	15	15	2.0	2.0
6	40	15	25	25	25	3.0	3.0

将分析试液与标准系列溶液在仪器最佳条件下，同时进行氩等离子体光谱测定。测定元素波长见表 9-13。

表 9-13　测定元素波长

元素	Y	Eu	Ce	Tb	La	Dy	Gd
分析线/nm	371.029 377.433	381.967 420.504 272.778	418.659 446.021	350.914 367.636	408.671 333.749	353.170	335.863 335.047

【分析结果计算】

按式（9-8）计算各稀土元素的质量分数（%）：

$$w = \frac{(\rho - \rho_0)V_0 b \times 10^{-6}}{m} \times 100\% \tag{9-8}$$

式中，ρ 为分析试液中各稀土元素的质量浓度，$\mu g/mL$；ρ_0 为空白溶液中各稀土元素的质量浓度，$\mu g/mL$；V_0 为试样溶液总体积，mL；b 为分取倍数；m 为试料的质量，g。

10 稀土废渣、废水化学分析方法

10.1 酸度的测定

10.1.1 pH 的测定——玻璃电极法

【适用范围】

本方法适用于稀土废水中 pH 值的测定。测定范围：0～14。

【方法提要】

pH 值通过测量电池的电动势而得。该电池通常以饱和甘汞电极为参比电极、玻璃电极为指示电极所组成。在 25℃时，溶液中每变化 1 个 pH 值单位，电位差改变为 59.16mV，据此在仪器上直接以 pH 值的读数表示。温度差异在仪器上有补偿装置。

【试剂与仪器】

（1）标准缓冲溶液：pH=4.008，pH=6.865，pH=9.180；

（2）酸度计或离子浓度计，pH 值至少精确到 0.1。

【分析步骤】

先用蒸馏水冲洗电极，再用水样冲洗，然后将电极浸入样品中，小心摇动或进行搅拌使其均匀。静置，待读数较稳定时记下读数即为样品中 pH 值。

【注意事项】

（1）标准溶液要在聚乙烯瓶中密闭保存，一般保存期为 2 个月。

（2）最好现场测定，否则，应在采样后把样品保持在 0～4℃，并在采样后 6h 之内进行测定。

（3）玻璃电极表面受到污染时，需进行处理。如果是附着无机盐结垢，可用温稀盐酸溶解；对钙镁等难溶性结垢，可用 EDTA 二钠溶液溶解；沾有油污时，可用丙酮清洗。电极按上述方法处理后，应在蒸馏水中浸泡一昼夜再使用。注意忌用无水乙醇、脱水性洗涤剂处理电极。

10.1.2 酸碱中和滴定

【适用范围】

本方法适用于稀土废水中酸度的测定。测定范围：1.0～18.0mol/L。

【方法提要】

利用酸碱中和滴定原理，$H^+ + OH^- = H_2O$，以酚酞为指示剂，进行酸碱滴定，溶液从无色变为红色即为滴定终点，计算稀土废水的酸度。

【试剂与仪器】

（1）氢氧化钠标准溶液（0.50mol/L）；

（2）酚酞指示剂（1g/L）：乙醇（3+2）介质；

（3）中性 EDTA-Ca 溶液（称取 5.5g 无水氯化钙溶于 250mL 水中，再称取18.6g EDTA 二钠盐溶于 100mL 水中，将两溶液混合，先用 4g 氢氧化钠中和至近中性，稀释至 1000mL，在 pH 计上用氢氧化钠和盐酸调节 pH＝7）。

【分析步骤】

准确移取 10mL 试样液于 250mL 烧杯中，加水至体积 100mL，加入 3～4 滴酚酞指示剂，用 NaOH 标准溶液滴定，溶液由无色变为粉红色为终点。

【分析结果计算】

按式（10-1）计算稀土废水的酸度（mol/L）：

$$c = \frac{V_1 c_1}{V_0} \tag{10-1}$$

式中，V_1 为消耗氢氧化钠标准滴定溶液的体积，mL；V_0 为稀土废水的体积，mL；c_1 为氢氧化钠标准滴定溶液的物质的量浓度，mol/L。

【注意事项】

如滴定过程中，溶液出现浑浊，加入 20mL EDTA-Ca 溶液，络合样品中稀土。

10.2　阴离子的测定

10.2.1　离子色谱法

【适用范围】

本方法适用于测定废水中氟、氯、硫酸根的测定。测定范围：F^- 1.0～1000μg/mL，Cl^- 1.0～1000μg/mL，SO_4^{2-} 10.0～1000μg/mL。

【方法提要】

利用阴离子在分离柱中的保留时间不同，对阴离子进行分离，以标准曲线对分离后的阴离子进行定量分析。

【试剂与仪器】

（1）Cl^- 标准溶液（1.0、0.10mg/mL）；

（2）F^- 标准溶液（1.0、0.10mg/mL）；

（3）SO_4^{2-} 标准溶液（1.0、0.20mg/mL）；

（4）混合标准溶液 1（Cl^- 1.0μg/mL、F^- 1.0μg/mL、SO_4^{2-} 10.0μg/mL）；

（5）混合标准溶液 2（Cl^- 5.0μg/mL、F^- 5.0μg/mL、SO_4^{2-} 20.0μg/mL）；

（6）混合标准溶液 3（Cl^- 10.0μg/mL、F^- 10.0μg/mL、SO_4^{2-} 50.0μg/mL）；

（7）混合标准溶液 4（Cl^- 20.0μg/mL、F^- 20.0μg/mL、SO_4^{2-} 100.0μg/mL）；

（8）离子色谱仪（最大进样量为 25μL）。

【分析步骤】

准确移取 10mL 试样于 100mL 容量瓶中，稀释至刻度摇匀。用进样器吸取 1mL 试液，注入 0.5mL 到进样阀内。20min 后，数据由电脑给出。

【标准曲线绘制】

分别将混合标准溶液 1、2、3、4 进样分析，给出标准值，根据浓度关系，绘出标准曲线。

【分析结果计算】

按式（10-2）计算样液中阴离子的质量浓度（μg/mL）：

$$\rho' = \frac{\rho V_1}{V_0} \tag{10-2}$$

式中，ρ 为标准曲线查得稀土废水阴离子的质量浓度，μg/mL；V_1 为分析试液的体积，mL；V_0 为稀土废水的总体积，mL。

【注意事项】

（1）根据离子色谱仪的分离柱选择淋洗液。

（2）离子色谱仪定期采用配套的淋洗液进行淋洗，以免抑制器损坏。

（3）废水中若含有稀土离子，不可采用离子色谱仪测定阴离子，淋洗液会与稀土离子形成沉淀堵塞分离柱。

10.2.2 离子选择电极法

【适用范围】

本方法适用于采矿、选矿、冶炼的稀土废渣浸取液及废水中氟离子量的测定。测定范围：1.0~2000.0mg/L。

【方法提要】

稀土废渣利用硫酸-硝酸混合浸提剂以液固比 10:1（L:kg）提取。废渣浸出液及废水经硝酸、高氯酸分解，于 130~140℃加热蒸馏，使氟与干扰元素分离。在 pH≈6.0 的溶液中，以氟离子选择电极为指示电极、饱和甘汞电极为参比电极，测定两电极间的平衡电极电位值，求得废液中氟离子含量。

【试剂与仪器】

（1）氟化钠，优级纯；

（2）柠檬酸钠，优级纯；

（3）硝酸钠，优级纯；

（4）高氯酸（$\rho=1.67g/cm^3$，优级纯）；

（5）硫酸（$\rho=1.84g/cm^3$，优级纯，1+1）；

（6）硝酸（$\rho=1.42g/cm^3$，优级纯，1+1）；

（7）盐酸（$\rho=1.19g/cm^3$，优级纯，1+1）；

（8）氢氧化钠溶液（400g/L，10g/L）；

（9）硫酸-硝酸混合液：搅拌下，将硫酸（1+1）和硝酸（1+1）按体积比1.5∶1混匀，待用；

（10）浸提剂：将硫酸-硝酸混合液加入到水中（1L水约2滴混合液），调节酸度为 pH≈3.2±0.05；

（11）总离子强度缓冲溶液（TISAB）：称取68g柠檬酸钠和85g硝酸钠溶于水，移入1000mL容量瓶中，用水稀释至刻度，混匀，在酸度计上使用盐酸（1+1）和氢氧化钠溶液（10g/L）调节 pH≈6，立即保存于聚乙烯瓶中；

（12）氟标准溶液：移取50.0mL氟标准贮存溶液（1mg/mL）于500mL容量瓶中，以水稀释至刻度，混匀，立即保存于聚乙烯瓶中，此标准溶液1mL含氟100μg；

（13）氟标准溶液：1mL含氟100μg，1mL含氟10μg，均保存于聚乙烯瓶中；

（14）茜素S指示剂（1g/L）；

（15）电位测量仪：精度0.1mV；

（16）氟离子选择电极：氟离子检测下限应不大于2.5×10^{-4}mg/mL，电极在使用前应在1×10^{-4}mol/L氟化钠溶液中浸泡1h以上，使之活化，然后用水洗至电极电位不大于-370mV后方可进行测定；

（17）饱和甘汞电极；

（18）磁力搅拌器及磁转子；

（19）翻转振荡器：转速为（30±2）r/min 的翻转式振荡装置；

（20）提取瓶：带有密封垫的玻璃瓶。

【分析步骤】

称取150~200g废渣（精确至0.1g）于提取瓶内，按液固比为10∶1（L∶kg）加入浸提剂，将提取瓶固定在翻转振荡器上，调节转速为（30±2）r/min，于室温下振荡（18±2）h，过滤，收集滤液于玻璃瓶中，在1~5℃密封保存。

水样采集于聚乙烯瓶中，采集水样体积不少于250mL，立即分析。如不能尽快分析，在1~5℃下避光保存，14d内完成分析工作，分析前充分摇匀水样。水样有颜色、浑浊不影响测定，若样品含大量有机物或有浑浊沉淀，应先干过滤。

根据试样中氟离子含量，按照表 10-1 移取适量稀土废水或浸取液于三口瓶中，用少量水冲洗瓶壁。按图 2-1 搭建蒸馏装置，打开冷凝水，滴液漏斗滴加 15mL 高氯酸和 5mL 硝酸于蒸馏瓶中。于 250mL 烧杯加入 1~2mL 氢氧化钠溶液吸收蒸馏液。通过调节水汽流量、电炉温度控制溶液温度为 130~140℃，以流速 4mL/min 蒸馏，收集蒸馏液体积约 180mL（若馏分溶液出现黄绿色，应先加热煮沸 5~10min，赶尽亚硝酰氯，冷却至室温）。将蒸馏液转移至 200mL 容量瓶中，用水稀释至刻度，混匀。

表 10-1   移取体积

稀土废水或浸取液中氟离子量/mg·L^{-1}	稀土废水或浸取液的移取体积/mL	定容后蒸馏液的移取体积/mL
1.0~60.0	50.0	20.0
>60.0~300.0	10.0	20.0
>300.0~600.0	10.0	10.0
>600.0~1200.0	10.0	5.0
>1200.0~2000.0	10.0	2.0

按表 10-1 移取定容后蒸馏液于 50mL 容量瓶中，加 1 滴茜素 S 指示剂，用氢氧化钠溶液（10g/L）调至溶液呈紫色，以盐酸（1+1）调至溶液呈黄色，再用氢氧化钠溶液（10g/L）调至溶液呈紫色，加 10mL 总离子强度调节缓冲溶液，以水稀释至刻度，混匀。

将此溶液全部转移至 50mL 干燥塑料烧杯中，放入磁子，置于磁力搅拌器上启动搅拌器。插入洁净且干燥的氟离子选择电极和饱和甘汞电极于溶液中，待其读数稳定，电极电位每分钟变化不大于 0.2mV 时，读取电位值。由标准曲线上查得测试液中氟离子量。

【标准曲线绘制】

分别移取 0、0.5、1.0、2.0、3.0、4.0、5.0mL 氟离子标准溶液（10μg/mL）和 0.5、1.0、1.5、2.0、2.5、3.0mL 氟离子标准溶液（100μg/mL）于两组 50mL 容量瓶中，以下按分析步骤操作。此系列标准溶液氟离子量分别为 0、5、10、20、30、40、50μg 和 50、100、150、200、250、300μg。

按氟离子量由低到高的次序，测定各标准溶液平衡电位值。在对数坐标纸上，以氟离子量为横坐标，以相对应的平衡电位值的负对数为纵坐标，分段绘制标准曲线。

【分析结果计算】

按式（10-3）计算氟离子含量（mg/L）：

$$c = \frac{(m_1 - m_0)V_1}{V_0 V_2} \tag{10-3}$$

式中，m_1 为从标准曲线上查得分析试液氟离子量，μg；m_0 为从标准曲线上查得空白试液氟离子量，μg；V_1 为定容后蒸馏液体积，mL；V_2 为移取定容后蒸馏液的体积，mL；V_0 为移取试样的体积，mL。

10.3 铜、锌、铅、铬、镉、钡、钴、锰、镍、钛量的测定

10.3.1 铜、铅、锌量的测定——原子吸收分光光度法

【适用范围】

本方法适用于稀土废水中铜、铅、锌量的测定。测定范围：$0.10 \sim 5.0\mu g/mL$。

【方法提要】

在稀酸介质中用空气-乙炔火焰于原子吸收分光光度计 324.7、213.8、283.3nm 波长处进行测定，采用标准曲线法测定铜、铅、锌的含量。

【试剂与仪器】

（1）硝酸（$\rho = 1.42g/cm^3$，1+49）；

（2）铜、锌、铅标准溶液：1mL 含铜、锌、铅分别为 50.0、10.0、100.0μg（5%硝酸介质）；

（3）原子吸收分光光度计；铜、铅、锌空心阴极灯及氘灯，仪器参数见表 10-2。

表 10-2　仪器工作参数

元素	波长 /nm	狭缝 /nm	灯电流 /mA	空气流量 /L·min^{-1}	乙炔流量 /L·min^{-1}	观测高度 /mm
Cu	324.7	0.7	6	15.0	1.8	7
Pb	213.8	0.7	10	15.0	2.0	7
Zn	283.3	0.7	8	15.0	2.0	7

【分析步骤】

准确移取 10mL 试样，移至 100mL 容量瓶中，稀释至刻度，混匀待测。

准确移取 0.5、1.0、3.0、5.0mL 铜、锌、铅标准溶液于一系列 100mL 容量瓶中，以硝酸（1+49）稀释至刻度，混匀。

以试剂空白调零，在空气-乙炔火焰于原子吸收分光光度计 324.7、213.8、283.3nm 波长处，同时测定试液及系列标准溶液，绘制标准曲线，从标准曲线求得分析试液中铜、铅、锌的浓度。

【分析结果计算】

按式（10-4）计算样品中铜、铅、锌的质量浓度（$\mu g/mL$）：

$$\rho = \frac{\rho_1 V_1 b}{V_0} \tag{10-4}$$

式中，ρ_1 为由标准曲线得出的被测试液铜、铅、锌的质量浓度，$\mu g/mL$；V_1 为分析试液的体积，mL；V_0 为移取样品的体积，mL；b 为稀释倍数。

【注意事项】

水样应及时测定，如不能及时测定，应将其放入 4℃冷藏保存。

10.3.2 铜、锌、铅、铬、镉、钡、钴、锰、镍、钛量的测定——电感耦合等离子体发射光谱法

【适用范围】

本方法适用于采矿、选矿、冶炼产生的稀土废渣浸取液及废水中铜、锌、铅、铬、镉、钡、钴、锰、镍、钛量的测定。测定范围见表 10-3。

表 10-3 测定范围

元素	质量浓度/mg·L⁻¹	元素	质量浓度/mg·L⁻¹
铜	0.050~150.00	钡	0.050~150.00
锌	0.10~150.00	钴	0.050~150.00
铅	0.050~150.00	锰	0.050~150.00
铬	0.050~150.00	镍	0.050~150.00
镉	0.050~150.00	钛	0.050~150.00

【方法提要】

稀土废渣参照 HJ/T 299 处理，取其浸取液后，统一按水样进行处理。试样采用标准加入法，扣除背景，以氩等离子体光源激发，进行光谱测定。

【试剂与仪器】

（1）硫酸（$\rho = 1.84 g/cm^3$，优级纯，1+1）；

（2）硝酸（$\rho = 1.42 g/cm^3$，优级纯，1+1）；

（3）盐酸（$\rho = 1.19 g/cm^3$，优级纯，1+1）；

（4）氢氟酸（$\rho = 1.15 g/cm^3$，优级纯）；

（5）硫酸-硝酸混合液：搅拌下，将硫酸（1+1）、硝酸（1+1）按体积比 1.5:1 混匀待用；

（6）浸提剂：将硫酸-硝酸混合液加入水中（1L 水约为 4 滴硫酸-硝酸混合液），调节酸度为 pH=3.20±0.05；

（7）混合标准溶液 A：1mL 含铜、锌、铅、铬、镉、钡、钴、锰、镍、钛各 50.0μg，5%硝酸；

（8）混合标准溶液 B：1mL 含铜、锌、铅、铬、镉、钡、钴、锰、镍、钛各 5.0μg，5%硝酸；

（9）混合标准溶液 C：1mL 含铜、锌、铅、铬、镉、钡、钴、锰、镍、钛各 0.5μg，5%硝酸；

（10）电感耦合等离子体发射光谱仪，倒线色散率不大于 0.26nm/mm；

（11）振荡装置：转速为（30±2）r/min 的翻转式振荡器；

（12）氩气（>99.99%）。

【分析步骤】

按表 10-4 移取被测样品于 7 个 50mL 容量瓶中，按表 10-5 分别加入相应的混合标准溶液，加入 10mL 硝酸（1+1），以水稀释至刻度，混匀。各元素标准浓度见表 10-6。

表 10-4　分取体积

试样液质量浓度范围/mg·L⁻¹	试料/mL	定容体积/mL	分取体积/mL	加标定容体积/mL
0.05~3.0	25.0			50
>3.0~15.0	20.0	100	25.00	50
>15.0~30.0	10.0	100	25.00	50
>30.0~150.0	5.0	250	25.00	50

表 10-5　标准溶液加入体积

标液编号	加入体积/mL		
	混合标液 A	混合标液 B	混合标液 C
1	0	0	0
2	0	0	5.00
3	0	1.00	0
4	0	2.00	0
5	0	5.00	0
6	1.00	0	0
7	2.00	0	0

表 10-6　标准溶液质量浓度

标液编号	质量浓度/mg·L⁻¹									
	Cu	Zn	Pb	Cr	Cd	Ba	Co	Mn	Ni	Ti
1	0	0	0	0	0	0	0	0	0	0
2	0.05	0.05	0.05	0.05	0.05	0.05	0.05	0.05	0.05	0.05
3	0.1	0.1	0.1	0.1	0.1	0.1	0.1	0.1	0.1	0.1
4	0.2	0.2	0.2	0.2	0.2	0.2	0.2	0.2	0.2	0.2
5	0.5	0.5	0.5	0.5	0.5	0.5	0.5	0.5	0.5	0.5
6	1.0	1.0	1.0	1.0	1.0	1.0	1.0	1.0	1.0	1.0
7	2.0	2.0	2.0	2.0	2.0	2.0	2.0	2.0	2.0	2.0

将样液加标系列溶液于表 10-7 所示分析线波长处，进行氩等离子体光谱测定。

表 10-7　测定元素波长

元素	分析线/nm	元素	分析线/nm
Cu	224. 700, 327. 396	Ba	230. 424, 234. 527, 455. 403
Zn	214. 856, 202. 551	Co	228. 616, 238. 892
Pb	220. 353, 284. 306	Mn	257. 610, 294. 306
Cr	205. 552, 267. 716	Ni	231. 604, 352. 454
Cd	214. 438, 226. 502	Ti	334. 941, 337. 280

【分析结果计算】

按式（10-5）计算稀土废水中待测元素的质量浓度（mg/L）：

$$\rho = \frac{\rho_1 V_1 V_3}{V V_2} \tag{10-5}$$

式中，ρ_1 为分析试液被测元素的质量浓度，mg/L；V 为移取试料的体积，mL；V_1 为试料定容体积，mL；V_2 为试料溶液分取体积，mL；V_3 为分析试液体积，mL。

【注意事项】

水样应及时测定，如不能及时测定，应将其放入 4℃冷藏保存。

10.3.3　砷、镉、铬量的测定——电感耦合等离子体发射光谱法

【适用范围】

本方法适用于稀土废水中砷、镉、铬量的测定。测定范围：0.50 ~ 5.0μg/mL。

【方法提要】

试样采用标准曲线法，以氩等离子体光源激发，进行光谱测定。

【试剂与仪器】

(1) 硝酸（$\rho = 1.42g/cm^3$，优级纯，1+4）；

(2) 混合标准溶液：铬、镉、砷质量浓度分别为 50.00μg/mL；

(3) 电感耦合等离子体发射光谱仪，倒线色散率不大于 0.26nm/mm；

(4) 氩气（>99.99%）。

【分析步骤】

准确移取试样液 10mL 于 100mL 容量瓶中，稀释至刻线，混匀。

【标准曲线绘制】

分取 0、0.5、1.0、3.0、5.0mL 标准溶液于 50mL 容量瓶中，用硝酸（1+4）

稀释至刻度，混匀。标准溶液浓度 0、0.5、1.0、3.0、5.0μg/mL。

将标准溶液与样液于表 10-8 所示波长处，进行氩等离子体光谱测定。

表 10-8 测定元素波长

元素	分析线/nm
砷	193.696, 197.197, 189.042
镉	226.502, 228.802
铬	267.716, 206.149

【分析结果计算】

按式（10-6）计算稀土废水中待测元素的质量浓度（μg/mL）：

$$\rho = \frac{\rho_1 V_1}{V_0} \tag{10-6}$$

式中，ρ_1 为分析试液被测元素的质量浓度，μg/L；V_0 为移取试液体积，mL；V_1 为分析试液体积，mL。

【注意事项】

水样应及时测定，如不能及时测定，应将其放入 4℃ 冷藏保存。

10.4 氨氮量的测定

10.4.1 蒸馏滴定法

【适用范围】

本方法适用于稀土废水中氨氮（以铵计）量的测定。测定范围：0.10～50.0g/L。

【方法提要】

在稀土工业废水中，加入过量氢氧化钠溶液，加热蒸馏，分解出的氨和水蒸气用过量硫酸标准溶液吸收；过量的硫酸用氢氧化钠标准滴定溶液进行滴定，从而计算出铵根的含量。

【试剂与仪器】

（1）盐酸（$\rho = 1.19g/cm^3$，1+1）；

（2）硫酸（$\rho = 1.84g/cm^3$）；

（3）酚酞指示剂：称取 0.1g 酚酞溶于 100mL 的乙醇（3+2）中；

（4）氢氧化钠标准溶液（$c \approx 0.2mol/L$）；

（5）硫酸标准溶液（$c(1/2H_2SO_4) \approx 0.2mol/L$）。

【分析步骤】

准确移取试样 10mL 到 100mL 容量瓶中，稀释至刻线，混匀。

准确移取试液从加料口注入预先盛有氢氧化钠溶液的蒸馏瓶中，加入一定量的水，蒸馏瓶中的溶液体积约 100mL 左右。接好蒸馏装置，加热蒸馏至沸并保持 40min。冷凝管出口（浸入液面以下），以预先盛有 20mL 硫酸标准溶液和 60mL 水的锥形瓶接收。反应完毕，用水冲洗冷凝管壁 5 次，至吸收液体积为 150mL 左右。在吸收溶液中，加 5 滴酚酞指示剂，用氢氧化钠标准溶液滴定至溶液刚呈红色即为终点。

【分析结果计算】

按式（10-7）计算稀土废水铵根量的质量浓度（g/L）：

$$\rho = \frac{(c_2 V_2 - c_1 V_1)\, b \times 100}{V_0 \times 10} \times 18 \tag{10-7}$$

式中，c_1 为氢氧化钠标准滴定溶液的物质的量浓度，mol/L；c_2 为硫酸标准溶液的物质的量浓度，mol/L；V_1 为滴定时所消耗的氢氧化钠标准滴定溶液的体积，mL；V_2 为硫酸标准溶液的体积，mL；V_0 为移取试液的体积，mL；b 为稀释倍数；18 为铵根的相对摩尔质量，g/mol。

10.4.2　纳氏试剂分光光度法

【适用范围】

本方法适用于采矿、选矿、冶炼产生的稀土废渣浸取液及废水中氨氮量（以氮计）的测定。测定范围：$0.5 \sim 900$mg/L。

【方法提要】

稀土废渣参照 HJ/T 299 处理，取其浸取液后，统一按水样进行处理。试样在碱性条件下，碘化汞和碘化钾的碱性溶液与氨反应生成淡黄棕色的配合物，该配合物的色度与氨氮的含量成正比，于波长 420nm 处测量吸光度。

【试剂与仪器】

（1）轻质氧化镁：将氧化镁置于 500℃ 马弗炉中灼烧 1h，除去碳酸盐；

（2）硝酸（$\rho = 1.42$g/cm^3，优级纯，1+1）；

（3）硫酸（$\rho = 1.84$g/cm^3，优级纯，1+1）；

（4）盐酸（1mol/L，优级纯）；

（5）氢氧化钠溶液（1moL/L）；

（6）硫酸-硝酸混合液：搅拌下，将硫酸（1+1）、硝酸（1+1）按体积比 1.5:1 混匀，待用；

（7）硼酸溶液（20g/L）；

（8）浸提剂：将硫酸-硝酸混合液加入水中（1L 水约 2 滴硫酸-硝酸混合液），调节酸度为 pH=3.20±0.05；

（9）酒石酸钾钠溶液：称取 50g 酒石酸钾钠溶于 100mL 水中，加热煮沸以除去氨，冷却，移入聚乙烯瓶中，密封保存；

（10）氨氮标准贮存溶液：称取 3.8910g 氯化铵（优级纯，在 100～105℃ 干燥 2h）于 250mL 烧杯中，用水溶解移入 1000mL 容量瓶中，以水稀释至刻度，混匀，此溶液 1mL 含 1000μg 氨氮；

（11）氨氮标准溶液：移取 5.00mL 氨氮标准贮存溶液至 500mL 容量瓶中，以水稀释至刻度，混匀，此溶液 1mL 含 10μg 氨氮；

（12）溴百里酚蓝指示剂（0.5g/L）；

（13）纳氏试剂：称取 16g 氢氧化钠，溶于 50mL 水中，充分冷却至室温，另称取 7g 碘化钾和 10g 碘化汞溶于水，将此溶液在搅拌下缓慢加入氢氧化钠溶液中，以水稀释至 100mL，将上清液移入聚乙烯瓶中，密封保存；

（14）振荡装置：转速为（30±2）r/min 的翻转式振荡器；

（15）带氮球的定氮蒸馏装置：500mL 凯氏烧瓶、定氮球、直形冷凝管、导管。

【分析步骤】

按表 10-9 准确移取试样于凯氏烧瓶中，加数滴溴百里酚蓝指示剂，用盐酸（1mol/L）或氢氧化钠溶液调节试液呈淡蓝色，加入 0.25g 轻质氧化镁，以水稀释试样体积约 300mL，加入数颗防爆沸颗粒，快速连接氮球和冷凝管，以盛有 50mL 硼酸溶液的 200mL 烧杯盛接馏出液，导管下端应在吸收液液面下。轻轻摇匀试样，加热蒸馏，蒸馏速度控制为 5mL/min，蒸出液体积达 150mL 时，停止蒸馏，取下烧杯，将试液转入 200mL 容量瓶中以水稀释至刻度，混匀。

表 10-9 移取体积

质量浓度/mg·L⁻¹	试料/mL	定容体积/mL	移取体积/mL
0.50～5.00	100.00	200	25.00
>5.00～35.00	20.00	200	20.00
>35.00～100.00	10.00	200	10.00
>100.0～500.0	5.00	200	5.00
>500.0～900.0	2.00	200	5.00

按表 10-9 移取适量试液于 50mL 比色管中（使氨氮含量不超过 100μg），用水稀释至刻度，加 1.0mL 酒石酸钾钠溶液、1.5mL 纳氏试剂，混匀。放置 10min，用 2cm 比色皿，在 420nm 波长处以水为参比，测量吸光度，由标准曲线上查得相应的氨氮量。

【标准曲线绘制】

移取 0、0.5、1.0、2.0、3.0、5.0、7.0、10.0mL 氨氮标准溶液，分别置于

一组 50mL 的比色管中，用水稀释至刻度，以下按步骤操作测定吸光度。以氨氮量为横坐标、对应吸光度为纵坐标，绘制标准曲线。

【分析结果计算】

按式（10-8）计算试样中氨氮（以氮计）的质量浓度 ρ（mg/L）：

$$\rho_0 = \frac{(m_1 - m_0)V_2}{V_1 V_0} \tag{10-8}$$

式中，m_1 为从标准曲线上查得分析试液氨氮量，μg；m_0 为从标准曲线上查得空白试液氨氮量，μg；V_0 为试样溶液总体积，mL；V_1 为移取试液体积，mL；V_2 为蒸馏试液总体积，mL。

【注意事项】

（1）水样采集于聚乙烯瓶或硬质玻璃瓶中，采集水样体积不少于 250mL，立即分析。如不能尽快分析，加入硫酸调节 pH≤2，2~5℃下可保存 7d，分析前充分混匀水样。若样品含大量有机物或有浑浊沉淀，应先干过滤后检测。

（2）稀土废渣。

1）样品的保存：除非冷藏会使废渣样品性质发生不可逆变化，否则废渣应于 4℃ 密封、冷藏保存。用前破碎试样并过筛。

2）浸取液的制备：准确称取 150~200g 废渣于提取瓶内，按液固比为 10∶1（L∶kg）加入浸提剂，将提取瓶固定在翻转振荡器上，调节转速为（30±2）r/min，于室温下振荡（18±2）h，过滤，收集滤液于玻璃瓶中，4℃ 下密封保存。

（3）蒸馏装置预处理：加 250mL 水于凯氏烧瓶中，加 0.25g 轻质氧化镁和数粒防爆沸颗粒，加热蒸馏至馏出液不含氨为止。

10.4.3 水杨酸分光光度法

【适用范围】

本方法适用于采矿、选矿、冶炼产生的稀土废渣浸取液及废水中氨氮量（以氮计）的测定。测定范围：0.5~900mg/L。

【方法提要】

稀土废渣参照 HJ/T 299 处理，取其浸取液后，统一按水样处理。试样中氨经蒸馏后与共存离子分离。在碱性介质和亚硝基铁氰化钠存在下，试样中氨、铵离子与水杨酸盐和次氯酸离子反应生成蓝色化合物，在波长 700nm 处测定。

【试剂与仪器】

（1）碘化钾；

（2）无水碳酸钠，基准级；

（3）硫代硫酸钠；

（4）氢氧化钠；

（5）酒石酸钾钠；

（6）亚硝基铁氰化钠；

（7）氯化铵，优级纯；

（8）碘酸钾，基准级；

（9）硫酸（$\rho=1.84g/cm^3$，优级纯，1+1，1+5）；

（10）硝酸（$\rho=1.42g/cm^3$，优级纯，1+1）；

（11）盐酸（$\rho=1.19g/cm^3$，分析纯）；

（12）硫酸-硝酸混合液：搅拌下，将硫酸（1+1）、硝酸（1+1）按体积比1.5∶1混匀，待用；

（13）硫酸吸收液（0.05mol/L）：量取3mL硫酸，缓慢加入适量水中，冷却至室温，加水稀释至1000mL，混匀；

（14）氢氧化钠溶液（2mol/L）：称取8g氢氧化钠溶于水中，稀释至100mL，混匀；

（15）浸提剂：将硫酸-硝酸混合液加入到水中（1L水约2滴硫酸-硝酸混合液），调节酸度为pH≈3.2±0.05。

（16）显色剂（水杨酸–酒石酸钾钠溶液）：称取12.5g水杨酸（$C_6H_4(OH)COOH$），加入约25mL水，再加入40mL氢氧化钠溶液，搅拌使之完全溶解；称取12.5g酒石酸钾钠（$KNaC_4H_6O_6 \cdot 4H_2O$），溶于水中，与上述溶液合并移入250mL容量瓶中，加水稀释至刻度，混匀，此溶液（pH=6.0～6.5）在2～5℃下聚乙烯瓶中避光保存，有效期为1个月；

（17）次氯酸钠溶液：使用前应标定其有效氯浓度（以Cl_2计）和游离碱浓度（以NaOH计）。

（18）次氯酸钠使用液，ρ(有效氯)=3.5g/L，c(游离碱)=0.75mol/L：取经标定的次氯酸钠溶液（见注意事项），用水和氢氧化钠稀释成含有效氯浓度3.5g/L，游离碱浓度0.75mol/L（以NaOH计）的次氯酸钠使用液，在25℃下存放于棕色滴瓶内，密封避光保存，试剂有效期为1个月；

（19）亚硝基铁氰化钠溶液（10g/L）：称取0.1g亚硝基铁氰化钠（$Na_2[Fe(CN)_5NO] \cdot 2H_2O$）置于10mL具塞比色管中，加水稀释至刻度，混匀，试剂置于棕色试剂瓶中，在6℃冷藏避光保存，当试剂变为蓝色时应重新配制；

（20）氨氮标准贮备液：称取3.8190g氯化铵（NH_4Cl，优级纯，在100～105℃干燥2h），溶于水中，移入1000mL容量瓶，用水稀释至刻度，混匀，此溶液1mL含1000μg氨氮（以氮计）；

（21）氨氮标准溶液：移取10.0mL氨氮标准贮备液于100mL容量瓶中，用水稀释至刻度，混匀，此溶液1mL含100μg氨氮（以氮计），在2～5℃下密封避光保存，此溶液有效期为1周。

（22）氨氮标准溶液：移取 10.00mL 氨氮标准溶液（100μg/mL）于 1000mL 容量瓶中，用水稀释至刻度，混匀，此溶液 1mL 含 1μg 氨氮（以氮计），现用现配；

（23）盐酸溶液（1mol/L）：取 10mL 盐酸搅拌下缓慢加入 110mL 水中；

（24）硫代硫酸钠标准滴定溶液：$c(Na_2S_2O_3) \approx 0.05mol/L$；

（25）溴百里酚蓝乙醇指示剂（1g/L）；

（26）淀粉指示剂（1g/L）；

（27）酚酞指示剂（10g/L）：称取 1g 酚酞溶于 100mL 95% 乙醇中；

（28）溴甲酚绿-甲基红：30mL 溴甲酚绿乙醇溶液（1g/L）和 10mL 甲基红乙醇溶液（2g/L）混匀。

【分析步骤】

根据试样中氨氮含量，按照表 10-10 移取稀土废水或稀土废渣浸取液由加料口转入反应器中，用少量水冲洗瓶壁。

按图 3-1 搭建蒸馏装置，移取 20mL 硫酸吸收液于接收瓶内，将冷凝管出口尖端插入硫酸溶液液面下。向试料中滴加 2 滴溴百里酚蓝指示剂，用硫酸溶液（1+5）和氢氧化钠溶液调节溶液呈蓝色，此时溶液 pH≈7，加入 5mL 氢氧化钠溶液，立即连接氮球和冷凝管。加热蒸馏，控制蒸馏液流速约为 10mL/min，待蒸馏液体积约为 150mL 时停止蒸馏，用硫酸溶液（1+5）、氢氧化钠溶液和广泛 pH 试纸调节 pH 值至中性，移入 250mL 容量瓶用水稀释至刻度，混匀。

按照表 10-10 移取定容后蒸馏液于 10mL 比色管，依次加入 1.0mL 显色剂和 2 滴亚硝基铁氰化钠溶液，混匀，滴加 2 滴次氯酸钠溶液，用水稀释至刻度，摇匀。显色液在 40℃ 的水浴中保温 25min。以空白试液为参比液，用 1cm 吸收皿于波长 700nm 处测定，从标准曲线中查出相应氨氮量。

表 10-10　移取体积

稀土废水或稀土废渣浸取液氨氮含量范围/mg·L⁻¹	移取稀土废水或稀土废渣浸取液的体积/mL	移取定容后蒸馏液的体积/mL
1.00~16.00	25.00	5.00
>16.00~40.00	10.00	5.00
>40.00~80.00	5.00	5.00
>80.00~200.0	5.00	2.00

【标准曲线绘制】

分别移取 0、0.50、1.00、2.00、4.00、6.00、8.00mL 氨氮标准溶液于 10mL 比色管中，即系列标准溶液中氨氮量分别为 0、0.5、1.0、2.0、4.0、6.0、8.0μg，按照分析步骤测量吸光度。以氨氮量（以氮计）为横坐标、吸光度为纵坐标，绘制标准曲线。

【分析结果计算】

按式（10-9）计算试样中氨氮的质量浓度（以氮计，mg/L）：

$$\rho = \frac{m(V_3 - V_2) \times 10^3}{V_1 V} \tag{10-9}$$

式中，m 为由标准曲线查得的氨氮量（以氮计），μg；V_3 为蒸馏液的总体积，mL；V_1 为移取蒸馏液的体积，mL；V 为试样的体积，L；V_2 为流程空白所消耗的体积，mL。

【注意事项】

（1）次氯酸钠溶液中有效氯含量的测定。

准确移取 10mL 次氯酸钠溶液于 100mL 容量瓶中，加水稀释至刻度，混匀。移取 10.0mL 稀释后的次氯酸钠溶液于 250mL 碘量瓶中，加入 40mL 水、2.0g 碘化钾，混匀。再加入 3.5mL 硫酸溶液（1+1），密塞，混匀。置暗处 5min 后，用 0.05mol/L 硫代硫酸钠标准溶液滴至淡黄色，加入约 1mL 淀粉指示剂，继续滴定至蓝色消失为止。

按式（10-10）计算次氯酸钠溶液中有效氯含量（g/L）：

$$\rho_1 = \frac{c_1 V_3 M}{V_4} \times \frac{100}{10} \tag{10-10}$$

式中，ρ_1 为次氯酸钠溶液中有效氯含量，以 Cl_2 计，g/L；c_1 为硫代硫酸钠标准滴定溶液的物质的量浓度，mol/L；V_3 为滴定消耗硫代硫酸钠标准滴定溶液的体积，mL；V_4 为移取次氯酸钠溶液的体积，mL；M 为有效氯的摩尔质量（$Cl_2/2 = 35.46$），g/mol。

（2）次氯酸钠（溶液）中游离碱的测定。

移取 1.0mL 次氯酸钠于 150mL 锥形瓶中，加 20mL 水，以酚酞作指示剂，用盐酸标准溶液滴定至红色消失为止。如果终点的颜色变化不明显，可在滴定后的溶液中加 1 滴酚酞指示剂，若颜色仍显红色，则继续用盐酸标准滴定溶液滴至无色。

按式（10-11）计算次氯酸钠溶液中游离碱含量（mol/L）：

$$c_0 = \frac{c_2 V_5}{V_6} \tag{10-11}$$

式中，c_0 为次氯酸钠溶液中游离碱含量，以 NaOH 计，mol/L；c_2 为盐酸标准溶液的物质的量浓度，mol/L；V_5 为滴定时消耗盐酸标准滴定溶液的体积，mL；V_6 为滴定时移取的次氯酸钠溶液的体积，mL。

10.4.4　纳氏分光光度法

【适用范围】

本方法适用于氨氮量大于 0.02mg/L 的稀土废水样品。测定上限：5mg/L。

【方法提要】

以游离态的氨或铵离子等形式存在的氨氮与纳氏试剂反应生成淡红棕色配合物，该配合物的吸光度与氨氮含量成正比，于波长 420nm 处测量吸光度。

【试剂与仪器】

(1) 硫酸（$\rho = 1.84$g/mL）；

(2) N2 试剂[1]，LH-N2-100 试剂：将一瓶固体 N2 试剂放入烧杯中，准备 100mL 无氨水，先向烧杯中加入 30mL 左右的无氨水，然后用搅拌棒充分搅拌使其溶解，然后再加入剩余无氨水；如浑浊可放置至澄清，如果有沉淀可将沉淀去除（建议新配制的最好放置 4~5h 或过夜后再使用）；

(3) N3 试剂[1]，LH-N3-100 试剂：将一瓶固体 N3 试剂溶于 100mL 无氨水中，备用；

(4) 氨氮标准贮备溶液（100mg/L）；

(5) 氨氮标准溶液（5mg/L）；

(6) 反应管；

(7) 比色皿（10mm）。

【分析步骤】

打开仪器开关，选择氨氮测量模式，在测量界面下预热 10min；准备数支反应管，置于冷却架的空冷槽上。准确量取 10mL 无氨水加到"0"号反应管中，然后分别准确量取各水样 10mL，依次加入到其他反应管中。依次向各个反应管中加入 1mL 专用试剂 N3、1mL 专用试剂 N2，摇匀后静置 10min。将溶液依次倒入对应编号的比色皿中。将"0"号比色皿（空白溶液）放入低量程比色池中，并关闭上盖。按"空白"键，屏幕显示：C = 0.000mg/L。将"0"号比色皿拿出，再将"1"号比色皿放入低量程比色池中，并关闭上盖。此时屏幕显示的结果即为"1"号样品的氨氮浓度值。其他步骤同上。

【标准曲线绘制】

将"1"号比色皿（浓度为 1mg/L 标准溶液）放入比色槽中关闭上盖。按"校正"键，显示当前浓度，先删除当前浓度值，然后手动输入"1"号比色皿中标准溶液的浓度值 1，再按"确定"键自动回到测量界面。将"2"号比色皿（浓度为 2mg/L 标准溶液）放入比色槽中关闭上盖，此时主机将显示标准溶液 2 的氨氮浓度。得到"2"的测定浓度后，对校准和标定结果进行判断：如果误差在 ±5% 以内，表示仪器的校准过程合格，即可直接使用该条曲线进行样品的测

---

❶ N2 试剂、N3 试剂为该仪器配置的专用试剂。

定；如误差超过±5%，说明标定过程失败，可重新进行试验，或者重新配置标准溶液。

10.5 化学需氧量的测定

10.5.1 重铬酸盐滴定法

【适用范围】

本方法适用于 COD 大于 30mg/L 的稀土废水样品。测定上限：700mg/L。

【方法提要】

在强硫酸介质中，以硫酸银作催化剂，水样中的溶解性物质和悬浮物与重铬酸钾反应，经沸腾回流后，用硫酸亚铁铵滴定水样中没有被还原的重铬酸钾，由此换算成消耗氧的质量浓度。

【试剂与仪器】

(1) 硫酸银（10g/L，硫酸溶液）：1L 硫酸中加 10g 硫酸银，放置 1~2d，混匀；

(2) 硫酸汞；

(3) 硫酸（$\rho = 1.84$g/mL）；

(4) 重铬酸钾标准溶液（$c(1/6K_2Cr_2O_7) = 0.250$mol/L）；

(5) 硫酸亚铁铵标准溶液（0.10mol/L）；

(6) 邻苯二甲酸氢钾溶液：准确称取 105℃ 干燥 2h 的邻苯二甲酸氢钾 0.4251g 于 400mL 烧杯中，以水溶解，定容于 1000mL 容量瓶中。此溶液的化学需氧量为 500mg/L；

(7) 试亚铁灵指示剂溶液：溶解 0.7g 七水合硫酸亚铁于 50mL 的水中，加入 1.5g 1,10-邻菲啰啉，搅动至溶解，加水稀释至 100mL；

(8) 回流装置。

【分析步骤】

准确移取试样水 20mL 于回流锥形瓶中，称取 1g 硫酸汞固体，与样品一起回流，沸腾 40min，进行除氯处理。在回流装置中冷却至室温。准确加入 10mL 重铬酸钾标准溶液和几颗沸石，摇匀。将锥形瓶接到回流装置冷凝管下端，接通冷凝水，从冷凝管上端缓慢加入 30mL 硫酸银，自开始沸腾起回流 2h，冷却后用 20~30mL 水自冷凝管上端冲洗冷凝管后，取下锥形瓶，再用水稀释至 140mL 左右。溶液冷却至室温后，加入 3 滴试亚铁灵指示剂，用硫酸亚铁铵标准溶液滴定，溶液的颜色由黄色经蓝绿色变为红褐色即为终点。记录硫酸亚铁铵标准溶液的用量。测定水样的同时，以 20.00mL 蒸馏水，按同样操作步骤作空白试验。记录滴定空白时硫酸亚铁铵标准溶液的用量。

【分析结果计算】

按式（10-12）计算稀土废水的化学需氧量（以 O_2 计）：

$$COD = \frac{(V_1 - V_2)\rho \times 8000}{V_0}$$

（10-12）

式中，COD 为以重铬酸盐氧化所计算的化学需氧量，mg/L；ρ 为硫酸亚铁铵标准溶液的质量浓度，mol/L；V_1 为空白试验所消耗的硫酸亚铁铵标准滴定溶液的体积，mL；V_2 为试料测定所消耗的硫酸亚铁铵标准滴定溶液的体积，mL；V_0 为试料的体积，mL；8000 为 $1/4 O_2$ 摩尔质量，以 mg/mol 为单位的换算值。

10.5.2　重铬酸盐分光光度法

【适用范围】

本方法适用于 COD 大于 30mg/L 的稀土废水样品。测定上限：5000mg/L。

【方法提要】

在水样中加入定量的重铬酸钾溶液，并在强酸介质下以硫酸银作催化剂，经高温消解后，用分光光度法测定其化学需氧量。

【试剂与仪器】

（1）硫酸（$\rho = 1.84g/mL$）；

（2）LH-D-100 试剂：将整瓶的粉末状晶体试剂倒入烧杯中，加入 75mL 蒸馏水，加入 5mL 硫酸（$\rho = 1.84g/mL$）后不断搅拌直至全部溶解；

（3）LH-E-100 试剂：将整瓶的粉末状晶体试剂，全部溶解于 500mL 硫酸（$\rho = 1.84g/mL$）中，不断搅拌或隔夜放置，直至试剂全部溶解；

（4）LH-Eg-100 试剂：将整瓶的粉末状晶体试剂，全部溶解于 500mL 硫酸（$\rho = 1.84g/mL$）中，不断搅拌或隔夜放置，直至试剂全部溶解；

（5）邻苯二甲酸氢钾溶液：称取 105℃ 干燥 2h 的邻苯二甲酸氢钾 0.4251g 溶于水，并稀释至 1000mL，混匀，此溶液的化学需氧量为 500mg/L（有需要其他低浓度标准溶液，可由此溶液稀释配置）；

（6）恒温微波消解仪；

（7）反应管；

（8）比色皿（30mm）。

【分析步骤】

打开消解仪开关，选择"COD 消解"，消解仪自动升温。准备数支反应管，置于冷却架的空冷槽上，准确量取 2.5mL 蒸馏水加到"0"号反应管中；然后准确量取各水样 2.5mL，依次加入到其他反应管中。依次向各个反应管中加入 0.7mL 专用耗材 D 试剂、4.8mL 的专用耗材 E 试剂并混匀。将反应管依次放入消解仪孔中，按"消解"键并盖上防喷罩。打开比色系统开关，并预热 10min。

消解完成后仪器报警提示，将各样品依次放到冷却架的空冷槽上然后按"冷却"键；空气冷却完成后仪器报警提示。依次向各反应管中加入 2.5mL 蒸馏水并混匀。将各反应管放到冷却架的水冷槽中（提前在水冷槽中加入自来水），并按"冷却"键。将水冷却完成后的溶液依次倒入对应编号的比色皿中。按"高量程"并按"确定"键选择高量程模式；在高量程模式下按"比色皿"并按"确定"键，选择皿比色方式；确认曲线号为 HC-01。按"测量"键可在大字体界面和详细参数界面之间切换；按"空白"键，屏幕显示为：$C = 0.000\text{mg/L}$。将"0"号比色皿拿出，再将"1"号比色皿放入高量程比色池中，并关闭上盖，此时屏幕上锁显示的结果即为 1 号样品的 COD 值。其他样品测定步骤相同。

【标准曲线绘制】

将"1"号比色皿（浓度为 100mg/L 标准溶液）放入比色池中关闭上盖，按"校正"键，显示屏将显示当前的浓度值，删除当前浓度值，然后手动输入"1"号比色皿中标准溶液的浓度值 100，再按"确定"键自动回到测量界面。

将"2"号比色皿（浓度为 500mg/L 标准溶液）放入比色池中并关闭上盖，此时主机将显示标准溶液 2 的 COD 浓度。如果结果偏差较大，可重新进行曲线校正实验。

在氯含量大于 200mg/L 小于 2000mg/L 时，可使用 Eg 试剂代替 E 试剂。

【注意事项】

不能将样品放置一段时间或在不同时间段重复进行测试比较；比色完成的溶液，不能长时间放置在比色皿中；水样预处理过程及比色过程应紧凑完成；比色完成后的溶液，不能随意倾倒，应统一收集，并进行集中处理。

附 录

附录A 稀土产品国家及行业标准

矿产品标准

序号	现行标准编号	现行标准名称	被代替标准编号
1	XB/T 101—2011	高稀土铁矿石	XB/T 101—1995
2	XB/T 102—2007	氟碳铈矿-独居石混合精矿	XB/T 102—1995
3	XB/T 103—2010	氟碳铈镧矿精矿	XB/T 103—1995
4	XB/T 104—2010	独居石精矿	XB/T 104—2000
5	XB/T 105—2011	磷钇矿精矿	XB/T 105—1995
6	XB/T 107—2011	稀土富渣	XB/T 107—1995

稀土冶炼加工产品标准

序号	现行标准编号	现行标准名称	被代替标准编号
1	GB/T 2526—2008	氧化钇	GB/T 2526—1996
2	GB/T 2968—2008	金属钐	GB/T 2968—1994
3	GB/T 2969—2008	氧化钐	GB/T 2969—1994
4	GB/T 3503—2006	氧化钇	GB/T 3503—1993
5	GB/T 3504—2006	氧化铕	GB/T 3504—1993
6	GB/T 4137—2015	稀土硅铁合金	GB/T 4137—2004
7	GB/T 4138—2015	稀土镁硅铁合金	GB/T 4138—2004
8	GB/T 4148—2015	混合氯化稀土	GB/T 4148—2003
9	GB/T 4153—2008	混合稀土金属	GB/T 4153—1993
10	GB/T 4154—2015	氧化镧	GB/T 4154—2006
11	GB/T 4155—2012	氧化铈	GB/T 4155—2003
12	GB/T 5239—2015	氧化镨	GB/T 5239—2006
13	GB/T 5240—2015	氧化钕	GB/T 5240—2006
14	GB/T 9967—2010	金属钕	GB/T 9967—2001
15	GB 9968—2008[①]	硝酸稀土植物生长调节剂	GB 9968—1996
16	GB/T 12144—2009	氧化铽	GB/T 12144—2000
17	GB/T 13219—2010	氧化钪	GB/T 13219—1991
18	GB/T 13558—2008	氧化镝	GB/T 13558—1992
19	GB/T 13560—2009	烧结钕铁硼永磁材料	GB/T 13560—2000
20	GB/T 14633—2010	灯用稀土三基色荧光粉	GB/T 14633—2002

续表

序号	现行标准编号	现行标准名称	被代替标准编号
21	GB/T 15071—2008	金属镝	GB/T 15071—1994
22	GB/T 15677—2010	金属镧	GB/T 15677—1995
23	GB/T 15678—2010	氧化铒	GB/T 15678—1995
24	GB/T 16476—2010	金属钪	GB/T 16476—1996
25	GB/T 16479—2008	碳酸轻稀土	GB/T 16479—1996
26	GB/T 16482—2009	荧光级氧化钇铕	GB/T 16482—1996
27	GB/T 16661—2008	碳酸铈	GB/T 16661—1996
28	GB/T 18113—2010	铬酸镧高温电热元件	GB/T 18113—2000
29	GB/T 18880—2012	粘结钕铁硼永磁材料	GB/T 18880—2002
30	GB/T 18881—2009	汽油车排气净化催化剂	GB/T 18881—2002
31	GB/T 19395—2013	金属镨	GB/T 19395—2003
32	GB/T 19396—2012	铽镝铁大磁致伸缩材料	GB/T 19396—2003
33	GB/T 20165—2012	稀土抛光粉	GB/T 20165—2006
34	GB/T 20168—2006	快淬钕铁硼永磁粉	
35	GB/T 20169—2015	离子型稀土矿混合稀土氧化物	GB/T 20169—2006
36	GB/T 20892—2007	镨钕合金	
37	GB/T 20893—2007	金属铽	
38	GB/T 23589—2009	草酸钆	
39	GB/T 23590—2009	氟化镨钕	
40	GB/T 23591—2009	镧铈铽氧化物	
41	GB/T 23592—2009	摩托车排气净化催化剂	
42	GB/T 23593—2009	钇铕钆氧化物	
43	GB/T 24980—2010	稀土长余辉荧光粉	
44	GB/T 24982—2010	白光 LED 灯用稀土黄色荧光粉	
45	GB/T 26412—2010	金属氢化物-镍电池负极用稀土系 AB5 型贮氢合金粉	
46	GB/T 26413—2010	重稀土氧化物富集物	XB/T 208—1995
47	GB/T 26414—2010	钆镁合金	
48	GB/T 26415—2010	镝铁合金	
49	GB/T 28400—2012	钕镁合金	
50	GB/T 28882—2012	离子型稀土矿碳酸稀土	
51	GB/T 29655—2013	钕铁硼速凝薄片合金	
52	GB/T 29657—2013	钇镁合金	

序号	现行标准编号	现行标准名称	被代替标准编号
53	GB/T 29914—2013	柴油车排气净化氧化催化剂	
54	GB/T 29915—2013	镧镁合金	
55	GB/T 29917—2013	镨钕镝合金	
56	GB/T 30075—2013	LED 用稀土氮化物红色荧光粉	
57	GB/T 30076—2013	LED 用稀土硅酸盐荧光粉	
58	GB/T 30455—2013	灯用稀土磷酸盐绿色荧光粉	
59	GB/T 30456—2013	灯用稀土紫外发射荧光粉	
60	GB/T 31963—2015	金属氢化物-镍电池负极用稀土镁系超晶格贮氢合金粉	
61	GB/T 31964—2015	无水氯化镧	
62	GB/T 31965—2015	镨钕氧化物	
63	GB/T 31966—2015	钇铝合金	
64	GB/T 31968—2015	稀土复合钇锆陶瓷粉	
65	GB/T 31978—2015	金属铈	
66	XB/T 201—2016	氧化钬	XB/T 201—2006
67	XB/T 202—2010	氧化铥	XB/T 202—1995
68	XB/T 203—2017	氧化镝	XB/T 203—2006
69	XB/T 204—2017	氧化镥	XB/T 204—2006
70	XB/T 206—2007	镨钕氧化物	XB/T 206—1995
71	XB/T 209—2012	氟化轻稀土	XB/T 209—1995
72	XB/T 211—2007	钐铕钆富集物	XB/T 211—2000
73	XB/T 212—2006	金属钆	XB/T 212—1995
74	XB/T 214—2006	氟化钕	XB/T 214—1995
75	XB/T 215—2006	氟化镝	XB/T 215—1995
76	XB/T 218—2007	金属钇	
77	XB/T 219—2007	硝酸铈	
78	XB/T 220—2008	铈铽氧化物	
79	XB/T 221—2008	硝酸铈铵	
80	XB/T 222—2008	氢氧化铈	
81	XB/T 223—2009	氟化镧	
82	XB/T 224—2013	镧镨钕氧化物	
83	XB/T 225—2013	铈钆铽氧化物	
84	XB/T 226—2015	金属钬	

序号	现行标准编号	现行标准名称	被代替标准编号
85	XB/T 227—2015	金属铒	
86	XB/T 301—2015	高纯金属镝	
87	XB/T 302—2015	高纯金属铽	
88	XB/T 401—2010	轻稀土复合孕育剂	XB/T 401—2000
89	XB/T 402—2008	铝钪中间合金	
90	XB/T 403—2012	钆铁合金	
91	XB/T 404—2012	钬铁合金	
92	XB/T 501—2008	六硼化镧	XB/T 501—1993
93	XB/T 502—2007	钐钴 1-5 型永磁合金粉	XB/T 502—1993
94	XB 504—2008	柠檬酸稀土络合物饲料添加剂	XB 504—1993
95	XB/T 505—2011	汽油车排气净化催化剂载体	XB/T 505—2003
96	XB/T 507—2009	2:17 型钐钆钴铜铁锆永磁材料	

① 该标准已作废。

附录 B　稀土国家标准分析方法

序号	现行标准编号	现行标准名称	被代替标准编号
1	GB/T 12690.1—2015	稀土金属及其氧化物中非稀土杂质化学分析方法　高频-红外吸收法测定碳、硫量	GB/T 12690.13—2002
2	GB/T 12690.2—2015	稀土金属及其氧化物中非稀土杂质化学分析方法　重量法测定稀土氧化物中灼减量	GB/T 12690.27—2002
3	GB/T 12690.3—2015	稀土金属及其氧化物中非稀土杂质化学分析方法　重量法测定稀土氧化物中水分量	GB/T 12690.3—2002
4	GB/T 12690.4—2003	稀土金属及其氧化物中非稀土杂质化学分析方法　氧、氮量的测定　脉冲-红外吸收法和脉冲-热导法	GB/T 12690.12—1990 GB/T 15917.4—1995
5	GB/T 12690.5—2017	稀土金属及其氧化物中非稀土杂质化学分析方法　铝、铬、锰、铁、钴、镍、铜、锌、铅的测定　电感耦合等离子体发射光谱法（方法1）　钴、锰、铅、镍、铜、锌、铝、铬的测定　电感耦合等离子体质谱法（方法2）	GB/T 8762.4—1988 GB/T 8762.6—1988 GB/T 11074.4—1989 GB/T 12690.14—1990 GB/T 12690.5—2003
6	GB/T 12690.6—2017	稀土金属及其氧化物中非稀土杂质化学分析方法　铁量的测定　硫氰酸钾、1,10-二氮杂菲分光光度法	GB/T 11074.3—1989 GB/T 12690.20—1990 GB/T 12690.6—2003

续表

序号	现行标准编号	现行标准名称	被代替标准编号
7	GB/T 12690.7—2003	稀土金属及其氧化物中非稀土杂质化学分析方法　硅量的测定　钼蓝分光光度法	GB/T 8762.3—1988 GB/T 11074.5—1989 GB/T 12690.22—1990 GB/T 12690.23—1990
8	GB/T 12690.8—2003	稀土金属及其氧化物中非稀土杂质化学分析方法　钠量的测定　火焰原子吸收光谱法	GB/T 12690.26—1990
9	GB/T 12690.9—2003	稀土金属及其氧化物中非稀土杂质化学分析方法　氯量的测定　硝酸银比浊法	GB/T 11074.7—1989 GB/T 12690.18—1990
10	GB/T 12690.10—2003	稀土金属及其氧化物中非稀土杂质化学分析方法　磷量的测定　钼蓝分光光度法	GB/T 12690.21—1990
11	GB/T 12690.11—2003	稀土金属及其氧化物中非稀土杂质化学分析方法　镁量的测定　火焰原子吸收光谱法	GB/T 12690.25—1990
12	GB/T 12690.12—2003	稀土金属及其氧化物中非稀土杂质化学分析方法　钍量的测定　偶氮胂Ⅲ分光光度法和电感耦合等离子体质谱法	GB/T 12690.15—1990
13	GB/T 12690.13—2003	稀土金属及其氧化物中非稀土杂质化学分析方法　钼、钨量的测定　电感耦合等离子体发射光谱法和电感耦合等离子体质谱法	
14	GB/T 12690.14—2006	稀土金属及其氧化物化学分析方法　钛量的测定	
15	GB/T 12690.15—2006	稀土金属及其氧化物化学分析方法　钙量的测定	GB/T 12690.16—1990 GB/T 12690.28—2000
16	GB/T 12690.16—2010	稀土金属及其氧化物中非稀土杂质化学分析方法　第16部分：氟量的测定　离子选择性电极法	
17	GB/T 12690.17—2010	稀土金属及其氧化物中非稀土杂质化学分析方法　第17部分：稀土金属中铌、钽量的测定	
18	GB/T 14635—2008	稀土金属及其化合物化学分析方法　稀土总量的测定	GB/T 8762.1—1988 GB/T 12687.1—1990 GB/T 14635.1~ 14635.3—1993 GB/T 16484.19—1996 GB/T 18882.1—2002
19	GB/T 16477.1—2010	稀土硅铁合金及镁硅铁合金化学分析方法　第1部分：稀土总量的测定	GB/T 16477.1—1996
20	GB/T 16477.2—2010	稀土硅铁合金及镁硅铁合金化学分析方法　第2部分：钙、镁、锰量的测定　电感耦合等离子体发射光谱法	GB/T 16477.2—1996

续表

序号	现行标准编号	现行标准名称	被代替标准编号
21	GB/T 16477.3—2010	稀土硅铁合金及镁硅铁合金化学分析方法 第3部分：氧化镁量的测定 电感耦合等离子体发射光谱法	GB/T 16477.3—1996
22	GB/T 16477.4—2010	稀土硅铁合金及镁硅铁合金化学分析方法 第4部分：硅量的测定	GB/T 16477.4—1996
23	GB/T 16477.5—2010	稀土硅铁合金及镁硅铁合金化学分析方法 第5部分：钛量的测定 电感耦合等离子体发射光谱法	GB/T 16477.5—1996
24	GB/T 16484.1—2009	氯化稀土、碳酸稀土化学分析方法 第1部分：氧化铈量的测定 硫酸亚铁铵滴定法	GB/T 16484.1—1996
25	GB/T 16484.2—2009	氯化稀土、碳酸稀土化学分析方法 第2部分：氧化铕量的测定 电感耦合等离子体质谱法	GB/T 16484.2—1996
26	GB/T 16484.3—2009	氯化稀土、碳酸稀土化学分析方法 第3部分：15个稀土元素氧化物配分量的测定 电感耦合等离子体发射光谱法	GB/T 16484.3—1996
27	GB/T 16484.4—2009	氯化稀土、碳酸稀土化学分析方法 第4部分：氧化钍量的测定 偶氮胂Ⅲ分光光度法	GB/T 16484.4—1996
28	GB/T 16484.5—2009	氯化稀土、碳酸稀土化学分析方法 第5部分：氧化钡量的测定 电感耦合等离子体发射光谱法	GB/T 16484.5—1996
29	GB/T 16484.6—2009	氯化稀土、碳酸稀土化学分析方法 第6部分：氧化钙量的测定 火焰原子吸收光谱法	GB/T 16484.6—1996
30	GB/T 16484.7—2009	氯化稀土、碳酸稀土化学分析方法 第7部分：氧化镁量的测定 火焰原子吸收光谱法	GB/T 16484.7—1996
31	GB/T 16484.8—2009	氯化稀土、碳酸稀土化学分析方法 第8部分：氧化钠量的测定 火焰原子吸收光谱法	GB/T 16484.8—1996
32	GB/T 16484.9—2009	氯化稀土、碳酸稀土化学分析方法 第9部分：氧化镍量的测定 火焰原子吸收光谱法	GB/T 16484.9—1996
33	GB/T 16484.10—2009	氯化稀土、碳酸稀土化学分析方法 第10部分：氧化锰量的测定 火焰原子吸收光谱法	GB/T 16484.10—1996
34	GB/T 16484.11—2009	氯化稀土、碳酸稀土化学分析方法 第11部分：氧化铅量的测定 火焰原子吸收光谱法	GB/T 16484.11—1996
35	GB/T 16484.12—2009	氯化稀土、碳酸稀土化学分析方法 第12部分：硫酸根量的测定 比浊法（方法1） 重量法（方法2）	GB/T 16484.12—1996

续表

序号	现行标准编号	现行标准名称	被代替标准编号
36	GB/T 16484.13—2017	氯化稀土、碳酸稀土化学分析方法　第 13 部分：氯化铵量的测定　蒸馏-滴定法	GB/T 16484.13—2009
37	GB/T 16484.14—2009	氯化稀土、碳酸稀土化学分析方法　第 14 部分：磷酸根量的测定　锑磷钼蓝分光光度法	GB/T 16484.14—1996
38	GB/T 16484.15—2009	氯化稀土、碳酸稀土化学分析方法　第 15 部分：碳酸轻稀土中氯量的测定　硝酸银比浊法	GB/T 16484.15—1996
39	GB/T 16484.16—2009	氯化稀土、碳酸稀土化学分析方法　第 16 部分：氯化稀土中水不溶物的测定　重量法	GB/T 16484.16—1996
40	GB/T 16484.18—2009	氯化稀土、碳酸稀土化学分析方法　第 18 部分：碳酸轻稀土中灼减量的测定　重量法	GB/T 16484.18—1996
41	GB/T 16484.20—2009	氯化稀土、碳酸稀土化学分析方法　第 20 部分：氧化镍、氧化锰、氧化铅、氧化铝、氧化锌、氧化钍量的测定　电感耦合等离子体质谱法	
42	GB/T 16484.21—2009	氯化稀土、碳酸稀土化学分析方法　第 21 部分：氧化铁量的测定　1, 10-二氮杂菲分光光度法	
43	GB/T 16484.22—2009	氯化稀土、碳酸稀土化学分析方法　第 22 部分：氧化锌量的测定　火焰原子吸收光谱法	
44	GB/T 16484.23—2009	氯化稀土、碳酸稀土化学分析方法　第 23 部分：碳酸轻稀土中酸不溶量的测定　重量法	
45	GB/T 18114.1—2010	稀土精矿化学分析方法　第 1 部分：稀土氧化物总量的测定　重量法	GB/T 18114.1—2000
46	GB/T 18114.2—2010	稀土精矿化学分析方法　第 2 部分：氧化钍量的测定	GB/T 18114.2—2000
47	GB/T 18114.3—2010	稀土精矿化学分析方法　第 3 部分：氧化钙量的测定	GB/T 18114.6—2000
48	GB/T 18114.4—2010	稀土精矿化学分析方法　第 4 部分：氧化铌、氧化锆、氧化钛量的测定　电感耦合等离子体发射光谱法	GB/T 18114.4—2000 GB/T 18114.5—2000 GB/T 2591.2—81
49	GB/T 18114.5—2010	稀土精矿化学分析方法　第 5 部分：氧化硅量的测定	GB/T 2591.3—81 GB/T 18114.6—2000
50	GB/T 18114.6—2010	稀土精矿化学分析方法　第 6 部分：氧化铝量的测定　电感耦合等离子体发射光谱法	
51	GB/T 18114.7—2010	稀土精矿化学分析方法　第 7 部分：氧化铁量的测定　重铬酸钾滴定法	GB/T 2591.1—1981 GB/T 18114.7—2000

续表

序号	现行标准编号	现行标准名称	被代替标准编号
52	GB/T 18114.8—2010	稀土精矿化学分析方法 第8部分：十五个稀土元素氧化物配分量的测定 电感耦合等离子体发射光谱法	
53	GB/T 18114.9—2010	稀土精矿化学分析方法 第9部分：五氧化二磷量的测定 磷铋钼蓝分光光度法	GB/T 2591.8—1981 GB/T 18114.9—2000
54	GB/T 18114.10—2010	稀土精矿化学分析方法 第10部分：水分的测定 重量法	GB/T 18114.10—2000
55	GB/T 18114.11—2010	稀土精矿化学分析方法 第11部分：氟量的测定 蒸馏-EDTA滴定法	GB/T 2591.7—81
56	GB/T 18115.1—2006	稀土金属及其氧化物中稀土杂质化学分析方法 镧中铈、镨、钕、钐、铕、钆、铽、镝、钬、铒、铥、镱、镥和钇量的测定	GB/T 18115.1—2000
57	GB/T 18115.2—2006	稀土金属及其氧化物中稀土杂质化学分析方法 铈中镧、镨、钕、钐、铕、钆、铽、镝、钬、铒、铥、镱、镥和钇量的测定	GB/T 18115.2—2000
58	GB/T 18115.3—2006	稀土金属及其氧化物中稀土杂质化学分析方法 镨中镧、铈、钕、钐、铕、钆、铽、镝、钬、铒、铥、镱、镥和钇量的测定	GB/T 18115.3—2000
59	GB/T 18115.4—2006	稀土金属及其氧化物中稀土杂质化学分析方法 钕中镧、铈、镨、钐、铕、钆、铽、镝、钬、铒、铥、镱、镥和钇量的测定	GB/T 18115.4—2000
60	GB/T 18115.5—2006	稀土金属及其氧化物中稀土杂质化学分析方法 钐中镧、铈、镨、钕、铕、钆、铽、镝、钬、铒、铥、镱、镥和钇量的测定	GB/T 18115.5—2000
61	GB/T 18115.6—2006	稀土金属及其氧化物中稀土杂质化学分析方法 铕中镧、铈、镨、钕、钐、钆、铽、镝、钬、铒、铥、镱、镥和钇量的测定	GB/T 8762.7—1988 GB/T 8762.8—2000
62	GB/T 18115.7—2006	稀土金属及其氧化物中稀土杂质化学分析方法 钆中镧、铈、镨、钕、钐、铕、铽、镝、钬、铒、铥、镱、镥和钇量的测定	GB/T 18115.6—2000
63	GB/T 18115.8—2006	稀土金属及其氧化物中稀土杂质化学分析方法 铽中镧、铈、镨、钕、钐、铕、钆、镝、钬、铒、铥、镱、镥和钇量的测定	GB/T 18115.7—2000
64	GB/T 18115.9—2006	稀土金属及其氧化物中稀土杂质化学分析方法 镝中镧、铈、镨、钕、钐、铕、钆、铽、钬、铒、铥、镱、镥和钇量的测定	GB/T 18115.8—2000

序号	现行标准编号	现行标准名称	被代替标准编号
65	GB/T 18115.10—2006	稀土金属及其氧化物中稀土杂质化学分析方法 钬中镧、铈、镨、钕、钐、铕、钆、铽、镝、铒、铥、镱、镥和钇量的测定	GB/T 18115.9—2000
66	GB/T 18115.11—2006	稀土金属及其氧化物中稀土杂质化学分析方法 铒中镧、铈、镨、钕、钐、铕、钆、铽、镝、钬、铥、镱、镥和钇量的测定	GB/T 18115.10—2000
67	GB/T 18115.12—2006	稀土金属及其氧化物中稀土杂质化学分析方法 钇中镧、铈、镨、钕、钐、铕、钆、铽、镝、钬、铒、铥、镱和镥量的测定	GB/T 16480.1—1996 GB/T 8762.5—1988
68	GB/T 18115.13—2010	稀土金属及其氧化物中稀土杂质化学分析方法 第13部分：铥中镧、铈、镨、钕、钐、铕、钆、铽、镝、钬、铒、镱、镥和钇量的测定	
69	GB/T 18115.14—2010	稀土金属及其氧化物中稀土杂质化学分析方法 第14部分：镱中镧、铈、镨、钕、钐、铕、钆、铽、镝、钬、铒、铥、镥和钇量的测定	
70	GB/T 18115.15—2010	稀土金属及其氧化物中稀土杂质化学分析方法 第15部分：镥中镧、铈、镨、钕、钐、铕、钆、铽、镝、钬、铒、铥、镱、镱和钇量的测定	
71	GB/T 18116.1—2012	氧化钇铕化学分析方法 电感耦合等离子体原子发射光谱法测定 氧化钇铕中氧化镧、氧化铈、氧化镨、氧化钕、氧化钐、氧化钆、氧化铽、氧化镝、氧化钬、氧化铒、氧化铥、氧化镱和氧化镥量	GB/T 18116.1—2000
72	GB/T 18116.2—2008	氧化钇铕化学分析方法 氧化铕量的测定	GB/T 18116.2—2000 GB/T 18116.3—2000
73	GB/T 18882.1—2008	离子型稀土矿混合稀土氧化物化学分析方法 十五个稀土元素氧化物配分量的测定	GB/T 18882.2~18882.3—2002
74	GB/T 18882.2—2008	离子型稀土矿混合稀土氧化物化学分析方法 EDTA滴定法测定三氧化二铝量	GB/T 18882.4~18882.5—2002
75	GB/T 20166.1—2012	稀土抛光粉化学分析方法 氧化铈量的测定 滴定法	GB/T 20166.1—2006
76	GB/T 20166.2—2012	稀土抛光粉化学分析方法 氟量的测定 比色法	GB/T 20166.2—2006
77	GB/T 23594.1—2009	钐铕钆富集物化学分析方法 第1部分：稀土氧化物总量的测定 重量法	

续表

序号	现行标准编号	现行标准名称	被代替标准编号
78	GB/T 23594.2—2009	钐铕钆富集物化学分析方法 第2部分：十五个稀土元素氧化物配分量的测定 电感耦合等离子体发射光谱法	
79	GB/T 26416.1—2010	镝铁合金化学分析方法 第1部分：稀土总量的测定 重量法	
80	GB/T 26416.2—2010	镝铁合金化学分析方法 第2部分：稀土杂质量的测定 电感耦合等离子体发射光谱法	
81	GB/T 26416.3—2010	镝铁合金化学分析方法 第3部分：钙、镁、铝、硅、镍、钼、钨量的测定 电感耦合等离子体发射光谱法	
82	GB/T 26416.4—2010	镝铁合金化学分析方法 第4部分：铁量的测定 重铬酸钾容量法	
83	GB/T 26416.5—2010	镝铁合金化学分析方法 第5部分：氧量的测定 脉冲红外吸收法	
84	GB/T 26417—2010	镨钕合金及其化合物化学分析方法 稀土配分量的测定	
85	GB/T 29656—2013	镨钕镝合金化学分析方法	
86	GB/T 29916—2013	镧镁合金化学分析方法	
87	XB/T 601.1—2008	六硼化镧化学分析方法 硼量的测定 酸碱滴定法	XB/T 601.1—1993
88	XB/T 601.2—2008	六硼化镧化学分析方法 铁、钙、镁、铬、锰、铜量的测定 电感耦合等离子体发射光谱法	XB/T 601.2—1993
89	XB/T 601.3—2008	六硼化镧化学分析方法 钨量的测定 电感耦合等离子体发射光谱法	XB/T 601.3—1993
90	XB/T 601.4—2008	六硼化镧化学分析方法 碳量的测定 高频感应燃烧红外线吸收法测定	XB/T 601.4—1993
91	XB/T 601.5—2008	六硼化镧化学分析方法 酸溶硅量的测定 硅钼蓝分光光度法	XB/T 601.5—1993
92	XB/T 607—2011	汽油车排气净化催化剂涂层材料试验方法	XB/T 607—2003
93	XB/T 610.1—2007	钐钴 1-5 型永磁合金粉化学分析方法 钐、钴量的测定	GB/T 15679.1—1995
94	XB/T 610.2—2007	钐钴 1-5 型永磁合金粉化学分析方法 钙、铁量的测定	GB/T 15679.3—1995 GB/T 15679.2—1995
95	XB/T 610.3—2007	钐钴 1-5 型永磁合金粉化学分析方法 氧量的测定	GB/T 15679.4—1995

序号	现行标准编号	现行标准名称	被代替标准编号
96	XB/T 611—2009	草酸稀土化学分析方法　灼减量的测定　重量法	
97	XB/T 612.1—2009	钕铁硼废料化学分析方法　稀土总量的测定　草酸盐重量法	
98	XB/T 612.2—2009	钕铁硼废料化学分析方法　十五个稀土元素氧化物配分量的测定　电感耦合等离子体发射光谱法	
99	XB/T 612.3—2013	钕铁硼废料化学分析方法　第3部分：硼、钴、铝、铜、铬、镍、锰、钛、钙、镁含量的测定　电感耦合等离子体原子发射光谱法	
100	XB/T 613.1—2010	铈铽氧化物化学分析方法　第1部分：氧化铈和氧化铽量的测定　电感耦合等离子体发射光谱法	
101	XB/T 613.2—2010	铈铽氧化物化学分析方法　第2部分：氧化镧、氧化镨、氧化钕、氧化钐、氧化铕、氧化钆、氧化镝、氧化钬、氧化铒、氧化铥、氧化镱、氧化镥和氧化钇量的测定　电感耦合等离子体发射光谱法	
102	XB/T 614.1—2011	钆镁合金化学分析方法　第1部分：稀土总量的测定　重量法	
103	XB/T 614.2—2011	钆镁合金化学分析方法　第2部分：镁量的测定　EDTA滴定法	
104	XB/T 614.3—2011	钆镁合金化学分析方法　第3部分：碳量的测定　高频-红外吸收法	
105	XB/T 614.4—2011	钆镁合金化学分析方法　第4部分：氟量的测定　水蒸气蒸馏分光光度法	
106	XB/T 614.5—2011	钆镁合金化学分析方法　第5部分：稀土杂质量的测定	
107	XB/T 614.6—2011	钆镁合金化学分析方法　第6部分：铝、钙、铜、铁、镍、硅量的测定　电感耦合等离子体发射光谱法	
108	XB/T 615—2012	氟化稀土化学分析方法　氟量的测定　水蒸气蒸馏-EDTA滴定法	
109	XB/T 616.1—2012	钆铁合金化学分析方法　第1部分：稀土总量的测定　重量法	

续表

序号	现行标准编号	现行标准名称	被代替标准编号
110	XB/T 616.2—2012	钆铁合金化学分析方法　第2部分：稀土杂质含量的测定　电感耦合等离子体原子发射光谱法	
111	XB/T 616.3—2012	钆铁合金化学分析方法　第3部分：钙、镁、铝、锰量的测定　电感耦合等离子体原子发射光谱法	
112	XB/T 616.4—2012	钆铁合金化学分析方法　第4部分：铁量的测定　重铬酸钾容量法	
113	XB/T 616.5—2012	钆铁合金化学分析方法　第5部分：硅量的测定　硅钼蓝分光光度法	
114	XB/T 617.1—2014	钕铁硼合金化学分析方法　第1部分：稀土总量的测定　草酸盐重量法	
115	XB/T 617.2—2014	钕铁硼合金化学分析方法　第2部分：十五个稀土元素量的测定　电感耦合等离子体原子发射光谱法	
116	XB/T 617.3—2014	钕铁硼合金化学分析方法　第3部分：硼、铝、铜、钴、镁、硅、钙、钒、铬、锰、镍、锌和镓量的测定　电感耦合等离子体原子发射光谱法	
117	XB/T 617.4—2014	钕铁硼合金化学分析方法　第4部分：铁量的测定　重铬酸钾滴定法	
118	XB/T 617.5—2014	钕铁硼合金化学分析方法　第5部分：铌、锆、钼、钨和钛量的测定　电感耦合等离子体原子发射光谱法	
119	XB/T 617.6—2014	钕铁硼合金化学分析方法　第6部分：碳量的测定　高频-红外吸收法	
120	XB/T 617.7—2014	钕铁硼合金化学分析方法　第7部分：氧、氮量的测定　脉冲-红外吸收法　脉冲-热导法	
121	XB/T 618.1—2015	钕镁合金化学分析方法　第1部分：铝、铜、铁、镍和硅量的测定　电感耦合等离子体发射光谱法	
122	XB/T 618.2—2015	钕镁合金化学分析方法　第2部分：镧、铈、镨、钐、铕、钆、铽、镝、钬、铒、铥、镱、镥和钇量的测定　电感耦合等离子体发射光谱法	
123	XB/T 619—2015	离子型稀土原矿化学分析方法　离子相稀土总量的测定	

物理性能测试方法

序号	现行标准编号	现行标准名称	被代替标准编号
1	GB/T 14634.1—2010	灯用稀土三基色荧光粉试验方法　第1部分：相对亮度的测定	GB/T 14634.1—2002
2	GB/T 14634.2—2010	灯用稀土三基色荧光粉试验方法　第2部分：发射主峰和色度性能的测定	GB/T 14634.2—2002
3	GB/T 14634.3—2010	灯用稀土三基色荧光粉试验方法　第3部分：热稳定性的测定	GB/T 14634.3—2002
4	GB/T 14634.5—2010	灯用稀土三基色荧光粉试验方法　第5部分：密度的测定	GB/T 14634.5—2002
5	GB/T 14634.6—2010	灯用稀土三基色荧光粉试验方法　第6部分：比表面积的测定	GB/T 14634.6—2002
6	GB/T 14634.7—2010	灯用稀土三基色荧光粉试验方法　第7部分：热猝灭性的测定	
7	GB/T 23595.1—2009	白光LED灯用稀土黄色荧光粉试验方法　第1部分：光谱性能的测定	
8	GB/T 23595.2—2009	白光LED灯用稀土黄色荧光粉试验方法　第2部分：相对亮度的测定	
9	GB/T 23595.3—2009	白光LED灯用稀土黄色荧光粉试验方法　第3部分：色品坐标的测定	
10	GB/T 23595.4—2009	白光LED灯用稀土黄色荧光粉试验方法　第4部分：热稳定性的测定	
11	GB/T 23595.5—2009	白光LED灯用稀土黄色荧光粉试验方法　第5部分：pH值的测定	
12	GB/T 23595.6—2009	白光LED灯用稀土黄色荧光粉试验方法　第6部分：电导率的测定	
13	GB/T 23595.7—2010	白光LED灯用稀土黄色荧光粉试验方法　第7部分：热猝灭性能的测定	
14	GB/T 24981.1—2010	稀土长余辉荧光粉试验方法　第1部分：发射主峰和色品坐标的测定	
15	GB/T 24981.2—2010	稀土长余辉荧光粉试验方法　第2部分：相对亮度的测定	
16	GB/T 20167—2012	稀土抛光粉物理性能测试方法　抛蚀量的测定　重量法	GB/T 20167—2006
17	GB/T 20170.1—2006	稀土金属及其化合物物理性能测试方法　稀土化合物粒度分布的测定	
18	GB/T 20170.2—2006	稀土金属及其化合物物理性能测试方法　稀土化合物比表面积的测定	

续表

序号	现行标准编号	现行标准名称	被代替标准编号
19	GB/T 29918—2013	稀土系 AB$_5$ 型贮氢合金压力-组成等温线（PCI）的测试方法	
20	XB/T 701—2007	钐钴 1-5 型永磁合金粉物理性能测试方法 平均粒度的测定	

附录 C　稀土标准样品一览表

化学元素检测用标准样品

序号	名称牌号	标准编号	纯度/规格	元素及含量范围/%	备注
1	氧化镧-2N	GSB 04-1645—2003	99%	CeO_2:0.19,Pr_6O_{11}:0.17,Nd_2O_3:0.17,Sm_2O_3:0.17,Y_2O_3:0.16	
2	氧化镧-3N	GSB 04-1646—2003	99.9%	CeO_2:0.035,Pr_6O_{11}:0.035,Nd_2O_3:0.043,Sm_2O_3:0.034,Y_2O_3:0.034	
3	氧化镧标准样品 1	GSB 04-2602—2010	99.99%以上	CeO_2:2.5,Pr_6O_{11}:2.4,Nd_2O_3:2.7,Sm_2O_3:2.2,Eu_2O_3:2.1,Gd_2O_3:2.4,Tb_4O_7:2.6,Dy_2O_3:2.6,Ho_2O_3:2.1,Er_2O_3:2.1,Tm_2O_3:2.0,Yb_2O_3:2.2,Lu_2O_3:2.0,Y_2O_3:4.0	含量单位μg/g
4	氧化镧标准样品 2	GSB 04-2603—2010	99.9%以上	CeO_2:40.5,Pr_6O_{11}:40.0,Nd_2O_3:40.6,Sm_2O_3:39.7,Eu_2O_3:39.3,Gd_2O_3:39.8,Tb_4O_7:39.5,Dy_2O_3:39.3,Ho_2O_3:38.9,Er_2O_3:38.5,Tm_2O_3:38.4,Yb_2O_3:38.0,Lu_2O_3:38.1,Y_2O_3:40.0	含量单位μg/g
5	氧化镧标准样品 3	GSB 04-2604—2010	99%以上	CeO_2:122,Pr_6O_{11}:121,Nd_2O_3:123,Sm_2O_3:121,Eu_2O_3:121,Gd_2O_3:120,Tb_4O_7:124,Dy_2O_3:125,Ho_2O_3:119,Er_2O_3:118,Tm_2O_3:116,Yb_2O_3:117,Lu_2O_3:116,Y_2O_3:124	含量单位μg/g

序号	名称牌号	标准编号	纯度/规格	元素及含量范围/%	备注
6	氧化铈成分分析标准样品	GBW 02903	99.9%	$CaO:53,Fe_2O_3:45.9$, $SiO_2:21.7,Na_2O:48.0$, $La_2O_3:67.8,Pr_6O_{11}:64$, $Nd_2O_3:67,Sm_2O_3:65.8$, $Gd_2O_3:69,Y_2O_3:72$	含量单位 μg/g
7	氧化钕-2N	GSB 04-1647—2003	99%	$La_2O_3:0.20,CeO_2:0.18,Pr_6O_{11}:0.17$, $Sm_2O_3:0.18,Y_2O_3:0.12$	
8	氧化钕-3N	GSB 04-1648—2003	99.9%	$La_2O_3:0.018,CeO_2:0.023,Pr_6O_{11}:0.028$, $Sm_2O_3:0.023,Y_2O_3:0.005$	
9	镨钕氧化物标准样品	GSB 04-2805—2011	PN1	$Cl^-/REO:0.168,SO_4^{2-}:0.131$, 酸溶 $SiO_2:0.104$,酸溶 $Al_2O_3:0.168$, $Fe_2O_3:0.257,CaO:0.119,MgO:0.014$, $Mo:0.029^*,W:0.051^*$, $Y_2O_3/REO:0.059,La_2O_3/REO:0.322$, $CeO_2/REO:0.523,Pr_6O_{11}/REO:24.52$	带＊数值供参考
		GSB 04-2805—2011	PN2	$Cl^-/REO:0.186,SO_4^{2-}:0.048$, 酸溶 $SiO_2:0.078^*$,酸溶 $Al_2O_3:0.115$, $Fe_2O_3:0.185,CaO:0.078^*$, $MgO:0.021,Mo:0.019^*,W:0.034^*$, $Y_2O_3/REO:0.062,La_2O_3/REO:0.08$, $CeO_2/REO:0.095,Pr_6O_{11}/REO:24.65$	带＊数值供参考
		GSB 04-2805—2011	PN3	$Cl^-/REO:0.050^*,SO_4^{2-}:0.03$, 酸溶 $SiO_2:0.015$,酸溶 $Al_2O_3:0.021$, $Fe_2O_3:0.0041,CaO:0.028,MgO:0.0021$, $La_2O_3/REO:0.0047^*,CeO_2/REO:0.012$, $Pr_6O_{11}/REO:25.68$	带＊数值供参考
10	混合轻稀土氧化物稀土配分标准样品	GSB 04-3064—2013		$La_2O_3:28.01,CeO_2:50.96$, $Pr_6O_{11}:4.85,Nd_2O_3:14.46,Sm_2O_3:0.99$, $Eu_2O_3:0.18,Gd_2O_3:0.29,Y_2O_3:0.15$	相对含量
11	混合轻稀土少铈氧化物稀土配分标准样品	GSB 04-3065—2013		$La_2O_3:28.21,CeO_2:51.60$, $Pr_6O_{11}:5.19,Nd_2O_3:14.94$	相对含量

续表

序号	名称牌号	标准编号	纯度/规格	元素及含量范围/%	备注
12	氧化钇标准样品	GSB 04-2068—2007	99.99%以上	La_2O_3:2.9,CeO_2:2.2,Pr_6O_{11}:2.1,Nd_2O_3:2.4,Sm_2O_3:2.2,Eu_2O_3:2.5,Gd_2O_3:2.2,Tb_4O_7:2.0,Dy_2O_3:2.1,Ho_2O_3:2.3,Er_2O_3:2.1,Tm_2O_3:2.0,Yb_2O_3:2.2,Lu_2O_3:2.0	含量单位 $\mu g/g$
13	氧化钇标准样品	GSB 04-2069—2007	99.9%以上	La_2O_3:17.5,CeO_2:17.2,Pr_6O_{11}:18.8,Nd_2O_3:21.5,Sm_2O_3:21.1,Eu_2O_3:22.6,Gd_2O_3:21.2,Tb_4O_7:20.9,Dy_2O_3:21.3,Ho_2O_3:21.2,Er_2O_3:21.6,Tm_2O_3:20.3,Yb_2O_3:21.0,Lu_2O_3:20.2	含量单位 $\mu g/g$
14	氧化钇铕标准样品	GSB 04-1709~1711—2004	1	氧化铕:4.42	
			2	氧化铕:5.84	
			3	氧化铕:6.72	
			4	氧化铕:8.11	
15	氧化钇成分分析标准样品	GBW 02901	99.9%以上	CaO:8.15,CuO:1.51,Fe_2O_3:6.19,NiO:9.8,PbO:2.81,SiO_2:34.0,CeO_2:4.80,Dy_2O_3:21.6,Pr_6O_{11}:10.4,Tb_4O_7:10.5	含量单位 $\mu g/g$
16	氧化铕成分分析标准样品	GBW 02902		CaO:13.0,CuO:6.7,Fe_2O_3:7.2,Na_2O:31.1,NiO:9.6,PbO_2:8.0,SiO_2(碱容):40.5,SiO_2(酸容):30.0,ZnO:15.6,La_2O_3:12.8,CeO_2:3.4,Pr_6O_{11}:15.2,Nd_2O_3:11.8,Sm_2O_3:15.3,Gd_2O_3:16.8,Tb_4O_7:12.2,Dy_2O_3:11.3,Ho_2O_3:15.0,Er_2O_3:12.6,Tm_2O_3:10.2,Yb_2O_3:16.3,Lu_2O_3:11.6,$Y_2O_3$17.2	含量单位 $\mu g/g$
17	稀土分析用标准溶液（阴离子）	GSB 04-1770—2004	氯离子	Cl^-标准溶液,1000$\mu g/mL$ H_2O(含Na^+)	
18	稀土分析用标准溶液（阴离子）	GSB 04-1771—2004	氟离子	F^-标准溶液,1000$\mu g/mL$ H_2O(含Na^+)	

序号	名称牌号	标准编号	纯度/规格	元素及含量范围/%	备注
19	稀土分析用标准溶液（阴离子）	GSB 04-1772—2004	硝酸根	NO_3^- 标准溶液，1000μg/mL H_2O（含 K^+）	
20	稀土分析用标准溶液（阴离子）	GSB 04-1773—2004	硫酸根	SO_4^{2-} 标准溶液，1000μg/mL H_2O（含 K^+）	
21	稀土分析用标准溶液（单元素）	GSB 04-1774—2004	镧	La 标准溶液，1000μg/mL 5%HNO_3介质	
22	稀土分析用标准溶液（单元素）	GSB 04-1775—2004	铈	Ce 标准溶液，1000μg/mL 5%HNO_3介质	
23	稀土分析用标准溶液（单元素）	GSB 04-1776—2004	镨	Pr 标准溶液，1000μg/mL 5%HNO_3介质	
24	稀土分析用标准溶液（单元素）	GSB 04-1777—2004	钕	Nd 标准溶液，1000μg/mL 5%HNO_3介质	
25	稀土分析用标准溶液（单元素）	GSB 04-1778—2004	钐	Sm 标准溶液，1000μg/mL 5%HNO_3介质	
26	稀土分析用标准溶液（单元素）	GSB 04-1779—2004	铕	Eu 标准溶液，1000μg/mL 5%HNO_3介质	
27	稀土分析用标准溶液（单元素）	GSB 04-1780—2004	钆	Gd 标准溶液，1000μg/mL 5%HNO_3介质	
28	稀土分析用标准溶液（单元素）	GSB 04-1781—2004	铽	Tb 标准溶液，1000μg/mL 5%HNO_3介质	
29	稀土分析用标准溶液（单元素）	GSB 04-1782—2004	镝	Dy 标准溶液，1000μg/mL 5%HNO_3介质	
30	稀土分析用标准溶液（单元素）	GSB 04-1783—2004	钬	Ho 标准溶液，1000μg/mL 5%HNO_3介质	

续表

序号	名称牌号	标准编号	纯度/规格	元素及含量范围/%	备注
31	稀土分析用标准溶液（单元素）	GSB 04-1784—2004	铒	Er 标准溶液,1000μg/mL 5%HNO$_3$介质	
32	稀土分析用标准溶液（单元素）	GSB 04-1785—2004	铥	Tm 标准溶液,1000μg/mL 5%HNO$_3$介质	
33	稀土分析用标准溶液（单元素）	GSB 04-1786—2004	镱	Yb 标准溶液,1000μg/mL 5%HNO$_3$介质	
34	稀土分析用标准溶液（单元素）	GSB 04-1787—2004	镥	Lu 标准溶液,1000μg/mL 5%HNO$_3$介质	
35	稀土分析用标准溶液（单元素）	GSB 04-1788—2004	钇	Y 标准溶液,1000μg/mL 5%HNO$_3$介质	
36	稀土分析用标准溶液 2（多元素混合）	GSB 04-1789—2004	镧、铈、镨、钕、钐、铕、钆、铽、镝、钬、铒、铥、镱、镥、钇	La、Ce、Pr、Nd、Sm、Eu、Ga、Tb、Dy、Ho、Er、Tm、Yb、Lu、Y 标准溶液,100μg/mL 8%HNO$_3$介质	
37	钪标准溶液	GSB 04-1750—2004	钪	Sc 标准溶液,1000μg/mL	
38	钐铕钆富集物标准样品	GSB 04-3139—2014	镧、铈、镨、钕、钐、铕、钆、铽、镝、钬、铒、铥、镱、镥、钇	La$_2$O$_3$:0.37,CeO$_2$:0.46,Pr$_6$O$_{11}$:0.38, Nd$_2$O$_3$:0.58,Sm$_2$O$_3$:49.54,Eu$_2$O$_3$:8.20, Gd$_2$O$_3$:27.60,Tb$_4$O$_7$:2.44,Dy$_2$O$_3$:2.26, Ho$_2$O$_3$:0.39,Er$_2$O$_3$:0.47,Tm$_2$O$_3$:0.41, Yb$_2$O$_3$:0.41,Lu$_2$O$_3$:0.10,Y$_2$O$_3$:17.2	以氧化物计,并比总量
39	30 号稀土精矿标准样品	GSB 04-3309—2016		REO:29.09,F:4.60,TiO$_2$:0.15, SiO$_2$:1.66,TFe:4.50,Nb$_2$O$_5$:0.060, P$_2$O$_5$:13.70,CaO:20.44,ThO$_2$:0.090, La$_2$O$_3$/REO:28.36,CeO$_2$/REO:51.03, Pr$_6$O$_{11}$/REO:4.76,Nd$_2$O$_3$/REO:13.85, Sm$_2$O$_3$/REO:1.08,Eu$_2$O$_3$/REO:0.21, Gd$_2$O$_3$/REO:0.41,Y$_2$O$_3$/REO:0.30	

序号	名称牌号	标准编号	纯度/规格	元素及含量范围/%	备注
40	40 号 稀土精矿 标准样品	GSB 04-3310—2016		$REO:39.78$, $F:6.06$, $TiO_2:0.25$, $SiO_2:2.04$, $TFe:6.48$, $Nb_2O_5:0.086$, $P_2O_5:12.27$, $CaO:15.38$, $ThO_2:0.18$, $La_2O_3/REO:26.70$, $CeO_2/REO:50.79$, $Pr_6O_{11}/REO:5.14$, $Nd_2O_3/REO:15.32$, $Sm_2O_3/REO:1.17$, $Eu_2O_3/REO:0.22$, $Gd_2O_3/REO:0.40$, $Y_2O_3/REO:0.25$	
41	50 号 稀土精矿 标准样品	GSB 04-3311—2016		$REO:51.84$, $F:8.27$, $TiO_2:0.37$, $SiO_2:1.86$, $TFe:5.42$, $Nb_2O_5:0.11$, $P_2O_5:8.64$, $CaO:10.57$, $ThO_2:0.22$, $La_2O_3/REO:26.30$, $CeO_2/REO:51.27$, $Pr_6O_{11}/REO:5.13$, $Nd_2O_3/REO:15.29$, $Sm_2O_3/REO:1.15$, $Eu_2O_3/REO:0.22$, $Gd_2O_3/REO:0.40$, $Y_2O_3/REO:0.25$	
42	钕铁硼合金 标准样品	GSB 04-3425—2017		$Pr:3.10$, $Nd:28.52$, $Dy:4.02$, $Tb:0.12$, $B:0.97$, $Co:0.14$, $Nb:0.11$, $Zr:0.022$, $Mn:0.041$, $Al:0.33$, $Cu:0.065$	
43	抛光粉 标准样品	GSB 04-3426—2017		$REO:95.27$, $F:7.65$, $La_2O_3/REO:18.24$, $CeO_2/REO:81.67$	
44	稀土镁合金		WE43	$Nd:2.19$, $Y:3.68$, $Zr:0.48$	已鉴定
45	白云鄂博 稀土尾矿			$REO:4.45$, $F:12.60$, $MnO_2:1.84$, $SiO_2:13.63$, $TFe:17.83$, $P_2O_5:2.58$, $MgO:3.22$, $La_2O_3/REO:24.87$, $CeO_2/REO:50.52$ $Pr_6O_{11}/REO:5.23$, $Nd_2O_3/REO:16.50$ $Sm_2O_3/REO:1.19$, $Eu_2O_3/REO:0.24$ $Gd_2O_3/REO:0.55$, $Y_2O_3/REO:0.72$	已鉴定
46	生产稀土用 白云鄂博 选铁尾矿			$REO:9.98$, $F:11.93$, $MnO_2:1.69$, $SiO_2:12.67$, $TFe:16.24$, $P_2O_5:3.16$, $MgO:2.93$, $La_2O_3/REO:25.82$, $CeO_2/REO:50.75$ $Pr_6O_{11}/REO:5.12$, $Nd_2O_3/REO:15.92$ $Sm_2O_3/REO:1.23$, $Eu_2O_3/REO:0.23$ $Gd_2O_3/REO:0.45$, $Y_2O_3/REO:0.41$	已鉴定

物理性能检测用标准样品

序号	名称牌号	标准号	纯度/规格	元素及含量范围/%	备注
1	稀土蓄光型（长余辉）荧光粉相对亮度标准样品	GSB 04-2534—2009		常规黄绿色碱土铝酸盐 100	包含因子 3
				常规蓝绿色碱土铝酸盐 100	
				颗粒型黄绿色碱土铝酸盐 100	
				弱光型黄绿色碱土铝酸盐 100	
				常规蓝色硅酸盐 100	
				常规橙红色硫氧化物 100	
2	白光 LED 灯用稀土黄色荧光粉相对亮度标准样品	GSB 04-2535—2009		白光 LED 灯用稀土黄色荧光粉相对亮度 100	包含因子 2
3	灯用稀土三基色荧光粉相对亮度标准样品	GSB 04-2705—2011		红色荧光粉 R 相对亮度 105.4 标准偏差:0.8	
				绿色荧光粉 G 相对亮度 102.7 标准偏差:0.4	
				蓝色荧光粉 B 相对亮度 102.7 标准偏差:0.6	
				蓝色荧光粉 BB1 相对亮度 118.4 标准偏差:0.9	
				蓝色荧光粉 BB2 相对亮度 101.1 标准偏差:0.6	
4	LED 用稀土硅酸盐荧光粉相对亮度标准样品			相对亮度标准样品 100	包含因子 3
5	灯用稀土紫外发射荧光粉相对发射强度标准样品	GSB 04-3097—2013	G300	100.0, 扩展不确定度 0.5	包含因子 3
			G315	100.0, 扩展不确定度 0.5	
			G345	100.0, 扩展不确定度 0.9	
			G355	100.0, 扩展不确定度 0.7	
			G370	100.0, 扩展不确定度 0.4	
6	灯用稀土磷酸盐绿色荧光粉相对亮度标准样品	GSB 04-3264—2015		灯用稀土磷酸盐绿色荧光粉相对亮度 100.0 扩展不确定度 1.4	包含因子 2
7	钕同位素比值分析标准样品	GSB 04-3258—2015	^{143}Nd, ^{144}Nd	0.512438	

附录 D　稀土分析检测术语

1. 稀土（rare earth）

元素周期表中原子序数从 57 到 71 的镧系元素，即镧（La）、铈（Ce）、镨（Pr）、钕（Nd）、钷（Pm）、钐（Sm）、铕（Eu）、钆（Gd）、铽（Tb）、镝（Dy）、钬（Ho）、铒（Er）、铥（Tm）、镱（Yb）、镥（Lu）及原子序数为 21 的钪（Sc）、39 的钇（Y）共 17 个元素的总称。通常用符号 RE 表示。是化学性质相似的一组元素。

目前在稀土工业及产品标准中，稀土一般指的是除钷（Pm）、钪（Sc）以外的 15 个元素。

2. 轻稀土（light rare earth elements）

镧（La）、铈（Ce）、镨（Pr）、钕（Nd）4 个元素的总称。

3. 中稀土（middle rare earth elements）

钐（Sm）、铕（Eu）、钆（Gd）3 个元素的总称。

4. 重稀土（heavy rare earth elements）

铽（Tb）、镝（Dy）、钬（Ho）、铒（Er）、铥（Tm）、镱（Yb）、镥（Lu）、钇（Y）8 个元素的总称。

5. 铈组稀土（cerium-group rare earth elements）

以铈为主的一组稀土，包括镧（La）、铈（Ce）、镨（Pr）、钕（Nd）、钐（Sm）、铕（Eu）6 个元素。

6. 钇组稀土（yttrium-group rare earth elements）

以钇为主的一组稀土，包括钆（Gd）、铽（Tb）、镝（Dy）、钬（Ho）、铒（Er）、铥（Tm）、镱（Yb）、镥（Lu）、钇（Y）9 个元素。

7. 稀土总量（total rare earth content）

稀土元素在产品中占有的质量分数，以百分数表示。氧化物及其盐类以 REO 表示，金属及其合金以 RE 表示。

8. 稀土杂质（rare earth impurity）

在稀土产品中，除了稀土产品主成分以外的稀土元素。

9. 非稀土杂质（non-rare earth impurity）

在纯稀土产品中，除了稀土元素及非稀土主成分以外的其他元素。

10. 稀土纯度（rare earth purity）

指混合物中稀土（金属或氧化物）主成分所占的质量分数，以百分数表示。

11. 稀土相对纯度（rare earth relative purity）

指某一稀土元素（金属或氧化物）占稀土（金属或氧化物）总量的质量分

数，以百分数表示。

12. 稀土配分（rare earth composition）

是指混合稀土化合物中各稀土化合物含量之间的比例关系，一般以稀土元素或其氧化物。

13. 恒重（constant weight）

在同样条件下，对物质重复进行干燥、加热或灼烧，直到两次质量差不超过规定值的范围的操作。

14. 陈化

沉淀生成后，为减少吸附和夹带的杂质离子，经放置和加热到易于过滤的粗颗粒沉淀的操作。

15. 灼减（ignition）

在称量分析中，沉淀在高温下加热，使沉淀转化成组成固定的称量形式的过程。

16. 空白试验（blank test）

不加试样，用与有试样时同样的操作进行的实验。

17. 空白值（blank test）

通过空白试验得到的测定值。

18. 平行测定（parallel determination）

取几份同一试样，在相同的操作条件下进行测定。

19. 校准曲线（calibration curve）

物质的特定性质、体积、浓度等和测定值或显示值之间关系的曲线。

20. 标准加入法

标准加入法，又名标准增量法或直线外推法，是一种被广泛使用的检验仪器准确度的测试方法。这种方法尤其适用于检验样品中是否存在干扰物质。当很难配置与样品溶液相似的标准溶液，或样品基体成分很高，而且变化不定或样品中含有固体物质而对吸收的影响难以保持一定时，采用标准加入法是非常有效的。

21. 标准物质（standard substance）

标准物质是用于化学分析、仪器分析中作对比的化学物品，或是用于校准仪器的化学品。其化学组分、含量、理化性质及所含杂质必须已知，并符合规定获得公认。

22. 基准物质（standard chemicals）

又称标准物质，是一种用来直接配制或标定容量分析中的标准溶液的物质。标准溶液是一种已知准确浓度的溶液，可在容量分析中作滴定剂，也可在仪器分析中用以制作校正曲线的试样。基准物质应该符合以下要求：（1）组成与它的化学式完全相符；（2）纯度足够高；（3）应该非常稳定；（4）参加反应时，按反应式定量地进行，不发生副反应；（5）最好有较大的式量。在配制标准溶液时可以称取较多的量，以减少称量误差。

附录 E　混合稀土平均相对分子质量

混合稀土平均相对分子质量相当于把混合稀土看作一个"单一组分"，它的相对分子质量就是混合稀土的平均相对分子质量。它的表达式为（以混合稀土氧化物为例，若为混合稀土金属，则以相对原子质量计算）：

$$\overline{M} = \cfrac{100}{\cfrac{X_{Y_2O_3}}{M_{Y_2O_3}} + \cfrac{X_{La_2O_3}}{M_{La_2O_3}} + \cfrac{X_{CeO_2}}{M_{CeO_2}} + \cfrac{X_{Pr_6O_{11}}}{M_{Pr_6O_{11}}} + \cfrac{X_{Nd_2O_3}}{M_{Nd_2O_3}} + \cdots + \cfrac{X_{Tb_4O_7}}{M_{Tb_4O_7}} + \cfrac{X_{Dy_2O_3}}{M_{Dy_2O_3}} + \cdots + \cfrac{X_{Lu_2O_3}}{M_{Lu_2O_3}}}$$

式中，$\overline{M}$ 为混合稀土平均相对分子质量；$X_{Y_2O_3}$，$\cdots$，$X_{Lu_2O_3}$ 为混合稀土各氧化物（金属）所占的百分含量（15 种稀土元素），%；$M_{Y_2O_3}$，$\cdots$，$M_{Lu_2O_3}$ 为混合稀土各氧化物（金属）的相对分子质量（15 种稀土元素）。

附录 F　稀土氧化物相对分子质量及部分物理性质

序号	名称	分子式	分子量	颜色	密度/g·cm⁻³	熔点/℃
1	氧化镧	La_2O_3	162.91	白	6.510	2217
2	氧化铈	CeO_2	172.12	浅黄	7.132	2397
3	氧化镨	Pr_6O_{11}	170.91	黑	6.830	2042
4	氧化钕	Nd_2O_3	168.24	浅蓝紫	7.240	2211
5	氧化钐	Sm_2O_3	174.40	黄白	7.680	2262
6	氧化铕	Eu_2O_3	175.96	白	7.420	2002
7	氧化钆	Gd_2O_3	181.25	白	7.407	2322
8	氧化铽	Tb_4O_7	186.93	深褐		2292
9	氧化镝	Dy_2O_3	186.50	白	7.810	2352
10	氧化钬	Ho_2O_3	188.93	淡黄	8.360	2405
11	氧化铒	Er_2O_3	191.26	粉红	8.640	2387
12	氧化铥	Tm_2O_3	192.93	白	8.770	2392
13	氧化镱	Yb_2O_3	197.04	白	9.170	2372
14	氧化镥	Lu_2O_3	198.96	白	9.420	2467
15	氧化钇	Y_2O_3	112.91	白	5.010	2410
16	氧化钪	Sc_2O_3	68.96	白	3.864	2330

附录 G　稀土氢氧化物开始沉淀的 pH 值及颜色

序号	稀土离子	氯化物体系	硫酸盐体系	硝酸盐体系	醋酸盐体系	颜色
1	La^{3+}	8.03	7.41	7.82	7.93	白
2	Ce^{3+}	7.41	7.35	7.60	7.77	白
3	Ce^{4+}			0.7~1.0		黄
4	Pr^{3+}	7.05	7.17	7.35	7.66	浅绿
5	Nd^{3+}	7.02	6.95	7.31	7.59	紫红
6	Sm^{3+}	6.83	6.70	6.92	7.40	黄
7	Eu^{3+}		6.68	6.82	7.18	浅红
8	Gd^{3+}		6.75	6.83	7.10	白
9	Tb^{3+}					白
10	Dy^{3+}					黄
11	Ho^{3+}					黄
12	Er^{3+}		6.50	6.76	6.95	浅红
13	Tm^{3+}		6.21	6.40	6.53	绿
14	Yb^{3+}		6.18	6.30	6.50	白
15	Lu^{3+}		6.18	6.30	6.46	白
16	Y^{3+}	6.78	6.83	6.95	6.83	白
17	Sc^{3+}	4.80		4.90	6.10	

附录 H　阳离子标准贮存溶液的配制

离子名称	序号	配 制 方 法	浓度 /g·L^{-1}	有效期 /a	备注
Li	1	称取 5.3243g 于 105~110℃ 干燥至恒重的碳酸锂（Li_2CO_3），加 50mL 水，再加 20mL 盐酸（1+1）溶解，移入 1000mL 容量瓶中，稀释至刻度	1.0	2	
Na	1	称取 2.5435g 于 500~600℃ 灼烧至恒重的氯化钠（NaCl），溶于水，移入 1000mL 容量瓶中，稀释至刻度	1.0	2	
	2	称取 2.3043g 于 105~110℃ 干燥至恒重的碳酸钠（Na_2CO_3），加 50mL 水，再加 20mL 盐酸（1+1）溶解，移入 1000mL 容量瓶中，稀释至刻度			

离子名称	序号	配　制　方　法	浓度 /g·L^{-1}	有效期 /a	备注
K	1	称取 1.9103g 于 500~600℃ 灼烧至恒重的氯化钾（KCl），溶于水，移入 1000mL 容量瓶中，稀释至刻度	1.0	2	
	2	称取 2.5923g 硝酸钾（KNO$_3$），溶于水，移入 1000mL 容量瓶中，稀释至刻度			
Cs	1	称取 1.3611g 在 110℃ 烘干的优级纯硫酸铯，溶于水中，移入 1000 mL 容量瓶中，用水稀释至刻度	1.0	2	
Be	1	称取 1.9660g 硫酸铍（BeSO$_4$·4H$_2$O），溶于水，加 1mL 硫酸，移入 100mL 容量瓶中，稀释至刻度	1.0	2	
Mg	1	称取 1.6667g 于 800℃ 灼烧至恒重的氧化镁（MgO），溶于 20mL 盐酸（1+1）溶液中，移入 1000mL 容量瓶中，稀释至刻度	1.0	2	
	2	称取 10.1400g 硫酸镁（MgSO$_4$·7H$_2$O），溶于水，移入 1000mL 容量瓶中，稀释至刻度			
	3	称取 3.5129g 于 105~110℃ 干燥至恒重的碳酸镁（MgCO$_3$），加 50mL 水，再加 20mL（1+1）盐酸溶解，移入 1000mL 容量瓶中，稀释至刻度			
	4	称取 1.0000g 镁丝，用最小体积盐酸（1+1）小心溶解，用盐酸（1%）稀释至 1000mL 容量瓶中			
Ca	1	称取 2.4974g 于 105~110℃ 干燥至恒重的碳酸钙（CaCO$_3$），加 50mL 水，再加 20mL（1+1）盐酸溶解，移入 1000mL 容量瓶中，稀释至刻度	1.0	2	
	2	称取 3.6673g 氯化钙（CaCl$_2$·2H$_2$O），溶于水中，移入 1000mL 容量瓶中，稀释至刻度			
	3	称取 1.3992g 于 800℃ 灼烧至恒重的氧化钙（CaO），溶于 20mL（1+1）盐酸溶液中，移入 1000mL 容量瓶中，稀释至刻度			
Sr	1	称取 3.0439g 氯化锶（SrCl$_2$·6H$_2$O），溶于水中，移入 1000mL 容量瓶中，稀释至刻度	1.0	2	
	2	称取 2.4150g 硝酸锶（Sr(NO$_3$)$_2$），溶于 100mL 水中，加 10mL 浓盐酸，移入 1000mL 容量瓶中，用水稀释至刻度			
	3	称取 1.6848g 于 105~110℃ 干燥至恒重的碳酸锶（SrCO$_3$），加 50mL 水，再加 20mL（1+1）盐酸溶解，移入 1000mL 容量瓶中，稀释至刻度			

续表

离子名称	序号	配 制 方 法	浓度 /g·L⁻¹	有效期 /a	备注
Ba	1	称取 1.7787g 氯化钡（$BaCl_2 \cdot 2H_2O$），溶于水中，移入 1000mL 容量瓶中，稀释至刻度	1.0	2	
	2	称取 1.4370g 于 105～110℃ 干燥至恒重的碳酸钡（$BaCO_3$），溶于 20mL(1+1)盐酸溶液中，移入 1000mL 容量瓶中，稀释至刻度			
B	1	称取 5.7192g 硼酸（H_3BO_3），加 50mL 水，温热溶解，移入 1000mL 容量瓶中，稀释至刻度	1.0	2	贮存于聚乙烯塑料瓶中
	2	称取 0.1000g 硼，加 10mL 浓硝酸，温热溶解至无棕黄色烟为止，加 50mL 水，温热溶解，移入 100mL 容量瓶中，稀释至刻度			
Al	1	称取 17.5706g 硫酸铝钾（$AlK(SO_4)_2$），溶于水，加 10mL 硫酸溶液（25%），移入 1000mL 容量瓶中，稀释至刻度	1.0	2	贮存于聚乙烯塑料瓶中
	2	称取 1.0000g 铝片（预先将铝片上的氧化铝去掉），溶于 20mL(1+1)盐酸溶液中，加 1 小滴汞作催化剂，移入 1000mL 容量瓶中，用盐酸（1%）稀释至刻度。过滤除去汞			
	3	称取 1.8889g 氧化铝，缓慢地溶于氢氧化钠溶液（20%）中，移入 1000mL 容量瓶中，稀释至刻度。迅速移入聚乙烯塑料瓶中			
Ga	1	称取 1.3442g 三氧化二镓（Ga_2O_3），溶于 30mL 盐酸中，移入 1000mL 容量瓶中，用盐酸（1+1）稀释至刻度（水浴加热）	1.0	2	
	2	称取 1.0000g 金属镓，用最小体积王水加热溶解，移入 1000mL 容量瓶中，用盐酸（1%）稀释至刻度			
In	1	称取 1.0000g 金属铟，溶于 20mL（1+1）盐酸溶液中，加热溶解后移入 1000mL 容量瓶中，稀释至刻度	1.0	2	
	2	称取 1.0000g 金属铟，用最小体积盐酸（1+1）溶解，加几滴硝酸并加热，用盐酸（1%）稀释至 1000mL 容量瓶中			
	3	称取 1.2090g 三氧化二铟，溶于 20mL 盐酸（1+1）中，温热溶解，冷却后，稀释至 1000mL 容量瓶中			

离子名称	序号	配 制 方 法	浓度/g·L⁻¹	有效期/a	备注
Tl	1	称取 1.1737g 氯化铊（TlCl），溶于 30mL 硫酸中，移入 1000mL 容量瓶中，稀释至刻度	1.0	2	
	2	称取 1.3030g 硝酸铊（TlNO₃），溶于水中，移入 1000mL 容量瓶中，用水稀释至刻度			
Sc	1	称取 3.0670g 氧化钪（Sc₂O₃），用最小体积盐酸（1+1）溶解，用盐酸（1%）稀释至 1000mL 容量瓶中	1.0	2	
Ti	1	称取 0.1668g 二氧化钛（TiO₂，经 110℃ 烘干）加 2~4g 焦硫酸钾，于 650~700℃ 熔融 30min（中间取出摇动 2 次）；取出冷却，用硫酸溶液（5%）溶解，移入 1000mL 容量瓶中，用硫酸溶液（5%）稀释至刻度	0.1	2	用 10% 的盐酸稀释钛标液
	2	称取 1.0000g 金属钛，加 100mL 盐酸（1+1）加热溶解；冷却后，移入 1000mL 容量瓶中，用盐酸（1+1）稀释至刻度	1.0		
V	1	称取 0.2300g 偏钒酸铵，溶于水中（必要时可温热），移入 100mL 容量瓶中，稀释至刻度	1.0	2	
	2	称取 1.0000g 金属钒，用最小体积硝酸溶解，用硝酸（1%）稀释至 1000mL 容量瓶中			
	3	称取 1.7852g 五氧化二钒，加 20mL 硝酸，滴加过氧化氢助溶后，移入 1000mL 容量瓶中，稀释至刻度			
Cr	1	称取 3.7347g 铬酸钾（K₂CrO₄），溶于水中，移入 1000mL 容量瓶中，稀释至刻度	1.0	2	
	2	称取 5.6577g 重铬酸钾（K₂Cr₂O₇），溶于水中，移入 1000mL 容量瓶中，稀释至刻度			
	3	称取 1.0000g 金属铬，用最小体积盐酸（1+1）溶解，用盐酸（1%）稀释至 1000mL 容量瓶中			
	4	称取 1.4616g 三氧化二铬，用最小体积硫酸（1+1）溶解，用硫酸（1%）稀释至 1000mL 容量瓶中			
Mn	1	称取 2.7485g 于 400~500℃ 灼烧至恒重的无水硫酸锰（MnSO₄），溶于水中，移入 1000mL 容量瓶中，稀释至刻度	1.0	2	
	2	称取 1.0000g 金属锰，用最小体积硝酸（1+1）溶解，蒸干后，用盐酸（1%）提取并稀释至 1000mL 容量瓶中			
	3	称取 1.3883g Mn₃O₄，缓慢溶于 20mL 盐酸（1+1）中，温热溶解，冷却后，稀释至 1000mL 容量瓶中			

续表

离子名称	序号	配制方法	浓度/g·L⁻¹	有效期/a	备注
Fe³⁺	1	称取 8.6344g 硫酸铁铵（NH₄Fe(SO₄)₂·12H₂O），溶于水，加 20mL 硫酸溶液（25%），移入 1000mL 容量瓶中，稀释至刻度	1.0	2	
	2	称取 1.0000g 金属铁丝溶于 30mL 盐酸（1+1）中，加数滴硝酸，溶解后，移入 1000mL 容量瓶中，稀释至刻度			
	3	称取 4.8400g 氯化铁（FeCl₃·6H₂O），溶于水中，加数滴盐酸，移入 1000mL 容量瓶中，稀释至刻度			
	4	称取 1.4298g 氧化铁，缓慢溶于 20mL 盐酸（1+1）中，温热溶解，冷却后，稀释至 1000mL 容量瓶中			
Fe²⁺	1	称取 7.0215g 硫酸亚铁铵（(NH₄)₂Fe(SO₄)₂·6H₂O），溶于水，加 20mL 硫酸溶液（25%），移入 1000mL 容量瓶中，稀释至刻度	1.0	2	
	2	称取 3.5600g 氯化亚铁（FeCl₂·4H₂O），溶于水中，加数滴盐酸，移入 1000mL 容量瓶中，稀释至刻度			
Co	1	称取 2.6300g 无水硫酸钴（用 CoSO₄·7H₂O 在 500~550℃灼烧至恒重），溶于水中，移入 1000mL 容量瓶中，稀释至刻度	1.0	2	
	2	称取 64.0375g 氯化钴（CoCl₂·6H₂O），溶于水中，加数滴盐酸，移入 1000mL 容量瓶中，稀释至刻度			
	3	称取 1.0000g 金属钴，用小体积盐酸（1+1）溶解蒸干后，用盐酸（1%）提取并稀释至 1000mL 容量瓶中			
	4	称取 1.4072g 三氧化二钴（Co₂O₃），溶于 20mL 盐酸（1+1）中，温热溶解至清，冷却后，稀释至 1000mL 容量瓶中			
Ni	1	称取 4.9540g 硝酸镍（Ni(NO₃)₂），用水溶解，加数滴硝酸，移入 1000mL 容量瓶中，稀释至刻度	1.0	2	
	2	称取 1.0000g 金属镍，用小体积硝酸（1+1）溶解蒸干后，用硝酸（1%）提取并稀释至 1000mL 容量瓶中			
	3	称取 6.7300g 硫酸镍铵（NiSO₄·(NH₄)₂SO₄·6H₂O），溶于水，移入 1000mL 容量瓶中，稀释至刻度			
	4	称取 1.4089g 氧化镍（Ni₂O₃），溶于 20mL 盐酸（1+1）中，温热溶解至清，冷却后，稀释至 1000mL 容量瓶中			

续表

离子名称	序号	配 制 方 法	浓度/g·L^{-1}	有效期/a	备注
Cu	1	称取 3.9291g 硫酸铜（CuSO$_4$·5H$_2$O），溶于水，移入 1000mL 容量瓶中，稀释至刻度	1.0	2	
	2	称取 1.0000g 金属铜，用小体积硝酸（1+1）溶解蒸干后，用硝酸（1%）提取并稀释至 1000mL 容量瓶中			
	3	称取 1.5036g 氧化铜（CuO），溶于 20mL 盐酸（1+1）中，温热溶解，冷却后，稀释至 1000mL 容量瓶中			
Zn	1	称取 1.2447g 氧化锌（ZnO）溶于 100mL 水及 10mL 硝酸中，移入 1000mL 容量瓶中，稀释至刻度	1.0	2	
	2	称取 4.2421g 硫酸锌（ZnSO$_4$·7H$_2$O），溶于水，移入 1000mL 容量瓶中，稀释至刻度			
	3	称取 1.0000g 金属锌，用小体积盐酸（1+1）溶解蒸干后，用盐酸（1%）提取并稀释至 1000mL 容量瓶中			
Ga	1	称取 1.0000g 金属镓，用小体积王水加热溶解蒸干后，用盐酸（1%）提取并稀释至 1000mL 容量瓶中	1.0	2	
	2	称取 1.3442g 三氧化二镓（Ga$_2$O$_3$），溶于 25mL 盐酸（1+1）中，移入 1000mL 容量瓶中，用盐酸（1+1）稀释至刻度			
Ge	1	称取 0.1000g 金属锗，加热溶于 3~5mL 30%过氧化氢中，逐滴加入氨水至白色沉淀溶解，用硫酸溶液（20%）中和并过量 0.5mL，移入 1000mL 容量瓶中，稀释至刻度	0.10	2	
	2	称取 0.1000g 金属锗于聚四氟乙烯烧杯中，加 5mL 氢氟酸，滴加硝酸至完全溶解，用水提取，移入 100mL 容量瓶中，稀释至刻度	1.0		
	3	称取 1.4406g 氧化锗（GeO$_2$），溶于浓盐酸中，温热溶解至清，冷却后，稀释至 1000mL 容量瓶中			
As	1	称取 1.3200g 于硫酸干燥器中干燥至恒重的三氧化二砷（As$_2$O$_3$），温热溶于 25mL 氢氧化钠溶液（200g/L）中，以酚酞为指示剂，用 20%硫酸中和至终点，移入 100mL 容量瓶中，稀释至刻度，用硫酸（1%）稀释至 1000mL 容量瓶中	1.0	2	用时可以用硫酸酸化也可以用硝酸酸化
Se	1	称取 1.4053g 二氧化硒（SeO$_2$），溶于水，移入 1000mL 容量瓶中，稀释至刻度	1.0	2	
	2	称取 1.0000g 金属硒，用硝酸溶解并蒸干，加 2mL 水溶解并蒸干，重复加水 2~3 次，用 10%的盐酸提取并稀释定容至 1000mL 容量瓶中			

续表

离子名称	序号	配 制 方 法	浓度/g·L⁻¹	有效期/a	备注
Zr	1	称取 3.5322g 氧氯化锆（$ZrOCl_2 \cdot 8H_2O$），加 30~40mL 盐酸（10%）溶解，移入 1000mL 容量瓶中，用盐酸（10%）稀释至刻度	1.0	2	贮存于聚乙烯塑料瓶中
	2	称取 1.0000g 金属锆于聚四氟乙烯烧杯中，慢慢滴加约 1mL 氢氟酸至溶解完全，用 2%的氢氟酸稀释至 100mL 容量瓶中；定容后，转移至塑料瓶中保存	10.0		
	3	称取 1.3508g 二氧化锆（ZrO_2），加入 20mL（1+1）硫酸，加热溶解至冒硫酸烟至清，用水提取，并稀释定容至 1000mL 容量瓶中	1.0		
Nb	1	称取 0.1430g 经乳钵研细的五氧化二铌（Nb_2O_5）和 4g 焦硫酸钾，放入铂金坩埚中，于 650℃灼烧熔融 10~15min，中间取出摇动一次，取出冷却，用 20mL 酒石酸溶液（150g/L）加热溶解，移入 100mL 容量瓶中，用酒石酸溶液（150g/L）稀释至刻度	1.0	2	贮存于聚乙烯塑料瓶中
	2	称取 1.0000g 金属铌于聚四氟乙烯烧杯中，小心加入 5mL 氢氟酸，滴加硝酸至金属溶解，移入 1000mL 容量瓶中，用水稀释至刻度	10.0		
Mo	1	称取 1.8400g 钼酸铵（$(NH_4)_6Mo_7O_{24} \cdot 4H_2O$），溶于加 10mL 氨水的水中，移入 1000mL 容量瓶中，用水稀释至刻度	1.0	2	用时酸化
	2	称取 1.5003g 三氧化钼（MoO_3），溶于氨水（也可溶于碱溶液、氢氟酸、浓硫酸）中，稀释至 1000mL 容量瓶中			
Pd	1	称取 1.6698g 预先在 105~110℃ 干燥 1h 的氯化钯，加 30mL 盐酸溶液（20%）溶解，移入 1000mL 容量瓶中，用水稀释至刻度	1.0	2	
	2	称取 0.1000g 金属钯，用小体积王水溶解并蒸至尽干，加 5mL 盐酸及 25mL 水温热溶解盐类，移入 100mL 容量瓶中，用水稀释至刻度			
Ag	1	称取 0.1575g 硝酸银，溶于水，移入 100mL 容量瓶中，用 1%硝酸稀释至刻度	1.0	2	
	2	称取 1.0000g 金属银，用小体积硝酸（1+5）溶解蒸干后，用硝酸（1%）提取并稀释至 1000mL 容量瓶中			

离子名称	序号	配　制　方　法	浓度 /g·L⁻¹	有效期 /a	备注
Cd	1	称取 2.0311g 氯化镉（$CdCl_2·2.5H_2O$）溶于水，移入 1000mL 容量瓶中，用水稀释至刻度	1.0	2	
	2	称取 1.0000g 金属镉，用小体积盐酸溶解，用盐酸（1%）稀释至 1000mL 容量瓶中			
	3	称取 1.1423g 预先在 105~110℃ 干燥 1h 的氧化镉（CdO），溶于盐酸溶液（20%）中，温热至溶清，稀释至 1000mL 容量瓶中			
Sn	1	称取 0.10000g 金属锡，溶于盐酸中，移入 100mL 容量瓶中，用盐酸溶液（20%）稀释至刻度	1.0	2	锡标液用 10% 的盐酸稀释
	2	称取 1.2696g 二氧化锡，溶于浓氢氧化钠（20%）溶液中，温热溶解至清，用浓盐酸将其酸化，移入 1000mL 容量瓶中，用盐酸溶液（20%）稀释至刻度			
Sb	1	称取 0.2740g 酒石酸锑钾（$C_4H_4KO_7Sb·0.5H_2O$），溶于盐酸溶液（20%）中，移入 100mL 容量瓶中，用盐酸溶液（20%）稀释至刻度	1.0	2	
	2	称取 1.0000g 金属锑，用小体积王水溶解至清，加 5mL 硫酸（1+1），加热至冒烟，用 5% 硫酸提取，移入 1000mL 容量瓶中，用硫酸溶液（5%）稀释至刻度			
Ta	1	称取 0.1221g 氧化钽（Ta_2O_5）和 4g 焦硫酸钾，放入铂金坩埚中，于 650℃ 灼烧熔融 10~15min，中间取出摇动一次，取出冷却，用 20mL 酒石酸溶液（150g/L）加热溶解，移入 100mL 容量瓶中，用酒石酸溶液（150g/L）稀释至刻度	1.0	2	
	2	称取 0.1000g 金属钽（99.9%）于铂金坩埚中，加入 8~9mL 氢氟酸，低温加热至近干。用 100g/L 酒石酸浸取。冷却后，移入 100mL 容量瓶中，用酒石酸溶液（100g/L）稀释至刻度			
Te	1	称取 1.0000g 金属碲，加 20~30mL 盐酸及数滴硝酸，温热溶解，移入 1000mL 容量瓶中，用水稀释至刻度	1.0	2	
	2	称取 1.2508g TeO_2，加 20mL 盐酸（1+1），加热溶解至清，移入 1000mL 容量瓶中，用盐酸（1%）稀释至刻度			
W	1	称取 1.2620g 预先在 105~110℃ 干燥 1h 的三氧化钨，加 30~40mL 氢氧化钠（200g/L），加热溶解，冷却，移入 1000mL 容量瓶中，用水稀释至刻度	1.0	2	贮存于聚乙烯塑料瓶中。用时用氢氟酸或磷酸酸化
	2	称取 1.7942g 钨酸钠（$Na_2WO_4·2H_2O$）加 200mL 水，加 100mL 10% 的氢氧化钠溶液溶解，移入 1000mL 容量瓶中，用水稀释至刻度			

续表

离子名称	序号	配 制 方 法	浓度 /g·L⁻¹	有效期 /a	备注
Pt	1	称取 0.2490g 氯铂酸钾，溶于水，移入 100mL 容量瓶中，用水稀释至刻度	1.0	2	
	2	称取 0.10000g 金属铂，用小体积王水加热溶解并蒸至尽干，加 5mL 盐酸及 0.1g 氯化钠再蒸至尽干，加 20mL 盐酸（1+1）溶解不溶物，移入 100mL 容量瓶中，用水稀释至刻度			
Au	1	称取 0.10000g 金属金，加 10mL 盐酸，5mL 硝酸溶解，在水浴上加热溶解，溶于水，移入 100mL 容量瓶中，用水稀释至刻度	1.0	2	保存于棕色瓶中，用 10%的盐酸稀释
Hg	1	称取 1.3535g 氯化汞，溶于水，移入 1000mL 容量瓶中，用水稀释至刻度	1.0	2	
	2	称取 1.6182g 硝酸汞，加 100mL 硝酸溶液（1+9）溶解，移入 1000mL 容量瓶中，用水稀释至刻度			
	3	称取 1.0798g 氧化汞，用小体积盐酸溶解，移入 1000mL 容量瓶中，用水稀释至刻度			
Pb	1	称取 1.5985g 硝酸铅（$Pb(NO_3)_2$），加 100mL 硝酸溶液（1+9）溶解，移入 1000mL 容量瓶中，用硝酸溶液（1+9）稀释至刻度	1.0	2	
	2	称取 1.0772g 黄色氧化铅（PbO），用小体积硝酸（1+1）溶解，加热溶解至清，用 1%硝酸稀释至 1000mL 容量瓶中			
Bi	1	称取 0.2321g 硝酸铋（$Bi(NO_3)_3 \cdot 5H_2O$），用 10mL 硝酸溶液（25%）溶解，移入 100mL 容量瓶中，稀释至刻度	1.0	2	
	2	称取 0.10000g 金属铋，溶于 6mL 硝酸中，煮沸除去氮氧化物气体，冷却，移入 100mL 容量瓶中，稀释至刻度			
Th	1	称取 2.3800g 硝酸钍（$Th(NO_3)_4 \cdot 4H_2O$），溶于水中，移入 1000mL 容量瓶中，稀释至刻度	1.0	2	
	2	称取 1.1379g 二氧化钍（ThO_2，由硝酸钍提纯并在 850℃灼烧 2h 的二氧化钍），用小体积硝酸溶解，用硝酸（1%）稀释至 1000mL 容量瓶中			

离子名称	序号	配 制 方 法	浓度 /g·L^{-1}	有效期 /a	备注
U	1	称取 2.1100g 硝酸铀酰（$UO_2(NO_3)_2$），溶于水中，移入 1000mL 容量瓶中，稀释至刻度	1.0	2	
	2	称取 1.2017g 三氧化铀（UO_3），溶于 20mL 盐酸（1+1）中，移入 1000mL 容量瓶中，用水稀释至刻度			
Rh	1	称取 38.5600g 氯铑酸铵（$(NH_4)_3RhCl_6·1.5H_2O$），溶于 1mol/L 盐酸溶液中，并用此酸溶液定容于 500mL 容量瓶中	0.020	0.2	

注：各固体试剂纯度均需高纯以上。

附录Ⅰ　阴离子标准贮存溶液的配制

离子名称	序号	配 制 方 法	浓度 /g·L^{-1}	有效期 /a	备注
F$^-$	1	称取 2.2101g 氟化钠，溶于水，移入 1000mL 容量瓶中，稀释至刻度；贮存于聚乙烯塑料瓶中	1	2	
SiO$_2$	1	称取 0.1000g 二氧化硅，置于铂坩埚中，加 2.6g 无水碳酸钠，混匀；于 1000℃ 加热至完全熔融，冷却，溶于水，移入 100mL 容量瓶中，稀释至刻度	1	2	贮存于聚乙烯塑料瓶中
S	1	称取 0.7490g 硫化钠（$Na_2S·9H_2O$），溶于水，移入 100mL 容量瓶中，稀释至刻度	1	2	临用前制备
$S_2O_3^{2-}$	1	称取 0.2210g 硫代硫酸钠（$Na_2S_2O_3·9H_2O$），溶于冷沸水中，移入 100mL 容量瓶中，用冷沸水稀释至刻度	1	2	
SCN$^-$	1	称取 0.1310g 硫氰酸铵，溶于水，移入 100mL 容量瓶中，稀释至刻度	1	2	
SO_4^{2-}	1	称取 0.1480g 于 105~110℃ 干燥至恒重的无水硫酸钠，溶于水，移入 100mL 容量瓶中，稀释至刻度	1	2	
	2	称取 0.1810g 硫酸钾，溶于水，移入 100mL 容量瓶中，稀释至刻度			
NO_3^-	1	称取 0.1630g 于 120~130℃ 干燥至恒重的硝酸钾，溶于水，移入 100mL 容量瓶中，稀释至刻度	1	2	
	2	称取 0.1370g 硝酸钠，溶于水，移入 100mL 容量瓶中，稀释至刻度			

续表

离子名称	序号	配制方法	浓度/g·L⁻¹	有效期/a	备注
NO_2^{2-}	1	称取 1.4997g 亚硝酸钠（$NaNO_2$），移入 1000mL 容量瓶中，稀释至刻度	1	2	
Cl^-	1	称取 0.1650g 于 500~600℃ 灼烧至恒重的氯化钠，溶于水，移入 100mL 容量瓶中，稀释至刻度	1	2	
P	1	称取 4.3871g 磷酸二氢钾，溶于水，移入 1000mL 容量瓶中，稀释至刻度	1	2	P 与 P_2O_5 的系数是 0.4366
PO_4^{3-}	1	称取 1.4316g 磷酸二氢钾，溶于水，移入 1000mL 容量瓶中，稀释至刻度	1	2	

注：各固体试剂纯度均需高纯以上。

附录 J 稀土离子标准贮存溶液的配制

离子名称	序号	配制方法	浓度/g·L⁻¹	有效期/a	备注
La^{3+}	1	称取 1.1728g 预先在 850℃ 灼烧至恒重的氧化镧（La_2O_3），用少量水润湿，加 20mL 盐酸（1+1），加热溶解至清，移入 1000mL 容量瓶中，稀释至刻度	1.0	2	
	2	迅速称取 1.0000g 金属镧（预先将氧化膜去掉），加 20mL 盐酸（1+1），加热溶解至清，移入 1000mL 容量瓶中，稀释至刻度			
Ce^{4+}	1	称取 1.2284g 预先在 850℃ 灼烧至恒重的氧化铈（CeO_2），用少量水润湿，加 20mL 硝酸（1+2），滴加过氧化氢，加热溶解至清，加高氯酸 5~8mL，加热冒烟至小体积，加 20mL 盐酸（1+1）提取，移入 1000mL 容量瓶中，稀释至刻度	1.0	2	
	2	迅速称取 1.0000g 金属（预先将氧化膜去掉），加 20mL 硝酸（1+2），加热溶解至清，加高氯酸 5~8mL，加热冒烟至小体积，加 20mL 盐酸（1+1）提取，移入 1000mL 容量瓶中，稀释至刻度			

离子名称	序号	配 制 方 法	浓度/g·L^{-1}	有效期/a	备注
Pr^{3+}	1	称取 1.2084g 预先在 850℃ 灼烧至恒重的氧化镨（Pr$_6$O$_{11}$），用少量水润湿，加 20mL 盐酸（1+1），加热溶解至清，移入 1000mL 容量瓶中，稀释至刻度	1.0	2	
	2	迅速称取 1.0000g 金属镨（预先将氧化膜去掉），加 20mL 盐酸（1+1），加热溶解至清，移入 1000mL 容量瓶中，稀释至刻度			
Nd^{3+}	1	称取 1.1664g 预先在 850℃ 灼烧至恒重的氧化钕（Nd$_2$O$_3$），用少量水润湿，加 20mL 盐酸（1+1），加热溶解至清，移入 1000mL 容量瓶中，稀释至刻度	1.0	2	
	2	迅速称取 1.0000g 金属钕（预先将氧化膜去掉），加 20mL 盐酸（1+1），加热溶解至清，移入 1000mL 容量瓶中，稀释至刻度			
Sm^{3+}	1	称取 1.1322g 预先在 850℃ 灼烧至恒重的氧化钐（Sm$_2$O$_3$），用少量水润湿，加 20mL 盐酸（1+1），加热溶解至清，移入 1000mL 容量瓶中，稀释至刻度	1.0	2	
	2	迅速称取 1.0000g 金属钐（预先将氧化膜去掉），加 20mL 盐酸（1+1），加热溶解至清，移入 1000mL 容量瓶中，稀释至刻度			
Eu^{3+}	1	称取 1.1579g 预先在 850℃ 灼烧至恒重的氧化铕（Eu$_2$O$_3$），用少量水润湿，加 20mL 盐酸（1+1），加热溶解至清，移入 1000mL 容量瓶中，稀释至刻度	1.0	2	
	2	迅速称取 1.0000g 金属铕（预先将氧化膜去掉），加 20mL 盐酸（1+1），加热溶解至清，移入 1000mL 容量瓶中，稀释至刻度			
Gd^{3+}	1	称取 1.1525g 预先在 850℃ 灼烧至恒重的氧化钆（Gd$_2$O$_3$），用少量水润湿，加 20mL 盐酸（1+1），加热溶解至清，移入 1000mL 容量瓶中，稀释至刻度	1.0	2	
	2	迅速称取 1.0000g 金属钆（预先将氧化膜去掉），加 20mL 盐酸（1+1），加热溶解至清，移入 1000mL 容量瓶中，稀释至刻度			
Tb^{3+}	1	称取 1.1762g 预先在 850℃ 灼烧至恒重的氧化铽（Tb$_4$O$_7$），用少量水润湿，加 20mL 盐酸（1+1），加热溶解至清，移入 1000mL 容量瓶中，稀释至刻度	1.0	2	
	2	迅速称取 1.0000g 金属铽（预先将氧化膜去掉），加 20mL 盐酸（1+1），加热溶解至清，移入 1000mL 容量瓶中，稀释至刻度			

续表

离子名称	序号	配 制 方 法	浓度/g·L^{-1}	有效期/a	备注
Dy^{3+}	1	称取 1.1477g 预先在 850℃灼烧至恒重的氧化镝（Dy$_2$O$_3$），用少量水润湿，加 20mL 盐酸（1+1），加热溶解至清，移入 1000mL 容量瓶中，稀释至刻度	1.0	2	
	2	迅速称取 1.0000g 金属镝（预先将氧化膜去掉），加 20mL 盐酸（1+1），加热溶解至清，移入 1000mL 容量瓶中，稀释至刻度			
Ho^{3+}	1	称取 1.1455g 预先在 850℃灼烧至恒重的氧化钬（Ho$_2$O$_3$），用少量水润湿，加 20mL 盐酸（1+1），加热溶解至清，移入 1000mL 容量瓶中，稀释至刻度	1.0	2	
	2	迅速称取 1.0000g 金属钬（预先将氧化膜去掉），加 20mL 盐酸（1+1），加热溶解至清，移入 1000mL 容量瓶中，稀释至刻度			
Er^{3+}	1	称取 1.1728g 预先在 850℃灼烧至恒重的氧化铒（Er$_2$O$_3$），用少量水润湿，加 20mL 盐酸（1+1），加热溶解至清，移入 1000mL 容量瓶中，稀释至刻度	1.0	2	
	2	迅速称取 1.0000g 金属铒（预先将氧化膜去掉），加 20mL 盐酸（1+1），加热溶解至清，移入 1000mL 容量瓶中，稀释至刻度			
Tm^{3+}	1	称取 1.1728g 预先在 850℃灼烧至恒重的氧化铥(Tm$_2$O$_3$)，用少量水润湿，加 20mL 盐酸（1+1），加热溶解至清，移入 1000mL 容量瓶中，稀释至刻度	1.0	2	
	2	迅速称取 1.0000g 金属铥（预先将氧化膜去掉），加 20mL 盐酸（1+1），加热溶解至清，移入 1000mL 容量瓶中，稀释至刻度			
Yb^{3+}	1	称取 1.1387g 预先在 850℃灼烧至恒重的氧化镱（Yb$_2$O$_3$），用少量水润湿，加 20mL 盐酸（1+1），加热溶解至清，移入 1000mL 容量瓶中，稀释至刻度	1.0	2	
	2	迅速称取 1.0000g 金属镱（预先将氧化膜去掉），加 20mL 盐酸（1+1），加热溶解至清，移入 1000mL 容量瓶中，稀释至刻度			
Lu^{3+}	1	称取 1.1372g 预先在 850℃灼烧至恒重的氧化镥（Lu$_2$O$_3$），用少量水润湿，加 20mL 盐酸（1+1），加热溶解至清，移入 1000mL 容量瓶中，稀释至刻度	1.0	2	
	2	迅速称取 1.0000g 金属镥（预先将氧化膜去掉），加 20mL 盐酸（1+1），加热溶解至清，移入 1000mL 容量瓶中，稀释至刻度			

续表

离子名称	序号	配 制 方 法	浓度 /g·L⁻¹	有效期 /a	备注
Y³⁺	1	称取 1.2699g 预先在 850℃灼烧至恒重的氧化钇（Y₂O₃），用少量水润湿，加 20mL 盐酸（1+1），加热溶解至清，移入 1000mL 容量瓶中，稀释至刻度	1.0	2	
	2	迅速称取 1.0000g 金属钇（预先将氧化膜去掉），加 20mL 盐酸（1+1），加热溶解至清，移入 1000mL 容量瓶中，稀释至刻度			

注：各固体试剂纯度均需高纯以上。

附录 K　标准溶液的配制与标定

1. EDTA 标准溶液

（1）配制。称取 2.2g EDTA 于 250mL 烧杯中，以少量水溶解，移入 200mL 容量瓶中，以水稀释至刻度，混匀。

锌标准溶液（0.03058mol/L）：称取 0.5000g 纯锌（>99.9%）或者等量的氧化锌于 250mL 烧杯中，加 10mL 水、10mL 盐酸（1+1），低温加热至完全溶解。溶液移入 250mL 容量瓶中，加 2mL 盐酸（1+1），以水稀释至刻度，混匀。

（2）标定。移取 20.00mL 锌标准溶液于 250mL 三角瓶中，加 50mL 水，用盐酸（1+1）或氨水（1+1）调节溶液 pH=5~5.5，加 5mL 六次甲基四胺（200g 六次甲基四胺溶于 200mL 水中，溶解后加 70mL 盐酸（1+1），用水稀释至 1L）、2 滴二甲酚橙（1g/L），用 EDTA 标准溶液滴定，溶液由紫红色变为亮黄色即为终点。平行标定 3 份，所消耗 EDTA 标准溶液体积的极差值应不超过 0.10mL，取其平均值。

按下式计算 EDTA 标准溶液的浓度：

$$c = \frac{c_0 \times V_0}{V}$$

式中，c 为 EDTA 标准溶液的物质的量浓度，mol/L；c_0 为锌标准溶液的物质的量浓度，mol/L；V_0 为移取锌标准溶液的体积，mL；V 为滴定锌标准溶液消耗 EDTA 标准溶液的体积，mL。

（3）注意事项。

1）配制不同浓度的 EDTA 标准溶液，称取不同量的 EDTA，所用锌标准溶液的浓度尽量与 EDTA 浓度匹配。

2）使用基准锌粒配制锌标准溶液时，应将表面氧化层去除（盐酸（1+9）

溶解基准锌粒至表面出现气泡），迅速浸入无水乙醇中，取出，风干或用滤纸擦干，立即称量。

2. 硫代硫酸钠标准溶液

（1）配制。称取 12.4g 硫代硫酸钠（$Na_2S_2O_3 \cdot 5H_2O$）于新煮沸并冷却的水中溶解，再加 0.5g 无水碳酸钠，转入 1000mL 棕色容量瓶，用水稀释至刻度，混匀。黑暗避光处放置一周后标定。

（2）标定。准确称取 0.071334g 碘酸钾（经 180℃±2℃ 干燥至恒重，干燥器中冷却至室温）于 300mL 碘量瓶中，加 60mL 水低温加热溶解，冷却后加入 2g 碘化钾、10mL 盐酸标准溶液（0.1mol/L），用硫代硫酸钠标准溶液滴定至淡黄色，加 5mL 淀粉指示剂（1g/L），继续滴定至淡蓝色即为终点。平行滴定 4 份，所消耗的硫代硫酸钠标准滴定溶液的体积极差值不大于 0.10mL，取其平均值。

按下式计算硫代硫酸钠标准溶液的浓度：

$$c = \frac{m \times 6 \times 1000}{MV}$$

式中，c 为硫代硫酸钠标准溶液的物质的量浓度，mol/L；m 为碘酸钾的质量，g；V 为滴定消耗硫代硫酸钠标准滴定溶液的体积，mL；M 为 KIO_3 的摩尔质量，g/mol。

（3）注意事项。

1）可配制硫代硫酸钠浓溶液，称取 250g 固体硫代硫酸钠，加 500mL 水煮沸 15min，再用冷沸水稀释至 1000L 的棕色瓶中，在暗处放置 7 天以上备用。

2）稀释以上溶液至所需浓度即可。

3）为使得溶液稳定，可在配制或稀释时，每升溶液中加入 0.1g 碳酸钠，三氯甲烷数滴；或者二碘化汞 10mg，可保证溶液数月不变。

3. 盐酸标准溶液（$c(HCl) \approx 0.1mol/L$）

（1）配制。量取 9mL 盐酸，注入 1000mL 水中，摇匀。

（2）标定。称取 0.2g（精确至 0.0001g）于 270~300℃ 高温炉中灼烧至恒重的基准试剂无水碳酸钠，溶于 50mL 水中，加 10 滴溴甲酚绿-甲基红指示剂，用配制好的盐酸溶液滴定至溶液由绿色变为暗红色，煮沸 2min，冷却后继续滴定至溶液再呈暗红色。

按下式计算盐酸标准溶液的浓度：

$$c = \frac{1000m}{M(V - V_0)}$$

式中，c 为盐酸标准溶液的物质的量浓度，mol/L；m 为基准试剂无水碳酸钠的质量 g；V 为消耗盐酸标准溶液的体积，mL；V_0 为空白试验消耗盐酸标准溶液的体积，mL；M 为 $1/2Na_2CO_3$ 的摩尔质量，$M = 52.994$g/mol。

（3）注意事项。

标准溶液的配置也可参照 GB/T 601—2002 标准执行。

附录 L　常用酸、碱的密度与浓度

试剂名称	化学式	摩尔质量	密度/g·mL^{-1}	质量分数/%	物质的量浓度/mol·L^{-1}
浓硫酸	H_2SO_4	98.08	1.84	96	18
浓盐酸	HCl	36.46	1.19	37	12
浓硝酸	HNO_3	63.01	1.42	70	16
浓磷酸	H_3PO_4	98.00	1.69	85	15
冰醋酸	CH_3COOH	60.05	1.05	99	17
高氯酸	$HClO_4$	100.46	1.67	70	12
浓氢氧化钠	NaOH	40.00	1.43	40	14
浓氨水	$NH_3 \cdot H_2O$	17.03	1.05	28	15

附录 M　常用指示剂

酸碱指示剂

名　称	变色（pH 值）范围	颜色变化	配　置　方　法
0.1%百里酚蓝	1.2~2.8	红~黄	0.1g 百里酚蓝溶于 20mL 乙醇中，加水至 100mL
0.1%甲基橙	3.1~4.4	红~黄	0.1g 甲基橙溶于 100mL 热水中
0.1%溴酚蓝	3.0~1.6	黄~紫蓝	0.1g 溴酚蓝溶于 20mL 乙醇中，加水至 100mL
0.1%溴甲酚绿	4.0~5.4	黄~蓝	0.1g 溴甲酚绿溶于 20mL 乙醇中，加水至 100mL
0.1%甲基红	4.8~6.2	红~黄	0.1g 甲基红溶于 60mL 乙醇中，加水至 100mL
0.1%溴百里酚蓝	6.0~7.6	黄~蓝	0.1g 溴百里酚蓝溶于 20mL 乙醇中，加水至 100mL
0.1%中性红	6.8~8.0	红~黄橙	0.1g 中性红溶于 60mL 乙醇中，加水至 100mL
0.2%酚酞	8.0~9.6	无~红	0.2g 酚酞溶于 90mL 乙醇中，加水至 100mL
0.1%百里酚蓝	8.0~9.6	黄~蓝	0.1g 百里酚蓝溶于 20mL 乙醇中，加水至 100mL
0.1%百里酚酞	9.4~10.6	无~蓝	0.1g 百里酚酞溶于 90mL 乙醇中，加水至 100mL
0.1%茜素黄	10.1~12.1	黄~紫	0.1g 茜素黄溶于 100mL 水中

酸碱混合指示剂

指示剂溶液的组成	变色时 pH 值	颜色		备 注
		酸色	碱色	
1 份 0.1%甲基黄乙醇溶液，1 份 0.1%亚甲基蓝乙醇溶液	3.25	蓝紫	绿	pH = 3.2 蓝紫色，pH = 3.4 绿色
1 份 0.1%甲基橙水溶液，1 份 0.25%靛蓝二磺酸水溶液	4.1	紫	黄绿	
1 份 0.1%溴甲酚绿钠盐水溶液，1 份 0.2%甲基橙水溶液	4.3	橙	蓝绿	pH = 3.5 黄色，pH = 4.05 绿色，pH = 4.3 浅绿色
3 份 0.1%溴甲基酚绿乙醇溶液，1 份 0.2%甲基红乙醇溶液	5.1	酒红	绿	
1 份 0.1%溴甲酚绿钠盐水溶液，1 份 0.1%氯酚钠盐水溶液	6.1	黄绿	蓝紫	pH = 5.4 蓝绿色，pH = 5.8 蓝色，pH = 6.0 蓝带紫，pH = 6.2 蓝紫色
1 份 0.1%中性红乙醇溶液，1 份 0.1%亚甲基蓝乙醇溶液	7.0	蓝紫	绿	pH = 7.0 紫蓝
1 份 0.1%甲酚红钠盐水溶液，3 份 0.1%百里酚蓝钠盐水溶液	8.3	黄	紫	pH = 8.2 玫瑰红，pH = 8.4 清晰的紫色
1 份 0.1%百里酚蓝 50%乙醇溶液，3 份 0.1%酚酞 50%乙醇溶液	9.0	黄	紫	从黄到绿，再到紫
1 份 0.1%酚酞乙醇溶液，1 份 0.1%百里酚酞乙醇溶液	9.9	无	紫	pH = 9.6 玫瑰红，pH = 10 紫红
2 份 0.1%百里酚酞乙醇溶液，1 份 0.1%茜素黄乙醇溶液	10.2	黄	紫	

沉淀及金属指示剂

名 称	颜色		配 制 方 法
	游离	化合物	
铬酸钾	黄	砖红	5%水溶液
硫酸铁铵，40%	无色	血红	$NH_4Fe(SO_4)_2 \cdot 12H_2O$ 饱和水溶液，加数滴浓 H_2SO_4
荧光黄，0.5%	绿色荧光	玫瑰红	0.50g 荧光黄溶于乙醇，并用乙醇稀释至 100mL
铬黑 T	蓝	酒红	(1) 2g 铬黑 T 溶于 15mL 三乙醇胺及 5mL 甲醇中；(2) 1g 铬黑 T 与 100g NaCl 研细、混匀（1∶100）
钙指示剂	蓝	红	0.5g 钙指示剂与 100g NaCl 研细、混匀

续表

名　称	颜色		配　制　方　法
	游离	化合物	
二甲酚橙，0.5%	黄	红	0.5g 二甲酚橙溶于 100mL 去离子水中
K-B 指示剂	蓝	红	0.5g 酸性铬蓝 K 加 1.25g 萘酚绿 B，再加 25g K_2SO_4 研细，混匀
GA XL、混匀磺基水杨酸	无	红	10% 水溶液
PAN 指示剂，0.2%	黄	红	0.2g PAN 溶于 100mL 乙醇中
邻苯二酚紫，0.1%	紫	蓝	0.1g 邻苯二酚紫溶于 100mL 去离子水中

氧化还原法指示剂

名　称	变色电势 φ/V	颜色		配　制　方　法
		氧化态	还原态	
二苯胺，1%	0.76	紫	无色	1g 二苯胺在搅拌下溶于 100mL 浓硫酸和 100mL 浓磷酸，贮于棕色瓶中
二苯胺磺酸钠，0.5%	0.85	紫	无色	0.5g 二苯胺磺酸钠溶于 100mL 水中，必要时过滤
邻菲啰啉硫酸亚铁，0.5%	1.06	淡蓝	红	0.5g $FeSO_4 \cdot 7H_2O$ 溶于 100mL 水中，加 2 滴硫酸、0.5g 邻菲啰啉
邻苯氨基苯甲酸，0.2%	1.08	红	无色	0.2g 邻苯氨基苯甲酸加热溶解在 100mL 0.2% Na_2CO_3 溶液中，必要时过滤
淀粉，0.2%				2g 可溶性淀粉，加少许水调成浆状，在搅拌下注入 1000mL 沸水中，微沸 2min，放置，取上层溶液使用（若要保持稳定，可在研磨淀粉时加入 10mg HgI_2）

附录 N　铂器皿的使用规则

在分析工作中，铂器皿主要有铂坩埚、铂蒸发皿、铂坩埚钳和铂电极等。

（1）铂器皿的特点：

1）熔点、沸点高，热膨胀系数小，有很好的延展性。

2）热稳定性极好，在 900℃ 以下基本不挥发，1200℃ 条件下每小时损失量小于 $1mg/100cm^2$，在高温灼烧条件下也不易被氧化。

3）化学稳定性好，与浓盐酸、硫酸、硝酸、氢氟酸、高氯酸不发生反应；与熔融的碱金属硫酸盐、焦硫酸盐不反应。

4）价格昂贵。

（2）铂器皿在分析中的主要用途：

1）用于氢氟酸溶解样品（现在已逐渐被聚四氟乙烯器皿替代）。

2）碳酸钠、焦硫酸钾熔解样品常用铂器皿。

3）作为蒸发皿使用，蒸发速度快。

4）用于沉淀灼烧、恒重，常用于重量分析及烧失量的测定。

（3）铂器皿的使用规则：

1）成分不清楚的样品、物质不可在铂器皿中处理。

2）铂器皿质地软，应轻取轻放以免变形；在操作中，不得用玻璃棒等尖硬物件刮、划铂器皿，以免出现划痕，用带乳胶头的塑料棒擦拭。

3）使用铂器皿时，不可与下列物质接触：

①王水；

②卤素溶液或能产生卤素的溶液，例如溴水、氯水、$KClO_4$、$KMnO_4$、$K_2Cr_2O_7$、MnO_2、$FeCl_3$ 等氧化剂的盐酸溶液；

③固体碱金属的氧化物、过氧化物、氢氧化物、硝酸盐、亚硝酸盐、氰化物及氧化钡；

④易还原的金属和非金属及其氧化物，如 Ag、Hg、Pb、Sb、Sn、Bi、Cu 及其盐类，它们在高温度下能和铂形成合金；

⑤含碳的硅酸盐、P、As、S 及其化合物，可被有机物、滤纸、还原性气体等还原与铂生成脆性的磷化铂、硫化铂；

⑥标识不清的试剂不要在铂器皿中使用；

⑦长时间使用或存放的试剂，或可能已被其他试剂污染了的试剂，不要在铂器皿中使用。

4）因铂在高温时易与其他金属形成合金，铂器皿在加热时不得与其他任何金属接触：

①铂器皿用电热板加热时，在其下应垫有干净的石棉板；

②在高温炉中加热时，要确保炉子温度准确和炉腔清洁，使用前必须更换干净的石棉板；

③高温灼烧铂器皿时，应放置在铂三角或清洁的陶瓷、石英、石棉等材料做的支架上；

④取放加热的铂器皿须用铂坩埚钳。

5）铂器皿用燃气火焰加热熔融时，必须放在氧化焰部分加热，不可放在含有炽热碳粒和碳氢化合物的还原焰中灼烧，以免碳与铂化合生成极脆的碳化铂。

6）用铂器皿灰化滤纸时，不可使滤纸着火。

7）不得将温度很高的铂器皿骤然投入水中冷却。

8）铂器皿在使用过程中，一般情况下酸溶液不应放在铂器皿中过夜，如有特殊情况必须将溶液蒸干。

9）铂器皿在使用完毕后要及时清洗干净，通常用纯净的 HCl(1+1) 加热反复处理。特殊情况下，可用焦硫酸钾盐在较低温度条件下熔融 5~10min（注意尽量不要用焦硫酸钾处理，用焦硫酸钾处理时，时间太长或温度太高均会造成铂器皿的腐蚀），弃去熔块，再用 HCl 浸煮，清洗干净后烘干或用干净毛巾擦干，及时上交统一管理。

索　引